ASSOCIATION FRANÇAISE

POUR

L'AVANCEMENT DES SCIENCES

Une table des matières et une table analytique, par ordre alphabétique, terminent chaque Tome des Comptes rendus de l'Association en 1911.

Dans les tables analytiques les nombres qui sont placés après la lettre p se rapportent aux pages de la brochure des Procès-Verbaux, ceux placés après l'astérisque (*) se rapportent aux pages du Volume des Comptes rendus.

47720   Paris. — Imprimerie GAUTHIER-VILLARS, 55, quai des Grands-Augustins.

ASSOCIATION FRANÇAISE

POUR

L'AVANCEMENT DES SCIENCES

FUSIONNÉE AVEC

L'ASSOCIATION SCIENTIFIQUE DE FRANCE

(Fondée par Le Verrior en 1864).

Reconnues d'utilité publique.

COMPTE RENDU DE LA 40ᴹᴱ SESSION.

DIJON
— 1911 —

NOTES ET MÉMOIRES
Tome II

GÉOLOGIE ET MINÉRALOGIE ;

BOTANIQUE ;

ZOOLOGIE, ANATOMIE ET PHYSIOLOGIE ;

ANTHROPOLOGIE ET ARCHÉOLOGIE.

PARIS,

AU SECRÉTARIAT DE L'ASSOCIATION
Rue Serpente, 28

Et chez MM. MASSON et Cⁱᵉ, Libraires de l'Académie de Médecine
Boulevard Saint-Germain, 120.

1912

LISTE DES CONGRÈS ET DE LEURS PRÉSIDENTS.

— VOLUMES —

ANNÉES.		VILLES.			PRÉSIDENTS.	
1872	1re Session.	Bordeaux........	1 volume.		Claude Bernard.........:	(Décédé.)
1873	2e —	Lyon............	1 —		DE Quatrefages..........	(Décédé.)
1874	3e —	Lille	1 —		Adolphe Wurtz...........	(Décédé.)
1875	4e —	Nantes.........:.	1 —		Adolphe d'Eichtal........	(Décédé.)
1876	5e —	Clermont-Ferrand.	1 —		J.-B. Dumas	(Décédé.)
1877	6e —	Le Havre.........	1 —		Paul Broca...............	(Décédé.)
1878	7e —	Paris............	1 —		Edmond Frémy............	(Décédé.)
1879	8e —	Montpellier	1 —		Agénor Bardoux..........	(Décédé.)
1880	9e —	Reims............	1 —		J.-B. Krantz.............	(Décédé.)
1881	10e —	Alger	1 —		Auguste Chauveau.	
1882	11e —	La Rochelle	1 —		Jules Janssen.............	(Décédé.)
1883	12e —	Rouen...........	1 —		Frédéric Passy.	
1884	13e —	Blois...........	2 volumes (1).		Anatole Bouquet de la Grye.	(Décédé.)
1885	14e —	Grenoble	2 —	(2).	Aristide Verneuil..........	(Décédé.)
1886	15e —	Nancy...........	2 —		Charles Friedel	(Décédé.)
1887	16e —	Toulouse	2 —		Jules Rochard...........	(Décédé.)
1888	17e —	Oran............	2 —		Aimé Laussedat..........	(Décédé.)
1889	18e —	Paris...........	2 —		Henri de Lacaze-Duthiers..	(Décédé.)
1890	19e —	Limoges.:.......	2 —		Alfred Cornu	(Décédé.)
1891	20e —	Marseille	2 —		P.-P. Dehérain............	(Décédé.)
1892	21e —	Pau.............	2 —		Édouard Collignon.	
1893	22e —	Besançon........	2 —		Charles Bouchard.	
1894	23e —	Caen............	2 —		É. Mascart	(Décédé.)
1895	24e —	Bordeaux....:...	2 —		Émile Trélat............	(Décédé.)
1896	25e —	Tunis	2 —		Paul Dislère.	
1897	26e —	Saint-Étienne....	2 —		J.-E. Marey..............	(Décédé.)
1898	27e —	Nantes.........	2 —		Édouard Grimaux.........	(Décédé.)
1899	28e —	Boulogne-sur-Mer.	2 —		Paul Brouardel...........	(Décédé.)
1900	29e —	Paris...........	2 —		Hippolyte Sebert.	
1901	30e —	Ajaccio.........	2 —		E.-T. Hamy..............	(Décédé.)
1902	31e —	Montauban......	2 —		Jules Carpentier.	
1903	32e —	Angers..........	2 —		Émile Levasseur.	(Décédé.)
1904	33e —	Grenoble..	1 volume (2).		C.-A. Laisant.	
1905	34e —	Cherbourg.......	1 —	(3).	Alfred Giard..............	(Décédé.)
1906	35e —	Lyon............	2 volumes.		Gabriel Lippmann.	
1907	36e —	Reims...........	2 —		Henri Hennot.	
1908	37e —	Clermont-Ferrand.	1 volume (4).		Paul Appell.	
1909	38e —	Lille...........	1 —	(5).	Louis Landouzy.	
1910	39e —	Toulouse	1 —	(6).	C.-M. Gariel.	
1911	40e —	Dijon	1 —	(6).	S. Arloing.	(Décédé.)

(1) Reliés ensemble ou séparément.

(2) A partir de la 14e Session, les Tomes I et II sont reliés séparément.

(3) Pour le 33e Congrès de Grenoble, 1904, et le 34e, Cherbourg, 1905, le Tome I a été remplacé par un Bulletin mensuel dont les numéros 8 et 9 de chaque année ont été consacrés aux comptes rendus des séances générales et aux procès-verbaux des Sections.

(4) Le Tome I a été remplacé par deux brochures parues en septembre 1908.

(5) Le Tome I a été remplacé par une brochure parue en septembre 1909.

(6) Le Tome I a été remplacé par une brochure parue en septembre 1910. Le volume des Notes et Mémoires existe divisé en quatre Tomes, dont chacun comprend sa Table des matières et sa Table analytique par ordre alphabétique.

ASSOCIATION FRANÇAISE

POUR

L'AVANCEMENT DES SCIENCES

GÉOLOGIE ET MINÉRALOGIE.

M. Louis LAURENT,

Docteur ès Sciences (Marseille).

NOTE A PROPOS D'UN NOUVEAU GISEMENT PLIOCÈNE DE PLANTES FOSSILES DU DÉPARTEMENT DE L'AIN.

56t (118.3) (44.44)

2 Août.

Après le remarquable travail de Saporta et Marion sur les tufs de Meximieux, il serait difficile de faire une étude générale plus complète sur la flore pliocène de cette région. Toutefois, les gisements n'ont pas encore livré toutes leurs richesses et l'on peut espérer pouvoir augmenter par des découvertes faites dans des couches analogues, les connaissances que nous avons de la flore fossile de ces dépôts.

Elle est d'autant plus intéressante qu'elle emprunte à la flore actuelle un plus grand nombre de types refoulés de nos jours dans des contrées plus méridionales.

Nous avons étudié une collection de M. l'abbé Béroud de Mionnay (Ain).

Les échantillons proviennent d'un gisement de tufs, situé dans la vallée du Furans, non loin de Bellay (Ain), sur la commune d'Andert-Condon.

On remarque de belles tufières modernes aux sources du Furans ([1]). Mais les formations tufacées explorées par M. l'abbé Béroud sont beau-

---

([1]) FALSAN, *Étude sur la position stratigraphique des tufs de Meximieux.* (*Arch. Mus. d'Hist nat. de Lyon*, t. I, 4ᵉ liv., 1875, p. 167).

**1

coup plus anciennes, comme le prouvent les restes végétaux que contiennent les tufs. Ils présentent au point de vue lithologique le même aspect que ceux de Meximieux. Ils sont constitués par une roche dure, compacte assez cristalline creusée de cavités peu nombreuses, et les restes des végétaux, qu'on y rencontre, sont ordinairement assez bien conservés dans leurs détails. Malheureusement, ils ne sont pas posés à plat, comme cela du reste se présente dans la plupart des tufs, et les organes foliaires sont rarement conservés dans leur entier.

Fig. 1. — Goniopteris
(Lastræa) pulchella H.

Nous avons reconnu dans cette roche les espèces de Meximieux, mais nous y avons aussi observé quelques types signalés dans les flores miocènes et très voisins, du reste, d'espèces actuelles tempérées.

Dans la liste raisonnée des plantes des tufs d'Andert-Condon, nous ne dirons pas grand chose des espèces décrites par Saporta et Marion, nous analyserons seulement celles qui n'étaient pas connues à l'état fossile dans les tufs de cette région.

GONIOPTERIS (LASTRÆA) PULCHELLA Heer (*fig.* 1). Il existe, dans la collection que nous avons étudiée, seulement deux échantillons de cette jolie fougère. Les frondes ne portent pas d'organes reproducteurs.

Cette forme se rattache aux nombreuses espèces de *Goniopteris* qu'Heer a décrits dans la *Flor. tert. helv*, et plus particulièrement à *Goniopteris pulchella* dont Heer trouve un représentant actuel dans *Aspidium ascendens* Hort. berol. On pourrait, avec autant de raisons, comparer ces espèces au genre *Struthiopteris* Willd., encore indigène dans les Alpes françaises et italiennes.

Un certain nombre d'autres formes fossiles décrites par de Saporta peuvent être rapprochées de cette espèce; tel est, par exemple, *Aspidium obtusilobum* Sap., de Cereste, très voisin de *Aspidium lignitum* Gieb., du tertiaire de Saxe et aussi de l'*Aspidium Lucani* Sap., de Brognon, dans la Côte-d'Or. Cette dernière espèce, pourtant, possède des nervures plus serrées.

Nous avons signalé le *Goniopteris pulchella* Heer dans les argiles cinéritiques de Niac (*Ann. Mus, d'Hist, nat. de Marseille*, t. XII).

PTERIS PENNÆFORMIS H. (*fig.* 2). L'échantillon des tufs d'Andert-Condon présente sur les deux côtés de la fronde un sillon prononcé qui pourrait bien représenter la trace laissée par les sores linéaires continus qui occupent généralement dans ce genre les bords des segments.

Comme Heer l'a déjà signalé (*Fl. ter. helv.*, t. I, p. 38), le *Pteris cretica* L. présente avec l'espèce paléontologique des affinités morphologiques
marquées.

MONOCOTYLÉDONES. —Nous avons
observé des restes de feuilles rubanées
étroites et anguleuses qui se rapportent
certainement à une plante monocotylée.
Mais il est impossible de préciser sa véritable place Peut-être aurait-on affaire à
une plante du genre *Carex*.

D'autre part, nous avons reconnu le
Bambusa lugdunensis Sap. et Mar., si
abondant à Meximieux. Il est représenté
par des feuilles larges qui présentent absolument l'aspect de celles figurées par
de Saporta et Marion (*Recherches sur
les végétaux fossiles de Meximieux*,
Pl. XXIII, fig. 11 et 12)..

Fig. 2. — Pteris pennæformis H.

QUERCUS sp. Cf. *Q. provectifolia* Sap.
Nous n'avons pu examiner qu'un seul échantillon bien conservé de
cette espèce. Comme le fossile est très incomplet nous préférons ne pas
le spécifier d'une manière plus précise. Il se rapproche beaucoup du
Q. provectifolia Sap., de Brognon (Côte-d'Or), et parmi les espèces vivantes des *Quercus Phellos* et *aquatica*.

DIOSPYROS PROTOLOTUS Sap. et Mar. Cette espèce est représentée par
un petit nombre d'échantillons dans les tufs d'Andert-Condon, mais
ils concordent avec ceux figurés par de Saporta et Marion (*loc. cit.*,
Pl. XXX).

OREODAPHNE HEERI Gaud. (*fig. 3*). Les empreintes de cette Laurinée
trinerve sont très nombreuses, malheureusement aucun bloc ne présente de feuille complète.

On observe deux nervures suprabasilaires et un réseau de nervures
tertiaires horizontales dans la partie comprise entre les basilaires et
les premières secondaires.

FRUIT DE LAURINÉE ? (*fig. 4*). Comme à Meximieux, quelques blocs
renferment des fruits globuleux portant à la partie supérieure un petit
mucron. Le pédicelle présente à sa jonction avec le fruit un empâte-
ment très visible.

Certains fruits de *Laurinées* présentent des formes analogues.

Tant que nous ne possèderons pas un plus grand nombre d'échantillons, la vraie place de ces organes demeurera entachée de doute.

NERIUM OLEANDER L. (PLIOCENICUM Sap. et Mar.). Cette espèce
est représentée à Andert-Condon, comme à Meximieux, par des feuilles

Fig. 3. — Oreodaphne Heeri Gaud.

coriaces de petite taille munies d'une nervure médiane forte et rigide,
et de nervures secondaires extrêmement serrées et parallèles les unes

Fig. 4.
Fruit de Laurinée ?

aux autres. Elles sont semblables à celles
figurées dans l'ouvrage de Saporta et Marion
(loc. cit., Pl. XXIX, fig. 6).

ILEX-FALSANI Sap. et Mar. C'est avec doute
que nous signalons cette espèce dans le nou-
vēau gisement de l'Ain. Les feuilles sont.
grandes, coriaces. L'épaisseur du parenchyme
empêche d'apercevoir toute trace de nervation. C'est pourquoi, malgré l'identité des
formes, les caractères sont trop peu nombreux
pour qu'on puisse affirmer l'identité spécifique avec l'espèce de Meximieux.

L'aspect général de cette florule fossile montre que les tufs d'Andert-Condon sont contemporains de ceux de Meximieux. Les différences avec la flore actuelle sont très nettes.

Les espèces nouvelles pour cette région, que nous avons ajoutées à celles signalées par Saporta et Marion, par leurs affinités avec les formes du Miocène supérieur et du Pliocène inférieur, confirment ces conclusions.

MM. René VIGUIER et P.-H. FRITEL.

(Paris).

SUR LE CUPRESSINOXYLON DELCAMBREI, NOV. SP.

561.52.

31 *Juillet.*

I. — Généralités sur les bois de conifères fossiles.

Les recherches de nombreux auteurs ont montré qu'on pouvait distinguer un certain nombre de types, parmi les bois de Conifères, malgré l'homogénéité de leur structure. S'il n'est pas toujours possible actuellement, quand on se trouve en présence d'un bois de Conifère fossile, de déterminer d'une manière certaine le genre auquel ce bois pouvait appartenir, tout au moins ne peut-on hésiter qu'entre un très petit nombre de genres.

Nous n'avons pas à faire ici l'historique des travaux publiés sur les bois de Conifères et en particulier sur les bois fossiles, nous ne pourrions que répéter à ce sujet ce qu'en a dit M. GOTHAN ([1]) dans un Mémoire fondamental.

Il est pourtant utile de rappeler ici les différents types d'organisation qui peuvent s'observer dans le bois secondaire des Conifères.

1. Dans un certain nombre de genres, on constate que les ponctuations aréolées qui se trouvent sur les parois des vaisseaux-fibres ou hydrostéréides sont petites, généralement disposées en quinconce, polygonales; rarement, ces ponctuations sont alignées l'une au-dessous de l'autre en une seule série, mais, en ce cas, elles ne sont jamais parfaitement circulaires et sont aplaties en haut et en bas dans le sens de l'axe du vaisseau.

([1]) W. GOTHAN, *Zur Anatomie lebender und fossiler Gymnospermen-Hölzer* (*Abhandl. k. preuss. Geol. Landesanst.*, Heft 44, 1905).

Les cellules des rayons portent de nombreuses ponctuations en forme de fentes obliques-elliptiques; vues tangentiellement, ces cellules sont comme renflées.

Une telle structure s'observe dans les *Araucaria* et dans les *Agathis* ou *Dammara*.

Dans quelques Dacrydiées et dans les *Ginkgo*, il n'y a parfois que deux séries longitudinales d'aréoles, mais celles-ci sont, en ce cas, disposées en alternance.

Tous les bois fossiles présentant ces particularités sont réunis sous le nom de *Dadoxylon*.

2. Dans toutes les autres Conifères, les ponctuations sont généralement plus grandes, éloignées les unes des autres, circulaires, non aplaties en haut et en bas, unisériées; si parfois elles sont bisériées, ces ponctuations sont alors opposées, c'est-à-dire situées au même niveau, et non en alternance comme dans les *Ginkgo*.

Un caractère important, la présence de canaux sécréteurs dans les bois secondaire, permet de distinguer un autre type ou une autre série de types. Ce caractère s'observe dans la tribu des Picéées (*Pinus, Picea Larix, Pseudotsuga*). Tous les bois fossiles possédant de tels canaux sécréteurs étaient désignés sous le nom générique de *Pityoxylon* Kraus. M. GOTHAN a pu subdiviser cet ancien genre et distingue les *Piceoxylon* dans lesquels, notamment, les canaux sécréteurs ont une épithèle formée de cellules à parois épaissies, et dont certaines hydrostéréides ont des épaississements spiralés, les *Pinuxylon* dans lesquels les canaux sécréteurs ont une épithèle formée de cellules à parois minces et ont des hydrostéréides toujours dépourvues d'épaississements spiralés.

3. Les bois de Conifères n'appartenant pas aux types qui précèdent, peuvent encore être rangés en plusieurs catégories.

Les genres *Taxus, Torreya, Cephalotaxus*, ont la paroi de leurs hydrostéréides munie d'une forte bande d'épaississement spiralée; les bois fossiles qui présentent ce caractère sont désignés sous le nom de *Taxoxylon*.

4. La division peut être poussée plus loin en employant pour les autres bois (c'est-à-dire pour les bois sans canaux sécréteurs à hydrostéréides dépourvues d'épaississements spiralés et pourvues d'aréoles unisériées) les caractères tirés de la présence ou de l'absence de parenchyme ligneux et des ponctuations des cellules des rayons.

Sous le nom de *Cedroxylon*, on groupe les bois dans lesquels le parenchyme est nul ou presque nul, et dont les cellules des rayons ont leurs parois horizontales et verticales percées de nombreuses et petites perforations simples. Parmi les plantes vivantes ces caractères s'observent dans les *Cedrus, Pseudolarix, Tsuga, Abies, Keteleeria*.

5. Dans les bois réunis sous le nom de *Cupressinoxylon* il y a toujours,

au contraire, du parenchyme assez abondant; de plus les cellules des rayons n'ont pas des perforations semblables à celles des *Cedroxylon*, mais des sortes de ponctuations aréolées dans lesquelles la fente centrale est allongée, oblique ou plus ou moins horizontale. Une telle organisation s'observe parmi les espèces actuelles dans les *Cupressus, Thuya,* *Thuyopsis, Callitris,* etc.

M. GOTHAN a proposé de donner le nom de *Podocarpoxylon* aux bois

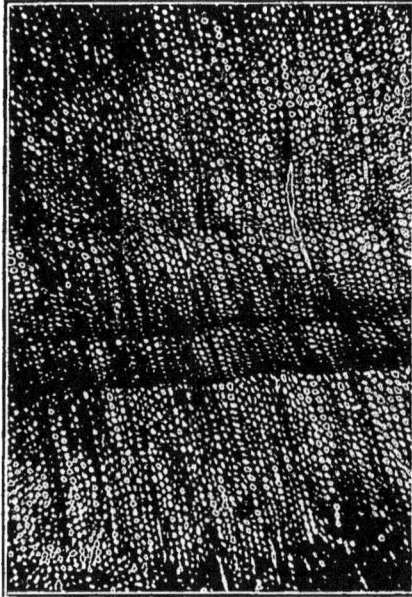

Fig. 1. — *Cupressinoxylon Delcambrei.* Coupe transversale
montrant la disposition générale des éléments (gross. 70 fois).

présentant les caractères des *Cupressinoxylon* mais dans lesquels les cellules des rayons ont des aréoles avec fente centrale très étroite et verticale ou presque verticale; divers *Podocarpus* actuels appartiennent à cette catégorie. Les *Glyptostroboxylon* comprennent, pour M. GOTHAN, les espèces voisines des précédentes mais dans lesquelles les perforations des cellules des rayons sont différentes, et ont comme dans les modernes. *Glyptostrobus* et *Cunninghamia* un large pore central arrondi. Dans les *Taxodioxylon*, les pores nombreux sont d'un type intermédiaire au type *Glyptostrobus* et au type *Cupressus*. Enfin les *Phyllocladoxylon* ont, comme ponctuations, de larges et peu nombreux pores ovoïdes comme cela s'observe dans les *Phyllocladus, Microcachrys,* etc.

Ce simple exposé montre bien que la détermination des bois de Conifères fossiles ne constitue pas le travail incertain et stérile que certaines personnes supposent.

II. — Étude du Cupressinoxylon Delcambrei.

Dans la présente Note, nous examinerons en détail la structure d'un bois fossile trouvé en place dans l'Oxfordien (niveau à Chailles), dans une fouille exécutée en galerie sous le plateau de Lucey (Meurthe-et-Moselle). Les Chailles sont recouvertes en cet endroit de calcaire à polypier à *Glypticus hieroglyphicus* (Oxfordien).

L'échantillon nous a été offert par M. le Capitaine Delcambre, pro-

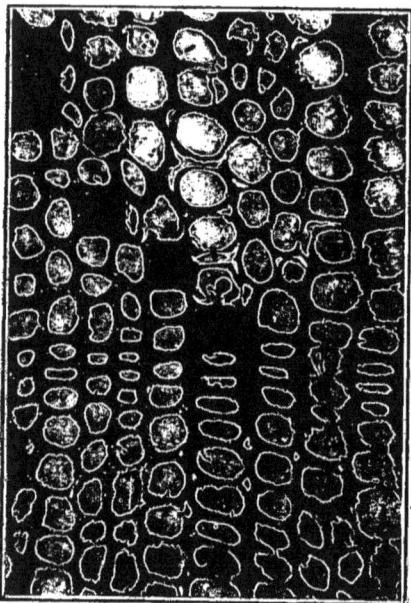

Fig. 2. — *Cupressinoxylon Delcambrei.*   Fig. 3. — *Cupressinoxylon Delcambrei.*
Coupe transversale (gross. 300 fois).   Coupe transversale (gross. 360 fois).

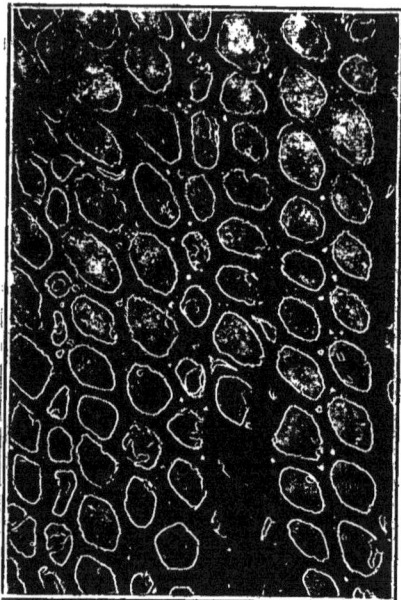

fesseur de Topographie à l'École d'Application de Fontainebleau, auquel nous adressons tous nos remerciements.

· A première vue, on constate qu'on est en présence d'un bois de Conifère : la structure en est homogène; il est formé de vaisseaux-fibres ornés de ponctuations aréolées, et est parcouru par de nombreux rayons unisériés; enfin, on y observe des anneaux, une différenciation en *bois de printemps* et en *bois d'automne* tout comme dans un Pin ou un Epicea. La figure 1 montre l'aspect d'une coupe transversale et la disposition générale des éléments (p. 299).

Passons en revue chacun des éléments de ce bois :

VAISSEAUX FIBRES.

1° *Coupe transversale.* — Les *vaisseaux fibres* ou *hydrostéréides* se présentent en coupe transversale, avec un contour assez irrégulier et avec des dimensions assez inégales.

Leur contour est polygonal, généralement hexagonal, rarement losangique; dans le *bois d'été* ils sont aussi longs dans le sens radial, que dans le sens tangentiel ou même un peu plus longs; au contraire dans le *bois d'hiver* ils sont beaucoup plus longs dans le tangentiel, comme aplatis dans le sens radial.

Leur membrane est assez épaisse; de petits méats triangulaires s'observent entre eux.

Voici quelques chiffres indiquant les dimensions d'un certain nombre d'hydrostéréides dans le sens tangentiel et dans le sens radial.

DIMENSIONS EN μ DES HYDROSTÉRÉIDES DANS LE SENS RADIAL.

Bois de printemps.

Anneau 1..... 22, 16, 22, 24, 22, 16, 14, 20, 24, 18, 24, 20, 16, 16, 22, 14, 18
»   2..... 22, 16, 17, 16, 15, 16
»   3..... 26, 24, 20, 18, 30, 26, 20, 16
»   4..... 30, 16, 20, 22, 20, 20, 24, 8

Bois d'hiver.

Anneau 1........ 4, 6
»   2........ 4, 10, 8, 10, 4, 6
»   3........ 10, 10, 8, 10
»   4........ 4, 6, 10, 6, 2, 4, 4, 4
»   5........ 6, 4, 8, 6, 2
»   6........ 6, 10, 6, 4, 6, 10

DIMENSIONS EN μ DES HYDROSTÉRÉIDES DANS LE SENS TANGENTIEL.

Bois de printemps.

Anneau 1....... 18, 18, 20, 14, 10, 20, 22, 14, 10, 20, 12
»   2....... 14, 16, 14, 10, 16, 20, 20, 16, 22, 24, 10, 10, 14, 20
»   3....... 20, 18, 14, 10, 14, 12, 20, 30, 12
»   4....... 26, 16, 20, 14, 16, 12, 12, 20

Bois d'hiver.

Anneau 1....... 12, 14, 22, 20
»   2....... 14, 10, 20, 20, 12, 16
»   3....... 22, 14, 12, 16, 20, 12
»   4....... 30, 22, 20, 18, 22, 24
»   5....... 12, 20, 20, 24
»   6....... 12, 10, 10, 14, 20, 20, 18

2° *Coupe longitudinale.* — En coupe longitudinale, on voit que ces éléments sont très allongés, peuvent avoir plusieurs millimètres de longueur, et sont disposés bout à bout; mais séparés l'un de l'autre par une cloison longuement oblique.

Nous pouvons donc dire, que les hydrostéréides ont généralement, dans le bois de printemps, 20 μ de diamètre en section transversale, mais qu'elles s'amincissent vers l'extrémité, de telle sorte que dans une même coupe transversale, les hydrostéréides ont l'air d'avoir des dimensions très variables.

Ponctuations aréolées. — Les ponctuations aréolées forment une seule série longitudinale sur les faces radiales de la membrane des hydrostéréides. C'est donc sur une coupe longitudinale radiale que nous pouvons les examiner de face. Ces ponctuations sont circulaires, non aplaties en haut et en bas (*fig. 4*). Le diamètre du cercle extérieur est géné-

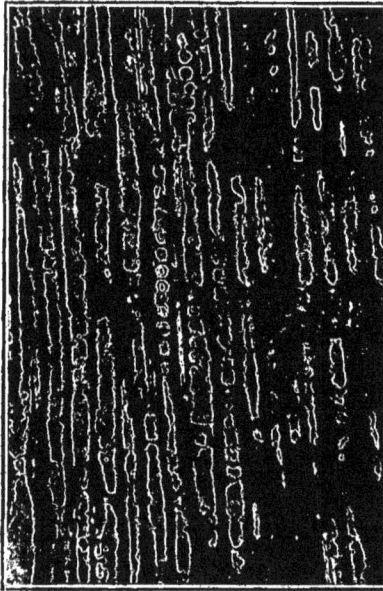

Fig. 4. — *Cupressinoxylon Delcambrei.*
Coupe longitudinale radiale montrant les hydrostéréides avec leurs aréoles, les rayons, et le parenchyme ligneux (gross. 180 fois).

ralement de 10 μ et celui du petit cercle interne est de 4 μ. Elles sont rarement plus grandes avec un grand cercle de 12 μ ou, plus rarement encore de 14 μ. D'autre part, nous n'en avons pas observé dont le diamètre du grand cercle soit inférieur à 8 μ, et dont le diamètre du petit cercle soit inférieur à 3 μ.

ANNEAUX ANNUELS.

A première vue, on constate sur une section transversale que ce bois présente une série d'anneaux clairs et obscurs, les derniers étant beaucoup plus larges que les premiers.

Si l'on examine une telle section à un faible grossissement (*fig.* 1), on peut voir que chaque anneau dense de *bois d'automne* est en réalité composé de 2 ou 3 anneaux séparés les uns des autres par une bande plus claire, d'environ 80 μ d'épaisseur formée de vaisseaux ayant les caractères et les dimensions de ceux du bois de printemps. De place en place deux anneaux élémentaires denses peuvent arriver en contact, sans être séparés par de larges vaisseaux (*fig.* 5 et 6). La disposition des anneaux rappelle celle que BARBER a signalé dans son *Cupressinoxylon vectense* (¹); cet auteur insiste dans son Mémoire sur cette particularité et rappelle que le *Pinus succinifera* Conwentz (²), le *Cupressinoxylon infracretaceum* Fliche (³), le *Pinites Ruffordi* Seward (⁴), présentent une organisation analogue. Il recherche également parmi les Conifères actuelles celles dont les anneaux se rapprochent de cette disposition.

RAYONS.

Nous avons vu, au début de cette Note, que l'étude détaillée des rayons permettaient de préciser d'une manière assez nette la détermination des bois de Conifères.

1⁰ *Coupe transversale.* — Une coupe transversale ne nous apprend rien de particulier, si ce n'est que les rayons sont constamment unisériés, formés de cellules très allongées radialement séparées par des cloisons transverses minces (*fig.* 5 et 6).

2⁰ *Coupe longitudinale radiale.* — Sur une coupe longitudinale radiale (*fig.* 4), on peut observer les ponctuations de la paroi des cellules de ces rayons; la membrane étant très mince est rarement bien conservée et il faut examiner un nombre considérable de cellules pour en trouver qui possèdent des ponctuations nettes. On peut constater alors que ces ponctuations sont formées par une fente étroite, oblique, entourée par une aréole de 5 μ à 6 μ de diamètre; elles sont donc beaucoup plus petites que les aréoles des hydrostéréides avec lesquelles du reste elles ne sauraient être confondues à cause de leur fente oblique.

3⁰ *Coupe longitudinale tangentielle.* — Dans le Tableau suivant nous indiquons le nombre des rayons au millimètre carré, ainsi que le nombre

(¹) BARBER, C. A, *Cupressinoxylon vectense*; a fossil conifer from the lower Greensand of Shanklin in the isle of Wight (*Annals of Botany*, t. XII, p. 329 Pl. XXIII et XXIV, 1898).

(²) CONWENTZ, Monogr. d. baltischen Bernsteinbäume, 1890, p. 32.

(³) FLICHE P. Note sur les nodules et les bois minéralisés trouvés à Saint-Parres-les-Vaudes (Aube) dans les grès verts infracrétacés (*Mémoires de la Soc. Acad. de l'Aube*, t. IX, 1896).

(⁴) SEWARD, *Pinites Ruffordi*; from the english Wealde Formation (*Journ. of the Linnean Society*, Bot, t. XXXII, p. 417).

Fig. 5. — *Cupressinoxylon Delcambrei.*
Coupe transversale (gross. 18o fois).

Fig. 6. — *Cupressinoxylon Delcambrei.*
Coupe transversale (gross. 18o fois).

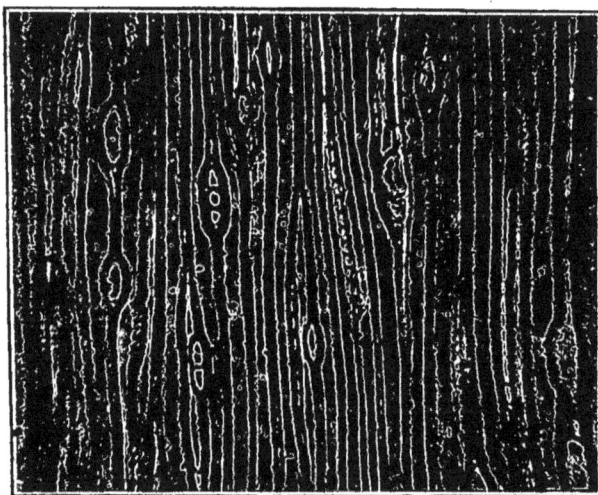

Fig. 7. — *Cupressinoxylon Delcambrei.*
Coupe longitudinale tangentielle (gross. 18o fois).

d'étages de cellules qui les constituent. Les numéros I, II, III, IV, V, indiquent seulement des régions différentes, prises au hasard, d'une coupe tangentielle.

Nombre de rayons au millimètre carré.

	à 1 étage de cellules.	à 2 étages de cellules.	à 3 étages de cellules.	à 4 étages de cellules	à 5 étages de cellules.	Total.
I.	10	14	9	9	5	47
II	18	20	14	2	»	54
III	8	17	9	6	1	41
IV	7	20	6	5	1	39
V	7	16	7	12	4	46

Ces rayons ont une hauteur qui varie avec le nombre de cellules. La hauteur totale de ces rayons peut n'être que de 30 μ à 50 μ, mais peut atteindre 100 μ, 120 μ ou même 150 μ. Les cellules qui les constituent ont une hauteur moyenne de 24 μ à 26 μ; rarement cette hauteur n'atteint que 20 μ; la largeur moyenne n'est que de 20 μ. Nous voyons que le nombre d'étages de cellules le plus fréquent est de deux ou trois (*fig.* 7); rarement nous avons observé des rayons à 7-8 étages.

Nous avons examiné plusieurs centaines de rayons, et nous n'en avons rencontré qu'un seul qui soit nettement bisérié : vu tangentiellement ce rayon avait 110 μ de hauteur, et 32 μ de largeur; ce rayon était formé de quatre étages de cellules, les deux étages moyens seulement étaient bisériés.

PARENCHYME LIGNEUX.

Ce bois présente en outre, du parenchyme ligneux. On sait que dans les Conifères vivantes les cellules de ce tissu sont résinifères et se distinguent, même sur une coupe transversale, par leur contenu et par la minceur de leurs parois. Dans l'étude de son *Cupressinoxylon vectense*, BARBER a constaté que, examinées sur une coupe longitudinale, les cellules de ce parenchyme présentaient des masses d'une substance sombre d'apparence vacuolaire. Cette particularité permettait de distinguer nettement les cellules résinifères des trachéides ; souvent, en effet dans les bois fossiles, les cellules [parenchymateuses, autrefois vivantes et accumulant des réserves, se distinguent par leur contenu des autres éléments du bois. Nous avons fait la même constatation dans notre *Quercinium eocenicum* qui contenait dans les cellule des rayons et du parenchyme ligneux de nombreux petits globules noirâtres.

. Dans l'espèce que nous étudions aujourd'hui, les cellules du parenchyme ligneux, sont en général vides de tout contenu. Sur une coupe transversale, on voit, de place en place, dans la masse des vaisseaux des cellules à parois plus minces, et plus irrégulières qui doivent correspondre aux éléments parenchymateux. En tout cas, en coupe longitudinale, la confusion n'est pas possible, car on voit que ces cellules, beaucoup moins longues que les trachéides sont séparées par de minces cloisons transversales. Sur une coupe tangentielle nous avons même observé une région où ces cellules avaient un contenu sombre, et étaient légèrement étranglées au niveau de la cloison transversale.

Résumé et Conclusions. — Le bois étudié, par tous ses caractères, alignement en une série des ponctuations aréolées des vaisseaux, absence d'ornementation spiralée et de canaux sécréteurs, présence de parenchyme ligneux, ponctuations avec fente oblique des cellules des rayons, se range parmi les *Cupressinoxylon:* Nous sommes heureux de le dédier à M. le Capitaine Delcambre et le nommerons *Cupressinoxylon Delcambrei.*

MM. R. VIGUIER et P.-H. FRITEL.

SUR QUELQUES BOIS FOSSILES DU BASSIN DE PARIS.

561 (118)

3 Juillet.

On ne possède actuellement que très peu de données sur les bois fossiles, pourtant nombreux, qu'on peut trouver dans les dépôts tertiaires du bassin de Paris. Nous avons décrit récemment (¹) un *Quercinium* et un *Piceoxylon*, le premier des dépôts sparnaciens de Clairizet (Aisne), le second des sables sparnaciens d'Arcueil (Seine). Les excursions nombreuses faites par l'un de nous dans les environs de Paris, nous ont permis de nous procurer un grand nombre de bois tertiaires. Nous espérons pouvoir, peu à peu, soit avec nos récoltes, soit avec les échantillons appartenant au Muséum et à l'École des Mines, que MM. Stanislas MEUNIER et R. ZEILLER, mettent aimablement à notre disposition, arriver à publier une monographie à peu près complète de ces restes fossiles.

PITIOXYLON.

Il s'agit d'un échantillon recueilli par l'un de nous dans les sables de Cuise; un bloc du même bois, mais perforé par les Tarets, existe au Muséum d'Histoire naturelle.

COUPE TRANSVERSALE. — Une coupe transversale montre au premier

---

(¹) FRITEL et VIGUIER, *Étude anatomique de deux bois éocènes (Ann. sc. nat. Bot.*, 9ᵉ série, t. XIV, 1911, p. 63).

abord, qu'il s'agit d'un bois de Conifères, c'est-à-dire d'un bois *homo-xylé* formé uniquement de trachéides et de parenchyme ligneux. On observe dans ce bois de grands canaux sécréteurs, et des anneaux annuels; ces derniers sont simples, non groupés d'une manière par ticulière comme ceux que nous avons vus dans le *Cupressinoxylon Del-cambrei* ([1]).

TRACHÉIDES. — Les trachéides sont alignées en séries radiales très régulières, leur section est généralement quadrangulaire, parfois à peu près carrée, parfois un peu plus allongée dans le sens radial, parfois au contraire un peu plus allongée dans le sens tangentiel. Il existe des files entières à cellules très larges (40 μ), ou des files formées de cellules très étroites (20 μ). En de rares points seulement la structure de la paroi a été conservée; presque partout la limite entre les cellules est restée seule visible.

RAYONS. — Les rayons sont unisériés; chacun est formé par une file de cellules étroites, allongées radialement, dont la membrane, pas plus que celle des trachéides n'a été conservée; ils ont de 10 μ à 20 μ de largeur. Ces rayons sont peu nombreux.

CANAUX SÉCRÉTEURS. — Les canaux sécréteurs sont de grande taille leur diamètre étant d'environ 150 μ à 180 μ. On voit qu'ils étaient bordés par un grand nombre de cellules. Nous avons dit précédemment que la membrane des trachéides avait perdu toute son épaisseur; il en est peut-être de même pour les cellules bordantes des canaux sécréteurs; il nous est impossible de dire, si elles étaient lignifiées.

COUPES LONGITUDINALES. TRACHÉIDES. — Les trachéides sont fermées à chaque extrémité, elles vont en s'amincissant et se terminent en pointe. Elles présentent sur leur face radiale une seule série de ponctuations aréolées; nous n'avons pu les observer que sur quelques trachéides dont la membrane avait conservé sa structure. Ces ponctuations qui se présentaient avec une netteté parfaite sont parfaitement circulaires; le diamètre de leur grand cercle est de 18 μ; celui de leur petit cercle est de 6 μ.

En aucun point nous n'avons remarqué d'ornementation spiralée sur la paroi des trachéides.

RAYONS. — Les rayons sont formés par un grand nombre, rarement 3 à 6 étages, plus souvent de 7 à 14, étages de cellules. Les plus grandes de ces cellules ont 20 μ de largeur et 24 μ à 25 μ de hauteur, tandis que celles des extrémités du rayon n'ont, en coupe tangentielle que 10 μ de largeur et 14 μ à 15 μ de hauteur. Certaines de ces cellules peuvent être dédoublées par une cloison radiale.

([1]) *Voir* le Mémoire précédent, p. 297.

Nous avons pu examiner les ponctuations des cellules de ces rayons; nous avons notamment constaté que celles des étages supérieur et inférieur d'un rayon formant ce qu'on a appelé des *trachéides transverses* présentent des ponctuations aréolées. Ces ponctuations sont beaucoup plus petites que celles des vaisseaux-fibres, puisque leur grand diamètre n'est que de 8 μ; la membrane assez épaisse, bien conservée de ces cellules, ne présentaient pas de ces processus saillants dans l'intérieur de la |cavité cellulaire qu'on observe dans beaucoup de *Pinus*.

La conclusion à tirer de l'étude de ce bois est que :

1º Par la disposition en une série des ponctuations aréolées, et par la présence de canaux sécréteurs, on se trouve en présence d'une *Picéée*.

2º La mauvaise conservation de la structure intime des membranes en général ne permet pas de certifier que la membrane des cellules de l'épithèle était dépourvue de lignine; pourtant, l'absence complète d'ornementation spiralée dans les trachéides permet 'de supposer qu'on se trouve en présence d'une espèce voisine des *Pinus*.

L'espèce en question sera donc le *Pityoxylon* (*Pinuxylon ?*) *cuisiense* nov. sp.

CUPRESSINOXYLON.

Un deuxième échantillon provenant de Cumières est également intéressant à étudier.

L'état de conservation de cet échantillon est peut-être encore moins bon que celui du *Pityoxylon cuisiense*.

COUPE TRANSVERSALE. — Une coupe transversale montre qu'ici encore il s'agit d'une Conifère. Les trachéides sont également disposées en séries radiales très régulières, et ont jusqu'à 4o μ de côté dans le sens radial et 3o μ à 35 μ dans le sens tangentiel. Ce bois présente des anneaux très nets.

Le *bois d'automne* est également différent, ces cellules pouvant n'avoir que 15 μ à 2o μ de côté dans le sens radial.

Il n'existe pas de canaux sécréteurs.

Les rayons unisériés peu nets, sont difficiles à étudier sur une coupe transversale.

COUPES LONGITUDINALES. TRACHÉIDES. — Les trachéides, en coupe longitudinale, se montrent très allongées, aigues aux extrémités et présentant sur leur face radiale une série de ponctuations aréolées.

Nous avons pu observer quelques trachéides où la structure de la membrane avait été conservée; les aréoles s'y montraient typiques, avec un diamètre de 14 μ à 16 μ pour le grand cercle et un diamètre de 5 μ à 6 μ pour le petit cercle. Dans la plupart des points de la préparation les aréoles sont désorganisées et peu reconnaissables comme telles.

RAYONS. — Les rayons constamment unisériés sont formés de 2 à 8, plus souvent 4 à 5 étages de cellules; ces cellules, en coupe tangentielle sont légèrement ovales et peuvent avoir 30 μ de largeur et 40 μ de hauteur; elles sont donc presque aussi larges que les trachéides. Nous avons longtemps cherché à voir l'organisation des ponctuations des cellules de ces rayons; dans la plupart de ces cellules nous ne voyions que de petits cercles correspondant à ces ponctuations, mais sans qu'il soit possible d'y rien voir de défini.

Enfin, nous avons cru voir dans une cellule une petite ponctuation aréolée de 6 μ de diamètre avec une fente centrale presque verticale.

PARENCHYME LIGNEUX. — L'existence d'un abondant parenchyme ligneux est très visible sur des coupes longitudinales. Ce parenchyme est formé de files verticales de cellules isolées, ou parfois de rubans tangentiels, ces cellules disposées bout à bout sont séparées par de brusques cloisons transversales; en coupe radiale, ces cellules se montrent parfois légèrement rétrécies au niveau de la cloison transversale.

Elles ont en général un contenu noirâtre, souvent plus ou moins déposé contre la membrane. Les cellules que nous avions observées comme ayant un contenu noirâtre, en coupe transversale, et qui ne semblaient pas différentes des trachéides étaient évidemment des cellules de parenchyme ligneux.

L'absence de canaux sécréteurs et la présence d'un abondant parenchyme ligneux, nous permet de ranger ce bois parmi les *Cupressinoxylon* sens. lat. La présence d'une seule ponctuation étudiable dans les cellules des rayons ne suffit pas, semble-t-il, pour préciser davantage la position de ce bois, sans cela devrait-il être considéré comme un *Podocarpoxylon*; nous en ferons donc le *Cupressinoxylon Cumièrense* nov, sp.

A ce même genre, doit se rattacher un autre bois de Conifère, dont nous ne possédons malheureusement qu'une coupe transversale, et dont l'échantillon a été perdu. Les trachéides disposées en séries radiales, sont plus ou moins carrées ou rectangulaires en section mesurant de 40 μ à 50 μ de largeur, et de hauteur. Les cellules de bois d'automne sont bien moins allongées radialement (20 μ environ). Il n'y a pas de canaux sécréteurs, mais on observe de nombreuses cellules, plus ou moins irrégulières, à contenu noirâtre, qui correspondent évidemment à du parenchyme ligneux. Ce bois provient des sables de Cuise-Lamotte. Notre échantillon a été égaré, mais il nous sera certainement facile de nous en procurer à nouveau. Ce sera le *Cupressinoxylon cuisiense* nov. sp.

Nous nous bornerons à la description de ces quelques bois de Conifères. Il existe aussi des bois de Dicotylédones, mais nous les décrirons ultérieurement. Bien souvent aussi malheureusement des échantillons d'apparence fort bien conservés, ne permettent aucune étude au microscope. C'est ainsi, par exemple, que le *Palmacites echinatus* de Vailly (Aisne), dont nous avons regardé de nombreuses préparations, est toujours en mauvais état. On distingue seulement, en coupe transversale, de nombreux faisceaux libéroligneux entourés chacun d'une épaisse gaine de sclérenchyme.

M. L. COLLIN,

Licencié ès Sciences physiques et naturelles, Professeur au Collège de Lesneven,
(Finistère).

DES DIFFÉRENTES ZONES PALÉONTOLOGIQUES DANS LE DÉVONIEN DE L'OUEST DU FINISTÈRE.

56 (44.11)

4 Août.

Le terrain dévonien de l'ouest du Finistère débute en concordance sur le silurien par une masse de schistes et de quartzites dont l'épaisseur peut être évaluée à 800 m environ.

Ces assises ont été désignées sous le nom de *schistes* et *quartzites de Plougastel* (¹), et assimilées au Gédinnien.

Le faciès lithologique est peu variable, c'est une alternance de bancs de schistes gris foncé, parfois presque noirs, avec des bancs de quartzites bleu clair.

La faune y détermine deux zones nettement définies; celle de la base est spéciale au niveau, tandis que celle du sommet se rapproche davantage des faunes des horizons supérieurs.

Les fossiles de la première zone sont les suivants :

Homalonotus sp.? *Orthis orbicularis* Sow, *Rhynchonella Puilloni* Barrois, *Lamellibranches* et *Polypiers;* ce sont des formes à affinités siluriennes.

Le gisement le plus important est situé à l'ouest de Lots-March' (presqu'île de Crozon).

Au-dessus de cet horizon sont des bancs qui ne contiennent que de rares Orthocères et des Lamellibranches.

La deuxième zone fossilifère occupe le sommet du niveau; sa faune est totalement différente de celle de la première :

Homalonotus, cf. *Le Hiri* Barrois, *H. Gahardensis* Lebesc, *Cryphœus* sp.?, *Avicula* sp.?, *Modiolopsis* sp.?, *Guerangeria* sp.?, *Myalina* (*Actinopteria*) *Manca* Barrande, *Orthoceras planiseptatum* Sand, *Tentaculites scalaris* Schlt. *Lingula* sp.?, *Rhynchonella Phœnix* Berrande, *Rh. Thebaulti* Rou, traces de plantes peut-être terrestres.

(¹) M. BARROIS, *Terr. Dev. Rade de Brest* (*B. S. G. N.*, 1877, p. 63).

Le point fossilifère le plus important se trouve dans l'anse de la Station maritime au sud-ouest de Landévennec.

Grès de Landévennec assimilé au Taunusien. —Le passage des schistes et quartzites au grès de Landévennec s'effectue en général de la façon suivante :

Aux gros bancs de quartzites succède une série de bancs dont la texture devient de plus en plus gréseuse; ces quartzites alternent avec des schistes souvent presque ampéliteux dont l'épaisseur va en diminuant à mesure qu'on monte dans le niveau.

Les grès contiennent de nombreux Orthocères et quelques fossiles :

Homolonotus, Lamellibranches, Gastéropodes et *Orthis Monnieri* Rou.

qui est caractéristique du grès de Landévennec.

Au-dessus de ces bancs de passage (20 m environ), on trouve une bande d'argile de couleur variable suivant le point de la région où on l'étudie, elle est assez constante ([1]).

Le véritable grès de Landévennec débute alors par une masse gréseuse à bandes ou à nodules de minerai de fer (10 à 15 m) remplacée souvent par des grès à grain fin, contenant de petits Lamellibranches ou de petits Brachiopodes :

Paracyclas, cf. *Lebercontei* Barrois, *Grammysia* sp.?, *Guerangeria* sp.?, *Orthis orbicularis* Sow., *Orth. Monnieri* Rou; *Spirifer* nv. sp. et des *Retzia.*

Cette roche à grain fin supporte une sorte de quartzite plus grossière d'une coloration verte très prononcée, elle contient des intercalations schisteuses.

La faune est uniquement composée de Lamellibranches.

Grammysia Hamiltonensis de Vern., *Avicula lœvis* Goldf., cf. *Cenodonta* sp.?

Le principal gisement fossilifère se trouve à l'est de la grève du Poulmic (presqu'île de Crozon).

Aux bancs verts succède un grès blanc sableux contenant quelques *Homalonutus* et les mêmes Lamellibranches (principal affleurement : grève nord-est de Landévennec).

On peut donc diviser l'ensemble de ces bancs à partir du sommet des quartzites en deux zones paléontologiques. La première caractérisée par les Orthocères, les petits Lamellibranches et les petits Brachiopodes; la deuxième par les Lamellibranches de taille moyenne.

Au-dessus on trouve la masse la plus considérable de l'assise (40 à 60 m), elle est formée d'un beau grès blanc bleuâtre ou gris clair rempli de fossiles. La faune est la suivante :

Hocnalonotus Gahardensis Lebesc., *H. Barrandei* Lebesc., *H. accuminatus* de Trom. Lebesc., *H.* nv. sp. *Cryphœus Rouaulti* de Trom. Lebesc., *Orthoceras*

([1]) M. Barrois la considérait comme limite inférieure du niveau.

planiseptatum Sand., *Guerangeria Davousti* Œhl., *Avicula lœvis* Goldf., *Avicula*, *pseudolœvis* Œhl., *Avicula (Actinopteria) Trigeri*, Œhl., *Avicula (Liopteria) Kerfornei* Œhl., *Tentaculites scalaris* Schlt., *Hyolytes* sp.?, *Strophomena Subarachnoïdea* de Vern., *Str. Thisbe* d'Orb., *Orthis Monnieri* Rou., *Orthis Hamoni* Rou., *Spirifer* nv. sp., *Retzia melonica* Barr., *Retzia Haidengeri* Barr., *Centronella Gaudryi* Œhl., *Rhynchonella Thebaulti* Rou., *Cyrtinia heteroclyta* var. *pauciplicata* Œhl., *Pleurodyctium Constantinopolitanum* de Vern. (meilleur gisement est de Lanvéoc).

Enfin, à ce grès en succède un autre plus sableux dont la faune est aussi extrêmement riche, cependant les Lamellibranches y sont plus rares, et l'on ne trouve plus guère que des Brachiopodes.

On peut considérer ces deux derniers grès comme formant la troisième zone taunusienne, caractérisée par le mélange des Lamellibranches et des Brachiopodes. Il est bon de remarquer que, depuis les quartzites, le facies général a changé, le Gothlandien et la base du Gédinien possèdent un facies profond qui peu à peu se change en un facies néritique, caractérisé, lithologiquement par des grès à grain assez gros, paléontologiquement par des Brachiopodes ornés, des Lamellibranches à test épais et des Aviculidés. Cette transformation du facies indiquerait donc un relèvement du fond du géosynclinal finistérien pendant les dépôts de la base du Dévonien.

Coblentzien supérieur. — Le grès à *Orthis Monnieri* Rou., supporte une série d'assises schisteuses, calcaires ou grauwackeuses qui constituent la partie supérieure du Dévonien inférieur.

L'assise coblentzienne montre une tendance à l'approfondissement car elle débute par des bancs schisto-gréseux, passe à des calcaires, en lentilles dans les schistes et se termine par des grauwackes dont l'élément arénacé tend à devenir de plus en plus rare, cette assise indique un passage entre le facies néritique des grès taunusiens et le facies plus profond de l'Eifélien.

Les schistes de la base qui constituent une première zone paléontologique sont fins, bleu foncé, fissiles ; ils affleurent en de nombreux points du Finistère.

Leur faune est spéciale :

Beyrichia sp.?, *Homalonotus* sp.?, *Chonetes plebeia* schn., *Ch. tennicostata* Œhl., *Leptœna Davousti* de Vern., *Strophomena interstrialis* Phill., *Orthis Gervillei* Def., *Orth. Hamoni* Rou., *Orth. Vulvarius* Schlt., *Spirifer Rousseaui* Rou., *Spirifer Paradoxus*, var. *arduennensis*, *Crinoïdes*, *Zaphrentis Celtica* Barrois, *Pleurodyctium Problematicum* Goldf.

Les fossiles les plus répandus dans la formation sont le *Chonetes plebeia* et le *Zaphrentis celtica.*

Les calcaires que l'on peut considérer comme formant une deuxième zone paléontologique ont un facies semi-néritique, leur couleur ainsi que leur texture varient suivant les endroits où ils affleurent ; généralement ils sont bleu foncé et très durs, ce qui ne permet pas de dégager une faune aussi complète que celle des autres calcaires de l'Armorique. Cependant l'ensemble des fossiles suivants ne peut permettre aucun doute sur l'horizon auquel ils appartiennent.

Primitia Ficheri Œhl., *Beyrichia Hardouiniana* Rou., *Cryphœus Michelini* Rou., *Avicula leucosia* Œhl., *Palconeilo armoricana* Rou., *Gasteropodes, Tenta-culites Venaili* Murch., *Chonetes plebeia* Schn., *Ch. Sarcinulata* Schlt., *Leptœna Davousti* de Vern., *Spirifer Rousseaui* Rou., *Sp. Venus* d'Orb., *Sp. Trigeri* de Vern., *Cyrtinia heteroclyta* Def. (type), *Athyris undata* Def., *Ath. concentrica* v. Buch., *Ath. subconcentrica* de Vern., *Centronella Gaudryi* Œhl., *Centronella Guerangeri* de Vern., *Rhynchonella Cypris* d'Orb., *Rh. Pareti* de Vern., *Rh. fallaciosa* Bayle, *Wilsonia subwilsoni* d'Orb., *Melocrinus occidentalis*, Œhl., *Favosites Goldfusi* M. Ed. H., *Favosites polymorpha* Goldf., *Ptychophyllum expansum* M. Ed. H., *Cyathophyllum Michelini, Cyathophyllum Pictonense* Barrois.

Principaux affleurements. — Grèves de la Tavelle, de la Fraternité, de Pons-Corff (presqu'île de Crozon); pointe de l'Armorique, anse de l'Auberlach, Tréflévenez, etc. (près de Plougastel).

Troisième zone du Coblentzien supérieur. — Au-dessus des calcaires précités ou des schistes qui parfois les remplacent existe également une zone composée lithologiquement de schistes à bancs de grauwacke; cette dernière roche se présente sous l'aspect d'un grès fortement micacé en certains endroits et coloré en brun par de l'oxyde de fer, elle est perforée de nombreux trous formés par une très grande quantité de moules externes de coquilles.

La faune est très voisine de celle des calcaires, elle en diffère cependant par la plus grande abondance de certaines espèces et surtout par leur localisation en certains points particuliers.

Cryphœus Michelini Rou., *Modiamorpha Eropei* Œhl., *Mod. meduanensis* Œhl., *Goniophora Gallica* Œhl., *Pterinea Pailletei* de Vern., *Avicula leucosia* Œhl., *Av. Kerfornei* Œhl., *Murchisonia* sp.?, *Tentaculites Velaini* Murch., *Conularia* sp., *Chonetes plebeia* Schn., *Ch. Sarcinulata* Schlt., *Ch. tennicostata* Œhl., *Ch. dilatata* Rœm., *Ch. Davousti* de Vern., *Lept. Murchisoni* de Vern., *Strophomena Thisbe* d'Orb., *Str. Verneuili* Barr., *Orthothethes Hipponyx* Schn., *Orthis circularis, Orth. fascicularis* d'Orb., *Orth. vulvarius* Schlt., *Spirifer Rousseaui* Rou., *Sp. Lœvicosta* Valenc., *Sp. Paradoxus* var. *hercyniæ* Gib., *Sp. Venus* d'orb., *Athyris undata* Def., *Ath. concentrica* v. Buch., *Atrypa reticularis* Lin., *Megantheris inornata* d'Orb., *Meg. Archiaci* de Vern., *Centronella Guerangeri* de Vern., *Rhynchonella Pareti* de Vern., *Rh. Le Tissieri* Œhl., *Wilsonia subwilsoni* d'Orb., *Pentamerus Vogulicus* de Vern., *Pleurodyctium Problematicum* Goldf. *Spirorbis* sp.

Les affleurements de la grauwacke de cette zone sont très nombreux, le meilleur se trouve dans l'île de Térénez, à l'embouchure de l'Aulne.

Quatrième zone du Coblentzien supérieur. — Peu différente de la précédente au point de vue lithologique, elle s'en écarte par sa faune; en effet, on a affaire ici à un facies schisto-grauwackeux, mais les bancs de grauwacke n'ont pas tout à fait la même texture que précédemment, ils sont plus argileux. La faune est la suivante :

Cryphœus (du groupe *Michelini*), *Pterinea Pailletei* de Vern., *Avicula striato-costata* Gieb., *Conularia* sp.?, *Chonetes tennicostata* Œhl., *Ch. dilatata* Rœm., *Leptœna* (*Plectombonites*) *Bouei* de Vern., *Lept.* (*Plect.*). *rhomboïdalis* Wahl., *Lept. Sedgewigki* d'Arch. de Vern., *Orthothethes Hipponyx* Schn., *Orthis Gervillei* Def. var. *Coactiplicata* Œhl., *Orthis fascicularis* d'Orb., *Orthis Hamoni* Rou., *Orthis Vulvarius* Schlt., *Spirifer Paradoxus* var. *hercyniœ* Gieb., *Sp. Pellicoi* de Vern., *Sp. Venus* d'Orb., *Sp.* cf. *subsulcatus* Barrois, *Sp. Davousti* de Vern., *Sp. Trigeri* de Vern., *Sp.* cf. *speciosus* Bronn., *Cyrtinia heteroclyta* var. *intermedia* Œhl., *Athyris undata* Def., *Megalantherys inornata* d'Orb., *Centronella Guerangeri* de Vern., *Rhynchonella Pareti* de Vern., *Pentamerus costatus* Gieb., *Favosites cervicornis* Sand., *Favosites* sp.?, *Fenestella* sp.?

On peut fixer environ à 5o m l'épaisseur totale de cette zone, d'ailleurs il est impossible de la déterminer avec précision sur le terrain, car elle passe sans transition brusque à la zone suivante.

Les principaux affleurements sont, à l'est du village de Run-ar-Chranc (près du Fret) et à l'est de Landévennec.

Cinquième zone du Coblentzien supérieur. — Le facies lithologique devient plus schisteux et par conséquent s'éloigne du précédent; la faune est fort riche en espèces :

Primitia Ficheri Œhl., *Cryphœus Barrandei* Caill., *Phacops Potieri* Bayle., *Avicula costato lamellosa* Œhl., *Tentaculites striatus* Ed. Guerang, *Conularia* sp.?, *Chonetes Davousti* Œhl., *Ch. minuta* de Konick, *Leptœna* (*Plectombonites*) *rhomboïdalis* Wahl., *Lept. sarthacensis* Œhl., *Strophomena interstrialis* Phill., *Strophodonta Leblanci* Rou., *Orthothethes umbraculum* Schlt., *Orthis vulvarius* Schlt., *Orthis striatula* Schlt, *Spirifer Pellicai* de Vern., *Sp. Paradoxus* Schlt. (type), *Sp. Venus* d'Orb., *Sp. Decheni* Kays., *Sp. Cultrijugatus?* Rœm., *Sp. Euryglossus* Schn., *Sp. Trigeri* de Vern., *Atrypa reticularis* Lin., *Nucleospira Lens* Schn., *Favosites cervicornis* Blainv., *Fenestella* sp.?

On peut voir que l'ensemble de cette faune et de la précédente a les plus grandes relations avec celle des calcaires d'Erbray (Loire-Inférieure).

A mon avis, il faut considérer ces zones comme intermédiaires entre le Dévonien inférieur et le Dévonien moyen; en effet dans les couches précédentes les fossiles du Coblentzien sont seuls représentés, ici au contraire on commence à voir apparaître des formes eiféliennes. Il est intéressant aussi de constater la disparition lente de la faune coblentzienne et l'apparition de l'eifélienne.

Si l'on remarque que pour les autres régions de l'Europe, on a considéré cette dernière comme dérivant de la précédente, ici, au contraire, il faut admettre la pénétration d'espèces venant de l'Est par suite du changement des conditions d'existence et conclure d'après l'examen des facies à un approfondissement (en masse) du géosynclinal avec création de nouvelles communications.

EIFÉLIEN. — *Première zone.* — La zone suivante, que j'attribue à l'Eifélien, contient encore beaucoup de formes des quatrième et cinquième zones coblentziennes, mais la proportion des fossiles eiféliens augmente. Le facies devient de plus en plus schisteux, ici on a affaire à des schistes calcareux contenant des bancs et des nodules calcaires, généralement trés fossilifères; l'épaisseur de cette formation peut atteindre 200 à 250 m, sa faune est très riche :

Beyrichia Hardouiniana Rou., *Primitia Ficheri*, Œhl., *Calymene* cf. *reperta* Œhl., *Cryphœus Barrandei* Caill., *Phacops Potieri* Bayle, *Cyphaspis Gaultieri* Rou., *Orthoceras crassum* Rœm., *Ctenodonta Krotonis* F. A. Rœm., *Conocardium reflexum* Zeiler, *Avicula* sp.?, *Oriostoma princeps* Œhl., *Loxonema Hennahiana* Sow., *Pleurotomaria fasciata* Sand., *Pleur. subalata* de Vern., *Callonema Kayseri* Œhl., *Conularia* sp.?, *Chonetes tennicostata* Œhl., *Ch. Boblayei* de Vern., *Ch. dilatata* Rœm., *Leptœna rhomboïdalis* Wahl., *Lept., Phillipsi* Barr., *Strophomena interstrialis* Phill., *Strophodonta Clausa* de Vern., *Orthothethes hippoñyx* Schn., *Orthis opercularis* de Vern., *Orthis Hamoni* Rou., *Orthis Trigeri* de Vern., *Orthis Vulvarius* Schlt., *Spirifer lœvicosta* Val., *Sp. Decheni* Kays., *Sp. Paradoxus* var. *Pellico* de Vern., *Sp. Paradoxus* Schlt. (type), *Sp. Venus* d'Orb., *Sp. Speciosus* Bronn., *Sp. Euryglossus* Schn., *Sp. Trigeri* de Vern., *Cyrtinia heteroclyta* Def. (type), *Cyrt. het.* var. *intermedia* Œhl., *Athyris* aff. *undata* Def., *Ath. concentrica* v. Buch., *Atrypa reticularis* Lin. (type), *Atrypa reticularis* var. *arpera*, *Nucleospira Lens* Schn., *Retzia Adrieni* de Vern., *Rhynchonella Cognata* Barrois, *Rh. subpareti* Œhl., *Rh. (Wilsonia) princeps* Barr., *Rh. (Wilsonia) parallelipeda* Bronn *Rh. Wilsonia angulosa* Schn., *Rh. (Wilsonia) Orbignyana* de Vern., *Pentamerus Œhlerti* Barrois, *Pentamerus* cf. *Chaperi. Raphanocrinus? Wachmuthi* Œhl., *Zaphenthis* cf. *Guilleri*, *Menophyllum* sp.?, *Microcyclus eifeliensis* Kays., *Fenestella* plus esp. *Receptaculites* nov. sp.

Le principal gîte fossilifère de la zone se trouve dans la falaise du nord du village de Run-ar-Chranc près du Fret (presqu'île de Crozon).

Deuxième zone eifélienne. — La deuxième zone eifélienne possède à peu près le même facies lithologique que la première, mais elle en diffère par sa faune qui indiquerait une plus grande profondeur.

Phacops Potieri Bayle, *Cryphœus calliteles* Green., *Cr. Barrandei* Caill., *Prœtus* sp.?, *Cyphaspis Gaultieri* Rou., *Bactrites carinatus* Münst., *Anarcestes subnautilinus* Sand., *Anarcestes laieseptatus* Sand., *Aphyllites evexus* v. Buch., *Ctenodonta Krotonis* F.-A. Rœm., *Avicula* sp.?, *Pleurotomaria* sp.?, *Bellerophon latofasciatus* Sand., *Bellerophon* sp.?, *Loxonema Hennahiana* Sow., *Loxonema piligera* Sand., *Macrocheilus ventricosum* Goldf., *Tentaculites sulcatus* Rœm., *Strophodonta Leblanci* Rou., *Strop. Clausa* de Vern., *Orthis Eifeliensis* de Vern., *Spirifer Euryglossus* Schn., *Megantherys* cf. *Archiaci* de Vern., *Lecythocrinus* cf. *Eifeliensis* Müll., *Cyathophyllum* sp., *Pleurodyctum problematicum* Goldf.

Le meilleur gisement de cette zone se trouve au sud du village de Lanvoy, près du Faou (¹).

Troisième zone eifélienne. — Cette zone est plutôt paléontologique que stratigraphique, son faciès est semblable à peu de choses près à celui de la première zone; mais sa faune diffère de celle de cette dernière par une plus grande abondance de fossiles du Dévonien moyen et par la présence bien établie du *Spirifer speciosus* Bronn. et du *Rhynchonella orbignyana* de Vern.

Il est facile de voir qu'elle correspond à la base des schistes à calcéoles de l'Ardenne et de l'Eifel.

Les principales espèces sont :

Phacops Potieri Bayle, *Cryphœus Barrandei* Caill., *Leptœna rhomboïdalis* Wahl., *Strophomena interstrialis* Œhl., *Chonetes dilatata* Rœm., *Orthis Trigeri* de Vern., *Orthis Eifeliensis* de Vern., *Orthis Hamoni* Rou., *Spirifer Paradoxus* Schlt., *Sp. Venus* d'Orb., *Sp. speciosus* Bronn., *Sp. undiferus* Rœm., *Cyrtinia heteroclyta* Def. (type), *Cyrt. het.* var. *intermedia* Œhl., *Atrypa reticularis* Lin., *Nucleospira Lens* Œhn., *Retzia Adrieni* de Vern., *Megantheris inornata* d'Orb., *Cryptonella Schulzi* de Vern., *Centronella Lapparenti* Barrois, *Rhynchonella (Wilsonia) Princeps* d'Orb., *Rh. (Wilsonia) Orbignyana* de Vern., *Pentamerus Œhlerti* Barrois, *Pleurodyctium Problematicum* Goldf.

Cette troisième zone est bien visible dans les falaises du Fret, dans celles de l'anse du Moulin-Neuf au sud de Plougastel, et à l'est du village de Lanvoy près du Faou; son épaisseur moyenne est de 60 m environ.

Quatrième zone eifélienne. — Elle est composée de grauwacko-schistes très argileux, à grain fin et d'une couleur plus claire que celle des couches de la zone précédente; sa caractéristique est l'abondance du *Spirifer Paradoxus* Schlt. (type).

Les principaux affleurements se trouvent dans la grève de Saint-Fiacre (près du Fret), dans celle du Fret, à la pointe Doubidy, dans l'anse du Moulin-Neuf, au sud de Logonna, et aux environs du Faou (rive droite de la rivière).

Les formes les plus communes que j'y ai recueillies sont les suivantes :

Primitia Ficheri Œhl., *Beyrichia Hardouiniana* Rou., *Cryphœus stellifer* Burmeister., *Cryph. Barrandei* Caill., *Phacops Potieri* Bayle, *Cyphaspis Gaultieri* Rou., *Prœtus Œhlerti* Bayle, *Aviculopecten Neptuni* Goldf., *Cypricardinia elegans* Goldf., *Cypr. gratiosa* Barr., *Tentaculites sulcatus* F.-A. Rœm., *Productus subaculeatus* Musch., *Chonetes tennicostata* Œhl., *Ch. dilatata* Rœm.

(¹) Dans le premier travail que j'ai publié sur la région ouest du Finistère, j'avais réuni ces deux zones avec la dernière du Coblentzien, mais, vu les divergences de facies, tant lithologique que paléontologique, il est préférable de les séparer [*voir* L. Collin, *Niveau à* Phacops Potieri *Bayle* (*Association française : Congrès de Toulouse*, 1910)].

Ch. Davousti Œhl., *Ch. minuta* de Koninck., *Leptœna rhomboïdalis* Wahl., *Strophomena interstrialis* Phill., *St. maestrana* de Vern., *Orthothethes umbraculum* Schlt., *Spirifer Pellicoi* de Vern., *Sp. Paradoxus* Schlt. (type)., *Sp. Venus* d'Orb., *Cyrtinia heteroclyta* var. *intermedia* Œhl., *Athyris concentrica* v. Buch., *Atrypa reticularis* Lin., *Nucleospira Lens* Schn., *Retzia Adrieni* de Vern., *Pleudyctium Problematicum* Goldf.

Cinquième zone eifélienne. — Cette zone, qui a environ une trentaine de mètres d'épaisseur, est très facile à reconnaître sur le terrain par son faciès grauwackeux qui tranche sur celui de ses voisines, il se rapproche davantage du faciès de la grauwacke du Faou; cependant il s'en écarte par la moins grande abondance de l'élément arénacé.

L'ensemble de ses fossiles permet de voir qu'elle correspond au niveau à *Spirifer. cultrijugatus* de la grauwacke d'Hierges :

Criphœus Barrandei Caill., *Phacops Potieri* Bayle, *Cyphaspis Gaultieri* Rou., *Bellerophon latofasciatus* Sand., *Chonetes tennicostata* Œhl., *Ch. minuta* de Koninck, *Leptœna Rhomboïdalis* Wahl., *Lept. piligera* Sand., *Strophomena interstrialis* (forme de Sablé) Œhl., *Strophodonta Leblanci* Rou., *Orthothethes umbraculum* Schlt., *Spirifer Pellicoi* de Vern., *Sp. Paradoxus* Schlt. (type), *Sp. Venus* d'Orb., *Sp. speciosus* Bronn., *Sp. subspeciosus* = *Sp. Venus* Bayle non d'Orb., *Sp. cultrijugatus* Rœm., *Sp. Beaumonti* Rœm., *Sp. undiferus* Rœm., *Cyrtinia heteroclyta* var. *Pauciplicata* Œhl., *Cyrt. heteroclyta* Def. (type), *Cyrtinia het. var. intermedia* Œhl., *Atrypa reticularis* Lin., *Nucleospira Lens* Schn., *Rhynchonella Orbignyana* de Vern., *Pleurodyctium. Problematicum* Goldf., *Anlopora serpens.*, *Fenestella* sp.?

Son plus bel affleurement est à l'ouest de Saint-Fiacre (entre Camaret et le Fret).

Sixième zone eifélienne. — Le faciès schisto-calcaireux, reprend ici plus d'importance; cette sixième zone est beaucoup moins homogène que la sous-jacente; si elle présente assez de constance dans son faciès lihologique (schistes à bancs calcaires), la faune, au contraire, varie d'un point à un autre.

Elle apparaît en bordure nord du brachysynclinal du Fret-Daoulas; elle est surtout visible à l'ouest de Saint-Fiacre (presqu'île de Crozon) et dans les falaises de Teven, au sud de Plougastel; son épaisseur peut être approximativement fixée à une cinquantaine de mètres; sa faune est là suivante :

Phacops Potieri Bayle, *Cyphaspis Gaultieri* Rou., *Productus subaculeatus* Murch., *Chonetes Davousti* Œhl., *Ch. minuta* de Koninck, *Leptœna rhomboïdalis* Wahl., *Strophomena interstialis* (forme de Sablé) Œhl., *Str. maestrana* de Vern., *Orthothethes hipponyx* Schn.?, *Orth. umbraculum* Schlt., *Orthis strialula* Schlt., *Spirifer Pellicoi* de Vern., *Sp. concentricus* Schn., *Atrypa reticularis* Lin., *Rhynchonella (Wilsonia) tennistriata* Sand., *Cyathophyllum aff ceratites* Goldf., *Cystiphyllum vesiculosum* Goldf., *Amplexus irregularis* Kayr., *Fenestella* sp.?

Septième zone eifélienne. — Zone fort constante sous tous les rapports, son facies lithologique est représenté par des schistes à bancs argilo-grauwackeux avec nodules argileux contenant de bons fossiles à l'état de moules.

La zone se trouve tout autour de la rade de Brest, où elle forme une bande d'une soixantaine de mètres d'épaisseur.

La faune indique une certaine hauteur dans l'Eifélien, elle contient même des espèces givétiennes et néodévoniennes :

Beyrichia Hardomniana Rou., *Cryphœus Barrandei* Caill., *Phacops Potieri* Bayle, *Cyphaspis Gaultieri* Rou., *Orthoceras triangulare* d'Arch. et Vern., *Posidonomya* sp.?, *Tentaculites striatus* Ed. Guerang, *Productus Subaculeatus* Murch., *Strophalosia productoïde* David., *Chonetes tennicostata* Œhl., *Ch. Semiradiata* Sow., *Ch. armata* Bouch., *Leptœna rhomboïdalis* Wahl., *Lep. Dutertrii* Murch., *Strophomena maestrana* de Vern., *Strophodonta Leblanci* Rou., *Orthothethes umbraculum* Schlt., *Orthis Dumontiana* de Vern., *Orthis elegans, Orth. striatula* Schlt., *Spirifer Paradoxus* Schlt. (type), *Sp. Venus* d'Orb., *Sp. subcuspidatus* Schn., *Sp. concentricus* Schn., *Sp. undiferus* Rœm., *Cyrtinia heteroclyta* var. *panciplicata* Œhl., *Cyrt. het.* var. *intermedia* Œhl., *Athyris concentrica* v. Buch., *Atrypa reticularis* Lin, *Atrypa reticularis* var. *Aspera., Rhynchonella Ferquensis* Goss., *Rh. (Wilsonia) primipilaris* Quenst., *Pentamerus globus* Bronn (très rare), *Pleurodyctium Problematicum* Goldf., *Fenestella* sp.?

Zone givétienne (1). — Jusqu'à présent il n'a pas été signalé de givétien dans le Dévonien du Finistère, et la zone que j'indique comme appartenant à ce niveau, ne peut être comparée à celles du givétien de l'Ardenne et de l'Eifel, ceci à cause des différences bathymétriques qui existaient dans les mers de Bretagne et de l'Ardennes à l'époque où s'est déposée la partie supérieure du Dévonien moyen dans ces deux régions.

Mais, si l'on ne peut assimiler cette partie supérieure du Dévonien moyen de l'ouest du Finistère à celle des régions du Nord-Est, on peut, d'après la lithologie et la paléontologie, la comparer à celle de gisements reconnus givétiens pour le Dévonien du sud de la France, c'est-à-dire de l'Hérault.

L'épaisseur de la zone est de 30 à 50 m environ. La faune est la suivante :

Cryphœus Barrandei Caill., *Phacops Potieri* Bayle, *Prœtus Œhlerti* Bayle *Orthoceras vittatum* Sand., *Productus subaculeatus* Murch., *Chonetes armata* Bouch. Chant., *Leptœna rhomboïdalis* Wahl., *Strophomena Dutertrii* Murch., *Strophomena bifida* Rœm., *Str. maestrana* de Vern., *Orthothethes umbraculum* Schlt., *Orthis Dumoutiana* de Vern., *Orth. elegans, Orth. striatula* Schlt., *Spirifer Bouchardi* Murch., *Sp. Verneuili* ? Murch., *Cyrtinia heteroclyta* Def. (type), *Cyrt. het.* var. *Demarlii* Bouch., *Athiris concentrica* v. Buch., *Atrypa reticularis* Linn (type), *Atrypa reticularis* var. *aspera, Bifida lepida* Goldf., *Pentamerus globus* Bronn (très commun), *Crinoïde* nov. sp.), *Cyathophyllum heliantoïde*

---

(1) Dans la Note que j'ai publiée l'année dernière, j'avais réuni cette zone au Néodévonien [*Niveau à* Phacops Potieri (*Assocation française : Congrès de Toulouse*, 1910).

Goldf., *Cyrtiphillum vesiculosum* Goldf., *Polypora striatella* Sand., *Spirorbis* sp.?, *Fenestella* sp.?, *Receptaculites Neptuni* Def.

Principaux affleurements. — [Persuel, grève du Moulin de Rostellec (presqu'île de Crozon). Nord de Porsguen, Squiffiec, au sud de Plougastel].

Dévonien supérieur. — Le Dévonien supérieur de la région finistérienne comprend trois zones bien délimitées; les deux premières appartiennent franchement au Frasnien, la dernière a été reconnue par M. Barrois comme Famennienne.

Première zone frasnienne. — Composée de schistes argileux avec amas de moules de fossiles formant une roche, dont l'aspect rappelle celui de la grauwacke du Faou.

Elle forme une bande qui se voit à la petite presqu'île de Persuel, et dans la grève du moulin de Rostellec (près de l'île Longue); à l'est de la rade de Brest, on la retrouve au sud de Rostiviec et aux environs de Daoulas.

La faune est très voisine de celle des calcaires de Ferques (Boulonnais) :

Cryphœus Barrandei Caill, *Cryph. laciniatus* Rœm., *Phacops Potieri* Bayle (très rare) *Prœtus* cf. *Œhlerti* Bayle, *Ctenodonta Krotonis* F.-A Rœm., *Cardiola* sp.?, *Bellerophon trilobatus* var. *tumidus* Sand., *Bel. lineatus* Gieb., *Loxonema Hennahiana* Sow., *Tentaculites striatus* Ed. Guerang, *Productus subaculeatus* Murch., *Chonetes armata* Bouch. Chant., *Leptœna Dutertrii* Murch., *Lept. bifida* Rœm., *Strophomena maestrana* de Vern., *Orthothethes umbraculum*, *Orthis Dumontiana* de Vern., *Orth. elegans.*; *Orth. striatula* Schlt., *Spirifer Bouchardi* Murch., *Sp. Verneuili* Murch., *Cyrtinia heteroclyta* var. *Demarlii* Bouch., *Atrypa reticularis* Linn., *Atrypa reticularis* var. *aspera*, *Rhynchonella Boloniensis* d'Orb., *Fenestella* sp.?

Deuxième zone frasnienne. —.Cette zone se présente sous deux aspects : à la base, elle a un facies représenté par des schistes très fins, gris clair, fissiles, se brisant en petites aiguilles; dans les fentes de ces schistes sont des intercalations d'oxyde de fer qui donnent un aspect réticulé à la roche; au sommet les schistes sont calcareux, ils contiennent des bancs et des nodules calcaires à fort beaux fossiles, l'épaisseur moyenne de la formation est d'environ 130 m.

La faune, bien que se rapprochant de la précédente, indique des conditions bathymétriques de plus grande profondeur :

Phragmoceras sp.?, *Tornoceras simplex* v. Buch., *Bactrites gracilis* Sand. *Nucula securiformis* Sand., *Nuc. Krachtae* Rœm., *Leda* sp., *Ctenodonta Krotonis* F.-A.Rœm., *Corbula inflata* Sand., *Lucina rectangularis* Sand., *Cypricardinia crenistria* Sand., *Posidonomya* sp.?, *Cardiola Nedhensis* ? *Oriostoma multistriatum* Œhl., *Bellerophon trilobatus* var. *tumidus* Sand., *Bel. lineatus* Gieb., *Pleurotomaria* cf. *decussata* Sand., *Productus subaculeatus* Murch., *Productus subaculeatus* var. *fragaria* Sand., *Chonetes armata* Bouch. Chant, *Leptœna Dutertrii* Murch., *Orthis elegans.*, *Spirifer Bouchardi* Murch., *Sp. Verneuili* Murch.; *Cyrtinia heteroclyta* var. *Demarlii* Bouch., *Atrypa reticularis* var. *aspera*, *Atrypa ret.* var. *lon-*

gispina., *Rhynchonella Boloniensis* d'Orb., *Crinoïdes* spéciaux, *Aulopora serpens*, *Fenestella* sp.

Les schistes fins affleurent en de nombreux points de la région, on peut les étudier surtout aux environs de Rostellec et de l'île Longue.

Les schistes calcareux ne se montrent qu'au nord du village de Rostiviec (sud de Plougastel).

Zone famennienne. — Elle a été désignée par M. Barrois sous le nom de *schistes de Rostellec ;* elle est composée de schistes noirs bitumineux à bancs et à nodules calcaires ou argilo-pyriteux; sa faune est analogue à celle des mêmes couches de Cabrières (Hérault) et de Nedhen en Westphalie.

Ce sont les véritables bancs à goniatites de la région finistérienne; leur faune est la suivante :

Cypridinia serratostriata Sand., *Bactrites Schloteimi* Quenst., *Tornoceras aure* Sand., *Parodoceras (Chiloceras) circumflexum* Sand., *Avicula Lœvis* Rœm., *Posidonomya venusta* Münst., *Cardiola retrostriata* Keyserling., *Card. cornucopiæ* Goldf., *Lunulicardium* sp.?, *Tentaculites tennicinctus* F.-A. Rœm., *Camarophoria rhomboïdea*.

Les meilleurs gisements de cette zone sont à Rostellec (grève du Moulin), à l'île Longue, à Porsguen et à l'embouchure de la rivière de Daoulas.

Il est facile de voir que le facies lithologique et paléontologique de cette formation indique des conditions bathymétriques de grande profondeur; or, si l'on remarque que depuis la base de l'Eifélien jusqu'au Frasnien les facies sont beaucoup moins profonds, on est obligé de conclure qu'à la fin de l'époque frasnienne le géosynclinal armoricain a effectué un mouvement de descente brusque tout au moins dans la région finistérienne [1].

Si l'on constate encore que la faune famennienne a bien plus de relations avec les faunes du sud du Plateau Central qu'avec celles de l'Ardenne et de l'Eifël, il faut aussi admettre qu'à ce moment de nouvelles communications se sont ouvertes entre la région bretonne et les autres contrées.

[1] La concordance du Famennien sur le Frasnien existe en effet.

M. L. COLLOT,

Professeur de Géologie à l'Université (Dijon).

COLORATION DES COQUILLES FOSSILES. CAS NOUVEAUX.

56.4

1er *Août.*

Les Oryctologues qui figuraient des fossiles dans le premier tiers du XIXe siècle, tels que Sowerby, Reinecke, Zieten, teintaient leurs figures des couleurs que montraient les fossiles. Ces colorations n'avaient rien de commun avec celles qui ornaient les coquilles de leur vivant, mais tenaient aux terrains d'où elles provenaient. Par là elles nous donnaient immédiatement un précieux renseignement sur leur niveau stratigraphique. Ainsi dans Zieten (*Die Versteinermgen Wurtembergs*), les Ammonites écrasées dans les schistes noirs de la base du Toarcien se distinguent immédiatement par leur aspect des fossiles des autres parties du Lias et celles du Jura blanc ne peuvent se confondre avec les moules de calcaire brun qui appartiennent au Bajocien, ni avec les Ammonites pyriteuses à patine de rouille du Callovien.

Dans certains cas, au contraire, les fossiles présentent une couleur propre, qui est, sinon celle du vivant, du moins un dérivé de celle-ci. La matière colorante a pu s'altérer de manière à réaliser une teinte différente, mais elle a subsisté à la même place, et elle est distribuée avec une régularité nous avertissant que nous sommes bien en présence de l'ornementation chromatique de la coquille.

C'est dans les formations les moins anciennes que nous devons nous attendre à trouver la persistance de la coloration, puisque c'est là que les phénomènes destructeurs ont eu le moins le temps d'agir.

Il paraît en effet en être ainsi, mais non d'une manière exclusive. Dans des calcaires très compacts, à pâte très fine, dans certaines marnes, l'eau chargée d'oxygène ne circulant pas au contact du fossile, sa matière organique colorante n'a pas été brûlée, alors même que la coquille peut appartenir à un étage géologique très ancien.

La coloration propre des invertébrés fossiles a quelquefois été signalée par les auteurs Deshayes (*Anim. s. vertèbres du bas. de Paris*, t. II, p. 112), dit en parlant de l'*Ostræa augusta* des sables de Cuise : « quelques échantillons conservent leur primitive coloration, qui consiste en zones longitudinales onduleuses d'une belle couleur rouge ou rosée sur un fond grisâtre ». Bayle (*Atlas géologique de la France, Pl. CXXXVIII, fig. 3*), représente le *Rhynchostreon Chaperi* B. (*Ostræa columba* var. *minor* auct.), avec des bandes, qui, dit la légende, sont la trace de ses couleurs. Les bandes brunes ondulées en chevrons, se voient communément sur *Ostrœa columba* Lamk. du Turonien de la Touraine. Les *Nerita palœochroma* du Coral-rag de Verdun, d'après Buvignier (*Soc. philomat. de Verdun*, t. 11, 1843, Pl. V, fig. 22-24 et p. 241), ont souvent conservé leur coloration; elles sont jaunes, tantôt pointillées, tantôt largement flammulées de brun.

Eichwald donne dans l'Atlas III du *Lethea rossica*, des fossiles miocènes avec des dessins colorés. Hœrnes figure des *Conus* (*Pl. I*, fig. 3, 4 *Pl. II*, fig. 3), des *Cyprœa* (*Pl. VII*, fig. 4, 5; *Pl. VIII*, fig. 3), dans les mêmes conditions. Hœrnes et Auinger (*Die gastropoden der miocœnen Mediterraneanstufe*, *Abhandl, der K. K. geol. Reichsanstalt*, Bd. XII, Heft, I, II, 1879) donnent aussi, dans plusieurs planches, des *Ancillaria Cyprœa*, *Mitra*, *Columbella*, *Conus*, avec des bandes, des taches, des mouchetures colorées en rose ou en jaune.

Pendant la préparation de cette Note je viens de rencontrer celle qu'a publiée en juin 1907, M. Bullen Newton dans les *Proceedings of the malacological Society de Londres*, t. VII, p. 280. Elle est intitulée *Relics of coloration in fossil shells*, et fournit des exemples variés tant au point de vue zoologique qu'au point de vue stratigraphique. Certains remontent jusqu'au Dévonien, et même à l'étage de Wenlock, qui ont livré des Orthocères couverts de zigzags transversaux très régulièrement distribués.

Le règne animal n'a pas le privilège exclusif de la persistance de la couleur chez les fossiles. Unger nous fait connaître que les *Lithothamnium* du Leithakalk ont en partie conservé la couleur rousse ou rose analogue à celle des algues actuelles. Cette couleur ne se retrouve pas dans les autres éléments du dépôt (*Bul. soc. géol.*, 2ᵉ série, t. XV, 1858, p. 426).

Dans les marnes qui surmontent les couches marines du Tortonien d'Aix-en-Provence, j'ai signalé des Neritina ornées de taches ou de chevrons blancs sur fond brun, d'une manière très semblable à celle d'espèces actuelles. Des *Cerithium lignitarum* Eichw. et *papaveraceum* Bast., de couches à peine inférieures, portent des filets jaunes longitudinaux, parallèles.

Les *Glauconia Coquandi* du Sénonien saumâtre du Plan d'Aups sont, flambés de bandes transversales discontinues.

La carrière d'Armeaux (Yonne) ouverte dans la craie à *Micraster Leskei* a fourni à M. Lambert des *Spondylus spinosus* pourvus de bandes concentriques roses ou violettes. Cette coloration peut se poursuivre sur les épines.

Une couleur rosée uniforme teinte des Rhynchonelles de l'Astartien de Mussy-sur-Seine enfermées dans un calcaire blanc, compacte. Si l'on chauffe une parcelle du test, dans une flamme, elle se décolore. Il n'en serait pas de même si la coloration était due à une trace d'oxyde de fer. J'ai trouvé la même coloration dans *Rh. semi-inconstans* Et., et dans

Ter. Gessneri Et., toutes deux de Dampierre sur Salon (Collection V. Maire à Gray). *Lingula Voltzi* du grès médioliasique de Malincourt (Vosges) est teinté en bleu.

Dulongchamp considère la couleur des Brachiopodes comme un caractère propre, car il la mentionne dans la description des espèces de la Paléontologie française.

Si les couleurs uniformes pouvaient laisser quelques doutes sur leur origine, il n'en est pas de même de celles qui forment des dessins définis. Il en est ainsi sur *Terebratula intermedia* Low. du cornbrash de Wollaston. D'après Davidson (*Brachiopoda, supplém.,* Pl. XVII, fig. 12, t. XXXI, p. 123), elle « montre des traces de la couleur originelle sous forme de stries rayonnantes » du sommet de la petite valve, jusque vers les bords. La même ornementation est indiquée par Newton (*loc. cit.*) sur des *Dielasma hastatum* du Carbonifère.

C'est précisément un cas de ce genre qui a été l'origine de cette Note. Il me frappa parce qu'il s'agissait d'une fossile du Muschelkalk, c'est-à-dire bien plus ancien que le tertiaire en dehors duquel je ne connaissais guère jusque là de cas de coloration propre des fossiles. Il s'agit de *Terebratula (Cœnothyris) vulgaris* du muschelkalk de Toulon, qui m'ont été données par M. Michalet. L'ornementation consiste encore en stries rayonnantes ; elles sont d'inégale largeur et n'atteignent pas toutes le bord des valves. Elles se détachent en brun foncé sur le fond clair des deux valves.

Cœnothyris vulgaris du Muschelkalk de Toulon, ayant conservé son ornementation par des stries rayonnantes brunes,

La disposition qui vient d'être indiquée dans les Térébratules fossiles est précisément celles que nous observons chez des Térébratules actuelles, par exemple *T. picta* Chemn, de Java, où des flammes blanches rayonnent vers les bords et se détachent sur un fonds rose.

L'autre cas qui m'a intéressé à la coloration propre des fossiles n'appartient pas à l'embranchement des mollusques. Ce sont des tiges de *Millericrinus* recueillies dans le calcaire grumeleux, à polypiers, qui surmonte les marno-calcaires à *Pholadomya exaltata* de Nans-sous-Sainte-Anne (Doubs). Elles sont intérieurement colorées jusqu'à une faible distance de la surface, d'une belle couleur améthyste foncée. Traitées par l'acide chlorhydrique elles laissent un résidu siliceux plus ou moins abondant et une poussière noirâtre qui en suspension dans l'eau donne des reflets violets, bien que la couleur soit alors moins nette que dans la matière naturelle. Chauffée sur une lame de platine, cette poussière brûle et disparaît sans laisser de coloration. Avec l'azotate de potassium, elle ne donne pas de caméléon. La couleur violetté est donc bien due à une matière organique et non, comme on aurait pu se le demander, à un composé de manganèse.

. J'ai retrouvé la même couleur dans les tiges de *Millericrinus* du Séquanien inférieur immédiatement sur les marnes argoviennes de Malain. Le faciès des couches est le même que pour les couches un peu plus anciennes de Nans.

· Je l'ai rencontrée aussi dans une souche, du même genre, venant de l'Astartien supérieur à *Zeilleria humeralis* de Dampierre sur Salon (Collection V. Maire), ainsi que dans une tige du Séquanien inférieur de Beaune, complètement transformée en un agrégat de cristaux de quartz. Il est remarquable de voir ici la matière organique survivre à la dissolution de la calcite et à la substitution du quartz.

' Dans la carrière de Dolomie du Séquanien inférieur des Ébaupins (Beaune à Saint-Romain), j'ai vu une tige de *Millericrinus* faiblement, mais très nettement teintée non plus en violet, mais en rose.

Dans le *Geographical Journal* de décembre 1908, p. 602, Hobart Clark (*Recent crinoids*), mentionne les couleurs brillantes des crinoïdes vivants, parmi lesquelles le violet, le rose. Nous avons donc affaire dans nos tiges fossiles à la couleur primitive et vraisemblablement non modifiée, du squelette de ces animaux.

Newton (*loc. cit.*) a trouvé la couleur pourpre dans les racines d'*Apiocrinus* du Bradford clay; et cite d'après le Dr Bathe des taches brunes, analogues aux ornements de même nature des formes récentes, sur les bras de *Cyathocrinus acinotubus* du calcaire Silurien de Dudley. · :

Plusieurs conséquences résultent des faits anciennement indiqués, que nous avons rappelés, et des exemples nouveaux que nous avons constatés.

En dépit de l'altérabilité réputée facile de la matière organique, celle-ci peut, dans certaines conditions, d'abri des microbes, de l'oxygène, se conserver indéfiniment. Elle a pu changer de couleur, mais elle se conserve à sa place primitive et dessine des ornements analogues à ceux des genres, et des familles actuels dans lesquels nous faisons rentrer les fossiles. *Cette solidarité entre la distribution du pigment et la forme du squelette, nous autorise à croire que l'anatomie des parties molles, les éléments actifs de la vie, était aussi liée intimement à la conformation des parties solides. Elle nous donne confiance dans la légitimité de la classification des êtres éteints,* qui n'est pourtant fondée, en fait, que sur la structure des charpentes et abris pierreux.

Newton a encore indiqué, après d'autres, une conséquence des colorations observées. Les coquilles des eaux peu profondes sont d'ordinaire plus brillamment teintées que celles venant des profondeurs plus grandes. Nous aurions donc là un moyen d'évaluer approximativement la profondeur des mers anciennes. Mais l'application de ce principe est bien délicate. Les fossiles ayant conservé la trace des couleurs primitives sont rares. Et lorsque cette couleur ne se montre pas, l'analogie de forme suffira-t-elle à nous permettre de dire si nous sommes en présence de coquilles qui ont été vivement colorées ou non ? Les espèces d'un même genre vivent actuellement parfois dans des stations très différentes et l'écart de leurs aptitudes peut être encore plus considérable, si nous les prenons dans des mers d'âges géologiques différents, sur les caractéristiques desquelles comme milieux biologiques, nous sommes mal renseignés.

M. Louis COLLOT.

LE MONT-D'OR ET LE TUNNEL DE LA LIGNE FRASNE-VALLORBE.

55 : 625.13 (44.47 Mont-d'Or)

. 5 Août.

La chaîne du Mont-d'Or, dans le haut Jura de Pontarlier, est une voûte surbaissée qui s'allonge vers E. 30° N et se termine brusquement à l'Est, sous ses points les plus élevés (vers 1500 m), par une troncature au flanc de laquelle on descend du sommet du Jurassique à la base du dogger et peut-être au Lias (ruisseau du Tavins). La montagne est toute constituée par le Jurassique, sauf à ses pieds nord et sud, où se montre l'Infra-Crétacé. La composition de ce Jurassique est la suivante.

Le Portlandien est un calcaire compact gris clair, parfois en petits lits feuilletés. Il est à pâte généralement très fine et souvent marqué de taches de rouille diffuses. Certaines bancs sont caverneux à la suite de la dissolution du calcaire grossier contenu dans des tubulures irrégulièrement contournées et ramifiées. Des bancs de dolomie scintillante, à grains fins, y sont répartis à plusieurs niveaux. Le Kimméridgien comprend aussi des calcaires gris clair et en même temps des bancs parfaitement blancs, oolithiques. Un des rares repères que les fossiles nous offrent dans la grande masse du Jurassique supérieur est le *Cryptoplocus depressus* ou *Trochalia depressa*, dont les tours largement ombiliqués le montrent en sections faciles à retrouver à la surface des blocs. D'autres Nérinées, *Corbis subclathrata*, des *Diceras* les accompagnent. Le niveau, qui marque à peu près le sommet du Kimméridgien, est à 160 m environ sous le sommet du Jurassique, aussi bien d'après mes mesures sur les Pralioux, que d'après celles de M. Rittener pour les environs de Sainte-Croix, voisins du Mont-d'Or. Il est à 141 m sur les dernières marnes argoviennes.

Le Séquanien est fait de calcaires gris, parfois un peu marneux, d'autres fois semé d'oolithes, surtout vers la base. Il renferme quelques

*3

Gastropodes, Lamellibranches, Echinides, Polypiers. L'ensemble du Jurassique supérieur jusqu'à l'Argovien est estimé à 300 m.

L'Argovien supérieur est formé d'une masse importante de calcaires hydrauliques régulièrement lités, puis de marnes à ciment coupées de lits plus durs, minces, moins réguliers que les précédents. L'Argovien inférieur ou couches de Birmenstorf est beaucoup moins argileux que le reste de l'Argovien et rempli de Spongiaires hexactinellides, avec quelques Perisphinctes, *Balanocrinus subteres.* On peut y annexer pratiquement l'Oxfordien, formé de moins de 1 m de marnes à oolithes ferrugineuses avec *Ammonites cordatus.* L'ensemble a environ 150 m.

Le dogger, avec le Callovien qu'on peut réunir à sa partie supérieure, comprend :

a. Calcaire à oolithes ferrugineuses (horizons à *Ammonites athleta* et à *A. anceps* et calcaire de la dalle nacrée, en tout environ 5 m.

b. Marnes coupées de lits de calcaire noduleux, parfois avec silex dans des lits plus calcaires (marnes du Furcil des géologues neuchâtelois et vaudois, à *Rhynchonella varians* et *Parkinsonia*, 100 m.

c. Calcaire spathique, à échinodermes, du Bajocien et autres calcaires, à la base, rentrant dans le même étage, 130 m.

Au-dessous commenceraient les marnes du Lias, qui paraissent hors de cause dans la traversée du tunnel.

La partie supérieure de la montagne, au-dessus du souterrain, est un plateau ondulé où le Portlandien ou le Kimméridgien à peu près horizontaux, se montrent suivant l'importance de l'érosion en chaque point. Le niveau du *Cryptoplocus depressus* sur le tunnel, près de la frontière, étant vers 1300 m, on peut prévoir, d'après ce qui a été dit de l'épaisseur des divers étages, que le sommet du calcaire du dogger inférieur serait vers 900 m et leur base vers 775 m. Le tunnel, qui passe vers l'altitude 820 m, doit donc se trouver dans cette région, dans les calcaires.

Lorsque du bord du plateau on descend la pente raide au pied de laquelle coule l'Orbe, on rencontre successivement des couches jurassiques de plus en plus anciennes, dans une situation à peine inclinée vers le Nord-Ouest, y compris les calcaires très marneux de l'Argovien. Ceux-ci ne se montrent guère, il est vrai, sur le souterrain, mais se développent largement à l'Est, où l'on a profité de leur présence pour établir les prairies de Pralioux dessous. Ensuite on passe brusquement dans une série inverse de calcaires du Jurassique supérieur, qui est nettement renversée à l'Est, à peu près verticale sur le souterrain et prend à l'Ouest une pente normale vers le Sud, de plus en plus faible. C'est la deuxième branche d'un anticlinal dont les couches supérieures de la montagne représentent la première. Ces calcaires sont d'ailleurs repliés, un peu plus bas, en un synclinal, de sorte que l'entrée du tunnel se fait dans les calcaires blonds irrégulièrement oolithiques du Séquanien. Tout le Jurassique est arrêté par une faille qui passe à peine en avant de la bouche du souterrain, remonte très haut dans la

montagne au-dessus de Vallorbe, à l'Est, tandis qu'à l'Ouest, elle traverse l'Orbe et va se perdre dans le massif qui supporte le Pont et la
tête du lac de Joux. Cette faille est oblique à la direction des plis précédents et des couches jurassiques. Aussi, à l'Est, elle supprime la moitié
sud du synclinal que je viens d'indiquer dans le Jurassique supérieur. Au
sud de la faille, le Néocomien replié en anticlinal bute contre le Jurassique.
Les travaux de la gare de Vallorbe entament des marnes grises de l'Hauterivien à *Rhynchonella depressa*, autour desquelles se développent les
calcaires jaunes de Neuchâtel et l'Urgonien blanc ou blond, parfois
oolithique, avec *Agria* et *Requienia*. L'Urgonien se retrouve sur l'autre
rive de l'Orbe dans le monticule des Raz, non loin duquel la faille doit
passer. C'est probablement sur le trajet de la faille que les travaux d'adduction des eaux du lac de Joux, pour l'usine électrique, ont mis à jour,
au-dessus de la route qui va au Pont, des grès fins rouges, des marnes et
des calcaires, d'origine lacustre et d'âge helvétien, ou peut-être aquitanien.

Le croquis ci-dessous donne une idée des dispositions que je viens
d'indiquer.

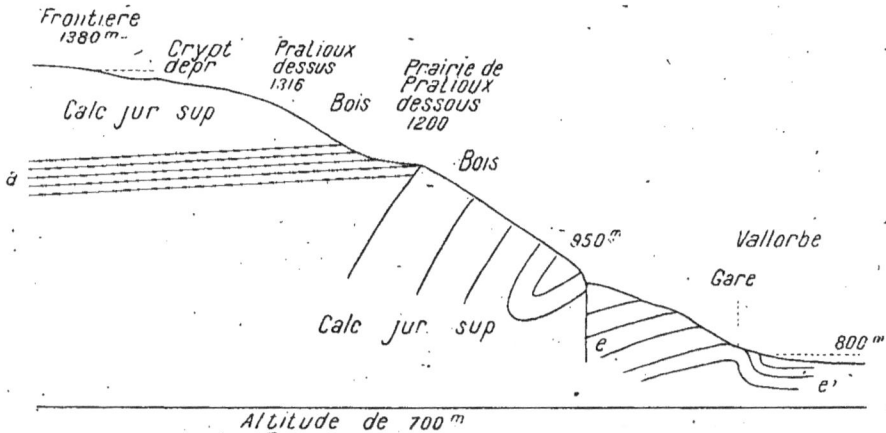

Fig. 1. — Coupe 1, à l'est du tunnel : *a*, marne de l'Argovien ; *e*, Néocomien.

Nous avons dit que dans la prairie de Pralioux, dessous on ne voit
que l'Argovien à peu près horizontal, plongeant un peu vers le NO et
que celui qui devrait être vertical ou renversé, pour accompagner les
calcaires du jurassique supérieur de même allure, manque. Le pli a
dégénéré en pli-faille. L'on pouvait supposer que cet argovien supprimé
ne se rétablissait que très lentement en profondeur. Les travaux du
souterrain ont démontré qu'il n'en est pas ainsi : ils s'y sont poursuivis
depuis 625m de la tête Sud jusqu'à 1412m. Il y a donc eu là un refoule-
ment très intense par-dessous des couches qui sont subhorizontales
dans les affleurements. Rien à la surface n'annonce un pareil phénomène. Cette invagination de l'Argovien ne pouvait pourtant pas se
continuer indéfiniment et comme les épaisseurs connues des étages

jurassiques de la région nous amenaient à conclure que le tunnel doit
se trouver sous la région frontière dans le dogger inférieur, on devait
finir par trouver ce terrain. C'est ce qui s'est produit à 1412^m, où une
faille plongeant fortement vers la tête S. du souterrain a brusquement
fait apparaître, en contact avec le calcaire à spongiaires de l'assises de
Birmensdorf, un calcaire gris cristallin, qui n'est autre que le calcaire
Bajocien ([1]).

Dans les 650 premiers mètres du percement, l'allure des couches à
bien été ce que les observations de surface m'avaient permis de prévoir.
La galerie entrée dans la montagne par les couches du Séquanien à oolithes
blondes plongeait vers la montagne jusqu'à 250 m où elles devint
horizontale, pour plonger ensuite de plus en plus fortement vers la
vallée et atteindre parfois la verticale. L'Argovien supérieur a succédé
normalement, à 615 m, avec des inclinaisons variables et parfois des
froissements qui masquaient complètement toute stratification et
indiquaient que ces couches marneuses étaient tout à fait chiffonnées
Entre 820 m et 903 m, puis entre 1327 m et 1412 m l'Argovien inférieur
reconnaissable à ses nombreux Spongiaires, avec quelques Ammonites,
se relève jusqu'au niveau de la galerie. C'est en tenant compte de ces
constatations que j'ai tracé la coupe 2.

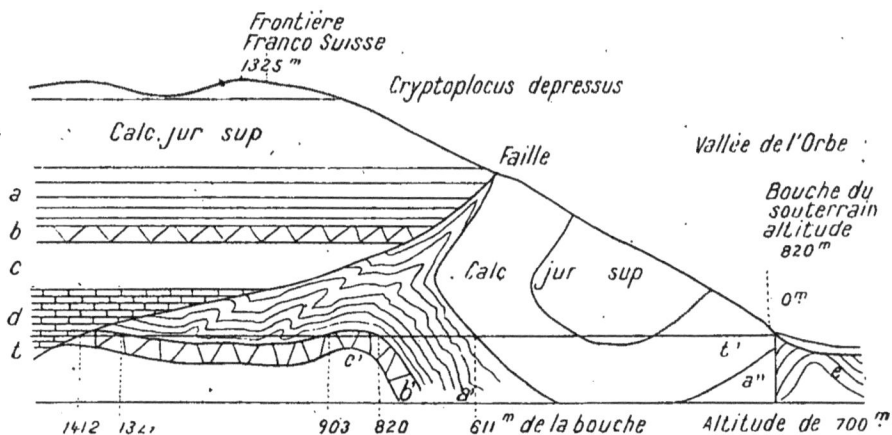

Fig. 2. — Coupe 2, suivant le souterrain de la ligne ferrée de Frasne-Vallorbe : a, marnes
argoviennes ; b, calcaires à spongiaires de l'Argovien inférieur ; c, calcaires et marnes du
Callovien et du Bathonien ; d, calcaires spathiques du Bajocien ; e, Néocomien ; tt', trajet du
souterrain.

Après être resté un certain temps dans le dogger, le souterrain devra
retraverser l'Argovien et tous les calcaires du Jurassique supérieur, puisque
l'ensemble plonge vers la région nord sur le flanc nord de la montagne.
Vers les Auges de Pierre la régularité du plongement doit être troublée,

([1]) A la profondeur de 1940^m atteinte en janvier 1912, les travaux restent dans ce
calcaire subhorizontal.

car à la surface on trouve le Portlandien vertical. Plus loin la région est très couverte par les bois et par le glaciaire, et il est difficile de se rendre compte des rapports du Portlandien avec l'Infra-Crétacé. Ces deux terrains sont ensemble renversés vers le nord au flanc du Montrond, ainsi qu'on peut le constater sur un chemin récent à flanc de coteau. Mais assez près du tunnel et pas très loin du Portlandien, une carrière montre le Valanginien non renversé, car un banc plongeant vers la montagne porte des perforations de lithophages à sa face supérieure.

Les dernières pentes de la montagne sont dans l'Infra-Crétacé, dans lequel on n'observe guère que des plongements vers la montagne, comme s'il s'agissait de plis couchés vers le Nord. Cet Infra-Crétacé comprend du Valanginien blanc et roux; les oolithes ferrugineuses de celui-ci ont été exploitées auprès de Métabief qui est au pied du Montrond et ailleurs dans la vallée. L'Hauterivien est en partie marneux et ici ne se manifeste pas à la surface; l'Urgonien est caractérisé par ses calcaires parfois blanc de lait et oolithiques, ses *Agria*.

Le Gault et le Cénomanien qu'on observe à quelques kilomètres de là, sur les bords des lacs de Remoray et de Saint-Point, ont disparu ici par dénudations avant le dépôt du Miocène marin. Entre 8,50 m et 10 m de la tête N. du souterrain, on a traversé un peu de molasse appliquée contre la surface inclinée à 63° vers la vallée, d'un calcaire urgonien à Requiénies, dont on n'a pu observer la stratification. A 70^m, on a retrouvé la molasse marine reposant normalement sur une surface fortement perforée par les Mollusques lithophages et verdie, du calcaire urgonien. La surface de contact plonge vers la montagne. La molasse helvétienne est une marne grise finement sableuse et micacée ou un sable fin, glauconieux et un peu marneux, vert très pâle lorsqu'il est sec. Le premier lit sur l'Urgonien perforé a montré de menus débris de Peignes et de Bryozoaires, avec de la glauconie.

Le Miocène ne se montre pas à l'extérieur : il est masqué par le terrain glaciaire [1].

Celui-ci n'existe pas auprès du sommet du Mont-d'Or, qui atteint presque 1500 m, mais on peut s'attendre à le rencontrer à toutes les altitudes inférieures à 1300 m. Il existe çà et là sur le plateau, il abonde au-dessus et au-dessous de la gare de Vallorbe, couvre des surfaces importantes sur le flanc nord du Mont-d'Or, et occupe presque entièrement la vallée du Bief rouge, affluent du Doubs, près du confluent desquels s'ouvre la bouche nord du souterrain.

Le glaciaire du Bief rouge consiste en cailloux de jurassique et de néocomien en partie rayés, semés dans une boue de couleur crème provenant du broyage des mêmes roches. Quelques roches alpines, schistes

---

[1] Cependant cette molasse, logée dans un synclinal couché ou sous une écaille de Néocomien, a une certaine étendue, car en janvier 1912, à 230^m de l'entrée, le souterrain n'en est pas encore sorti.

à amphibole ou à séricité, quartzites, y sont disséminés. Sur le plateau
du Mont-d'Or, ces éléments alpins ne paraissent pas avoir pénétré; ils
sont très rares à Vallorbe.

A la partie supérieure, le glaciaire a été remanié et les cailloux se
trouvent, parfois sur une épaisseur suffisante pour fournir de grandes
carrières, mêlés seulement de sable; leurs stries sont alors effacées.
C'est la conséquence du ruissellement qui a accompagné la fonte des
glaciers. Un autre phénomène postérieur à la fonte des glaciers nous
est révélé par l'existence d'un limon lacustre qu'a traversé la tranchée
d'accès du souterrain et qu'on a rencontré dans les travaux préparatoires
à la fondation des piles du pont sur le Doubs jusqu'à la profondeur
de 15 m. Ce limon repose sur la moraine que le sondage a traversée
entre 15 m et 18 m. Dans ce limon je n'ai vu que de rares lits de menus

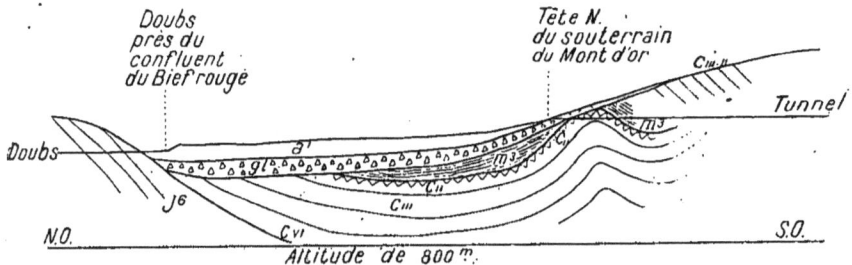

Fig. 3. — Coupe par le confluent du Doubs et du Bief rouge et par l'entrée nord du souterrain du Mont-d'Or. j^6, portlandien ; c_{vi} à c_{ii}, néocomien ; c_{ii}, urgonien ; m^3, molasse
helvétienne ; gl, glaciaire ; a^l, limon lacustre.

graviers. Il est, à part cela, très fin, couleur crême ou légèrement teinté de
rouille argilo-calcaire. Il est à rapprocher de la baine des lacs jurassiens,
avec cette différence qu'il est, par exemple au lac de Chalain, entièrement calcaire, tandis qu'ici il renferme une assez forte proportion d'argile
provenant du lavage des matériaux moraïniques. Jusqu'à une certaine distance du Doubs ce limon est recouvert par un lit de cailloux
médiocrement roulés, qui sont un apport d'eau courante, indiquant la
succession d'un régime fluviatile au régime lacustre. Il est à remarquer
que le lit actuel du Doubs au point où il s'engage dans le défilé par lequel
il va gagner la vallée de Saint-Point est peu profond et montre sur toute
sa largeur la tranche des bancs portlandiens. D'autre part, le défilé était
ouvert à l'époque glaciaire, puisqu'on y trouve d'importants placages
glaciaires. Il semble donc que le passage du Doubs antéglaciaire se soit
fait par là, mais à un niveau qui n'était pas inférieur au niveau actuel.
Dès lors la dépression qui renferme les 15 m de limon lacustre et au
moins 3 m de moraine serait due au surcreusement glaciaire, sans intervention des eaux courantes, même sous-glaciaires. Le croquis ci-dessus
donne une idée de la disposition des terrains au voisinage de l'entrée
nord du souterrain.

M. L. COLLOT.

RAPPORTS DE LA BOURGOGNE AVEC LES RÉGIONS VOISINES PENDANT LA PÉRIODE JURASSIQUE, OU ESSAI DE COORDINATION DES FACIES.

551.3 (44.42)

2 *Août.*

Nous nous ferions une idée plus claire des conditions dans lesquelles se sont effectués les dépôts simultanés au fond des mers, si les roches qu'ils constituent étaient partout visibles. Au lieu de cela les dépôts plus récents nous les masquent souvent sur de grandes étendues, ou l'érosion les a fait disparaître sur des espaces comparables. Ils sont réduits pratiquement, dans l'est du bassin de Paris, à des affleurements linéaires, dont l'arc a souvent été considéré comme parallèle à l'ancien rivage. D'autres affleurements se retrouvent beaucoup plus loin, dans des bassins différents. Ce n'est que par des efforts longtemps répétés que les géologues sont arrivés à ne plus considérer ces fractions comme des unités, à faire la synthèse des dépôts d'une même époque, à reconnaître l'harmonie entre la distribution des facies et la vraie forme des bassins des mers. Le Traité de Géologie de M. Haug ([1]) s'est avancé heureusement et très loin dans cette voie.

J'ai été frappé de la similitude de l'Oxfordien de la région de Neufchâteau-Toul avec celui de Besançon : l'un et l'autre présentent le facies qu'on a qualifié de *franc-comtois*. 100 km de pays sans Oxfordien les séparent en ligne droite; mais si nous tentons de les raccorder suivant la ligne où les affleurements oxfordiens sont le plus voisins de la continuité, nous traversons des facies essentiellement différents. Il est difficile pourtant de croire que l'identité de formation entre les deux régions extrêmes soit fortuite, et nous sommes amenés à concevoir une continuité primitive à travers des territoires situés au nord de la ligne des affleurements, sur lesquels l'érosion n'a rien laissé subsister de l'Oxfordien. Le facies franc-comtois comporte pour l'Oxfordien des marnes à Ammonites pyriteuses, qui n'ont rien de littoral. Elles ne devaient pas constituer une ceinture autour des Vosges, mais s'étendre sur leur emplacement. D'autres considérations renforcent cette idée.

Les Vosges et la Forêt-Noire ont été recouvertes par la mer pendant le Trias et la période jurassique. Van Wervecke a fait connaître à Aubure, à 750 m d'altitude, un lambeau de muschelkalk inférieur conservé entre deux failles ([2]). Steinmann a fourni dès 1888 la preuve directe du recou-

---

([1]) Haug, *Traité de Géologie*, p. 867.
([2]) *Bericht der Naturforschender Gesellschaft, Freiburg i. Brisgau*, Bd. 4, p. 1.

vrement de la Forêt-Noire pendant le dogger : à 1000 m, à Alpersbach, sur le gneiss du Hölental, à l'est de Fribourg, un conglomérat renferme des cailloux de grès bigarré, de muschelkalk, de dolomie probablement de la lettenkole, du calcaire à gryphées, de grande oolithe, et des chailles qui pourraient bien être de l'Oxfordien ([1]). La submersion a dû se continuer pendant le malm.

Le Jurassique moyen s'est conservé dans la fosse d'effondrement entre les Vosges et la Forêt-Noire et il importe de remarquer qu'il présente là des caractères qui en font un chaînon intermédiaire entre le Jurassique de la Lorraine et celui de la Souabe; il ne présente aucun indice qui puisse le faire considérer comme déposé dans une dépression entre des régions qui commençaient à s'élever. Le malm n'était connu dans la vallée du Rhin que jusqu'à Istein, en allant du Sud au Nord, lorsque MM. Benecke et van Wervecke le retrouvèrent à l'ouest de Strasbourg, à Scharrachbergheim, dans les avant-monts des Vosges, sur la ligne de Molsheim à Zabern. Les couches à *Rhynchonella varians* y étaient déjà connues; des excavations y révélèrent des marnes confusément schisteuses, avec *Harpoceras canaliculatum, hispidum, Aulacothyris impressa* ([2]). Ce n'est pas un facies littoral, c'est l'Argovien sous le facies de la fosse germanique. D'après ces constatations, il est permis de croire que pendant la totalité de la période jurassique, tout l'emplacement de la vallée du Rhin, des Vosges et de la Forêt-Noire ont été occupés par la mer.

Pour nous rendre compte dans une certaine mesure de l'origine des sédiments dans cette mer, reprenons-en l'histoire au début du Trias. Le grès vosgien apparaît comme un delta d'un fleuve venu du Nord. Son épaisseur générale diminue du Nord au Sud, ses bancs supérieurs existent seuls au Sud par suite de la progression du delta. Mais si l'on descend suffisamment dans cette direction, ses éléments deviennent plus fins, puis il disparaît. Il en est de même à l'Ouest ([3]). Le grès bigarré est de même moins épais au Sud de la Forêt-Noire (16 m au lieu de 400 qu'il a au Nord et à l'Est).

A l'époque rhétienne les débris de quartz avaient sans doute, la même origine que pendant la formation du grès des Vosges, mais ils étaient plus fins et bien calibrés. Ainsi s'est constitué ce grès si uniforme du Wurtemberg à la Haute-Marne et à la Côte-d'Or. La Lorraine était plus accessible aux apports détritiques que les régions situées plus au Sud sur le même méridien, Ainsi le grès rhétien comprend des poudingues associés au grès, l'Hettangien est sableux, de même que la partie supérieure du Sinémurien et la partie moyenne du Charmonthien. Des len-

---

([1]) *Centralblatt f. Min. u Geol*, 1908, n° 20, p. 609.
([2]) *Feuille de Lunéville* de la Carte géol. de France au $\frac{1}{80000}$.
([3]) *Eclog. geolog. Helveticæ*, t. I, 1887, p. 111.

tilles de grès siliceux se trouvent auprès de Nancy jusque dans le Bathonien (¹).

Dans le Jura soleurois le grès rhétien se réduit à des bancs minces au milieu des marnes du Weissenstein et en Argovie l'étage est réputé manquer : il semble que les courants n'ont pas eu la force d'apporter les sédiments jusque-là. Toutefois la présence de sable se maintient au Weissenstein, près Soleure, dans l'Hettangien et le Sinémurien, et nous en trouvons jusque dans le Sinémurien de l'Argovie (²).

En Bourgogne, il y a parfois des grains de quartz et même de feldspath dans l'Hettangien, mais ce sont des emprunts locaux aux roches anciennes, sur lesquelles la sédimentation transgressive commençait à peine. Aux sables du Charmonthien moyen de Nancy correspondent ici seulement de fines lamelles de mica.

A la fin du Toarcien il y a une nouvelle poussée sableuse au-dessus des couches à *Harpoceras striatulum*, à la base de la zone à *Trigonia navis* en Lorraine (³); en Bourgogne également, au-dessus de *Harpoceras striatulum* il y a un grès excessivement fin.

A un niveau un peu plus élevé, celui d'*Ammon. Murchisonæ*, on retrouve le sable dans le Brisgau, la Basse-Alsace, à Belfort, au Randen, au Hauenstein (au nord d'Olten dans le Jura soleurois). Au Randen (⁴), il y a même du sable dans les zones à *Am. Sowerbyi* et à *Am. Humphryesi*. A Liestal, au Weissenstein, les matériaux détritiques du dogger inférieur se réduisent à des lamelles de mica. Plus au Sud, on ne signale plus rien de sableux, par exemple à la Faucille (⁵ et dans l'Ain (⁶).

Bien que le phénomène de l'apport des sables, pendant la première partie des temps jurassiques, soit affecté d'une certaine irrégularité qui tient aux variations d'intensité et de position des courants, il ne témoigne pas moins d'une orientation générale des courants conforme à ce qu'elle était pendant la période du Trias.

Les mêmes courants qui avaient apporté les sables dans la région que nous avons examinée, semblent avoir été, aux époques suivantes, où ils avaient moins de force, les agents du transport de l'argile. Aussi voyons-nous le facies argileux prédominer à divers niveaux simultanément dans l'est du bassin de Paris, dans le nord-est de la Côte-d'Or, dans le nord-ouest de la chaîne du Jura, dans la vallée du Rhin. En dehors des régions marneuses, les calcaires formés par la destruction des organismes, ou les oolithes ferrugineuses, sont les éléments de la sédimentation. Nous allons vérifier cela en étudiant les étages successifs.

On peut remarquer déjà que le Trias est plus généralement marneux

---

(¹) BLEICHER, *Bull. Soc. sc. Nancy*, 1881.
(²) MUHLBERG, *Eclog. geol. Helvetiæ*, t. X, 1909, p. 698.
(³) BENECKE. *Beitr. z. Kentn. d. jura in Deutsch Lothringen*, 1898.
(⁴) SCHLACH, *Eclog. geol. Helvet.* t. V, p. 433.
(⁵) SCHARDT, *Eclog.*, t. X, 1909, p. 698.
(⁶) RICHE, *Esquisse de la part. inf. du terrain jurassique de l'Ain*, 1894, p. 34.

dans la Haute-Marne que dans la Côte-d'Or. Le Bajocien affecte en Bourgogne le facies calcaire, avec ou sans entroques selon les niveaux. Ce facies persiste dans le Jura, surtout du côté français. En Lorraine, dans la vallée du Rhin, dans la Haute-Saône, les marnes prennent plus d'importance et le facies tend à se rapprocher de ce qu'il est de l'autre côté de la Forêt-Noire. Une zone à *Ostrœa acuminata* se distingue au sommet du Bajocien; elle est à peu près calcaire à la jonction de la Côte-d'Or et de Saône-et-Loire, tandis qu'elle devient plus argileuse à mesure qu'on va vers la Haute-Marne. On a remarqué que le Bathonien, le Callovien, et même le Jurassique supérieur, sont plus argileux en Lorraine que dans les autres affleurements au pourtour du bassin de Paris. Le calcaire augmente soit qu'on aille vers les Ardennes, soit qu'on vienne vers la Côte d'Or. C'est que les Ardennes et la Côte-d'Or sont situées plus à l'Ouest et que la Woëvre, région typique de ce Jurassique argileux est la plus avancée vers l'Est, c'est-à-dire vers les Vosges et la Souabe.

La dalle nacrée, facies calcaire à Echinodermes et Bryozoaires, du Callovien inférieur, remplace pour le bassin de Paris, dans toutes les localités à l'ouest du méridien de Neufchâteau, les marnocalcaires à *Am. macrocephalus* qui règnent entre cette ville et Toul.

Dans le bassin de la Saône elle se développe plus largement puisqu'elle occupe à la fois la Côte-d'Or et la partie occidentale du Jura. Mais au nord du Jura, à Belfort, le facies marnocalcaire à Ammonites existe encore.

Les marnes à fossiles pyriteux (*Creniceras Renggeri, Cardioceras Suessi*), surmontées de calcaires marnosiliceux à chailles (*Cardioceras vertebrale, cordatum, Pholadomya exaltata*), forment l'Oxfordien en Lorraine, dans la Haute-Alsace, la Haute-Saône, les parties ouest du Doubs et du Jura. C'est le facies franc-comtois. Les marnes à fossiles pyriteux et les calcaires à chailles de la Lorraine sont bien ceux du Jura : ils renferment respectivement les mêmes variétés de *Cardioceras*. C'était un dépôt homogène de la Lorraine au Doubs à travers les Vosges. La limite des marnes à *Am. Renggeri* dans le Jura a été tracée par Choffat [1]; elle passe immédiatement au nord de La Chaux-de-Fond. Quelques faits témoignent de la grande extension qu'avait le même facies vers le Nord. Un témoin existe en face de Mulhouse, de l'autre côté du Rhin, à Kandern. A l'est de la Forêt-Noire c'est encore le même facies. La trouvaille dont j'ai parlé au commencement de ce Mémoire, d'Ammonites pyriteuses dans la Basse-Alsace, par Benecke et van Wervecke, bien qu'il s'agisse d'un niveau légèrement plus élevé, témoigne dans le même sens. Lent et Steinmann [2] ont fait remarquer l'indépendance des facies et des failles tertiaires qui ont présidé à la distribution actuelle des reliefs et des dépressions.

[1] CHOFFAT, *Esquisse du calovien et de l'oxfordien dans le Jura*, 1878.
[2] *Die Renggerithon im Badischen Oberlande*.

Dans les pays où règne le facies de l'Oxfordien dont je viens de parler il est recouvert par une formation coralligène à *Glypticus hieroglyphicus*, *Cidaris florigemma*. Il en est encore ainsi à Istein dans le Brisgau, mais non à l'est de la Forêt-Noire. Dans l'hypothèse où la Forêt-Noire aurait formé un relief, les Zoanthaires rauraciens auraient dû en suivre le pied pour passer en Souabe, ce qui n'a pas eu lieu. En dehors du facies franc-comtois, nous trouvons pour l'Oxfordien des calcaires et surtout des oolithes ferrugineuses sur lesquelles nous reviendrons, et, à la place de la formation coralligène, les marnes de l'Argovien, aussi bien dans la Haute-Marne, à partir de Bologne près Chaumont, que dans la Côte-d'Or, et dans le sud et l'est du Jura. A Latrecey (Haute-Marne), le *Perisphinctes Parandieri* Lor. oxf. lédonien (*Pl. VII*), se trouve à la base du Mont formé de marnes argoviennes, tandis que sur Roocourt, la même Ammonite occupe le sommet des calcaires à Chailles, peu au-dessous de la formation coralligène. La situation de ce fossile en ces deux stations confirme l'équivalence de la formation coralligène qui nous occupe et de la marne argovienne.

La jonction de l'Argovien de Chaumont, Châtillon, Dijon, avec celui du Haut-Jura, se fait dans l'Ain, où les marnes à Hexactinellides de la base de l'Argovien, surmontent l'Oxfordien à fossiles pyriteux et des calcaires marneux équivalents au moins à une partie de la zone à *Pholadomya exaltata* ([1]).

On s'est plu à représenter les formations coralligènes plus récentes que l'Oxfordien comme ayant bordé d'un côté un relief vosgien et de l'autre celui du Morvan, laissant au milieu un passage libre (détroit morvando-vosgien) où se seraient produits des dépôts vaseux (calcaire de Tanlay). Mais il faut considérer que dans le bassin de la Saône, il y a partout des calcaires coralligènes qui ne laissent pas de chenal. Dans le bassin de Paris, la symétrie est illusoire, car dans la ceinture vosgienne les calcaires coralligènes sont immédiatement supérieurs à l'*Am. cordatus*, tandis qu'auprès du Morvan le gisement de Chatel-Censoir, surmontant *A. canaliculatus*, paraît un peu plus récent, et ceux de Châtillon, de Dijon, ayant au-dessous d'eux une épaisse assise de marne argovienne, le sont encore davantage. Dans le Jura, le coralligène se superpose de même à l'Argovien là où l'Oxfordien n'est pas à Ammonites pyriteuses : au sud de Champagnole, dans le Jura neuchâtelois, bernois, argovien.

Le Jurassique supérieur à l'Argovien est à peu près exclusivement calcaire dans une bande qui part de l'ouest de l'Yonne, passe par Chalon-sur-Saône, où M. Rouyer ([2]) a découvert *Ostroea virgula* dans un calcaire blanc, pour se retrouver symétriquement dans le Haut-Jura de la Faucille, de Pontarlier.

([1]) RICHE, *Jur. de l'Ain*, 1894 (*Soc. lin. Lyon.*), p. 96.
([2]) ROUYER, *Jur. moy. et sup. du Chalonnais et du Mâconnais* (*Compte rendu somm. de la Soc. géol.*, 27 juin 1910, p. 127.).

Le facies à oolithes ferrugineuses est soumis à une coordination ana-logüe à celle des précédents : il est d'une manière générale extérieur à la région du principal développement des sables et des marnes. Il se pré-sente dans la zone à *Ammon. planorbis* de Thostes (Côte-d'Or), et à *A. angulatus* de Mazenay (Saône-et-Loire), mais sur des étendues très limitées qui ne permettent guère de saisir un lien avec les autres éléments de la sédimentation. Il n'en est pas de même au sommet du Toarcien, et vers la base du Bajocien, où se développe une longue bande de minerai oolithique qui part du Luxembourg,traverse la Meurthe-et-Moselle,atteint la Haute-Saône, le Doubs, le Jura, l'Ain, pour oboutir dans l'ouest de l'Isère (Saint-Quentin-Fallavaux, La Verpillère). Le minerai est acti-vement exploité en Lorraine, tandis que dans la Haute-Saône, le Doubs, le Jura, où la teneur en fer est moins élevée, l'extraction a été aban-donnée. Dans l'Isère, la minéralisation a commencé dès la zone à *Ammon. bifrons*, qui est la partie la plus riche du gisement.

La minéralisation s'étend, vers l'Est, dans la Basse-Alsace ([1]), dans le Brisgau, dans les Jura soleurois ([2]) et argovien ([3]), où les couches à *Am.opalinus* sont sableuses et argileuses, et c'est dans les zones à *Ammon. Murchisonæ,* et même *Sowerbyi*, qu'on la rencontre. Il en est de même dans le Jura français sur les feuilles de Montbéliard, Ornans, Lons-le-Saunier. Dans la feuille de Saint-Claude, le minerai de fer est signalé dans la zone à *A. opalinus*.

La bande de minerai n'est pas homogène comme âge, puisque celui-ci varie du niveau à *Hildoceras bifrons* à celui de *Sonninia Sowerbyi*, mais il y a là, dans un temps limité, un lieu de minéralisation dont la lon-güeur, dans une direction sensiblement NS, est remarquable. On peut même remarquer que les points où l'oolithe existe aux niveaux plus élevés s'alignent, d'après l'énumération ci-dessus, dans le même sens.

La bande de minerai est évidemment indépendante des Vosges, puisqu'elle règne, sans déviation, aussi bien en face de la dépression Sarreguemines-Saverne, qu'à l'ouest de ces montagnes et que le long du Jura. Elle ne se reproduit pas à l'est de la Forêt-Noire.

A l'ouest de Semur les marnes à *Ostrœa acuminata* sont remplacées par une oolithe ferrugineuse, dite *de Vandenesse*, qui, des environs d'Avallon, descend au Sud le long de la bordure occidentale du Morvan, où l'on peut la suivre jusqu'à Saint-Honoré-les-Bains. Elle se retrouve à Mâcon, bien que moins riche en fer, avec les mêmes fossiles. Sa limite primitive du côté de l'Est devait aller du NW au SE à travers le Morvan et le Cha-rollais, d'où les couches de cet âge ont disparu par érosion.

La zone à *Am. macrocephalus* nous a fourni déjà les facies marneux et

---

([1]) R. LEPSIUS, *Beitr. z. Kentn. d. Juraformat. im. U. Elsass*, p. 25.

([2]) BUXTORF, *Eclog. geol. Helvet.*, t. X, 1908, p. 412 ; MANDRY, *Eclog.*, t. X, 1908, p. 420.

([3]) MUHLBERG, *Eclog.*, t. VIII, p. 269.

calcaire; elle affecte aussi l'état d'oolithe ferrugineuse si nous allons la chercher dans le Jura méridional ou oriental au delà de sa représentation par la dalle nacrée. On peut citer Prénovel, près Clairvaux (Jura), Saint-Rambert (Ain), le Mont du Chat (Savoie) (¹), Gelterkinden, à l'est de Liestal (Jura bâlois) (²); on la trouve au Randen (³) et même à Reutlingen peu à l'est de Tubingen (⁴), comme en général dans les affleurements du Wurtemberg.

Dans la zone à *Am. anceps*, les oolithes ferrugineuses règnent de Liffol-le-Grand, près de Neufchâteau (Vosges) à Châteauvillain, près Chaumont, puis dans la majeure partie du Jura, jusqu'en Argovie (⁵). La zone à *A. athleta* et *Lamberti* devient ferrugineuse vers Chaumont et cesse de l'être entre Châtillon-sur-Seine, et Nuits-sur-Armançon. Elle l'est à Dôle dans le bassin de la Saône, puis à Saint-Sulpice dans le val de Travers dans le nord-ouest du Jura bernois, au Liesberg (⁶).

La zone à *Cardioceras cordatum* commence à montrer des oolithes ferrugineuses, peu à l'est de Latrecey (Haute-Marne), et les conserve jusqu'un peu à l'ouest de Noyers (Yonne), pour le bassin de la Seine; elle présente le même facies dès les affleurements les plus septentrionaux du bassin de la Saône dans la Côte-d'Or et continue ainsi jusque non loin de Chalon-sur Saône. A l'est de Dijon, il s'étend jusqu'à Sacquenay, tandis qu'à Champlitte commence le facies franc-comtois. Si l'on prolonge la ligne qui passe entre Sacquenay et Champlitte d'une part, et par Latrecey d'autre part, vers le Nord, elle laisse à l'Ouest l'oolithe de même âge de Neuvizy (Ardennes). Celle-ci fait vraisemblablement partie d'une même zone ferrugineuse qui s'étendrait sous le bassin de Paris, traverserait la Bourgogne, pour tourner à l'Est et se retrouver sur le bord oriental du Jura. Le passage se fait vers Gevingey au sud de de Lons-le-Saunier, où les fossiles recueillis dans l'oolithe indiqueraient toutefois un niveau un peu plus élevé, puis par Saint-Claude. *Am. cordatus* a été cité dans cette dernière oolithe par Choffat, d'après Munier Chalmas, et *Am. Renggeri* par Bourgeat. On peut suivre l'oolithe par les environs de Pontarlier et de Sainte-Croix (⁷), la Chaux-de-Fond (⁸), Herznach et les Lœgern (⁹), en Argovie. Peu au nord de ces dernières stations, au Randen, la zone est argilo-calcaire.

Dans le bassin de la Seine le facies oolitique rétrograde vers l'Ouest, de

---

(¹) Choffat, Riche, *loc. cit.*

(²) Buxtorf, *Eclog. geol. Helv.* t. VII, p. 566.

(³) *Eclog. geol. Helvet.*, t. VII, p. 79.

(⁴) Zakrewski, *Grenzsch. d. br. u. w. Jura im Schwaben*, Stuttgart, 1886.

(⁵) *Eclog. geol. Helvet.*, t. VI, pl. III, p. 5.

(⁶) Koby, *Oxf. inf. Jura bernois*, 2ᵉ partie, p. 206 (*Soc. pal. Suisse*).

(⁷) Rittener, *Cote aux Fées et Sainte-Croix* (*Matér. Carte géol. Suisse*, nouvelle série, t. XIII, 1902, p. 202).

(⁸) Rollier et de Tribolet, *Eclog. geol. Helv.*, t. VI, p. 343.

(⁹) Muhlberg, *Lœgernkette, Eclog.*, t. VIII, p. 269.

la zone à *A. anceps* à celle à *A. cordatus*, mais d'une distance inférieure à la largeur des bandes, de sorte que deux zones consécutives sont souvent à l'état ferrugineux dans le même lieu.

Suivant les points considérés, la limite des facies s'éloigne très inégalement des Vosges et de la Forêt-Noire.

Il résulte des faits que nous venons de grouper que pendant la période jurassique, la région qui s'étend de la Lorraine à la Souabe, uniformément submergée, a reçu du nord des dépôts argileux qu'apportaient des courants capables d'amener à certains moments du mica et même du sable siliceux. Cette région s'avançait en pointe dans le bassin de la Saône. Formant auréoles autour d'elle et la resserrant inégalement suivant les époques, se sont groupés les autres facies, calcaire, coralligène, à oolithes ferrugineuses. Dans ce dernier cas, l'épaisseur est souvent très réduite et l'assise correspondante peut même manquer au delà de la zone ferrugineuse, faute d'apport sédimentaire plutôt que par émersion.

M. Henry HUBERT,

Docteur ès Sciences naturelles, Administrateur-adjoint des Colonies (Paris).

SUR LA FORME PARABOLIQUE DES ACCIDENTS DU RELIEF CONSTITUÉS PAR LES ROCHES CRISTALLINES ACIDES EN AFRIQUE OCCIDENTALE.

551.3 (66-3-9)

5 Août.

J'ai indiqué qu'en Afrique occidentale, notamment dans le Dahomey, la Côte d'Ivoire et le Haut-Sénégal et Niger, certains accidents du relief, isolés au milieu de plaines, prenaient la forme de dômes réguliers [1]. Cette forme typique a été également observée dans la Gold-Coast, la Nigeria, la Guinée, si bien qu'on peut être certain qu'elle est fréquente dans toute l'Afrique occidentale.

Dans les pays précités, le profil des accidents qui affectent cette forme peut devenir parfaitement régulier. Or, dans les régions où ils ont été observés, ces dômes, *dus à l'érosion*, sont caractéristiques des roches cristallines acides. De plus, leur forme n'est pas accidentelle, d'abord parce qu'elle se retrouve trop souvent, ensuite parce qu'elle se conserve semblable à elle-même, malgré l'usure progressive de la roche sous l'influence des agents superficiels.

---

[1] H. HUBERT, *Mission scientifique au Dahomey*, p. 121 et suiv.; *Le relief de la Boucle du Niger* (*Annales de Géographie*, t. XX, 1911, n° 110, p. 153 et suiv.).

On sait que, dans beaucoup de régions, les formations granitiques affectent également cet aspect de dômes, qu'on a attribué lorsqu'il s'agissait de régions tempérées, à la décomposition chimique. Mais cette explication n'est pas satisfaisante pour les dômes de l'Afrique occidentale, lorsque ceux-ci ne sont pas recouverts de produits de décomposition et que la roche demeure fraîche et *parfaitement polie*. De plus, la décomposition chimique, si régulière soit-elle, ne peut expliquer à elle seule pourquoi le profil des accidents granitiques ou gneissiques est exclusivement convexe, ni pourquoi les dômes sont isolés les uns des autres. Je me propose donc d'essayer l'interprétation de ces faits, afin de compléter les renseignements que j'ai donnés autrefois sur le modelé granitique au Dahomey.

Je rappellerai tout d'abord qu'en dehors des actions tectoniques, qu'il n'y a pas lieu d'envisager ici, le modelé d'une région ne peut résulter que d'actions chimiques ou d'actions mécaniques. Ces dernières se traduisent soit par des phénomènes calorifiques (qui déterminent l'éclatement ou l'écaillement des roches), soit par des phénomènes d'usure, soit par des phénomènes de transport (entraînement ou accumulation de matériaux). Suivant que prédominera l'un des quatre facteurs : action chimique, débitage sous l'influence de la chaleur, usure mécanique par les vents ou les eaux de ruissellement, transport, on aura affaire, pour la même roche, à des formes extérieures différentes.

Nous pouvons déjà poser en principe que le polissage, d'une part, la forme en dôme, d'autre part, sont dus, en Afrique tropicale, à la prédominance de l'usure, suivie de transport, par les eaux de ruissellement. Dans les régions à climat franchement soudanais, où les précipitations atmosphériques sont importantes, les actions éoliennes sont négligeables et l'on n'aura pas à les envisager ici. On ne s'occupera donc que de l'usure par les eaux de ruissellement et, pour la commodité de l'exposition, les points suivants seront traités successivement : 1° le polissage des roches; 2° le profil d'usure des accidents du relief; 3° les dômes.

LE POLISSAGE.

On sait comment sont susceptibles d'agir les eaux sauvages :

1° CHIMIQUEMENT. — Les silicates d'alumine hydratée (argiles), les hydrates de fer et d'alumine (limonite, latérites, etc.) et le quartz sont, parmi les éléments les plus répandus des roches, ceux qui sont pratiquement inaltérables par les eaux superficielles. Tous les autres éléments essentiels sont susceptibles de décomposition et donnent naissance à des produits secondaires ayant, chacun à chacun, une dureté moins grande que les minéraux dont ils proviennent. Lorsque la roche est un mélange d'éléments attaquables et d'éléments inattaquables, la décomposition chimique des premières a pour effet de mettre les seconds en liberté.

2° MÉCANIQUEMENT. — Les actions mécaniques des eaux sauvages sont très supérieures, dans l'Afrique tropicale, à ce qu'elles sont chez nous. Cela résulte moins de la quantité d'eau tombée annuellement que de l'importance de chaque précipitation. Nos grosses pluies d'orage peuvent seules donner une idée des pluies moyennes des tropiques et, au Soudan par exemple, on peut observer des précipitations atteignant jusqu'à 130 mm en 24 heures. Dans ces conditions, les eaux sauvages arrivent à s'écouler *en nappe* au lieu d'être canalisées dès leur arrivée au sol. On distinguera, dans les actions mécaniques, celles qui résultent du transport et de l'usure.

Transport. — Les matériaux meubles mis en liberté par un mode quelconque d'altération sont entraînés dans les bas-fonds avec une vitesse d'autant plus grande que la pente sur laquelle ils se trouvent est plus rapide. Les eaux s'écoulant en nappe, les matériaux entraînés continuent à être répartis en surface d'une façon homogène, s'ils l'étaient déjà dans la roche.

Usure. — L'eau et les matériaux qu'elle entraîne, en frottant sur la roche en place en détermineront l'usure, c'est-à-dire la détérioration progressive et superficielle. Cette action se fera tangentiellement : les petits éléments superficiels en place se trouveront brisés par les chocs ou arrachés, puis entraînés; de plus, leur action érosive viendra s'ajouter à celle des éléments qui ont agi sur eux et qui ont continué à être entraînés par le ruissellement.

L'usure dépendra avant tout de la nature des éléments en présence. Nous admettons, et cela est pratiquement exact dans les pays *accidentés* de l'ouest africain, que les minéraux transportés ont été empruntés à la roche sous-jacente. Or, trois cas vont se présenter :

A. Tous les éléments de la roche sous-jacente sont inattaquables par la décomposition chimique. S'il s'agit d'argiles ou de latérites, il n'y aura pas usure proprement dite : les eaux de ruissellement s'insinuent dans les parties moins résistantes de ces roches et déterminent des fissures et des éboulements, qui n'ont plus aucun rapport avec l'usure tangentielle telle que nous l'envisageons.

Quant aux roches exclusivement quartzeuses, l'usure est encore pratiquement nulle, puisque le quartz susceptible de servir d'abrasif ne peut être mis en liberté ni en quantité suffisante, ni sous un volume convenable par les différents modes d'érosion [1].

B. Tous les éléments sont susceptibles de décomposition chimique.

---

[1] On constate une usure très nette aux dépens des grès siliceux et des quartzites placés dans les eaux courantes ou dans le lit des glaciers. Mais il ne faut pas oublier que, dans l'un et l'autre cas, le quartz déterminant l'usure a d'abord été apporté de très loin et est constamment renouvelé.

Dans ce cas, ils n'usent pas la roche d'une façon appréciable, puisqu'ils sont en somme toujours moins durs que les éléments en place.

C. Certains éléments de la roche seuls sont inattaquables (nous laissons de côté le cas des roches à silicates d'alumine hydratée et à hydrates de fer et d'alumine, dont il a été question précédemment). Le quartz sera mis en liberté par suite de la décomposition chimique des autres éléments, par conséquent de nouveaux grains pourront être transportés lorsque les précédents auront été entraînés. Il pourra encore être mis en liberté par suite de l'usure des cristaux de quartz en place, car il est susceptible de s'user lui-même, et aussi par suite de l'usure plus rapide des autres éléments entourant les grains de quartz. Car ces éléments s'usant plus vite que les cristaux de quartz qu'ils entourent, ceux-ci se trouveront dégagés bien avant leur usure complète. Nous voyons que, comme ils seront plus volumineux et plus anguleux qu'ils ne l'auraient été par suite de l'usure progressive, ils participeront d'une façon plus effective à l'érosion (¹).

Par conséquent, sous l'influence du ruissellement, ce sont seulement les roches ayant la composition minéralogique des granites qui sont susceptibles d'une usure rapide, à la fois parce que ce sont les seules possédant un élément inattaquable au milieu d'éléments attaquables et parce que cet élément est, en outre, plus dur que tous les autres (²).

Action de l'usure. — Si considérables que soient les précipitations atmosphériques, là où les eaux de ruissellement s'écoulent en nappes, leur force de transport est cependant limitée et elle est insuffisante pour déplacer de gros matériaux. Par suite, si la décomposition chimique est trop rapide, il n'y aura pas usure proprement dite, mais simplement déblayage partiel des matériaux accumulés. Le cas n'est pas intéressant ici. Au contraire, si l'usure est prépondérante, tous les éléments superficiels sont enlevés progressivement. Ainsi la roche se trouve polie comme par une poudre grossière, mais on n'observe jamais de roche striée, ce qui nécessiterait l'intervention de matériaux volumineux.

La roche polie est nécessairement toujours fraîche, puisque le polissage résulte de ce que l'usure marche au moins aussi vite que la décomposition chimique. En outre, la végétation ne s'y fixe pas; du reste, s'il n'en était pas ainsi, sa présence favoriserait la décomposition chimique aux dépens de l'usure.

Plusieurs voyageurs ont signalé, sans apporter de grandes précisions,

---

(¹) L'usure dépend encore de l'état des éléments en contact, de la pression et des mouvements relatifs des surfaces en contact. Nous envisagerons plus loin chacun de ces facteurs.

(²) Nous admettons pour cela qu'il n'y a pas de minéraux essentiels plus durs que le quartz dans les roches qui nous occupent. Cela est pratiquement vrai pour les régions africaines considérées.

que certaines régions de l'Afrique occidentale avaient été le théâtre de
phénomènes glaciaires et les seuls faits sur lesquels ils ont basé leur
opinion est, à ma connaissance, la présence de roches polies. Or, on voit
que l'action des eaux de ruissellement suffit pour expliquer le polissage.
Bien mieux, il se pourrait que le polissage par les eaux de surface, si net
dans les régions tropicales, soit un argument en faveur de la théorie qui
rapporte le poli glaciaire non à l'action du glacier lui-même, mais à celle
des eaux qui circulent en dessous. Cette idée, émise autrefois par M. Rabot,
et qui a fait depuis bien des progrès, peut trouver ici un argument
nouveau [1].

LE PROFIL PARABOLIQUE.

En dehors du polissage, l'usure par ruissellement est susceptible de
donner naissance à un modelé typique, caractérisé par des dômes polis,
et réguliers. D'après ce que nous avons vu au sujet du polissage, ce modelé
est exclusif aux roches granitiques. Il est, du reste, évident que les formations sédimentaires, qui sont constituées par des assises d'épaisseur
et de dureté inégales, ne peuvent donner naissance à des dômes réguliers
pouvant dépasser 300 m de hauteur. Il en est de même pour les roches
feuilletées, dans lesquelles les lits successifs offrent des résistances très
variables ou pour celles des roches éruptives qui présentent souvent des
directions particulières de moindre résistance (diaclases, cassures,
fissures de retrait, etc.).

Les roches granitiques sont donc les seules dont nous aurons à nous
occuper, en comprenant sous cette dénomination les types grenus de la
famille des granites et les gneiss granitoïdes dont la schistosité est peu
accentuée.

Reprenons maintenant l'étude des divers facteurs intervenant au sujet
de l'usure, en nous plaçant cette fois au point de vue du modelé. Comme
on a affaire à des roches granitiques, les éléments en contact dont on
pourra avoir à s'occuper se réduiront à quatre :

Des agents d'érosion... { Eau, Matériaux solides autres que le quartz, Quartz.
Un agent passif .... La roche granitique.

Nous éliminons de suite les matériaux solides autres que le quartz,
puisque leur action sera théoriquement du même ordre, mais beaucoup
plus faible et pratiquement nulle.

Nature des éléments en contact. — Il est évident que, toutes choses

[1] Ch. RABOT, *Les débâcles glaciaires* (*Bull. de Géog. hist. et descr.*, 1905, n° 3, p. 465); *Glacial reservoirs and their outbursts* (*The Geographical Journal*, 1905, p. 547).

égales d'ailleurs, les éléments actifs détermineront une usure d'autant plus rapide qu'ils seront plus durs et que les éléments passifs seront plus fragiles.

L'eau a évidemment une action insignifiante en tant qu'abrasif, mais son importance est considérable comme véhicule des grains de quartz dégagés et son écoulement en nappe favorise certainement une usure plus régulière. Par contre, comme elle s'interpose entre les surfaces solides, elle ralentit l'usure en diminuant les contacts.

Le quartz est, par excellence, l'agent actif de l'usure. Nous avons vu comment il pouvait contribuer à dégager des cristaux de quartz assez volumineux. Cette explication n'est pas purement théorique, car on observe, au pied des dômes granitiques, des éléments quartzeux qui ont été arrachés et ont conservé des dimensions appréciables.

État des surfaces en contact. — Toutes choses égales d'ailleurs, l'usure sera d'autant plus considérable que les aspérités des surfaces frottantes seront plus développées. Si le quartz qui roule sur les pentes s'use nécessairement, son usure peut être considérée comme très faible, car il ne parcourt que des espaces très réduits (400 à 500 m au maximum). En fait, au pied des dômes, on ne trouve jamais de grains de quartz arrondis. Donc, s'il est vrai que l'usure sera d'autant plus faible que les grains de quartz sont plus fins (et cela d'autant mieux qu'ils sont alors plus légers dans le courant d'eau qui les entraîne), on peut négliger la différence de volume qu'ils ont subie pendant le très court trajet qu'ils effectuent.

Quant au granite, il s'use d'autant moins vite que le poli auquel il est parvenu est plus parfait.

Pression des surfaces en contact. — L'usure augmentera avec la pression exercée par les agents actifs sur les agents passifs. La roche étant pratiquement imperméable, il arrivera au bas de la pente une quantité d'eau sensiblement égale à celle qui est tombée sur la roche. Mais la vitesse de l'eau le long d'une pente étant nécessairement plus faible que dans l'air, la quantité d'eau qui glisse le long de cette pente, et par suite la pression exercée par le liquide, augmente à mesure qu'on se rapproche de la base.

Les grains de quartz augmentent également d'une façon notable à mesure que l'usure se produit de haut en bas, comme nous le verrons par la suite; mais, comme ils sont véhiculés par une quantité d'eau plus forte, la pression directe qu'ils exercent n'augmente pas comme leur nombre. Aussi, notons simplement que l'usure due à la pression augmente de haut en bas, par suite augmente de la même manière que l'usure [(due à la vitesse, ainsi qu'on le verra plus loin), et bornons-nous à cette constatation, faute d'éléments d'appréciation suffisants.

Nous n'avons pas à nous inquiéter du volume variable des grains de quartz contenus dans la roche, parce qu'en raison de la nature de celle-ci ils sont répartis également et leur action se trouve compensée.

Mouvement relatif des éléments en contact. — Toutes choses égales d'ailleurs, l'usure sera d'autant plus considérable que le mouvement relatif des éléments en contact sera plus rapide. Il est évident, en effet, que plus la vitesse de l'eau et des grains de quartz sera grande, plus le granite sera usé rapidement : les effets de percussion et de choc étant plus considérables et l'entraînement des matériaux mis en liberté étant beaucoup plus rapide. Du reste, ce que nous connaissons sur l'usure du lit des cours d'eau, rigoureusement comparable à l'usure par ruissellement, nous montre que celle-ci varie bien avec la vitesse ([1]). On peut être certain, en outre, que la variation est continue, au moins pour les vitesses susceptibles d'être réalisées dans le cas qui nous occupe.

Voyons maintenant quelle sera l'influence de l'usure dans le cas théoriquement le plus simple, celui d'un plan incliné, en admettant que soient négligeables : 1º l'usure des grains de quartz véhiculés; 2º les variations de pression exercées le long de la pente; 3º les variations de l'état de la surface du plan incliné. Le seul élément considéré comme abrasif étant le quartz, nous n'avons à envisager que l'action propre de celui-ci.

Action du quartz. — La descente des grains de quartz sera facilitée par l'eau qui pourra leur communiquer une vitesse initiale appréciable dès qu'ils se trouveront dans les conditions permettant leur entraînement. Pour que cet entraînement ait lieu, il suffira d'une pente beaucoup plus faible que celle qu'il aurait fallu si l'eau n'était pas intervenue.

Si, d'une part, sous l'influence de la pesanteur, la vitesse initiale des grains de quartz tend à augmenter proportionnellement au temps, elle tend, d'autre part, à diminuer en raison des résistances propres au plan incliné, ces résistances étant beaucoup plus considérables pour le quartz que pour l'eau. On voit qu'elles sont uniquement fonction de la pente, étant données les conditions dans lesquelles nous nous sommes placés.

Par conséquent, trois cas peuvent se présenter :

1º Le ralentissement dû aux résistances est suffisamment faible pour que le mouvement de translation du quartz soit encore un mouvement accéléré;

2º Le ralentissement est tel que le mouvement devient uniforme;

3º Le ralentissement est tel que le mouvement devient retardé.

Mouvement retardé. — Le cas est purement théorique, puisque les grains de quartz devraient alors s'arrêter et qu'il n'y aurait pas usure.

Mouvement uniforme. — Dans ce cas, un premier grain de quartz, agissant pour lui-même, use la roche parallèlement à elle-même, enlevant une portion de roche telle que GAX (*fig.* 1). Un second grain de quartz, semblable au premier et placé au-dessus, enlèvera une portion telle que

---

[1] On sait qu'une rivière n'est capable d'affouiller son lit rocheux qu'à partir d'une certaine vitesse; que les marmites de géants ne se creusent qu'aux points où se créent des tourbillons, c'est-à-dire là où la vitesse est très augmentée; etc., etc.

$G_1 A_1 A B Y$; un troisième grain de quartz, semblable aux précédents et placé au-dessus de G_1 enlèvera une portion telle que $G_2 A_2 A_1 B_1 B C Z$... et ainsi de suite. Si l'action des grains de quartz se réduisait à cela, l'usure se traduirait finalement par la production d'un plan tel que $A_2 B_1 C$ plus incliné que le plan originel. Mais le premier grain de quartz, par le fait même qu'il use la roche, met en liberté un certain nombre de grains de quartz, tous ceux compris dans la tranche GAX, qui sont également entraînés et vont déterminer l'usure en agissant pour eux-mêmes, met-

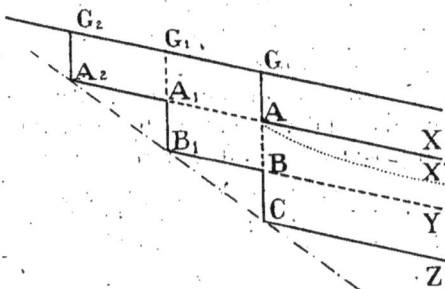

Fig. 1.

tant en outre de nouveaux grains de quartz en liberté. Comme le nombre des grains de quartz et, par suite, leur action augmente à mesure qu'on va de A vers X, la ligne AX ne peut être une droite, mais une courbe telle que AX' s'écartant constamment du plan primitif.

De même, $A_1 A$, au lieu d'être une droite, sera une courbe identique à AX', s'écartant constamment du plan originel $G_1 G$. Quant à BY, ce sera une courbe s'écartant constamment non seulement de la droite AX, mais de la courbe AX', et elle s'en écartera d'autant plus rapidement que, d'une part, le nombre des grains de quartz augmente constamment et que, d'autre part, la pente sur laquelle les grains de quartz roulent désormais n'est plus la droite ayant la pente originelle, mais une courbe d'inclinaison plus forte et que, par conséquent, le mouvement de translation des grains de quartz, originellement uniforme, est nécessairement devenu accéléré.

Ainsi l'usure se poursuit de telle façon qu'en considérant les espaces compris entre les plans verticaux passant par G, G_1, G_2 (à l'emplacement originel des grains de quartz entraînés), toute portion de la pente située en aval d'un plan vertical est plus inclinée que toute portion placée immédiatement en amont. Comme dans le granite les grains de quartz sont répartis à des distances égales et très faibles, on voit que, finalement, la pente due à l'usure n'est pas une droite, mais une courbe convexe vers le haut.

Mouvement accéléré. — Dans ce cas, qui est sans doute le plus fréquent, on a affaire à plus forte raison à une courbe convexe vers le haut, et celle-ci s'établira plus rapidement que dans le cas du mouvement uniforme.

Remarque. — Il convient d'insister sur ce fait que, du moment que l'usure ne se poursuit pas parallèlement au plan originel, la quantité de quartz mise en liberté pour une même projection horizontale A*b* (*fig.* 2) croît proportionnellement aux distances verticales comptées à partir de *b*, c'est-à-dire que le nombre des grains de quartz entraînés est beaucoup plus grand que celui de la projection horizontale. En outre, on voit que pour une usure un peu plus forte, le nombre des grains de quartz libérés augmente plus que proportionnellement, ce qui a pour effet d'augmenter encore plus l'usure.

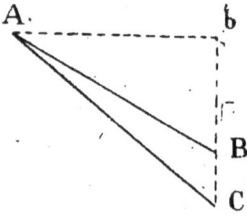

Fig. 2.

C'est une nouvelle raison pour que la pente de la courbe augmente à mesure qu'on se rapproche du point le plus bas.

Forme de la courbe. — On peut se faire une idée de la nature de la courbe obtenue par l'usure et se demander de quelle courbe simple elle se rapproche le plus. Tout d'abord, il est évident que celle-ci est continue, puisque les éléments susceptibles de la déterminer ou de la modifier ne peuvent varier que d'une façon régulière.

Mais, comme les facteurs qui interviennent varient constamment à partir du moment où il y a usure, la courbure varie également dans le temps. Si l'on considère une partie de la courbe, située même fort loin du point culminant, on voit que cette partie est susceptible d'acquérir une courbure non seulement appréciable, mais encore qui augmentera rapidement par la suite. Cette courbe ne correspond donc pas à une hyperbole.

Puisque la courbure varie, la courbe ne sera pas non plus un arc de cercle. L'usure augmentant plus vite dans les parties les plus basses, il pourrait arriver que la courbure devienne plus forte vers le bas que vers le haut. On peut donc entrevoir le cas où, à un moment donné, la courbure serait égale partout et où alors la courbe deviendrait un arc de cercle. Mais ce cas, purement théorique, ne marquerait qu'un passage.

La courbe observée n'est donc qu'une parabole ou une ellipse, celle-ci n'étant d'ailleurs qu'un cas particulier de celle-là. Or, rien ne s'oppose à ce qu'on puisse parvenir à une ellipse, puisqu'à l'origine le plan incliné peut être très voisin d'un plan horizontal et que la courbe peut devenir, à son point le plus bas, très voisine de la verticale. Mais même si l'on a affaire à une ellipse, on n'observe que la partie de la courbe située dans le voisinage immédiat du sommet de l'axe vertical, c'est-à-dire la partie qui peut se confondre pratiquement avec une parabole. C'est pourquoi nous dirons que le profil obtenu est une courbe parabolique.

Si la courbe parvient à être verticale dans sa partie inférieure et que l'usure se continue toujours dans les mêmes conditions, on doit passer peu à peu à une aiguille dont la partie inférieure est limitée par des parois verticales qui deviennent de plus en plus grandes, la partie supérieure étant formée par un ellipsoïde de plus en plus aplati. Mais cela est purement théorique, car nous ne savons pas comment se comportera l'usure quand la pente deviendra très voisine de la verticale : les quantités d'eau de pluie tombées sur la courbe étant de plus en plus faibles et la pression et la force tangentielle des grains de quartz diminuant certainement. D'ailleurs, il n'est pas établi que l'u ure aille jusque-là, car, à partir d'une certaine limite de la courbe, la décomposition chimique, les cassures, les décollements peuvent intervenir d'une façon de plus en plus efficace et diminuer ou annuler l'influence de l'usure propre.

Variations dans la forme de la courbe. — Nous avons admis qu'il s'agissait d'un plan incliné dont l'état de la surface était homogène. L'hétérogénéité fera varier l'usure dans un sens quelconque, mais comme elle sera très faible pour une roche granitique, nous pouvons ne pas en tenir compte.

On a également considéré qu'il s'agissait d'un plan incliné continu qui deviendrait une courbe parabolique. Mais, en réalité, le profil originel, au lieu d'être formé par une pente rectiligne, peut être très variable. Cependant, chaque pente peut se décomposer en un assemblage de trois types :

. 1º des plans inclinés;

2º des courbes à convexité tournée vers le haut ;

3º des courbes à convexité tournée vers le bas.

Les portions du profil se traduiront, dans les deux premiers cas, par des arcs paraboliques successifs, dont la courbure sera plus ou moins prononcée suivant l'allure originelle de la partie correspondante du profil.

Dans le troisième cas, si la pente générale est assez forte, la courbe est peut-être susceptible de devenir, par usure, convexe vers le haut. Mais, d'une façon générale, les matériaux se dirigeant le long de la pente s'arrêteront ou prendront une direction nouvelle. Il y aura alors soit décomposition chimique, soit usure verticale et création de rigoles, mais plus de forme parabolique.

- Dans tous les points où il y aura rupture de pente, si l'angle formé par la roche fait saillie, l'usure amènera la disparition progressive du sommet de l'angle dont les deux côtés seront réunis par une courbe.

Si, au contraire, l'angle est rentrant, il se formera une rigole et la rupture de pente sera exagérée.

LES DÔMES.

On pourrait objecter que la forme en dôme était préexistante. A cela, on peut opposer les a guments suivants :

1º Le modelé granitique est nécessairement dû à l'érosion, puisque le granite est une roche de profondeur;

2° Il est évident que la forme originelle n'a pu être constamment celle de dômes;

3° La fraicheur constante de la roche et le polissage parfait prouvent l'u ure mécanique;   –

4° Les matériaux accumulés au bas des pentes et qui ne peuvent provenir que des dômes eux-mêmes constituent une nouvelle preuve de l'usure;

5° L'existence de dômes, en des points quelconques d'une masse rocheuse homogène, écarte toute idée de formes d'origine tectonique;

6° Dans une même région, les dômes peuvent se présenter à tous les stades de leur formation;

7° La forme en dôme s'acquiert bien et l'on peut assister à sa formation.

Les faits les plus nets ont été observés dans la région de Kong (Côte

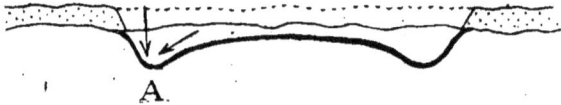

Fig. 3. — La partie ponctuée indique les matériaux superficiels;
le trait fort, la surface du granite après usure.

d'Ivoire) en certains points où le sol est suffisamment accidenté pour que l'action du ruissellement soit très grande.

Puisqu'on admet que le granite est une roche de profondeur, il faut qu'il ait été, à un moment donné, recouvert de formations quelconques que l'érosion a enlevées. Bien que dans la région de Kong, ces formations superficielles ne soient que des matériaux de décomposition (sables, argiles, latérites), ce que nous dirons dans ce cas est susceptible d'être généralisé.

Si les causes à la suite desquelles les matériaux ont été accumulés sur le granite sont modifiées, ces matériaux peuvent être usés ou entrainés par le ruissellement et une lentille de la roche sous-jacente peut apparaître. Il est très possible en effet que les matériaux détritiques, généralement peu résistants, puissent être enlevés, et comme il n'y a aucune raison pour que la surface du granite sous-jacent soit parallèle à la direction suivant laquelle ces matériaux sont enlevés, il y a certainement un point où la roche doit apparaitre au jour.

Or, dès qu'une telle lentille de granite est mise à nu, on observe normalement qu'elle est polie et que son profil est déjà parabolique ([1]). Par con-

---

([1]) Il faut cependant signaler, comme un cas très spécial, celui des dalles polies, assez fréquentes dans les régions soudanaises, pour lesquelles la forme en dôme semble devoir ne s'acquérir que très lentement, cela par suite d'une pente très faible. Cependant il y a bien usure, mais celle-ci tient à ce que le ruissellement en nappe se trouve favorisé par des conditions topographiques particulières; il semble, par suite, qu'elle soit très faible, juste suffisante pour que le polissage prédomine sur la décomposition chimique.

séquent, tout porte à croiré que si l'usure se continuait régulièrement, on passerait peu à peu à la forme en dôme.

La mise en relief est facilitée par la création d'une rigole en A (*fig.* 3) suivant laquelle s'écou'ent les eaux de ruissellement. On remarquera que l'usure a une tendance à agir selon les deux flèches. La courbe en ce point aura donc une courbure plus accentuée, mais il est facile de voir que, plus tard, lorsque la roche sera suffisamment dégagée, l'usure aura pour effet de régulariser la courbe qui aura une tendance à redevenir parabolique. Cette mise en relief sera facilitée par ce fait que, pour la partie située dans la figure à gauche de A, par exemple, l'usure creusera sous le granite protégé par la couche superficielle et aura une tendance à faire disparaître plus rapidement celui-ci en favorisant sa décomposition chimique.

Il est évident que la formation en dôme sera largement facilitée par la préexistence d'ondulations appréciables.

Pour les régions accidentées (massifs ou chaines), si l'érosion se poursuit comme nous l'avons indiqué, elle doit forcément donner naissance à une série de dômes d'abord séparés par leur partie supérieure comme à Savé

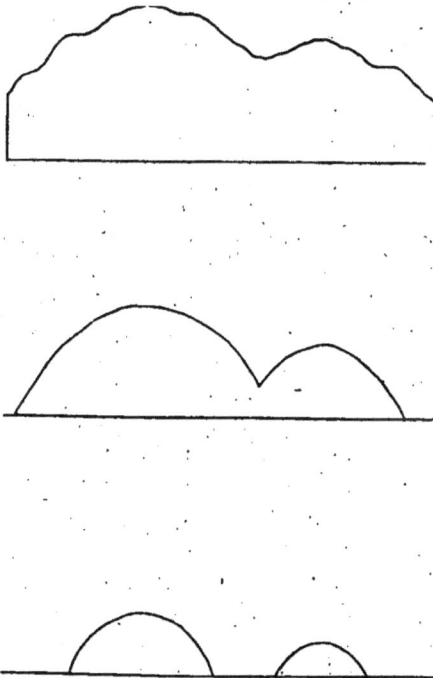

Fig. 4 et 5. — Stades successifs de la formation des dômes.

[Dahomey (*fig.* 4 et 5)], puis, plus tard, complètement isolés comme le pic des Comonos (Haut-Sénégal et Niger).

Les dômes complètement isolés et surgissant au milieu de grandes

plaines se rencontrent certainement au nombre de plus d'une centaine: en Afrique occidentale. Quant aux dômes voisins les uns des autres et ayant originellement appartenu au même massif, ils sont beaucoup plus nombreux. La région la plus typique que je connaisse est le Naoulou (haute Côte d'Ivoire) où les dômes isolés, distants les uns des autres de quelques centaines de mètres à quelques kilomètres, se succèdent sur 85 km de longueur.

Il est évident que la courbe parabolique continue, qui peut déjà ne pas s'être formée à cause d'un modelé trop heurté à l'origine, peut se transformer aussi en courbes paraboliques successives. Il suffit pour cela que, pour une cause quelconque, les eaux de ruissellement cessent en un point donné de s'écouler en nappe. Dès qu'elles sont canalisées, elles forment des rigoles qui marquent chacune la limite inférieure d'une courbe parabolique. Dans ce cas, la montagne, vue d'en haut, prend l'aspect de dos de moutons [mont Tantani, près Savé, Dahomey (fig. 6)]. On obtient ainsi

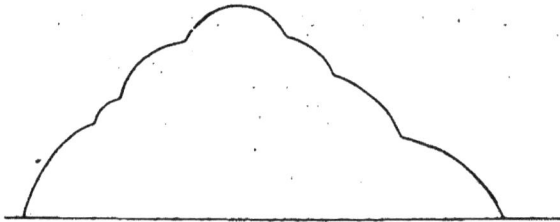

Fig. 6.

des formes qui sont identiques à celles provoquées par les ruptures de pentes et signalées précédemment. L'aspect général est quelquefois assez différent du dôme, mais on voit cependant qu'il s'agit de formes dérivées et un œil exercé n'hésitera pas à les identifier.

Les roches possédant la composition minéralogique des granites, affectant des structures très différentes seront susceptibles de donner naissance, par usure, à des appareils un peu différents. Les dômes constitués par du granite normal auront une projection horizontale qui tendra à être circulaire. Les gneiss granitoïdes, dont les éléments sont orientés, mais non disposés suivant des lits successifs, donneront aussi naissance à des dômes; mais la structure du gneiss favorisant l'écaillement et les décollements dans le sens de l'orientation des éléments, ces actions mécaniques s'ajouteront à l'usure dans ce sens seulement. Par suite, la projection horizontale du dôme sera donc grossièrement une ellipse dont le grand axe sera parallèle à l'orientation des éléments (Savé).

Enfin, lorsque le gneiss est nettement feuilleté, il se débite trop facilement pour pouvoir donner naissance à des dômes.

La forme en dômes polis et réguliers est bien une forme d'équilibre correspondant à un ruissellement déterminé. C'est d'abord ce que fait ressortir leur distribution géographique. En effet, en dehors de mes observations personnelles, les nombreuses photographies que j'ai eues entre les mains montrent que cette forme est la règle pour les granites dans les régions où les précipitations sont abondantes : Congo, Soudan. Au contraire, dans les régions sahéliennes ou sahariennes, où il ne pleut guère, si les dômes sont assez abondants, ils sont le plus souvent recouverts d'éboulis anguleux provenant du débitage mécanique. Enfin, en Égypte, les accidents granitiques se débitent en aiguilles, comme dans les régions alpines, avec des éboulis anguleux. Ainsi, les dômes aux surfaces polies disparaissent au profit du débitage mécanique dès que les précipitations diminuent, ce qui met déjà en évidence l'influence du ruissellement.

La limite septentrionale de la région des dômes réguliers, non recouverts de blocs anguleux, semble être, pour la Boucle du Niger, un peu au-dessous du quatorzième parallèle, car la montagne de Tibbo, qui est bien un dôme, est déjà encombrée d'éboulis et est loin d'offrir le profil si net des dômes du Sud. Il ne faut pas en conclure, bien entendu, que le débitage dû aux variations de température n'a pas lieu sous une latitude plus méridionale, il est, au contraire, fréquent, mais toujours subordonné aux actions de ruissellement, comme l'est d'ailleurs la décomposition chimique elle-même.

L'influence du ruissellement se trouve mise en évidence d'une façon particulièrement nette dans les régions où le type parabolique est normal, dès que les conditions même du ruissellement se modifient. C'est ce qui se passe notamment pour les surfaces horizontales ou de pente très faible, où les eaux, au lieu de ruisseler, peuvent séjourner. Alors prédomine la décomposition chimique, que l'accumulation des matériaux meubles et le développement de la végétation viennent encore favoriser. On a alors la décomposition en boules, bien connue. On pourra constater que cette décomposition se manifeste, soit au pied, soit au sommet des dômes. Dans ce dernier cas, elle donne aux accidents un aspect qui, de loin, peut faire hésiter sur leur nature lithologique, lorsque les boules atteignent une dimension suffisante pour masquer au sommet la forme du dôme (fig. 7).

Fig. 7.

Mais une telle modification dans le profil est exceptionnelle, et il est bien difficile de s'y tromper.

En résumé, le profil parabolique est la forme d'équilibre vers laquelle tendent les accidents du relief constitués par des roches cristallines acides dans les régions où l'usure, sous l'influence du ruissellement en nappe, prédomine sur tous les autres modes d'érosion. C'est pourquoi cette forme est caractéristique des régions africaines tropicales. Elle se perd dès que les actions érosives dues à la température ou à la décomposition chimique viennent à prédominer. On pourra dire encore qu'elle est caractéristique d'un régime particulier des pluies, c'est-à-dire d'un climat. Comme, de plus, elle ne peut se produire que dans les régions où les eaux de ruissellement sont susceptibles d'acquérir une certaine vitesse et où, par conséquent, la pente ne descend pas au-dessous d'une certaine limite, lorsqu'on connaît la géologie, la météorologie et l'hypsométrie d'une région, on peut savoir si les dômes paraboliques à surface polie sont susceptibles de s'y rencontrer.

M. Paul LEMOINE.

(Paris).

DONNÉES GÉOLOGIQUES SUR LE OUADDAI ET LES PAYS LIMITROPHES, D'APRÈS LES RENSEIGNEMENTS DU CAPITAINE ARNAUD.

55 (662)

5 *Août.*

La région située à l'est du Tchad est encore très peu connue au point de vue géographique et *a fortiori* au point de vue géologique.

Les derniers renseignements sont dus aux membres de la mission Tilho et particulièrement à Garde.

Mais la région étudiée reste dans le Bassin proprement dit du Tchad ; la région montagneuse qui lui fait suite à l'Est n'avait pas encore été atteinte et les seules données qu'on possédait étaient celles, déjà fort anciennes et très succinctes, dues à Nachtigal.

A la suite des récents combats dont la région d'Abecher a été le théâtre, cette région a été parcourue par les troupes françaises. Le capitaine Arnaud, lors de sa mémorable traversée du Sahara avec Cortier, avait déjà récolté des échantillons géologiques ; il a eu les mêmes préoccupations dans la région orientale du Tchad et il a bien voulu me communiquer ses échantillons et ses notes.

I. Le *Bahr-el-Chazal* et ses annexes, région sablonneuse qu'on trouve d'abord en allant du Tchad vers Abecher, a déjà été décrite bien des fois; il n'y a pas lieu d'insister ici sur elle.

II. *Ouaddaï.* — Situé plus à l'Est, c'est une région surtout granitique

---

(¹) Cette Note est un résumé des renseignements que m'a fournis le capitaine Arnaud. J'ai modifié seulement quelques-unes de ses déterminations, d'après les échantillons qu'il m'a envoyés.

Le premier affleurement reconnu par le capitaine Arnaud est le mont Dioumbo, ou Youmbo, non loin duquel a été établi le poste d'Haraga.

Le mont Dioumbo est un piton de granites ; certains bancs de quartz et de granites plus durs (de couleur variant du blanc au rouge) l'ont défendu contre l'usure des agents extérieurs. Il domine de 150 m environ la région environnante, constituée par de l'arène granitique sur laquelle s'étendent à perte de vue des champs de mil.

Tous les pitons et toutes les chaînes de l'Ouaddaï présentent le même aspect; ils sont dus vraisemblablement aux mêmes causes.

On rencontre ensuite les monts Kaniengua (monts Kondongo de Nachtigal). NNE-SSW, véritable chaîne, orientée d'une façon générale SSW-NNE, et partagée en deux parties, par un large seuil sablonneux, où passe la route d'Atya à Abecher, à environ 15 km à l'ouest de cette dernière ville. Ils sont constitués par des granites et des quartz.

Puis, à 8 ou 9 km d'Abecher viennent les monts de Kalangua (monts Kelinguen de Nachtigal) qui dessinent une double dent aiguë qu'on voit bien d'Abecher. Ils forment une chaîne orientée NNW-SSE.

Des deux côtés de cette chaîne, formant contreforts, et séparées d'elle par une sorte de vallée, se trouvent des crêtes de quartzites rougeâtres presque verticales et de 20 à 30 m de relief, alors que les dents doivent avoir de 130 à 150 m de relief.

Sur le sol, entre les crêtes de quartzites et les murailles de granites, on recueille de nombreuses roches verdâtres, à éléments serpentinisés, comme on en rencontre d'ailleurs beaucoup dans les oueds de toute la région de l'Ouaddaï.

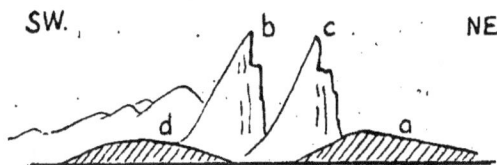

Fig. 1. — Schéma de la double dent des monts Kalangua, vue d'Abecher. b, c, granulite à mica blanc ; d, quartzite rougeâtre.

Beaucoup plus au Sud, se trouve la montagne de Surbagal, à 75 km au sud du Poste de Bir Tahouil. C'est une petite chaîne, de 6 à 8 km de longueur, de 800 à 1000 m de largeur, orientée NNE-SSW ; son relief est d'environ 300 m. D'après les échantillons du capitaine Arnaud, cette montagne serait constituée par des granites, des gneiss, des rhyolites.

Ainsi donc, il semble que toute cette région du Ouaddaï soit constituée par des granites et des gneiss, au milieu desquels la présence de roches de même nature, mais plus dures, détermine une série de reliefs.

III. *Le Massalit*. — Par contre, quand on s'avance vers l'Est, on trouve une région tout autre.

Le Massalit constitue une région géologique bien définie, au milieu des régions granitiques environnantes. Il est constitué par des plateaux de grès plus ou moins argileux, d'un âge indéterminé (pas de fossiles) ayant de grandes analogies avec les plateaux des pays Djermas et de l'Adrar Koui.

Ces plateaux sont généralement recouverts d'un manteau de grès ferrugineux plus ou moins dur.

Les oueds ont fortement échancré et entaillé ces plateaux, les morcelant en îlots plus ou moins vastes.

La direction dominante est la direction NS que suivent toutes les

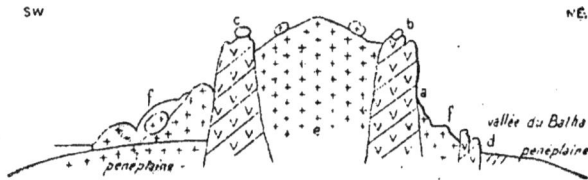

Fig. 2. — Coupe géologique schématique de la montagne de Surbagal.
c, gneiss à mica noir avec amygdales de quartz; *b*, *c*, granulites et aplites; *a*, cristaux de quartz, avec traces de pyrite oxydée, provenant probablement d'un filon de pegmatite (les éléments ferro-magnésiens sont serpentinisés, ce qui donne une couleur verte à la roche) ; *f*, granites ; *d*, rhyolites.

rivières entaillant le plateau, en particulier l'Oued Kouta, l'Oued Azounga.

Quelques rivières ont cependant une direction ENE-WSW, comme l'Oued Bali, l'Oued Mardjelly, qui, comme on peut le remarquer, est aussi celle des rivières de l'Ouaddaï, affluentes de l'Oued Botha.

Tous ces grès reposent directement sur les roches anciennes ; ce substratum a été mis à jour par les rivières en plusieurs points, en particulier en aval de Téguéré (localité située sur le bord ouest du Dar-es-Sabah.

Ces plateaux sont limités à l'Ouest par la vallée de l'Ayounga, les

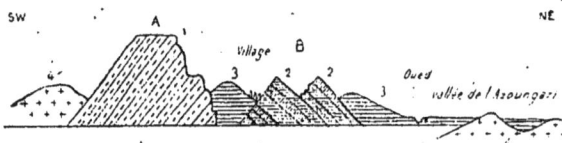

Fig. 3. — Coupe géologique schématique de la chaîne de Tountoumah.
1. Grès micacés, plus ou moins durs, plus ou moins friables, en couches redressées comme l'indique la coupe. (Pas d'échantillons authentiques). — 2. Quartzites rougeâtres. — 3. Sables argileux d'origine récente. — 4. Granites, gneiss et pegmatites à grandes plaques de mica blanc.

montagnes de Tountoumah, le Sourbagal, l'Oued Kadja ; à l'Est, par le Djebel et l'Oued Kadja supérieur ; au Sud, ils se poursuivent au delà de Bakat (25 km, sud de Doroti) ; au Nord, ils sont arrêtés par le Tama montagneux, mais s'étendent par contre au nord de Birck (et du Djebel) au delà de l'Oued Bali, où l'on voit encore des sables à l'horizon.

A l'Ouest, il semble qu'un terme de passage intéressant se trouve à la montagne de Koudry-Tountoumah où, d'après le capitaine Arnaud, on verrait nettement le contact des grès et du système des roches anciennes (granites, quartzites, etc.).

A l'Ouest, les renseignements fournis sur les monts Kadia et le Dar Djebel sont trop vagues pour qu'on puisse les utiliser ; il semble cependant qu'aux monts Kadia, on puisse observer des contacts analogues à ceux des monts Tountoumah.

IV. *Région du Tama et Guim'r.* — Il est probable que les roches anciennes réapparaissent à peu près seules dans cette région. Toutefois, un peu au nord de Birrok et de l'Oued Bolé, on observe encore des plateaux.

Roches éruptives. On en a rencontré entre Mourrah et Niéry, à 25 km NNE de Mourrah.

D'autres échantillons ont été ramassés à environ 5 km à l'est de Mourrah.

Le capitaine Arnaud a remarqué également des roches éruptives à l'Ouest et à 7 à 8 km à peine du Sourbagal. Le sentier traverse là une région très rugueuse, en forme de cirque, et qui est vraisemblablement d'origine volcanique. (Ces roches sont à l'étude).

Résumé. — En résumé, cette région me paraît, au point de vue géologique, très analogue à celle que Chudeau et Gautier ont fait connaître dans le Sahara méridional, au sud d'In-Salah.

Sur une pénéplaine archéenne, s'élèveraient des plateaux gréseux pouvant appartenir au Dévonien. Des roches éruptives les traverseraient au Ouaddaï, comme au Sahara.

Les analogies de ces plateaux gréseux avec les Kagas du Congo, que j'ai décrites ici d'après les matériaux de Bruel, les quartzites horizontales de Ndélé que Courtet a fait connaître, paraissent également très grandes.

Un enseignement pratique doit se dégager de ce premier examen géologique, c'est que la région à l'est d'Abecher n'est pas au point de vue du sous-sol la région stérile du reste du Tchad. C'est une région de plissements hercyniens ou calédoniens qui est vraisemblablement minéralisée. Malgré l'éloignement actuel de ce pays et l'absence de tout moyen de transport, la récolte qu'y a faite le capitaine Arnaud, de quartz pyriteux peut être intéressante à cet égard pour l'avenir.

M. David MARTIN,

Conservateur du Musée (Gap).

UNITÉ DE FORMATION DES BASSES TERRASSES DE LA DURANCE.

551.311.1 (44.97)

31 *Juillet.*

Dans la rédaction des premiers Chapitres d'un travail sur le Pléistocène du sud-est de la France, nous avions considéré, au-dessous de la terrasse bien définie du Pliocène supérieur, les gradins (1 à 6) des basses terrasses qui se font remarquer de Guillestre à Manosque, comme étant d'âge différent et comme ayant été édifiées au fur et à mesure du creusement de la vallée.

Nous avions cependant déjà constaté dans les terrasses de Guillestre, Embrun, Sisteron, l'existence soit de nombreux blocs aux formes anguleuses et avec des dimensions de 2 à 10 m, et dont les énormes fragments de quelques-uns, aux cassures concordantes, gisaient côte à côte; soit la présence de cailloux striés, ou même l'intercallation de lentilles de moraines typiques.

Malgré ces constatations nous avions conservé les croyances régnantes relatives à l'âge différent de ces terrasses.

Toutefois, de graves doutes persistaient dans notre esprit, surtout depuis que nous avions constaté la nature essentiellement cailouteuse et d'aspect torrentiel des moraines profondes des vallées granitiques [1].

Pour tâcher d'élucider le problème de l'origine de ces terrasses, nous entreprîmes, dès 1903, des recherches plus suivies sur toute l'étendue des divers tronçons de ces basses terrasses, et nous constations :

1° Que toutes ces terrasses, depuis la plus basse jusqu'à la plus élevée, avaient leurs éléments lithologiques dans un même état de fraîcheur;

2° Que, sur les élargissements des vallées, les terrasses se sectionnent en gradins plus ou moins nombreux ; mais que, soit vers l'amont, soit à l'aval, ces gradins confluent et se soudent en une seule terrasse, ou même se relient simplement par un épais talus de raccord. De plus, sur ces escarpements de l'unique terrasse, le dépôt est parfaitement homogène sans lit de séparation, ni zone d'altération intercalée.

Ces constatations ne résultent pas d'un exemple unique, nous les avons faites en des centaines de points sur les 180 km de Guillestre à

---

[1] Association Française : Congrès de Montauban, 1903. Faits nouveaux ou peu connus relatifs à la glaciation.

Manosque, c'est-à-dire sur toute l'étendue, soit de la Durance, soit du Buëch, où existent des tronçons des basses terrasses.

Cette unité de formation, si manifeste et si parlante, s'applique aux terrasses de l'embrunais et à celles des environs et de l'aval de Sisteron : la Sylve, Saint-Domnin, gare de Sisteron, Salignac, Château-Arnoux, la Brillanne.

Sous ces nappes de cailloutis à blocs, sont noyées des collines rocheuses et existent de vieilles dérivations de la rivière que la nappe remblayante avait aveuglées : à Châteauroux, au Pont-de-l'Archidiacre, à Monétier-Allemont, au Poët, à Saint-Auban.

Mais il est d'autres faits plus importants et plus concluants encore.

Dans nos recherches, nous avions suivi et défini, sur le Gapençais, la belle et régulière distribution des moraines superficielles des vingt-sept principaux affluents du glacier de la Durance.

Cette remarquable distribution, en parfaite relation avec la position respective, sur le glacier, des divers affluents, nous inspira la pensée de rechercher si l'on pourrait constater une distribution similaire des moraines profondes de chaque affluent, ou si les apports de chaque moraine profonde avaient subi, sous le glacier, le brassage confus admis par quelques auteurs.

Ces recherches, d'un ordre spécial, nous ont amplement démontré que, malgré les élargissements et les rétrécissements successifs de la vallée, les moraines profondes ont voyagé parallèlement les unes aux autres avec une régularité qui nous a paru plus grande encore que celle des moraines superficielles, et cela sur un parcours de 150 km.

Ainsi, pour ne citer qu'un exemple pour chaque cas, les cinq affluents les plus importants issus des vallées à protogines du Pelvoux, voyageaient, sur la rive droite, à proximité du lit de la rivière. Or, sur les flancs de la rive gauche, la divergence des protogines a été si faible en moraine superficielle que nous n'y avons tout au plus observé qu'une dizaine d'éléments de cette roche pendant toutes nos explorations.

Mais pour trouver, en moraine profonde et sur la rive gauche, des galets de protogine, il nous a fallu descendre à 120 km, au voisinage de Claret ou, en cherchant bien sur 3 km d'étendue, nous comptâmes douze galets de protogine, et cela sur les basses pentes près du thalweg. Nous avons fait des remarques tout aussi concluantes sur la belle topographie glaciaire des environs de Gap et sur toute l'étendue des flancs des deux rives.

Mais c'est surtout dans les coupes transversales opérées sur le thalweg, par les torrents affluents, dans la nappe de cailloutis de la moraine profonde (les basses terrasses), que les faits sont le plus significatifs.

Sur les parois, souvent à pic, de ces ravines, on constate que les matériaux des diverses provenances sont répartis par convois formant des compartiments verticaux plus ou moins larges, avec des oscillations à droite ou à gauche résultant très probablement du jeu d'une alimentation qui put varier dans une vallée plus que dans les vallées adjacentes.

Pendant nos premières constatations, nous avions cru pouvoir attribuer une pareille distribution aux effets des trombes pluviales qui auraient affecté, tantôt le bassin d'une haute vallée, tantôt celui d'une autre, et produit ainsi une certaine alternance dans la composition des diverses assises de ces cailloutis.

Mais nous dûmes bientôt abandonner une pareille interprétation qui ne pouvait rendre compte de l'absence souvent absolue ou tout au moins de l'extrême rareté des éléments des vallées les plus importantes, et cela sur une grande hauteur des parois des terrasses, même de celles situées sur les bords de la rivière.

Une si singulière distribution des cailloutis des différentes vallées est absolument incompatible avec l'action des rivières torrentielles qui mélangent et brassent leurs apports sur toute l'étendue de leur lit. Ce mélange intime, cette unité de composition est très caractéristique dans les alluvions pliocènes de la haute terrasse, et cela sur toute l'étendue de la vallée, des Alpes à la Crau d'Arles.

Par suite de la topographie différente dans les bassins du Drac (le Beaumont) et de la Durance, la distribution des deux grandes catégories des moraines profondes s'y est faite de deux manières, dont l'une sert en quelque sorte de complément à l'autre.

Dans la vallée de la Durance, les affluents médians, venus des massifs cristallins et à moraines profondes caillouteuses, ont voyagé sur les thalwegs des vallées principales, tandis que les moraines profondes argileuses des affluents latéraux sont allées s'accumuler dans les vallons en cul-de-sac envahis de l'aval à l'amont.

Tandis que dans la vallée du Drac les moraines profondes argileuses des vallées schisteuses de la Salette, d'Orcières, d'Ancelle ou même du Dévoluy, ont voyagé sur le vaste bassin du Drac, surtout entre Corps et la Mure, parallèlement avec les moraines profondes caillouteuses du Valgodemar et de Champoléon..

Aussi, sur les berges vives, profondes et escarpées que les rivières s'y sont recreusées, on voit, sous Cordéac, rive gauche, quatre puissantes assises d'argiles glaciaires qui alternent avec des assises non moins puissantes de cailloutis, des moraines profondes, des vallées cristallines et avec nombreux galets striés (quand il y a des galets calcaires). Tandis qu'en face, sur la rive droite et sous Quet, il n'y a que deux assises d'argiles glaciaires typiques qui font bientôt place latéralement à des nappes de cailloutis.

A Fallavel, à l'aval de Corps, la moraine caillouteuse profonde du Valgodemar de 3oo m de puissance fait équilibre verticalement à la moraine argileuse de la vallée de la Salette.

Nous n'insisterons pas sur le jeu de ces interférences, évidemment amenées par des différences dans l'ablation et l'alimentation dans des massifs d'importance aussi inégale.

·· La répartition par convois parallèles et verticaux des moraines profondes des diverses vallées nous paraît être le phénomène le plus étrange ·et le plus expressif de la glaciation.

Cet exposé de l'origine sous-glaciaire des basses terrasses de la Durance est uniquement basé sur d'innombrables observations de choses palpables et parlantes.

M. A. JOLY,

Collaborateur au Service de la Carte géologique de l'Algérie.
Constantine (Algérie).

LES TRANCHÉES DU CHEMIN DE FER ALGER-LAGOUATE ENTRE AÏN-OUSSERA ET GUELT ESSTEL (TRAVERSÉE DU PLATEAU STEPPIEN D'ALGÉRIE ENTRE LES KILOMÈTRES 226 ET 266 COMPTÉS A PARTIR D'ALGER).

---

31 *Juillet.*   55 + 625. ((651)

Dans ses parties peu accidentées, le Plateau steppien d'Algérie se trouve, comme toujours, en pareil cas, les régions déseitiques ou sub-désertiques, couvert de débris de désagrégation des roches accumulées sur place. Aussi la véritable nature du sol est-elle masquée ; elle se révèle difficilement, et seulement en des points assez rares ; l'absence d'ouvrages d'art, tranchées, sondages, etc., augmente les difficultés d'examen. Les géologues se sont, le plus souvent, tirés d'embarras en attribuant en bloc au Quaternaire (*Sensu latissimo*) toutes les parties du Plateau steppien où le relief n'est pas très accusé ; mais cette solution n'en est pas une ([1]).

Il y a quinze ans l'établissement de l'infra-structure d'une voie ferrée Alger-Lagouate, demeurée inachevée, a motivé l'exécution d'un certain nombre de tranchées entre Aïn-Oussera et Guelt Esstel, c'est-à-dire précisément dans une partie du plateau où le relief est mou et l'examen de la nature du sol difficile. Ces tranchées, malgré leur peu de longueur (quelques centaines de mètres au plus) et leur peu de profondeur (5 à 6 m au maximum), donnent de précieux renseignements.

([1]) La conviction qu'on n'avait affaire qu'à des sables, graviers ou limons quaternaires dans le plateau, a causé de graves mécomptes plus d'une fois ; lors des travaux pour l'établissement de la plate-forme de la voie ferrée Alger-Lagouate, les prévisions du devis se sont trouvées très inférieures aux dépenses d'exécution ; il en fut de même lors de la création de citernes (dites *Rdirs*) destinées à recueillir l'eau de pluie pour créer des réserves destinées à l'alimentation.

A. *Couches entamées par les tranchées (Aïn-Oussera est pris comme origine).*

1. *Tranchée très petite à* 4 km; calcaires tufacés que j'appellerai provisoirement *Calcaires des Steppes.*

Tranchée à 4,5oo km. — Sous un revêtement inégal (o,5o m à 1,5o m) de calcaire des steppes, grès grossiers, sables caillouteux passant aux poudingues, en couches inclinées 2o° N. Ce sont les *Conglomérats des Steppes.*

2. *Tranchée à* 6 km. — Léger revêtement de calcaire des steppes, comme ci-dessus, puis bancs calcaires et marno-calcaires plongeant 12° N; fossiles dans la partie nord (*Cénomanien*).

Entre 2 et 3, dans un ravin que la voie passe en remblai, puits qui perce d'abord 4 m de calcaire des steppes, puis s'enfonce de 4 m à 5 m dans les conglomérats.

3. *Tranchée à* 8 km. — Sur les flancs nord et sud de l'ondulation coupée, carapace de calcaire des steppes (o,5o m à 1,5o m); puis conglomérats (de quelques centimètres à 3 ou 4 m); puis bancs arasés, mais dont les têtes ne sont pas nivelées et demeurent anguleuses de grès (*Albien*); plongement 11° N.

4. *Tranchée à* 8,5oo km. — Analogue à la précédente, mais sans conglomérats.

5. *Tranchées à* 9 km *et à* 1o km. — Revêtement de calcaire des steppes; au pied des talus, grès, comme au n°* 3 et 4, plongeant 12° N. Le calcaire est séparé des grès, dans la partie nord, par une intercalation de marnes blanches (au plus 1,5o m d'épaisseur) qui finit en fuseau vers le Sud; les calcaires reposent alors sur les grès crétacés; puis, un peu plus au Sud encore, des conglomérats des steppes (1 à 3 m d'épaisseur) s'intercalent entre eux (1).

La voie reste ensuite en terrain très peu accidenté jusqu'à l'Oued Bou Cedraya (13 km); au delà, les tranchées recommencent.

6. *Tranchées à* 14,5oo km *et* 15,5oo km. — Revêtement inégal de calcaire des steppes; intercalation inégale aussi (maximum 3 m), de Conglomérats; au pied des talus apparaissent les têtes anguleuses, arasées, mais non nivelées, de grès durs (*grès de Bou Cedraya*).

7. *Tranchée dite « la Tranchée double »* (à 16,5oo km et 17,5oo km). — Revêtement de calcaire des steppes sur les grès de Bou Cedraya plongeant au Nord de 12° à 15°; entre les calcaires et les grès, on commence à voir apparaître des marnes sableuses rouges.

8. *Tranchée à* 19,5oo km (première tranchée Humbert). — Comme ci-dessus; mais le plongement des grès est à la fois Nord et Sud, car on recoupe la tête d'un anticlinal.

9. *Deuxième tranchée Humbert, à* 1o,5oo km. — Comme ci-dessus; les marnes sableuses rouges se développent jusqu'à atteindre 1,5o m ou 2 m d'épaisseur;

---

(1) Près de là, un peu à l'ouest de la ligne et à 11 km d'Aïn-Oussera, citerne qui montre, à 7 m de profondeur, les mêmes grès des n°* 3, 4 et 5 sous les alluvions d'un lit de torrent.

les grès apparaissent seulement dans la partie médiane de la tranchée, avec un plongement de 15° à 18° N, puis s'infléchissent brusquement pour devenir subhorizontaux dans la partie sud.

10. *Tranchée au nord de l'Oued Mbarek* (24 km). — Revêtement inégal de calcaire des steppes et de marnes sableuses rouges. Au-dessous, grès de Bou Cedraya.

Ces grès sont recoupés, au milieu de la longueur de la tranchée, par deux petites failles transversales inclinées vers le Nord, avec rebroussement des lèvres, vers le haut très accentué; les compartiments déterminés sont inégalement affaissés; celui qu'enclavent les deux cassures forme comme un petit synclinal; les autres s'étalent horizontalement vers le Nord et le Sud.

11. *Tranchée au sud de l'Oued Mbarek à 25 km.* — Grès de Bou Cedraya, plongeant 15° S; dans le talus ouest, petite faille transversale inverse dont le plan s'incline 15° N, perpendiculairement au pendage.

12. *Les trois dernières tranchées* (28 km à 32 km), avant le pied de la montée de Guelt Esstel, mettent à jour des calcaires identiques à ceux de l'*Aptien*, si développés près de là dans la partie orientale des Monts des Zarez; plongement Sud dans l'ensemble avec quelques cassures.

B. *Le facies lithologique des formations.*

a. *Calcaire des Steppes.* — Calcaire blanc rosé ou brunâtre, de texture et dureté très variables, tantôt léger, friable, tufacé, gypseux, tantôt dur, rubané, concrétionné, passant au travertin; les marnes sableuses blanches, rouges ou orangées sous-jacentes, appartiennent à la même formation. On les voit s'imprégner vers le haut de rognons et nodules calcaires et passer aux calcaires; elles sont aussi fréquemment très gypseuses. Contrairement à l'opinion souvent exprimée, je ne crois pas que les calcaires des steppes résultent d'un dépôt d'évaporation laissé à la surface du sol par les eaux qui remontent de la profondeur, chargées de carbonate de chaux. En effet, cette formation est nettement localisée; son extension et son épaisseur sont en rapport intime avec le relief, ce qui ne s'accorde pas avec l'hypothèse ci-dessus. Tandis que le calcaire des steppes se réduit à rien ou presque rien sur le haut des ondulations, il augmente progressivement d'épaisseur sur les pentes, pour acquérir plusieurs mètres dans les dépressions, où il passe aux calcaires d'eau douce. Même observation pour les marnes sableuses rouges, qui manquent dans les parties élevées, tandis que, dans les parties basses, elles peuvent atteindre 10 et 15 m de puissance. Pour moi, la formation tout entière est due, sur les pentes, au ruissellement, et, dans les parties basses, c'est un dépôt d'eau douce. Quant aux chandelles, si nombreuses dans les marnes, elles me paraissent dues aux eaux de pluie qui, après avoir traversé la carapace calcaire, descendent en abandonnant le carbonate de chaux dont elles se sont chargées. Les marnes correspondent à une première phase de comblement des bas-fonds, alors que la violence des

précipitations atmosphériques ne permettait pas encore aux matériaux de s'accumuler sur les pentes un peu accentuées.

b. Conglomérat des Steppes. — Formation détritique jaunâtre,
complexe et de facies instable, qui comprend (n° 2 notamment) : grès
grossiers, en bancs mal formés et passant aux poudingues, sables, graviers,
sables caillouteux passant aux poudingues, lits irréguliers d'argiles
sableuses, marneuses ou gréseuses de couleur rose, jaunâtre ou violacée ;
des blocs énormes sont inclus. Le ciment des poudingues peut être calcaire et très dur, ou bien gréseux et grossier ; les éléments sont de toute

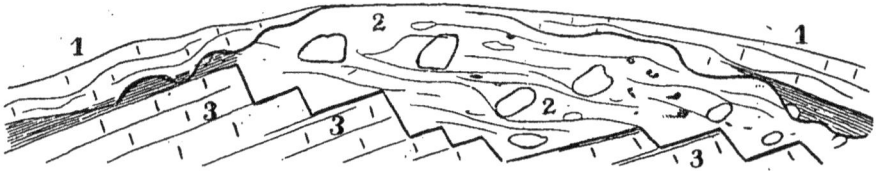

1 *Calcaire des steppes et marnes sableuses sous jacentes*
2 *Conglomérat des steppes*
3 *Crétacé*

taille, souvent peu roulés, pris à toutes les assises du Crétacé du pays ;
souvent ils offrent des couleurs vives et variées, et, lorsqu'ils sont englo-
bés dans un ciment dur, il en résulte une roche susceptible de prendre
un beau poli et de servir à l'ornementation. Les gros blocs engagés dans
les sables caillouteux sont parfois revêtus sur une ou plusieurs de leurs
faces de cristaux de calcite brune, plantés debout, et qui peuvent
atteindre jusqu'à 0,10 m de longueur.

c. Les Calcaires cénomaniens du n° 2 sont fossilifères dans la partie
nord de la tranchée; ils sont, dans l'ensemble, jaunes ou blanc jaunâtre,
tantôt dolomitiques et durs, tantôt marneux; les calcaires dolomitiques
et les calcaires marneux jaunes prédominent vers le haut; plus bas
(partie sud de la tranchée), on voit des alternances irrégulières de
marnes gypseuses ou sableuses, jaunes, violettes, lilas, grenat ou rouges,
parsemées de petits noyaux d'ocre rouge ou jaune. Dans des puits,
à quelque distance dans l'Ouest on trouve ces mêmes marnes passant
plus franchement à des sables et à des grès. Ces intercalations détritiques
dans les calcaires cénomaniens sont bien marquées aussi dans le Plateau des Ahràr (entre Tiaret et le Djebel Amour); on peut les rapprocher
d'accidents analogues dans le Cénomanien du Sud-tunisien [1].

d. Les grès des n°ˢ 3, 4 et 5 sont grisâtres, tendres, en général à grain

(1) *Voir* L. PERVINQUIÈRE, *Le Sud-Tunisien* (*Revue de Géographie annuelle*, t. III,
1909-1910), et A. JOLY, *Notes géographiques sur le Sud-Tunisien* (*Bull. de la Soc.
de Géogr. d'Alg.*, 3ᵉ trimestre 1908, 2ᵉ et 4ᵉ trimestre 1909).

fin, très fissurés, fendillés, traversés par des filons de calcite ; au n° 4, ils sont plus durs et s'intercalent vers la base de petits lits d'argile verte.

' *e*. Les *grès de Bou Cedraya* sont plus durs que les précédents, plus siliceux, parfois quartziteux, de couleur brune, rouge foncé ou rouge brun, intercalés d'argiles et de marnes sableuses rouges, jaunes, vertes ou roses et de lits de grès calcaires et dolomitiques ferrugineux, caverneux ou vacuolaires à « nids d'abeilles » ; des fragments arrondis d'ocre rouge ou jaune sont souvent pris dans les parties argileuses ; des dolomies brunes ou lie de vin interviennent aussi avec les grès caverneux (n° 10 par exemple). Les argiles augmentent d'importance au fur et à mesure que l'on s'approche des Monts des Zarez, c'est-à-dire que l'on descend dans la formation ; les grès deviennent alors bruns, gris ou noirs; ils se présentent souvent en lentilles, et l'on observe parfois, sur quelques mètres à peine de distance horizontale, le passage rapide de bancs épais de grès à des argiles.

f. Les calcaires des dernières tranchées en plaine sont très dolomitiques en général, durs, compacts, cassants et à cassure cireuse, esquilleuse; leur couleur est le gris foncé ou le jaune brun; ils sont fréquemment vacuolaires et à nids d'abeille ([1]) et s'intercalent de marnes jaunâtres ou vert grisâtre, bariolées de lie de vin ou de vert cendré.

C. *Relation des formations entre elles.* — Le Calcaire des Steppes ravine les Conglomérats des Steppes et ceux-ci ravinent, mais plus fortement, le Crétacé.

Le premier phénomène est d'autant plus accentué qu'on s'écarte davantage du sommet des ondulations ; il est naturel qu'il en soit ainsi si les calcaires sont bien le produit du ruissellement.

Les formations antérieures au conglomérat ne se montrent jamais en contact les unes avec les autres dans les tranchées, à cause du peu de longueur de celles-ci ; mais partout où, dans le Plateau, le contact est visible, il y a concordance.

D. *Attributions stratigraphiques.* — Le *Calcaire des Steppes* n'a fourni que des fossiles non cararactéristiques (Hélix, Melanies, Melanopsis). Toutefois, si l'on tient compte à la fois de son facies lithologique, de son rôle topographique, de son mode probable de formation, je crois qu'on peut le mettre sur le même niveau que les calcaires des Hautes Plaines constantinoises, attribuables au Pliocène terminal (Villafranchien, ancien Sicilien) ([2]). En suivant ses affleurements d'Ouest en Est, on arrive à reconstituer son ancienne extension jusqu'aux abords des

---

([1]) Surtout dans les parties dolomitiques.
([2]) *Voir* la Carte géologique détaillée de l'Algérie, feuille *El Aria*, par L. Joléaud, et A. JOLY, *Sur les formations continentales néogènes dans les Hautes Plaines constantinoises* (*Comptes rendus Ac. Sc.*, 26 juillet 1909).

Hautes Plaines constantinoises. Le Calcaire des Steppes qui s'enfonce sous tous les dépôts de comblement des vallées est plus ancien que les atterrissements du réseau hydrographique.

Les *Conglomérats des Steppes* n'ont pas fourni de fossiles ; mais on peut les suivre jusqu'à Tiaret, dans l'Ouest, où ils couronnent le Miocène ; je les ai antérieurement considérés comme représentant le Pontien ([1]).

Les *Calcaires cénomaniens* du n° 2 sont très développés dans le Plateau steppien. Ceux du n° 12 sont identiques aux Calcaires aptiens à orbitolines des Monts des Zarez, dont les affleurements sont très voisins ; on peut les classer aussi dans l'Aptien.

Les *grès* des n°s 3, 4 et 5 sont, d'après les pendages, immédiatement inférieurs au cénomamien du n° 3. Ils sont visibles partout dans le Plateau entre le Cénomanien et l'Aptien fossilifères ; aussi, bien qu'ils n'aient fourni que des fossiles insignifiants, il semble naturel de les attribuer en bloc à l'Albien, comme on le fait dans l'Atlas saharien ; ceci dit sous réserve de la limite exacte, qu'on reconnaîtra peut-être un jour, entre le Cénomanien calcaire et l'Albien gréseux, limite qui peut ne pas coïncider partout avec le changement de facies.

Les *grès* sans fossiles de *Bou Cedraya* ([2]) affleurent en nombre de points plus à l'Ouest, dans la direction du sommet de Moul Elhadba, où ils offrent un beau développement ; on les voit, près de là, passer sous l'Aptien-les pendages indiquent qu'il doit en être de même entre les tranchées 11 et 12. De même que dans l'Atlas saharien et les Monts des Zarez, ces grès représentent en bloc le Néocomien.

Les attributions proposées pour les différentes assises du Crétacé dans les tranchées s'appuient en partie seulement, il est vrai, sur des preuves paléontologiques ; mais elles correspondent aux divisions adoptées pour l'Atlas saharien ([3]); or le Crétacé du Plateau steppien, identique à celui de l'Atlas saharien et des Monts des Zarez, et renfermant les mêmes fossiles en beaucoup de points, en est manifestement la continuation.

On ne peut, à cause du peu de longueur des tranchées, rien préjuger de la puissance des étages du Crétacé ; seules les tranchées 3 et 5 montrent, sur 2 km d'étendue, des grès albiens plongeant Nord 11 à 12°, ce qui suppose, s'il n'y a pas imbrication, une puissance de 390 m.

Les tranchées nous montrent seulement des épaisseurs minima des calcaires et Conglomérats des steppes ; mais, ailleurs, certains puits nous apprennent que ces mêmes formations peuvent avoir une puissance notable.

([1]) Le *Miocène continental du Plateau steppien d'Algérie* (*Association Française* Congrès de Lille, 1909).

([2]) On n'y a trouvé que quelques traces de plantes indéterminables, d'après Ville (*Exploration du Sahara et des Steppes*), dans les puits de Bou Cedraya.

([3]) *Voir* PERON, *Essai d'une description stratigraphique de l'Algérie.* — RITTER, *le Djebel Amour.*

F. Considérations tectoniques et géographiques. —L'absence de relief aux abords de l'Oued Bou Cedraya, là où l'on devrait trouver l'Aptien, correspond au passage d'une zone déprimée qui se développe dans l'Ouest, dans le Plateau des Rahmane, et s'y fait remarquer également par l'absence du Crétacé, visible plus au Nord et plus au Sud ; c'est sans doute le résultat de l'effondrement d'une bande étroite, dirigée SO-NE.

Les tranchées mettent en évidence la multiplicité des petites fractures et des petits affaissements dans le Crétacé, mais elles ne nous apprennent rien sur leur importance réelle. La ligne inachevée Alger-Lagouate traverse en effet une région au relief si usé qu'on peut la considérer comme une pénéplaine. De là, et de l'existence d'atterrissements superficiels, naît l'illusion qu'on est en face d'une simple nappe de Quaternaire.

Mais l'épaisseur toujours faible et souvent infime des formations continentales au-dessus du Crétacé ne permet pas d'adopter cette manière de voir. Les conglomérats se superposent au Crétacé et ne laissent rien voir de formation intermédiaire. Leur dépôt (fin du Miocène) correspond à la grande phase de dénudation qu a arasé le Plateau steppien, sans le niveler tout fait ; le dépôt du Calcaire des Steppes (Villafranchien) a été précédé par une phase d'érosion plus légère qui a partiellement entamé les conglomérats. Le relief, antérieurement au Villafranchien, devait être de même ordre qu'aujourd'hui, mais plus accusé, puisque les dépressions n'avaient pas encore reçu les atterrissements ultérieurs. L'érosion quaternaire ne dut acquérir qu'une importance locale et remanier seulement les détails du relief.

M. A. JOLY.

EXTENSION DU MIOCÈNE MARIN DANS LE PLATEAU STEPPIEN D'ALGÉRIE.

551.782.1 (65)

31 Juillet.

I. — LE FLYSH.

Sur le front nord du Plateau Steppien d'Algérie règne une longue bande de Tertiaire marin qui se prolonge fort loin vers l'Est et vers l'Ouest dans les provinces de Constantine et d'Oran. La Carte géologique de l'Algérie au $\frac{1}{800000}$ y établit des divisions : Miocène dans l'Est et dans l'Ouest ; Eocène au Centre dans le Titteri et l'Ante-Titteri abstraction faite de quelques îlots miocènes. Ce sectionnement en compartiments placés bout à bout ne répond pas à la réalité ; on n'a, d'un bout à l'autre, qu'une même suite de calcaires, argiles marnes et grès dans laquelle les divisions se présentent comme de longs et minces rubans dirigés d'O en E. L'Éocène inférieur et l'Eocène moyen occupent une grande place ; au-dessus viennent des argiles et des grès où l'on ne remarque pas de discordances. Dans ces argiles et grès, Ville ([1]) a trouvé des fossiles helvétiens dans le Titteri ; Savornin ([2]), dans l'Est du Titteri, et moi-même dans l'Ouest et dans l'Ante-Titteri ([3]), des fossiles burdigaliens ; Pervinquière, des fossiles oligocènes à Bogari; enfin Welsch ([4]) a vu à Tiaret toute la série miocène. On a donc, en bordure du Plateau Steppien, au Nord, au-dessus de l'Éocène, une longue bande d'argiles et grès en série continue qui peut aller de l'Oligocène jusqu'au Tortonien là où l'érosion n'a pas fait disparaître les termes supérieurs. Le Miocène domine peut-être, car ce sont surtout ses fossiles qu'on recueille; mais pratiquer des coupures dans l'ensemble est pour l'instant chose impossible. Je désignerai donc le tout sous le nom de *Flysh.*

Le Flysh pénètre peu dans le Plateau Steppien ; on l'y trouve cependant, à la lisière du Sersou, dans les berges hautes et escarpées qui bordent au Sud le Nahr Ouacel depuis sa naissance jusqu'au Rihouen Guebli ; à partir de là, on ne le voit plus qu'au Nord du fleuve en dehors du Plateau, dans l'Ante-Titteri.

Immédiatement à l'est de Birine, une bande de Flysh forme, à 20 km au sud de l'Atlas Tellien, une ondulation allongée SO-NE., dite *Elhâjeur* ([5]) ; les grès plongent fortement au Nord et sont presque partout du type «à sphéroïdes», très développé dans le Tell ; ce sont des grès assez tendres, blancs ou jaunâtres, avec inclusions de sphéroïdes de grès plus durs et de couleur plus sombre, noirs quelquefois même, et dont la taille va de la grosseur de la tête d'un tout jeune enfant à celle d'un bloc de plus de 1 m³.

Vers l'Est des argiles jaunes ou jaune verdâtre commencent à s'intercaler entre les bancs gréseux.

Elhâjeur finit dans l'E. sur l'Oued Sbisseb, sur le méridien du Kef Afoul du Titteri. Mais, de là jusqu'à l'Oued Leham, on retrouve, au flanc de buttes, témoins épargnés par l'érosion, les grès et argiles jaunes ; celles-ci se chargent bientôt de gypse et deviennent vertes ou se bariolent de rouge brun et s'intercalent de lits grossiers de grès des mêmes couleurs. Au delà de l'Oued Leham, la formation apparaît encore au pied de

---

([1]) Exploration du Sahara et du steppes de la province d'Alger.

([2]) *Le géosynclinal du Tell méridional, province d'Alger et d'Oran* (*C. R. Ac. Sc.*, 10 juin 1907.

([3]) *Etude géologique de la Tunisie centrale et Boussac* (*C. R. Soc. géol. de Fr.* 23 mai 1910).

([4]) *Le Miocène des environs de Tiaret* (*Bull. Soc. géol de Fr.*, 3e série, t. XIX, 16 mars 1891).

([5]) C'est-à-dire *la séparation* parce qu'elle sépare deux plaines voisines.

Ennaga, au Sud, mais nous sortons ici du Plateau Steppien pour pénétrer dans le Hodna.

A 15 ou 20 km au sud d'Elhâjeur, s'allonge un autre pli parallèle et semblable, Ennaïm Tameslaït ; — non loin de là, aux Puits du Génie, sur la route Aumale-Bou-Saada; à la limite des territoires civil et militaire, on a trouvé, dans un puits, des *Ostrea Crassissima* à 15 ou 20 m de profondeur. C'est, à la limite du Plateau Steppien et du Hodna, l'affleurement miocène le plus méridional que je connaisse ($39^{c},53'$ lat. N.).

A peu près sur le même parallèle, sur la route Alger-Lagouate, on voit reparaître les argiles jaunes et vertes, farcies de beaux cristaux de gypse, isolés ou maclés en fers et en roses, au bas de la colline d'Elkrachem, du côté du Nord. Les strates plongent toujours N-NO, 20° environ. Les grès se réduisent à de très petits lits ou à des plaquettes grises, vertes ou brunes.

Malgré l'absence de fossiles, on peut, sans hésiter, rapporter au Flysh les formations de Elhâjeur, Ennaïm, Tameslaït et Elkrachem ; la ressemblance est évidente, dans l'ensemble, et de nombreux affleurements, les buttes de l'Oued Leham, ce que laissent voir des puits et quelques sondages, établissent le trait d'union avec le Titteri.

On retrouve en effet les argiles et grès dans de nombreux sondages [1] : 1° dans le seuil de Birine, à des profondeurs de 2,50 m, 3 m, 4 m, 5 m, 20 m ou 30 m ; 2° dans les Terrasses orientales du Nahr Ouacel, à Zolmate et Daya Saad Allah (22 m, 23 m, 28 m) ; entre —4 et —5 m dans les Dayas Korfa ; mais ces bas-fonds fermés sont eux-mêmes à 14 ou 15 m en contre-bas de la plaine ; c'est donc encore à 19 ou 20 m au-dessous de celle-ci qu'on atteint le Flysh ; 3° en bordure de la plaine du Nahr Ouacel, à —78 m (Sbiteya) et entre —225 et 380 (Chahbouniya) [2] ; dans ce dernier sondage, on aurait trouvé entre — 73 et — 298, dans des marnes bleu verdâtre ou grises, des Nummulines, puis des fossiles miocènes, entre autres *Leda Subnicobarica* d'Orb.; ce même fossile a été trouvé à l'Oued Issa, dans une marne argileuse pareille, par Bourguignat, et Welsch le rapporte à son assise H² [3]. Il y aurait donc sous la plaine du Nahr Ouacel, comme dans le Tell, le Flysh et l'Éocène. Au sud de Chahbouniya des grès grossiers très siliceux forment quelques mamelons ; je n'y ai vu que des moules de Cardiidés et de Vénéridés qui semblent miocènes, mais sont en trop mauvais état de conservation pour donner une certitude.

Plus à l'Ouest, il n'y a plus rien qui rappelle le Fhysh de Bogari, sauf un petit affleurement de grès situé un peu à l'O-NO de Ben Hammède (montagnes de Chellala). Ces grès forment en plaine une suite de petites

---

[1] La liste complète en serait trop longue et sans intérêt ici.
[2] VILLE, *Exploration du Sahara et des steppes de la province d'Alger.*
[3] *Op. cit.*

ondulations ; on les voit passer, en atteignant la montagne, sous les
marnes rouges et les calcaires tortoniens dont je vais parler ci-après ; ils
sont à ciment calcaire, à gros grains de silice, tendres, et friables, blancs,
mais intercalés de marnes et grès marneux rouges ou roses ; par places
ils passent aux poudingues ou aux grès à petits sphéroïdes. On ne voit
rien de pareil dans les séries jurassique et crétacée qui s'étendent, près
de là, sur de si vastes surfaces. C'est seulement à certaines parties du
Flysh que les grès de Ben Hammède ressemblent ; mais l'absence de
fossiles et l'isolement complet de l'affleurement ne permettent pas
de se prononcer ; il semble bien, en tous cas, qu'on soit en présence d'un dépôt littoral.

II. — ARGILES ET CALCAIRES DE CHELLALA (¹).

En plusieurs points du chaînon de Chellala on trouve :

1° Des marnes argileuses rouges, panachées de vert, sans fossiles
(Eddakhla, Teniet Eddakha, Teniet Elhamra, Eddeboua dans l'Ouest,
Chaab Ezzebbouje dans l'Est).

2° Des argiles et marnes grises à *Ostrea Crassisima* sur le flanc sud de
la montagne (Elhammara, Mederreg). Ces argiles sont probablement
l'équivalent des marnes rouges ci-dessus, qui correspondraient à des
accidents locaux, dans des parties peu profondes, presque émergées.

3° Couronnant indifféremment l'un des termes précédents, des calcaires
blancs ou jaunâtres, de consistance et de dureté très variables, mais généralement tendres. Ces calcaires renferment, outre des Pectinidés et
d'autres Mollusques assez nombreux, des *Ostrea Crassisima* d'un type
tout autre que celui des argiles, plus courtes, plus plates, plus larges,
avec un énorme talon, et aussi *Ostrea Boblayei*. Il y a des intercalations
de marnes blanches ou jaunes, de sables roses ou rouges et de petits
lits de poudingues à éléments très bien roulés (piton de Chellala).

Dans le Nador des calcaires semblables aux précédents, avec *Ostrea
Çf. Vélaini*, semblent s'appuyer sur le flanc sud de la vallée de Benia, sur
des marnes sableuses rouges, très altérées en surface, mais qui prennent
du développement sur le flanc nord. Là surface de ces marnes est jonchée,
à Benia même, d'*Ostrea Crassisima*.

Les argiles grises de Chellala (Helvétien) affleurent sur peu d'étendue
au pied des hauteurs et dans le fond des ravins près d'Elhammara et de
Mederreg, au sud de la montagne. Les calcaires (Tortonien) forment,
au flanc méridional des croupes jurassiques, des tables d peu de surface
chacune, mais nombreuses. Le plongement de l'ensemble est d'environ

---

(¹) Découverts à Elhammara et Mederreg par Pierredon, ex-collaborateur au service
de la C. G. de l'Algérie. J'ai suivi ces formations sur de longs espaces en 1897 et 1898
pour en déterminer l'extension et les limites en faisant les levers pour l'établisse-
sement de la Carte géologique de la feuille Chellala au $\frac{1}{20000}$.

12° SE. Les calcaires recouvrent ensuite l'extrémité occidentale du brachyanticlinal de Ben Hammed avec un plongement à peu près périphé-

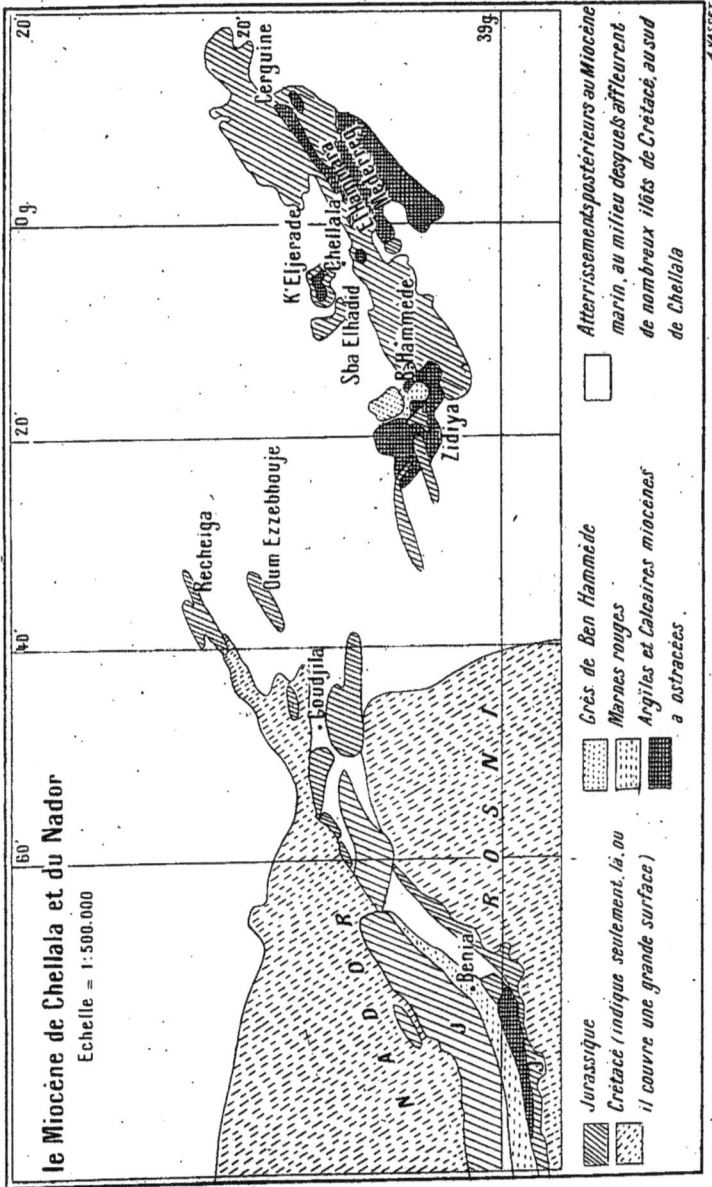

Fig 1

rique qui peut atteindre jusqu'à 20° vers l'Ouest, à Kef Zidiya, tandis que, plus au Nord, (Eddeboua), les strates redeviennent horizontales. Ils forment une corniche au sommet du Jurassique entre le cirque de Ben Hammed et Teniet Elhamra, à la bordure nord de la montagne. On les retrouve encore, bien développés, mais sur une superficie insignifiante, et subhorizontaux, au sommet du piton de Chellala et, sur une surface plus réduite encore et avec moins d'épaisseur, en haut des mamelons dits *Koudiat Eljerade*, à côté de Chellala; enfin dans le Chaab Ezzebbouje du Kef Cerguine où ils forment un léger synclinal.

Le Miocène est très fossilifère à Mederreg et à Elhammara; les Huîtres y abondent avec une assez grande variété d'autres Mollusques. J'ai recueilli des *Ostrea* et des Pecten à Chaab Ezzebbouje, des Vénéridés et des Pectinidés à Kef Zidiya ; les *Ostrea*, rares au piton de Chellala, se trouvent au contraire en assez grand nombre à Ben Hammed et forment à Aïn-Elhalib, près Benia, une vraie lumachelle.

Tout à fait aux confins du Plateau dans l'Ouest, je signalerai la présence, sur le chemin arabe de Frenda à Geryville, d'affleurements calcaires que je n'ai vus qu'en passant et où je n'ai pas eu le temps de chercher des fossiles, mais qui pourraient être un prolongement du Miocène du Nador (?).

Au flanc Nord du Seba Elhadid, près de Chellala, les bancs du Jurassique qui dessinent un escarpement élevé, ont été percés par des Mollusques térébrants. L'examen des lieux indique que, à l'époque où la mer baignait ainsi le Seba Elhadid, le relief de celui-ci, qui formait rivage, était déjà presque achevé; cette mer est donc jeune et doit être celle de l'Helvétien ou du Tortonien la dernière qui se soit étendue jusque-là.

L'épaisseur des marnes rouges ne dépasse pas une quinzaine de mètres, et celle des calcaires une vingtaine ; il est impossible de juger de la puissance des argiles helvétiennes, sous lesquelles on ne découvre pas le substratum, mais elle doit dépasser 50 m; les argiles grises se sont déposées à une distance de l'axe jurassique un peu plus grande que les marnes rouges. Les calcaires sont en transgression sur le tout; cependant ils n'ont pas couvert le chaînon de Chellala ; ils s'appuient par la tranche sur les pentes dolomitiques jusqu'à 2 ou 300 m au-dessus du pied.

Les principaux plissements se sont en effet produits dans le Plateau avant le dépôt du Miocène, toujours bien moins dénivelé que le Jurassique. Mais des mouvements plus atténués quoique très sensibles, ont, là comme dans le Tell, dérangé de leur horizontalité et le Flysh, qui partout plonge fortement au Nord et même les assises tortoniennes.

Des dislocations plus tardives encore se sont produites ; au piton de Chellala, le Miocène se trouve subhorizontal à 1000 m d'altitude, et subhorizontal également à 833 m seulement, à 3 km plus au Nord dans les Koudiat Eljerade. Le petit lambeau de Chaab Ezzebbouje s'est conservé dans un synclinal jurassique enfaillé ; la mince bande de Benia, qui s'appuie par la tranche contre le Jurassique, occupe, semble-t-il, le fond d'un étroit fossé.

Le Flysh, déjà très gypseux dans le Titteri, l'est bien davantage dans le Plateau Steppien ; à Elkrachem, il apparaît presque comme un dépôt de lagune. On peut donc en déduire : 1° que vers la fin du Miocène la mer allait sans cesse en diminuant de profondeur à l'emplacement du Plateau Steppien. Mais le mouvement d'émersion dut être progressif, sans à-coups prononcés (¹) ; 2° que le rivage n'a jamais dû se trouver sensiblement plus au Sud que les derniers affleurements du Flysh ; la mer où celui-ci se forma, au moment de sa plus grande extension, dut s'arrêter

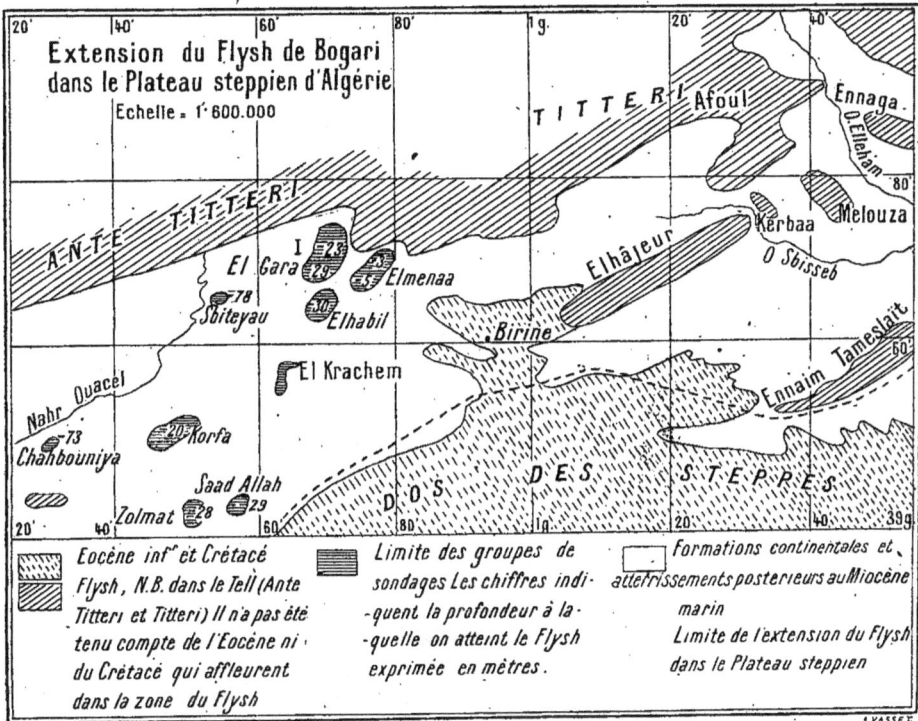

Fig. 2.

au bord de cette partie du Plateau qui en forme la dorsale et que j'ai appelé le *Dos des Steppes*.

Peut-être encore assez profonde pendant l'Helvétien, la mer Miocène de Chellala perdit sans doute de sa profondeur pendant le Tortonien où l'on voit apparaître des sables et des poudingues ; mais la finesse et la rareté relatives des sédiments clastiques, l'homogénéité des calcaires indiquent un régime de grande tranquillité qui semble devoir se réaliser seulement au fond d'un golfe ou d'une baie ou encore de chenaux bien

---

(¹) On peut rapprocher du Flysh d'Elkrachem celui d'Eljezzar, près Ngaous, dans le Hodna, qui correspond aussi à un fond de mer en train de s'assécher et doit être contemporain.

protégés du côté de la haute mer, par les îles ou les récifs que formaient les ondulations jurassiques. Le rivage méridional n'a jamais été bien éloigné, vers le Sud, de l'axe jurassique de Chellala ; en effet, dans cette direction, et à peu de distance (40 km au maximum), les argiles bleues gypso-salines de Taguine ([2]) qui semblent prolonger les argiles de Meder-reg sont certainement un dépôt de lagune, et les grès et poudingues qui les surmontent (Tortonien-Pontien) sont continentaux.

La variation si rapide dans l'espace des profondeurs auxquelles on atteint le Flysh dans l'E-NE. du Plateau prouve combien cette formation fut ravinée avant le dépôt des atterrissements subséquents. Nous arrivons donc, par une autre voie, à cette conclusion déjà présentée, que la grande phase d'érosion dont a souffert le Plateau Steppien se place à la fin du Miocène. C'est vraisemblablement à la même époque que les Hautes Plaines constantinoises ont subi le même sort.

M. A. JOLY.

SUR LA TECTONIQUE DES HAUTES PLAINES CONSTANTINOISES.

551.24 (653)

31 *Juillet.*

La structure de la chaîne des Ouled Abd Ennour présente, dans le segment oriental, le même intérêt et la même complication que dans la partie occidentale ([1]), étudiée l'an dernier ([2]). Les terrains qui prennent part à la constitution de la montagne et de la zone en bordure se divisent naturellement en deux groupes au point de vue de leur composition lithologique et de la façon dont ils ont réagi vis-à-vis des forces tecto-niques.

Groupe A : *Éléments rigides.* — Calcaires compacts et dolomies de l'Éocrétacé, plus ou moins intercalés de grès et de minces lits argileux ou marneux. Les fossiles recueillis indiquent que toute la série éocrétacée doit être représentée, depuis le Valanginien compris jusqu'à un niveau élevé de l'Aptien. Les dolomies et les grès prédominent vers la base, les calcaires au sommet; cependant, ce n'est pas une règle absolue, loin

---

([1]) C'est presque le Schlier comme faciès.
([2]) J'aurais dû dire Médiane, car il y a, à l'ouest de Tafrent, quelques petits reliefs rocheux qui peuvent être considérés plus justement comme formant la partie occidentale de la chaîne.

de là, et le facies dolomitique est susceptible d'envahir une partie quelconque de la formation, surtout au voisinage des cassures ; c'est alors, certainement, le résultat d'une épigénisation postérieure à la sédimentation. Il en résulte une impossibilité presque absolue de tracer des limites d'étages sur une carte, car la subite dolomitisation des couches fossilifères les rend stériles et fait perdre les repères.

Groupe B : Éléments plastiques. — Une très grande épaisseur d'argiles et marnes, avec intercalations de calcaires marneux ou gréseux et de lentilles de calcaires plus durs vient, stratigraphiquement, mais non toujours tectoniquement, au-dessus des masses rigides de l'Éocrétacé. A la base (Teniet Elaraïs), on remarque des marno-calcaires à Ammonites, Bélemnites et Echinides qui peuvent atteindre presque la limite de l'Albien et du Cénomanien (¹).

On trouve à la périphérie de la Chaîne dans l'Est (près de la ferme dite *Boutinelli*) des assises cénomaniennes très fossilifères (²), puis, un peu partout, en bordure de la montagne, des calcaires marneux à *Inoceramus Balticus*, des argiles jaunes à *Ostrea Santonensis*, enfin des marnes noires, des calcaires à silex de l'Éocène, des grès tendres, noirâtres, chargés de glauconie, des marnes brunes avec lentilles de calcaires nummulitiques. Enfin des grès de l'Éocène supérieur (grès Medjaniens) forment un lambeau de peu d'étendue, dans le nord de la plaine des Ouled Ziz, à côté du rocher isolé du Teyouelt; la présence de ces grès en cet endroit est intéressante seulement parce qu'elle indique la limite méridionale de l'extension du Medjanien; nulle part on ne revoit celui-ci plus au Sud dans les hautes plaines Constantinoises.

Les deux groupes A et B se sont comportés de façon bien différente l'un et l'autre en se disloquant :

Groupe A. — Les parties les moins dérangées permettent encore de reconnaître les restes du plateau qui, primitivement, existait à l'emplacement des hautes plaines (³). Ce plateau, là où quelques vestiges en subsistent, est traversé par des ondulations atténuées et qui se relayent (Djebel Taref, Dréa Ellouz, Rar Rouggade); mais, bien plus souvent, les strates sont très bouleversées et l'on voit se produire tant d'anomalies, qu'il semble parfois qu'on se trouve en pleine incohérence.

(¹) Cette question sera précisée plus tard par l'étude des fossiles, qui est en train. Pour le moment, il suffit de retenir que nous sommes, stratigraphiquement, au-dessus de l'Aptien calcaire à bancs rigides.

(²) Découvertes par Tissot et marquées sur ses cartes ; revues par Blayac [Rapport sur les travaux du Service géologique de l'Algérie pour l'année 1897, de Pomel et Pouyanne (*Annales des Mines*, février 1889)]. Mais le Cénomanien de Boutinelli ne s'appuie nullement sur l'Éocrétacé du Nif Ennecceur, comme il est dit dans le rapport en question.

(³) A. JOLY et L. JOLEAUD, *Sur la structure de la partie centrale des Hautes Plaines constantinoises* (*Comptes rendus Ac. Sc.*, 26 avril 1909).

A l'est de Rar Rouggade, dans la Guelaat Ouled Sellem, les bancs de l'Éocrétacé conservent la même direction SO-NE que précédemment; mais ils se redressent subitement et demeurent verticaux sur 5 km en longueur et plus de 1 km en largeur. A la lisière nord de la Guelaat, une retombée vers le Nord se dessine légèrement dans l'Est et s'affirme de plus en plus à mesure qu'on se rapproche davantage de Rar Rouggade. On se trouve donc en présence de l'un quelconque des petits anticlinaux surbaissés du plateau primitif qui a pris corps et s'est individualisé en un anticlinal dissymétrique avec tendance au déversement vers le Sud; la zone ondulée de Rar Rouggade passe à la zone plissée de la Guelaat Ouled Sellem presque brusquement et par torsion. En outre, une portion de la voûte du pli de la Guelaat s'est effondrée pour donner naissance au cirque de Bekikya et le reste, ainsi que le jambage nord, est tombé en se morcelant. Les fragments qui subsistent et ceux d'ondulations plus septentrionales forment maintenant les hauteurs limitrophes de la plaine du Nord. On n'y retrouve plus qu'avec difficulté l'existence passée d'anticlinaux et de synclinaux alternant; ces plis ont été tordus en plan, décrochés, écrasés, poussés sur les masses plus méridionales; d'où des imbrications nombreuses dans lesquelles les écailles plongent N, NO, ou NE, presque d'un bout à l'autre du chaînon.

A l'est d'une droite orientée NO-SE, la direction des couches change sans transition ; en face de la Guelaat Ouled Sellem, où les strates courent SO-NE, se dressent, au delà d'une vallée large de moins de 1 km vallée d'Elkrabbaya), les masses de la Guelaat Ouled Elhadj et du Nif Enneceur où la direction est NO-SE. Plus à l'Est, cette direction tourne graduellement vers l'Ouest dans le Nif Enneceur pour devenir ensuite SO-NE, puis presque EO, avec nombre d'inflexions; on atteint de la sorte la plaine d'Aïn-Melila où tous les plis s'interrompent brusquement.

Le Nif Enneceur apparaît d'abord comme une cuvette synclinale d'axe NS et dont la moitié méridionale serait seule demeurée. En réalité, c'est le reste d'un anticlinal tordu sur lui-même et télescopé, dans les sinuosités duquel certaines parties, comprises à l'intérieur de boucles presque fermées, se sont affaissées (cirque de Guecaïya), tandis que d'autres, situées sur le pendage nord et moins entourées, sont restées en relief comme autant de cuvettes transversales à la longueur du pli. Quant au jambage sud, il est réduit en miettes; entre ses fragments, qui tous ont plus ou moins basculé, se sont développées des imbrications avec pendage constant vers l'intérieur de la montagne; celle-ci chevauche partout plus ou moins ses propres débris comme elle a tendance à chevaucher la Guelaat Ouled Elhadj; or cette dernière n'est autre chose que la suite même de l'anticlinal ramené vers le Sud-Est, puis rebroussant brusquement vers le Nord-Ouest et enfaillé sur son bord sud-ouest.

La plaine d'Aïn-Melila correspond à un effondrement d'axe NNE-

SSO postérieur à la surrection des plis qu'il recoupe ; la vallée d'Elkrabbaya au passage d'une ligne de décrochement. Le massif du Nif Enneceur, compris entre les deux accidents, a subi une compression s'exerçant d'Ouest en Est, d'où la torsion de ses plis préexistants; en même temps il était, en masse, poussé vers le Sud, de façon à dépasser de ce côté l'alignement de la Guelaat Ouled Sellem. Les deux mouvements sont peut-être concommittants et la conséquence l'un de l'autre.

Schéma de la direction des couches à l'extrémité de la chaîne des Ouled Abd-Ennour, dans l'Est.

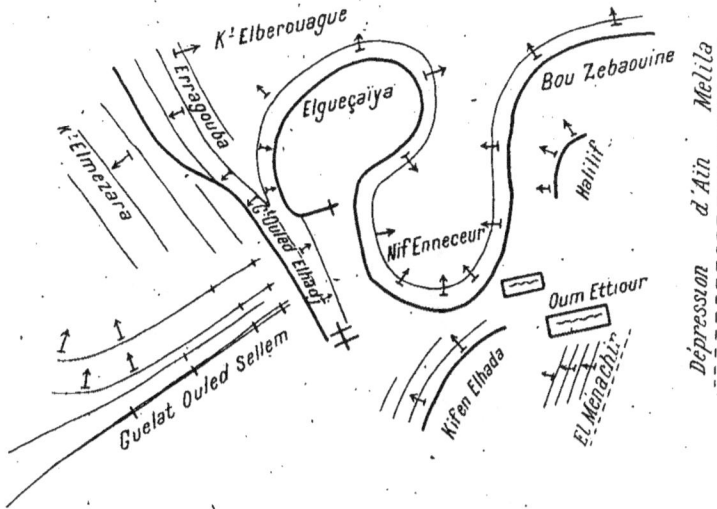

Fig. 1.

Légende. — *g'* Guelaat, *h'* Koudia, I pendage, + couches verticales, *m* couches horizontales, — grandes cassures. (Il n'a pas été tenu compte des nombreuses cassures radiales ou périphériques du Nif Enneceur et de Gueçaïya.)

Quatre gros rochers d'Éocrétacé (Tifeltassine, Timetlasine, Tajroute, Teyouelt et le Meïmel) s'alignent au nord de la chaîne des Ouled Abd-Ennour. On y reconnaît les éléments d'un anticlinal orienté SO-NE, mais morcelé.

Certains de ses fragments, qui paraissent avoir été déracinés, se sont couchés au Sud sur les sédiments malléables du groupe B. Tel est le cas du Teyouelt, qu'on voit, au Nord comme au Sud, reposer sur l'Éocène ou le Néocrétacé. Au Nord, tous ces rochers sont limités par des fractures.

Groupe B. — Le groupe B affleure en beaucoup de points autour des rochers du Nord et partout il s'enfonce sous les bancs rigides de A; il forme tout le substratum de la plaine du Nord; on l'y voit apparaître sous les atterrissements néogènes, en couches laminées, violemment redressées,

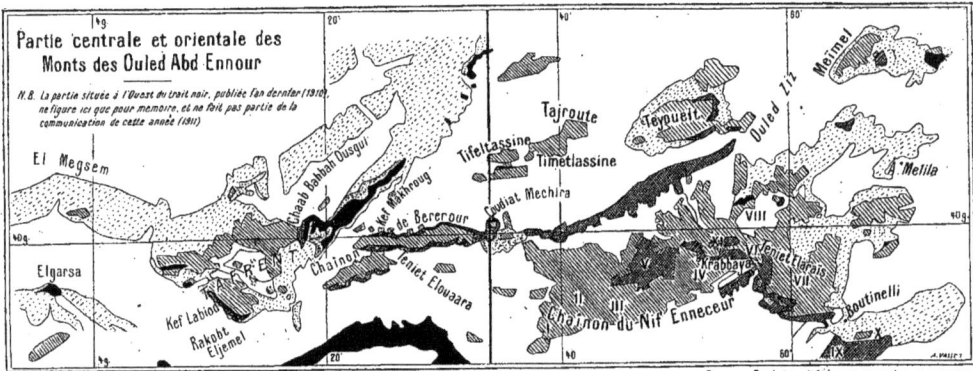

Partie centrale et orientale des Monts des Ouled Abd Ennour

N.B. La partie située à l'Ouest du trait noir, publiée l'an dernier (1910), ne figure ici que pour mémoire, et ne fait pas partie de la communication de cette année (1911).

El Megsem — Elgarsa — Chaab Bahbah Ousgur — Kef Mahroug — de Bererour — Oudiat Mechira — Chaînon — Teniet Elouaara — Kef Labiod — Riakobt Eljemel — Tifeltassine — Tajroute — Timetlassine — Teyouet — Ouled Ziz — Melila — Mezmel — Chaînon du Nif Enneceur — Krabbaya — Teniet Tiirais — VIII — Boutinelli

Plaines, Terrasses, Régions peu ondulées (du Pontien au quaternaire récent)

Collines et ondulations (du Pontien au Sicilien)

Éocène. Calc. à Nummulites notamment

Rochers et massifs éocrétacés (Groupe A.)

Trias

Groupe B. où les différents terrains se montrent presque partout en lames trop minces, pour être ici distingués.

Grès Medjaniens

I. Taref   II. Dréa Ellouz   III. Rar Rouggade   IV. Guelaat Oᵈ Sellem   V. Bkikia   VI. Guelaat Oᵈ Elhadj   VII. Nif Enneceur   VIII. Guccaïya   IX. Mouachir   X. Oum Ettiour   XI. Bled Chergui

Fig. 2.

plantées verticalement le plus souvent avec des imbrications innombrables, mais toujours arrasé; il est donc bien difficile de reporter sur une Carte les distinctions entre les différents étages crétacés ou éocènes qu'indiquent les fossiles. Vers le Sud-Ouest, on arrive dans ces conditions à Mechira dont j'ai parlé l'an dernier.

Le groupe B remplit dans toute son étendue le cirque de Bekikya; il est possible qu'il se soit simplement encastré d'abord dans la portion effondrée de l'anticlinal de la Guelaat Ouled Sellem. Ses sédiments ont été contraints, pour s'y loger, à se laminer et à s'imbriquer; c'est ainsi que, sur 2 à 300 m de longueur, comptés perpendiculairement à la direction des affleurements, on traverse plusieurs fois de suite les mêmes barres d'Éocène inférieur ou moyen et de Néocrétacé, presque partout fossilifères. Mais l'effondrement a été certainement suivi d'une compression dans le sens NO-SE ou NS, car, au bord du cirque, vers le Nord, l'Éocrétacé chevauche les calcaires à Nummulites et les argiles à *Ostrea Santonensis.*

Plus à l'Est le groupe B se continue jusqu'à la vallée d'Elkrabbaya; partout il apparaît coincé entre les masses rigides de l'Éocrétacé qui le chevauchent d'un bout à l'autre du côté du Nord; parfois il apparaît comme dans de véritables fenêtres (Bled Chergui); cependant, peut-être n'est-ce là qu'une simple apparence et l'explication adéquate serait la même que pour le cirque de Bekikya. Au delà d'Elkrabbaya vers l'Est, enfin, au pied sud du Nif Enneceur et dans le Teniet Elaraïs qui sépare celui-ci de la Guelaat Ouled Elhadj, le groupe B se poursuit comme un étroit liseré chevauché par les masses rigides du Néocomien ou de l'Aptien inférieur et moyen. Les sédiments malléables semblent s'injecter entre les débris basculés et imbriqués du versant méridional. Près de la ferme Boutinelli (aujourd'hui ferme Roux, route Constantine Batna), les Menachir, offrent une série d'écailles imbriquées de calcaires et argiles du Cénomanien. Mais il est impossible de dire où se trouve la limite entre cet affleurement et les argiles et calcaires plus ou moins semblables dont se compose le groupe B à quelques centaines de mètres plus à l'Ouest (¹).

On n'a donc qu'une même suite de sédiments malléables d'âge divers qui se montre tantôt à la limite de la montagne, chevauchée par elle, tantôt prise dans ses dislocations intérieures, depuis l'effondrement des Chotts et celui d'Aïn-Melila jusqu'à Mechira.

Dans les plaines, à la bordure de la montagne et jusqu'à une certaine distance de celle-ci, on voit le sol jonché d'une profusion de rochers éocrétacés de toute taille; on peut en compter une quarantaine dans la partie occidentale du chaînon, qui, cependant, n'a pas plus de

---

(¹) Peut-être y a-t-il à Boutinelli autre chose que du Cénomanien; sous les bancs fossilifères de celui-ci, on voit apparaître des argiles schisteuses vertes et grises, avec bancs gréso-calcaires comme ceux de Teniet-Elarais. Je n'y ai trouvé qu'une mauvaise empreinte d'Ammonite.

3o km d'étendue; il y en a pour le moins autant 'sur le pourtour de la partie orientale qui n'est pas plus longue. La présence de ces fragments au pied des sommets s'explique à la rigueur par des fractures et des effondrements; on peut considérer ceux qui surgissent isolément dans les plaines comme des épaves du plateau tout à l'entour effondré. Mais sur le bord de ces rochers on constate généralement des contacts anormaux; les deux Monchar, au nord de Tafrent, plongent sur le Trias; j'ai décrit l'an dernier le Koudiat Mechira; à l'est de Bekikya (au Koudiat Eljebs) un paquet d'Éocrétacé est fiché dans les argiles santoniennes; le Teyouelt se couche sur les calcaires à silex éocènes; on voit très bien les strates dirigées NNE-SSO des Menachir passer sous les bancs aptiens horizontaux et orientés SO-NE d'Oum-Ettiour (le Kifane Elhada de la Carte topographique).

Si l'on tient compte de tous les faits précédemment exposés, on peut se figurer comme il suit les phases de dislocations par lesquelles ont passé les hautes plaines constantinoises, au moins dans leur partie médiane.

1º Un grand bombement se dessine; un plateau tabulaire se forme analogue à ce que furent le Plateau steppien d'Algérie ou les Plateaux oranais avant d'être morcelés.

2º Des plis naissent, courts, surbaissés et qui se relayent (Rar Rouggade).

3º Des effondrements découpent le plateau; certains plis se trouvent, par suite des réactions nées dans la masse rigide, comprimés dans quelques-unes de leurs parties où le pendage s'exagère jusqu'à la verticale; ils sont morcelés en d'autres (Guelaat Ouled Sellem); les sédiments malléables s'enclavent entre les masses rigides et s'imbriquent.

4º Des forces nouvelles, venues du Nord ou du Nord-Ouest, déterminent des décrochements, des chevauchements, des laminages et de nouvelles imbrications jusque dans les fragments des parties rigides effondrées, obligent certains plis, poussés en masse vers le Sud (à des distances grandes ou petites, peu importe), à se replier sur eux-mêmes pour arriver à se caser entre les compartiments voisins (Nif Enneceur); enfin, certains rochers d'Éocrétacé, morceaux détachés du tout, sont amenés à cheminer, peu ou beaucoup, et reposent maintenant sur le Méso ou le Néocrétacé ou l'Éocène, à moins qu'ils ne plongent sous le Trias.

L'exemple de ces rochers prouve qu'il y a eu, au moins, de petits charriages dans la partie médiane des hautes plaines constantinoises. Y en a-t-il eu de plus grands? Le plateau primitif, après avoir été morcelé, a-t-il cheminé en masse ou par morceaux importants? Je ne crois pas qu'il soit aujourd'hui possible de répondre; il faut, auparavant, préciser bien des détails. C'est à l'avenir qu'appartient le soin de fournir une solution. Disons seulement que, malgré son apparente simplicité, la structure des hautes plaines constantinoises, dans la partie médiane de celles-ci, est souvent bien compliquée.

M. Louis LAURENT.

Docteur ès Sciences (Marseille).

SUR LA PRÉSENCE DU GENRE « ATRIPLEX »,
DANS LA FLORE FOSSILE DE MENAT (PUY-DE-DOME).

561.3 (118) (44.591)

4 Août.

HISTORIQUE. — Le fruit que nous décrivons ici a été l'objet d'interprétation diverses de la part des auteurs qui se sont déjà occupés du gisement de Menat. Heer et de Saporta n'ont pas motivé d'une manière suffisante leur détermination.

Heer, dans les quelques lignes qu'il consacre à ce fossile dans sa *Flora tertiaria Helvetiæ*, t. III, p. 313, en donne la diagnose suivante : « *Semine obovato-alato, ala rotundata margine undique dentata.* » qu'il fait suivre d'une courte description : « Ein schön erhaltener Same, der grosse Uebereinstimmung mit denjenigen der brasilianischen Gattung *Anchietea* hat. Der Samen-Kern ist $1\frac{1}{2}$ Lin. breit, und mit der Spitze $3\frac{3}{4}$ Lin. lang; der flach ausgebreitete, den ganzen Samen umgebunde Flugel ist am Rand ganz in gleicher Weise zerschlitzt gezahnt wie bei der lebenden Art. »

Schimper (*Traité de Paléontologie*, vol. III, p. 97), accepte les conclusions d'Heer et dit que cette semence a la plus grande ressemblance avec celle du genre brésilien, *Anchietea*.

Dans le Traité de Paléontologie de Zittel (*Paléophytologie*, 1891, p. 503) Schenk indique que la famille des Violacées a fourni des graines « d'un *Anchietea* de Menat en Auvergne (*Anchietea borealis* H.), ces graines sont munies d'une aile arrondie et dentelée. On peut les rapprocher des graines de l'*Anchietea pyrifolia* Don. du Brésil, *fig.* 306⁵) ».

Nous soumettrons ces rapprochements à la critique, après avoir décrit le fossile dans tous ses détails.

L'autre interprétation de ces curieuses empreintes est due à de Saporta qui l'avait rapprochée des feuilles de *Corylus* si abondantes dans le gisement de Menat. Les figures données par cet auteur, bien qu'un peu défectueuses en ce qui concerne la base de l'aile, ne laissent aucun doute sur l'identité de ces organes avec celui que nous décrivons ici.

En 1877, dans une conférence donnée au Havre à l'occasion du Congrès de l'Association française pour l'Avancement des Sciences, intitulée « *Les anciens climats de l'Europe et le développement de la végétation*, p. 63, planche XVIII), Saporta s'exprime ainsi : « A Menat, en Auvergne, lors du Miocène supérieur (¹) on observe un noisetier que M. Heer a identifié avec le *Corylus Mac-Quarii*

(¹) Les résultats auxquels nous sommes arrivés en étudiant les plantes de ce gisement changent complètement cette manière de voir. (Note de l'auteur.)

des régions arctiques, celui-ci ne diffère réellement pas des noisetiers actuels, dont il paraît être la tige, mais le noisetier de Menat, *Corylus Lambttii*, dont je mets sous vos yeux une feuille accompagnée de *son fruit* (*Pl. XVIII*) révèle un type tout exotique. Il se rattache évidemment à la section *Acanthochlamys* représentée actuellement par une espèce unique qui habite la région de l'Hi-malaya. »

Plus tard, en 1885, dans l'*Évolution du règne végétal* (Phanérogames, t. II, p. 201, *fig.* 136ᴬ), Ouvrage en collaboration avec Marion il en fait un terme intermédiaire entre les *Carpinus* et les *Corylus*. De Saporta avait parfaitement remarqué que le fruit central était compris entre deux ailes, représentant selon lui une cupule, mais ne ressemblant en rien aux cupules des noisetiers actuels. La nervation, et le double involucre, excluaient les Charmes, mais la présence d'un petit pédoncule semblait d'autre part indiquer quelque affinité avec ce genre. Les hypothèses sur lesquelles il se basait pour admettre la transformation graduelle de cet organe, en un organe fructificateur du genre *Corylus* actuel, étaient toute gratuites. En effet : admettre le raccourcissement du pédoncule, au fur et à mesure que la noisette prenait un plus grand développement, tandis que les ailes, simplement dentées chez le terme de passage, prenaient la forme définitive des organes du *Corylus* vivant; tout cela pouvait être possible, mais n'était rien moins que prouvé. D'autre part, il n'y avait aucune connexion entre le fruit et les feuilles du *Corylus* et leur rapprochement était par conséquent absolument hypothétique.

Plus tard, en 1888, dans son Ouvrage sur l'*Origine paléontologique des Arbres*, Saporta revient encore sur ce fossile et dit, p. 149 : « Leurs plus anciennes formes (des *Corylus*) semblent se rapprocher de la section des *Acan-thochlamys* maintenant exclusivement asiatiques... Tel serait aussi un des *Corylus* du Miocène inférieur de Menat (Auvergne), dont le fruit à involucre épineux et dépassant de beaucoup la noisette, *s'écarte par son aspect de ceux de nos noisetiers actuels.* »

Enfin M. Lauby, dans sa thèse *Recherches paléophytologiques dans le Massif central* s'est contenté de mentionner dans les Tableaux généraux qui accompagnent son travail, les deux noms déjà connus admettant ainsi deux espèces.

Tel était l'état de la question qui se posait à nous dans notre étude de la flore de Menat.

Les figures données par Saporta, la description sommaire faite par Heer, et le rapprochement avec les *Anchietea* du Brésil, des exemplaires de la collection Lecoq dont M. Lauby nous avait obligeamment communiqué les photographies, prouvaient, qu'il s'agissait bien d'un fossile unique ayant donné lieu à des interprétations diverses.

L'indécision des auteurs et surtout l'examen minutieux des fossiles nous confirmèrent dans l'idée que ces fruits n'étaient pas à leur vraie place.

La comparaison méthodique avec les fruits d'*Anchietea* indiquait que ces fossiles appartenaient à un autre groupe, et d'un autre côté il était étonnant que le type *Corylus* n'ait laissé des témoins de cette forme que dans le seul gisement de Menat.

Nous nous sommes efforcés de reprendre les déterminations de nos devanciers, afin de voir dans lequel des deux genres il convenait de le maintenir, ou s'il y avait erreur d'interprétation, d'en chercher une nouvelle qui cadrerait plus parfaitement avec les faits observés.

DESCRIPTION DU FOSSILE. — Au premier aspect, ces fossiles ressemblent à une samare portant sur un pédoncule de 2,5 mm à 3 mm, une graine entourée d'une aile dont les bords sont fortement dentés et dans quelques cas même presque laciniés. Le corps central est tantôt ovale, ayant son plus grand diamètre dans *la partie supérieure* (5 mm de haut sur 3 mm de large), tantôt plus arrondi (4 mm de haut sur 3 mm de large).

L'aile qui l'entoure est plus ou moins orbiculaire, un peu plus haute que large. Ses dimensions sont très difficiles à donner d'une manière exacte par suite des denticulations; elle mesure environ 9 mm.

Mais en examinant attentivement le bord de l'aile, on aperçoit nettement sur le bord droit (*fig.* 1) que les dents ne sont pas simples, et qu'il existe sur un second plan d'autres dents qui s'appliquent presque exactement sur les premières. Celles qu'on aperçoit sont une preuve irrécusable *que nous n'avons pas affaire à une samare*, mais bien à un akène entouré par deux ailes membraneuses gauffrées par l'organe central, fortement nerviées et portées sur un pédoncule qui est formé par la réu-

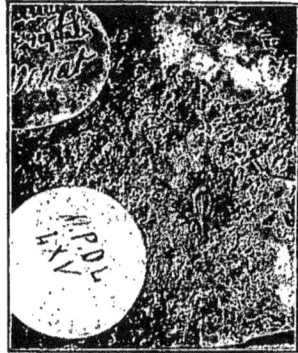

Fig. 1. — *Atriplex borealis* (H.) Laur., du gisement de Menat.

nion des faisceaux libero-ligneux portant le fruit à leur extrémité. De ce faisceau partent les nervures qui forment le réseau veineux des appendices aliformes.

Les nervures qui desservent la portion supérieure de l'aile sont au nombre de trois ou quatre et passent par dessus le fruit.

Les portions latérales sont desservies par des faisceaux qui passent à côté de l'organe central. L'aile est plus ou moins décurrente sur le pédoncule. Elle est fortement dentée sur les bords (*fig.* 1). Les dents inférieures peuvent être presque considérées comme des laciniations, présentant une certaine rigidité sans être spinescentes.

Les ailes sont parcourues par une nervation très riche et très saillante, qui a laissé une trace très visible sur les échantillons fossiles.

Les nervures, qui se rendent dans les dents, sont plus ou moins zigzagantes. Sur les angles ainsi formés prennent naissance d'autres nervures presque de même force et formant un réseau vaguement concentrique.

En résumé, la position centrale du fruit, entre deux ailes coriaces et laciniées, la présence d'un petit pédoncule d'où se détachent les nervures des organes appendiculaires, prouvent que nous avons affaire à un akène entouré par les restes d'un calice accrescent devenu scarieux et transformé en organe protecteur du fruit.

COMPARAISON AVEC LES FORMES DE LA NATURE ACTUELLE. — La présence de deux ailes que Saporta avait déjà-remarquées est suffisante pour éliminer le genre *Anchietea*. Ce genre brésilien, possède un fruit capsulaire membraneux à trois valves. Les graines sont insérées sur un placenta pariétal par un funicule de 6 mm de longueur environ. L'aile des graines paraît être dentée à l'état jeune, mais à la maturité elle est seulement ondulée comme on le voit sur la figure 2. Le système de nervures est à peu près nul sur les ailes d'*Anchietea*, il est seulement formé par un réseau de fines nervilles rayonnantes et qui ne peut en aucune façon être comparé à celui du fossile de Menat.

Fig. 2.-*Anchietea salutaris*, A. S'. Hil. (Brésil), *Ex. Herb. Mus. Par*.

Il n'y a donc qu'une ressemblance superficielle et de contour avec les graines jeunes d'*Anchietea*. Cela n'est même plus vrai, si l'on considère les fossiles dont le bord est parfaitement conservé.

Pour les mêmes raisons il faut éliminer les genres *Monnina* parmi les Polygalées, *Hildebrandtia* parmi les Convolvulacées et *Anemopægma* parmi les Bignoniacées.

Au premier abord les CARPINUS présentent chez certains types des cupules assez arrondies, plus ou moins fortement dentées, qui font penser au fruit de Menat. Parmi les fossiles, c'est le *C. Neilreichii* Kov des couches d'Erdöbenye, et parmi les vivants, certains types japonais de la section des *Distegocarpus*. Mais il faut remarquer que chez *Carpinus* le fruit est toujours porté à la base de la cupule; qu'il est pyriforme comme chez le fossile, mais que la pointe est tournée en sens opposé et que l'aile de la cupule est toujours traversée par une nervure médiane. Chez le *Carpinus cordata* du Japon, bien qu'il y ait plusieurs nervures parallèles, celle qui occupe le milieu de l'aile se distingue aisément des autres. Le réseau veineux de dernier ordre, est de part et d'autre nettement différent.

Rien donc ne nous autorise à voir dans le fossile de Menat un représentant même très éloigné du type *Carpinus*.

Saporta avait rapporté ce fossile aux CORYLUS et, sous le nom de *Corylus Lamottii*, le comparait aux fruits de la section des *Acanthochlamys*.

La présence d'un pédoncule avait déjà fait douter Saporta de la justesse de sa détermination; de plus les rapports des dimensions entre le fruit et l'aile sont totalement différents de ceux qu'on observe de nos jours; la position de la noisette n'a point d'homologue dans les fruits des espèces vivantes, enfin, la cupule de la noisette ne présente jamais un réseau veineux analogue à celui du fruit de Menat. Toutes ces raisons empêchaient d'admettre cet organe parmi les Corylus. Saporta avait été obligé de formuler l'hypothèse d'un terme disparu, complètement distinct des formes de la nature actuelle.

Il nous a paru plus rationnel après l'examen des fossiles de pousser nos investigations du côté des Polygonées et des Chénopodiacées, étant donné surtout la nature des organes appendiculaires qui entourent le fruit.

Chez les Polygonées, le fruit est un akène applati, trigone ou quadrangulaire. Il est diversement enveloppé par le calice persistant et accrescent, tantôt se sont les sépales qui prennent le plus grand développement,

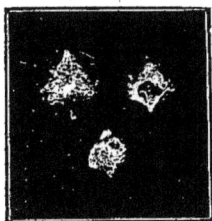

Fig. 3. — Atriplex rosea L.

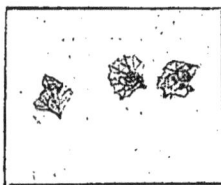

Fig. 4. — Atriplex rosea L. (auto-impression).

tantôt c'est la portion inférieure du tube du calice gamosépale qui forme autour de l'akène une enveloppe sèche (Van Tieghem, Traité, vol. II, p. 1552).

Les RUMEX, entre autres, présentent des ailes diversement dentées ou laciniées. Mais dans ces types, la nervure médiane prend ordinairement un assez grand développement et se renfle en un corps globuleux absolument lisse. Il n'y a parmi les genres de cette famille que des caractères approchant dont quelques-uns concordent bien avec ce qu'on observe sur les organes fossiles, mais chez aucun, on n'observe une physionomie résultant d'un assemblage identique des parties similaires.

Dans la famille des CHÉNOPODIACÉES, enfin, nous rencontrons des fruits qui répondent en tous points à ce qu'on observe sur l'organe fossile, et cela, non seulement dans la physionomie de l'ensemble, mais encore dans les détails.

Les différences qu'on peut noter sont si minimes que l'identité générique avec le groupe des Atriplex peut être basée sur des arguments d'une très grande valeur.

Le fruit est un akène entouré ordinairement par le calice persistant. Les espèces auxquelles nous avons comparé le fossile de Menat sont : A. rosea, L. A. laciniata L. A. calotheca Fries, A. hortensis Hort.

On voit nettement par les figures de l'A. rosea (fig. 3 et 4), et de l'A.

calotheca (fig. 7 et 8), que les akènes sont portés sur un pédoncule formé par la réunion des nervures qui desservent les ailes. Le fruit est central, il est ordinairement arrondi, mais à cause de l'épaississement qui lui fait suite dans la partie inférieure il devient pyriforme sur l'empreinte comme on le voit nettement sur les auto-impressions. Son plus grand diamètre est alors situé vers la partie supérieure de l'aile. Celle-ci est fortement dentée comme chez *A. laciniata* (fig. 5 et 6), et *A. rosea* (fig. 3

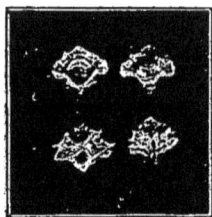

Fig. 5. — *Atriplex laciniata* L.

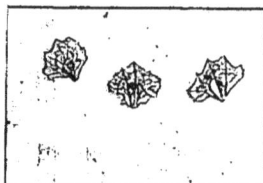

Fig. 6. — *Atriplex laciniata* L. (auto-impression).

et 4), tantôt elle porte des segments plus allongés comme dans *A. calotheca* (fig. 7 et 8).

La nervation est nettement rayonnante, on remarque un certain

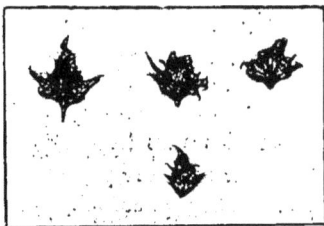

Fig. 7. — *Atriplex Calotheca* Fries.

Fig. 8. — *Atriplex calotheca* Fries (auto-impression).

nombre de nervures, qui, passant sur l'akène central, vont dans les dents supérieures, tandis que les dents latérales reçoivent les nervures qui proviennent du côté du petit coussinet portant le fruit.

Les nervures qui garnissent les ailes sont irrégulièrement disposées mais affectent néanmoins une disposition vaguement concentrique. Enfin, il importe de noter le fait, que ces organes, bien que formés par deux ailes du calice nettement distinctes l'une de l'autre, ont leurs dents qui chevauchent *très rarement* les unes sur les autres et donnent l'illusion d'une aile unique.

Nous avons mentionné le même fait, chez l'organe fossile.

La seule différence, qu'on puisse noter, est la dimension qui est en général plus faible chez les *Atriplex* actuels. Mais non seulement nous savons que ce caractère est un de ceux qui varient le plus, mais il a ici une importance très minime car on observe à ce point de vue, dans les espèces vivantes, des différences de taille très considérables. On rencontre des fruits analogues dans *A. calotheca* (fig. 8), et même de dimension supérieure dans *A. hortensis*.

Le fruit de Menat prendra donc le nom d'*Atriplex* (*Anchietea* H. *Corylus Lamotii* Sap.) *borealis* (Heer) Laur.

Le genre actuel est ubiquiste; il est représenté par environ 120 espèces répandues sur toute la terre dans les régions tempérées et subtropicales.

A. calotheca habite l'Allemagne du Nord.

A. rosea est ubiquiste.

A. laciniata habite l'Europe, l'Amérique du Nord, la Palestine, le Péloponèse.

C'est un genre qui s'accomode à peu près de tous les climats et de tous les milieux. Les conditions biologiques actuelles du genre ne fournissent donc aucun argument en défaveur de sa présence dans le gisement de Menat.

M. J. LAMBERT,
Président du Tribunal civil (Troyes).

RAPPORTS DE LA BOURGOGNE AVEC LE BASSIN DE PARIS.

55 (44.361 + 44.42)

1ᵉʳ Août.

Lorsque j'ai répondu à l'honorable invitation de notre savant Président, je lui disais que je prendrais volontiers part à la discussion de la question proposée à notre section. Ma réponse figure au programme comme une Communication sur les rapports de la Bourgogne avec le bassin de Paris pendant l'ère secondaire. On lui a ainsi donné une importance qu'elle n'avait pas dans ma pensée et que l'absence d'études nouvelles sur le terrain ne permet pas de lui accorder.

Les Vosges et le Plateau Central forment deux massifs dès les premiers temps exondés, et qui peuvent être considérés comme continentaux, au moins en partie, depuis les débuts de l'ère secondaire.

Le seuil qui les sépare n'a pas cessé d'être occupé par un détroit plus ou moins large et plus ou moins profond, à certains moments partiellement remplacé par de vastes lagunes, mais qui, à mon avis, n'a jamais été complètement fermé.

L'état lagunaire du détroit morvano-vosgien est établi au début de la période qui nous occupe par les marnes barriolées gypsifères qui bordent le Morvan et se noient sous les argiles du Lias dans l'Auxois le Plateau de Langres et la Lorraine.

Mais à ce moment la profonde cuvette qui devait bientôt former le bassin de Paris, existait-elle ? On en peut douter, et, si l'Ardenne semble avoir été assez nettement séparée des Vosges, elle formait vers le Sud-Ouest un vaste plateau qui devait presque la relier au Morvan.

C'est seulement à l'époque du Lias que se serait formée la fosse du bassin de Paris, et c'est seulement à partir de ce moment que nous pouvons chercher quels furent les rapports des formations déposées au Nord ou au Sud de ce que nous avons nommé le *détroit morvano-vosgien*. Ce moment coïncide avec un affaissement général du sol et le Morvan se trouve recouvert lui-même par les dépôts liasiques. Alors, on peut dire que les rapports entre la Bourgogne et le bassin de Paris furent absolus.

Les mêmes couches avec les mêmes fossiles se déposent de part et d'autre. Pendant la période oolithique inférieure, il en fut de même et nous trouvons les mêmes assises bajociennes et vésuliennes, calcaire à Entroques, marnes à Pholadomyes, des deux côtés du détroit et de l'un de ses bords à l'autre.

Les choses se modifient avec le Callovien ; alors le seuil du détroit se relève et des changements latéraux s'observent dans la sédimentation. Aux environs de Dijon, comme au centre du détroit, près de Bricon, la sédimentation à facies bathonien se continue, tandis que dans le Berry à l'ouest du Morvan, comme dans les Ardennes à l'ouest des Vosges, dans le Boulonnais et vraisemblablement dans tout le bassin de Paris, se déposent les couches du Callovien à *Am. macrocephalus*. Dans le même temps, nous voyons dans la Côte-d'Or, une partie de l'Yonne et de la Haute-Marne, le Callovien typique faire plus ou moins défaut et se réduire à quelques lambeaux des couches moyennes à *Am. anceps* ou supérieures à *Am. athleta*. C'est ce qu'on peut observer aux environs même de Dijon et à Bricon, tandis que vers Châtel-Censoir, dans l'Yonne, le Callovien semble avoir complètement disparu.

J'ai donné autrefois, en 1884, dans une étude sur le terrain jurassique moyen du département de l'Yonne, des coupes prises au Mont-Afrique, à Talant et à Marsannay qui semblaient établir ces faits et l'inexistence du Callovien inférieur dans toute cette région, laquelle aurait ainsi participé à un relèvement important du massif morvan.

A la même époque cependant, un géologue de talent, trop tôt ravi à la Science, M. Wohlgemuth, défendait une thèse différente, soutenant qu'on était en présence d'une simple apparence, qu'expliquait la théorie des facies. Or, je crois bien aujourd'hui que mon contradicteur avait raison. En effet, au-dessous de la Dalle nacrée de Bricon, on trouve des couches marneuses parfaitement analogues à celles du Callovien moyen et dont les fossiles ne sont déjà plus ceux du Bathonien. Aux portes de Dijon, à Velars, j'ai recueilli une *Am.* très voisine de *A. macrocephalus* dans des marnes avec *Terebratula digona* que jadis Martin rapportait à son Forrest Marble. Avec Cotteau, j'ai retrouvé cette Ammonite dans son Bathonien supérieur de Châtel-Censoir et j'ai rencontré *Am. Herveyi* dans l'Oolithe prétendue bathonienne de Druyes. En même temps j'ai constaté que des espèces de ces couches prétendues franchement bathoniennes, comme les fameux *Nucleolites clumicularis* de Châtel-Censoir, n'appartenaient pas réellement à ces espèces. Le prétendu *Echinobrissus clunicularis* de la planche 67 de la *Paléontologie française*, au moins celui des figures 6 à 12 (Var. *Edmundi*) non seulement diffère de cette espèce; il n'appartient même pas au genre, c'est un *Nucleolites*, dont l'apex est sans contact avec le périprocte, bien qu'il lui soit relié par un sillon. On doit lui restituer le nom de *Nucleolites latiporus* Agassiz et il est caractéristique du Callovien.

Ainsi à cette époque, et par suite sans doute d'un relèvement du sol le Callovien inférieur bourguignon, à faciès bathonien, diffère du Callovien normal du reste du bassin de Paris.

Nous arrivons avec le Rauracien à une époque où le voisinage des continents et les hauts fonds ont joué un rôle considérable dans la sédimentation. J'ai décrit ailleurs les barrières de récifs qui se sont élevées au nord-ouest du Morvan et au bord oriental du détroit dans la région de Doulaincourt. Je ne puis revenir ici sur tous les détails de ces curieuses formations, ni décrire à nouveau les bassins fermés à sédiments crayeux où vivaient des Encrines à tiges géantes derrière la ceinture des récifs à sédiments pisolithiques et débris accumulés de divers polypiers. Il faut voir sur place ces blocs énormes d'Astrées et de Méandrines, ces frêles rameaux de Calamophyllies qui dressent à plusieurs mètres leur tige délicate avant de s'épanouir en calice terminal et au milieu d'eux, toutes les espèces coralligènes, les Nérinées géantes, les Diceras précurseurs des Rudistes crétacés et une pléiade d'Echinides variés.

Mais, au milieu du détroit, aux dépôts réciformes faisaient place ceux du faciès vaseux à Ammonites (*Am. bimammatus, A. Achilles,* etc.), avec développement plus ou moins fréquent du faciès à Scyphies. Ailleurs, et sur des points sans doute moins profonds, on trouve des calcaires grumeleux à polypiers disséminés qui constituent le Rauracien de la Sarthe et du Boulonnais, de l'Ardenne et probablement de la plus grande partie du bassin de Paris. On les retrouve en Bourgogne, au Mont-Afrique à Gémeaux, à Selongey et aux environs d'Is-sur-Tille où ils sont particulièrement riches en Echinides.

Les rapports du Jurassique bourguignon avec celui du bassin de Paris restent donc étendus et constants par le détroit morvano-vosgien, largement ouvert pendant toute la période oolithique. Les étages supérieurs moins développés et moins puissants dans la Côte-d'Or, y présentent toutefois les mêmes caractères et les mêmes espèces fossiles. Il n'y a guère de différence entre le Kimméridgien de la Champagne méridionale et celui des sources de la Bèze.

Avec la fin du Jurassique, les rapports semblent cesser entre la Bourgogne et le bassin de Paris. Le seuil morvano-vosgien se relève, comme
le prouve l'existence dans la Haute-Marne des couches à *Cyrena rugosa-*
qui sembleraient impliquer un facies lagunaire, si l'on ne trouvait avec
elle des espèces franchement marines comme *Natica Marcoui* et *Cyprina
Brongniarti.*

Quant à l'Infra-Crétacé, on sait qu'il existe bien développé seulement
au bord méridional du bassin de Paris, dans l'Yonne où il débute par des
calcaires et marnes à Bryozoaires du Valengien supérieur formant de
la Loire à la Seine une bande étroite qui ne s'est pas étendue vers le
centre du bassin où les calcaires marneux à Spatangues recouvrent directement le Portlandien. Le calcaire à Spatangue lui-même ne paraît pas
avoir atteint le Bray où le Jurassique est directement recouvert par les
Argiles à *Ostrea Leymeriei.*

Ainsi, à cette époque, la sédimentation s'est progressivement avancée
du Jura vers l'Ardenne dont les sommets devaient encore avoir un relief
assez puissant en ces temps reculés, puisque ce massif donnait naissance
à des apports fluviaux, dont les bois flottés et les cônes de cèdres de
l'Albien sont restés les témoins. Le détroit morvano-vosgien était donc
resté largement ouvert sur un golfe qui commence par contourner la
pointe nord du Morvan pour s'étendre progressivement vers le Nord,
et le bassin de Paris n'a pas cessé, au demeurant, de communiquer librement avec la mer du Jura. Mais cette communication ne s'est pas faite
par-dessus l'ensemble de la Bourgogne. De même qu'à l'ouest des Vosges,
le Valengien est resté lagunaire et lacustre jusqu'à la Seine, à l'est du
Morvan la vaste région de la Côte-d'Or ne paraît pas avoir reçu de sédiments marins pendant le Néocomien. Du moins n'en retrouve-t-on
aucune trace avant la côte chalonnaise vers le Sud. Mais le Néocomien
est bien connu dans la région de Gray où le calcaire à Spatangue présente une faune échinitique de tous points semblable à celle de l'Aube.

Cette communication directe de la mer bourguignonne avec celle du
bassin de Paris a continué à fonctionner pendant toute la période crétacée. On ne saurait expliquer autrement l'identité, parfois minéralogique, toujours paléontologique, des lambeaux cénomanien, turonien et
même campanien, au sud de notre détroit avec les assises simplement
plus développées de l'Albien de l'Aube, de la craie de Rouen et de celle
de Meudon.

L'Albien forme partout, dans l'Europe occidentale du moins, des dépôts
transgressifs. Ceux des environs de Dijon (Bèze, Viévigne) forment de
petits lambeaux sporadiques que la végétation, notamment la présence
de châtaigniers, permet de reconnaître. Ils consistent en sables jaunâtres
et argiles grises avec *Belemnites minimus* et la plupart des Ammonites
qui caractérisent le Gault de l'Aube, notamment *Am. Beudanti, Am.
Dupini, Am. Lyelli, Am. interruptus,* etc.

Certaines personnes n'ont pas hésité à rattacher ces dépôts albiens de la Côte-d'Or avec ceux de l'Aube et de l'Yonne, en invoquant la présence dans la région intermédiaire, sur certains plateaux jurassiques de sables, ferrugineux et d'argiles plus ou moins pures. C'est là, selon moi, une confusion injustifiable entre un dépôt marin régulier fossilifère et une formation superficielle, de remplissage, toujours sans fossiles propres et qui doit être rattachée à l'Éocène, sinon au quaternaire. D'ailleurs l'on a parfois recueilli dans les poudingues qui accompagnent ces sables, des fossiles, notamment des moules d'Echinides. Or, pas plus dans le bassin du Rhône que dans celui de Paris, il n'existe de rognons de silex dans l'Albien. Enfin, ce qui est décisif, ceux de ces fossiles qui ont pu être déterminés comme *Discoïdes inferus* et *Micraster decipiens* appartiennent à des terrains plus récents que l'Albien. Les roches qui les renferment ne peuvent donc représenter cet étage et il faut absolument rejeter ce qui a été avancé à ce sujet par divers géologues.

La craie cénomanienne a dû recouvrir une bonne partie de la Côte-d'Or et du détroit morvano-vosgien si l'on en juge par les lambeaux conservés des environs de Norges où cette craie est recouverte par une craie plus blanche, dans laquelle j'ai recueilli jadis *Discoïdes inferus* et *Ammonites Woolgari* caractéristiques du Turonien inférieur dans l'Yonne et dans l'Aube. M. Collot nous a montré des mêmes gisements *Inoceramus labiatus*, *Conulus subrotundus* et le jeune *Ammonites peramplus*.

La communication directe du bassin de Paris avec le bassin Bourguignon a-t-elle continué à se faire par le détroit morvano-vosgien pendant le Sénonien ? La réponse est plus délicate; car nous n'avons plus ici les lambeaux témoins de la région dijonnaise, qui permettent de relier ceux de Saône-et-Loire (Cuseaux), et du Jura à la craie de Rouen et au Turonien de l'Yonne.

Cependant une roche blanche et siliceuse avec faune de la craie de Meudon existe en Savoie, à La Pointière, M. Demoly vient de m'en communiquer quelques fossiles, parmi lesquels j'ai pu reconnaître *Belemnitella mucronata*, *Turrilites polyplocus*, *Cardiaster granulosus*, *Offaster pilula*, *Micraster Brongniarti*, *Mic. Schroderi*, *Echinococys vulgaris*, c'est-à-dire un petit ensemble aussi étranger à la craie de la région méditerranéenne que caractéristique de la craie du Nord. Il est donc naturel de supposer, encore à cette époque du Campanien, une communication directe par le détroit morvano-vosgien entre cette craie de la Savoie et le bassin de Paris. L'extension de la craie blanche par-dessus nos plateaux jurassiques est d'ailleurs encore confirmée par ce fait de la découverte de silex et fossiles du Sénonien dans les quelques dépôts éocéniques de la surface de ces plateaux.

Mais le seuil du détroit s'est définitivement relevé vers la fin du Crétacé et soumis à d'incessantes dénudations pendant la longue durée de l'ère tertiaire, la craie a presque complètement disparu de la surface de la Bourgogne.

**7

Ainsi on peut dire que, pendant la longue durée de l'ère secondaire, les rapports entre la Bourgogne et le bassin de Paris ont été continus avec seulement quelques irrégularités pendant le Trias, au début du Callovien et au commencement de la période crétacée.

Si les preuves directes de ces rapports, indiscutables pendant le Jurassique, ont en grande partie disparu pour le Crétacé, ce qui en subsiste et les considérations que nous venons de présenter doivent suffire pour faire croire à la continuité de ces rapports du moins jusqu'à la fin du Campanien.

Avec l'ère tertiaire ils disparaissent, et désormais les deux régions étrangères l'une à l'autre, resteront sans communication directe entre les lacs bourguignons et ceux du Tertiaire parisien.

Discussion. — M. COLLOT : J'estime qu'il faut, parmi les grès en blocs de diverses grosseurs recueillis, notamment auprès d'Avallon, distinguer deux catégories. Il y a des grès tertiaires grossiers, peu homogènes, dans lesquels on trouve des fragments de silex, qui sont d'âge tertiaire et peuvent représenter une avancée méridionale du grès de la forêt d'Othe. D'autres plus homogènes, exclusivement formés de grains de quartz bien calibrés, assez fins, renferment quelques fossiles du Gault, notamment des Trigonies, et appartiennent à cet étage. J'en ai retrouvé quelques débris isolés, jusque sur les plateaux entre Semur et Les Laumes.

Quant aux silex de la craie, il paraît en avoir été trouvé en des lieux très divers à l'état sporadique. J'ai un Ananchyte silicifié qui me vient de Poncey-sur-Ignon, dans le centre de la Côte-d'Or, sur la ligne de partage des eaux. On les trouve, il est vrai, accumulés en quantité le long des côtes chalonnaise et mâconnaise, plutôt que sur les parties hautes de la région. Cela peut tenir à ce que ces parties hautes ont été plus énergiquement soumises à la dénudation et que d'ailleurs les matériaux résistant à la dénudation et à la trituration ont été entraînés vers le bas et se sont accumulés au pied des reliefs en voie de s'abaisser sans cesse.

M. Paul LEMOINE est, comme M. Collot, d'avis que les blocs de grès-témoins de l'Avallonnais présentent plusieurs faciès différents et appartiennent à divers niveaux (Albien supérieur, Éocène inférieur, Stampien ?)

En ce qui concerne le Crétacé supérieur, il fait remarquer que les silex-témoins ont surtout été trouvés sur les bords occidental et méridional du Morvan se reliant ainsi par Drevin, au petit lambeau de la côte chalonnaise. Il pense donc que la communication se faisait sur l'emplacement de la dépression Chagny-Paray-le-Monial. Quant à la communication par le détroit morvano-vosgien, elle est probable, mais pas encore prouvée ; car, à sa connaissance, aucun silex crétacé n'a été encore signalé sur les plateaux jurassiques de cette région. Il serait intéressant de les rechercher et d'étudier leur repartition.

M. G. COURTY.

(Paris).

HISTOIRE DE LA FORMATION
DES MEULIÈRES DE MAROLLES-EN-HUREPOIX (S.-&-O.).

552.52 (44.362)

2. Août.

Un phénomène géologique sur lequel on n'a peut-être pas attiré suffisamment l'attention jusqu'ici, est celui de la transformation progressive de dépôts argilo-calcaires en silice plus ou moins compacte sous l'effet des eaux météoriques de circulation.

Les localités de Marolles, Bouray, Chamarande, Étréchy, Étampes, situées dans la banlieue sud de Paris, nous paraissent éminemment propres à éclairer le problème complexe de la *meuliérisation*. En effet, la vallée géographique actuelle de la Juine s'est esquissée dès la fin de l'époque tertiaire (pliocène) en ravinant successivement les sables argileux de Sologne, les calcaires de Beauce et de l'Orléanais; les sables de Fontainebleau, voire même les marnes de Brie. A Marolles, l'horizon de Brie présente aujourd'hui un faciès meulier largement exploité soit pour les constructions en général, soit pour les empierrements de route; mais en a-t-il toujours été ainsi ? Évidemment non: Nous savons déjà que dès qu'une couche géologique est déposée, elle se transforme moléculairement avec une intensité plus ou moins grande suivant l'activité même du milieu ou elle se trouve. Nous savons aussi que c'est principalement sur les lignes du faite des vallées que les eaux de circulation souterraine agissent le plus fortement. Or, nous tiendrons compte de ces données, pour établir notre théorie explicative concernant la formation des meulières.

A l'époque oligocène, tandis qu'au nord de Paris à Sannois, se déposaient des calcaires marins à *Cytherea incrassata*, au sud, vers Marolles et Étréchy, se constituaient des dépôts calcaires d'eau douce et des marnes magnésiennes dont les modifications sont survenues apres coup; et se continuent encore actuellement.

A Marolles, à l'emplacement des calcaires originairement déposés, on peut voir immédiatement sous la terre végétale, des blocs de silex meulier, irrégulièrement disséminés et noyés dans une argile très rubéfiée. Cette argile, paraît représenter un résidu provenant de l'altération des calcaires marneux par les eaux d'infiltration. Les eaux météoriques en effet, chargées d'anhydride carbonique traversent les couches superficielles du sol, dissolvent les substances solubles, le carbonate de chaux par exemple comme c'est ici le cas, et apportent d'autre part, de la silice gélatineuse en laissant sur place, des résidus argileux.

Dans le problème de la meuliérisation, il faut considérer deux actions principales : l'attaque lente du calcaire par l'eau acidulée (gaz carbonique) et la substitution de la silice au carbonate de chaux.

Tandis que la chaux se sépare de l'argile des calcaires marneux, la silice apparemment peu soluble circule, et vient graduellement remplacer des molécules de carbonate de chaux.

Cette substitution moléculaire est alors plus ou moins complète et l'on a ainsi affaire soit à des meulières compactes, soit à des meulières caverneuses. Il m'a été donné d'observer vers le Grand Saint-Mard dans les environs immédiats d'Étampes une meulière de Beauce très compacte dans une carrière située à flanc de coteau. Ici la substitution de la silice au calcaire s'est produite très intensivement. A Marolles-en-Hurepoix, au contraire, cette substitution n'a pas été complète puisqu'elle paraît se continuer encore; aussi, des petites portions de carbonate de chaux formeront dans un temps ultérieur et prochain peut-être, des ajourcments à la meulière qui lui [donneront un aspect scoriacé. Quant aux argiles qui enrobent les meulières de Bouray ou de Marolles, elles sont d'un rouge sang très vif pour peu qu'elles soient hydratées, elles sont jaunes par déshydratation et cette coloration est due aux phénomènes de rubéfaction des dépôts superficiels, c'est-à-dire de suroxydation. On ne peut pas dire qu'à Marolles les argiles qui enrobent les meulières résultent uniquement des résidus des calcaires marneux de Brie, car on remarque nettement la présence des dépôts argilo-caillouteux de Sologne qui anastomosés au-dessus des calcaires de Beauce et de l'Orléanais, ont descendu directement dans la vallée de la Juine par voie érosive.

Il convient donc de voir à Marolles autour des dépôts meuliers un résidu des assises immédiatement supérieures à la Brie. Il ne faudrait pas croire maintenant que la *meuliérisation* ait cessée, elle se continue de la même manière qu'elle a commencé à se produire sur des dépôts subaériens.

A Étréchy, où la Brie n'affleure pas, on la connaît par sondages sous un faciès tantôt calcaire, tantôt siliceux. Le faciès siliceux offre de gros blocs de silice hydratée (opale) noyés dans des marnes brunes très riches en magnésie. A la sortie du village d'Étréchy, sur la route [de Chauffour, la Brie présente à 10 m de profondeur des concrétions cristallisées calcédonieuses qui recouvrent des calcaires. A Ormoy-la-Rivière, la silicification du calcaire de Beauce, s'est produite par couches concentriques, sous la forme de gros nodules le plus souvent caverneux. Mais, ni à Étréchy, ni à Ormoy, nous ne pouvons suivre comme à Marolles, le processus complet de la constitution des meulières. En somme, l'histoire des meulières de Marolles-en-Hurepoix (Seine-et-Oise), comme celle de la Ferté-sous-Jouarre (Seine-et-Marne), horizon de Brie, ou celle de Montmorency (Seine-et-Oise), horizon de Beauce, relève d'une *double* action de démolition et de reconstitution : de décalcification d'une part, et de silicification d'autre part.

M. G. COURTY.

ESQUISSE D'UNE COURSE GÉOLOGIQUE RAPIDE SUR LA LIGNE DE PARIS A CHATEAU-THIERRY.

55 (079.3)

2 Août.

Noisy-le-Sec (10 km de Paris). — Excursion intéressante à faire dans les exploitations du gypse ou pierre à plâtre et les formations qui lui sont supérieures.

A Noisy, la tranchée du chemin de fer se trouve dans les sables dits *infragypseux* et les marnes à Pholadomyes, formations marines sur lesquelles repose l'étage gypseux. Ces couches, non visibles en temps ordinaire, sont sans usage industriel

De la gare de Noisy, remonter la rue de la Forge (tramway), puis ensuite la rue du Goulet. Au pied de la côte, au moment où la route commence à tourner, entrée sous le fort d'une carrière dite *du Goulet*. Matériaux exploités : pierre à plâtre et marnes diverses. Examiner en ce point la deuxième masse du gypse.

La deuxième masse est constituée par des alternances de bancs de gypse saccharoïde et de gypse cristallisé dit *pieds d'alouette*. Vers la base, deux bancs de marne dont le plus inférieur épais de 0,05 m contient des fossiles (Lucines). Épaisseur totale de la masse 7,30 m. Les deux premières masses de gypse sont séparées par des marnes d'environ 4,50 m de puissance. La partie supérieure de ces marnes contient de gros cristaux de gypse en *fer de lance;* la partie moyenne, de l'argile smectique (terre à foulon servant à dégraisser); la partie inférieure est utilisée pour la fabrication de la chaux. De la carrière du Goulet, remonter la rue du même nom, puis en haut de la côte, à la place (station du tramway Opéra), tourner à droite jusqu'à l'église de Romainville, distance 1 km environ.

Romainville. — Localité célèbre et très importante pour les géologues. A côté de l'Église, entrée d'immenses carrières de gypse (carrière Gauvain ou du Parc). Matériaux exploités : pierre à plâtre, marnes à chaux, glaises, etc. La première masse (16,50 m de puissance) composée de gypse saccharoïde sans intercalations de marnes. Il existe dans la première masse un certain nombre de bancs auxquels les ouvriers ont donné des noms bizarres, basés sur les qualités physiques de la pierre à plâtre. Le gypse est exploité de deux façons : à ciel ouvert et en cavage. Les cavages sont curieux à visiter. D'une hauteur énorme et très larges à la base ; ils sont successivement exécutés en gradins.

Au-dessus du gypse, viennent les marnes bleues supragypseuses, pyriteuses, avec intercalations de gypse à la base et de calcaire à la partie supérieure. Déposées dans des lagunes d'une très forte salure, on ne trouve dans ces marnes qu'un petit crustacé fossile, d'ailleurs rare, ressemblant à nos cloportes *Sphæroma margarum*. Ces marnes sont utilisées industriellement. Sur les marnes bleues reposent des marnes plus ou moins blanches (4,70 m), qui sont de première valeur industrielle. A la base, 1,10 m de marnes à ciment et le reste est une marne grise donnant une bonne chaux hydraulique.

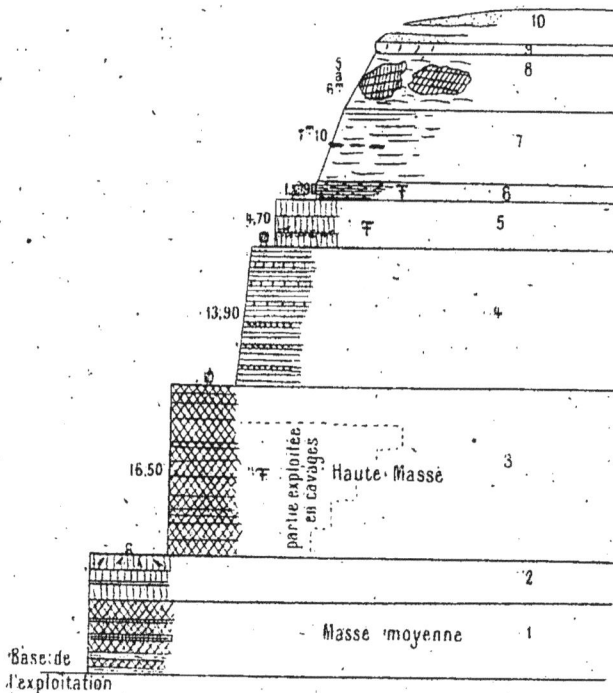

Carrières à plâtre de Romainville.

Coupe de la carrière Gauvain à Romainville. Légende : 1. Deuxième masse ; 2. Marnes intercalaires à fers de lance ; 3. Première masse ; 4. Marnes bleues ; 5. Marnes blanches à ciment et à chaux ; 6. Marnes jaunes à cyrènes ; 7. Glaises vertes ; 8. Calcaire siliceux de la Brie ; 9. Marnes à huîtres ; 10. Sables de Fontainebleau.

A 0,60 m au-dessus des marnes bleues, lit très riche en fossiles lacustres : Lymnées, Planorbes, etc., quantité relativement grande d'ossements de Reptiles, de Mammifères, d'Oiseaux et de Poissons.

Pour les Reptiles on a déjà signalé des tortues, des crocodiles; parmi les Mammifères, *Palæotherium*, *Anoplotherium*, *Xiphodon*; les Rongeurs sont représentés par un rat (*Trechomys*); les Oiseaux par des canards, des flamants, et les Poissons principalement par des amias. Marnes à cyrènes, marnes jaunes feuilletées, épaisses de 1,90 m environ. Nombreux lits de fossiles: Cyrènes, Cérithes, etc.; petits lits de sables dans toute la masse, gypse en cristaux et couches subordonnées. Les marnes jaunes passent insensiblement aux glaises vertes (exploitées pour briques), ces dernières contiennent des rognons de marnolithes chargés de sulfate de strontiane. A la carrière Bétisy, toute proche, ces rognons formen de véritables bancs, ils ont été exploités pour en retirer la strontiane.

Le calcaire de Brie est formé de blocs siliceux, meuliériformes, de calcédoine et de silex. noyés dans la marne ou l'argile. Épaisseur 5 m à 6 m.

Les marnes à huitres sont des marnes verdâtres contenant une grande quantité d'ostréidées. On les trouve dans la carrière Gauvain et au-dessous du Fort. Les sables de Fontainebleau sont exploités dans plusieurs carrières. A Romainville, aux Lilas, ils occupent toute la partie supérieure du plateau jusqu'à Paris.

En descendant le chemin qui contourne la pointe SW du fort de Romainville, on remarque l'affleurement sur les glacis du Fort, de plaquettes de grès ferrugineux extrêmement fossilifère dans lequel se trouve quelques gros galets. Ces grès sont connus sous le nom de *grès de Romainville.*

Bondy. — La tranchée du chemin de fer, peu profonde du reste, est dans les sables infragypseux actuellement invisibles.

Le Raincy (Seine-et-Oise). — Alluvions qui présentent l'intérêt d'être très élevées sur les pentes et assez puissantes (8 m); formations lenticulaires dues aux courants. Altitude environ 90 m. A 400 m de l'Eglise, briqueterie exploitant la carrière de sables alluvionnaires. En suivant la voie Decauville, le long de la briqueterie, on arrive à une carrière où les glaises vertes et les marnes supragypseuses sont exploitées. Les glaises vertes et le sable mélangés en proportion convenable, malaxés, puis moulés, produisent après cuisson des briques et des poteries de première qualité. Au-dessous de la briqueterie, exploitation souterraine du gypse (première masse). Dans l'ancienne carrière à ciel ouvert, on remarque des puits irréguliers dans la pierre à plâtre. Le gypse composé de sulfate de chaux st relativement très soluble. L'eau en s'infiltrant dans les fissures du gypse les a élargies en produisant ces puits qui sont remplis par les matériaux supérieurs, comme les sables d'alluvions, les marnes diverses, etc.

Gagny. — Intéressantes carrières de gypse au-dessus de Gagny même et au mont Guichet (première et deuxième masses exploitées), marnes supragypseuses.

Entre Gagny et Chelles, profonde tranchée; la base est dans le calcaire de Saint-Ouen, la partie centrale représente les sables infragypseux et les marnes à Pholadomyes; la partie supérieure, la troisième masse du gypse à l'état remanié.

Chelles. — Localité intéressante par ses balastières célèbres. Celles-ci situées sur la route nationale n° 34, à peu près à mi-chemin entre Chelles et Brou, ont été l'objet d'importants travaux de la part des géologues et des préhistoriens. Le diluvium de Chelles a donné son nom à une période de l'Histoire de l'Homme, à l'étage chelléen qui représente à peu près la base des étages quaternaires.

On a trouvé dans le diluvium de Chelles de nombreux ossements d'animaux parmi lesquels il faut citer l'Éléphant antique, le Mammouth, le Rhinocéros de Merck, l'Ours des Cavernes, le Cheval, le Cerf, le Bœuf, l'Hyène, l'Hippopotame, etc.

A Chelles, on exploite le gypse. Les trois premières masses y sont représentées, mais, pour les mieux étudier, il convient d'aller jusqu'à Lagny.

Vaires-Torcy. — Profonde tranchée dans le diluvium. Tous les pays environnants reposent sur le diluvium. De l'autre côté de la Marne, sur la route de Lagny, au pied de Torcy, emprises dans le travertin de Champigny.

Lagny. — A Lagny, au-dessus du collège Saint-Laurent, près de la route de Conches, carrières de meulière compacte de Brie avec bois silicifiés (palmiers), graines de chara, de nénuphars. Une belle excursion à faire est celle d'Annet, Thorigny et Dampmard. Partir de la gare de Lagny-Thorigny, monter à droite par la rue de la Madeleine et suivre sur le plateau la route départementale jusqu'à la Platrière Le Paire, commune d'Annet.

Annet. — Première et deuxième masses exploitées en cavage dans l'usine même. De l'autre côté de la route, plan incliné recoupant toutes les couches jusqu'à la Marne. De haut en bas, on observe à gauche, aussitôt après avoir quitté la route des alternances de gypse saccharoïde et de pieds d'alouette qui composent la base de la deuxième masse, puis des marnes bleues fissiles et des marnes blanches (1 m environ) qui séparent la deuxième de la troisième masse.

La troisième masse comprend de haut en bas des marnes gypseuses, avec rognons de gypse ferrugineux (pains de quatre livres), environ 2 m; un banc de gypse saccharoïde avec nombreux filets cristallins, un petit lit de marne et un banc de 1 m de gypse saccharoïde très dur. Il convient de bien observer le détail de cette masse, car on la verra tout à l'heure sous un aspect différent (albâtre gypseux).

Les marnes à Pholadomyes se placent sous la troisième masse du gypse, elles ont 1,80 m de puissance, de couleur crême, avec lits pyriteux et

nombreux fossiles (moulages); gypse cristallisé en roses; gypse nivi-
forme, etc.

La quatrième masse est formée d'un gros banc de gypse et de lits de
marne (1,40 m). Les sables infragypseux, peu développés (0,05 m), sable
vert, marne et gypse.

Le calcaire de Saint-Ouen, très typique ici, formé de marnes magnésiennes avec fossiles *Limnea longiscata, Cyclostoma mumia*, etc., de nombreux bancs de gypse dont les ouvriers ont fait une cinquième masse,
de silex ménilite (opale), etc. A sa base une zone fossilifère nommée
Horizon de Mortefontaine contient en grande quantité *Avicula Defrancei.*
Sous cette dernière zone on rencontre du gypse, des marnes et un banc
de silex qui ont été rattachés à l'horizon de Ducy. Une marne située au-
dessous, fossilifère avec *Potamides perditus* est caractéristique de la
zone d'Ezanville. Elle recouvre des alternances de gypse, de marne et
de sable rattachés au niveau de Beauchamp.

Une marne bleue avec albâtre en rognons occupe le fond du fossé de la
galerie de roulage, elle représente probablement l'horizon d'Ermenonville. Les sables se développent au-dessous (niveau d'Auvers), mais ils
ne sont pas visibles.

Les première et deuxième masses sont exploitées en cavage; de la
deuxième à la quatrième masse, les couches sont observables dans le plan
incliné et les carrières situées à droite de la route en regardant le Nord;
le calcaire de Saint-Ouen apparaît par place dans le plan incliné, il est
mieux observable dans les chemins d'accès aux puits de descente du
plâtre (souterrain).

Thorigny. — De ce point, suivre la Marne en descendant le courant
1 km plus loin, usine de cuisson de l'albâtre gypseux, carrière souterraine
(commune de Thorigny). L'albâtre gypseux y est exploité depuis plusieurs siècles, le banc d'albâtre a 1,80 m d'épaisseur dans la troisième
masse.

Un aggloméra cristallin situé dans certaines parties au-dessus de
l'albâtre peut fournir, par sa dissolution dans l'acide chlorhydrique,
de jolis cristaux de quartz.

L'albâtre de Thorigny provient de la transformation d'un banc de
gypse saccharoïde dans des conditions résultant vraisemblablement de
la circulation des eaux souterraines. Monter le chemin au-dessus de
l'usine et tourner tout de suite à gauche d'un sentier de piéton qui monte
rapidement sous bois. Arrivé sur le plateau avant la route, à gauche,
carrières abandonnées dans lesquelles on peut très bien observer les
marnes à huîtres. A la base, argile rouge à marnolites, rognons géodiques
à cristaux de calcite. Au-dessus, calcaire siliceux très dur (0,10 m),
employé comme bordures de trottoir, est rempli de coquilles, principalement d'huîtres. Ce banc est recouvert d'une marne blanche lacustre

(0,10 m) pétrie de Bithynies. Au-dessus sont des marnes argileuses avec nombreuses huîtres *Ostrea cyathula*.

Dampmard. — Suivre la route vers l'Est. Au point culminant du plateau, chemin se dirigeant toujours vers l'Est. Au bout d'un certain temps, le sol du chemin devient rouge (débris de briques), appuyer bientôt à gauche dans un petit chemin qui s'enfonce sous bois. A droite, avant d'entrer dans le bois, carrière de sables de Fontainebleau. A la partie supérieure, banc de grès très disloqué, à sa surface, dans un sable argileux, on trouve des moules internes de coquilles d'une conservation parfaite. Ces grès sont du même âge que ceux de Romainville. Revenir sur ses pas jusqu'à la route qu'on continue à suivre jusqu'à Dampmard; tourner à droite vers le Château des Fontaines, nombreuses sources indiquant un niveau d'eau (glaises vertes); prendre le chemin en face qui passe entre le château et son potager, en suivant à cette hauteur le flanc du coteau, on rencontre d'innombrables carrières de calcaires et meulières de Brie. Calcaire siliceux et silex compacts, souvent fossilifères, employés pour la construction et l'empierrement des routes. Aspect des carrières très diverses à facies tantôt calcaire, tantôt siliceux; la formation paraît avoir été complètement remaniée. Ces facies sont dus à l'origine même du silex et des calcaires siliceux qui représentent un résidu de dissolution des couches calcaires. Les silex de Brie sont mélangés à l'argile rouge, à la marne blanche et dans toutes sortes de positions.

A 300 m, au-dessus de l'Eglise, carrière de calcaire de Brie (carrière Imbault) dans laquelle on a trouvé des débris de Mammifères *Entelodon*, etc.

De ce point, rentrer à la gare, distance 1 km.

Esbly. — De la gare d'Esbly prendre à droite par la route d'Isles-les-Villoy, à 2 km, après avoir traversé la Marne, balastière, dans laquelle on a trouvé des silex taillés (Chélléen). La forme lenticulaire du diluvium peut très bien s'observer dans cette carrière. L'avancement des travaux recouvre souvent des fossés qui délimitaient un camp gallo-romain.

Revenir à la gare, traverser le pays et prendre la route de Coupvray jusqu'à ce village.

Coupvray. — Petites carrières de diluvium diffèrent complètement de celui de la Marne. Le Grand-Morin, rivière dans l'ancien lit de laquelle on se trouve ici ne traverse que des terrains tertiaires. On y trouve des fragments de grès de Beauchamp, de calcaire de Saint-Ouen, de meulière de Brie, etc.

De Coupvray, prendre la route de Chalifert qui remonte sur le plateau.

Chalifert. — A la jonction des routes de Coupvray et d'Annet, carrières de travertin de Champigny. Exploité pour empierrement. Il est composé de travertin siliceux bréchiforme, de marnes calcaires avec géodes de quartz et de calcite. De ce point, prendre le chemin de l'Ermitage qui descend dans les bois. Avant le deuxième tournant, escarpement à droite qui montre les marnes et silex ménilites à *Limnea longiscata.* Calcaire de Saint-Ouen. Après le tournant, l'escarpement continue au coin d'un petit mur, marnes blanches à *Cyclostoma mumia,* puis calcaire à *Hydrobia,* un peu plus bas filets d'argile brune et de marnes verdâtres, pétries d'avicules (zone de Mortefontaine); des alternances de marnes et calcaires viennent ensuite (calcaire de Ducy); puis une argile verdâtre, peu épaisse, contient *Potamides perditus* (zone d'Ezanville); au-dessous, grès passant latéralement au silex, sables et marnes (niveau de Beauchamp); et enfin, marne verte très épaisse (zone d'Ermenonville)

Passer la barrière en bois, suivre le long de l'Ermitage le chemin qui remonte sur le plateau, après le dernier tournant à la partie supérieure de l'escarpement, on voit à la base près du chemin des blocs siliceux qui émergent : ce sont les silex des marnes à Limnées. Au-dessus, on remarque un niveau sableux peu épais (0,20 m) qui représente les sables infragypseux; puis c'est une marne blanche avec rognons calcaires contenant des Bithynies, (calcaires de Noisy-le-Sec); les marnes à Pholadomyes qui font suite, avec 2,50 m. d'épaisseur, sont très fossilifères, surtout dans leur partie centrale; enfin, couronnant cette série, des marnes blanchâtres représentent probablement la base du travertin de Champigny étudié plus haut. Retourner à Esbly.

Meaux. — A Meaux même, on exploite les sables de Beauchamp près de la gare et le diluvium dans le faubourg Saint-Nicolas.

A Penchard (3 km au nord de Meaux) grandes plâtrières (deuxième masse du gypse exploitée).

A Nanteuil-les-Meaux, plusieurs exploitations de gypse. Comme à Penchard, on y exploite la masse moyenne; la première masse ou haute masse étant composée d'alternances de marnes et de gypse donnerait des plâtres de mauvaise qualité. Même exploitation à Mareuil-les-Meaux.

Trilport. — De Meaux à Trilport, le chemin de fer traverse une profonde tranchée dans les sables de Beauchamp. A Trilport rien à visiter, les exploitations manquent totalement.

Après Trilport, le chemin de fer passe par une profonde tranchée (traversée des bois de Meaux et la bifurcation de la ligne de La Ferté-Milon); cette tranchée recoupe les sables de Beauchamp dans toute leur épaisseur.

Changis-Saint-Jean. — De Changis, on peut se rendre à Lizy par Jaignes et Tancrou. Au départ de Changis en montant la route, affleurement des sables de Beauchamp fossilifère à *Bayania lactea.*

Jaignes. — 5 km plus loin, au Moulin de Jaignes, escarpement à droite de la route. On remarque successivement à la base le calcaire grossier supérieur, calcaire à Potamides et les Caillasses composées de marnes, calcaires marneux, pseudomorphoses de gypse, etc.

Ensuite viennent les sables de Beauchamp, très épais (plus de 10 m), deux carrières y sont ouvertes et fournissent de nombreux fossiles très conservés : *Nummulites variolarius, Corbulomya subcomplatana, Chama fimbriata, Cerithes, Fusus*, etc.

Au-dessus des sables, bancs calcaires à Potamides recouverts par les calcaires à crabes. Pierre de Lizy à l'entrée du village.

De Jaignes, traverser Tancrou et se diriger sur Mary. Avant d'arriver au village, à 500 m, au lieu dit *Le ravin de Mary*, gisement célèbre des sables de Beauchamp à Nummulites et même faune qu'à Jaignes, mais beaucoup plus riche; on peut y recueillir plus de 500 espèces.

De Mary se diriger sur Lizy-sur-Ourcq. Près de la gare, on peut observer une petite carrière dans le calcaire grossier supérieur. Calcaires à Potamides avec très beaux fossiles. A Lizy, sur la route de Varreddes, on peut observer la succession des couches depuis le calcaire grossier jusqu'à la partie supérieure des sables de Beauchamp. Les sables contiennent des fossiles très bien conservés à plusieurs niveaux : un niveau supérieur contient *Mytilus Rigaulti*. La pierre de Lizy surmonte ce niveau. Reprendre le chemin de fer à Lizy-sur-Ourcq.

La Ferté-sous-Jouarre. — Plusieurs excursions très belles à faire. Se rendre au hameau du Limon sur le plateau, au sud de La Ferté; là, superbes exploitations de meulières de Brie recouvertes de limon très épais. Les meulières sont exploitées depuis un temps immémorial à La Ferté; elles ont servi et servent encore à la fabrication de meules de moulins qui ont acquis une juste célébrité dans le monde entier. Autrefois, on s'attachait surtout à produire des meules d'un seul morceau; ces meules avaient de nombreux inconvénients, dont l'un des moindres était l'impossibilité d'obtenir des meules d'un grain égal, nécessaire pour certaines moutures. Aujourd'hui les meules sont toutes fabriquées en plusieurs morceaux bien choisis, ce qui permet une homogénéité presque absolue, les diverses parties de la meule sont ajustées ensemble et cimentées; elles sont ensuite cerclées à chaud avec des cercles en fer, ce qui leur donne une solidité à toute épreuve. Les meules, ainsi construites, ont en outre l'avantage de pouvoir être réparées bien plus facilement que les anciennes meules d'une seule pièce.

Près de la route de Jouarre, grandes carrières. sables de Beauchamp très développées, avec quelques fossiles à la partie supérieure, bancs calcaires et gréseux fossilifères qui représentent les niveaux supérieurs des sables moyens. On y remarque les niveaux de Beauchamp, la zone d'Ezanville, etc.

Des fossiles d'eau douce, Limnées, Planorbes, indiquent la proximité d'embouchures de rivières à l'époque des sables. Dans la montée, vers le plateau de Tartarel, deux carrières montrent toute la succession précédente. Sur le plateau de Tartarel, nombreuses exploitations de meulières. Ces dernières sont souvent recouvertes de limons fort épais et de sables, ce qui rend le déblai très onéreux. Aux Bondons, on remarque des Pisolites de fer à la partie supérieure des meulières.

Luzancy. — De l'autre côté du plateau, localité intéressante. A la partie supérieure exploitation de meulières de Brie; un peu plus loin les limons sont exploités pour la briqueterie sur une épaisseur de 9 m. On y a trouvé des silex taillés. En descendant le coteau on trouve bientôt une exploitation de glaise verte (même emploi que les limons), puis plus bas une plâtrière. La masse supérieure ou haute masse est complètement marneuse, le gypse se montre dans les marnes à fer de lance et la deuxième masse placée immédiatement au-dessous est très développée. En descendant le plan incliné, on recoupe successivement le calcaire de Saint-Ouen, puis l s sables de Beauchamp avec nombreux niveaux fossilifères contenant une faune extrêmement riche, nombreux bancs calcaires et gréseux intercalés.

A la base de la colline, derrière l'usine escarpement de marnes blanchâtres dolomitiques divisées en bancs épais, contenant de nombreuses géodes de cristaux de gypse et de calcite. De Luzancy, rentrer soit à La Ferté-sous-Jouarre, soit à Nanteuil-Saacy.

Nanteuil-Saacy. — De La Ferté, on traverse trois fois la Marne et un souterrain assez long pour arriver à Nanteuil. Le souterrain, comme les tranchées sont creusées dans le calcaire grossier supérieur.

A Saacy, près la gare, vieilles carrières de calcaire grossier abandonnées. On peut y recueillir des fossiles silicifiés, principalement des Cérithes.

Traverser la Marne pour se rendre à *Nanteuil*. Au-dessus du village, vers Crouttes, on aperçoit des talus de chemin où il est facile de se rendre. On y observe les sables de Beauchamp avec sables à *Cerithium Bouei* et *C. crenatulatum ;* le calcaire de Ducy avec nombreuses Limnées qu'on peut facilement recueillir à l'état libre; la zone de Mortefontaine n'est pas bien nette, le calcaire de Saint-Ouen se développe au-dessus avec des calcaires pétris de Limnées. De Nanteuil, se diriger sur *Luzancy* en passant par Méry-sur-Marne; ne pas traverser le pont et tourner à droite par la route de Caumont. Immédiatement, carrière de sables de Beauchamp, zone de Mont-Saint-Martin. A la base, grès avec nombreuses empreintes végétales probablement *Araucaria ;* à la partie supérieure de la carrière, zone fossilifère d'Auvers avec nombreuses Nummulites et huîtres.

A *Caumont*, dans un petit bois au nord-est du village, dans le talus du chemin, zone d'Auvers très fossilifère (espèces très variées). Ce gisement est connu des paléontologistes depuis plus d'un siècle.

De l'autre côté du vallon, à *Moitiébard*, immenses carrières de grès, abandonnées aujourd'hui par suite de décombres (20 m). Banc de grès

GÉOLOGIE ET MINÉRALOGIE.

de 2 m recouverts de sable et marne à *Bayania hordacea*, et plusieurs niveaux marins à la base du calcaire de Saint-Ouen qui se développe puissamment au-dessus. On y remarque des niveaux fossilifères et des silex ménilites. On peut observer dans cette carrière une superbe faille avec dénivellation. Des puits obliques sont remplis de sables et de minerais de fer des meulières. De Moitiébard, rentrer à Nanteuil ou à La Ferté par Nanteuil et Chamigny (¹).

(¹) Je dois à mon ami et confrère Maurice Morin que je tiens à remercier ici d'avoir pu mener à bien cette course géologique et visiter les gîtes du bartonien inférieur des environs de Chateau-Thierry (zone de Mont-Saint-Martin).

Tableau des formations marines, lacustres, etc., du Bassin de Paris,
depuis le Bartonien inférieur jusqu'à la période actuelle.

GROUPES et séries.	ÉTAGES.	FORMATIONS MARINES.	FORMATIONS lacustres, fluviatiles, lagunaires, continentales.
Quaternaire pléistocène.	"	"	Loess et limons à *Elephas primigenius.* Cailloutis de base à *Elephas antiquus* surmontés de dépôts argileux et tourbeux.
Tertiaire pliocène.	Sicilien.	"	Sables d'Ivry-Vitry, sables de Saint-Prest (Eure-et-Loir) à *Elephas meridionalis.*
Miocène.	Burdigalien.	"	Sables granulitiques de Sologne et de l'Orléanais à *Melanoides Escheri et Dinotherium.*
Oligocène supérieur.	Aquitanien.	"	Calcaire de Béauce supérieur ou de l'Orléanais à *Helix luchardensis, H. Noueli, limnea pachygaster* et *Anchitherium.* Argiles blanchâtres du Gâtinais avec rognons gréseux. Calcaire de Béauce inférieur ou calcaire d'Étampes à *limnea Brongniarti, Helix Ramondi, Potamides Lamarcki, Anthracotherium.* Marnes d'Étampes.
».	Stampien.	Sables fossilifères d'Ormoy-la-Rivière, à *Natica, Pot. Lamarcki, Cerithium plicatum, Hydrobia Dubuissoni, Murex conspicuus.* Grès de Fontainebleau.	Marnes ligniteuses lacustres de Chalò Saint Mard à *Pot. Lamarcki, Hydrobia Dubuissoni.* Cordons littoraux de Saclas et du Moulin-aux-Cailles.

GROUPES et séries.	ÉTAGES.	FORMATIONS MARINES.	FORMATIONS lacustres, fluviatiles, lagunaires, continentales.
Oligocène supérieur.	Stampien.	Faluns de Morigny et de Pierrefitte, sables de Romainville, à *Cerithium trochleare, corbules*, etc.	
		Faluns de Jeurre à *Cytherea incrassata, Axinea obovata, Numm. Bezançoni*.	
			Marnes de Longjumeau à *Bithinia terebra* et *Nystia Duchasteli*.	
		Molasse d'Étréchy à *Natica crassatina*.	
		Marne à huîtres à *Ostrea longirostris, Ostrea cyathula*.	
Oligocène inférieur.	Sannoisien.	Marne marine de Sannois et d'Argenteuil.	Meulières et calcaires de Brie à *Nystia Duchasteli, Limnea briarensis* et marnes ligniteuses de Thorigny à *Entelodon magnum, Gelocus communis, Paloplotherium minus, Rhinoceridé*.
			Marnes vertes proprement dites.
		Marnes vertes à *Cyrena convexa, Psammobia plana*, etc.	
	Lattorfien.	//	Marnes blanches de l'antin à *Limnea strigosa, Planorbis lens*, etc. *Xiphodon. Trechomis Bonduelli, Anas, Pelecanus*, etc., *Chara*. Ces dépôts paraissent, par les mammifères, continuer ceux du gypse.
			Marne bleue supragypseuse avec bancs de gypse et de calcaire; végétaux à Argenteuil; *Mam. Plagiolophus minor;* crustacé *sphæroma margarum*.

GROUPES et séries.	ÉTAGES.	FORMATIONS MARINES.	FORMATIONS lacustres, fluviatiles, lagunaires, continentales.
Oligocène inférieur.	Laffortien.	*"*	Haute masse du gypse. Marnes à silex ménilite et fers de lance........ Deuxième masse de gypse.....
Éocène supérieur.	Bartonien supérieur.	Marnes à *Lucina inornata* et *Turritella incerta*.	Troisième masse de gypse.....⁵/
		Marnes à *Pholadomya ludensis, Turritella incerta, Cardita sulcata*, etc.	
			Calcaire lacustre de Noisy-le-Sec et du Bois du Mulot. Quatrième masse du gypse.
		Sables de Cresnes, de Monceau, Monneville, Marines, Chars, Le Ruel, etc. (Faune éocène de Barton, Grande Bretagne).	
	Bartonien moyen.	*"*	Calcaire de Saint-Ouen supérieur à *limnea longiscata*.
		Sables de Montagny.	
			Calcaire de Saint-Ouen inférieur.
		Sables de Mortefontaine à *Avicula Defrancei*.	
	Bartonien inférieur.	*"*	Calcaires lacustres de Ducy à *limnea arenularia, Nystia microstoma*. A ce niveau se rattache probablement le le calcaire lacustre de Nogent-l'Artaud.
		Zone d'Ézanville à *Bayania hordacea, Pot. perditus*. Niveau vert argileux de Beauchamp.	

Calcaire d'eau douce de Champigny et marne de la base (Chalifert, Thorigny).

**8

GROUPES et séries.	ÉTAGES.	FORMATIONS MARINES.	FORMATIONS lacustres, fluviatiles, lagunaires, continentales.
Éocène supérieur.	Bartonien inférieur.	Niveau de Beauchamp à *Cerithium mutabile; C. tuberculosum: Bayania lactea, Ostrea cucullaris, Cyrena deperdita, Nummulites variolarius* à Marly-la-Ville. Zone d'Ermenonville à *Potamides mixtus, Nystia microstoma, Clavagella coronata*, etc. Zone du Guespelle supérieur représenté surtout en Seine-et-Marne : Lizy, Nanteuil, Luzancy, etc., par des sables à *Batillaria Bouei; Cerithium crenatulatum; Mytilus Rigaulti.* Zone du Guespelle inférieur à *Arca scabrosa, Dentalium grande, Batillaria Bouei*, etc. Sables des environs de Château-Thierry, Blesmes, Les Mousseaux, etc. Zone d'Auvers et de Mary à *Nummulites variolarius, Melongena minax, Turritella sulcifera.* En Seine-et-Marne, *Corbulomya subcomplanata; Axinea depressa; Donax retusa; D. parisiensis.* Zone de Mont-Saint-Martin représentée à la base par des sables d'Auvers, à Méry-sur-Marne, environs de la Ferté-sous-Jouarre.	Couches laguno-lacustres des environs de Château-Thierry. Calcaire de Luzancy, Jaignes, etc.

M. L. MENGAUD,

Professeur agrégé des Sciences naturelles au Lycée (Toulouse).

NOTE SUR LE CRÉTACÉ ET LE TERTIAIRE DE LA COTE CANTABRIQUE
(PROVINCE DE SANTANDER).

551-77-78 (46.33)

2 *Août.*

L'Association française pour l'Avancement des Sciences ayant bien voulu m'accorder, en 1910, une subvention pour mes études géologiques dans la province de Santander, je me propose d'exposer ici les résultats principaux acquis. Ceux-ci s'augmenteront dans la suite après une étude attentive des matériaux rapportés ([1]).

La province de Santander est fort variée d'aspect, pittoresque et d'un réel intérêt au point de vue de la Géographie physique et de la Géologie.

Resserrée entre l'Atlantique et le haut plateau castillan, elle est très accidentée et sillonnée de nombreuses rivières à régime torrentiel. La côte cantabrique reçoit des pluies fréquentes et abondantes et la hauteur annuelle des précipitations atteint et dépasse 1,50 m. Du 6 au 10 septembre 1909, j'ai pu compter à San Vicente de la Barquera 84 heures de pluies consécutives. Le 9 septembre surtout les averses furent formidables et causèrent des inondations désastreuses dans toute la région. On ne s'étonnera pas après cela de voir les rivières travailler activement à combler leurs embouchures démesurées (*rias*), et déposer dans leur basse vallée des masses considérables d'alluvions (environs de Torrelavega).

A la bouche des rias, et principalement sur leur berge orientale, il se forme fréquemment des *épis* recouverts ensuite de dunes plus ou moins élevées. Les vents d'Ouest et du Nord-Ouest, fréquents et violents dans ces parages, contribuent à élever sur l'épi de galets les dunes qui les recouvrent. La formation de ces épis, allongés de l'Est vers l'Ouest, n'a rien de surprenant, si l'on se rappelle que la côte cantabrique est suivie par un courant littoral de même direction ([2]). Le même phénomène se retrouve très marqué dans la ria de Mogro (embouchure du rio Pas) où

([1]) Les échantillons recueillis appartiennent au Laboratoire de Géologie de la Faculté des Sciences de Toulouse. M. le professeur Paquier a bien voulu m'accorder la plus large hospitalité et déterminer les Rudistes, ce dont je le remercie vivement.

Je remercie aussi M. H. Douvillé, professeur à l'École des Mines de Paris, auquel je dois la fixation exacte des espèces nummulitiques.

([2]) CHARLES BÉNARD et MANLEY BENDAL, *Les courants du Golfe de Gascogne* (*La Géographie*, t. XI, 1905, p. 185, *Pl. I.*).

e petit fleuve décrit un certain nombre de méandres derrière le cordon de sables, long de plusieurs kilomètres, qui s'appuie à la rive orientale (Liéncres). Les dunes, d'une belle couleur ocre doré, atteignent ici une assez grande hauteur (25 m à 30 m).

L'ensablement de la baie de Santander se fait suivant la même loi et la plage monotone longue de 5 km à 6 km, connue sous le nom d'*Arenal del Puntal* prend appui sur la rive orientale (rive gauche) vis-à-vis de Santander et gagne vers l'Ouest, rejetant vers son extrémité l'embouchure du rio de Cubas.

La vaste baie de Santoña a subi le même sort, mais ici l'ensablement a comblé l'ancien port de Laredo, situé à l'Est, et il continue à réduire de plus en plus les parties navigables. Ici même on peut observer une remarquable formation de *Tombolo* ([1]). La superbe masse urgonienne, appelée *Monte de Santoña*, dominant la mer de 420 m environ et primitivement île rocheuse, est reliée à la région accidentée d'Argoños et d'Escalante par une formation basse, sablonneuse et marécageuse (arenal de Berria).

Dans toute cette région on peut assister à la transformation des larges estuaires, surtout creusés par le jeu des marées, en marécages envahis par la végétation, puis les sables, et voir finalement mourir la ria par colmatage.

L'étude géologique de la province de Santander a été faite dans son ensemble par Maestre ([2]), puis reprise avec soin par les ingénieurs des mines chargés de la Carte géologique au $\frac{1}{100000}$ de cette région, Rafaël Sanchez et Gabriel Puig ([3]). Ces deux Mémoires fondamentaux sont des guides très précieux auxquels se joignent quelques Notes brèves de M. de Verneuil, quelques pages de la Thèse de M. Carez ([4]), et une Note importante de Gascué sur le bassin de San Vicente de la Barquera ([5]).

Dans ces quelques lignes, je n'ai pas eu la prétention de donner une bibliographie complète, mais bien d'indiquer quels ont été mes principaux devanciers. Les pages qui suivent renferment un résumé des principaux résultats acquis dans l'étude du Crétacé et du Tertiaire de la partie occidentale de la province de Satander.

([1]) DE MARTONNE, *Traité de Géographie physique*, p. 679-681.
([2]) MAESTRE, *Description fisica y geológica de la provincia de Santander.* Madrid, 1864.
([3]) *Datos para la geologia de la provincia de Santander* (*Boletin de la Comision del mapa geologico de España*, t. XV, 1888).
([4]) CAREZ, *Étude des terrains crétacés et tertiaires du nord de l'Espagne;* Thèse, Paris, 1881.
([5]) FR. GASCUÉ, *Nota acerca del grupo nummulitico de San Vicente de la Barquera en la provincia de Santander* (*Boletin de la Comision del mapa geologico de España*, t. IV, 1887.

CRÉTACÉ.

Crétacé des environs de Santander. — La succession qu'on peut observer depuis la Magdalena (extrémité ouest de la baie de Santander) jusqu'au phare de Cabo-Mayor en passant par le Sardinero a été indiquée et figurée dans un croquis par de Verneuil en 1852 ([1]). Laissant de côté cette question, encore à l'étude, je signalerai les couches qu'on trouve à l'ouest du phare en allant vers le Cabo de Lata, et que je désignerai sous le nom de *couches du sémaphore.* C'est une série de grès grisâtres renfermant en abondance des débris d'Inocérames, d'Huîtres, de Polypiers, de Bryozoaires. Au voisinage même du sémaphore, on peut recueillir une faune maestrichtienne typique ([2]) :

Nerita (Desmieria) rugosa Hœninigh.

Hemipneustes pyrenaicus Hébert.

Galerites (formes voisines des Galerites d'Auzas (Haute-Garonne).

Orbitoides socialis Leym.

Les ressemblances avec le Sénonien supérieur (Maestrichtien) des Petites Pyrénées sont frappantes. Il y a plus, et les analogies se poursuivent si l'on étudie les couches reposant sur les grès maestrichtiens, et qui s'étendent à l'ouest du sémaphore de Santander jusqu'au Nummulitique de San Pedro del Mar.

Sur les grès à *Galerites* et *Orbitoides socialis*, on trouve en effet des calcaires jaunâtres, gréseux, très découpés par la mer près du Cabo de Lata. Ils ne m'ont pas livré de fossiles, mais je ne puis m'empêcher de signaler leurs ressemblances de position stratigraphique et d'aspect avec le *calcaire nankin* de la tour d'Ausseing ou du château de Roquefort, près de Boussens (Haute-Garonne).

Enfin, entre ces calcaires jaunâtres et les premières assises nummulitiques, on observe un calcaire lacustre, sans fossiles, blanc, esquilleux qui passe à un calcaire veiné de rose par places et pétri d'Algues calcaires dans lequel s'intercalent à la partie supérieure des bancs à Operculines. On est ici dans des couches de passage du Crétacé au Tertiaire, tout comme dans les Petites Pyrénées. Ces couches paraissent d'ailleurs dessiner une zone plus ou moins continue autour du petit bassin tertiaire de San Roman. Près du village de Liéncres, à l'extrémité occidentale de ce bassin, on retrouve en effet des calcaires blancs lacustres et les calcaires jaunâtres (type calcaire nankin), sous-jacents. Ces derniers forment les hauteurs dominant l'embouchure du rio Pas et connues sous le nom de *Alto de Liéncres.*

([1]) De Verneuil, *Del terreno crétaceo en España* (*Revista minera*, 1852, 1 planche).

([2]) Jimenez de Cisneros, *Breve noticia de algunas excursiones geológicas por los abrededores de Santander*, (*Bol. de la Real. Soc. Esp de Hist. nat.*, febrero 1910, p. 131). — L. Mengaud, *Sénonien supérieur des environs de Santander* (*B.S.G. F.*; Compte rendu sommaire, 1910, p. 94).

Crétacé des environs de Suances. — Suances est un petit port et une petite station balnéaire sur la rive gauche de la ria de San Martin de la Arena. Cette ria est formée par les rios Saja et Besaya réunis 10 km plus au Sud, près de la ville de Torrelavega.

Entre le phare (Punta del Dichoso), et le village même de Suances, on peut relever en cheminant du Nord au Sud, la succession suivante assez intéressante ([1]).

1° Calcaires zoógènes de la « Punta del Dichoso » et du phare, de couleur claire, très durs. Ils sont pétris par places de *Toucasia* de petite taille et de *Polyconites Verneuilli* BAYLE.

2° Couche à Polypiers, surmontée d'un banc peu épais bréchiforme et d'un autre banc pétri d'Huîtres et de Serpules.

3° Calcaires durs à *Polyconites Verneuilli* et *Horiopleura Lamberti*.

4° Calcaires zoogènes à *Caprina Choffati* DOUV., *Caprotines* et *Orbitolines*. Les Orbitolines, étudiées par M. le professeur Paquier ressemblent aux formes aptiennes, *O. discoidea* et *conoidea*, mais sont toujours de plus grande taille et présentent des caractères qui semblent les rapprocher des ormes cénomaniennes.

5° Grès tendres de couleur gris clair, avec marnes foncées intercalées. Ils forment un ensemble assez puissant, pauvre en fossiles, sauf des Orbitolines semblables aux précédentes dans certains bancs. Les grès renferment des bancs ligniteux minces.

6° Calcaires gréseux jaunâtres avec bancs de marnes gris foncé ou noires. Les marnes sont plus fréquentes à la base et les bancs calcaires, bien lités, prédominent à la partie supérieure (sud du village de Suances). L'ensemble forme le pays à l'ouest de Suances vers Tagle, Ubiarco, et les falaises depuis la « Punta de Sopico » jusqu'au « Cap de Santa Justa », ce dernier étant constitué par des dalles de grès à *Micraster*. Les calcaires gréseux renferment des Echinides, des Térébratules, des Rhynchonelles. Les bancs marneux, parfois gréseux et glauconieux, ont donné un certain nombre de *Nautiles*, d'*Ammonites*, du groupe *Am. Mantelli* et des *Orbitolines* de très grande taille (quelques-unes atteignent 40 à 45 mm de diamètre) analogues à celles de Fouras, en Charente (*Orbit. plana* d'ARCH.) et surtout à celles de la pointe de Piquio entre les deux plages du Sardinero.

Les couches en question du Sardinero étant considérées comme cénomaniennes et celles de Suances leur ressemblant beaucoup et renfermant une faune très analogue, on peut en faire, jusqu'à plus ample informé, du *Cénomanien.*

Les couches à *Caprina Choffati*, immédiatement superposées aux calcaires à *Polyconites Verneuilli* et *Horiopleura Lamberti*, paraissent bien représenter de l'Albien inférieur et indiquer l'existence du *gault récifal* sur la côte cantabrique. On le trouve également, dans de semblables conditions stratigraphiques, formant une bande qui s'étend du

([1]) V. PAQUIER et L. MENGAUD, *Note préliminaire sur le Crétacé de la province de Santander*, (*B.S.G.F.*, Compte rendu sommaire, séance du 6 juin 1910.)

phare de San Vicente de la Barquera à la route des Asturies, entre cette route et le hameau de Borias. A ma connaissance, c'est la première fois qu'il est signalé du Gault dans cette région et c'est aussi la première fois qu'il est indiqué du Cénomanien fossilifère aux environs de Suances.

TERTIAIRE.

Les dépôts tertiaires se présentent dans la partie occidentale de la province de Santander localisés dans deux petits bassins isolés ([1]).

Le *bassin de San Roman*, à l'ouest de Santander tout petit et n'excédant guère 10 km² à 12 km².

Le *bassin de San Vicente de la Barquera*, plus important (26 km à 30 km de long), près des limites des provinces de Santander et des Asturies.

Bassin de San Roman. — Il forme la côte sur près de 5 km entre San Pedro del Mar (à l'ouest du sémaphore de Santander) et San Juan de Canal (près de Liéncres).

Au-dessus des dernières couches crétacées à faune maestrichtienne (*Galerites* et *Orbitoides socialis*), on trouve un niveau calcaire gréseux ressemblant au calcaire nankin de Leymerie puis :

1° Calcaire blanc lacustre sans fossiles rappelant le calcaire de Rognac où celui de Sainte-Croix Volvestre dans les Petites Pyrénées ;|

2° Calcaire blanc veiné de rose à *Algues calcaires* avec bancs à *Operculines* et *Echinides* (*Conoclypus*) ; ⋅

3° Calcaire gréseux à *Alvéolines*, *Assilines* et *Nummulites*, formant une bande que j'ai suivie de San Pedro del Mar à San Roman ;

4° Grès de couleur gris clair à Nummulites (en particulier *Nummulites contortus* DESH.) *Serpula spirulea* et *Schizaster*. Il forme de petites falaises basses le long de la côte.|

Les couches 2, 3 et 4 me paraissent être l'équivalent de l'Éocène ; 3 a une faune qui se rapproche de celle de l'Éocène moyen et 4 de l'Éocène supérieur.

Bassin de San Vicente de la Barquera. — Il a été plus étudié que le précédent, en particulier par Ga cué (*loc. cit.*). On avait décrit surtout les calcaires gréseux pétris de Nummulites qui correspondent à l'Éocène inférieur et moyen.|

Or, sur ces calcaires se développent des conglomérats, des grès et des marnes rouges qui avaient déjà frappé de Verneuil en 1849. Il écrit en propres termes (*B. S. G. F.*, 2e série, t. VI, 1848 à 1849, p. 522) :

« Avant d'arriver à San Vicente de la Barquera, nous avions observé dans les falaises qui bordent la mer, une série de conglomérats de grès

---

([1]) L. MENGAUD, *Tertiaire de la province de Santander* (*B.S.G.F.*, 4ᵉ série, t. X, 1910, p. 30); *Nota acerca del Terciario de la provincia de Santander* (*Bol. de la Real. Soc. esp. de Hist. nat.*, junio 1910, p. 301).

et de calcaires argileux, avec quelques petites Nummulites et des *Orbi-
toïdes* ? comme à Biarritz. Ces couches doivent être supérieures au calcaire nummulitique proprement dit ».

C'est parfaitement exact, et cet ensemble représente l'*Éocène supérieur*
(Auversien, Bartonien), l'*Oligocène* et, à sa partie terminale, l'*Aquitanien*.

L'*Éocène supérieur* est représenté par des conglomérats grossiers à la
base, puis des grès plus fins et des marnes rouges. Les marnes renferment
en particulier le couple *Nummulites contortus-striatus* qui date la formation. Les conglomérats renferment des grès et des calcaires zoogènes
crétacés, ces derniers fossilifères (*Toucasia, Polyconites, Orbitolines*); des
calcaires gréseux nummulitiques à *Orthophragmina* et de petites Nummulites usées et roulées mêlées à des graviers siliceux; de petits cristaux
de quartz bipyramidé; des fragments de Polypiers et des radioles d'Echinides.

L'*Oligocène* est encore représenté par des conglomérats, des grès et
des marnes rouges. On y trouve le couple *Nummulites intermedius-
Fichteli*, associé à de nombreuses *Lépidocyclines* (*Lep. dilatata*, Mich.,
Lep. præmarginata R. Douv., *Lep. Raulini* P. Lem. et R. Douv.).

L'*Aquitanien* est représenté par des marnes grises et rougeâtres renfermant des Polypiers isolés (*Flabellum, Ceratotrochus*) très analogues à
ceux qu'on trouve dans l'Oligocène et le Miocène du Vicentin, des Gastéropodes, des dents de Squales. Les Nummulites font complètement
défaut dans ces couches, riches pourtant en Lépidocyclines des types
signalés ci-dessus.

Ces dernières se retrouvent dans l'Aquitanien, principalement dans
les faluns de Peyrère et d'Escornebéou près de Saint-Géours-de-Maremne
(Landes). Le tertiaire de San Vicente de la Barquera présente donc
d'intéressantes analogies avec le Tertiaire du bassin de l'Adour.

Résumé. — La côte à l'ouest de Santander présente, aux alentours du
petit bassin nummulitique de San Roman, un facies du Crétacé terminal
très voisin du Maestrichtien des Petites Pyrénées et des couches de passage au Tertiaire qui le surmontent.

Il existe au-dessus des calcaires zoogènes urgoniens (urgo-aptien) un
facies récifal du Gault ayant des affinités marquées avec le Gault du
Portugal à *Caprina Choffati*, encore inconnu dans cette région; on le
trouve bien net au phare de Suances et au phare de San Vicente de la
Barquera.

Le Nummulitique de San Vicente de la Barquera, dont on n'avait
décrit jusqu'à présent que les termes correspondants à l'Éocène inférieur et moyen, supporte, en réalité, une série de conglomérats, de grès
et de marnes qui équivalent à l'*Éocène supérieur*, à l'*Oligocène* et à l'*Aquitanien* tels qu'on les connaît dans le bassin de l'Adour.

M. Ph. GLANGEAUD,

Professeur de Géologie à l'Université (Clermont-Ferrand).

LE GROUPE VOLCANIQUE DES ENVIRONS D'ARDES ET RENTIÈRES
(PUY-DE-DOME.)

551.21 (44.591)

2 *Août.*

Ce groupe important situé au nord-est du massif du Cézallier comprend une quinzaine d'anciens centres éruptifs d'âge pliocène et pléistocène, ayant donné des cônes de projection et des coulées basaltiques dont les reliefs variés ressortent avec une netteté remarquable et forment des contrastes saisissants au point de vue géographique.

L'étude de ce territoire n'a guère donné lieu qu'à des descriptions sommaires de Lecoq. Fouqué en avait dressé la carte où deux centres seulement sont figurés.

Voici un résumé des études que j'ai entreprises sur ce territoire. On peut diviser les centres : en *volcans pliocènes* (pliocène moyen ou supérieur) et en *volcans pléistocènes.*

Les premiers ont perdu leurs cônes éruptifs, ou bien ces derniers sont en grande partie démantelés ; les seconds sont d'une grande fraîcheur. Les volcans pliocènes ont donné des coulées formant des plateaux surplombant les vallées actuelles de 200 à 250 m. Les coulées des volcans pléistocènes ne dominent ces dernières que de quelques mètres.

VOLCANS PLIOCÈNES.— Réduits à un reste de cône éruptif à un neck plus ou moins complet et à des restes de coulées : volcans de la Croix-Marcousse, Zanière, Strongoux, Badenclaud, la Borne, près Saint-Alynre-ès-Montagne, le Rochette, Mareuge, Fromental, du point 952, près de cette dernière localité et de la Roche.

Les plus intéressants de ces volcans sont ceux de la Roche et de Mareuge.

1. Le *volcan de la Roche* a été entamé par l'érosion jusqu'au fond de l'ancien cratère, permettant d'observer la *colonne ascensionelle de lave basaltique* sur laquelle est bâti en partie le village de la Roche, colonne surmontée, par places, d'un *reste de cône éruptif* de plus de 60 m de haut constitué par des projections agglutinées sous forme de *tufs,* dans lesquels sont creusées des habitations du plus curieux effet.

Ces tufs rappellent beaucoup, à certains égards, ceux du Saut-de-la-

Pucelle (dans le massif du Mont-Dore) et des Rochers Corneille et Saint-Michel, au Puy. Ces tufs sont recouverts en partie par les coulées du volcan de Sarrant.

VOLCANS PLÉISTOCÈNES. (de Mazoires, Sarrant, Mareuge) :

2. Le *volcan de Sarrant* est le plus important. Il comprend un cône de scories édifié sur les gneiss qui s'élèvent à plus de 1000 m. Ce cône est égueulé vers le Sud et c'est dans cette direction que se sont épanchées plusieurs des coulées basaltiques qui ont suivi ensuite la direction SE des vallées qu'elles ont remblayé avec des projections, sur des hauteurs variant de 40 à 80 m.

La Couze d'Ardes fut ainsi rejetée vers le Sud et obligée de se creuser de nouveau un chemin entre le bord nord de la coulée de Rentières et le substratum gneissique.

Vers le moulin de Rentières, les coulées formant des à pic majestueux, très pittoresques, contribuant à former des gorges étroites. Leur base près de ce point n'est qu'à 3 m du niveau actuel de la vallée, tandis qu'en aval, au delà d'Ardes, elle surplombe cette dernière d'environ 30 m.

Les coulées de Sarrant forment trois plateaux environné de toutes parts de collines gneissiques, oligocène ou de plateaux pliocènes. Le premier (celui de Rentières) domine les deux autres (plateaux des Chausse et de l'Esplantade) d'environ 25 m.

On distingue assez aisément ces différentes coulées au point de vue pétrographique.

Un point fort instructif est celui où les coulées du volcan de Sarrant sont descendues en cascade au nord-est de Rentières à travers une *entaille* du volcan pliocène de la Roche. On observe à la Roche, la *superposition des deux reliefs volcaniques* d'âges différents, le volcan de Sarrant ayant recouvert et masqué en partie par ses laves et ses projections les anciens tufs et les coulées du volcan de la Roche.

3. *Volcans de Mareuge.* — Je dis volcans de Mareuge, car il y a là aussi superposition de deux reliefs volcanique, pliocène et pléistocène. Le volcan pliocène de Mareuge édifié sur une fracture nord-est a donné les coulées de La Chapelle-Marcousse et du plateau de Chalande. Au *Pléistocène*, ce volcan a fonctionné de nouveau et fourni au Nord et au Sud des coulées qui descendent presque jusqu'au fond des vallées.

Au Sud, ces dernières, complètement inconnues jusqu'ici, forment un revêtement basaltique continu sur le flanc du thalweg de la vallée de l'Esplantade.

M. Ph. GLANGEAUD,

LES FORMATIONS GLACIAIRES DES ENVIRONS DE COMPAINS ET DU VALBELEIX (PUY-DE-DOME).

551.311.1.(44.591)

2 Août.

Au nord du massif du Cézallier, et au nord-est du dôme phonolitique de Montcey, s'étend entre Marsol, les Blattes et les Chirouzes un territoire mamelonné comprenant une dizaine de petites collines de 3o à 8o m de haut, considérées jusqu'ici comme faisant partie d'un plateau basaltique traversé par un pointement de phonolite.

En réalité, ces collines sont formées par des *dépôts morainiques* d'une épaisseur considérable (puisqu'ils atteignent 8o m en certains points), comprenant un complexe chaotique de blocs de basaltes variés, phonolite, granite, et de gneiss, noyés dans une boue plus ou moins argileuse, parfois très ferrugineuse. La phonolite provient incontestablement du Puy Montcey qui est voisin. L'ensemble repose sur un gneiss à cordiérite très développé dans la région et il est recouvert, par places, par des cendres et des pouzzolanes issues du volcan de Montcineyre.

Les blocs glaciaires sont de taille diverse, parfois assez considérable. Le basalte a souvent des angles émoussés; la phonolite, au contraire, n'offre aucun angle arrondi.

La surface de ce dépôt, de près de 2 km de long sur 15oo m de large, est irrégulière, bossuée et parsemée de parties marécageuses. Il présente donc tous les caractères des *dépôts morainiques.* Des séries de dépôts semblables se montrent sous forme d'îlots à Saint-Anastaise. Lignerolles, La Veissière, Marcenat, sur plus de 6 km. Des formations analogues s'observent également sur les plateaux de l'autre versant de la vallée du Valbeleix. Ils se rattachent aux formations glaciaires issues des flancs du Cézallier.

Ces dépôts sont culminants au-dessus des vallées actuelles. Leur base est à plus de 2oo m au-dessus de la vallée de Valbeleix.

Cette dernière vallée, entre le Valbeleix et la Valette, est relativement large. Elle offre une section en U, tandis qu'au delà de la Valette elle constitue une gorge étroite, très pittoresque avec section en V. Sur la rive droite, entre les deux localités précitées, s'étend à la base du thalweg et sur plus de 1o m de haut une terrasse [renfermant principalement des blocs et des galets de gneiss, basalte, phonolite, granite, blocs à angles aigus, mais dont certains sont roulés.

La première partie de la vallée a certainement une origine en grande partie glaciaire, sur la rive droite, sur plus de 4 km de long, se suivent des dépôts alluviaux et en divers points morainiques recouverts par places par des éboulis.

Il existe sur les *flancs* deux séries de petits cirques glaciaires des mieux conservés avec fond moutonné, escarpement, moraines frontales, latérales, verrons, etc. Ces cirques sont suspendus entre 100^m et 150^m du fond de la vallée actuelle; ils ont fourni des moraines qui ont pu s'étaler jusqu'au fond de cette vallée. Ils sont donc très récents.

En *résumé*, la vallée de Valbeleix présenterait au moins deux formations glacières : celle *des plateaux* et celle du fond *des vallées* séparées par un creusement dépassant 200 m.

Ce sont là les témoins, des deux principales phases glaciaires et de la phase de surcreusement signalées dans les massifs du Cantal et du Mont-Doré, qui correspondent aux deux glaciations pliocène et pléistocène, mises en évidence depuis longtemps dans le Massif central.

M. Camille ROUYER.

(Chalon-sur-Saône).

NOTE SUR L'EXISTENCE DE COUCHES A OSTREA VIRGULA
DANS LE DÉPARTEMENT DE SAONE-ET-LOIRE.

56.4 (44.43)

4 Août.

Quelques visites aux affleurements du jurassique supérieur des environs de Mâcon et de Chalon-sur-Saône m'ont permis de constater la présence, au-dessus des calcaires oolithiques du Séquanien, d'un horizon à *Ostrea virgula*, DEFR. J'ai pu également préciser les relations de cet horizon, récemment signalé par moi [1], avec les marnes à Ptérocères du Mâconnais.

Dans le département de Saône-et-Loire, il faut distinguer, au niveau du Kiméridgien, deux faciès distincts, savoir : un faciès calcaire avec *Ostrea virgula*, DEFR., localisé à peu près dans le Chalonnais : un faciès marno-calcaire à Ptérocères, développé principalement dans le Mâconnais. Un bon exemple du faciès chalonnais peut être observé à Fontaines, près Chalon-sur-Saône. Non loin du village, sur la lisière nord du bois de Saint-Hilaire, on peut voir qu'il existe au-dessus des calcaires oolithiques blancs

---

[1] C. ROUYER. — Jurassique moyen et supérieur du Chalonnais et du Mâconnais. *Compte rendu sommaire Soc. géol. de France*, 27 juin 1910, p. 128.

séquaniens, exploités comme pierres de taille et moellons, des calcaires non oolithiques, durs, à cassures irrégulières, épais d'environ 25 m. Ces calcaires n'ont pas été jusqu'ici distingués du Séquanien sous-jacent. Outre de nombreuses Rhynchonelles et des débris de Polypiers, ils nous ont fourni : *Ostrea pulligera* GOLDF., *Mytilus subpectinatus* d'ORB., *Pecten* sp., *Trichites* sp., et enfin, plusieurs exemplaires d'*Ostrea virgula* DEFR. La présence de ce dernier fossile autorise à les ranger dans le Kimeridgien. Au-dessus, se développent sur une dizaine de mètres, des calcaires assez semblables aux précédents; ils ne nous ont pas fourni *Ostrea virgula*, mais ils contiennent un lit où *Zeilleria humeralis* RŒM., et *Terebratula subsella* LEYM. forment par leur abondance une véritable lumachelle.

Puis, apparaissent sur 12 m, des calcaires à texture absolument différente. Ce sont des calcaires compacts, presque lithographiques en bancs réguliers, à cassures régulièrement conchoïdes, parfois chargés de parties siliceuses. L'aspect général est celui qu'offrent les calcaires portlandiens du bassin de Paris (calcaires du Barrois). Au milieu de leur hauteur, un niveau, non siliceux, m'a offert en abondance : *Pholadomya Protei* DEFR., *Pinna granulata* Sow., *Pinna suprajurensis* d'ORB., *Pterocera*, et une portion de tour d'ammonite rapportable au genre *Ataxioceras*.

La présence de *Pinna suprajurens s* d'ORB. autorise à présumer qu'on a affaire là aux couches de la base du Portlandien. Quoiqu'il en soit, immédiatement au-dessus viennent des assises à Nérinés (bois de Saint-Hilaire), incontestablement portlandiennes, puisqu'elles sont couronnées par le calcaire roux à *Pygurus rostratus* du sommet du bois de Saint-Hilaire [1].

J'ai retrouvé une série comparable à celle de Fontaines, à quelques kilomètres au Sud. A Buxy, en effet, lieu dit la *Tuilerie*, on voit la partie supérieure des calcaires oolithiques séquaniens surmontée de couches dures, non oolithiques, massives ou mal stratifiées, qui contiennent *Ostrea virgula*, ainsi qu'une petite astarte, abondante dans le Kimeridgien de l'Yonne, et attribuable à *Astarte nummus* BUV. L'état des affleurements ne m'a pas permis de retrouver l'horizon des calcaires compacts à *Pinna suprajurensis*. Mais le faciès du niveau à *Ost. virgula* est identique à celui de Fontaines.

A 10 km au sud de Buxy, se trouve l'affleurement de Saint-Gengoux-le-National. C'est le point le plus septentrional du faciès marno-calcaire à Ptérocères du Mâconnais. Dans la région mâconnaise proprement dite, je signalerai les affleurements d'Ozenay, Lugny, Burgy, Chevagny-les-Chevrières. M. Arcelin [2] distinguait les assises suivantes à ce niveau : 1° Brèche ferrugineuse à Ptérocères et *Ter. subsella* (10,95 m); 2°-3° Cal-

[1] DELAFOND. — *Note sur les terrains jurassiques supérieurs et crétacés de la côte chalonnaise.* (*B. S. G. F.*, série 3, t. IV, p. 7-19).

[2] ARCELIN. — *Expl. de la carte géol. des deux cantons de Mâcon.* (*Ann. de l'Acad. de Mâcon*, série 2, t. III, 1881, p. 210).

caires à *Diceras* et Nérinées (12,50 m).; 4° Calcaires à Ptérocères (7 m).

Mes recherches ont exactement confirmé la succession donnée par M. Arcelin. Toutefois, il ne faut pas qualifier uniformément de calcaires toutes les couches de ce niveau.

Quelques coupes fraîches m'ont permis de me rendre compte de l'existence de marno-calcaires et de marnes grumeleuses. Dans les marnes abondent les fossiles, signalés par M. Arcelin, et qui sont précisément ceux des marnes à Ptérocères bien connues du Berry et du Jura. Ces marnes sont absentes des gisements de Buxy et de Fontaines ci-dessus décrits. Il faut donc conclure que les marnes à Ptérocères du Mâconnais passent latéralement entre Saint-Gengoux-le-National et Buxy aux calcaires à *Ostrea virgula*.

Au surplus, j'ai recueilli à Robalot (entre Tournus et Dulphey), au-dessus des marnes à Ptérocères, *Pinna suprajurensis*. Je suis donc fondé à synchroniser les marnes à Ptérocères avec les calcaires à *O. virgula* du Chalonnais, surmontés, comme je l'ai dit, d'un niveau à *Pinna suprajurensis*.

Ostrea virgula paraît absente des marnes à Ptérocères du Mâconnais. Elle ne se rencontre pas davantage dans les couches à Ptérocères de l'Yonne, de l'Aube.

Cependant, elle se rencontre dans les calcaires à Ptérocères de la Haute-Marne ([1]). Il n'est donc pas impossible que des recherches suivies ne permettent de retrouver cette espèce jusque dans le Mâconnais.

MM. W. KILIAN,

Correspondant de l'Institut.

ET

P. REBOUL.

SUR LA FAUNE DU CALCAIRE DE L'HOMME D'ARMES (DROME)
(Aptien inférieur).

564 (44.98)

4 Août.

Grâce au don, fait il y a quelques années à l'Université de Grenoble, par M. Déchaux d'une riche collection de fossiles recueillis dans les

---

([1]) ROYER, TOMBECK et de LORIOL. — *Deser. géol. et pal. des étages jur. sup. de la Haute-Marne.* (*Mém. Soc. Linnéenne de Normandie*, 1872, p. 507.

exploitations de calcaires à ciment de l'Homme d'Armes près Montélimar (Drôme), et dont les éléments feront partie d'une monographie actuellement en préparation, nous pouvons donner ici un tableau à peu près complet de la faune de ce gisement.

Les calcaires de l'Homme d'Armes appartiennent à l'Aptien inférieur Bedoulien Toucas). Ils ont fourni les espèces suivantes :

Notidanus Aptiensis Pict.,
Gyrodus sp.,
Mesodon sp.,
Pinces de Crustacés,
Belemnites (Duvalia) Grasianus Duv.,
Belemnites (Hibolites) minaret Rasp. (commun),
    »   »   Carpathicus Uhl.,
    »   »   Beskidensis Uhl.,
Nautilus neocomiensis d'Orb.,
Nautilus plicatus Fitt. (= Requienianus d'Orb.),
Nautilus Neckerianus Pict.,
Nautilus nov. sp., cf. Ricordeanus d'Orb. (non fig.),
Phylloceras Milaschewitschi Kar. (passant à Ph. Goreti Kil.),
Phylloceras Rouyanum d'Orb, sp. (non = Ph. infundibulum d'Orb, sp.) (passant à Ph. Prendeli Kar.),
Phylloceras Ernesti Uhl.,
Lytoceras Liebigi Opp., var. Strambergensis Zitt.,
    »   Phestus (Coq.) Math. sp.,
    »   intemperans (Coq.) Math. sp.,
Costidiscus recticostatus d'Orb. sp., var. plana Kil. et var. crassa Kil.,
Macroscaphites Yvani Puzos sp. (forme type) et var. striatisulcata d'Orb. sp. rare),
Puzosia Matheroni d'Orb. sp.,
Puzosia pachysoma Math. sp.,
Saynella (nov. sp.) (commun),
Saynella (groupe de S. bicurvata Mich. sp., bicurvatoides Sintz. et de S. Uhligi Semenow sp., assez commun.
Parahoplites consobrinus d'Orb. sp. (commun),
Parahoplites Wessi Neum. et Uhl. sp.,
    »   passages entre ces deux dernières formes,
    »   var. Rhodanica Kil. (= A. Deshayesi Neum. et Uhl.p. parte, non Leym),
    »   Uhligi Anthula.,
Acanthoplites Aschiltaensis Anth. sp.,
Crioceras dissimile d'Orb. sp.,
Ancyloceras Audouli Astier.,
    »   Matheronianum d'Orb.,
    »   Renauxianum d'Orb.,
    »   Urbani Neum. et Uhl.,
Ancyl. (Toxoceras) Honnoratianum d'Orb.,
    »   Emericianum d'Orb.,
    »   Royerianum d'Orb.,

Ptychoceras læve Math.,
 »   *Emericianum* d'Orb.;
Douvillieceras Albrechti Austriæ Hoh. sp. (commun),
 »   *Albrechti Austriæ* var. *Stobiescki* d'Orb. sp. (commun),
 »   *seminodosum* Sintz.,
 »   *pachystephanum* Uhl. sp.,
 »   *Tschernyschewi* Sintz.,
 »   *Tschernyschewi* var. *laticostata* Sintz.,
 »   *Marcomannicum* Uhl. sp.,
 »   *Cornuelianum* d'Orb. sp. (forme type),
Douvilléiceras sp.,
Rostellaria cf. *Parkinsoni* Sow.,
Solarium granosum d'Orb. (commun),
Natica sp.,
Natica rotundata Sow.,
Inoceramus sp.,
Exogyra latissima Lamk. sp. (= *E. aquila* Brongn. sp.),
Opis sp.,
Circe conspicua Coq.,
Lucina Cornueliana d'Orb.,
Lima Royeriana d'Orb.,
Velopecten (Hinnites) Studeri Pict. et R.,
Pecten (Camptonectes) Cottaldinus d'Orb.,
Terebratula Dutempleana d'Orb.,
Terebratula sp.,
Terebratula Moutoniana d'Orb.,
Terebratula sella Sow.,
Rhynchonella cf *Gueriniana* d'Orb.,
Discoides sp.,
Plegiocidaris spinigera Cott.,
Polypiérites divers.

C'est la première fois, à notre connaissance, qu'est donnée une liste aussi longue, aussi homogène et aussi complète d'un gisement de l'**Aptien inférieur** (Bedoulien) du bassin du Rhône.

La faune de l'Homme d'Armes rappelle celle des calcaires de Vaison (Léenhardt) qui se placent au même niveau stratigraphique et dont M. Léenhardt a nettement montré le passage latéral au *faciès urgonien*. Nos calcaires de l'Homme d'Armes correspondent également aux calcaires à silex de la montagne de Lure qui passent à l'Urgonien près de Simiane ainsi que nous l'avons démontré en 1888. Nous les considérons comme représentant un niveau inférieur du Bedoulien, caractérisé par la fréquence de *Par. consobrinus* d'Orb. et *Weissi* N. et Uhl., l'absence de *Parah. Deshayesi* Leym. (type) et de *Douvilléiceras Martini* (type) et l'abondance de *Douv. Albrechti Austriæ* Hoh. sp.; — le Bedoulien supérieur serait représenté au Ventoux par les calcaires jaunâtres (A[1]) de M. Léenhardt qu'on retrouve en beaucoup de points de la vallée du Rhône; dans la Montagne de Lure, par l'Horizon des Graves qui contient

déjà des espèces gargasiennes, et dans les Monts de Vaucluse par les
marnes à *Parah. Deshayesi* Leym. sp. (type) du Chêne près Apt.

Notre **Bedoulien inférieur** correspond à l'Urgonien classique qui en
est un faciès latéral (montagne de Lure (¹), et qui englobe, d'ailleurs,
également une plus ou moins grande partie du Barrémien (²) (Vercors
et Massif de la Grande Chartreuse).

Le **Bedoulien supérieur**, généralement respecté par le faciès zoogène
dans la vallée du Rhône, où il existe fréquemment au-dessus de l'Urgonien (environs de Bourg-Saint-Andéol, etc.), présente à la Clape (Aude),
et dans les Pyrénées un équivalent zoogène à *Horiopleura Lamberti,
Polyconites Verneuili* (³), etc. qui envahit le Gargasien, qui paraît
inconnu dans le bassin du Rhône et dont la faune est notablement
distincte de celle de l'Urgonien classique.

M. Émile RIVIÈRE,

Ancien Interne en Médecine,
Directeur à l'École des Hautes-Études au Collège de France,
Président-Fondateur de la Société préhistorique de France.

LES SABLIÈRES QUATERNAIRES DU PERREUX (SEINE)
(GÉOLOGIE ET PALÉONTOLOGIE).

551.351.2 (119)-(44.361)

4 *Août.*

I.

M. André Laville, préparateur à l'École supérieure des Mines, a publié,
au mois de juillet de l'année dernière, une Note intéressante intitulée :
*Gisement pléistocène de mammouths et de mollusques terrestres et d'eau douce
du Perreux* (⁴). A ce propos, je crois devoir reprendre aujourd'hui la question, non pas seulement en rappelant les communications que j'ai faites,
il y a près de trente ans, sur mes recherches dans les sablières quaternaires de cette localité, notamment à l'Académie des Sciences (⁵), sous le

---

(¹) *Voir* Kilian, *Description géol. de la Montagne de Lure*, Paris, Masson; 1889.
(²) *Voir* G. Sayn, *Réun. extr. Soc. géol. de France*, 1910 (*Compte rendu des
Séances*).
(³) *Voir* Doncieux, *Monogr. géol. paléont. des Corbières orientales*, Paris-Lyon,
1903 et Thèse.
(⁴) *Voir La Feuille des Jeunes Naturalistes*, numéro du 1ᵉʳ juillet 1910.
(⁵) Séance du 16 novembre 1885 et *Revue scientifique* du 21 novembre 1885.

titre : *Gisement quaternaire du Perreux (Seine)* [1], mais en donnant l'historique complet des études qui y ont été faites, notamment par Albert Gaudry, par Eck et autres.

Il s'agissait, dans mon premier travail, des sablières, alors en pleine exploitation, situées sur les bords de la Marne ou mieux à une faible distance de cette rivière, sablières dont j'avais suivi, depuis la fin de l'année 1883, les fouilles, ayant grand soin d'en faire mettre de côté, pour les publier à un moment donné, les résultats paléontologiques et préhistoriques.

Depuis plusieurs années déjà, MM. Eck, alors pharmacien au Perreux, membre de la Société géologique de France, et Gillotin, instituteur primaire au Perreux également, avaient recueilli un certain nombre de pièces caractéristiques de la faune et de l'industrie primitive provenant du même gisement. Mais la première Note publiée par Eck, que je connaisse [2], remonte au commencement de l'année 1885. Elle fut suivie d'une seconde communication [3] du même auteur en 1886.

« Au bas de l'avenue de Rosny, disait-il le 8 janvier 1885, presque aux bords de la Marne, nous avons trois ou quatre carrières [4] exploitées pour les sables et graviers qu'elles contiennent; elles sont ouvertes dans le quaternaire. A peu de chose près, elles offrent toutes le même faciès. Le fond de ces carrières est à 32 ou 33 mètres au-dessus du niveau de la mer. Les infiltrations de la Marne ne permettent pas de descendre plus bas, mais, au dire des ouvriers, il y aurait encore plus de trois à cinq mètres ».

Eck y a reconnu les quatre couches que j'ai également constatées très nettement aussi et dont je donne plus loin la description d'après Albert Gaudry.

Une première couche — la plus inférieure — dite *calcin*, couche ossifère, dont la faune est représentée par l'*Elephas primigenius*, dont Eck a recueilli « de douze à quinze dents », le *Rhinoceros tichorhinus*, l'*Equus caballus* et un Bovidé de grande taille; toutes espèces animales qui m'ont fourni aussi un certain nombre de dents et d'ossements, dont je donne plus loin la liste, avec de très beaux silex taillés, de grande taille pour la plupart et moustériens.

Les silex taillés trouvés par Eck, dont quelques-uns, dit-il, « sont pourvus d'une belle patine, mais sont pour la plupart d'un travail tellement primitif, si rudimentaire, qu'il faut s'appuyer sur l'autorité de gens autorisés pour les admettre. »

---

(1) *Le Perreux* dépendait alors de la commune de Nogent-sur-Marne (Seine).

(2) ECK. — *Note sur le quaternaire de l'avenue de Rosny (Nogent-sur-Marne)* (*Bulletin de la Société d'Anthropologie de Paris*, année 1885, p. 28).

(3) IBID. — *Note sur le quaternaire de Neuilly-sur-Marne et coup d'œil général sur le quaternaire des environs.* (*Bulletin de la Société d'Anthropologie de Paris*, année 1886, p. 481).

(4) Trois en réalité, la quatrième étant abandonnée depuis un certain temps déjà quand j'en ai, de mon côté, commencé personnellement l'étude.

Ils diffèrent absolument, en cela, des miens, bien que trouvés dans le même milieu — j'y insisterai tout à l'heure — des miens qui, pour le plus grand nombre, présentent de belles retouches.

« Dans la deuxième couche, dit Eck, les ossements d'animaux sont beaucoup plus rares, par contre les mêmes silex » — c'est-à-dire les silex d'un travail toujours primitif, rudimentaire, contrairement à ceux que j'ai recueillis — « y sont plus abondants ».

La troisième couche, celle qu'Albert Gaudry a dénommée *diluvium glaciaire* ([1]), renferme, en outre de sables un peu argileux, des cailloux roulés et éclatés, abondants, de gros blocs [erratiques], dont quelques-uns sont à peine émoussés sur leurs angles et d'autres complètement arrondis.

Enfin, la quatrième couche, « celle qui termine, ne se trouve point d'une façon constante. Elle présente des sables fins argilo-ferrugineux, mais sans caillou ni gravier ». Eck ne la considère pas comme quaternaire; elle n'a rien, dit-il, de commun avec les autres, ses sables renfermant, par place, des matières organiques incomplètement décomposées et répandant une odeur fétide pendant les chaleurs. Elle appartient sans doute, ajoute-t-il, à la pierre polie ».

D'autre part, Albert Gaudry, à la suite d'une course géologique faite le 19 novembre 1882, course dans laquelle, accompagné de MM. Eck et Gillotin, il avait reconnu les différentes couches traversées par l'exploitation de trois sablières, s'exprimait ainsi :

« Les sablières sont au bord et au niveau de la Marne; elles sont inondées en partie en ce moment (novembre 1882). Il y en a trois grandes en exploitation. Leur position, par rapport à la rivière, est comme à Billancourt : le bas est au niveau des eaux du fleuve, le haut dépasse un peu les berges ».

La coupe qu'il en donnait était la suivante, immédiatement au-dessous de la terre végétale :

A. — *Diluvium rouge* = 0^m.50.

B. — *Diluvium glaciaire* avec blocs erratiques, très bouleversé, caillouteux, peu de sable et d'un aspect très différent des sables du dessous, = 2 mètres d'épaisseur.

C. — Sable de rivière alternant avec des cailloux de rivière; sur un point beaucoup de cailloux, sur un autre très peu de cailloux, comme dans le bas des ballastières de Chelles, = 3 mètres d'épaisseur.

D. — Niveau de la rivière : calcin très dur; épaisseur = 1 mètre.

Albert Gaudry ajoutait que :

« 1° Les blocs erratiques sont surtout en grès, que les uns sont roulés, tandis que d'autres sont encore anguleux;

([1]) Voir plus loin, couche B.

» 2° L dent de *Rhinoceros tichorhinus* et les deux dents de Mammouth (*Elephas primigenius*), trouvées par MM. Eck et Gillotin, provenaient de la couche de calcin » [1].

Si, maintenant, j'arrive à la Note de M. André Laville, préparateur à l'École supérieure des Mines, bien connu et de longue date par ses nombreuses recherches dans le bassin parisien, note parue l'année dernière dans la *Feuille des Jeunes Naturalistes*, j'y trouve tout d'abord une coupe non moins intéressante, mais un peu différente, que celle d'Albert Gaudry et celle décrite par Eck.

Elle en diffère en ce qu'elle compte huit couches au lieu de quatre. Ces huit couches sont, de bas en haut, c'est-à-dire « en commençant par la base sur niveau d'eau » :

I. — Gravier et gros galets.

II. — Sable grossier quelquefois cimenté en calcin.

III. — Gravier et gros galets.

IV. — Argile jaune à coquilles de mollusques terrestres et d'eau douce.

V. — Argile analogue à IV, devenant sableuse vers le haut. Débris des mêmes espèces de mollusques que dans IV.

VI. — Sable un peu argileux à la base et même un peu caillouteux vers le haut.

VII. — Petit gravier avec galets souvent anguleux.

VIII. — Humus sableux, caillouteux, rougeâtre.

Cette coupe est celle d'une sablière qui était exploitée, il y a une quinzaine d'années, par M. Pattier.

Elle était située au nord de l'avenue de Bry-sur-Marne [2], à mi-chemin entre cette commune et celle de Nogent-sur-Marne.

M. Laville y a rencontré la même faune de grands Vertébrés que Eck et moi, le genre *Bos* excepté, c'est-à-dire l'*Elephas primigenius*, représenté par deux deuxièmes molaires inférieures gauches et une deuxième molaire supérieure gauche, lesquelles se trouvaient dans la couche I, plus quelques lames d'une molaire inférieure recueillies dans la couche III; un *Rhinoceros* représenté par un fragment de croissant de molaire inférieure d'un jeune animal, trouvé dans la couche I mais insuffisant pour déterminer l'espèce dont il provenait; enfin l'*Equus caballus* figuré par une deuxième prémolaire supérieure gauche et par un fragment de l'extrémité inférieure d'un tibia droit.

[1] Albert Gaudry disait aussi, en terminant, « que M. Eck possédait de nombreux silex que celui-ci considérait comme *moustériens*, mais que lui [Albert Gaudry] ne les croyait pas taillés, car il n'y avait vu ni base, ni bulbe de percussion, ni aucune retouche ».

[2] Ou avenue du Pont-de-Bry.

Enfin, une découverte, intéressante aussi, est celle de la faune mala-
cologique que M. Laville a trouvée dans ses couches IV et V, faune composée de neuf espèces animales différentes, terrestres et d'eau douce,
dont il donne l'habitat, d'après Moquin-Tandon, et qui, je crois, n'y avait
pas été signalée avant lui.

Par contre, dans son travail, l'auteur ne signale aucune trouvaille,
dans la sablière Pattier, de silex taillés par la main de l'homme primitif,
il n'y signale la présence d'aucun produit de son industrie. Il n'y a
pas rencontré, en effet, un seul silex taillé, comme il me le disait tout
récemment encore.

II

Quant à mes recherches personnelles au Perreux, de 1883 à 1885,
elles ont eu lieu dans trois sablières également, alors seules aussi en
exploitation, toutes trois assez rapprochées les unes des autres. Deux
d'entre elles, les *sablières Cochain*, du nom de leur propriétaire et que
j'ai désignées par les lettres A et B, étaient situées entre l'avenue du Pont-
de-Bry et l'avenue des Champs-Élysées, sur laquelle elles s'ouvraient.
La troisième ou sablière C, dite aussi *sablière Letellier*, du nom également
de celui à qui elle appartenait, se trouvait en bordure, pour ainsi dire,
de l'avenue des Champs-Élysées, entre l'avenue de Rosny et la rue de
Neuilly-sur-Marne.

Je ne parlerai pas de la quatrième sablière, dont l'exploitation était
alors abandonnée, laquelle donnait sur le quai de la Marne, entre l'avenue
du Pont-de-Bry et l'avenue des Champs-Élysées, comme les deux sablières
Cochain.

Les trois sablières susdites occupaient une assez grande superficie,
la carrière Letellier notamment. Toutes trois étaient exploitées de haut
en bas, jusqu'à la rencontre de la nappe d'eau souterraine. Le fond de la
sablière C a même été dragué, en un point où la couche dite *calcin*
n'offrait pas de résistance trop grande, jusqu'à deux mètres au-dessous du
niveau des plus basses eaux, pendant la saison d'été, c'est-à-dire jusqu'à la
couche des marnes tertiaires sur laquelle les sables quaternaires reposent
immédiatement. Enfin, la profondeur la moins grande à laquelle on
rencontrait lesdites marnes est de 8m.30 environ. Je dis « la moins
grande », car elles sont loin d'affecter une direction horizontale.

Je ne décrirai pas ici de nouveau, après Albert Gaudry et Eck,
les différentes couches de ces sablières, il serait fastidieux d'y revenir.
Je me bornerai à dire que les sables, les graviers et les cailloux étaient
souvent si fortement agglutinés entre eux et adhéraient souvent si fortement aussi aux dents et aux ossements d'animaux ainsi qu'aux silex
taillés que j'ai trouvés dans ces carrières, qu'il m'était parfois très difficile de les en détacher sans les briser. J'ajoute que la profondeur à
laquelle ont été recueillis ces restes de la faune et de l'industrie de
l'homme primitif, que je possède, varie entre 5m.50 et 8 mètres.

FAUNE.

: La faune, que j'ai recueillie dans les sablières du Perreux, soit *moi-même et en place,* soit de la main des ouvriers carriers que j'intéressais à m'en remettre les restes, en notant avec soin le point exact où ils les découvraient, en mon absence, la faune quaternaire du Perreux, dis-je, est représentée par un très petit nombre d'espèces animales, mais d'espèces intéressantes, qui sont :

A. — PROBOSCIDIENS. — Quatre dents molaires, dont la bonne conservation ne peut laisser aucun doute sur l'*Elephas* auquel elles appartien-

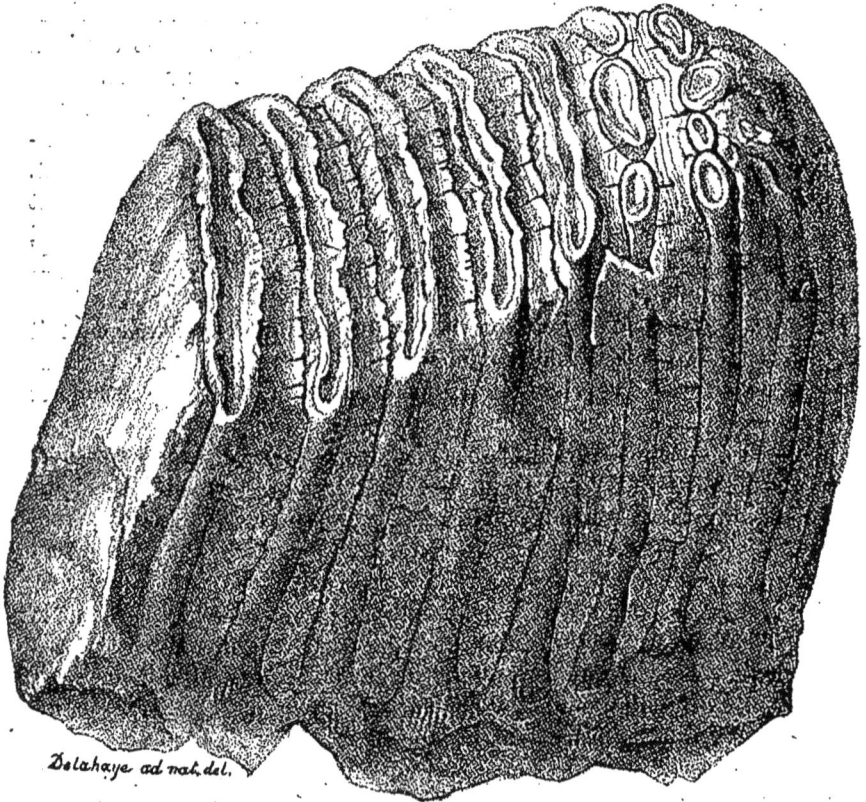

Fig. 1. — *Elephas primigenius.* — Dent molaire.

nent. Il s'agit bien du *Mammouth,* de l'*Elephas primigenius.* Elles ont été trouvées : l'une d'elles dans la carrière Cochain A, au mois d'avril 1885 ; deux dans la carrière Cochain B, au mois de septembre 1884, presque au niveau de la nappe d'eau ; — je donne ici (*fig.* 1) le dessin de l'une d'elles — et la quatrième dans la sablière Letellier, au mois de mai 1885. De plus, j'ai trouvé *moi-même,* dans la sablière Cochain A, à o^m.40 environ

au-dessus de la nappe d'eau souterraine, une assez longue portion de
défense d'éléphant. Malgré tous les soins que j'ai mis à la dégager du
sable et des cailloux volumineux qui l'enserraient fortement, au moment
de la découverte, je n'ai pu, malheureusement, en obtenir, vu sa friabilité extrême, que quelques fragments.

· Je dois dire encore que, au mois de juin 1885, les ouvriers de la carrière·
Letellier, faisant sauter par la poudre de mine un de ces gros blocs de
sable aggloméré, toujours extrêmement durs, auxquels ils donnent le
nom de *calcin*, ont mis à découvert l'épiphyse inférieure *entière* d'un fémur
de jeune éléphant, qui n'était pas encore soudée à la diaphyse.

.B. — PACHYDERMES. — Trois dents molaires de *Rhinoceros tichorhinus*,
toutes trois provenant de la sa-
blière Letellier, dont l'une, figurée
ci-contre, a été trouvée le 20 juillet 1885. Elles sont, toutes trois
aussi, très bien conservées; par
suite, elles ne peuvent laisser aucun doute sur leur détermination.

C. — SOLIPÈDES. — *Equus ca-*
ballus. — Les Équidés sont représentés par sept dents molaires supérieures et inférieures, ayant
appartenu à des animaux de taille
ordinaire.

D. RUMINANTS. — Les Rumi-
nants trouvés au Perreux sont :

1° Un *Cervidé* (Cerf ou Renne),
dont le seul débris trouvé est une
portion d'andouiller en assez mauvais état; ·

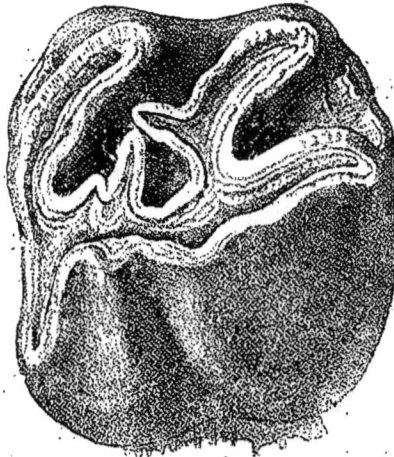

Fig. 2. — Dent molaire supérieure
de *Rhinoceros tichorhinus*.

2° Un *Bovidé* de forte taille. La seule pièce osseuse que j'en possède
est l'extrémité inférieure d'un canon.

E. — Je ne dois pas omettre de dire que j'ai recueilli aussi, dans les
trois sablières du Perreux, un certain nombre d'autres fragments osseux.
Mais ils sont trop incomplets pour qu'il m'ait été possible de déterminer
sûrement l'espèce animale à laquelle ils ont appartenu. Ce sont, pour
la plupart, des morceaux de diaphyses, dont quelques-uns paraissent
avoir été brisés et fendus intentionnellement par la main de l'homme,
vu leur parfaite analogie avec les ossements qu'on rencontre journelle-
lement dans les foyers des grottes et des abris habités jadis par l'homme
primitif.

Cependant une de ces pièces est la diaphyse incomplète d'un os long,
qui semble provenir d'un animal du genre *Elephas*.

FLORE

J'ai recueilli encore dans la couche de calcin, c'est-à-dire au voisinage de la nappe d'eau, plusieurs échantillons de bois fossiles.

D'autre part, un des ouvriers carriers aurait trouvé, en 1883, dans la sablière Cochain B, un énorme *échantillon* de bois fossile également, très dur, *pétrifié*, selon son expression, mesurant près de deux mètres de longueur sur 20 à 25 centimètres de largeur et plusieurs centimètres d'épaisseur. Cet *échantillon* aurait été brisé à coups de pioche, non sans peine, en un assez grand nombre de fragments.

INDUSTRIE

Si aucun ossement humain n'a jamais été trouvé, que je le sache, dans les sablières du Perreux — je parle *exclusivement* ici des couches géologiques, des couches quaternaires — par contre, l'homme contemporain du Mammouth et du Rhinocéros à narines cloisonnées, dans cette région, nous a laissé d'assez nombreux produits de son industrie primitive appartenant à l'époque dite *moustérienne*.

Ce sont, en général, de belles pièces — je ne parle ici que de mes propres trouvailles et des silex qui m'ont été remis par les ouvriers des carrières de sable susdites — absolument différentes en cela, comme je l'ai dit plus haut, des silex recueillis par MM. Eck et Gillotin.

En effet, tandis que ces derniers « sont, pour la plupart, d'un travail tellement primitif, si rudimentaire, tout en offrant une belle patine, qu'il faut, dit Eck, s'appuyer sur l'autorité de gens autorisés pour les admettre » [1]; les miens, qu'ils proviennent de la couche la plus inférieure ou de celle qui lui succède immédiatement, mes silex, dis-je, sont tous, pour ainsi dire, des mieux taillés par l'homme, quelle que soit la forme qu'ils affectent : lame, pointe ou grattoir.

Quelques-uns d'entre eux, comme je le disais en 1885, sont des plus remarquables par leur fini, par leurs retouches, par leurs grandes dimensions [2].

Fig. 3.

---

[1] Eck. — *Loc. cit.*

[2] Tous les silex que je fais figurer dans cette étude sont reproduits à leur demi-grandeur.

Je citerai notamment :

1º Plusieurs grandes et belles lames, dont une (*fig.* 3), longue de 0m.155, mesure 0m.06 dans sa plus grande largeur; sa base est arrondie, sa pointe mousse, ses bords sont pourvus de nombreuses retouches; enfin sa face dorsale est, en certains points, recouverte encore de calcin ou sable agglutiné;

2º De belles pointes : les unes nettement moustériennes (*fig.* 4 et 5),

Fig. 4.   Fig. 5.

de longueur variable (0m.057 à 0m.064); les bords du silex représenté par la figure 5 affectent une double courbure, tandis que sa pointe est quelque peu déjetée à droite. Les autres sont, en général, beaucoup plus longues, beaucoup plus finement retouchées, et leur extrémité antérieure a géné-

Fig. 6.   Fig. 7.   Fig. 8.

ralement sa pointe bien conservée. L'une d'elles, assez fortement incur-vée, c'est-à-dire à face supérieure convexe, à face inférieure concave (*fig.* 6), mesure 0m.11 de longueur; elle est intacte et pourvue d'une très belle patine. Une autre, intacte également, bien patinée, large à la partie médiane de 0m.055, est longue de 0m.122. Une troisième, malheureuse-ment brisée par les ouvriers en la découvrant, vers les deux tiers de sa longueur (*fig.* 7), mais à pointe fine absolument intacte, mesure encore,

telle qu'elle est, o^m.102 de long et o^m.o52 de large au niveau de la cassure;
elle est très bien retouchée sur les bords dans toute leur longueur, sa
patine est d'un beau gris bleuâtre; enfin, sa face dorsale présente des
traces de calcin. Une quatrième pointe, entière également, a sa base parfaitement arrondie et large de o^m.o38; sa pointe, légèrement mousse, est
entièrement retouchée; cette pièce (fig. 8) est, de plus, très intéressante
par les deux encoches qu'on remarque sur son bord droit, encoches dont
l'une, profonde de près d'un centimètre, mesure o^m.o2 de longueur. Cette
quatrième pointe est longue de o^m.112. J'ajouterai que ses deux encoches
sont bien retouchées aussi. Enfin, une cinquième pointe, dont l'extrémité
antérieure est très pointue, présente des bords sinueux, dont le droit
se termine par une légère incurvation concave; la pièce, assez aplatie,
mesure o^m.o66 de longueur. Je pourrais citer encore un certain nombre
d'autres pointes belles aussi, mais ce serait me répéter inutilement.

3° Quant aux grattoirs, ils sont au nombre de trois seulement : l'un,
en silex roux, de petites dimensions (o^m.o62 de longueur sur o^m.o2o de
largeur), n'offre aucune particularité. Le deuxième, également entier, est
remarquable par ses dimensions, soit o^m.101
de longueur sur o^m.o5o de largeur à son
extrémité antérieure arrondie et retouchée,
tandis que l'extrémité postérieure mesure
seulement o^m.o1o de largeur. Le troisième,
moins bien fini que les deux précédents et
aux retouches moins fines et moins nombreuses également, présente une assez
grande ressemblance avec le deuxième
grattoir, par sa forme et par ses dimensions: o^m.1o de longueur sur o^m.o6 de largeur à son extrémité antérieure.

4° Je dois également signaler un silex,
doué d'une belle patine d'un brun-noirâtre
brillant, qui affecte la forme d'une lame
assez plate, dont l'extrémité antérieure offre
le tranchant d'une sorte de ciseau dépourvu

Fig. 9.

de toutes retouches; il mesure o^m.o26; ses bords sont très bien retou-
chés; sa partie la plus large, voisine de l'extrémité postérieure, mesure
o^m.o6o. Sa longueur, enfin, est de o^m.o91.

Deux silex taillés me restent maintenant à décrire que, au premier
abord, on pourrait être porté à considérer, de par leur forme, comme
appartenant à une période des temps préhistoriques qui précède le moustérien inférieur, le plus petit notamment. Celui-ci, cependant, de forme
en amande, à peu près amygdaloïde (fig. 9), très bien retaillé sur l'une
de ses faces, ne laisse aucun doute sur l'époque à laquelle il appartient : il est bien moustérien; son autre face est complètement dépourvue
des susdites retailles; tout son pourtour offre un très beau tranchant, si

ce n'est tout à fait à son extrémité postérieure, pourvue de son bulbe, qui, par suite, est un peu plus épaisse. La pièce présente une très belle patine grise et brillante; elle mesure, o^m.12 de longueur sur o^m.07 dans sa plus grande largeur. La face supérieure est légèrement convexe, tandis que la face inférieure est à peu près plane.

La deuxième pièce, très intéressante par ses dimensions, semble plus une ébauche qu'une arme ou qu'un outil véritable. Sa base ou extrémité postérieure est épaisse de o^m.036 et large de o^m.110; son extrémité anté- rieure, assez amincie, mais non tranchante cependant, est irrégulièrement arrondie et mesure o^m.040 de longueur. Toute la partie antérieure est retaillée à grands éclats sur une longueur de o^m.070, tandis que le reste de la surface a conservé son cortex blanc grisâtre. Enfin la pièce mesure près de o^m.15 de longueur (o^m.147 exactement).

Je ne dois pas omettre non plus de signaler, en terminant, un silex plat, de forme quadrangulaire, d'une belle teinte blanche, qui, vu ses dimen- sions, a dû être détaché d'un énorme nucléus. En effet, il ne mesure pas moins de o^m.180 de longueur sur o^m.144 de largeur. Son épaisseur la plus grande est de o^m.026. Ses bords, grossièrement taillés, n'offrent, à proprement parler, pas de retouches. Sa face supérieure, presque entiè- rement décortiquée, porte la trace des éclats qui en ont été détachés, comme sur un nucléus véritable.

Tels sont les principaux silex taillés, restes de l'industrie des hommes contemporains de la faune que j'ai décrite ci-dessus, silex au sujet des- quels j'ai cru devoir entrer dans certains détails.

J'ajoute que tous ces silex ont été soumis par moi, à l'époque, à l'examen minéralogique de M. Stanislas Meunier, professeur de géolo- gie au Muséum d'Histoire naturelle de Paris, comme je l'ai presque toujours fait depuis quarante ans, c'est-à-dire depuis mes découvertes des premiers squelettes humains des grottes de Menton (1872-1874), pour les silex que j'ai trouvés dans les divers gisements que j'ai explorés pendant ce long espace de temps.

Or, il résulte de l'examen qu'il a bien voulu en faire, que tous les silex que je possède des sablières du Perreux, tous, sauf trois, appartiennent à l'horizon du travertin de Champigny (Seine), c'est-à-dire d'une localité peu éloignée du Perreux. Les trois échantillons exceptés sont :

1º Deux meulières supérieures de Beauce à *Chara medicaginula*, pou- vant provenir du coteau de Villeneuve-Saint-Georges, de Limeil, par exemple, comme localité la plus rapprochée.

2º Le troisième est une meulière inférieure de Brie à Planorbes, dont le gisement d'origine peut être Noisy-le-Grand ou Villiers-sur-Marne, communes toutes deux peu distantes aussi des sablières quaternaires du Perreux.

MM. COSSMANN.

QUELQUES PÉLÉCYPODES JURASSIQUES RECUEILLIS EN FRANCE.

(Mémoire hors Volume.)

BOTANIQUE.

M. René VIGUIER,

Docteur ès sciences, Préparateur au Muséum national d'Histoire naturelle.

LES ÉPACRIDACÉES DE LA NOUVELLE CALÉDONIE.

58.36.4 (932)

31 *Juillet.*

On réunit dans la famille des Épacridacées une série de plantes qui sont presque toujours des arbrisseaux à port de Bruyères, et qui diffèrent des Éricacées proprement dites, par leurs fleurs dont l'androcée est simple, isostémone, avec des anthères à deux sacs polliniques seulement, s'ouvrant par une fente longitudinale.

On sait que cette famille est habituellement divisée en trois tribus :

1° Les *Épacridées* qui ont les étamines soudées au tube de la corolle, et qui ont un ovaire présentant un style inséré non au sommet, mais dans une dépression centrale, et des carpelles contenant chacun plusieurs ovules ;

2° Les *Styphéliées* qui sont caractérisées surtout par leur ovaire à style terminal et à carpelles contenant chacun un seul ovule pendant ;

3e Les *Prionotées* qui ont les étamines indépendantes du tube de la corolle, et dont l'ovaire a un style terminal et des carpelles multiovulés.

Les Épacridacées sont particulièrement intéressantes au point de vue de leur distribution géographique :

C'est en Australie, où, en revanche, les Éricacées manquent pour ainsi dire, que les Épacridacées sont particulièrement répandues :

Les deux genres monotypes *Lebetanthus* et *Cyathopsis*, sont les seuls qui ne soient pas représentés en Australie; le premier, une *Prionotée*, se trouve en Patagonie et dans la Terre de feu, le second, qui habite la Nouvelle-Calédonie, est parfois rattaché, à titre de sous-genre, aux *Styphelia.*

Je n'ai pas à insister dans ce travail sur l'aire des différents genres à l'intérieur du continent australien. Je dirai seulement qu'il n'existe que peu de genres qui comptent des représentants dans d'autres régions, ce sont :

Les *Epacris* qui ont une espèce (?) en Nouvelle-Calédonie, 4 en Nou-

velle Zélande, ét dont les 25 autres habitent le sud de l'Australie, la
Tasmanie, la Nouvelle-Galles du Sud, le genre n'étant pas représenté
dans l'Australie occidentale; les *Dracophyllum* qui comptent une douzaine
de représentants néozélandais, sept néocalédoniens, et seulement quatre
en Australie; les *Leucopogon* qui sur plus de 130 espèces en ont une dans
l'Inde, et 10 en Nouvelle-Calédonie, les *Cyathodes* qui ont une espèce
commune à l'Australie, la Tasmamie et là Nouvelle-Zélande.

Avec cet exemple, on voit donc encore les affinités étroites qui existent
entre l'Australie, la Nouvelle-Calédonie et là Nouvelle-Zélande, au point
de vue de la Flore et qui mériteraient de faire l'objet d'un travail spécial.

Je me bornerai dans cette Note à insister sur les espèces de la Nouvelle-
Calédonie et principalement sur leur étude anatomique qui n'a pas encore
été entreprise.

La structure des Épacridacées a été étudiée principalement et dans l'ordre
chronologique par Simon ([1]), Lüders ([2]) et Baccarini ([3]).

Je ne ferai pas ici l'exposé détaillé de nos connaissances sur l'anatomie des
Épacridacées d'après les auteurs précédents; je me bornerai à un bref résumé
en insistant sur les caractères des genres dont j'aurai à m'occuper plus loin,
les espèces de la Nouvelle-Calédonie que j'examine dans ce travail n'ayant
fait l'objet d'aucune étude.

I. Tige. — La tige a un épiderme revêtu d'une cuticule épaisse, lisse, parfois
légèrement ridée (*Dracophyllum secundum, D. longifolium*, etc.); dans le *Sphe-
notoma squarrosum* il y a même de véritables crêtes cuticulaires. Fréquemment
cet épiderme est revêtu de poils unicellulaires, à parois épaisses, et souvent
plus ou moins verruqueuse (*Leucopogon Richei*). Il y a en outre dans le *Leucopogon lanceolatus* de petites papilles. Parmi les espèces néocalédoniennes
dont j'ai pu étudier la tige jeune, le *Dracophyllum gracile* présente de nombreux poils unicellulaires très longs (180 µ) arrondis au sommet, à paroi
épaissie. L'écorce, dans cette dernière espèce, comme dans les autres Épacridacées, est homogène, formée de cellules polygonales, et contenant de l'oxalate de calcium. Il y a un anneau continu et peu épais de fibres péricyclique,
qui se lignifient de très bonne heure. Ces fibres sont longues, à parois épaisses
à extrémité aiguë, rarement arrondie (*Leucopogon lanceolatus, L. conostephioides, L. propinquus*); elles présentent des pores, généralement en forme
de fente allongée, particulièrement développés dans les *Leucopogon lanceolatus*
et *L. conostephioides*. Rarement il n'y a pas de gaine sclérifiée dans le péricycle (*Leucopogon revolutus*, d'après Baccarini).

Le périderme est toujours d'origine profonde; il naît sous la gaine péricyclique. Vesque ([4]) le premier signala cette origine profonde, et Lüders a

([1]) Simon F., *Beiträge zur vergleichenden Anatomie der Epacridaceæ und
Ericaceæ* (*Engl. Jahrb.*, XIII, 1891, p. 15-46).

([2]) Lüders, Carl, *Untersuchungen über die Stammanatomie der Epacridaceen*
(*Inaug. Dissert*, Heidelberg, 1900-1901).

([3]) Baccarini, P., *Appunti sulla Anatomia delle Epacridee* (*Nuovo Giornalo
botanico Italiano*, Ser. 2, t. IX, 1902, p. 81).

([4]) Vesque, *Caractères des principales familles de Gamopétales*. (*Ann. Sc.
Nat. Bot.*, série 7, t. I, 1885, p. 244.

suivi en détail la formation du liège dans les *Epacris paludosa* *Leucopogon Richei* et *Cyathodes acerosa*. Les espèces que j'ai examinées ne font pas exception à cette règle; je l'ai constaté en détail dans le *Dracophyllum ramosum*.

Le liber secondaire dans toutes les espèces examinées contient des groupes de fibres et est plus ou moins stratifié; ces fibres ont en général des ponctuations simples.

Le bois secondaire ne comprend qu'exceptionnellement des anneaux annuels (*Brachyloma ericoides*, *B. ciliatum*, *Andersonia involucrata*, *A. sprengelioides*) et je n'en ai pas observé dans les espèces de la Nouvelle-Calédonie. Les fibres, à parois épaisses, forment la masse fondamentale de ce bois; elles ont de petites ponctuations aréolées ou en forme de fente oblique; LÜDERS en signale qui ont une spirale d'épaississement (*Epacris paludosa*, *E. purpurascens*, etc.). Les vaisseaux sont épars ou disposés en série radiaire; ils ont en général un diamètre très petit de 14 μ à 18 μ (*Leucopogon albicans*, *L. cymbulæ*, *Dracophyllum ramosum*, etc.) qui atteint au plus 30 μ (*Leucopogon septentrionalis*, etc.), ils sont ponctués ou rayés. Les rayons sont en général 1 à 2-sériés; ils sont tantôt formés de 1 à 4 étages de *cellules dressées*, tantôt et plus fréquemment formés de *cellules couchées* ou allongées radialement. Le parenchyme ligneux est très peu développé.

II. FEUILLE. — La structure de la feuille est intéressante à étudier et peut fournir des données utiles pour la classification.

L'épiderme, en particulier, est assez varié et très caractéristique; l'épiderme supérieur est formé de cellules généralement plus hautes que larges, pouvant atteindre 60 μ de hauteur, à parois épaisses, lignifiées, traversées par de fins canalicules et recouvertes par une épaisse cuticule parfois incrustée de cire [1]. Vues de face, ces cellules sont plus ou moins rectangulaires, à parois latérales plus ou moins fortement ondulées (*Dracophyllum* [2], etc.); elles sont allongées dans le sens de la longueur de la feuille. Dans un certain nombre de cas (*Leucopogon Vieillardi*, etc.) cet épiderme porte de petits poils lignifiés, unicellulaires. Les cellules de l'épiderme inférieur sont souvent moins hautes et plus petites que celles de l'épiderme supérieur; elles ont également des parois épaisses et lignifiées. Elles sont parfois, comme dans le *Leucopogon albicans*, etc., fortement papilleuses. J'ajouterai que le *Dracophyllum Traversii* d'après Areschoug, le *Cyathodes acerosa* et le *Lissanthe strigosa* d'après Simon, auraient un épiderme formé de plusieurs assises de cellules. Les stomates, plus ou moins nombreux, sont situés en général uniquement sur la face inférieure de la feuille. Simon prétend qu'on en trouve sur les deux faces de la feuille dans la plupart des *Dracophyllum*; ce n'est pas le cas des *Dracophyllum* de la Nouvelle-Calédonie. Certains *Leucopogon* (*L. cucullatus*, etc.) dont les feuilles sont fortement imbriquées ont des stomates seulement sur la face supérieure, d'après Simon. Ces stomates, généralement très petits, dépourvus de cellules annexes, sont allongés dans le sens de la longueur de la feuille. Ils ne sont pas situés au-dessous du niveau des cellules de l'épiderme. Comme ils sont beaucoup plus petits que les cellules épidermiques voisines, ces

[1] Dans les espèces poussant dans des endroits humides (*Epacris paludosa*, *Leucopogon australis*, etc.) la cuticule est peu développée.

[2] Simon signale comme exception le *Dracophyllum muscoides* dont les cellules sont isodiamétriques.

dernières, dans beaucoup de cas, saillent en dessous de l'ostiole ne ménageant entre elle et le parenchyme sous-jacent qu'une fente étroite cutinisée, formant un, *puits sous-stomatique.* On en verra plusieurs exemples parmi les *Draco-phyllum* (*D. Thiebautii*, etc.).

- Le parenchyme chlorophyllien est tantôt différencié nettement en tissu palissadique et tissu lacuneux (*Leucopogon albicans, L. septentrionale* et toutes les espèces néocalédoniennes de ce genre), tantôt également dense dans toutes ses parties, ou seulement lacuneux dans la partie moyenne (divers *Dracophyllum,* etc.). Dans aucune des espèces je n'ai constaté la présence de cellules palissadiques plissées en accordéon semblables à celles signalées par Baccarini dans les *Leucopogon amplexicaule, L. australe, L. flavescens, L. mu-ticus,* etc.; cette structure, d'après Baccarini, rappellerait celle du tissu aquifère des *Peperomia* et aurait pour effet de permettre la mise en réserve d'eau et de faire varier suivant les cas, l'épaisseur du tissu palissadique, l'*accordéon* se resserrant ou s'allongeant. Les cellules palissadiques situées sous l'épiderme supérieur peuvent, parfois presque toutes, parfois un petit nombre seulement, prendre les caractères de cet épiderme, avoir des parois lignifiées (*Dracophyllum involucratum, D. Thiebautii, D. verticillatum*); on a ainsi presque l'apparence d'un épiderme dédoublé et les auteurs qui ont signalé un épiderme dédoublé dans les Épacridacées ont vraisemblablement fait une erreur. Dans certains cas, l'assise sous-épidermique se sclérifie uniquement dans ses points de contact avec la gaine fibreuse des faisceaux libéro-ligneux (*Leucopogon dammari-folius,* etc.). Dans certains cas, notamment dans beaucoup de *Dracophyllum* (*Dracophyllum amabile, D. ramosum,* etc.), ce sont des îlots de fibres à parois épaisses qui se différencient sous l'épiderme supérieur.

Examinons maintenant la structure des nervures.

On sait que les feuilles des Épacridées ont leurs nervures qui parcourent la feuille d'un bout à l'autre, en se bifurquant de temps en temps; les auteurs ont souvent insisté sur les « *nervures parallèles* » des Épacridacées et l'analogie de forme et de nervation des feuilles d'Épacridacées et de Monocotylédones. La disposition des stomates allongés dans le sens de la longueur de la feuille est la même dans les Epacridacées et dans les Monocotylédones. Baccarini a du reste longuement insisté sur cette question en montrant que l'analogie était assez lointaine.

Si nous considérons une coupe transversale de feuille du *Dracophyllum verticillatum* Brongn. et Gris, nous voyons que chaque nervure comprend un seul faisceau libéro-ligneux entouré d'une épaisse gaine de fibres à parois épais-sies et à lumière punctiforme. Du côté dorsal au-dessus du liber où elle est parti-culièrement développée, aussi bien que du côté ventral, cette gaine est large-ment séparée de l'épiderme par plusieurs assises de cellules parenchymateuses. Ce type de nervure assez rare chez les *Dracophyllum* est au contraire de règle chez les *Epacris, Lysinema, Archeria, Prionotis, Lebetanthus, Cosmelia,* etc.

Examinons maintenant une coupe de feuille de *Leucopogon septentrionale* par exemple, nous verrons que chaque nervure comprend un seul faisceau libéro-ligneux qui, du côté ventral et du côté dorsal est recouvert par un arc fibreux. Les fibres ventrales, très peu développées sont en contact avec le tissu paren-chymateux; au contraire l'arc fibreux dorsal atteint l'épiderme inférieur, certaines cellules de l'assise périphérique de cet arc pouvant ne pas être lignifiées et contenir chacune un cristal d'oxalate de calcium.

La plupart des *Leucopogon* et un grand nombre de Styphéliées appartiennent à ce type.

Enfin, le *Dracophyllum amabile* nous fournira un type distinct des précédents : le faisceau libéro-ligneux est simple, comme dans les types précédents et entouré d'une gaine de fibres à parois épaisses et à lumière ponctiforme. L'arc fibreux supralibérien est en contact avec l'épiderme inférieur. De plus, de la pointe de l'arc fibreux qui entoure le bois, on voit sur la coupe transversale une bande formée de trois ou quatre rangées de fibres qui s'étend jusqu'à l'épiderme supérieur. Ces fibres, d'aspect différent de celles de la gaine entourant le faisceau, sont identiques à celles qu'on observe dans tout le parenchyme palissadique formant des îlots sous l'épiderme supérieur. Ce type s'observe dans les *Dracophyllum ramosum*, etc., dans les *Richea*, *Cystanthe*, *Pilitis*, etc.

La plupart des nervures foliaires des Épacridacées peuvent être ramenées à ces trois types de structure, tout en présentant de légères modifications : ainsi, par exemple, dans le *Dracophyllum dracænoides*, les nervures sont très grandes et les deux extrémités de la gaine sont directement en contact, l'une avec l'épiderme supérieur, l'autre avec l'épiderme inférieur ou bien, dans le *Dracophyllum Thiebautii*, dans les fortes nervures du *Leucopogon dammarifolius*, etc., la gaine fibreuse est en contact avec l'épiderme inférieur tandis qu'elle est séparée de l'épiderme supérieur par deux (*D. Thiebautii*) ou une (*Leucopogon*) assises de cellules sclérifiées semblables aux cellules épidermiques, ou bien encore, comme dans le *Dracophyllum gracile* Brong. et Gris, la gaine fibreuse du faisceau est largement séparée de l'épiderme inférieur, tandis que, du côté ventral, elle est recouverte par environ quatre assises de cellules bien différentes de celles qui entourent immédiatement le faisceau et qui sont l'homologue de la colonne fibreuse du *Dracophyllum amabile*.

GENRE DRACOPHYLLUM LABILL.

Les *Dracophyllum* sont de petits arbrisseaux ou même de petits arbres ayant l'aspect de Monocotylédones; les feuilles, le plus souvent groupées en touffes à l'extrémité des branches, ont une large gaine qui embrasse la tige tout autour et laissent, en tombant, une cicatrice annulaire étroite; ces feuilles, épaisses, sont longues lancéolées rubanées, presque comme des feuilles de Graminées; on n'y distingue pas de nervure principale, mais des nervures sensiblement parallèles. Les fleurs, diversement groupées en panicules, en épis, en capitules, ont une corolle à tube cylindrique ou campanulé, avec lobes à préfloraison imbriquée, des étamines plus ou moins soudées à la corolle, avec anthères introrses incluses dans le tube de la corolle; l'ovaire à cinq loges, nettement caractérisé par le placenta qui prend de l'angle interne de ces carpelles et porte vers l'intérieur des nombreux ovules; le style comme dans les autres Épacridées, est toujours situé dans une sorte de dépression.

Espèces néocalédoniennes.

Le premier type néocalédonien est fourni par le *Dracophyllum gracile* Brongniart et Gris. C'est un arbrisseau de 1 à 2 m de haut, dont les rameaux sont couverts de petites feuilles aciculaires, concaves d'un côté (ayant en moyenne 22 mm de longueur et 1-2 mm de largeur) rappelant de loin des aiguilles de pin, et de l'aisselle desquels sortent à peine les axes florifères.

Le *Dracophyllum ramosum* Pancher (auquel doit être joint le *D. Vieillardi* Lenormand), a des feuilles courtes pouvant n'avoir que 25 mm de longueur ; ces feuilles sont lancéolées, subulées et dressées et ont en moyenne 6 mm. de largeur ; les tiges portent de longs axes terminaux sur lesquels se trouvent des petits groupes de 3 à 4 fleurs à pédicelle velu.

Le *Dracophyllum amabile* Brongn. et Gris est très voisin du précédent ; mais ses feuilles incurvées ont de 3 à 5 cm de longueur sur 8 mm de largeur et ses fleurs sont groupées par 5 à 6.

Le *Dracophyllum involucratum* Brongn. et Gris, diffère beaucoup des précédents ; ses feuilles, ressemblant à celles des Graminées ont de 20 à 30 cm de longueur et 15 mm de largeur ; elles sont lancéolées subulées. L'axe florifère terminant la tige est long et épais, et porte des sortes de verticilles de fleurs isolées, qui sont entourées d'un involucre serré et dense de bractées disposées sur plusieurs rangs.

Le *Dracophyllum verticillatum* Labill. a, comme le précédent, de grandes feuilles lancéolées acuminées (32 cm de longueur et 15 mm de largeur) ; mais les fleurs en verticille sont portées sur un pédicelle de plus de 1 cm de longueur et dépourvues de l'involucre dense du *D. involucratum*.

Le *Dracophyllum Thiebautii* a des feuilles plus petites (12 cm de long et 1 cm de large, et les fleurs ont un pédicelle plus court.

Le *Dracophyllum dracænoides* Schlechter a de grandes feuilles de 15 à 20 cm de longueur sur 7 à 10 mm de largeur avec un grand axe florifère, mais les fleurs ne sont plus réunies en sortes de verticilles, mais par petits groupes de 5 à 7 portées sur un pédicelle de 5 mm de longueur.

Étude anatomique :

DRACOPHYLLUM GRACILE Brongn. et Gris. — **Feuille** : *Épiderme supérieur* formé de cellules de grande taille, à large lumière, à parois relativement peu épaisses (45 µ de hauteur, 30 µ de largeur) ; *épiderme inférieur* formé de cellules cubiques, à parois peu épaisses, à lumière large (environ 35 à 40 µ de côté) et présentant des stomates sans puits sous-stomatiques développés. *Parenchyme chlorophyllien* assez dense avec une seule assise palissadique développée ; pas de fibres ni de cellules scléreuses situées sous l'épiderme supérieur. *Appareil conducteur* : Faisceaux libéro-ligneux principaux, peu nombreux, entourés d'une gaine de fibres épaisses, plus développée du côté dorsal mais largement séparée de l'épiderme inférieur ; du côté ventral, entre le sommet en pointe de la gaine fibreuse et l'épiderme supérieur, se trouve une couche de cellules fibreuses formée d'environ quatre assises de cellules bien différentes de celles qui entourent immédiatement ce faisceau.

DRACOPHYLLUM RAMOSUM Pancher. — **Feuille**: *Épiderme supérieur* formé de cellules palissadiques, beaucoup plus hautes que larges (15-20/7 µ) à parois lignifiées, très épaisses ; lumière large (12-15/5 µ).

Épiderme inférieur formé de petites cellules presque cubiques (8-9/5 µ) à parois à peu près également épaissies ; stomate localisé sur l'épiderme inférieur avec cuticule des cellules épidermiques formant sous le stomate une sorte de puits sous-stomatique très large (6 µ).

Parenchyme chlorophyllien : Tissu palissadique très développé formé d'au moins deux assises de cellules très allongées; tissu lacuneux assez dense, mais formé de cellules non très allongées. *Tissu de soutien* formé par des îlots assez développés de fibres sous-épidermiques, ayant chacune une section polygonale (environ 20/12-14 µ) avec paroi extrêmement épaisse et lumière souvent ponctiforme. *Appareil conducteur* : Faisceaux libéroligneux petits (40 µ en section transversale) entourés d'une gaîne fibreuse qui, du côté dorsal, est en contact avec l'épiderme inférieur dont les cellules sont à cet endroit beaucoup plus petites que les autres. Les fibres de cette gaîne sont différentes de celles situées sous l'épiderme, leur diamètre n'étant que d'environ 10 µ. Enfin, de la partie ventrale de cette gaîne, part une bande étroite de fibres qui va rejoindre l'épiderme supérieur; ces fibres sont semblables à celles des îlots sous-épidermiques.

DRACOPHYLLUM AMABILE Brongn. et Gris. — **Feuille** : *Épiderme supérieur* formé de cellules palissadiques, beaucoup plus hautes que larges (25/10 µ) à parois lignifiées, très épaisses; parois latérales plus épaisses à la partie supérieure et à la partie inférieure qu'à la partie moyenne; lumière assez large (22/7 µ), ovale, rétrécie en pointe effilée vers le haut.

Épiderme inférieur formé de cellules presque cubiques (11-12/10 µ) à parois à peu près également épaissies; stomates localisés sur l'épiderme inférieur et dépourvus d'étranglements ou canaux sous-stomatiques.

Parenchyme chlorophyllien : Tissu palissadique bien développé, formé de deux assises de cellules très allongées; tissu lacuneux assez dense, mais formé de cellules non très allongées. *Tissu de soutien* formé par une couche presque continue de fibres sous l'épiderme supérieur; l'épaisseur de cette couche est variable; les fibres (de 10/7) ont une lumière étroite, ponctiforme ou en forme de fente. *Appareil conducteur* : Faisceaux libéroligneux petits (20 µ en section transversale) entourés d'une gaîne fibreuse qui, du côté dorsal, est en contact avec l'épiderme inférieur qui est même, à cet endroit, comme entamé, formé de cellules beaucoup plus petites. Les fibres de cette gaîne sont beaucoup plus petites que les fibres de soutien situées sous l'épiderme supérieur; leur diamètre n'étant que de 4-5 µ. Enfin, de la partie ventrale de cette gaîne, part une bande étroite de fibres qui va rejoindre l'épiderme supérieur; ces fibres, grandes et peu lignifiées, sont semblables à celles de la couche fibreuse sous-épidermique.

DRACOPHYLLUM INVOLUCRATUM Brongn. et Gris. — **Feuille** : *Épiderme supérieur* formé de cellules à parois épaisses d'environ 20 à 30 µ de hauteur sur 12-15 µ de largeur. *Épiderme inférieur* offrant à peu près les mêmes caractères, mais présentant en outre des stomates sans puits cuticulaire étroit. *Parenchyme chlorophyllien* avec tissu palissadique semblant à peu près également net sous les deux épidermes. Des cellules scléreuses sous l'épiderme supérieur. *Appareil conducteur* : Faisceaux libéroligneux principaux, grands, entourés d'une gaîne fibreuse particulièrement développée du côté dorsal, mais séparée de l'épiderme inférieur par une assise de petites cellules. Du côté ventral la gaîne fibreuse est séparée, de l'épiderme supérieur, par une faible couche d'éléments lignifiés peu différents de ceux de la gaîne fibreuse, sauf ceux situés directement sous l'épiderme desquels sont de grandes cellules scléreuses semblables à celles signalées plus haut.

Dracophyllum verticillatum Labill. — **Feuille** : *Épiderme supérieur* formé de cellules cubiques aussi larges ou un peu plus larges que hautes ($12\text{-}18/12\ \mu$) à parois lignifiées, épaissies surtout latéralement, à lumière large, ovale, arrondie. *Épiderme inférieur* formé de cellules généralement beaucoup plus hautes. que larges, palissadiques ($12\text{-}17/7\ \mu$), à parois lignifiées épaissies, surtout latéralement. *Parenchyme chlorophyllien* : Pas de tissu palissadique différencié. Il y a sous l'épiderme supérieur trois ou quatre assises de cellules cubiques ou tabulaires ($15/10\ \mu$); quelques-unes de ces cellules, et particulièrement dans l'assise sous-épidermique, sont différenciées en *cellules de soutien*, leur paroi étant complétement lignifiée présentant de petites ponctuations. Il existe un tissu analogue sous l'épiderme inférieur. Entre ces deux couches, toute la partie médiane est occupée par un tissu lacuneux. *Appareil conducteur* : Faisceau libéroligneux entouré par une large gaine de fibres développée surtout sur la face dorsale; l'ensemble de la section du faisceau et de la gaine est ovale; gaine fibreuse jamais en contact avec l'épiderme; fibres à parois très épaisses, à lumière ponctiforme.

Dracophyllum Thiebautii Brongn. et Gris. — **Feuille** : *Épiderme supérieur* formé de cellules de dimensions assez variables ($25/20\ \mu$ de large, $20/20\ \mu$ de large, $10/20\ \mu$ de large), à parois épaisses, à lumière large, tantôt circulaire, tantôt plus haute que large, plus rarement plus large que haute. *Épiderme inférieur* formé de cellules à peu près cubiques (de $20\text{-}25\ \mu$ de haut environ) et présentant de nombreux stomates d'un type particulier; les cellules épidermiques sous-jacentes ont une cuticule épaisse et obturent presque complètement la chambre sous-stomatique. *Parenchyme chlorophyllien* : Tissu palissadique formé de plusieurs assises de cellules non très allongées; tissu lacuneux assez dense; *tissu de soutien* formé par de rares cellules sclérifiées sous l'épiderme supérieur. *Appareil conducteur* : Faisceaux libéroligneux grands ($90\ \mu$ de long) entourés d'une gaine fibreuse qui, du côté dorsal, est en contact avec l'épiderme inférieur qui est même à ce niveau comme entamé, formé de cellules très surbaissées tabulaires, beaucoup plus petites que les autres; du côté ventral, la gaine fibreuse est presque en contact avec l'épiderme supérieur dont il est séparé par deux assises de cellules qui sont sclérifiées à ce niveau.

Dracophyllum dracænoides Schlechter. — **Feuille** : *Épiderme supérieur* formé de grandes cellules à parois épaissies d'environ $20\ \mu$ de hauteur sur $12\ \mu$ de largeur; *épiderme inférieur* formé également de cellules à parois très épaisses et beaucoup plus hautes que larges ($20/10\ \mu$) à cuticule puissante et présentant çà et là des stomates avec puits sous-stomatique très étroit. *Parenchyme chlorophyllien* dense avec tissu palissadique mal différencié. *Appareil conducteur* : faisceaux libéroligneux principaux à section ovale ou arrondie entourée d'une gaine fibreuse qui, du côté ventral et du côté dorsal, est directement en contact avec l'épiderme.

En résumé, le Tableau suivant, nous donnera les caractères différentiels des *Dracophyllum* néocalédoniens.

A. Feuilles petites, aciculaires très étroites, concaves d'un côté, sans axe florifère épais dépassant longuement les feuilles.
  Épiderme formé de cellules de grande taille à large lumière, gaine fibreuse des faisceaux largement séparée de l'épiderme inférieur.

D. gracile.

B. Feuilles non en aiguilles; axe florifère plus ou moins épais dépassant longuement les feuilles.

    I. Feuilles de moins de 10 cm de long. Gaine fibreuse du faisceau foliaire reliée à l'épiderme supérieur par une très épaisse et étroite couche de fibres différentes de celles du faisceau.

        1. Feuilles courtes, non incurvées, trapues, de 25 mm de long sur 6 mm de large; fleurs groupées par 3-4.

D. ramosum.

        2. Feuilles un peu plus longues, incurvées, ayant en général de 3 à 5 cm de long sur 8 mm de large; fleurs groupées par 5-6.

D. amabile.

    II. Feuilles de plus de 10 cm de long.

    Gaine fibreuse du faisceau non reliée à l'épiderme supérieur par une couche fibreuse très épaisse et étroite.

        1. Axe florifère épais avec, à chaque nœud, des verticilles de fleurs entourées chacune d'un involucre épais et serré de bractées. Feuilles de 20 à 30 cm de long sur 15 mm de large.

        Faisceau foliaire à gaine fibreuse séparée de l'épiderme inférieur par une assise de cellules.

D. involucratum.

        2. Axe florifère épais avec fleurs non entourées chacune d'un involucre épais et serré.

        Gaîne fibreuse du faisceau foliaire directement en contact avec l'épiderme inférieur ou séparée de lui par plus d'une assise de cellules.

        a. Fleurs longuement pédicellées (pédoncule de plus de 1 cm), formant des sortes de verticilles.

        Feuilles de 35 cm de long sur 15 mm de large.

        Gaine fibreuse des faisceaux foliaires largement séparée de l'épiderme supérieur et généralement séparée de l'épiderme inférieur par 2 assises de cellules.

D. verticillatum.

        b. Fleurs à pédicelle plus court.

            α. Fleurs en apparence verticillées; feuilles d'environ 12 cm de long et 10 mm de large.

            Gaine des faisceaux foliaires directement en contact avec l'épiderme inférieur et séparée de l'épiderme supérieur par 2 assises de cellules lignifiées.

D. Thiebautii

            β. Fleurs fasciculées par 5-7 à pédicelle de 5 mm de long, feuilles de 15 à 20 cm de long et 7-10 mm de large.

            Gaine fibreuse des faisceaux foliaires directement en contact avec les épidermes.

D. dracænoides Schlechter

GENRE LEUCOPOGON R Br.

Les *Leucopogon* sont des arbrisseaux ou de petits arbres dont les feuilles lancéolées, ou spatulées, ont une nervation dite parallèle comme chez les

Dracophyllum, mais sont rétrécies à la base, au lieu de s'insérer par une large gaine faisant le tour de la tige. Les fleurs, sont réunies en petits épis axillaires; le calice, toujours formé de 5 sépales, est pourvu à sa base de deux bractéoles; la corolle, campanulée ou en entonnoir, a 5 lobes à préfloraison valvaire, fortement poilus en dedans; l'androcée compte 5 étamines incluses ou à peine exsertes, alternant avec les pétales, à anthères introrses; l'ovaire est formé de 2 à 10 carpelles contenant chacun un seul ovule descendant, à raphé externe, pendant de l'angle interne de chaque loge Le fruit drupacé a une chair peu épaisse et un noyau osseux comptant autant de loges qu'il y avait de carpelles. La plupart des espèces de ce genre (réuni souvent aux *Styphelia*) habitent l'Australie occidentale.

Espèces néocalédoniennes.

Le *Leucopogon salicifolius* Brongn. et Gris est un arbrisseau très rameux, dont les feuilles coriaces sont allongées, lancéolées, aiguës, de 6 cm de longueur et 12 mm de largeur; les fleurs, en petits épis, sont insérées sur deux rangs, à l'inverse des autres espèces.

Le *Leucopogon septentrionalis* Schlechter ressemble beaucoup au précédent par la forme et les dimensions de ses feuilles, mais en diffère par les fleurs sur plusieurs rangs et la petite corolle dont les lobes seulement dépassent le calice.

Le *Leucopogon albicans* Brongn. et Gris a des feuilles généralement larges, arrondies, spatulées, concaves, d'environ 12 mm de longueur et 10 mm de largeur. Elles sont dressées et imbriquées et caractérisées à première vue par leur face inférieure, très glauque, blanchâtre.

Le *Leucopogon longistylis* Brongn. et Gris se distingue de tous les autres par la longueur du style qui est égale à celle de l'ovaire, alors qu'il est généralement très court dans les autres espèces; de plus, l'ovaire ne compte que 3-4 carpelles, au lieu de 5 à 8-9 comme dans les autres espèces; il a en outre de petites feuilles aiguës de 10 à 12 mm de longueur sur 3 à 4 mm de largeur.

Le *Leucopogon dammarifolius* Brongn. et Gris a de grandes feuilles plates, lancéolées, aiguës, pouvant atteindre jusqu'à 17-19 cm de longueur sur 2-3 cm de largeur.

Le *Leucopogon Cymbulæ* Labill. a de petites feuilles étroites, lancéolées, aiguës, ayant 3 cm de long sur 5-6 mm de largeur; les feuilles sont plus étroites encore dans la variété *angustifolius* ou plus grande (4 cm de long et 12 mm de large), dans la variété *latifolius*.

Le *Leucopogon concavus* Schlechter se place au voisinage du précédent, mais il a des feuilles larges, concaves, obtuses, oblongues, elliptiques, de 2 cm de longueur sur 11 à 13 mm de largeur; il en diffère également par le disque et par les étamines plus grandes; il se rapproche un peu par ses feuilles du *L. albicans*, mais elles sont moins serrées, et non blanchâtres en-dessous.

Le *Leucopogon Vieillardi* Brongn. et Gris a des feuilles lancéolées, spatulées souvent obtuses au sommet (de 4 cm de long et 7-10 mm de large) et présentant de petits poils à la face supérieure. Cette espèce est considérée comme identique au *Leucopogon Cymbulæ*; je considère qu'il n'y a pas lieu, jusqu'à nouvel ordre, de réunir ces espèces. Le *L. Vieillardi* a les feuilles généralement plus velues, moins aiguës, spatulées; l'ovaire a un style plus court; il est velu et compte davantage de carpelles (8 ou 9 au lieu de 5). De plus, dans le *L. Vieillardi*, les fleurs sont plus grandes et comme condensées à l'extrémité des rameaux.

Le *Leucopogon Pancheri* Brongn. et Gris se distingue des précédents par son ovaire à 8 loges; ses feuilles sont lancéolées ou elliptiques lancéolées, aiguës, glabres, de 7 cm de longueur sur 15 mm de largeur.

Enfin, le *Leucopogon macrocarpus* Schlechter, se distingue de tous les précédents par son grand fruit; ses feuilles, plus précoces que dans les autres espèces, sont lancéolées elliptiques, de 9-14 mm de largeur, un peu pruineuses en-dessous.

Étude anatomique.

LEUCOPOGON SALICIFOLIUS Brongn. et Gris. — Feuille : *Épiderme supérieur* formé de cellules plus hautes que larges (40/20 μ), à parois très épaisses (largeur de la paroi latérale commune à deux cellules : 10 μ), lignifiées. *Épiderme inférieur* formé de cellules à parois lignifiées, épaissies surtout du côté externe, à cuticule onduleuse, formant de légères papilles, assez inégales, tantôt à peu près aussi hautes que larges, tantôt aussi larges que hautes (15-20 μ); stomates extrêmement nombreux, séparés les uns des autres, sur une coupe transversale, par 2 ou 3 cellules épidermiques (sauf au-dessus des faisceaux). *Parenchyme chlorophyllien* comprenant un tissu palissadique formé par une assise de cellules très allongées (de 80 μ d'épaisseur), une assise plus courte, et un tissu lacuneux assez peu dense. Faisceaux libéroligneux assez grands, recouverts d'un arc fibreux supralibérien assez épais, séparé de l'épiderme inférieur par une assise de cellules cristallifères qui sont comme encastrées dans les fibres, et d'un arc fibreux épais situé au-dessus du bois.

LEUCOPOGON SEPTENTRIONALIS Schlechter. — Feuille: *Épiderme supérieur* formé de cellules plus hautes que larges (50/10 μ) à lumière très étroite, parois très épaisses, lignifiées. *Épiderme inférieur* formé de cellules plus petites d'environ 10 μ de large, et 20 μ de haut, à parois épaisses, cuticule légèrement onduleuse, stomates moins nombreux que dans le *L. salicifolius*; cellules plus petites et souvent à parois minces, non lignifiées au-dessus des faisceaux. *Parenchyme chlorophyllien* comprenant une assise palissadique d'environ 100 μ de hauteur, une assise de cellules moins allongées, disposées également en assise palissadique et un parenchyme lacuneux. Faisceaux ibéroligneux recouverts d'un arc fibreux supralibérien, séparé de l'épiderme inférieur par une assise de petites cellules cristallifères qui sont comme encastrées à la périphérie des fibres, et d'un [arc peu développé situé en dedans du bois.

LEUCOPOGON ALBICANS, Brongn. et Gris. — Feuille : *Épiderme supérieur* à cellules beaucoup plus hautes que larges (40/20 μ) à parois lignifiées et cuticule épaisse (10 μ). Épiderme inférieur dont toutes les cellules sont prolongées en longues papilles cellulosiques, aiguës, en crochet légèrement recourbé, finement verruqueuses. *Parenchyme chlorophyllien* comprenant une assise palissadique dont les cellules ont environ 60 μ de long et 20 μ de large et un parenchyme lacuneux assez dense formé de cellules isodiamétriques. Faisceaux libéroligneux séparés de l'épiderme supérieur par l'assise palissadique et recouverts d'arcs fibreux supralibériens épais, atteignant presque l'épiderme inférieur.

LEUCOPOGON DAMMARIFOLIUS, Brongn. et Gris. — *Épiderme supérieur* formé de cellules beaucoup plus hautes que larges (60/12 μ) à parois lignifiées, à cuticule épaisse. Épiderme supérieur formé de cellules un peu plus hautes que larges (30/20 μ), à parois peu épaisses, sans poils ni papilles. Parenchyme chlorophyllien, comprenant un tissu palissadique très épais de plus de 200 μ d'épaisseur et formé de plusieurs assises de cellules. Parenchyme lacuneux peu épais. Faisceaux libéroligneux principaux peu nombreux, ayant toute l'épaisseur du limbe, recouverts en dedans du bois et en dehors du liber d'arcs peu épais de fibres séparés des épidermes par une seule assise de cellules ; les cellules situées entre l'épiderme supérieur et l'arc fibreux situé en dedans du bois sont sclérifiées ; les autres faisceaux libéroligneux, de petite taille, sont recouverts dorsalement et ventralement d'arcs fibreux, mais n'entament pas l'assise palissadique.

LEUCOPOGON CYMBULÆ Labill. — Var. LATIFOLIUS. — *Épiderme supérieur* à cellules beaucoup plus hautes que larges (50/10 μ) à parois très épaisses et lumière réduite, avec çà et là de rares poils unicellulaires, effilés, lignifiés, d'environ 50 μ de long, portés sur une base renflée. *Épiderme inférieur* formé de cellules à peu près cubiques (de 20 μ) à parois assez épaisses, lignifiées. *Parenchyme chlorophyllien* comprenant une couche palissadique très épaisse d'environ 160-180 μ d'épaisseur et un tissu lacuneux assez dense. Faisceau libéroligneux petit, entouré d'une gaine fibreuse ayant au plus 2-3 assises d'épaisseur et développé surtout au dos du liber d'où elle s'étend jusqu'à l'épiderme inférieur et au-dedans du bois d'où elle s'étend jusqu'à l'assise palissadique.

Var. ANGUSTIFOLIUS. — *Épiderme supérieur* à cellules moins hautes (30/12 μ parois moins épaisses, lumière large; poils extrêmement rares, très courts (10-15 μ) formant plutôt des papilles arrondies. *Parenchyme* palissadique moins épais (140 μ); faisceaux avec gaine fibreuse absente sur les côtés.

LEUCOPOGON CONCAVUS Schlechter. — **Feuille** : *Épiderme supérieur* formé de cellules plus hautes que larges (50/20 μ), à parois épaisses lignifiées. *Épiderme inférieur* formé de cellules à peu près aussi hautes que larges (20 μ), à parois minces, chacune d'elles ayant sa cuticule plus épaisse au centre que vers les bords, de telle sorte que l'épiderme inférieur a une surface onduleuse, comme légèrement papilleuse. *Parenchyme chlorophyllien* présentant un tissu palissadique épais d'environ 160 μ, formé de plusieurs assises de cellules et un tissu lacuneux assez dense. Faisceaux libéroligneux petits, entourés d'une gaine fibreuse épaisse, particulièrement développée du côté dorsal, où elle atteint 60 μ d'épaisseur et compte 6-7 assises de fibres, mais bien développée également sur les faces latérale et ventrale. Du côté dorsal, la gaine fibreuse touche à l'épiderme inférieur, présentant seulement quelques cellules cristallifères encastrées entre les fibres périphériques, et, du côté ventral, elle atteint le tissu palissadique.

LEUCOPOGON VIEILLARDI Brongn. et Gris — **Feuille.** — *Épiderme supérieur* formé de cellules beaucoup plus hautes que larges (50/12 μ) à parois épaissies, lignifiées, à cuticule d'environ 10 μ d'épaisseur, portant de place en place de rares poils isolés (mais beaucoup plus nombreux que chez le *L. Cymbulœ*), longs d'environ 100 μ. Ces poils sont simples, unicellulaires, à lumière très étroite à paroi lignifiée; ils sont portés par une sorte de petit mamelon distinct; leur plus grande largeur est d'environ 8 μ, vers la base, pour n'être que de 4-6 μ vers le milieu. *Épiderme inférieur* formé de petites cellules cubiques ou un peu plus larges que hautes (environ 8-10 μ). *Parenchyme chlorophyllien* comprenant une couche palissadique d'environ 160 μ d'épaisseur, formée de plusieurs assises de cellules et un tissu lacuneux assez dense. Faisceaux libéro-ligneux entourés par une gaine de fibres à parois épaisses et lumière poncti-forme, particulièrement développée au-dessus du liber d'où elle s'étend jus-qu'à l'épiderme inférieur, réduite sur les côtés à 1-2 assises de cellules et à une mince couche en avant du bois.

Leucopogon Pancheri Brongn. et Gris. — **Feuille.** — *Épiderme supérieur* formé de cellules plus hautes que larges (60/20 μ) à parois épaisses, à lumière large. *Épiderme inférieur* à cellules plus hautes que larges (35/20 μ) à parois assez peu épaisses, avec stomates peu nombreux. *Parenchyme palissadique* de 160 μ d'épaisseur, non interrompu par les faisceaux; tissu lacuneux dense. Faisceaux libéroligneux avec arcs fibreux supralibériens séparés seulement de l'épi-derme inférieur par une assise de cellules cristallifères et avec arcs ventraux s'arrêtant au niveau de l'assise palissadique.

Var. SUBINTERRUPTA. — Épiderme supérieur à cellules beaucoup plus hautes que larges (60/12-15 μ) à parois assez peu épaisses, à lumière large. Épiderme inférieur formé de cellules à peu près aussi larges que hautes (30/25 μ) avec stomates nombreux; les cellules en sont plus petites au niveau des fais-ceaux. *Parenchyme chlorophyllien* comprenant une assise palissadique d'environ 80 μ d'épaisseur et un tissu lacuneux dense, épais (120 μ). Faisceaux libéro-ligneux principaux de grande taille, recouverts d'un arc fibreux dorsal qui n'est séparé de l'épiderme inférieur que par une assise de cellules cristallifères et d'un arc fibreux ventral, dont l'extrémité n'est séparée de l'épiderme supé-rieur que par une assise de cellules sclérifiées; ces arcs fibreux n'ont que 2-3 assises de fibres d'épaisseur; faisceaux secondaires s'étendant seulement au niveau de l'assise palissadique.

Leucopogon macrocarpus Schlechter. — **Feuille.** — *Épiderme supérieur* à cellules beaucoup plus hautes que larges (60/10 μ) à parois très épaisses lignifiées, à cuticule très épaisse (15 μ). *Épiderme inférieur* dont les cellules cubiques sont prolongées en papilles coniques, non ou à peine recourbées de 40 μ de long, sauf au-dessus des faisceaux où les cellules sont lisses. *Paren-chyme chlorophyllien* comprenant un tissu palissadique d'environ 200 μ d'épais-sur et formé de 2 assises de cellules, et un tissu lacuneux assez dense. Faisceau libéroligneux en contact par le bois avec le tissu palissadique et recouvert d'arcs fibreux supralibériens très épais, qui sont directement en contact avec l'épiderme inférieur.

Les caractères des divers *Leucopogon* néocalédoniens peuvent être résumés dans le Tableau suivant :

A. Fleurs sur deux rangs.

L. salicifolius, Brongn. et Gris.

B. Fleurs sur plus de deux rangs.

I. Feuilles concaves, spatulées, arrondies; fortement imbriquées; toutes les cellules de l'épiderme inférieur sont prolongées en longues papilles.

L. *albicans* Brongn. et Gris.

II. Feuilles ne présentant en même temps tous les caractères précédents.

a. Fruit de grande taille. Feuilles lancéolées, aiguës, à épiderme inférieur papilleux.

L. *macrocarpus* Schlechter.

b. Fruit non de grande taille; feuilles à épiderme inférieur non papilleux.

1. Ovaire à 3-4 loges; style long; feuilles de 10-12 mm de long.

L. *longistylis* Brongn. et Gris.

2. Ovaires à 5-8 loges; style court. Feuilles de plus de 15 mm de long.

α. Feuilles lancéolées de 17-19 cm de longueur.

L. *dammarifolius* Brongn. et Gris.

β. Feuilles de moins de 10 cm de longueur.

Δ. Ovaire à 8 loges. Feuilles de 7-9 cm de long sur 15 mm de large.

L. *Pancheri* Brongn. et Gris.

Δ. Ovaire à 5-6 loges ou feuilles de moins de 7 cm de long.

+ Feuilles portant quelques poils à la face supérieure.

θ. Feuilles spatulées lancéolées; style court; ovaire velu à 8-9 loges.

L. *Vieillardi* Brongn. et Gris

θ. Feuilles étroites, lancéolées, presque complètement glabres; style long; ovaire glabre à 5 loges.

L. *Cymbulæ* Labill.

+ Feuilles glabres.

Θ. Feuilles larges, concaves, obtuses, de 2 cm de long.

L. *concavus* Schlechter.

Θ. Feuilles aiguës de plus de 2 cm de long.

× Feuilles étroites, lancéolées, de 3-4 cm de long.

L. *Cymbulæ* Labill

× Feuilles de 6-7 cm de long.

L. *septentrionalis*. Schlechter.

CYATHOPSIS FLORIBUNDA Brongn. et Gris. — Petit arbrisseau rameux à petites feuilles elliptiques, glabres, à bords révolutés (6mm de longueur et 4 mm de largeur), avec un petit pétiole de moins de 1 mm de longueur. Ovaire à 8 carpelles.

Tige. — Tige présentant un épiderme péricyclique.; liber secondaire stratifié présentant de nombreuses assises de fibres ; bois secondaire peu dense, à rayons 1-2 sériés ; fibres à parois peu épaisses; vaisseaux nombreux, épars.

Feuille. — *Épiderme supérieur* formé de cellules très allongées, à parois épaisses, lignifiées (60 μ de haut, 20 μ de large).

Épiderme inférieur formé de cellules petites de 10 μ de côté, toutes prolongées en papilles, même celles situées au-dessus des nervures. *Parenchyme chlorophyllien* comprenant un tissu palissadique d'environ 150 ρ d'épaisseur, formé de cellules allongées de 10 μ de largeur et un tissu lacuneux lâche d'environ 150 à 200 ρ d'épaisseur. Pas de fibres, ni de cellules lignifiées sous l'épiderme supérieur. *Appareil conducteur* formé de faisceaux libéroligneux isolés recouverts d'un épais arc fibreux supralibérien s'étendant jusqu'à l'épiderme inférieur et d'un arc fibreux en dedans du bois s'étendant jusqu'au tissu palissadique.

M. ED. BONNET,

Assistant au Muséum national d'Histoire naturelle (Paris).

UN LIVRE PEU CONNU DE J.-C. SCHAEFFER SUR L'EMPLOI DE DIVERS VÉGÉTAUX POUR LA FABRICATION DU PAPIER (1765-1771).

676.1 (o3)

4 Août.

Jacob-Christian Schaeffer [1], docteur en théologie et en philosophie, ministre évangélique et président du Consistoire de Ratisbonne, consacrait à l'étude de l'Histoire naturelle les loisirs que lui laissait l'exercice de son ministère; en Botanique il a publié un certain nombre de travaux dont le plus important concerne les Champignons de la Bavière et du Haut-Palatinat [2]; mais, tout en poursuivant ses études de Mycologie, Schaeffer se livrait à des recherches de botanique appliquée à la fabrication du papier; ses observations sur le travail des guêpes lui en avaient donné l'idée et l'Ouvrage dans lequel il consigna le résultat de ses essais et qu'il publia de 1765 à 1771 à Ratisbonne, chez Zunkel, fit, à cette époque, un certain bruit en Allemagne et lui suscita même quelques critiques, assez acerbes.

C'est un petit volume in-quarto (hauteur 19,5 cm, largeur 14,5 cm), assez peu connu et devenu rare aujourd'hui, qui a pour titre : *Versuche und Muster ohne alle Lumpen oder doch mit einem gerigen Zusatze derselben Papier Zumachen* (Essais, avec échantillons, de fabrication du papier sans chiffons ou avec un faible mélange de ceux-ci), 3 fascicules avec échantillons de papiers et planches gravées, les unes noires, les autres en couleur; chaque fascicule est accompagné d'un texte dont l'étendue varie de 16 à 52 pages suivant le nombre et l'importance des échantillons annexés.

---

[1] Il naquit à Querfurt, le 30 mai 1718, fit ses études à l'Université de Halle et fut l'un des savants les plus laborieux et les plus modestes de son temps ; il édita ses propres Ouvrages, devint correspondant de l'Académie royale des Sciences de Paris et mourut à Ratisbonne le 5 janvier 1790 (*Cf.* WALCKENAER in *Biogr. univers.*, nouvelle édition).

[2] *Fungorum qui in Bavaria et Palatinatu nascuntur icones* ; Ratisbonne, 1762-1774, 4 vol. in-4° avec 330 pl. en couleur d'après les aquarelles de l'auteur (*Cf.* PRITZEL, *Thesaurus*, 2ᵉ édition, p. 280, n° 3116).

Une seconde édition, en 6 fascicules, contenant 81 échantillons et 13 planches, parut avec un nouveau titre : *Saemtliche Papierversuche* ([1]), l'année suivante (1772), dans la même ville et chez le même éditeur; mais cette nouvelle édition, si j'en juge par l'exemplaire que je possède, serait composée, en partie, de fascicules portant les dates de 1765 et 1767 et provenant par suite de la première édition; du reste, si l'on s'en rapporte à la Préface, elle ne différerait de la précédente que par la couleur de certains échantillons et par la suppression de quelques autres qui n'existent plus que dans un seul état, alors qu'ils figuraient, dans la première édition, sous deux états : collés et non collés.

Dans la Préface de sa première édition, Schaeffer présente ses *Essais* comme absolument nouveaux et constituant la première tentative de ce genre, en quoi, du reste, il se trompait, car dès le milieu du xviiie siècle, le chiffon devenant rare et cher, des recherches avaient été entreprises, par quelques naturalistes, pour substituer à cette matière première, jusqu'alors presque exclusivement utilisée, les produits d'un certain nombre de végétaux indigènes ou exotiques, spontanés ou cultivés; Guettard ([2]), notamment, en 1750, avait tenté dans les moulins d'Étampes, son pays natal, de convertir en pâte à papier les écorces, les tiges ou les feuilles de diverses plantes ligneuses ou herbacées, telles que : Bouleau, Murier, Mauves, Orties, Palmier, Bananier, Sparte, Bambou, Algues, etc.; en Allemagne, Gleditsch ([3]), vers la même époque, avait essayé, à Leipzig, de transformer la paille en papier d'emballage.

Dans la Préface placée en tête de cette seconde édition et dans celles qui précèdent certains fascicules, Schaeffer cherche à réfuter les critiques qui lui avaient été adressées en même temps qu'il donne quelques renseignements sur sa publication, sur ses méthodes, sur les échantillons et les planches qui accompagnent et illustrent son texte; la première planche, servant de frontispice, représente, dans une sorte de temple de style néo-grec, des petits amours procédant aux diverses manipulations nécessaires pour la fabrication du papier. Les autres planches figurent quelques-uns des végétaux qui ont fourni à Schaeffer la matière de ses essais, et l'on y reconnaît les *Populus nigra* L., *Eriophorum latifolium* Hoppe, *Pinus sylvestris* L., *Cladonia rangiferina* Achar., *Usnea barbata* Fries.?, *Hypnum purum* L., *Clematis Vitalba* L., *Typha latifolia* L., *Onopordon Acanthium* L., *Cirsium lanceolatum* Scop., *Lappa officinalis* All., *Chenopodium polyspermum* L.

([1]) Aucune des deux éditions de ce volume n'est citée par Pritzel ; Heinsius mentionne la seconde édition, *Allegemeines Bucher-Lexikon*, t. III, p. 524.

([2]) Guettard (Jean-Etienne), médecin naturaliste, membre de l'Académie royale des Sciences, né à Étampes le 22 septembre 1715, mort à Paris le 8 janvier 1786.

([3]) Gleditsch (Johann Gottlieb), médecin naturaliste, né à Leipzig le 5 février 1714, professeur d'Anatomie, directeur du Jardin botanique et membre de l'Académie des Sciences de Berlin, décédé dans cette ville le 5 octobre 1786.

Les planches II et III, du premier fascicule, représentent des nids de guêpes et l'un de ces hyménoptères recueillant des matériaux pour la construction de son nid, car, ainsi que je l'ai déjà dit, c'est l'observation de ces insectes qui avait inspiré à Schaeffer l'idée première de ses essais; enfin le texte et les planches du cinquième fascicule donnent la description et les figures des machines employées pour la fabrication des papiers contenus dans le Volume.

A propos du papier de Chardons, notre auteur raconte dans un style dithyrambique (Préface du fascicule III) qu'il a offert à l'Archiduc héritier d'Autriche, à l'occasion de son mariage, un épithalame, en vers latins, de sa composition, imprimé sur ce papier et que Son Altesse a daigné en accepter l'hommage et en témoigner toute sa satisfaction.

Schaeffer nous apprend encore que ses essais furent encouragés non seulement par le premier ministre de la Cour de Vienne, mais aussi par l'empereur lui-même qui le « gratifia d'une chaîne d'or avec son portrait, comme une marque particulière de sa grâce impériale » (Préface du fascicule IV).

Voici la liste des principaux spécimens qui composent les divers fascicules des *Saemtliche Papierversuche* :

PAPIERS DE :

Bois de Hêtre.
» de Saule.
» de Tremble.
» de Mûrier.
» de Peuplier.
» de Pin.
» de Fustet.
» de Campêche.
Tiges de Houblon.
» de Sarments.
» de Chanvre.
» de Chardons.
» de Bardane.
» d'Armoise.
» de Genêt.
» de Mays.
» de Chou.
» de Jonc.

Feuilles de Tilleul.
» de Noyer.
» d'Agave.
» de Muguet.
» de Fèves.
» de Châtaignier.
» de Tulipes.
Écorce de Saule.
Cônes de Pin.
Paille.
Orties.
Arroche.
Aigrettes de Chardons.
Épis de Typha.
Soies de Linaigrette.
Mousses de terre et d'eau.
Lichens.
Tourbe de Bavière et de Hanovre.

Assurément beaucoup de ces papiers seraient aujourd'hui à peine utilisables comme papiers d'emballage; mais, si l'on veut bien se reporter à l'époque où ils furent fabriqués, c'est-à-dire à près d'un siècle et demi en arrière, on reconnaîtra que quelques-uns n'étaient pas sans valeur et que les essais de Schaeffer méritaient réellement les encouragements qu'ils ont alors obtenus (1).

M. W. RUSSELL,

Docteur ès sciences (Paris).

SUR LES PLANTES CALCIPHILES
DES HAUTS PLATEAUX DU NORD DE LA LOZÈRE.

58.11.4 : 63.111.2 (44.812).

1er Août.

Au nord du département de la Lozère, entre les monts d'Aubrac et la Margeride, s'étend un vaste plateau accidenté dont l'altitude est presque partout supérieure à 1000 m. Cette pénéplaine, ainsi que l'appellent les géologues, est formée par des roches cristallines (granite et granulite) surmontées çà et la par quelques protubérances basaltiques.

La flore de la pénéplaine lozérienne comprend environ 400 plantes phanérogames (2) parmi lesquelles un certain nombre d'espèces sub-alpines (*Trollius europœus, Meum Athamanticum, Chœrophyllum hirsutum, Saxifraga hypnoides, Myrrhis odorata, Convallaria verticillata, Veratrum album. Luzula nivea*, etc.)

Les plantes de plaine qui se sont installées sur ce haut plateau sont

---

(1) Parmi les nombreux travaux publiés sur l'histoire du papier et de sa fabrication on pourra consulter :

KOOPS (Mathias), *Historical account of the substance wich have been used to describe events, and to convey ideas from the ear liest date to the invention of paper ;* London, 1800, in-8°; 2e édition, 1801, avec une planche représentant le *Cyperus Papyrus* L.

MUNSELL (S.), *A chronology of paper and paper making ;* Albany, 1855, in-8°.

BRIQUET (C.-M.), *Recherches sur les premiers papiers employés en Occident et en Orient du xe au xive siècle (Mém. de la Soc. nat. des Antiq. de France,* t. XLVI, 1886).

WINCKLER (Otto), *Der Papier Kenner;* Leipzig, 1887, in-8° (Ouvrage rédigé surtout au point de vue industriel).

ROSTAING (Léon et Marcel), FLEURY PERCIÉ du SERT, *Précis historique, descriptif et photomicrographique des végétaux propres à la fabrication de la cellulose et du papier;* Genève, 1900, grand in-8°.

BLANCHET (Augustin), *Essai sur l'histoire du papier et de sa fabrication ;* Paris 1900, in-8° (publié à l'occasion de l'exposition rétrospective du papier à l'Exposition universelle de Paris).

(2) La région que j'ai étudiée comprend le canton d'Aumont en entier et quelques portions des cantons de Saint-Chély-d'Apcher et de Nasbinals.

en majorité des plantes indifférentes ou calcifuges (*Teesdalia nudicaulis, Ornithopus perpusillus, Sarothamnus scoparius, Hypericum humifusum, Senecio adonifolius, Calluna vulgaris,* etc.); cependant comme la teneur en calcaire n'est jamais nulle, on observe aussi quelques plantes calciphiles peu exigeantes, c'est ainsi que *Silene inflata, Pimpinella Saxifraga, Sedum reflexum, Cerastium arvense, Genista sagittalis, Poterium Sanguisorba, Carlina vulgaris, Linaria striata, Echium vulgare* et *Juniperus communis,* sont parfois très abondants en certaines localités.

Le *Centaurea Scabiosa* qui, dans le nord de la France est une plante caractéristique des terrains calcaires est très commun dans les moissons, où il se maintient probablement grâce au chaulage des terres.

Un certain nombre de plantes calciphiles sont très localisées, telles sont *Asperula cynanchica* (Truc du Rouchat), *Erigeron acre* (Croix de Saint-Chély), *Tussilago Farfara* (landes de Malbouzon), *Sedum acre* (Javol, Lasbros,) *Chelidonium majus* (vieux murs à Aumont, Javol et le Rouchat), *Salvia pratensis* (gare d'Aumont).

Dans les sols basaltiques, plus riches en calcaires [1], on trouve certaines plantes qui paraissent manquer dans les sols granitiques comme *Helleborus fœtidus, Calamintha acinos* et *Brunella grandiflora* ou qui y sont peu répandues comme *Helianthemum vulgare* et *Anemone Pulsatilla.*

M. Ernest OLIVIER,

(Moulins).

DÉVELOPPEMENT DU BATTARREA PHALLOÏDES PERS.

58,92 (Battarea)

31 *Juillet.*

Le genre *Battarrea* a été créé par Persoon (*Synopsis fungorum,* p. 129, *Pl. III; fig.* 1 et 3) pour un curieux Champignon gastéromycète décrit par Dickson (*Pl. crypt. Brit.,* fasc. I, p. 24), sous le nom de *Lycoperdon phalloïdes* qui lui parut avec juste raison devoir être séparé des *Lycoperdon* par plusieurs caractères importants, notamment la longueur du stipe qui porte les spores et le mode d'émission de ces dernières.

Ce Champignon est remarquablement ubiquiste; son aire de dispersion comprend à peu près toute la surface du globe, sauf l'Afrique où il n'a pas encore été reconnu.

[1] A la Beaume près de Prinsuejols l'indice calcimétrique est de 0,10 %; il est de 16 % à *Nasbinals* et atteint 7 % au *Roc de Peyre.*

Persoon l'indique en Angleterre dans deux localités; il a été rencontré aux environs de Naples, aussi en Amérique, en Asie et en Australie.

Mais si sa répartition géographique est considérable, ses stations sont très éloignées les unes des autres et dans chacune on ne le trouve qu'en très petit nombre d'exemplaires.

En Europe, il n'était signalé que d'Angleterre et d'Italie et il était complètement inconnu en France avant la découverte que j'en ai faite, il y a quelques années.

Le 22 septempre 1892, aux Ramillons, près de Moulins (Allier), j'en ai récolté cinq exemplaires qui avaient poussé sur une épaisse couche très sèche de débris d'écorces et de bois décomposé, à l'intérieur d'un vieux chêne creux, de 1 m de diamètre environ, et offrant du côté nord une fente de 50 cm de large qui se prolongeait à partir du sol jusqu'à 1,20 m de haut.

C'est par cette ouverture seulement qu'un peu d'humidité pouvait parvenir dans l'intérieur du tronc.

Ces exemplaires étaient dans un état de croissance avancée; il n'y avait plus que les stipes et les réceptacles complètement nus ou n'ayant plus que quelques spores. Cependant ils étaient suffisants pour établir l'identité de la plante et je les communiquai à MM. Bourdot, Bourdier et Hariot qui confirmèrent ma détermination : c'était bien le *Battarrea phalloïdes* de Persoon et la flore mycologique de France était enrichie d'une nouvelle et rare espèce.

Le *Battarrea* pousse avec une rapidité surprenante et, en quelques heures, il atteint toute sa croissance. Chaque année, dans le même arbre, je récoltais quelques exemplaires, parfois un seul, mais je les trouvais toujours au maximum de leur maturité et je ne pouvais surprendre aucune des phases de leur développement.

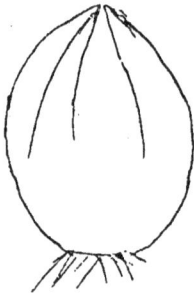

Fig. 1.

Un jour, un lapin ayant pénétré dans l'intérieur de l'arbre, fouilla et bouleversa le terreau : le thalle fut probablement endommagé, car pendant cinq ans, le Champignon ne reparut plus.

Je n'en continuai pas moins de visiter le chêne et, enfin, l'année dernière, au mois d'août, j'eus l'heureuse chance d'y revoir un exemplaire juste au moment où il achevait son développement et n'était pas encore tout à fait desséché.

Je pus donc me rendre compte, mieux que je n'avais pu le faire jusqu'alors, du mode de végétation de ce bizarre Champignon.

L'œuf est en ovale atténué au sommet (*fig.* 1); il reste souterrain, son extrémité supérieure n'atteignant même pas le niveau du sol. Il est enveloppé, comme d'autres Gastéromycètes, de deux membranes se recouvrant l'une l'autre que Lloyd désigne sous les noms d'*exoperidium* et d'*endoperidium*. Ces membranes sont minces, de l'épaisseur d'une feuille de papier et d'un blanc pur, mais l'exoperidium est couvert de débris de tan et de terreau qui, s'y agglutinant en raison de sa constitution mucilagineuse, lui donnent une teinte d'un brun fauve.

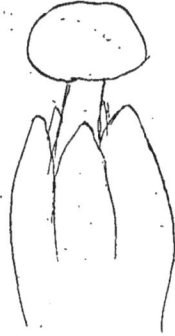

Au moment de la maturation, l'exoperidium ne se sépare pas en deux parties comme la volve des Amanites et ne se fend pas non plus au sommet comme chez les Lycoperdon, mais il s'ouvre à l'instar de la corolle d'une fleur et se divise à son sommet en plusieurs lobes irréguliers et peu profonds entre lesquels sort l'endoperidium au sommet d'un stipe d'un brun jaunâtre (fig. 2). Cet endoperidium renferme les spores dont la masse forme une calotte fortement convexe en dessus et reposant en dessous sur une sorte de réceptacle concave. Le stipe garni de longs filaments mucilagineux s'allonge avec une rapidité extrême, presque instantanée, jusqu'à ce qu'il ait atteint une hauteur de 15 à 30 cm (fig. 3).

Fig. 2.

L'endoperidium s'élargit alors, se détache circulairement tout autour du réceptacle, se dessèche en se ratatinant et tombe sur le sol, laissant à découvert une épaisse couche de spores (fig. 3). Le Champignon, qui était d'abord dans toutes ses parties légèrement mucilagineux, perd très promptement toute son humidité et prend la consistance d'un carton.

Les spores, en quantité innombrable, sont d'un brun jaunâtre, sphériques, pointillées, verruqueuses d'un diamètre de 6 millièmes de millimètre. Elles mettent longtemps à se détacher : au bout de quinze jours, on en trouve encore un grand nombre sur le réceptacle au sommet du stipe. Ce réceptacle est, en dessous, glabre et d'un blanc pur, mais il brunit en même temps que les autres parties de la plante.

Six mois après, le *Battarrea* subsiste encore, mais le stipe, réduit à un petit bâton aminci, a perdu tous ses filaments et le réceptacle, complètement nu, n'est plus qu'une mince membrane raide et desséchée.

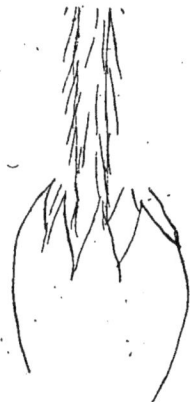

Fig. 3.

Il reste encore à constater comment est organisé l'intérieur de l'œuf souterrain avant la sortie du stipe, constatation que je n'ai pu faire jusqu'à présent.

Mais je me suis assuré que ce n'est pas, comme le dit Persoon, un débris arraché de la volve par la poussée du stipe qui recouvre les spores, mais bien une seconde enveloppe qui ne se détache que lorsque le stipe a atteint toute sa taille et que les spores arrivées en état de maturité complet peuvent se répandre au dehors.

Ce caractère, ainsi que la longueur du stipe et la végétation souterraine de l'œuf sont des différences importantes qui nécessitent pour les *Battarrea* une place spéciale parmi les Gastéromycètes.

M. Ed. BONNET.

Assistant au Muséum d'Histoire naturelle (Paris).

LA FLORE ORNEMENTALE DE L'ÉGLISE SAINT-ANDOCHE DE SAULIEU
(CÔTE-D'OR).

58 : 725.5 + 73.04 (44.42)

1er Août.

L'église Saint-Andoche de Saulieu, reconstruite au XIIe siècle, peut être considérée, malgré les mutilations et les remaniements qu'elle a subis, comme un des types du style roman de transition dénommé aussi, par certains archéologues, roman bourguignon.

Laissant de côté toutes les questions relatives à l'histoire, à l'architecture et à l'archéologie du monument au sujet desquelles on pourra consulter le Mémoire spécial de Joseph Carlet ([1]), je m'occuperai uniquement, dans cette Note, de la décoration végétale, c'est-à-dire des plantes sculptées par les artistes Sidoleuciens ([2]) sur quelques parties de cette église.

Dans plusieurs passages de son Mémoire précité, Carlet a fait une allusion discrète à cette décoration, mais sans en donner de détermination précise, car il n'était pas botaniste ; c'est ainsi qu'il indique que

« les archivoltes du portail sont décorées de moulures composées de tores terminés par des fleurs crucifères..., que les colonnes de la façade portent encore çà et là quelques restes d'une belle ornementation florale (p. 100 et suiv.)... et que certains chapiteaux représentent de larges feuilles recourbées en volutes (p. 111), etc. »

([1]) CARLET (Joseph), *Notice sur l'église Saint-Andoche de Saulieu*, in (*Mémoires de la Commiss. des Antiquités du département de la Côte-d'Or*), t. V [années 1857-1860, p. 81-114, Pl. I-IX); voir, en outre, *Dijon et la Côte-d'Or en 1911*, t. II, p. 28-35, *fig.* 1-10.

([2]) *Sidolocum*, nom ancien de Saulieu.

J'estime, pour ma part, que la décoration végétale du portail a trop souffert ou présente des formes trop imprécises pour permettre une détermination même approximative; mais il en est tout autrement de certains chapiteaux qui surmontent les colonnes des piliers à l'intérieur du vaisseau; ces piliers au nombre de dix, disposés sur deux rangs, (cinq de chaque côté), sont cantonnés de quatre colonnes engagées et forment trois nefs divisées en six travées; le sanctuaire est divisé en trois travées dont le premier pilier est seul intéressant au point de vue spécial qui fait l'objet de cette étude; ces chapiteaux sont les uns nus, les autres décorés de scènes du Nouveau Testament, de personnages ou d'animaux fantastiques, avec ou sans addition de plantes et de feuillages; Carlet en a représenté dix à la planche V de son Mémoire, mais les détails relatifs à la décoration végétale m'ont paru reproduits avec moins de soins et d'exactitude que les personnages ou les animaux et, dans la description qu'il en donne (p. 110 et suiv.), il prévient le lecteur qu'il les a groupés par catégories et non pas suivant la place qu'ils occupent; je ne me suis donc point servi des figures de Carlet et les déterminations que je propose sont le résultat d'une étude faite sur place, il y a quelques années, pendant un séjour à Saulieu.

Pour indiquer, d'une manière précise, la situation des chapiteaux cités dans la liste suivante, je désigne chaque pilier, en partant du bas de la nef, côté de l'épître et en remontant vers le sanctuaire, par un chiffre romain, et chacune des colonnes engagées par un chiffre arabe, la colonne 1 étant sur la grande nef, la colonne 4 sur la nef latérale et les colonnes 2 et 3 regardant l'une le sanctuaire et l'autre le portail; le même système de numération désigne les piliers et les colonnes, côté de l'évangile, mais je suppose que l'observateur ayant contourné le chœur, suit alors la nef en sens inverse, c'est-à-dire en se dirigeant vers le bas de l'Église.

A. — CÔTÉ DE L'ÉPITRE.

I, 1. Feuille non déterminée et sans caractères précis, elle appartient au groupe de feuilles classées, par les archéologues, sous la dénomination vague de feuilles d'Acanthe.

II, 3. Feuille de Grande Berce (*Heracleum Sphondylium* L.).

III, 2. Acanthe; ce sont vraisemblablement des feuilles d'*Onopordon Acanthium* L. dont les extrémités, roulées en volutes, se terminent par des cônes de Pin.

III, 3. Feuilles de Grande Berce (*Heracleum Sphondylium* L.), dont le sommet du limbe, roulé en volute, se termine par des figures humaines.

IV, 2 (fig. 5 de Carlet). Représente la fuite en Égypte; Vigne (*Vitis vinifera* L.) très stylisée et un peu fantaisiste, avec des vrilles et des grappes de raisins ayant un peu la forme de cônes de Pin.

V, 2. Feuilles d'Acanthe (*Onopordon Acanthium* L. ou *Carduus* sp.).

V, 3. Grande Berce (*Heracleum Sphondylium* L.).

V, 4. Frondes de Fougère à l'Aigle (*Pteris aquilina* L.).

VI, 2. (chœur). Jeunes frondes de Fougère (*Pteris aquilina* L.) roulées en crosses.

B. — CÔTÉ DE L'ÉVANGILE.

VI, 2 (chœur). Frondes de *Pteris aquilina* L.

V, 3. Feuilles dites d'Acanthe stylisée, feuilles de Carduacée.

V, 2. Frondes de *Pteris aquilina* L., vraisemblablement.

IV. Pas de décoration végétale à ce pilier.

III, 2. Vigne (*Vitis vinifera* L.).

III, 3. Un Aune (*Alnus glutinosa* Gærtn.), arbre commun aux environs de Saulieu.

II, 3. Feuilles dites d'Acanthe, ce sont des feuilles de Chardon avec cônes de Pin.

II, 2. Feuilles de Grande Berce (*Heracleum Sphondylium* L.).

I, 1. La décoration de ce chapiteau, qui se retrouve sur les figures 7 et 10 du Mémoire de Carlet, se compose de feuilles en forme de fer de lance, réduites à la moitié supérieure de leur limbe, dont le sommet se recourbe légèrement en crochet; c'est cette forme que Lambin et quelques autres archéologues qualifient de feuille d'Arum (*Arum maculatum* L.).

Toutes les plantes que je viens de citer sont communes et même vulgaires aux environs de Saulieu, ce qui confirme l'opinion déjà émise par Viollet-Le Duc [1] et par Lambin, à savoir que les sculpteurs du moyen âge empruntaient pour la décoration des Églises de France, leurs modèles à la flore locale; les mêmes motifs ornementaux se retrouvent fréquemment dans d'autres églises ainsi qu'on pourra le constater en feuilletant les divers Mémoires de Lambin [2], seul l'Aune (*Alnus glutinosa*, Gærtn.) paraît avoir été rarement employé et n'est cité que par de Caumont dans son *Abécédaire* (p. 48).

Les archéologues ne sont pas d'accord sur la détermination des fruits ovoïdes ressemblant à des cônes de Pin ou à des grappes de raisins modifiées, qui accompagnent souvent la vigne ou les feuilles d'Acanthe;

---

[1] VIOLLET-LE DUC, *Dictionnaire raisonné de l'architecture française du XIe au XVIe siècle*, t. V, article Flore,

[2] LAMBIN (Émile), *La flore gothique;* Paris 1893, in-8°, 2 pl.; *Les Églises des environs de Paris étudiées au point de vue de la flore ornementale;* Paris, s. d., grand in-8°, avec fig.; *La flore des grandes cathédrales de France;* Paris, 1897, in-8°, avec fig.

Lambin ancien commissaire de police de la Ville de Paris, s'était adonné avec passion à l'étude de la flore ornementale des églises et des cathédrales de France et plus spécialement de celles de la région parisienne et il avait fait, sur cette question, ne série de conférences au Musée de sculpture comparée du Trocadéro; il est mort, le 21 septembre 1901, à Clamart où il s'était retiré après avoir pris sa retraite.

les uns y reconnaissent la pomme de Pin, d'autres avec Ch. Des Moulins (¹) affirment qu'il s'agit bien de grappes de raisins, tandis que le Dr Woillez (²) les identifie avec l'épi fructifère de l'*Arum maculatum* L.

Il est bien certain que les artistes du moyen âge modifiaient volontiers leurs modèles, au gré de leur fantaⁱsie, et les rendaient quelquefois méconnaissables; on sait qu'ils ont souvent figuré dans l'ornementation de nos cathédrales des personnages grotesques ou des animaux monstrueux; il y aurait également lieu de réviser quelques déterminations couramment admises en Archéologie; ainsi, je suis persuadé que la feuille d'Acanthe sculptée sur les chapiteaux des églises et des cathédrales gothiques du Nord et du Centre de la France, doit être rapportée, dans bien des cas, à une Carduacée et non à l'*Acanthus mollis* L. comme Lambin l'affirme après beaucoup d'autres; j'ai pu relever dans les travaux de cet auteur, fort estimables, du reste, sous bien des rapports, quelques erreurs imputables à sa connaissance insuffisante des flores locales et de la géographie botanique, par exemple lorsqu'il figure. (*Flore gothique*, Pl. I, fig. 3), sous le nom d'*Iris*, la vulgaire Massette (*Typha latifolia* L.) et lorsqu'il croit reconnaître (*loc. cit.* Pl. II, fig. 14) à Saint-Gervais de Soissons le *Chrysanthème* qui était inconnu en France avant 1790, date de son introduction dans les cultures.

M. L'ABBÉ F. GÉRARD,

Professeur à l'École Saint-François de Sales (Dijon).

SUR QUELQUES PLANTES RARES DE LA CÔTE-D'OR ET LEURS LIMITES GÉOGRAPHIQUES.

58.19 (44.42)

1er Août.

La flore de la Côte-d'Or est une des plus riches et des plus caractéristiques de la France. Elle le doit à la diversité des formations géologiques qu'on rencontre dans le département, aussi bien qu'aux trois climats dont l'influence s'y fait sentir. Mais c'est surtout le climat [Rhodanien,

---

(¹) DES MOULINS (Charles), *Considérations sur la flore murale et principalement sur des végétaux sculptés figurés par M. de Caumont;* Caen 1845, Extr. du *Bulletin monumental*, t. XI.

(²) WOILLEZ (docteur), *Iconographie des plantes Aroïdes figurées au moyen âge en Picardie, etc.* Amiens 1848, extr. *Mém. de la Soc. des Antiquaires de Picardie*, t. IX,

lequel se prolonge encore plus au Nord dans la Haute-Saône, qui paraît avoir le plus d'effet sur la végétation spontanée de nos plaines et de nos coteaux. On pourrait même dire que certaines espèces botaniques, par leur présence ou leur disparition, limitent ce climat.

De ces causes il résulte que la Côte-d'Or, sans avoir de hautes montagnes, a une flore aussi variée que d'autres départements dont le sol est incomparablement plus accidenté; et il faut aller jusqu'aux départements limitrophes des hautes chaînes, Vosges, Jura, Plateau central, Cévennes, Alpes et Pyrénées, pour trouver autant d'espèces réunies dans un espace aussi restreint.

Le botaniste trouve dans la Côte-d'Or toutes les plantes communes de France et même bon nombre d'espèces assez rares ailleurs. Mais ce qui distingue notre flore, c'est qu'elle compte peut-être plus d'espèces rares, ou même rarissimes, que tout autre département français, en dehors des contrées montagneuses. C'est ce qui donne à la végétation de la Côte-d'Or son caractère spécial, et ce n'est pas un paradoxe de prétendre qu'il y a une corrélation étroite entre l'excellence de ses produits cultivés, de ses vignes, et le nombre de ses espèces rares de plantes spontanées; et en cela rien que de très naturel : les mêmes causes de climats et de terrains produisant les mêmes effets sur les cultures et sur la végétation sauvage. Ce sont surtout les espèces à variations nombreuses qui montrent chez nous la plus riche diversité. Il m'est arrivé de rencontrer, en herborisant cette année (1910) dans un rayon de quelques lieues seulement, toutes les formes de *Brunella grandiflora* Jacq. de *Linaria striata* DC. et d'*Origanum vulgare* L., trouvées en France, sans compter d'autres non encore décrites jusqu'ici. Le botaniste qui veut étudier les plantes dans leurs dernières variétés, trouvera, par des recherches méthodiques, dans la Côte-d'Or, un champ d'exploration plus riche qu'il n'en a rencontré ailleurs, même dans des contrées plus diversifiées au point de vue de la géographie physique.

Je ne veux pas énumérer toutes les variétés rares qu'on trouve chez nous. Qu'il suffise de montrer la richesse de notre flore par l'indication de quelques espèces ou sous-espèces suivantes, d'autant plus que nombre d'entre elles y ont une des limites de leur aire de dispersion.

C'est sur les coteaux des environs de Dijon que Jordan a trouvé la superbe forme d'*Anemone pulsatilla* L. nommée par lui *A. amœna*; Jouvence nous donne la variété *Funkianum* de l'*Aconitum pyramidale* Rchnb.; Epagny, le *Pæonia corallina* Retz; la combe d'Arcey et Montculot, l'*Isopyrum thalictroides*, dont c'est la limite septentrionale-orientale dans l'est de la France; la source de l'Ouche à Lusigny, le *Meconopsis cambrica* Vig., espèce de l'Europe occidentale, dont l'aire de dispersion a sa limite orientale dans là Côte-d'Or.]

Différents *Fumaria*, rares autrefois, sont maintenant communs dans les cultures aux environs de Dijon, ainsi que le *Sisymbrium Irio* L.

Sur les rochers de la Côte, et à Jouvence, nous trouvons le *Draba affinis* Host, forme du *Draba aizoides* L, qui, lui, reste cantonné sur les rochers des hautes montagnes, Alpes, Pyrénées, Plateau central.

L'*Iberis Durandii*, abondant à Jouvence et dans la Combe Sémetrot, à Marsannay-la-Côte, est particulier aux rocaillés de la Côte-d'Or, et à deux autres localités, une de l'Yonne, l'autre de l'Aube.

Le *Lepidium graminifolium* L., autréfois très rare aux environs de Dijon, s'y est répandu abondamment, ces dernières années, route de Plombières, aux Perrières, au bord du Canal, etc.

Nos *Cistinées* (*Helianthemum polifolium* DC., *H. canum* Dun. et *Fumana procumbens* G.G. donnent aux coteaux calcaires dénudés de la Côte un faciès méridional.

Nous avons la limite sud-ouest du *Viola elatior* Fries, qu'on trouve assez communément au bois d'Orgeux; et dans les débris de carrières à Sainte-Anne, près de Dijon, et sur les rochers, du Bathonien moyen, à Chenôve, le *Viola rupestris* (Schm.) Rchnb.

Le *Saponaria ocymoides* L., plante du Midi, ne s'avance pas plus au Nord que sur les coteaux d'Arcenant et de Bouilland.

J'ai trouvé entre Jouvence et Sainte-Foi un très rare hybride, *Melandrium dubium* Hampe (*M. pratensi-silvestre* F. Gér.).

Le *Buffonia macrosperma* Gay, qui habite tout le pourtour de la Méditerranée, a sa limite septentrionale aux environs de Dijon, Talant. la Motte-Giron, Pouilly, etc. Il en est de même de l'*Alsine Jacquini* Koch (avec sa variété *glandulifera* Royer) qui, lui, pousse une pointe jusque dans la Haute-Marne et en Alsace. Même remarque pour le *Linum gallicum* L. des environs d'Auxonne.

Du *Monotropa Hypopitys* L., je n'ai trouvé aux environs de Dijon, Fontaine, Couchey, Montculot que la sous-espèce *M. Hypophegea* Wallr. et sa variété *ramosa*.

Les *Linum Leonii* F. Schultz, de Hauteville et du Bois du Chêne, et *L. Loreyi* Jord., de Marsannay-la-Côte et Gevrey, sont aussi de bonnes caractéristiques de la Flore côte-d'orienne.

Le *Malva parviflora* L., de la région méditerranéenne, que j'ai rencontré très rare et adventif dans des vignes à Marsannay-la-Côte exposées au midi, n'est pas encore naturalisé chez nous. J'en dirai autant du *Beta trigyna* W. K. de la Hongrie et de l'Europe orientale, qui se maintient depuis une vingtaine d'années aux bords de la route, près de la gare de Dijon-Porte-Neuve.

Le *Geranium lucidum* L., que j'ai trouvé en 1894 sur les rochers ombragés de la fontaine de Gouville peut être considéré là comme à sa limite Nord dans l'est de la France.

L'*Acer opulifolium* Vill., espèce commune dans tout le Jura, ne remonte pas en Côte-d'Or plus haut que la combe de Gevrey.

Le *Dictamnus Fraxinella* Pers., des rochers de Val-Suzon-est une de nos plus rares espèces.

Le *Rhus typhinum* L., des Carrières-Blanches et le *Spartium junceum*

L., des débris de carrières à Sainte-Anne et entre Dijon et Plombières, y prennent l'apparence d'espèces spontanées, quoique d'origine étrangère.

Le *Genista humifusa* Wulf. (*Cytisus humifusus* Nym.) que j'ai rencontré en 1894, à Verrey-sous-Salmaise, mélangé au type *Genista prostrata* Lam. se relie à celui-ci par des intermédiaires. Voilà pourquoi il est signalé dans la Flore de France de Rouy sous le nom de var. *glabrata* F. Gérard. Cette variété ou sous-espèce, assez rare |en France, |où elle a été constatée dans l'Eure, la Seine-et-Oise, le Jura, la Côte-d'Or, est beaucoup plus commune dans l'Europe-centrale, en Lombardie, Carniole, |Istrie, Dalmatie, Croatie, jusqu'en Transylvanie.

L'*Adenocarpus complicatus* Gay, de l'ouest de la France, du Portugal, de l'Espagne et de l'Italie, a sa limite Nord-Est dans la Forêt de la Serre et au bois de Flammerans; près d'Auxonne. L'*Ononis Columnæ*, les *Medicago ambigua* Jord. et *M. cinerascens* Jord, ont aussi leur limite Nord-Est dans la Côte-d'Or. Enfin les *Trifolium scabrum* L., *Colutea arborescens* L., *Coronilla coronata* L., sont des espèces de l'Europe méridionale et centrale, qui ne remontent guère plus haut que la Côte-d'Or, si l'on excepte les collines calcaires de Hesse et de Thuringe pour le *Coronilla coronata*.

Deux *Rosacées* sont à remarquer spécialement chez nous : la première, *Rubus ulmifolius* Schott (*R. discolor* W. N. pr. p. *R. rusticanus* Mercier), espèce habitant le pourtour européen de la Méditerranée, l'Afrique septentrionale, les Canaries et remontant le long de l'Océan jusqu'en Belgique, ne paraît pas, dans l'est de la France, dépasser le Jura et la partie sud du Plateau de Langres; il est très commun à Fontaine et dans toute la Côte. La deuxième, *Rosa Jundzilli* Besser, la plus belle des roses spontanées européennes (si l'on excepte peut-être le *R. Gallica*), habitant l'Europe centrale, le Caucase et l'Arménie, a sa limite occidentale en France dans le Cher et le Loir-et-Cher : comme il se trouve aussi en Suisse et en Alsace et que je l'ai rencontré assez abondamment dans les Vosges, on pouvait espérer le trouver dans la Côte-d'Or. De fait, je l'ai découvert, il y a quelques années, à Ruffey-lès-Echirey.

L'*Epilobium rosmarinifolium* Hænke, se répand de plus en plus grâce à ses graines munies d'une longue aigrette qui en rendent facile la dissémination par les vents. On le trouve dans les débris des carrières à Talant Plombières, Marsannay-la-Côte, Couchey, route de Corcelles-les-Monts, etc.

Parmi les *Ombellifères* le *Bupleurum opacum* Lange (B. aristatum Auct., non Bartl.), l'*Athamanta cretensis* L., le *Petroselinum segetum* Koch et le *Laserpitium gallicum* L., espèces méridionales, ont dans la Côte-d'Or leur limite Nord ou Nord-Est. Le *Ptychotis heterophylla* Koch s'avance un peu plus au Nord jusque dans la Champagne méridionale. Quant au *Silaus virescens* Boiss., c'est, comme le dit Royer, la plante la plus précieuse de la Côte-d'Or. On la trouve dans les buissons, au bord des clairières des bois, assez abondante à Gouville, à Marsannay-la-Côte, au haut

de la Combe Sémetrot, et au bois du Chêne. En France on l'a trouvée
dans le Puy-de-Dôme, le Cantal, l'Aveyron et les Pyrénées-orientales;
puis elle disparaît dans l'Europe centrale, pour se retrouver dans le
Banat, en Hongrie et en Transylvanie; elle reparaît dans la péninsule
des Balkans et l'Asie Mineure jusqu'au Caucase, sous sa forme orientale
Silaus carvifolius C.-A. Meyer. Certaines années elle foisonne en tiges
fleuries et fructifères : il m'est arrivé d'en voir des milliers de pieds dans
les bois de Gouville, par exemple, et au Mont-Afrique; dans d'autres,
au contraire, on n'observe plus que les rosettes foliifères de ses drageons
et c'est à peine si, de çà de là on peut mettre la main sur un échantillon
en fleurs.

Le *Galium Fleuroti* Jord. et le *Centranthus Gilloti* Giraud. (*C. ruber-
angustifolius* Gillot) ne se trouvent guère que dans la Côte-d'Or et les
départements voisins : Yonne (*G. Fleuroti*), Haute-Saône, Saône-et-
Loire.

Nous avons aussi, dans la Côte-d'Or, la limite Nord, du moins pour
la France, des espèces méridonales ou méditerranéennes suivantes :
Rubia peregrina L., et trois ou quatre de ses variétés, *Asperula galioides*
M.-Bieb, *Centranthus angustifolius* DC, *Valeriana tuberosa* L., *Micropus
erectus* L. et ses différentes formes, *Inula montana* L., *Senecio adoni-
difolius* L., *Lactuca chondrillæflora* Bor., *Convolvulus Cantabrica* L.,
Scutellaria alpina L., *Plantago Cynops* L., *Thesium divaricatum* Jan,
Vallisneria spiralis L., *Aceras anthropophora* R.-Br., *Scilla autumnalis* L.
Muscari racemosum DC., et *M. neglectum* Guss., *Carex alba* Scop., *Scirpus
Michelianus* L., *Kœleria valesiaca* Gaud, *Deschampsia media* R. et Sch.,
Bromus squarrosus L., *Eragrostis major* Host, et *Nardurus tenellus*,
Rchnb ([1]) :

Le *Ligularia sibirica* Cass., si l'on exclut la variété *Cebennensis* Rouy,
ne se trouve en France qu'à la Combe-Noire du Val-des-Choues, près
de Voulaines, en compagnie du Swertia perennis L., et à Aignay-le-Duc,
dans les prairies du Beuvron, et il faut aller jusqu'en Bohême pour le
retrouver dans son aire orientale qui commence à Münchengraetz et à
Habstein, en Bohême, pour se continuer à travers la Galicie et la Russie,
jusqu'en Sibérie et en Daourie.

L'*Hieracium Jacquini* Vill., plante de l'Europe centrale, est à sa limite
Nord-Ouest sur les rochers de la Côte.

Le *Cuscuta Bidentis* Berthiot paraît cantonné jusqu'ici dans nos
régions, dans le val de Saône. C'est toutefois une variété du *Cuscuta
obtusiflora* H. B. K., espèce cosmopolite.

Le plateau de Chenôve est la limite septentrionale du rare *Cyno-
glossum Dioscoridis* Vill., de l'Espagne boréale, des Pyrénées et des Alpes.

Le *Veronica agrestis* L., type, espèce surtout septentrionale bien plus

---

([1]) Quelques-unes de ces espèces peuvent cependant se retrouver en Angleterre ou
dans les Pays-Bas, ainsi que plus rarement, en Lorraine.

rare dans la Côte-d'Or que le *Veronica didyma* Tenore, celui-ci plutôt
méridional, et presque toujours confondu avec ce dernier, a cependant
été trouvé, sur le Bathonien supérieur, dans les cultures à Messigny,
sur le Charmouthien, dans des champs de pommes de terre, à Solle,
près de Commarin et sur l'Oxfordien, à Marcilly-sur-Tille.

Le *Veronica persica* Poir. introduit dans les prairies artificielles, se
répand de plus en plus et a toutes les apparences d'une espèce spontanée
aux environs de Dijon.

Le *Lamium hybridum* Vill. n'est pas rare aux alentours d'Auxonne;
on le rencontre aussi dans des potagers entre le fort de Saint-Apollinaire
et Pouilly, à la fontaine du Pâquier.

J'ai trouvé assez fréquemment, aux environs de Dijon, dans les vignes,
les cultures et les décombres, l'*Amaranthus silvestris* Desf. et le *Chenopodium opulifolium* Schrad., qui sont plutôt des espèces méridionales.

Deux *Daphnés*, le *Daphne Cneorum* L. des bois près de Recey, Essarois
etc., et le *D. alpina* L., des rochers de la Côte, sont aussi parmi les espèces
méridionales de notre flore. Le *D. Cneorum* cependant se retrouve plus
au Nord, en Lorraine et dans le Palatinat rhénan, ainsi que l'*Euphorbia
Gerardiana* Jacq.

Quoique les *Salix* hybrides ne soient pas aussi nombreux dans la Côte-
d'Or que dans d'autres contrées, les Vosges par exemple, on peut [en
rencontrer partout où se trouvent réunies des espèces fleurissant à
peu près à la même époque. C'est ainsi que dans les carrières de Sainte-
Anne, près de Dijon, existent les *Salix caprea-aurita* Wimm. (*S. capreola*
Kern.) et *S. purpurea-aurita* Wimm. (*S. auritoides* Kern.). Mais ce
dernier est très peu ressemblant au *S. purpurea-aurita* des Vosges et de
la Forêt-Noire : ce qui ne doit pas étonner, l'extrême variabilité des
hybrides étant connue.

Le val de Saône est la station Nord-Est la plus avancée du *Damaso-
nium stellatum* Rich., espèce d'Angleterre, de Portugal, d'Espagne,
d'Italie et de la France austro-occidentale.

Le *Scheuchzeria palustris* L., à l'inverse de tant d'autres espèces,
a sa limite Sud-Ouest, si l'on excepte les lacs des Monts-Dore, dans les
étangs de Saulieu et de Saint-Andeux.

Le *Wolffia arhiza* Wimm (*Lemna arhiza* L.), rare dans l'est de la France,
habite aussi la plaine de la Saône.

L'*Iris fœtidissima* L., du sud-ouest de l'Europe et le *Narcissus poeticus*
L., de l'Europe centrale et australe, dont nous avons la limite Nord-Est
avec le Jura, peuvent compter parmi nos espèces rares.

Nous possédons une très riche variété d'*Orchidées*, et parmi elles, la
plus magnifique des plantes d'Europe, le *Cypripedium Calceolus* L., du
Val-des-Choues, dont la vue, en plein épanouissement de sa fleur, force
toujours l'admiration du botaniste.

Le *Juncus sphærocarpus* Nees, déjà observé à Saulon-la-Rue, par

Royer, vient d'être retrouvé par moi cette année, sur le plateau de Chenôve, dans des pâtures humides et légèrement marécageuses.

J'ai aussi retrouvé, en 1896, à Premeaux, à la fontaine de Courtavaux, le *Cyperus longus* L., déjà indiqué par Lorey.

Les *Caricées* nous donnent des espèces très intéressantes : *Carex dioica* L., *C. Pairæi* Schultz, *C. paradoxa* Willd, *C. teretiuscula* Good, *C. cyperoides* L., *C. stricta* Good., *C. strigosa* Huds, *C. limosa* L., *C. Halleriana* Asso, *C. ornithopoda* Willd, *C. depauperata* Good, *C. Hornschuchiana* Hoppe, *C. fulva* Good., *C. lævigata* Sm, et *C. nutans* Host., rares dans la Côte-d'Or ou manquant tout à fait dans d'autres régions. L'*Eriophorum vaginatum* L., à part les montagnes du Forez et de l'Auvergne est bien près d'avoir en Côte-d'Or et en Saône-et-Loire, sa limite méridionale.

Le *Calamagrostis lanceolata* Roth ne s'avance pas plus au Sud, quoiqu'on le retrouve plus à l'Ouest, vers Angers et Nantes.

Comme on le voit par le court aperçu que nous avons esquissé, la flore de la Côte-d'Or, dans son ensemble et par la caractéristique de ses plantes rares est plutôt méridionale que septentrionale et bon nombre d'espèces ont chez nous la limite nord de leur aire de dispersion.

M. BROCQ-ROUSSEU,

SUR LE FLEURAGE DES PRUNEAUX.

664.85.2

1er Août.

Dans une Note au Congrès de l'Association française, en 1910, et dans les *Annales de l'École d'Agriculture de Rennes*, M. Ducomet a essayé d'établir que la présence d'une levure que nous avons décrite, M. Stoykowitch et moi, comme une cause d'altération des pruneaux, n'est pas la cause réelle de l'altération, et qu'il s'agit d'un phénomène osmotique.

La lecture du travail de M. Ducomet semble indiquer qu'il a étudié autre chose que notre altération, et que, selon son expression propre, il existerait un vrai et un faux fleurage.

Les conditions de notre expérimentation avaient été précisées, et cependant M. Ducomet semble avoir mal interprété une phrase de notre travail. En effet, il dit que nous n'avons pu obtenir le fleurage parce que nos pruneaux étaient en milieu humide et non en milieu sec, se basant sur ce fait que nous avons mis de l'eau au fond de nos flacons. Cette eau (environ 2 à 3 cm³) était destinée, non pas à donner de l'humidité aux, pruneaux, mais bien à *assurer la stérilisation en milieu humide.*

De plus, les flacons stériles étant restés près d'une année à l'étuve à 37°, nous nous trouvions donc dans le cas de pruneaux stériles et *secs*, et cependant nous n'avons jamais observé de fleurage. Aujourd'hui même, après plus de deux années, ces mêmes pruneaux stériles sont intacts. La conclusion que nous tirions de nos expériences reste donc entière à mon avis : *des pruneaux stériles ne fleurissent ni ne s'altèrent jamais.*

La divergence d'opinion entre M. Ducomet et nous aurait pu s'expliquer par une modification physique des sucres pendant la stérilisation, ne permettant plus leur osmose; mais puisque M. Ducomet a obtenu le fleurage sur des pruneaux stériles, cette opinion ne peut se soutenir. La seule hypothèse qui paraîtrait soutenable serait que, dans certains cas, la stérilisation n'a pas été parfaite, parce qu'elle aurait été faite en milieu non humide.

M. Raoul COMBES,

Docteur ès Sciences (Paris).

RECHERCHES MICROCHIMIQUES SUR LES PIGMENTS ANTHOCYANIQUES.

58.11.95

1ᵉʳ *Août.*

Au cours de recherches sur la composition des pigments anthocyaniques et sur celle des composés incolores voisins de ces pigments, j'ai été amené à employer les méthodes de microchimie pour obtenir des renseignements sur les propriétés de ces deux sortes 'de substances contenues dans la plante sur laquelle portaient mes expériences. ·

Ce sont les résultats obtenus par l'emploi de ces méthodes que je vais indiquer dans cette Note. Mais avant d'en commencer l'exposé, il est nécessaire que je rende compte des essais chimiques préliminaires qui m'ont conduit à entreprendre des recherches dans ce sens.

Les expériences ont porté : 1° sur les feuilles rouges de l'*Ampelopsis hederacea*, chez lesquelles le pigment s'était développé sous l'influence des premières gelées automnales; 2° sur les feuilles vertes de la même plante, récoltées avant l'arrivée des froids de l'automne.

I. Essais préliminaires sur les feuilles rouges. — Les feuilles ont été épuisées par l'alcool éthylique bouillant, en présence de carbonate de calcium; la liqueur alcoolique a été agitée avec de la benzine, de manière à éliminer la chlorophylle; la solution benzénique de chlorophylle a été séparée de la liqueur alcoolique, par décantation, puis cette dernière a été concentrée par distillation dans le vide à basse température. Lorsque la totalité de l'alcool a ainsi été éliminé, le résidu a été repris par l'eau distillée, et la solution aqueuse a été filtrée.

Si, à la solution ainsi obtenue, on ajoute une petite quantité d'une solution rigoureusement neutre d'acétate neutre de plomb ([1]), on obtient un précipité de couleur brunâtre. Le précipité étant isolé par filtration, la solution aqueuse est additionnée d'une nouvelle quantité de liqueur plombique; il y a formation d'un second précipité qu'on sépare également par filtration. En continuant ainsi les précipitations fractionnées dans le liquide anthocyanique, au moyen de l'acétate neutre de plomb, et en séparant, après chaque addition de solution plombique, le précipité formé, on obtient une série de précipités présentant des teintes différentes. Les premiers formés sont de couleur brune, ceux qui suivent sont d'un brun verdâtre, puis viennent des précipités d'un beau vert, puis vert jaunâtre, puis jaunes. A mesure que les précipitations deviennent plus nombreuses dans la solution anthocyanique, la coloration rouge de cette dernière devient de moins en moins foncée; quand l'addition d'acétate neutre de plomb ne détermine plus que la formation de précipités jaunes, le liquide a complètement perdu sa teinte rouge, il n'est plus coloré qu'en jaune. Lorsque la série des précipitations est terminée et que l'addition d'une dernière quantité de solution plombique ne détermine aucune formation de précipité dans la liqueur aqueuse étudiée, cette dernière est d'ailleurs encore colorée en jaune.

Il résulte de ces essais préliminaires que la matière colorante rouge contenue dans les feuilles automnales de l'*Ampelopsis hederacea* forme une combinaison insoluble en présence de l'acétate neutre de plomb, et qu'elle a été peu à peu éliminée de la liqueur aqueuse dans laquelle elle était en solution, pendant la formation des premiers précipités plombiques : bruns, brun verdâtre, verts, et vert jaunâtre.

II. Essais préliminaires sur les feuilles vertes. — Des feuilles vertes d'*Ampelopsis hederacea* ont été épuisées par l'alcool éthylique bouillant, en présence de carbonate de calcium; la liqueur alcoolique a été débarrassée de la chlorophylle qu'elle renfermait par agitation avec de la benzine, puis concentrée par distillation à basse température. Le résidu a été repris par l'eau distillée, et la solution obtenue a été filtrée. Cette dernière a été soumise à des précipitations fractionnées à l'aide de la solution d'acétate neutre de plomb, en opérant exactement ainsi qu'il vient d'être indiqué pour la solution obtenue en partant des feuilles rouges.

Dans ces conditions, les premiers précipités plombiques formés sont de couleur brune, puis viennent des précipités brun jaunâtre, puis des précipités jaunes.

([1]) La solution d'acétate neutre de plomb qui a été employée dans ces recherches est celle qui correspond à la formule de Courtonne.

Acétate neutre de plomb..................... 3oo g
Eau distillée, environ........................ 6oo cm³

Faire dissoudre, neutraliser très exactement en ajoutant goutte à goutte une solution d'acide acétique, et compléter le volume de 1000 cm³, avec de l'eau distillée.

Au point de vue de la manière dont agit l'acétate neutre de plomb, la liqueur préparée à l'aide des feuilles rouges diffère donc de celle qui a été préparée avec les feuilles vertes, parce que la première fournit des combinaisons plombiques vertes, tandis que la seconde n'en produit pas.

Ce dernier résultat, ainsi que la disparition progressive de la coloration rouge dans la liqueur obtenue, en partant des feuilles automnales, à mesure que les précipités verts sont formés et isolés, permettent de conclure que les précipités verts formés dans la liqueur anthocyanique par l'addition d'acétate neutre de plomb, renferment l'anthocyane.

Le pigment anthocyanique qui prend naissance en automne dans les feuilles de l'Ampelopsis hederacea forme donc, avec l'acétate neutre de plomb, une combinaison insoluble de couleur verte.

Grâce à ces premières indications, j'ai pu entreprendre l'extraction du pigment rouge des feuilles de l'*Ampelopsis hederacea*. J'indiquerai ultérieurement la méthode qui m'a permis d'obtenir ce composé à l'état de pureté et cristallisé.

Indépendamment de l'étude de l'anthocyane, je me suis proposé de rechercher s'il existe, dans les feuilles vertes récoltées avant le rougissement, un composé non coloré en rouge qui serait localisé dans les mêmes cellules et de la même manière que l'anthocyane qui se forme plus tard.

Il m'était donc nécessaire d'obtenir, en vue de son extraction, quelques renseignements sur les propriétés chimiques de ce composé qui précède l'anthocyane et de connaître en particulier la manière dont il se comporte vis-à-vis de l'acétate neutre de plomb. C'est pour obtenir ces renseignements que j'ai utilisé les méthodes microchimiques.

III. Recherche microchimique du pigment anthocyanique dans les feuilles rouges. — Une foliole de la feuille de l'*Ampelopsis hederacea*, coupée transversalement au tiers inférieur de sa longueur, présente : un épiderme supérieur à cellules allongées tangentiellement, renfermant de place en place des poils formés de deux à cinq cellules ; un tissu palissadique constitué par une seule assise de cellules ; un tissu lacuneux formé de quatre à sept assises de cellules, l'assise la plus voisine du tissu palissadique présente de place en place une grosse cellule renfermant de l'oxalate de chaux en raphides ; dans les nervures, ce sel se présente, non plus en raphides, mais en mâcles ; enfin l'épiderme inférieur est formé d'éléments à peu près semblables à ceux de l'épiderme supérieur ; comme ce dernier, il renferme des poils pluricellulaires, mais il présente de plus de nombreux stomates.

Dans la nervure médiane, le parenchyme, qui avoisine l'épiderme inférieur et l'épiderme supérieur est constitué par des éléments à parois cellulosiques très épaisses. Le tissu conducteur se présente sous la forme d'un gros faisceau libéro-ligneux accompagné de deux faisceaux plus petits.

Des coupes ont été faites dans cette région de la feuille, et l'épaisseur de chaque coupe était telle qu'il y eut au moins une assise de cellules respectée par le rasoir. Ces coupes ont été montées dans une goutte de glycérine et observées immédiatement. Le pigment rouge se trouve contenu dans la partie supérieure de la feuille, mais il est difficile de le localiser nettement, car il diffuse très rapidement dans la glycérine. L'observation des coupes placées entre la lame et la lamelle, soit à sec, soit dans une goutte de xylol, donne des résultats meilleurs, quoique encore insuffisants; il est possible de constater, dans ces conditions, que le pigment rouge est surtout contenu dans le tissu palissadique.

Des coupes ont alors été plongées dans une solution d'acétate neutre de plomb préparée selon la formule de Courtonne, la même qui m'avait servi à opérer les précipitations fractionnées dont il a été question plus haut. Les coupes se colorent instantanément en vert, par suite de la précipitation, dans les cellules pigmentées, de la matière colorante rouge, à l'état de combinaison plombique insoluble et verte. Après 10 minutes de contact, les coupes sont lavées dans l'eau distillée, puis dans l'alcool à 70°, puis enfin dans l'alcool absolu; ce dernier dissout la totalité de la chlorophylle. Les coupes sont ensuite montées dans la glycérine.

Les coupes, ainsi traitées, présentent un précipité vert dans toutes-les cellules qui contenaient le pigment rouge. Ces cellules sont les suivantes :

1° Dans le limbe : toutes les cellules du parenchyme palissadique, quelques rares cellules de l'épiderme supérieur, quelques rares cellules de l'épiderme inférieur et un assez grand nombre des poils insérés dans ces épidermes. Certains éléments du parenchyme lacuneux, surtout parmi ceux qui avoisinent le tissu palissadique, renferment également la combinaison plombique verte d'anthocyane.

2° Dans la nervure médiane, le précipité vert est localisé dans la plupart des cellules de l'épiderme supérieur, dans les poils insérés dans ce dernier, ainsi que dans quelques cellules et dans quelques poils de l'épiderme inférieur.

En dehors du précipité vert, formé dans les éléments qui viennent d'être énumérés, l'acétate de plomb a déterminé la formation d'un précipité jaune dans certaines cellules nettement localisées; ce sont toutes les cellules de l'épiderme supérieur, à l'exception de celles qui renfermaient de l'anthocyane et qui contiennent, après traitement par l'acétate de plomb, un précipité vert; quelques cellules de l'épiderme inférieur et les poils des deux épidermes qui ne renferment pas de précipité vert.

La méthode de localisation que je viens d'indiquer permet d'obtenir des préparations très faciles à étudier; le précipité vert est rassemblé au centre des cellules et forme des taches très nettes au milieu d'une préparation dont toutes les autres parties sont incolores par suite de l'élimination de la chlorophylle au moyen de l'alcool. La coloration du précipité persiste pendant très longtemps et permet de faire une étude détaillée des préparations.

En résumé, l'étude des coupes faites dans les feuilles d'*Ampelopsis hederacea*, et examinées, d'abord dans la glycérine, puis à sec ou dans le xylol, et enfin après traitement par l'acétate neutre de plomb et l'alcool, permet de préciser les points suivants :

1° La combinaison insoluble verte obtenue en traitant les feuilles d'*Ampelopsis* par l'acétate neutre de plomb est bien due à la précipi-

tation de l'anthocyane à l'état de composé plombique; ce résultat confirme celui qui avait été obtenu dans les essais préliminaires.

2° L'antocyane se trouve surtout localisée dans le parenchyme palissadique; quelques cellules des épidermes et du tissu lacuneux en renferment également.

3° Les cellules des épidermes ne contenant pas d'anthocyane renferment
une substance qui paraît incolore lorsqu'on observe les coupes au microscope cette substance forme, avec l'acétate neutre de plomb, une
combinaison insoluble de couleur jaune. Or, dans les essais exposés
plus haut, nous avons vu que la formation des précipités verts, déterminée par l'action de l'acétate de plomb dans les solutions d'anthocyane,
est suivie, après que les liqueurs ont perdu leur coloration rouge, de la
formation de précipités jaunes; les substances non colorées en rouge
qui précipitent à ce moment sont probablement celles qui se trouvent
dans les épidermes et qui donnent ce même précipité jaune lorsqu'on
fait agir l'acétate de plomb sur les coupes.

IV. RECHERCHE MICROSCOPIQUE, DANS LES FEUILLES VERTES, DU COMPOSÉ
NON COLORÉ EN ROUGE ET VOISIN DE L'ANTHOCYANE, QUI, DANS CES FEUILLES,
SE TROUVE DANS LES CELLULES OU LE PIGMENT ANTHOCYANIQUE PRENDRA
NAISSANCE DÈS L'ARRIVÉE DES PREMIERS FROIDS DE L'AUTOMNE. — Des
folioles d'*Ampelopsis hederacea* ont été récoltées avant l'arrivée des premiers
froids de l'automne et par conséquent lorsqu'elles étaient encore vertes;
des coupes ont été pratiquées au tiers inférieur de leur longueur, c'est-
à-dire au même niveau que celles qui ont été faites dans les feuilles rouges.
Ces coupes, observées au microscope, dans la glycérine, sans avoir subi
aucun traitement, ne présentent pas de pigment rouge. En dehors de la chlorophylle, aucune substance sensiblement colorée ne se trouve dans les cellules.
L'observation des coupes, soit à sec, soit dans le xylol, conduit aux mêmes
conclusions.

Des coupes ont été traitées pendant 10 minutes par la solution rigoureusement neutre d'acétate neutre de plomb dont il a été parlé plus haut, puis
lavées dans l'eau distillée; enfin la chlorophylle a été éliminée des coupes par
des lavages successifs avec de l'alcool à 70° et de l'alcool absolu.

Les préparations, traitées comme il vient d'être dit, présentent un
précipité jaune localisé dans les éléments suivants :

1° Dans le limbe : toutes les cellules qui constituent l'épiderme
supérieur et le tissu palissadique, quelques cellules de l'épiderme inférieur et tous les poils insérés dans les deux épidermes. Certains éléments
du parenchyme lacuneux, surtout parmi ceux qui avoisinent le tissu
palissadique, renferment également le précipité plombique de couleur
jaune.

2° Dans la nervure médiane, le précipité jaune est localisé dans
toutes les cellules de l'épiderme supérieur, dans quelques cellules de
l'épiderme inférieur et dans les poils insérés dans ces deux épidermes.

En résumé, dans les feuilles vertes, les cellules qui renferment un précipité jaune, après traitement par l'acétate neutre de plomb, sont réparties exactement de la même manière que celles qui, dans les feuilles rouges, renferment, soit un précipité jaune, soit un précipité vert, après le même traitement. Or, chez l'*Ampelopsis hederacea*, le rougissement se produit très rapidement; j'ai pu ainsi examiner, par la méthode qui vient d'être indiquée, d'une part, une foliole récoltée avant l'arrivée des premiers froids, et par conséquent lorsqu'elle est encore verte, et d'autre part, une foliole de la même feuille récoltée 4 ou 5 jours plus tard, mais après quelques nuits froides, et par conséquent lorsqu'elle est rouge; j'ai obtenu, dans ces conditions, des résultats semblables à ceux qui viennent d'être exposés.

Enfin, les différentes folioles d'une feuille ne se pigmentant pas avec la même rapidité, j'ai pu également retrouver les différents faits observés dans mes premiers essais de localisation, en opérant, d'une part, sur une foliole encore verte et d'autre part, sur une foliole appartenant à la même feuille, mais présentant déjà une forte proportion d'anthocyane.

Il résulte de l'étude microchimique qui précède que :

1º *Certaines cellules (éléments épidermiques, poils) contiennent une ou plusieurs substances non colorées en rouge, précipitant en jaune par l'acétate neutre de plomb, aussi bien dans les feuilles vertes que dans les feuilles rouges.* Par conséquent, lorsque le chimisme cellulaire est modifié par des conditions extérieures (ici, l'abaissement de température) qui favorisent la formation des pigments rouges, la ou les substances non colorées en rouge capables de réagir avec le sel de plomb, qui s'accumulent dans ces cellules, sont identiques à celles qui s'y accumulent dans les conditions normales ou en sont très voisines; de plus, les substances de ce groupe qui s'y trouvaient déjà ne semblent pas avoir été modifiées par ce changement survenu dans les conditions extérieures.

2º *Certaines cellules (éléments en palissade, quelques cellules des épidermes et du tissu lacuneux, certains poils) contiennent, dans les feuilles vertes, une ou plusieurs substances incolores, précipitant en jaune par l'acétate neutre de plomb, et, dans les feuilles rouges, une ou plusieurs substances rouges précipitant en vert par le même réactif.* Par conséquent, lorsque le chimisme cellulaire est modifié par des conditions extérieures (ici, l'abaissement de température) qui favorisent la formation des pigments rouges, la ou les substances capables de réagir avec le sel de plomb, qui se forment ou s'accumulent dans ces cellules, sont différentes de celles qui s'y forment ou s'y accumulent dans les conditions normales; de plus, les substances de ce groupe qui s'y trouvaient déjà ont été modifiées par ce changement survenu dans les conditions extérieures.

La mise en évidence de ces différences existant entre les composés incolores formés ou accumulés dans certaines cellules des feuilles vertes et les composés rouges formés ou accumulés dans les mêmes éléments des feuilles rouges, permettra de définir le sens dans lequel a été modifié

**12

le chimisme cellulaire par suite de la transformation survenue dans les conditions extérieures et ayant provoqué le rougissement. Les recherches conduites dans ce sens pourront seules, je crois, aboutir à la détermination du processus intime de la formation des pigments rouges.

J'ai dit plus haut que les premiers essais que j'avais effectués, à l'aide de l'acétate neutre de plomb, sur des liquides aqueux provenant de l'épuisement de feuilles vertes et de feuilles rouges, m'avaient fourni des renseignements suffisants pour qu'il m'ait été possible d'entreprendre l'extraction du pigment rouge contenu dans les feuilles de l'*Ampelopsis hederacea* et d'aboutir à l'obtention de cette substance à l'état cristallisé. Les recherches microchimiques qui viennent d'être exposées m'ont également fourni une série de données relatives au composé qui, dans les feuilles vertes, se forme ou s'accumule dans les éléments où se formerait ou s'accumulerait le pigment rouge lorsque les conditions extérieures favorisent le rougissement des feuilles; j'ai pu, d'après ces données, extraire ce composé probablement très voisin de l'anthocyane, Je ne suis arrivé, jusqu'ici, à l'obtenir qu'à l'état amorphe, j'indiquerai ultérieurement la méthode d'extraction que j'ai employée, ainsi que les propriétés de ce corps dont je continue actuellement l'étude.

CONCLUSIONS. — Le pigment anthocyanique qui apparaît dans les feuilles rouges de l'*Ampelopsis hederacea* dès que surviennent les premiers froids de l'automne, forme, avec l'acétate neutre de plomb, une combinaison insoluble colorée en vert. Cette combinaison, qui se précipite dans les solutions aqueuses d'anthocyane traitées par le sel de plomb, se dépose également dans les cellules pigmentées lorsqu'on fait agir ce même sel sur des coupes pratiquées dans les feuilles.

L'acétate neutre de plomb peut servir à localiser les pigments anthocyaniques; son emploi devient surtout très utile dans l'étude des organes pour lesquels cette localisation est rendue difficile, sinon impossible, par la diffusion rapide du pigment dans les liquides où baignent les coupes.

La recherche de la répartition de l'anthocyane dans les feuilles rouges d'*Ampelopsis hederacea*, effectuée en étudiant des coupes, observées directement, soit dans la glycérine, soit à sec, soit dans le xylol, ou traitées par l'acétate neutre de plomb pour précipiter l'anthocyane, puis par l'alcool pour éliminer la chlorophylle, montre que ce pigment est localisé surtout dans le tissu en palissade, dont tous les éléments renferment l'anthocyane en dissolution dans le suc cellulaire, dans quelques cellules des épidermes, dans quelques poils épidermiques et dans un assez grand nombre de cellules du tissu lacuneux. En même temps qu'il précipite l'anthocyane à l'état de combinaison plombique verte, l'acétate neutre de plomb détermine la formation d'un précipité jaune dans la plupart des cellules épidermiques et dans quelques poils.

Chez les feuilles vertes, l'acétate neutre de plomb détermine la formation d'un précipité jaune : 1° dans les cellules qui sont localisées exactement de la même manière que celles qui présentent cette même réaction chez les feuilles rouges; 2° dans les cellules qui sont localisées exactement de la même manière que celles dont le contenu renferme de l'anthocyane et précipite en vert au contact de l'acétate neutre de plomb chez les feuilles rouges.

Par conséquent, tandis que, dans les conditions normales, lorsque les feuilles restent vertes, il se forme ou il s'accumule dans certaines cellules des feuilles d'*Ampelopsis* une substance non colorée en rouge et précipitant en jaune au contact de l'acétate neutre de plomb, lorsque la température est abaissée et que les feuilles rougissent, il y a transformation de la substance précédente en un composé rouge précipitant en vert en présence du sel de plomb, et probablement aussi, il y a formation de toute pièce et accumulation, dans les mêmes cellules, de cette dernière substance colorée.

Les indications fournies par la méthode microchimique m'ont permis d'extraire, des feuilles rouges, le pigment anthocyanique formant une combinaison insoluble verte avec l'acétate neutre de plomb et, des feuilles vertes, le composé non coloré en rouge, formant avec le même sel une combinaison insoluble jaune. J'ai pu obtenir le premier corps à l'état de pureté et cristallisé; le second, coloré en brun clair, n'a été obtenu qu'à l'état amorphe.

L'étude de la constitution et des propriétés de ces deux substances est actuellement en cours; il est permis de penser que la mise en évidence des différences qui existent entre le corps de couleur brun clair se trouvant dans les feuilles vertes qui se développent dans les conditions normales, et le corps coloré en rouge qui remplace ce dernier dans les feuilles ayant rougi à la suite d'un brusque abaissement de température, permettra de définir d'une manière précise le mécanisme intime de la formation des pigments anthocyanique dans la nature.

(Ce travail a été fait au Laboratoire de Biologie végétale de Fontainebleau.) -

M. Jean FRIEDEL.

LE LATHYRUS APHACA L. A-T-IL EU DES ANCÊTRES A FEUILLES FOLIOLÉES ?

58.33.21 (Lathyrus)

1er Août.

Il serait hardi de vouloir répondre avec certitude à une semblable question. L'origine des espèces se perd dans la nuit des temps et, depuis quelques années, la marche de la Science a déraciné des arbres généalogiques qui semblaient solidement plantés. Je ne présenterai donc qu'à titre d'hypothèse les quelques considérations qui serviront de conclusion à ce travail.

On connaît l'aspect si caractéristique du *Lathyrus Aphaca* L. adulte : chaque feuille est réduite à une paire de larges stipules, beaucoup plus grandes que chez les autres *Lathyrus* et qui remplacent, pour l'assimilation chlorophyllienne, le limbe absent. Les feuilles supérieures sont pourvues chacune d'une vrille occupant une place qui serait celle du pétiole dans un *Lathyrus* ordinaire. Si nous consultons la *Flore de France* de Rouy (t. V, p. 252), nous constatons que le *Lathyrus Aphaca* présente, à côté du type normal liennéen, trois variétés : β. *stipularis* Rouy, ν. *foliolosa* Brebisson, δ. *ecirrosa* Nym. et une forme *L. affinis* Guss.

La variété *stipularis* et la forme *affinis* ne diffèrent du type normal que par les dimensions et la forme des stipules et par quelques caractères accessoires de la fleur, ne présentent aucun intérêt au point de vue qui nous occupe. Il n'y a pas lieu non plus de s'arrêter à la variété *ecirrosa*, chez laquelle la vrille est réduite à un mucron.

Par contre, dans la variété *foliolosa*, les feuilles supérieures, au lieu de vrille, présentent un petit pétiole terminé par une foliole bien caractérisée, ayant une articulation nette (*fig.* 1). J'ai eu entre les mains un grand nombre d'échantillons de *Lathyrus Aphaca* de provenance française appartenant soit à l'herbier de la Sorbonne, soit à celui du Prince Roland Bonaparte ; j'ai vu ensuite tous les échantillons français ou étrangers de l'herbier du Muséum d'Histoire naturelle. J'ai constaté que le *Lathyrus Aphaca* est une plante à caractères extrêmement fixes ; si l'on excepte la variété *foliolosa*, les diverses formes de cette plante ne se distinguent que par des particularités insignifiantes. Au Muséum on peut voir des échantillons provenant de toute l'Europe, de Ténériffe, d'Algérie, d'Égypte, des régions les plus diverses d'Asie : Asie-Mineure, Caucase, Turkestan, Himmalaya, Indes orientales, Japon. Parmi tous ces échantillons, d'origines si diverses, il m'a été impossible de distinguer aucune variété différant des variétés indiquées par Rouy pour la flore de France.

Fig. 1. — Feuilles de *Lathyrus Aphaca* L., var. *foliolosa* Bréb. (gr. naturelle).

Presque tous les échantillons de la variété *foliolosa* provenaient de deux régions très limitées : les Deux-Sèvres, les environs d'Avignon. J'ai vu un échantillon unique provenant de Vancieux, près de Bayeux. Il est probable que cette variété existe encore dans d'autres régions, mais elle doit être assez rare, puisque les nombreux spécimens de la riche collection du Muséum proviennent tous des localités indiquées.

Si l'on consulte le Prodrome d'A.-P. de Candolle, on constate qu'il n'existe dans le monde entier aucune autre espèce de *Lathyrus* ressemblant au *Lathyrus Aphaca*, puisque la plante la plus voisine est le *Lathyrus Nissolia* L., aux stipules très réduites, aux feuilles formées seulement par de longs pétioles aigus (*fig.* 2).

En résumé, le *Lathyrus Aphaca* est un type très spécialisé, très différent des autres espèces du même genre; il y a tout lieu de croire que c'est un type très évolué. La variété *foliolosa* qui, tout en se rattachant étroitement au type normal par l'ensemble de ses caractères, se distingue par sa foliole, serait un type plus ancien conservant un rappel d'un caractère ancestral.

Si l'on fait germer des graines de *Lathyrus Aphaca*, on constate que lesdeux feuilles inférieures sont très simples, en forme de trident, la dent du milieu correspondant au limbe, la dent latérale aux stipules. Les deux feuilles suivantes sont plus complexes, elles présentent des stipules distinctes et sont nettement foliolées (*fig.* 3). Le fait a été déjà signalé par John Lubbock (*A contribution to our knowledge of seedlings*, p. 439. *fig.* 285, London 1892), par Lombard-Dumas *Bull. Soc. bot. France*, t. XVI, p. 34). J'ai fait germer un grand nombre de graines; j'ai constaté qu'il y a une constance absolue : on observe toujours les deux premières feuilles simplifiées, puis les deux feuilles complexes à folioles. Le cinquième nœud porte toujours une feuille réduite à une paire de stipules. Fréquemment, un rameau naît à l'aisselle de l'une ou l'autre des quatre premières feuilles : toutes les feuilles qu'il porte sont réduites à des stipules. Souvent l'axe principal se dessèche et meurt et, même lorsque cet axe subsiste, les deux feuilles à folioles se détruisent rapidement. Pourtant, j'ai vu au Muséum un échantillon provenant de l'herbier Loret et récolté par Lombard; sur cet échantillon, qui présente un grand nombre de feuilles à larges stipules, on voit encore nettement la troisième et la quatrième feuilles, pourvues de larges folioles qui ont dû certainement jouer un rôle appréciable dans l'assimilation chlorophyllienne.

Si l'on attribue quelque autorité au principe, classique en Zoologie, du parallélisme entre l'évolution de l'individu et celle de l'espèce, on peut admettre que le *Lathyrus Aphaca* qui, dans son jeune

Fig. 2. – Jeune germination de *Lathyrus Nissolia* L. (un peu grossi).

Fig. 3. — Jeune germination de *Lathyrus Aphaca* L. (grossi).

âge, a toujours des feuilles foliolées, descend probablement d'ancêtres dont les feuilles étaient toutes semblables, la prédominance des stipules étant un caractère acquis fixé par hérédité.

Enfin, j'ai trouvé au Jardin botanique de l'École de Pharmacie de Paris un échantillon rabougri vraisemblablement attaqué par quelque animal. On distingue encore nettement la troisième feuille qui est foliolée et à l'aisselle de cette feuille nait un rameau dont l'extrémité a été détruite. Ce rameau se termine par une feuille complète avec une paire de larges stipules, un pétiole très net et deux folioles sensiblement aussi grandes que les stipules (*fig.* 4). Or, à l'état normal, les rameaux de *Lathyrus*

Fig. 4. — Rameau anormal de *Lathyrus Aphaca* né à l'aisselle d'une feuille foliolée et présentant lui-même une feuille à larges folioles.

Fig. 5. — *Lathyrus pratensis* L.
a, jeune germination (grossie) ;
b, feuille de la plante adulte.

Aphaca n'ont jamais de feuilles foliolées. Il faut, sans doute, être très prudent lorsqu'on essaie d'expliquer les phénomènes qui se produisent chez une plante à la suite d'un traumatisme, mais il semble assez raisonnable d'interpréter cette apparition d'une feuille foliolée comme un retour à un type ancestral. Il y a un rapprochement curieux à faire entre cette observation et un fait bien connu des zoologistes. Chez certains Phasmes dont le tarse se régénère après amputation, l'organe régénéré, au lieu d'être identique à celui qu'il remplace, est plus simple et ressemble beaucoup aux tarses d'insectes voisins qui, par l'ensemble de leur organisation, paraissent moins évolués et plus voisins de types ancestraux communs.

Si l'on compare, au point de vue des feuilles, le développement du *Lathyrus Aphaca*, avec celui d'un *Lathyrus* à folioles du type habituel, le *Lathyrus pratensis* L., par exemple, on constate que les débuts sont tout à fait semblables.

Les premières feuilles formées (deux chez l'*Aphaca*, trois chez le *pratensis*) sont très simples, réduites à des petits tridents, puis il se développe des feuilles foliolées. Il y a évolution *progressive* : les feuilles plus récentes étant plus complexes que les feuilles primordiales. Chez le *Lathyrus pratensis* toutes les feuilles supérieures sont foliolées; chez le *Lathyrus Aphaca*, au contraire, l'évolution *progressive* est suivie par une évolution *régressive*, le limbe disparaissant et les stipules assumant à elles seules le rôle physiologique de la feuille.

Je sais bien que, conclure en pareille matière, c'est toujours rester dans le domaine de l'hypothèse, mais les trois ordres de considérations développées à propos de la variété *foliolosa*, du développement du *Lathyrus Aphaca* et de l'échantillon anormal trouvé dans le jardin de l'École de Pharmacie, me conduisent à penser que le *Lathyrus Aphaca* doit être un type très évolué dérivant d'ancêtres qui ressemblaient beaucoup aux *Lathyrus* ordinaires à folioles.

───────

M. Jean POUGNET,

Pharmacien, Licencié ès Sciences [Beaulieu (Corrèze)].

ACTION DES RAYONS ULTRAVIOLETS SUR LA GERMINATION DES GRAINES.

58.11.434

1er Août.

Les modifications que j'avais observées sur les tissus de certains végétaux exposés aux rayons ultraviolets [1] m'ont amené à rechercher quel serait l'effet de ces rayons sur la germination des graines.

La source d'ultraviolet employée est une lampe en quartz à vapeurs de mercure, fonctionnant sous 110 volts et 4 ampères et fournie par la *quarzlampen Gesellschafft*.

Les échantillons étaient exposés sous le brûleur à une distance de 20 cm, la température variait de 47° à 49°, le courant n'étant pas parfaitement régulier.

Pour chaque espèce de graines traitées, un lot, protégé par un écran de verre, était exposé en même temps et servait de témoin.

───────────

[1] *Comptes rendus Ac. Sc.*, 19 septembre 1910 et 1er mai 1911.

Ces rayons, de très faible longueur d'onde, étant arrêtés, par une mince couche de substance, il était facile de prévoir que les graines assez grosses ne seraient pas altérées. En effet, les semences de *Ricinus communis* L., *Linum usitatissimum* L., *Hordeum vulgare* L., *Secalum cereale* L., n'ont subi aucune modification, même après 5 heures d'exposition.

D'autres, comme les graines du *Tropeolum majus*, sont peu modifiées au point de vue de la germination, mais, après 40 minutes d'exposition à 15 cm du brûleur, elles dégagent une forte odeur sulfurée analogue à celle du cresson; elles rentrent dans la catégorie des plantes que j'ai étudiées dans ma Communication à l'Académie des Sciences du 19 septembre 1910.

Enfin, les graines très petites, comme celles de *Bellis perennis* L. (environ 8000 au gramme), *Agrostis vulgaris* L. (environ 27 000 au gramme), *Petunia nyctagiflora* (environ 12 000 au gramme), *Francoa ramosa* (environ 30 000 au gramme) permettent de faire des observations curieuses :

A) Si l'on expose ces graines, dans les conditions déjà indiquées, pendant 30 à 35 minutes, pour *Bellis perennis, Francoa ramosa, Agrostis vulgaris*, et 50 minutes pour *Petunia nyctagiflora*, la rapidité de la germination de ces graines se trouve très nettement augmentée.

Les graines traitées et les témoins furent semés en avril et mai, avec toutes les précautions nécessaires et placés dans des conditions identiques. Les échantillons exposés aux ultraviolets germèrent 3 à 4 jours avant les graines témoins.

B. Une insolation plus longue conduit à un résultat tout différent :

Après 5 heures d'exposition pour *Petunia nyctagiflora*, 2 heures pour *Francoa ramosa*, 4 heures pour les autres, le pouvoir germinatif est complètement détruit.

On remarque de suite la plus grande résistance du *P. nyctagiflora* due, sans doute, à la dureté du tégument et à la pigmentation.

Un examen micrographique de coupes de ces graines ne montre aucune modification dans la structure anatomique de celles qui ont été exposées seulement le temps nécessaire à l'excitation du pouvoir germinatif.

Quant à celles qui ont subi une action plus prolongée, elles présentent, surtout si l'on opère sur des graines mûres mais fraîches, un protoplasme rétracté dans toutes les cellules; celles de l'albumen paraissent avoir particulièrement souffert.

Conclusions. — Les ultraviolets sont donc des agents de vie ou de mort suivant la durée de leur action sur les graines.

La destruction du pouvoir germinatif s'explique facilement par la désorganisation des cellules de la graine; mais on ne peut expliquer l'excitation de ce même pouvoir que par des phénomènes de catalyse, J'ai montré, ailleurs, que les ultraviolets étaient en Chimie, de puissants agents catalyseurs (¹).

(¹) *Journal de Pharmacie et de Chimie*, 16 décembre 1910.

Les phénomènes observés sont bien dus aux ultraviolets et non à la chaleur dégagée par la lampe, puisque les témoins, exposés en même temps, mais sous un écran protecteur, n'étaient pas sensiblement modifiés.

M. Eug. SIMON,

Receveur des Domaines, Airvault (Deux-Sèvres).

CONTRIBUTION A L'ÉTUDE DE LA CÉCIDOLOGIE POITEVINE.

58.12.2 (44.63)

1er Août.

La cécidologie, c'est-à-dire l'étude des galles ou déformations produites chez les plantes par les insectes ou d'autres parasites, ne paraît avoir fait l'objet, en Poitou, d'aucun travail particulier. Nous avons pensé qu'il serait utile de condenser en une liste d'ensemble les observations suffisamment précises recueillies dans la région, depuis notamment que le *Bulletin de la Société botanique régionale des Deux-Sèvres* a sollicité vers cet objet les recherches de ses sociétaires. La plupart des déterminations déjà publiées dans ce recueil ou demandées à l'occasion de nos propres récoltes ont été obligeamment fournies par d'éminents spécialistes, MM. Houard, Loiselle, l'abbé Guignon, auxquels revient par suite tout le mérite des notes qui suivent et aussi l'hommage de nos remerciements les plus sincères. Ceux qui s'intéresseront ultérieurement, dans notre contrée, à l'étude des Cécidies trouveront donc dans ces quelques lignes un point de départ solidement assis; c'est là le seul motif qui nous a engagé à les publier.

Nous avons omis à dessein la synonymie et la bibliographie, qu'on trouvera dans le superbe ouvrage de M. Houard: *Les Zoocécidies des plantes d'Europe*, etc. Pour plus de simplicité, ce titre a été abrégé ainsi: *Zooc.*, et celui du *Bulletin de la Société botanique des Deux-Sèvres* par les lettres *S. B. D. S.*

CLEMATIS VITALBA L.

Mycocécidie : *Æcidium clematidis* DC.
Déformations couvertes de petites cupules jaune-orange.
VIENNE: Béruges. Juillet 1907. Leg. Saumonneau (*S. B. D. S.*, 1907, p. 287).

PAPAVER DUBIUM L.

Hyménoptère Cynipide : *Aulax papaveris* Perris.

Capsule gonflée, brillante, renfermant des cécidies pluriloculaires, dures, jaune-brunâtres, formées aux dépens des cloisons.

— Galle signalée dans presque toute l'Europe et en Algérie. (Houard, *Zooc.*, t. I, p. 440, n° 2481, fig. 707-713).

DEUX-SÈVRES: Louin, près d'Airvault. 13 juin 1910. Fréquent cette année. Leg. E. Simon.

ACER MONSPESSULANUM L.

Hyménoptère Cynipide : *Pediaspis aceris* Fœrst.

Galle subsphérique de la grosseur d'un pois, jaune ou rouge, sur diverses parties de l'arbre.

— Connue en Allemagne et en France (Houard, *Zooc.*, t. II, p. 698, n° 4039).

DEUX-SÈVRES : forêt de Chizé (*S. B. D. S.*, 1907, p. 288).

ULEX EUROPÆUS L.

Acarien Eriophyide : *Eriophyes genistæ* Nal.

Bourgeons du sommet des rameaux couverts d'un tomentum blanchâtre envahissant même le rameau. lui-même et les feuilles voisines; tendance à la fasciation; il y a apparence d'une production plus abondante de bourgeons.

— Galle connue en Italie et en Portugal, non encore signalée de France à M. Houard (¹). (Houard, *Zooc.*, t. III, 1909, p. 588, n° 3398, fig. 843.)

BASSES-PYRÉNÉES : Biriatou, août 1910. Leg. P. Cornuault.

MELILOTUS ALTISSIMA Thuil.

Coléoptère Curculionide : *Tychius crassirostris* Kirsch.

Renflement pustuleux sur les feuilles repliées en gousse.

— Galle connue en Europe centrale, Italie, France, mais indiquée sur *Melilotus alba* (Houard, *Zooc.*, t. II, p. 609, n° 3538).

DEUX-SÈVRES: Tonnay-Charente. Juin 1908. Leg. Fouillade (*S. B. D. S.*, 1908, p. 239.)

LATHYRUS LATIFOLIUS L.

1. Diptère Cécidomyide : *Clinodiplosis Bellevoyei* Kieff.

Folioles fortement hypertrophiées, coriaces, à bord enroulé, prenant souvent une teinte violacée ou pourpre.

— Galle signalée dans l'Europe centrale (Houard, *Zooc.*, t. II, p. 641, n° 3760).

CHARENTE-INFÉRIEURE: Mortagne-sur-Gironde. Leg. Baudoin (*S. B. D. S.*, 1909-1910, p. 222).

2. Coléoptère Curculionide : *Apion gracilicolle* Gyll.

Tige déformée par un renflement minime, fusiforme, à cavité unique et axiale.

— Galle constatée en Italie, sur *Lathyrus Cicera* (Houard, *Zooc.*, t. II, p. 640, n° 3757).

(¹) Bien que la localité d'origine de cette galle soit en dehors de nos limites, nous la signalons pour provoquer des recherches, ayant la quasi certitude de l'avoir rencontrée en Poitou sans pouvoir préciser où. Quelques indications de même nature figurent, pour le même motif, dans le présent travail.

CHARENTE-INFÉRIEURE : Mortagne-sur-Gironde. Leg. Baudoin (*S. B. D. S.*, 1909-1910, p. 223).

VICIA CRACCA L.

Diptère Cécidomyide : *Contarinia craccæ* Kieff.

Déformation de la fleur : calice très grossi; pétales élargis et épaissis à la base; filets des étamines raccourcis, épaissis; anthères atrophiées; ovaire globuleux atteignant la grosseur d'un tout petit pois. Larves grégaires, orangées

— Galle connue dans le centre de l'Europe, en Italie et en France (Houard, *Zooc.*, t. II, p. 636, n° 3721).

DEUX-SÈVRES : Douron, près Airvault. Août 1910. Leg. E. Simon.

RUBUS sp.?

1. Diptère Cécidomyide : *Lasioptera rubi* Heeg.

Écorce fendillée; logettes de la cécidie peu distinctes; larves orangées.

— Galle indiquée sur *Rubus idæus* dans le centre de l'Europe, l'Italie, la France (Houard, *Zooc.*, t. I, p. 519, n° 2964).

VIENNE : Béruges. Juillet 1907. Leg. Saumonneau (*S. B. D. S*, 1907, p. 293).

2. Hyménoptère Cynipide : *Diastrophus rubi* Hartig.

Écorce bossuée; cécidie à logettes bien distinctes; larves blanches.

— Galle ordinairement peu commune, signalée en Europe centrale, Italie, France (Houard, *Zooc.*, t. I, p. 519, n° 2963). Habite diverses espèces.

VIENNE : Béruges. Juillet 1907. Leg. Saumonneau (*S.B.D.S*, 1907, p. 293)

ROSA MICRANTHA Sm.

Hyménoptère Cynipide : *Rhodites Mayri* Schl.

Excroissance brune, un peu spongieuse, couverte de filaments raides spiniformes, caducs à la base de la galle.

— Paraît répandue : Europe centrale, France (Houard, *Zooc.*, t. I, p. 548, n° 3161).

VIENNE : Béruges. Leg. Saumonneau (*S. B. D. S.*, 1909-1910, p. 225).

POTERIUM DICTYOCARPUM Spach.

Acarien Eriophyide : *Eriophyes sanguisorbæ* Can.

Feuilles atrophiées à leur sommet ou à la marge des folioles; toute la plante mais surtout les feuilles et l'inflorescence, couverte d'une pilosité blanche dense et feutrée, affectant la forme pelotonnée.

— Cécidie connue autrefois sous le nom de *Erineum poterii* DC.; signalée en Europe centrale et occidentale (Houard, *Zooc.*, t. I, p. 537, n° 3103, fig. 785).

DEUX-SÈVRES : Airvault, coteaux calc. de Rochegouttière, 6 juin 1910. Leg. E. Simon.

AMMI MAJUS L.

Acarien Eriophyide? : *Eriophyes peucedani* Can.

Chloranthie et prolifération de l'inflorescence.

— Cécidie non encore signalée sur cette plante. Des cas semblables sont connus sur d'autres Ombellifères appartenant aux genres *Torilis*, *Orlaya*, *Trinia*, *Carum*, *Pimpinella*, *Seseli*, *Peucedanum*, *Pastinaca*, etc.

DEUX-SÈVRES : Airvault, 20 novembre 1901. Leg. E. Simon.

ERYNGIUM CAMPESTRE L.

Diptère Cécidomyide : *Lasioptera Eryngii* Vall.

Renflements pluriloculaires sur les tiges, pétioles et nervures foliaires. Larves orangées.

— Cécidie à large dispersion : Europe centrale, France, Italie, Serbie, Russie (Houard, *Zooc.*, t. II, p. 760, n° 4376).

VIENNE : Béruges. Juin 1907. Leg. Saumonneau (*S. B. D. S.*, 1907, p. 288).

ARTEMISIA CRITHMIFOLIA DC.

1. Diptère Cécidomyide : *Rhopalomyia artemisæ* Bouché.

Agglomération de feuilles en forme de bourgeon au sommet des rameaux, ou écailles des involucres faisant retour à la forme foliacée, de même apparence. Axes raccourcis.

— La dispersion de cette galle ne figure pas dans Houard, *Zooc.*, t. II, p. 998, n° 5785, qui l'indique sur *Artemisia campestris*, dont *A. crithmifolia* n'est qu'une race atlantique.

CHARENTE-INFÉRIEURE : Meschers. Août 1910. Leg. E. Simon (*S. B. D. S.*) 1909-1910, p. 227).

2. Lépidoptère Tortricide : *Conchylis pontana* Stand.

Renflements fusiformes de la base des tiges, de 1-3 cm. de long sur 3 ½ mm. de large.

— Indiqué sur *Artemisia campestris* en Espagne et en France (Houard, *Zooc.*, t. II, p. 997).

CHARENTE-INFÉRIEURE : Meschers. Août 1910. Leg. E. Simon (*S. B. D. S.* 1909-1910, p. 227).

3. Coléoptère Curculionide : *Apion sulcifrons* Germ.

Renflements fusiformes à la base des tiges, de 5 mm. de long sur 3 mm.

— Galle connue en Europe centrale, Danemarck, sur *Artem. campestris* Houard, *Zooc.*, t. II, p. 997, n° 5793).

CHARENTE-INFÉRIEURE : Meschers. Août 1910. Leg. E. Simon (*S. B. D. S.*, 1909-1910, p. 227).

CENTAUREA ASPERA L.

1. Acarien Eriophyide : *Phytoptus (Eriophyes) calathidis* Gerb.

Fleurs avortées; calathides renflées-globuleuses; écailles externes à pointes très réduites, les internes repliées en S.

— Galle indiquée seulement en France (Houard, *Zooc.*, t. II, p. 1030, n° 6013).

CHARENTE-INFÉRIEURE (Meschers. Août 1910. Leg. E. Simon (*S.B.D.S.*, 1909-1910, p. 226).

2. Coléoptère Curculionide : *Larinus longirostris* Gyll.

M. Loiselle a cru reconnaître, à la base d'une calathide, une larve de cette espèce, signalée, mais avec doute, dans les fleurs du *Centaurea aspera*.

CHARENTE-INFÉRIEURE : Meschers. Août 1910. Leg. E. Simon (*S. B. D. S.*, 1909-1910, p. 226).

HIERACIUM sp?

Hyménoptère Cynipide : *Aulacidea hieracii* Bouché.

Renflement pluriloculaire de la tige, velu (sur l'échantillon), mais glabre sur d'autres espèces d'*Hieracium*.

Répandue dans toute l'Europe (Houard, *Zooc.*, t. II, n°ˢ 6140, 6145, etc., fig. 1360, 1361, 1362).

VIENNE : Béruges. Juillet 1907. Leg. Saumonneau (*S. B. D. S.*, 1907, p. 290).

ERICA SCOPARIA L.

Diptère Cécidomyide : *Perrisia ericæ scopariæ* Dufour.

Cécidie en artichaut à l'extrémité des pousses, formée de feuilles hypertrophiées, velues, sur un axe renflé en massue.

— Galle commune dans l'aire de la plante (Honard, *Zaoc.*, t. II, n° 4591, fig. 1114, 1115, 1125).

DEUX-SÈVRES : Airvault, landes des Jumeaux. Leg. E. Simon. (*S. B. D. S.*, 1908-1909, p. 272).

ECHIUM VULGARE L.

Acarien Eriophyide : *Eriophyes echii* Can.

Virescence des fleurs avec cladomanie et pilosité anormale.

— Déformation indiquée dans d'assez nombreuses localités de l'Europe centrale, de la France et de l'Italie (Houard, *Zooc.*, t. II., p. 826, n° 4747).

DEUX-SÈVRES : Saint-Loup. Septembre 1909. Leg. P. Cornuault et Poullier.

VERBASCUM FLOCCOSUM Kit.

Acarien Eriophyide : *Eriophyes* sp. ?

Axes couverts d'une prolifération de boutons floraux atrophiés, tomenteuxgrisâtres, parmi lesquels on distingue avec peine quelques divisions calicinales.

— Aucune cécidie semblable n'est connue sur les *Verbascum*, d'après MM. Loiselle et Houard.

VIENNE : Savigné, près Civray, jardin du presbytère. Juillet 1908. Leg. E. Simon.

VERBASCUM sp.

Diptère Cécidomyide : *Perrisia* sp. ?

M. Loiselle a attribué à une *Perrisia* une déformation constatée sur un échantillon défectueux.

DEUX-SÈVRES : Augé. Août 1908. Leg. Redien (*S. B. D. S.*, 1908-1909, p. 239).

VERONIÇA CHAMÆDRYS L.

Diptère Cécidomyide : *Perrisia veronicæ* Vallot.

Fleur gonflée, globuleuse, fermée, ou feuilles terminales accolées. Larves orangées.

— Galle signalée en Danemark, Europe centrale, Italie, Belgique (Houard, *Zooc.*, t. II, p. 882, n° 5079).

DEUX-SÈVRES : Pamproux. Leg. Souché (*S. B. D. S.*, 1909-1910, p. 224).

THYMUS SERPYLLUM L.

Acarien Eriophyide : *Eriophyes Thomasii* Nal.

Inflorescence noyée dans une formation globuleuse abondamment tomenteuse-blanchâtre, rendant les calices et les feuilles florales complètement indistincts; élargissement notable des feuilles voisines, dans les formes à feuilles étroites.

— Cécidie commune dans toute l'Europe, connue sur plusieurs espèces de Thyms (Houard, *Zooc.*, t. II, p. 857, n° 4920, fig. 1901-1902).

VIENNE : Motte de Puytaillé, commune de Saint-Chartres. Mai 1910. Leg. E. Simon.

TEUCRIUM MONTANUM L.

Hémiptère Tingide : *Copium Teucrii* Host.

Fleurs globuleuses, charnues, atteignant 15 mm. diam.; calice non attaqué, fendu. Galle couverte d'une abondante pubescence gris-blanchâtre.

— Indiquée en Europe centrale, France, Italie (Houard, *Zooc.*, t. II, p. 831, n° 4762).

CHARENTE-INFÉRIEURE : Meschers. Août 1910. Leg. E. Simon (*S. B. D. S.*, 1909-1910, p. 226).

EUPHORBIA CYPARISSIAS L.

Diptère Cécidomyide : *Perrisia capitigena* Bremi.

Extrémité de la tige transformée en amas subsphérique de feuilles déformées, très élargies, abritant des larves jaune-orangé qui vivent en société dans la galle et s'y métamorphosent à l'intérieur d'un cocon blanc.

— Cécidie commune partout (Houard, *Zooc.*, t. II, p. 667, n° 3883, fig. 941).

DEUX-SÈVRES : Argenton-Château. 2 juin 1910. Leg. E. Simon.

LAURUS NOBILIS L.

Hémiptère Psyllide : *Trioza alacris* Flor.

Feuilles enroulées par en bas, décolorées et fortement hypertrophiées.

— Dispersion étendue; toute l'Europe, sauf Norvège; Asie mineure (Houard, *Zooc.*, t. I, p. 437, n° 2470, fig. 705-706).

CHARENTE-INFÉRIEURE : La Flotte-en-Ré (*S. B. D. S.*, 1909-1910, p. 224).

ULMUS CAMPESTRIS L.

Hémiptère Aphidide : *Schizoneura lanuginosa* Hg.

Renflement du limbe de la feuille, en vessie, pouvant atteindre la grosseur d'une pomme, à surface irrégulière, pâle d'abord, puis rougeâtre.

— Galle répandue : toute l'Europe, Asie mineure, Algérie (Houard, *Zooc.*, t. I, p. 364, n° 2051).

VIENNE : Béruges. Leg. Saumonneau (*S. B. D. S.*, 1907, p. 292).

DEUX-SÈVRES : Airvault. Leg. E. Simon.

QUERCUS SESSILIFLORA Sm.

1. Hyménoptère Cynipide : *Neuroterus quercus-baccarum* L.

Nodosité ronde, spongieuse à l'intérieur, lisse extérieurement, de la grosseur d'une cerise.

— Galle très commune. Europe, Asie min., sur *Q. robur*. L. et autres (Houard, *Zooc.*, t. I, n° 1196, fig. 267; n° 1355, fig. 439-440).

DEUX-SÈVRES : Airvault. Leg. E. Simon.

2. Hyménoptère Cynipide : *Diplolepis quercus-folii* L.

Excroissance sphérique sur les nervures des feuilles, de la grosseur d'un pois.

— Cécidie répandue. Europe, Asie min., sur *Q. robur*; existe sur 3 autres Chênes (Houard, *Zooc.*, t. I, n° 1320, fig. 408-409).

Deux-Sèvres : Airvault. Leg. E. Simon.

3. Hyménoptère Cynipide : *Cynips quercus-calicis* Burgsd.

Cécidie affectant le gland et sa cupule et produisant à leur surface de nombreuses crêtes sinueuses, s'ouvrant au sommet.

— Galle connue dans l'Europe centrale, Serbie, Grèce, Asie-Mineure. Rare en Allemagne, Autriche, France, Hollande et Italie septentrionale (Kieffer, *Monogr. des Cynipides d'Europe et d'Algérie*, t. I, 1897-1901, p. 129 et 545; Darboux et Houard, *Catal. systém. des Zoocécidies de l'Europe*, etc., 1901, p. 315; Houard, *Zooc.*, t. I, n° 1180, fig. 262-263).

Vienne : Au Logis, commune de Quincay. Leg. Niqueux (*S.B.D.S.*, 1908-1909, p. 108).

Deux-Sèvres : Environs d'Airvault. Leg. Poullier.

Vendée : Saint-Fulgent. Leg. Morat (*S.B.D.S.*, 1908-1909, p. 238).

QUERCUS CERRIS L.

Hyménoptère Cynipide : *Andricus Cerri* Bey.

Cécidie des anthères, dont une moitié est habitée et l'autre atrophiée. Produite par la forme sexuée du *Cynips quercus calicis*, dont la présence sur *Quercus pedunculata* exige la proximité du *Q. Cerris*. La récolte effective de cette galle n'a pas été faite dans la région.

Même dispersion que la précédente (Houard, *Zooc.*, t. I, n° 1816, fig. 540, 550).

CORYLUS AVELLANA L.

Diptère Cécidomyide : *Stictodiplosis corylina* Fr. Löw.

Chatons renflés, plus ou moins piriformes, à écailles agrandies, lisses, abritant des larves blanches.

— Cécidie connue dans toute l'Europe (Houard, *Zooc.*, t. I, p. 190, n° 1052, fig. 211).

Deux-Sèvres : Airvault. Février 1911. Leg. E. Simon.

SALIX ALBA L.

Hyménoptère Tenthrédinide : *Pontania proxima* Lep.

Excroissance de la feuille, uniloculaire, à paroi épaisse et charnue, faisant saillie des deux côtés du limbe. Cavité vaste renfermant une larve munie de pattes.

- — Galle indiquée autrefois en Italie et dans l'Europe centrale (Houard, *Zooc.*, t. I, p. 155, n° 652), signalée tout récemment en France, dans le Dauphiné, par Cotte (1909).

Deux-Sèvres : Moulin de Boussin, près Saint-Loup, sur *S. alba* var. *vitellina*. Septembre 1910. Leg. E. Simon.

ALNUS GLUTINOSA Gœrtn.

Mycocécidie : *Taphrina amentorum* Sadebeck.

Déformation des écailles femelles qui s'élargissent et s'allongent considérablement en une sorte de sac rougeâtre, contourné ou enroulé élégamment, spatulé.

Observée jusqu'ici dans la Valteline, mais sur *Alnus incana*. (Costi, *Le Galle della Valtelina*, 1901, p. 17), d'après le regretté Dr X. Gillot. Cette galle est bien figurée dans Warming. *Handbuch der Syst.-Botan.*, 1911, éd. Möbius, p. 82, d'après Rostrup, sous le nom d'*Exoascus alnitorquus*.

HAUTE-VIENNE : Vallée de la Gartempe au Pont de Blanzac, commune de Blanzac. Septembre 1905. Leg. E. Simon.

JUNCUS LAMPOCARPUS Erhr.

Hyménoptère Psyllide : *Livia juncorum* Lat.
Feuilles imbriquées et fasciculées en divers points des tiges.
— Galle répandue dans l'Europe centrale et septentrionale (Houard, *Zooc.*, t. I, p. 99, n° 100).
DEUX-SÈVRES : Marais de Desmouline près Airvault, et ailleurs. Leg. E. Simon (*S.B.D.S.*, 1909-1910, p. 225).

CAREX PRÆCOX Jacq.

Diptère Cécidomyide : *Perrisia* sp.?
Utricules grossis et étranglés en gourde, constituant le *Carex sicyocarpa* Lebel.
— Galle non encore signalée pour la France dans les catalogues de Zoocécidies. Danemark (Houard, *Zooc.*, t. I, p. 97, n° 386).
DEUX-SÈVRES : Coteaux de Veluché, près d'Airvault. Mai 1910. Leg. E. Simon.

CAREX DIVULSA Good.

Diptère Cécidomyide : *Perrisia muricatæ* Meade.
Utricules allongés, cylindriques, amincis, atteignant 10 mm., renfermant une larve orangée qui se métamorphose dans la galle la seconde année.
— Cécidie signalée jusqu'ici en Lorraine seulement (Houard, *Zooc.*, t. I., p. 94, n° 365).
DEUX-SÈVRES : Airvault, bois de Borcq. 23 juin 1911. Leg. E. Simon.

ANTHOXANTHUM ODORATUM L.

Mycocécidie : *Epichloe typhina* Tul.
Gaines foliaires enveloppées par un revêtement blanchâtre qui empêche le développement de l'axe : la feuille et la ligule restent normales.
DEUX-SÈVRES : Bois de Barroux, près Airvault. Juin 1910. Leg. E. Simon.
— Le même parasitisme se montre, chez nous, sur une autre Graminée, *Holcus lanatus*.

BROMUS ERECTUS L.

Acarien Eriophyide : *Phytoptus tenuis* Nalipa.
Cécidie fusiforme à l'extrémité des épillets, formée par l'enroulement de la glumelle inférieure de la fleur terminale, dilatée et allongée. Pas d'arête.
— Galle signalée dans l'Europe centrale et occidentale (Houard, *Zooc.*, t. I, p. 81, n° 289).
CHARENTE : Environs d'Angoulême. Juin 1908. (*S.B.D.S.*, 1908-1909, p. 240).

ABIES EXCELSA DC.

Hémiptère Aphidide : *Adelges abietis* Kalt.

Cécidie non terminale, pluriloculaire, entourant les trois quarts ou les quatre cinquièmes du rameau, en forme d'ananas.

Dans toute l'Europe (Houard, *Zooc.*, t. I, p. 43, n° 101).

DEUX-SÈVRES : Augé. Leg. Redien (*S.B.D.S.*, 1907, p. 288).

M. PAUL DESROCHE.

(Paris).

SUR L'ACTION DES DIVERSES RADIATIONS LUMINEUSES SUR LES CHLAMYDOMONAS.

58.11.434 : 58.93

2 Août.

A la suite d'un grand nombre d'expériences ingénieuses dont les résultats sont exposés dans une série de Notes publiées dans le *Bulletin de la Société botanique de France* (¹), M. Dangeard a mis en évidence l'action des diverses radiations lumineuses sur un certain nombre d'algues unicellulaires. En poursuivant dès recherches sur les zoospores d'une espèce déterminée de Chlamydomonas, *Chlamydomonas Steinii* Goros., que je cultive depuis deux ans en cultures pures, j'ai été amené à m'occuper de cette même question : les résultats que j'ai obtenus confirment complètement ceux qu'a publiés M. Dangeard, mais j'ai pu faire, en outre, quelques observations nouvelles que je me propose de consigner ici.

L'expérience fondamentale, facile d'ailleurs à réaliser, est la suivante : on place sous trois cloches à double paroi des gouttes de liquide nutritif contenant des zoosporanges. L'intervalle entre les parois de chaque cloche est rempli, pour l'une, d'une solution d'Aurantia, qui ne donne passage qu'aux radiations rouges; pour la deuxième, d'une solution de vert acide qui ne laisse passer que la partie moyenne du spectre de la lumière blanche; pour la troisième, d'une solution d'oxyde de cuivre ammoniacal, transparente seulement pour le bleu, l'indigo et le violet.

Dans ces conditions, on constate que sous la cloche rouge les sporanges éclatent et mettent en liberté des zoospores mobiles. Le temps au bout duquel se produit l'éclatement est variable suivant l'état initial du sporange mis en expérience. En ne plaçant qu'un zoosporange dans

---

(¹) DANGEARD, *Le genre chlorella et la fonction chlorophyllienne*, (*Bull. Soc. bot. de France*, t. IX, p. 503); *Note sur un nouvel appareil de démonstration en physiologie végétale*, (*Ibid.*, t. X, p. 116); *Phototactisme, Assimilation, phénomène de croissance*, (*Ibid.*, t. X, p. 311).

**13

chaque goutte de liquide, on constate que ce temps est par exemple de 2 heures lorsqu'on a affaire à un zoosporange contenant deux ou plus de deux cellules, il peut s'élever à 24 heures environ lorsqu'on est parti d'un œuf non encore segmenté, qui commence alors par se segmenter lentement en deux [et donne au bout de 24 heures deux zoospores mobiles. Dans tous les cas, l'éclatement et la formation de zoospores mobiles se produisent à coup sûr.

Sous la cloche verte, les choses se passent à peu près de la même façon, en ce sens qu'on obtient à coup sûr des zoospores. Mais une première différence est que, alors que les zoospores nées en lumière rouge et maintenues dans cette lumière ne sont pas phototropiques, les zoospores nées en lumière verte le sont fortement et se dirigent dès leur naissance vers le bord de la goutte le plus voisin de la source éclairante. Une autre différence est que le temps nécessaire pour obtenir des zoospores mobiles est souvent plus long qu'en lumière rouge : ceci tient à ce que un œuf non encore segmenté subira deux et même trois divisions avant de donner des zoospores, et non plus une seule comme sous la cloche rouge, ou bien qu'un spoprange à 4 cellules passera, avant d'éclater, à l'état de sporange à 8 cellules. Il semble que la lumière rouge soit un obstacle à la division et que la lumière verte sinon la favorise, du moins ne l'empêche pas.

Sous la cloche bleue, les phénomènes sont en quelque sorte opposés : les divisions cellulaires sont extrêmement nombreuses, les sporanges arrivent avant d'éclater à contenir 8, 16 et même 32 cellules. Puis l'éclatement se produit et les zoospores mobiles sont mises en liberté. Mais alors qu'une zoospore née en lumière rouge et maintenue dans cette lumière peut rester mobile pendant 3 et même 4 jours, les zoospores nées en lumière bleue s'arrêtent presque immédiatement ; elles se fixent après une ou deux minutes de mouvement et se mettent à se diviser.

Si l'on permute les cloches bleue et rouge, couvrant avec la cloche bleue les gouttes primitivement couvertes avec la cloche rouge et inversement, on constate que, pour ainsi dire instantanément ; les zoospores nées en lumière rouge et placées maintenant en lumière bleue sont fixées, tandis que les zoosporanges, maintenus jusqu'alors en lumière bleue et placées maintenant en lumière rouge, éclatent en donnant des ormes mobiles et qui restent mobiles pendant plusieurs jours.

L'action fixatrice des radiations bleues est si intense qu'il faut avoir soin pour les observations d'éclairer le microscope par des radiations de même nature que celles auxquelles les algues ont été soumises : des zoospores nées en lumière rouge et observées avec un microscope éclairé par la lumière du jour se fixent rapidement à cause de la présence des radiations bleues dans cette lumière. La fixation n'a pas lieu si l'on a soin de filtrer la lumière par une cuve d'Aurantia.

Cette action fixatrice des radiations bleues est mise nettement en évidence par la deuxième expérience suivante :

On forme sur la platine du microscope un spectre assez petit pour être tout entier contenu dans une goutte de liquide contenant des zoospores en mouvement. On observe que les zoospores ne paraissent en aucune façon influencées par la région la moins réfrangible du spectre (rouge, jaune, vert). Mais toutes celles qui traversent la région bleue du spectre y sont instantanément fixées, de sorte que très rapidement, en quelques minutes, cette région est couverte par les zoospores (qui s'y accumulent et s'y pressent au point de devenir polygonales par pressions réciproques. L'accumulation des zoospores est surtout intense dans le bleu, de moins en moins intense à mesure que l'on observe des radiations plus réfrangibles. De l'autre côté, au contraire, il y a comme une coupure brusque, l'amas d'algues immobilisées cessant brusquement au voisinage de la raie F. Or, si l'on interpose entre la source éclairante et le miroir du microscope une cuve contenant un extrait alcoolique de la chlorophylle des algues, on constate que cette chlorophylle absorbe précisément les radiations ayant un pouvoir fixateur : on aperçoit dans le microscope une bande d'absorption supprimant les radiations les plus réfrangibles à partir du bleu, et assez nettement limitée du côté du vert, au voisinage de la raie F, précisément à l'endroit où se termine brusquement l'accumulation des algues fixées.

La chlorophylle absorbe en outre dans le rouge les radiations correspondant à une bande noire étroite et nettement limitée des deux côtés : je n'ai pu déceler jusqu'ici d'une façon précise l'influence de ces radiations. Peut-être doit-on penser que ce sont précisément ces radiations qui, sous la cloche rouge dans la première expérience, font obstacle aux divisions cellulaires.

Pour étudier de façon plus serrée ces phénomènes, j'ai institué la série d'expériences suivantes :

Je réalise sur une plaque de verre un spectre réel aussi étendu que possible sans que l'intensité lumineuse soit par trop atténuée. Un microscope est disposé derrière cette plaque de verre qui joue pour lui le rôle d'une platine : c'est sur elle en effet et dans les régions du spectre que je veux étudier que je place les porte-objets sur lesquels sont les gouttes de liquide contenant chacune un seul zoosporange : celui-ci se trouve ainsi soumis à l'influence d'une radiation bien déterminée ; en déplaçant le microscope derrière la plaque de verre, j'observe les algues directement dans la radiation où elles vivent, sans jamais les soustraire à son influence.

Les résultats obtenus jusqu'ici concordent avec les résultats des premières expériences ;

Pour les radiations bleues, action fixatrice intense et excitation à la division cellulaire ;

Pour les radiations rouges, actions absolument inverses.

Mais je n'ai pu, jusqu'ici, déceler de différence entre les radiations rouges absorbées par la chlorophylle et les radiations voisines non absorbées. La cause en est peut-être soit une insuffisance de l'intensité lumineuse, soit une durée trop brève des observations.

Je me propose de poursuivre ces expériences.

M. J. TOURNOIS.

LA PARTHÉNOGENÈSE CHEZ LE HOUBLON.
Observations et expériences sur le houblon de Bourgogne.

58.11.63 : 63.345.11

? *Août.*

Le houblon (*Humulus Lupulus* L.) cultivé pour la lupuline contenue dans ses cônes femelles est une plante vivace à sexes séparés. Les individus femelles fleurissent en juillet en donnant des chatons femelles, qui se développent en cônes pourvus de lupuline. Les individus mâles fournissent à la même époque un pollen très abondant dont le transport sur les stigmates des fleurs femelles est exclusivement assuré par le vent.

Zinger ([1]) a étudié la constitution de l'ovule, et les conditions de la fécondation. Il a constaté que le micropyle était toujours obstrué par les téguments de l'ovule. Il a pu suivre le trajet du tube pollinique qui, de la paroi carpellaire traverse les téguments de l'ovule en un point plus ou moins éloigné de la région du micropyle et après un trajet irrégulier atteint le sommet d'une nucelle et de là le sac embryonnaire.

La possibilité du développement parthénogénétique des ovules a déjà été envisagée par divers auteurs, notamment par Kerner ([2]) qui sur des houblons du Tyrol prétend avoir récolté tous les ans de nombreuses graines sur des pieds isolés et sûrement non fécondés. De même Kirchner ([3]), Wettstein ([4]) considèrent la parthénogenèse comme vraisemblable. D'autres auteurs, au contraire, parmi lesquels Braungart ([5]) qui a étudié surtout les houblons allemands, Salmon et Amos ([6]) qui ont observé des houblons anglais nient la possibilité de la formation de graines sans fécondation préalable.

J'ai fait des observations, surtout en Bourgogne, à Chaignay (Côte-d'Or) sur des houblons cultivés. J'ai pu m'assurer qu'il n'existait pas de

([1]) Zinger. — *Beiträge zur Kenntniss der weiblichen Blüten und Inflorescenzen bei Cannabineen* (*Flora* t. LXXXV, 1898, p. 189-258).

([2]) Kerner. — *Parthenogenesis bei einigen angiospermen* (*Pflanzen Ber. d. math. nat. Classe d. Akad d. Wissench zu Wien*, Abt. I, t. LXXIV, 1876, p. 469.

([3]) Kirchner. — *Parthenogenesis bei Blütenpflanzen*. (*Ber. d. Vereins f. vaterl. Naturk. in Würtemberg*, t. LXI, 1905, p. 53-54.

([4]) Wettstein R. von. — *Handbuch der systematischen Botanik*, I. Band. Leipzig und Wien, 1907.

([5]) Braungart R. — *Das Hopfen aller hopfenbauenden Länder der Erde* (4° 1901, p. 898, Leipzig).

([6]) S. Salmon and A. Amos. *On the value of male Hop.* (*Journ. of the Inst. of brewing.* t. XIV, 1908., p. 310, n° 4).

pieds mâles dans un rayon de 5 km au moins autour des plantations observées. Néanmoins, chaque année, au moment de la récolte, on trouve, sur la plupart des cônes bien développés, une, souvent plusieurs graines bien constituées, graines faciles à trouver grâce au plus grand développement pris par les bractées à l'aisselle desquelles elles se trouvent.

La possibilité de la fécondation par l'intermédiaire du vent est assez improbable; d'abord, en raison de la distance des pieds mâles; ensuite à cause de la régularité de la présence des graines qui se forment également bien sur les individus situés au centre de la plantation que sur les individus disposés en bordure, les premiers étant cependant protégés dans une certaine mesure contre l'apport du pollen par le vent.

J'ai fait également des observations sur des pieds de houblon obtenus à partir de graines et élevés dans une clairière du parc du laboratoire de Chimie végétale de Bellevue. J'avais simultanément en observations plusieurs pieds de houblon de Bourgogne et un pied de houblon de Auscha. Des arbres élevés les environnaient et assuraient l'isolement. Les stigmates des différents individus s'épanouirent sensiblement à la même époque. Comme précédemment, les cônes des houblons de Bourgogne portaient des graines en abondance, mais le nombre de celles développées sur les cônes de houblon de Auscha était relativement faible. C'est d'ailleurs un fait bien connu des brasseurs que les houblons fins d'Alsace et de Bavière, par exemple, sont à peu près exempts de graines.

Ces simples observations semblent donc prouver :

1° Que les graines de houblon peuvent se développer sans fécondation préalable;

2° Que la tendance au développement parthénogénétique n'est pas la même pour toutes les races de houblon et peut être est-ce là la cause des divergences d'opinion des divers auteurs qui ont étudié la question.

J'ai voulu m'assurer de façon plus précise de l'isolement des fleurs femelles de houblon. Dans ce but, j'ai enfermé, dans des sacs en papier parcheminé, les chatons femelles avant l'apparition des stigmates; à cette époque, comme j'ai pu m'en assurer directement, les sacs embryonnaires ne sont qu'au début de leur différenciation. Les fleurs ainsi isolées se développèrent normalement et je les observai en septembre, au moment de la récolte. Les cônes isolés étaient bien conformés, mais plus petits que les cônes développés librement; les stigmates complètement disparus sur ceux-ci, persistaient desséchés sur les autres. Dans les deux cas, les parois des ovaires s'étaient accrues, mais je n'ai trouvé que deux graines sur plus de cent cônes isolés, nombre relativement si faible qu'on pouvait, à la rigueur, considérer ces graines comme provenant d'un défaut d'isolement.

Doit-on en conclure que les graines de houblon ne peuvent pas se former sans fécondation? Les observations citées plus haut démontrent cependant la possibilité de la parthénogenèse. Mais il faut admettre qu'elle ne peut avoir lieu que dans certaines conditions de nutrition favorables, peut être même sous l'influence d'excitations de nature variée, toutes conditions que des expériences actuellement en cours me permettront de préciser.

M. C.-L. GATIN.

SUR L'EMBRYON ET LA GERMINATION DES BROMÉLIACÉES.

58.13 : 58.42.2

2 *Août.*

En étudiant l'embryon et la germination des Broméliacées ([1]) j'ai déjà eu l'occasion de montrer que les représentants des diverses tribus de cette famille présentent, d'une tribu à l'autre, des différences remarquables. J'ai reçu, depuis, de nombreuses graines que m'a obligeamment envoyées le Directeur du Jardin Botanique de Leyde, ce qui m'a permis de vérifier et d'étendre mes premières observations.

BROMELIEÆ. — Chez les Bromelieæ, l'embryon est de forme recourbée et l'axe de la plantule présente également une courbure.

La radicule est encore peu différenciée, on n'en distingue que le cylindre central qui seul est formé, et l'assise pilifère, qui, bien marquée chez le *Karatas amazonica* et chez le *Billbergia violacea* est en continuité avec l'épiderme général de l'embryon.

La gemmule se trouve située au fond d'une fente plus ou moins ouverte. Cette fente est à bords imbriqués chez les *Æchmea* et les *Karatas*, à bords juxtaposés et incomplètement fermée chez le *Billbergia violacea*. En coupe longitudinale, les embryons d'*Æchmea* offrent donc leur gemmule située au fond d'une cavité incomplètement close. Nous verrons qu'il en est de même chez les *Tillandsia*.

Cette gemmule paraît donc être comprise entre un cotylédon plus gros qui est le véritable cotylédon, et un plus petit, qui est le haut de la fente cotylédonaire; aussi Wittmack ([2]) a-t-il comparé cette disposition à celle de l'épiblaste de l'embryon des Graminées. Il est hors de doute ici qu'il s'agit tout simplement du rebord de la fente cotylédonaire. Le cotylédon est engainant et presque entièrement réduit à l'état de suçoir, sauf dans sa partie externe (gaine et ligule), qui est verte et foliacée.

([1]) Premières observations sur l'embryon et la germination des Broméliacées. *Revue générale de Botanique,* t. XXIII, 1911, p. 49-66, 32 fig.).

([2]) L. WITTMACK. — Bromeliaceæ in *Engler et Prantl. Die Naturlichen Pflanzenfamilien,* Leipzig, 1888.

Ce suçoir grossit peu et digère l'albumen à distance. La germination est donc admotive et ligulée. La plunule s'échappe par la fente cotylédonaire. La première racine subsiste un certain temps et joue le rôle de pivot.

PITCAIRNIEÆ. — L'embryon est très petit et présente la forme d'un petit cône. Sa structure interne n'a pas encore été étudiée, mais il semble se rapprocher de celui des *Æchmea*.

La germination est remotive, le cotylédon est en grande partie foliacé, de couleur verte, mais sa pointe, qui reste incluse dans la graine, demeure globuleuse et se différencie en un suçoir.

La première racine joue, pendant un certain temps, le rôle de pivot. Lorsque la plante a plusieurs feuilles, il se produit des racines latérales.

PUYEÆ. — Chez ces plantes, et en particulier chez le *Puya spatacea*, la germination est également remotive, mais le cotylédon, qui est foliacé, ne présente vers sa pointe aucune différenciation en suçoir.

La première racine persiste un certain temps et joue le rôle de pivot.

TILLANDSIEÆ. — Dans cette tribu, l'embryon, qui par sa structure rappelle celui des *Æchmea*, présente de remarquables particularités qui le différencient de ceux de toutes les autres tribus de la famille des Broméliacées.

La gemmule, assez bien développée, est située dans une cavité du cotylédon, et mise en communication avec l'éxtérieur par une fente incomplètement fermée, à bords imbriqués, rappelant celle des *Æchmea*. Mais, ce qui est remarquable, c'est que la radicule, dont le cylindre central seul est différencié, ne présente pas de point végétatif. Celui-ci est avorté et, au cours de la germination, la radicule ne se développe pas. Ce fait du non-développement de la radicule est très net chez le *Tillandsia vestita*. Chez les *Vriesea* et les *Caraguata*, la radicule est réduite à un petit cône, sur lequel se développent quelques poils.

La germination est admotive et, en outre, il ne se produit pas de racines latérales pendant les premiers stades de la germination.

Je remercie l'Association pour les encouragements qu'elle m'a donnés au cours de ces études, que je poursuis actuellement en les étendant à un plus grand nombre d'espèces.

MM. Ch. MARIE,

Docteur ès Sciences, Chef de travaux de Chimie physique à la Sorbonne.

ET

C.-L. GATIN,

Docteur ès Sciences, Préparateur de Botanique à la Sorbonne.

DÉTERMINATIONS CRYOSCOPIQUES EFFECTUÉES SUR DES SUCS VÉGÉTAUX.

Comparaison d'espèces de montagne avec les mêmes espèces de plaine.

536.43 : 58.11.75

2 *Août.*

. Depuis longtemps, chacun de nous, à la suite d'une série de déductions d'ordre différent, avait été conduit à penser que les plantes des hautes montagnes, adaptées pour supporter un climat plus rigoureux que les plantes des mêmes espèces poussant en plaine, devaient posséder une plus grande résistance au gel que ces dernières. Cette résistance au gel devait se manifester, dans notre esprit, par une pression osmotique plus forte à l'intérieur des cellules des plantes de montagne. Cette différence de pression osmotique étant particulièrement nette au moment du développement printanier.

Nous avons essayé de rechercher si notre hypothèse devait être admise, en effectuant des mesures cryoscopiques sur les sucs, extraits par pression de plantes pouvant se prêter à une comparaison.

SUTHERST [1] dans un travail qui, malheureusement, manque de précision, a émis pour la première fois l'idée qu'une augmentation dans la pression osmotique pouvait constituer, pour la plante, un moyen de résister au froid.

Cet auteur a exprimé le suc d'une série de plantes molles, et il a mesuré le point de congélation des liquides obtenus. Dans tous les cas (ce qu'il était impossible de ne pas prévoir), il s'est aperçu que ces liquides se congelaient au-dessous de 0°, ce qui lui a fait dire que ces plantes pouvaient, grâce à cela résister à la gelée.

D'autre part, les recherches de CAVARA [2] et de FITTING [3] montrent que

---

[1] WALTER, F. SUTHERST, *The freezing point of vegetable saps and juices.* (*Chemical News*), t. LXXXIII, 1901, p. 234.

[2] CAVARA F., *Risultati di una serie di ricerche crioscopiche sui vegetali* (*Contrib. Biol. veg.* t. III, IV, 1905, p. 41-81.

[3] FITTING, *Die Wasserversorgung und die osmotischen Druckverhältnisse der Wasserpflanzen.* (*Zschr. für Botanik*, t. III, n° 4, avril 1911, p. 209-280.

les plantes xérophiles présentent dans leurs tissus une pression osmotique très élevée. M. Fitting considère cette particularité comme un moyen de défense des plantes désertiques contre l'excès de transpiration.

Enfin M. Cavara considère que la meilleure méthode de recherche cryoscopique, chez les végétaux, consiste à en exprimer le suc, et à en déterminer ensuite le point de congélation au moyen de l'appareil de Beckmann.

Cet auteur pense également que le suc de chaque espèce possède un point de congélation bien déterminé, qui le distingue des autres espèces.

Nos expériences ont porté sur des plantes récoltées d'une part dans les Pyrénées à des altitudes aussi élevées que possible et, d'autre part, aux environs de Paris. Ces plantes ont été recueillies et comparées en des états aussi précis que possible de leur végétation.

Nous remercions ici tout particulièrement M. Joseph Bouget, botaniste de l'Observatoire du Pic du Midi, qui a bien voulu nous faire, avec un soin parfait, des expéditions de plantes.

Nos premiers essais, dons nous donnons ici les résultats, ont porté sur les espèces suivantes :

Geranium Robertianum L.
Urtica dioica. L.
Euphorbia sylvatica L.

Les plantes, au moment de leur récolte, qui a toujours été effectuée par un temps non pluvieux, étaient entassées dans des boîtes de fer blanc qui, fermées sur place et pesées, n'étaient ouvertes qu'au moment du pressurage. On vérifiait tout d'abord que le poids n'avait pas varié puis on procédait au pressurage en ayant soin, pour une même plante, d'employer toujours, dans les diverses expériences, des poids égaux de végétal (200 g. à 300 g.).

Les plantes, préalablement hachées, étaient pressées dans une forte presse. La pulpe, sortie de la presse, était hachée à nouveau puis repressée et ainsi de suite jusqu'au moment où l'on n'obtenait plus qu'une quantité de jus inférieure à 10 cm³.

Le point de congélation était mesuré pour le liquide provenant de chaque expression et le point de congélation moyen calculé d'après la règle des mélanges. On a pris, d'autre part, dans toutes les expériences le point de congélation du mélange de tous les liquides.

Voici, à titre d'exemple, l'une de nos expériences :

Euphorbia sylvatica L.

Saint-Cyr, 29 avril 1911 .... Poids de plante. 362 gr.

Expression.	cm³	Point de congélation.	
1re.............	37	3,950	$\Delta = 0,495$
2e.............	42	3,625	$\Delta = 0,820$
3e.............	34	3,500	$\Delta = 0,945$
Eau..........	»	4,445	

Moyenne calculée .... $\Delta = 0,750$

Point de congélation du mélange............ $\Delta = 0,760$.

Les points de congélation ont été pris au moyen de l'appareil de Beckmann, les lectures faites à l'aide d'un thermomètre donnant le centième de degré. Voici maintenant les résultats que nous avons obtenus.

1° *Géranium Robertianum* L.

Rosettes de feuilles, Saint-Cyr 11 mai 1910................. $\Delta = 0,52$

»   »   29 avril 1911 .... $\Delta = 0,66$

»   Bagnères, 1000^m à 1300^m 24 avril 1911 ... $\Delta = 0,78$

2° *Euphorbia sylvatica*.

Plantes fleuries, Saint-Cyr 13 mai 1910.................. $\Delta = 0,57$ (?)

»   Bessancourt 27 mai 1910 .... $\Delta = 0,70$

»   Saint-Cyr, 29 avril 1911 .... $\Delta = 0,76$

»   Bagnères, 1700^m à 1800^m 21 juin 1910 ... $\Delta = 0,97$ —

»   Bagnères, 25 mai 1911................. $\Delta = 1,01$

3° *Urtica dioica*.

Plantes fleuries, Orsay, 3 juin 1910.................... $\Delta = 0,86$

»   Bagnères, 12 juillet 1910.............. $\Delta = 1,04$

Ces premiers résultats montrent que le point de congélation des sucs de chaque espèce est toujours plus bas pour les échantillons de montagne que pour ceux de plaine.

En outre, pour chaque espèce, le point de congélation n'est pas fixe, il paraît être d'autant plus bas que la plante est moins développée.

Il paraît donc que notre hypothèse était fondée, mais il sera nécessaire d'étendre ces expériences à divers stades de la végétation des plantes de montagne et des plantes de plaine. (Laboratoire de chimie physique. *Institut de chimie appliquée*, Paris.)

M. C. HOUARD,

Maître de Conférences à la Faculté des Sciences (Caen).

LES GALLES DES CRUCIFÈRES DE LA TUNISIE.

58.12.2 : 58.31.23 (611)

? *Août.*

Jusqu'à présent les galles décrites sur les Crucifères du nord de l'Afrique sont bien peu abondantes et connues seulement en Algérie et en Égypte. *Coronopus niloticus* Delile et *Zilla myagroides* Forsk. ont offert à Frauenfeld, dès 1855, aux environs des pyramides d'Égypte, des renflements caulinaires ou des cécidies florales ; de très volumineuses galles des racines ont été signalées récemment par Boehm sur cette dernière plante. L'Algérie en présente un plus grand nombre : des nodosités radiculaires ont été décrites par Vuillemin et Legrain, en 1894, sur *Brassica Napus* L. ; une galle inédite des fruits de *Brassica Gravinæ* Ten. m'a été signalée l'an passé par P. de Peyerimhoff, auquel la Science est également redevable de la découverte de cécidies sur *Arabis albida* Stev. et *Moricandia arvensis* DC. var. *robusta*. J'ai moi-même eu l'occasion de recueillir autrefois dans l'ouest de l'Algérie diverses galles sur *Carrichtera annua* L., *Sinapis arvensis* L. et *Erucastrum varium* DC. La bibliographie de toutes ces cécidies propres à la région septentrionale de l'Afrique est donnée dans le Tome I de mes *Zoocécidies des Plantes d'Europe et du Bassin de la Méditerranée* (1908), aux n°s 2497, 2498, 2551, 2552, 2554, 2568, 2599, 2742, et dans le Tome II (1909), au n° 6224.

Les Crucifères de Tunisie n'avaient offert jusqu'à présent aux chercheurs aucune cécidie, et cependant elles figurent pour sept à huit centièmes dans la flore phanérogamique de ce pays ; elles y sont principalement représentées par les genres *Matthiola, Malcolmia, Sisymbrium, Ammosperma, Moricandia, Diplotaxis, Hirschfeldia, Carrichtera, Biscutella, Cakile, Rapistrum*, qui croissent dans le Sud au milieu des sables littoraux ou sur les collines sèches des terrains gypseux. Aussi était-il naturel de penser qu'elles pouvaient fournir un abri sûr aux Insectes contre les vents secs et chauds du désert. Nous avons constaté, en effet, au cours de notre voyage de l'an passé (mars-mai 1910), que c'est surtout aux fleurs des Crucifères que les délicats diptères du groupe des Cécidomyides confient leurs œufs et leurs larves, afin d'assurer la conservation de leur espèce.

Toutes les galles des Crucifères que nous avons récoltées en Tunisie sont nouvelles pour la Science ; quelques-unes proviennent de Souk-el-Arba, en Kroumirie ; les autres ont été recueillies, dans l'extrême-sud, à Gabès, à Gafsa et à Metlaoui.

Cakile maritima Scop. var. **ægyptiaca** Cosson (**C. ægyptiaca** Gærtner).

Plante des sables et des dunes du bord de la mer, tout le long de la côte tunisienne.

1° *Diptérocécidie*. — Fleur gonflée, globuleuse, atteignant en moyenne 10 mm de diamètre (*fig.* 1) ; sépales hypertrophiés, à surface granuleuse. Larves de Cécidomyie nombreuses, jaune brunâtre, vivant entre les pièces florales déformées. Galle déjà signalée sur les côtes du Danemark et de la France sur le *Cakile maritima* Scop.

Gabès, dunes, en mars et en avril.

Hirschfeldia geniculata Batt. et Trabut (**Sinapis geniculata** Desf.).

Plante à siliques petites, à bec effilé, long et genouillé, dressées contre l'axe : moissons, bords des champs et des chemins, décombres et jardins de la Tunisie ; très commune dans le Nord et le Centre, beaucoup plus rare dans le Sud.

2° *Diptérocécidie*. — Fleur gonflée, isolée en général dans l'inflorescence, renfermant plusieurs petites larves de Cécidomyie couleur terre de Sienne.

Souk-el-Arba, en avril.

Diptérocécidie florale de *Cakile maritima* var. *ægyptiaca*.
Fig. 1. — Aspect de l'inflorescence, avec fleurs normales, fruits sains et deux fleurs globuleuses parasitées (gr. 0,8).

Diplotaxis erucoides DC.

Champs et cultures, bords des chemins, décombres et lieux incultes de la Tunisie.

3° *Diptérocécidie*. — Fleur gonflée abritant de petites larves de Cécidomyie de teinte jaunâtre sale.

Souk-el-Arba, en avril.

Diplotaxis pendula DC. (**D. Harra** Boissier).

Jolie plante à siliques pendantes : lieux secs, collines arides, terrains gypseux et salins, dépressions et lits desséchés des oued de la Tunisie (commune dans l'Arad, dans le Djerid et dans le Nefzaoua).

4° *Diptérocécidie*. — Fleur gonflée, globuleuse, de 6 mm environ de diamètre (*fig.* 2 et 3). Sépales hypertrophiés, colorés en marron rougeâtre, parfois jaunâtres vers l'extrémité, alors que les sépales normaux sont d'un jaune verdâtre ou même d'un jaune soufre comme les pétales. Ces derniers, dans le bouton floral parasité, apparaissent fripés et jaunâtres entre les pointes un peu écartées des sépales anormaux. Les pièces florales internes sont déformées par suite de la présence de larves de Cécidomyie, nombreuses, blanches ou d'un blanc jaunâtre.

Oasis de Gafsa, en avril.

Eruca sativa Lamk.

Plante des champs, pâturages, décombres, bords des chemins et palmeraies de la Tunisie, où elle est commune..

5° *Diptérocécidie*. — Fleur gonflée et un peu allongée sous l'influence de larves de Cécidomyie. Souk-el-Arba, en avril.

Rapistrum Linnæanum Boissier et Reuter.

Plante dont l'article basilaire du fruit est plus étroit et plus court que le pédicelle : cultures, bords des chemins, décombres et lieux incultes de la Tunisie.

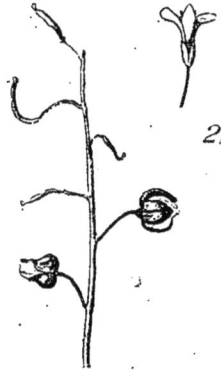

Diptérocécidie florale de *Diplotaxis pendula*.
Fig. 2. — Aspect extérieur d'une fleur normale (gr. 0,8)·
Fig. 3. — Inflorescence avec fruits normaux ou anormaux et deux fleurs parasitées devenues globuleuses (gr. 0,8).

6° *Diptérocécidie*. — Fleur gonflée par suite de la présence de larves de Cécidomyie au milieu de ses pièces hypertrophiées..

Souk-el-Arba, en avril.

Moricandia arvensis DC. var. **suffruticosa** Cosson.

Plante du bord des rivières et des chemins, des lits desséchés des oued, des cultures de la Tunisie où elle est commune dans tout le Sud.

7° *Diptérocécidie*. — Fleur demeurant fermée, un peu plus longue que le calice normal, gonflée dans sa région basilaire par suite du développement anormal que prennent les deux sépales gibbeux (*fig.* 4 et 5). La teinte des pièces du calice anormal reste plus claire que celle du calice non parasité : elle est d'un violet moins foncé et quelque peu lavée de jaune. Les pétales sont à peine visibles à l'extérieur de la fleur hypertrophiée ; leur limbe, peu développé, présente quelques stries violettes, courtes, partant du bord ; leur onglet est raccourci, fortement épaissi, et d'une teinte jaune verdâtre. Pistil assez court, de couleur verte. Larves abondantes vivant en société entre les pièces florales déformées.

Environs de Gafsa, champs et jardins, en avril.

8° *Diptérocécidie*. — Renflement irrégulier de la tige, le plus souvent situé dans la région de l'inflorescence (*fig.* 6 et 7), de forme et de taille très variables. Dimensions extrêmes : 15 mm de longueur sur 8 mm de diamètre transversal. Sa surface est vert glauque, comme le reste de la plante, ou parfois légèrement rougeâtre violacé. Elle est le lieu d'insertion de rameaux latéraux, de feuilles et même de pédoncules floraux

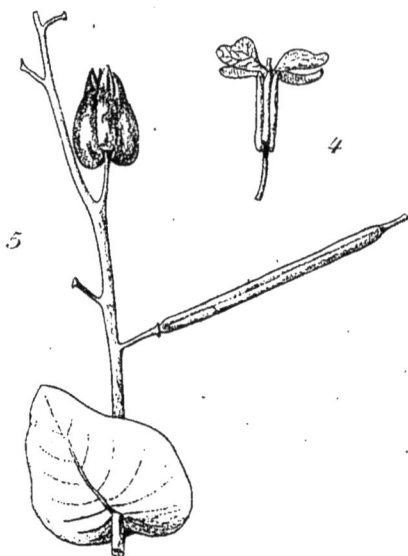

Diptérocécidie florale de *Moricandia arvensis* var. *suffruticosa*.
Fig. 4. — Aspect d'une fleur saine (gr. o,8).
Fig. 5. — Inflorescence et fleur parasitée (gr. o,8).

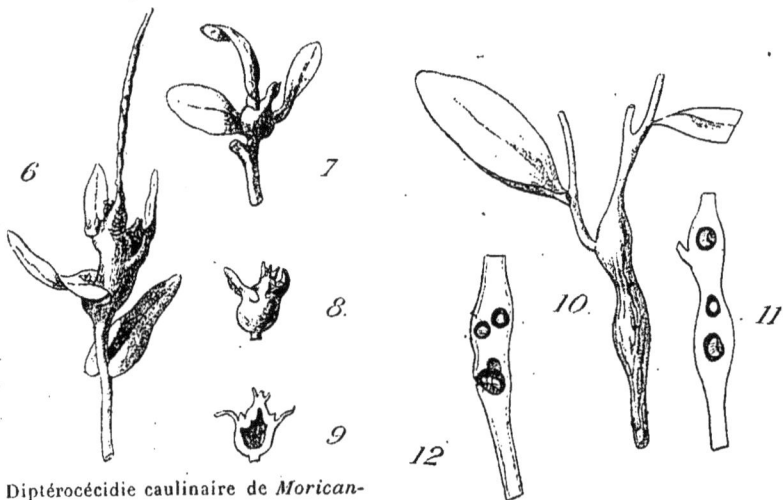

Diptérocécidie caulinaire de *Moricandia arvensis* var. *suffruticosa*.
Fig. 6. — Galle située dans l'inflorescence (gr. o,8).
Fig. 7. — Région terminale parasitée
d'un rameau jeune (gr. o,8).
Fig. 8. — Cécidie terminale de forme
globuleuse (gr. o,8).
Fig. 9. — Section longitudinale de la
galle précédente (gr. o,8).

Coléoptérocécidie caulinaire de *Moricandia
arvensis* var. *suffruticosa*.
Fig. 10. — Aspect extérieur d'une cécidie
jeune (gr. o,8).
Fig. 11. — Section longitudinale de la
galle précédente (gr. o,8).
Fig. 12. — Section en long d'une galle
plus âgée (gr. o,8).

ou fructifères. Dans chaque galle une cavité unique, spacieuse, très irrégulière (*fig.* 8 et 9), limitée par des parois épaisses, renfermant de nombreuses larves qui se métamorphosent en place, vers la fin d'avril.

Gafsa, au Djébel-Ben-Younes, en avril.

9° *Baris prasina* Boheman var. — Renflements caulinaires, irrégulièrement fusiformes, disposés les uns à la suite des autres et atteignant jusqu'à 10 mm de diamètre transversal et 20 mm de longueur (*fig.* 10). Ils sont beaucoup plus volumineux que les galles précédemment décrites et s'en distinguent facilement par leur surface blanchâtre. Cavités internes nombreuses, situées au milieu d'un tissu médullaire abondant ; elles sont sensiblement cylindriques et leur grand axe est perpendiculaire à la surface du renflement. Chaque cavité renferme une grosse larve blanche de Curculionide (*fig.* 11), qui se métamorphose dans la galle en mai et fournit une variété vert bronzé du *Baris prasina* (*fig.* 12).

Metlaoui, en avril.

Moricandia cinerea Cosson (**Ammosperma cinereum** Hooker).

Plante diffuse, cendrée, à fleurs blanches : sables, terrains gypseux, lits desséchés des oued, principalement dans le sud de la Tunisie.

10° *Cystopus candidus* Lév. — Tige et inflorescence déformées et renflées.

Oasis de Gafsa, dans les sables, en avril.

Mlle Marguerite BELEZE.
Lauréat de l'Institut (Académie des Sciences).
Montfort-l'Amaury (Seine-et-Oise).

RUBUS OBSERVÉS, EN 1908-1910, AUX ENVIRONS DE MONTFORT-L'AMAURY ET DANS LA FORÊT DE RAMBOUILLET (SEINE-ET-OISE).

58.33.75

4 Août.

En 1906, d'après les conseils du savant rubéologue, M. H. Sudre, professeur de Botanique à l'École Normale de Toulouse, j'avais herborisé les *Rubus* (Ronces), des environs de Montfort et de la vaste et pittoresque forêt de Rambouillet. En 1908 et l'année dernière, j'ai continué, avec l'aide et la haute compétence de M. Sudre, cette étude qui n'avait pas encore été faite, pour cette région, si riche au point de vue botanique et batologique.

- Mes premières observations ont été publiées dans le *Compte rendu du Congrès des Sociétés savantes de Paris et des départements* tenu à la Sorbonne en 1907. La seconde étude a été publiée dans les *Comptes rendus de l'Association française* (Lille, 1909).

Comme je le disais dans les deux premières études, cette florure rubéologique est surtout caractérisée par l'abondance du *Rubus cæsius Ulmifolius* et de ses nombreux hybrides et formes ; puis viennent les *Nitidus propinquus*, caractérisant les sables dits de *Fontainebleau*, qui m'ont donné de bonnes espèces, dont plusieurs nouvelles, non seulement pour la flore locale, mais encore pour la flore générale et quelques formes entièrement nouvelles. Les *Rubus Lemetreï, septorum* et *truncifolius,* sont des espèces des plus intéressantes au point de vue de la Géographie botanique .

SUITE DES RUBUS DES ENVIRONS DE MONTFORT-L'AMAURY ET DE LA FORÊT DE RAMBOUILLET (SEINE-ET-OISE), espèces ramassés en 1908-1910.

Rubus Nitidus W., var. : *hamulosus* L. et M. — Pétales blancs, légèrement rosés; filets blancs; anthères brunes; style vert jaunâtre; feuilles vertes sur les deux faces, légèrement velues en dessous; tige verte, rougeâtre; aiguillons courts, larges à la base, un peu courbés. Haies au Perray, près de Vieille-Église. 16 juillet 1908. Assez commun dans le Nord, la Haute-Vienne, le Cher, l'Ariège, l'Oise; nouveau pour les environs de Paris.

R. septorum : Müll. — Pétales blancs, rosés, très grands, ovales arrondis; styles verdâtres; filets blancs; anthères gris verdâtre; tige assez robuste, brun vert, velue au sommet; feuilles vertes sur les deux faces, très velues en dessous; aiguillons petits, assez courts, un peu crochus, brun rougeâtre, assez espacés. Buissons très touffus, isolés. Haie à la Boissière, entre Villepreux et Neauphle-le-Château. 16 juin 1910. Assez commun dans le Centre et dans l'Est, nouveau pour les environs de Paris.

R. pyramidalis Kalt. — Pétales blancs, légèrement rosés, ovales, orbiculaires, moyens; styles vert clair; anthères gris brunâtre; filets blancs; feuilles très molles, velues, vertes des deux côtés; tige verte; aiguillons brun rouge pâle, assez courts, presque droits. La Verrerie, près l'Étang de la Tour. 16 juillet 1908. Assez commun dans les Vosges, le Centre, le Sud de la France, été trouvé dans Seine-et-Marne, nouveau pour la région. Espèce de la silice et des grès.

R. Lemaitrei. Rép. var. : *irregularidens* Sud. — Pétales rose assez pâle, presque orbiculaires, petits; filets blancs; anthères brunes; styles vert clair; feuilles vertes sur les deux faces, velues en dessous; tige robuste, verte; aiguillons moyens, verts, très espacés, crochus. Haies, Donjon de Maurepas, 1er août 1910. Commun dans le Midi, le Centre et l'Ouest, se trouve au Nord de la France aussi.

P. propinquus M. V., var. : *dumosus* Lef. — Pétales roses, moyens, ovales, oblongs; filets blancs; style gris pourpré; anthères brun clair; feuilles vertes sur les deux faces, velues en dessous; tige rouge violacée en dessus, plus verte en dessous et un peu grisâtre au sommet; aiguillons robustes, larges à la base; un peu courbes, rouge légèrement violacé. Carrefour de la Renardière à la route des Bréviaires. 22 juillet 1908, près Coupe-Gorge. A été trouvé une fois dans la Vienne, à Pindray. Très intéressant pour la Flore de France.

R. argenteus W. et N. (Variation du type). — Pétales très grands, d'un beau rose, ovales, pointus; filets blancs; anthères et styles gris blanchâtre; feuilles glabres; très grandes, vertes sur les deux faces; aiguillons très espacés, assez courts, robustes, d'un beau vert, comme la tige. Bois de Saint-Pierre d'Yvette, aux Essarts. 1908; a été trouvé dans le bassin du Rhin.

R. truncifolius M. et Lef. — Pétales rouges, petits, ovales, étroits; styles vert clair; filets blancs; anthères brun gris clair; feuilles vertes sur les deux faces, velues en dessous; tige verte, assez mince; aiguillons très petits, vert jaunâtre, presque sétacés, crochus. 21 juillet 1908. Produit de croisement; a été trouvé dans l'Oise; nouveau pour la forêt de Rambouillet.

R. podophyllus Müll., var. : *lutetianus* Sud. — Pétales blanc pur, moyens, ovales, allongés; filets blancs; anthères gris verdâtre jaunâtre; styles vert clair; feuilles vertes en dessus, grisâtres, velues en dessous; tige brun verdâtre foncé. 16 juillet 1908. Haies à l'Étang de la Tour. A été trouvé dans les Vosges. Assez commun dans les environs de Montfort et dans la forêt de Rambouillet.

R. constrictus L. et M. — Pétales blancs, légèrement rosés; filets blancs; anthères brunes; styles vert jaunâtre; feuilles vertes sur les deux faces, légèrement velue en dessous; tige vert jaunâtre; aiguillons courts, larges à la base, un peu courbés. La Renardière. 22 juillet 1908. A été trouvé une fois dans l'Oise (forêt de Retz). Espèce nouvelle pour la forêt de Rambouillet.

R. adscitus Gen. — Pétales moyens, rose un peu pâle; filets blancs; anthères gris brun; styles vert clair un peu jaunâtre; feuilles vertes sur les deux faces, légèrement velues en dessous; tige velue, vert rougeâtre; aiguillons assez courts, un peu crochus. Lévy-Saint-Nom. 13 juillet 1908 (canton de Chevreuse). Assez commun dans l'Ouest et s'avance jusqu'à Bourges.

R. discaptiformis Sud. + *discaptus*, + *cæsius*. — Pétales blanc pur, moyens, ovales, allongés; styles vert jaunâtre clair; tige assez forte, brunâtre; filets blanc; anthères vert jaunâtre clair; tige assez forte, brunâtre; aiguillons rouges, moyens, un peu courbés; feuilles vertes sur les deux faces. 11 juillet 1908. Haies Quatre-Piliers (Forêt de Rambouillet). Nouveau, avec les parents. Très intéressant.

R. Toussainti Sud. = *Adscitus*, + *ulmifolius*. — Pétales moyens, blanc très légèrement rosé, ovales, allongés; filets blancs; anthères brunes; tige d'un beau vert, un peu rougeâtre du côté de la lumière; aiguillons moyens, serrés, rouge jaunâtre; feuilles argentées en dessous. Bois de Saint-Pierre d'Yvette, aux Essarts-le-Roi. 13 août 1908. Nouveau, avec les parents. Très intéressant.

R. argentus + *cæsius?*. — Pétales blanc pur, obovales, grands; filets verdâtres; anthères blanc légèrement jaunâtre; tige et feuilles vertes; aiguillons espacés, assez courts, subulés, rougeâtres, presque droits. Mur du parc de Dampierre. 13 juillet 1908. Nouveau pour la Flore générale.

R. Genevieri + *cæsius* Sud. — Pétales blanc pur, très grands, orbiculaires; étamines et styles blanc verdâtre; feuilles vertes sur les deux faces; tige verte, aiguillons bruns, courts et gros, robustes, très serrés. Quatre-Piliers, près Houdan. 11 juillet 1910. Très rare aux environs de Paris et bassin de la Loire.

**14

R. propinquus+cæsius Sud. — Pétales rose très clair, grands, ovales, oblonds; styles verts; filets blancs; anthères gris verdâtre; tige brun verdâtre; feuilles, vertes sur les deux faces, velues en dessous; aiguillons très espacés, moyens, crochus, brun rouge. Haies entre le Mesnil-Saint-Denis et Lévy-Saint-Nom. 13 juillet 1908. Nouveau, avec les parents. Très intéressant.

R. aspericaulis + cæsius. = *R. ancistrophorus* M. L. — Pétales blanc pur, très étroits, pointus, allongés; styles vert un peu jaunâtre; étamines et filets jaunes, verdâtres; feuilles verdâtres; aiguillons verts, espacés, petits, subulés; tige verte. Lévy-Saint-Nom. 13 juillet. Nouveau pour la région et çà et là dans le bassin de la Loire.

M. V. DUCOMET,

Professeur à l'École nationale d'Agriculture (Rennes).

CONTRIBUTION A L'ÉTUDE DES MALADIES DU CHATAIGNIER.

63.491.13

1er Août.

Jusqu'à ces derniers temps, les maladies du châtaignier pouvaient se grouper de la façon suivante :

a. Maladie des feuilles causée par le *Sphœrella maculiformis*;

b. Maladie des rejets déterminée par le *Diplodina Castaneæ*;

c. Mortalité, communément désignée en France sous le nom de *maladie de l'Encre.*

Cette dernière, de beaucoup la plus importante, a fait l'objet d'une foule de travaux, depuis les premières observations de Gibelli qui remontent à 1876. Malgré les profondes divergences des opinions émises, presque tous les auteurs admettaient que la maladie avait son siège dans l'appareil souterrain [1]. Or, en 1907 et 1909, Briosi et Farneti ont décrit en Italie une maladie qu'ils croient identique au mal de l'encre et qu'ils attribuent au parasitisme de l'appareil aérien par une Sphæriacée du genre *Melanconis*. Griffon et Maublanc ont retrouvé la même affection en Limousin et montré que le parasite regardé comme nouveau par les auteurs italiens avait été décrit pas Tulasne sous le nom de *Melanconis modonia*. Nous avons nous-même signalé son existence en Bretagne [2].

Une autre affection, voisine de la précédente par certains caractères, a également été observée aux États-Unis par Merkel en 1904 [1]. Le para-

---

[1] *Voir* DUCOMET, *Contribution à l'étude de la maladie du Châtaignier* (*in Ann. Éc. agr. de Rennes*, 1909.

[2] *Bull. Soc. nat. d'Agric.*

[3] *A. Rep. of the New-York Zool. Soc.*

site d'abord étudié par Murrill et rapporté par lui au genre *Diaporthe* a été classé peu après parmi les Hypocréacées du genre *Valsonectria*. (V. *parasitica* (Murr.) Rehm.

A l'heure actuelle, deux parasites sont à l'ordre du jour : *Melanconis modonia* en Europe, *Valsonectria parasitica* aux États-Unis.

Ce dernier procède par encerclement des branches à l'aide d'un mycélium qui évolue dans le liber et le cambium, après pénétration par les blessures ou les fentes de l'écorce. Le feuillage jaunit et se dessèche en avant de la région parasitée; « le phénomène est aussi net, aussi brusque que si l'on faisait une incision annulaire (¹) ». Les arbres meurent rapidement et les dégâts causés dans l'État de New-York et les États voisins se chiffrent par millions à l'heure actuelle.

Quant au *Melanconis modonia*, si son rôle pathologique n'est signalé que depuis peu de temps, les observations des anciens mycologues (Tulasne, Fuckel, Libert) montrent bien à la fois son ancienneté et sa diffusion. Nous avons fait remarquer ailleurs qu'il nous apparaissait comme très probable que l'attention n'avait pas été attirée sur son action parasitaire, en raison de la facile confusion de la mort qu'il détermine avec l'élagage naturel.

D'après les observations que nous avons pu faire en Bretagne cette année même, il est extrêmement fréquent, si les désordres qu'il provoque sont en général de fort minime importance. Briosi et Farneti admettent que la pénétration se fait le plus souvent par les branches, par les lenticelles, plus rarement par les blessures de l'axe, exceptionnellement par la base du tronc. Le mal descendrait avec une rapidité plus ou moins grande et arriverait à déterminer la mort de l'arbre, le mycélium intéressant jusqu'aux racines.

Nous n'avons observé jusqu'ici que quelques cas isolés de mort de perches de taillis, mais toujours par invasion de l'extrémité. Toujours, nous avons vu la mortification débuter soit par la flèche, soit par les branches.

Dans le premier cas qui nous a paru rare, sauf pour les petits rejets dominés, cette mortification peut gagner progressivement vers le bas sur toute la périphérie de l'axe. Dans le deuxième, beaucoup plus fréquent, la perche présente simplement une bande mortifiée de largeur variable, s'atténuant en pointe vers la base. Il est vrai que la mort de plusieurs branches peut conduire à la production d'une zone commune de dessèchement capable d'entraîner la mortification totale comme dans le premier cas. Mais il s'agit encore d'un facies rare, d'autant plus rare que, nous l'avons fait remarquer ailleurs, dans ce cas comme dans les deux précédents, la présence de branches restées saines entraîne fréquemment un rétrécissement, un ralentissement et souvent même un arrêt dans la marche descendante de la mortification de l'axe général.

(¹) E. HENRY, *Bull. Soc. Sc. Nancy*, 1910, *loc. cit.*

Des faits semblables se remarquent d'ailleurs sur les branches elles-mêmes, sous l'influence de leurs ramifications non envahies.

Ajoutons que le mal s'arrête souvent à l'empattement, que les branches basses sont beaucoup plus fréquemment atteintes que les hautes, que d'une manière générale les branches de l'intérieur des cépées sont plus atteintes que celles de l'extérieur, que le mal est surtout fréquent sur les brins dominés.

Si l'on rapproche tous ces faits, on voit qu'il est logique de penser à une influence de la faiblesse originelle sur l'intensité du développement du mal tout ou moins. Quelle que soit l'opinion émise par Briosi et Farneti sur les rapports entre le mal de l'encre et le parasitisme du *Melanconis*, nous sommes en droit de nous demander si la faiblesse de l'appareil aérien motivée par une altération préalable de l'appareil souterrain dans le cas, d'ailleurs non observé par nous, de pieds isolés, au lieu de rejets de souche, n'est pas précisément la cause de l'infection générale par le *Melanconis*. Il est, en d'autres termes, fort possible que le *Melanconis* soit un élément d'aggravation d'un mal préexistant, au lieu d'être le seul élément déterminant de l'affection. Le problème est à notre avis simplement posé.

La méthode expérimentale sera, à n'en pas douter, d'un grand secours pour arriver à la solution. Or, les inoculations par nous entreprises sont toutes restées sans résultat, qu'il se soit agi d'inoculation de la racine, de la tige ou des branches, de rameaux aoûtés ou de rameaux verts, d'inoculation par accolement de tissus malades ou morts, d'inoculations par semis direct ou sur blessures de conidies ou d'ascospores.

Il serait imprudent de faire actuellement état de ces résultats négatifs. Au moment où nos essais ont été faits, nos connaissances sur le lieu et le moment de l'infection étaient des plus rudimentaires. L'observation du débourrement sur de nombreux points de la Bretagne nous a montré que les extrémités des branches mouraient au moment de l'éclosion des bourgeons. Il semble bien que l'infection se fasse au premier printemps et nous nous demandons maintenant si elle se fait réellement par les lenticelles, comme nous l'avions tout d'abord supposé avec Briosi et Farneti, ou au contraire par la base des jeunes rameaux. Nos nouvelles inoculations seront faites en partant de cette idée; peut-être nous conduiront-elles à un résultat positif.

Au cours de nos investigations sur le *Melanconis*, nous avons observé quelques autres affections qui doivent être rapprochées de la mortalité qu'il détermine ou paraît déterminer.

Nous avons déjà dit que dans la plupart des cas, les branches seules meurent et que cette mort parasitaire a été jusqu'ici confondue avec l'élagage naturel. Or, le *Melanconis* est loin d'être partout et toujours responsable. Il paraît même, dans certains cas, être précédé par d'autres champignons.

1 et 2. — Sur deux points de l'Ille-et-Vilaine (Vern et Châteaugiron)

de nombreuses branches mortes jusqu'au voisinage de l'empattement
présentaient à la limite extrême de la portion mortifiée de nombreuses
pustules très serrées et par ce fait bien différentes de celles du *Melanconis*.
Il s'agissait d'un *Diaporthe* dans certains cas, d'un *Glæosporium* dans
d'autres. Avec l'un ou l'autre de ces organismes, certaines branches
présentaient en même temps des fructifications de la forme conidienne
du *Melanconis* (*Coryneum*), mais comme seules les fructifications précédentes existaient au voisinage immédiat des tissus vivants, il semble
bien que le *Melanconis* soit ici purement saprophyte.

3. Un autre *Diaporthe* a également été observé près de Rennes, à
Pacé, sur l'axe de perches de 6 ans. Il s'agissait de taches elliptiques
pouvant intéresser jusqu'à la moitié de la circonférence, avec une longueur d'une dizaine de centimètres, et une profondeur atteignant jusqu'à la moelle. Ces régions couleur brique, avec des fructifications extrêmement rapprochées ne peuvent pas être confondues, même à l'œil nu,
avec les plages à *Melanconis* (teinte brune et fructifications écartées).

4. Une autre affection a été rencontrée dans le Finistère, aux environs
de Pont-l'Abbé, sur des rejets de deuxième et troisième année, au commencement de juin. Elle se présente sous l'aspect de taches brunes
légèrement déprimées qui peuvent se rapprocher au point d'intéresser
toute la surface. Le fait est surtout fréquent vers le sommet qui, dans
ce cas, se dessèche. Mais d'une manière générale, bien que la mortification gagne jusqu'au bois, l'isolement des taches entraîne simplement,
l'année de l'invasion du moins, un affaiblissement général indiqué par
la petitesse et le jaunissement des feuilles. Les seules fructifications
observées tant en place qu'au laboratoire ont été des spermogonies du
type *Fusicoccum*.

5. Sur divers points des environs de Rennes, nous avons pu constater
à mi-juin, sur rejets de tout âge, la mort fréquente de rameaux de
l'année à partir de l'extrémité, avec jaunissement et dessication des
feuilles à partir des bords. Sur les rameaux, comme parfois aussi sur les
pétioles et même la nervure principale des feuilles, des fructifications
du type *Cytodiplospora* ont seules été vues.

6. Une affection de nature microbienne a été observée aux environs
de Pont Labbé d'une part, aux portes mêmes de Rennes (La Prévalaye)
d'autre part. Il s'agit d'une maladie des productions de l'année (feuilles
et rameaux). L'invasion paraît se faire de bonne heure, puisqu'au 10 juin
beaucoup de rameaux paraissaient noircis, carbonisés comme dans le
cas d'une attaque précoce des pousses de vigne par l'anthracnose. Les
feuilles correspondant aux rameaux ou portions de rameaux noircis étaient
grillées; mais sur des rameaux simplement noircis par places, ou même
restés sains, des feuilles se montraient aussi atteintes, le plus souvent
par les nervures dont la dessication après noircissement amenait naturellement le dessèchement du parenchyme voisin. Sur la feuille, comme

sur le rameau, les parenchymes se montraient creusés de lacunes bourrées de bacilles. Les vaisseaux eux-mêmes étaient parfois remplis de bactéries s'ils se montraient plus souvent obstrués par des amas gommeux.

Les données que nous possédons à l'heure actuelle ne nous permettent pas d'identifier d'une façon certaine les champignons dont il vient d'être question. Nous pensons néanmoins que notre *Cytodiplospora* n'est pas différent du *Cytodiplospora Castaneæ* décrit dans les Pays-Bas par Oudemans. Notre *Fusicoccum* est très voisin du *Fusicoccum Castaneum* que Saccardo regarde comme la forme spermogoniale de son *Diaporthe Castaneæ*. L'un de nos *Diaporthe* est également voisin de cette dernière espèce. L'autre paraît plus voisin du *Diaporthe parasitica* de Murrill. Quant au *Glæosporium*, il ne nous paraît pour l'instant se rapprocher d'aucun des champignons signalés sur châtaignier.

En ce qui concerne le bacille dont il a été question, il s'agit bien, selon toute probabilité, d'un cas de parasitisme réellement nouveau.

Notre étude est simplement ébauchée. L'action des différents organismes cités paraît bien être une action parasitaire. En ce qui concerne les champignons notamment, l'allure des lésions, le développement des fructifications au voisinage immédiat des portions saines sont bien faites pour nous porter à l'admettre *a priori*. La démonstration n'en est cependant pas faite; mais il est à retenir que nous ne possédons pas d'autres preuves vis-à-vis du *Melanconis*. Or, comme d'après le mode même de l'association du *Melanconis* à deux au moins de nos espèces, la possibilité de saprophytisme de ce champignon nous apparaît comme certaine, on voit combien il est loin d'être démontré que, conformément aux vues des auteurs italiens, la maladie de l'encre est enfin connue dans sa cause, sinon dans les mesures à prendre pour assurer la préservation des châtaigneraies.

M. Paul BERTRAND.

OBSERVATIONS SUR LES CLADOXYLÉES.

56.73

4 Août.

La famille des Cladoxylées comprend actuellement les trois genres : *Cladoxylon, Steloxylon* et *Völkelia*; les deux premiers proviennent du Dévonien supérieur, le troisième du Culm. Ces trois genres sont encore imparfaitement connus et leurs affinités sont discutables ; néanmoins je crois plus avantageux de les laisser provisoirement dans un même groupe.

Toutes les Cladoxylées ont une masse libéro-ligneuse radiée dispersée, c'est-à-dire composée d'un grand nombre de lames rayonnantes, divisées et anastomosées irrégulièrement. Chaque lame rayonnante est constituée en général par une bande médiane de bois primaire, enveloppée complètement par un bois secondaire épais et par du liber. Il n'est pas possible de définir le mode de ramification des Cladoxylées; toutefois, on peut dire que les appendices n'appartiennent certainement pas au type lycopodiacéen.

J'insisterai peu sur les genres *Steloxylon* et *Völkelia*, sur lesquels on ne possède que des documents incomplets. Le genre *Steloxylon* est caractérisé par la réduction considérable du bois primaire, qui constitue la partie médiane de chaque lame ligneuse rayonnante, le bois secondaire est au contraire très développé. Le *Völkelia refracta* Gœppert paraît offrir un caractère analogue. Il est utile de mentionner ici, que la préparation nº 18 de la Collection Unger de Berlin, classée comme *Cladoxylon dubium* par M. de Solms-Laubach, est en réalité un stipe de *Steloxylon* [1]; le genre *Steloxylon* coexistait donc à Saalfeld avec le genre *Cladoxylon*. Contrairement à M. de Solms [2], j'estime que les *Steloxylon* ne peuvent pas être rapprochés des Médullosées. Ils en diffèrent par les caractères suivants : 1º Les massifs ligneux sont allongés radialement et non tangentiellement; 2º il n'existe pas chez les *Steloxylon* une couronne de bois secondaire enveloppant l'ensemble des massifs intérieurs; 3º enfin les appendices du *Steloxylon Ludwigii*, que M. de Solms regarde comme des pétioles ont une structure toute différente de celle des pétioles de Médullosées.

L'étude du genre *Cladoxylon* est rendue fort difficile par l'état fragmentaire des échantillons. Les axes, qu'on doit rapporter à ce type, sont très variés d'aspect; Unger n'avait pas créé moins de huit espèces et de cinq genres distincts pour les exemplaires recueillis à Saalfeld [3]. En voici la liste :

Schizoxylon tœniatum,
Cladoxylon mirabile, Cl. centrale, Cl. dubium (pars),
Arctopodium radiatum, A. insigne,
Hierogramma mysticum,
Syncardia pusilla.

Il est possible actuellement de ramener toutes ces formes à trois espèces

[1] H. DE SOLMS-LAUBACH, *Ueber die seinerzeit von Unger beschriebenen strukturbietenden Pflanzenreste des Unterculm von Saalfeld in Thüringen.* (*Abh. d. Kgl. Preuss. Geol. Landesanstalt*, Neue Folge, Heft 23, 1896; *Pl. III, fig.* 1).

[2] H. DE SOLMS-LAUBACH, *Ueber die in den Kalksteinen von Glätzisch Falkenberg in Schlesien erhaltenen strukturbietenden Pflanzenreste*, IV (*Völkelia refracta, Steloxylon Ludwigii, Zeitsch. f. Bot.*, 2ᵉ année, 1910, fasc. 8, p. 552).

[3] RICHTER et UNGER, *Beitrag zur Palæontologie des Thüringer Waldes* (*Denk. d. k. k. Akad. zu Wien : Math.-naturwiss. Cl.*, Band XI, 1856).

seulement : *Cladoxylon tæniatum, Cladoxylon mirabile* et *Cladoxylon Solmsi*, nov. sp. La première comprend : *Schizoxylon tæniatum, Cl. dubium* (pars), *Cl. centrale* et toutes les formes *Syncardia*. La seconde espèce comprend : *Cl. mirabile* Unger, *Arctopodium radiatum* et *A. insigne*.

Toutes les formes *Hierogramma* appartiennent certainement à l'une de ces deux espèces, probablement à *Cladoxylon tæniatum* (¹).

Quant à la troisième espèce, *Cladoxylon Solmsi*, elle est créée pour un *Cladoxylon*, que M. de Solms a décrit avec doute sous le nom de *Cl. mirabile?*, mais qui est différent du *Cl. mirabile* Unger. Ce type est représenté par les figures 4 (*Pl. III*) et 13 (*Pl. II*) du travail de M. de Solms (²).

J'ai annoncé antérieurement (³) que toutes les Cladoxylées étaient des stipes de *Clepsydropsis*, c'est-à-dire de Fougères appartenant à la famille des Zygoptéridées. Afin de me tenir exactement dans les limites des faits connus, je restreindrai aujourd'hui cette conclusion au seul genre *Cladoxylon*.

M. de Solms ne partage pas ma manière de voir (⁴); il classe également les *Cladoxylon* parmi les Fougères et il regarde les gros exemplaires comme des stipes; mais il a trouvé en connexion avec le *Cladoxylon Solmsi* des organes dont la structure est très différente de celle des pétioles de *Clepsydropsis;* ces organes prennent très probablement plus haut la structure des *Hierogramma* et des *Syncardia*. Ce seraient, d'après M. de Solms, les véritables pétioles des *Cladoxylon*.

Les *Cladoxylon* offrent une structure très caractéristique. Toutes les lames ligneuses primaires sont pourvues à leur extrémité externe d'une boucle périphérique. L'intérieur de chaque boucle est rempli par des fibres primitives à parois minces, autour desquelles on trouverait les éléments de protoxylème. Or, on observe sur tous les exemplaires de *Cladoxylon* (y compris *Hierogramma* et *Syncardia*) que les boucles périphériques donnent constamment naissance à des *anneaux ligneux sortants* que je regarde comme les véritables traces foliaires.

Cette conclusion est basée sur le fait qu'une structure presque identique se retrouve dans les pétioles primaires de *Clepsydropsis*, mais ici les anneaux ligneux sortants sont destinés aux pétioles secondaires.

D'autre part, sur deux préparations, l'une de *Cladoxylon mirabile*, l'autre d'*Arctopodium radiatum*, j'ai observé effectivement que les anneaux ligneux, en s'éloignant du stipe, se transformaient progressivement en *clepsydres*, c'est-à-dire devenaient identiques à la trace foliaire des pétioles primaires de *Clepsydropsis*.

Il résulte de mes observations que, dans une même espèce de *Cla-*

(¹) Le travail de M. de Solms faisait déjà prévoir tous ces rapprochements.
(²) *Pflanzenreste des Unterculm von Saalfeld, op. cit.*
(³) Note sur les stipes de *Clepsydropsis* (*Comptes rendus;* Paris, 16 nov. 1908).
(⁴) *Pflanzenreste des Unterculm von Saalfeld* (*loc. cit.*, p. 55-56); *Pflanzenreste von Glätzisch. Falkenberg* (*loc cit.*, p. 541).

doxylon, le stipe peut se présenter sous des aspects très variés. Ainsi, les exemplaires types de *Cladoxylon mirabile* et de *Cl. tœniatum* sont des stipes à symétrie radiaire nette, possédant un grand nombre de lames ligneuses rayonnantes : 20 à 24. Le nombre des lames ligneuses se réduit à 9 ou 10 dans les formes *Hierogramma* et à 4 ou 6 dans les formes *Syncardia*. Les formes *Hierogramma* et *Syncardia* offrent, en outre, une dorsiventralité accusée : deux lames ligneuses allongées horizontalement marquent la face inférieure du stipe. Tous les exemplaires de *Hierogramma* sont des stipes en voie de dichotomie Tous les exemplaires de *Syncardia* sont également en voie de dichotomie, sauf un qui offre une symétrie radiaire.

Enfin la présence de bois secondaire autour des lames ligneuses primaires est un caractère tout à fait accessoire. Les formes *Arctopodium* du *Cl. mirabile* n'en ont pas. Les formes *Hierogramma* et *Syncardia* en sont aussi habituellement dépourvues. Pourtant, j'ai pu voir très nettement les premiers éléments du bois secondaire sur certains exemplaires de *Syncardia* et même sur les pétioles primaires de *Clepsydropsis antiqua*.

M. O. LIGNIER,

Professeur à la Faculté des Sciences (Caen).

LES « RADICULITES RETICULATUS LIGNIER »
SONT PROBABLEMENT DES RADICELLES DE CORDAÏTALES.

56.52 : 58.14.3

4 Août.

Dans une Note précédente ([1]) j'ai signalé à l'intérieur de silex stéphaniens de Grand'Croix (Loire) la présence de radicelles que j'ai dénommées *Radiculites reticulatus* et que j'ai rapportées aux Séquoïnées, tout en montrant qu'elles ressemblaient également beaucoup à celles des Araucarinées, des Taxodinées et des Cupressinées.

Le hasard vient de me fournir d'assez nombreux échantillons nouveaux de ce fossile. Il m'a en outre procuré une préparation heureuse grâce à laquelle il m'est aujourd'hui possible de rectifier et de préciser davantage les affinités réelles des plantes auxquelles appartenaient ces radicelles.

([1]) Lignier O., *Radiculites reticulatus, radicelle fossile de Séquoïnee.* (*Bull. Soc. bot. de France*, t. LIII. 1906, p. 193. — Depuis cette époque mon maître M. C. Eg. Bertrand, m'a écrit qu'il avait fréquemment rencontré de telles radicelles dans les silex de Grand'Croix.

Dans cette préparation se trouve en effet une jeune racine qui est coupée longitudinalement sur une longueur de plus de 1 cm et qui donne insertion à de nombreuses radicelles du type *R. reticulatus*. Il y a plus. Cette jeune racine s'insère, elle-même, sur une racine plus grosse qui, se tordant dans la préparation, y montre deux fois sa section oblique. Ce sont surtout ces deux sections obliques dont les tissus se laissent lire assez facilement, qui vont me permettre de préciser les affinités du *R. reticulatus*.

1. Sur toutes deux on distingue une masse ligneuse au milieu de laquelle se trouve une lame primaire bipolaire étroite. Dans cette dernière les éléments trachéens polaires sont mal conservés; les autres au nombre de 12 à 15 sont presque tous entièrement *couverts d'aréoles sur toutes leurs faces*. Ces aréoles, dont les plus larges n'ont guère que 8 à 9 μ de diamètre, y sont serrées les unes contre les autres en quinconce et, par suite, à contours hexagonaux; la forme de leurs ouvertures n'est plus discernable. Quelques autres éléments, situés près des extrémités de la lame primaire, plus étroits que les trachéides précédentes qu'ils joignent aux trachées, m'ont paru être soit scalariformes, soit encore aréolés mais les uns, avec aréoles étirées transversalement, les autres avec aréoles plus petites (3 μ). Ce sont évidemment des éléments de transition entre les trachées et les trachéides ordinaires.

La lame ligneuse primaire est flanquée de deux coins de bois secondaire en éventail dont l'épaisseur radiale comprend 6 rangs de trachéides. Celles-ci sont à section rectangulaire, souvent un peu étirée radialement. Les plus grandes d'entre elles ont environ 80 μ de large. Leurs parois *radiales* sont, de même que toutes celles du bois primaire, *absolument couvertes de ponctuations aréolées* (parfois jusqu'à 6 à 8 rangs), mais celles-ci y sont plus larges (13 à 14 μ). Quant à leurs parois *tangentielles*, elles paraissent être *lisses*, sauf celles au voisinage immédiat du bois primaire, sauf aussi quelques-unes isolées qui en sont un peu plus éloignées et qui portent quelques plages d'aréoles de 8 à 9 μ.

Dans la périphérie de chacun des deux coins ligneux secondaires on remarque quelques rayons de faisceau (petits rayons médullaires). Ils y sont formés *d'une seule file de cellules très étroites*. A leur contact les faces radiales des trachéides portent encore des aréoles, mais celles-ci y sont plus petites qu'ailleurs (au plus 10 μ) et souvent moins serrées.

Entre les bords des coins ligneux, *en face des pôles primaires*, se trouvent *deux rayons parenchymateux*, dont l'un est partiellement occupé par les trachéides d'insertion d'une radicelle.

Autour de ce massif ligneux central se voit un *liège* bien caractérisé, épais de 6 à 7 rangs de grandes cellules rectangulaires, plates, dont la largeur tangentielle peut atteindre jusqu'à 125 μ et dont les parois très minces étaient fortement subérifiées.

Entre la surface du bois et ce liège l'espace est très retreint; son épaisseur n'est guère que de 10 μ. Mais il est noirâtre et cette coloration laisse supposer la présence antérieure d'un liber peu épais, il est vrai. *entièrement mou* et probablement écrasé ou même en partie détruit. Une telle supposition est d'ailleurs corroborée en deux ou trois points par les faits.

De la faible épaisseur du liber il semble déjà logique de déduire que le phellogène a dû apparaître de très bonne heure et se produire soit dans la périphérie du cylindre central, soit même plus intérieurement. Dans un instant je vais pouvoir préciser davantage.

2. La jeune racine coupée longitudinalement est moins grosse que la précédente et elle va se réduisant de sa base à son sommet, de manière à n'avoir plus, à ce dernier, que la taille d'un *R. reticulatus*. Dans toute sa moitié basilaire, elle a été coupée bien diamétralement et il est visible que ses éléments ligneux sont aréolés comme ceux de la précédente; quelques tubes scalariformes ou à aréoles étirées s'y adjoignent également. Parmi ces éléments, il en est peut-être qui sont secondaires; la taille d'ensemble du cordon ligneux permet de l'admettre, cependant il n'y sont certainement qu'en petit nombre et la grande majorité au moins est primaire.

La surface de cette racine n'en est pas moins déjà recouverte, sur une longueur de plus de 0,5 cm par un liège superficiel bien caractérisé, semblable à celui de la racine précédente, sauf qu'il ne possède encore que 5 à 6 rangs de cellules dans ses régions les plus épaisses. Mais ce qui est tout particulièrement intéressant, c'est qu'en plusieurs points on peut très nettement voir les cellules réticulées du parenchyme cortical encore en place *à l'extérieur du liège*. Il est même très facile d'y retrouver l'assise réticulée si spéciale qui, chez le *R. reticulatus*, recouvre immédiatement l'assise plissée endodermique. Enfin en quelques points j'ai même pu voir encore cette dernière en place, au contact même de la surface du liège. Ainsi, le doute n'est plus permis, c'est bien *dans l'assise péricambiale* (péricycle) que s'est développée l'assise génératrice du liège et cette assise s'y est produite d'une manière *excessivement précoce* (¹).

De même que dans la racine précédente le liber n'est pas lisible; il est même entièrement détruit.

3. Les deux racines dont il vient d'être question, donnent, toutes deux, insertion à des radicelles dont 7 sur la plus grosse et 9 sur la plus petite. Il n'est pas possible de dire si toutes avaient été insérées en face des pôles ligneux, comme celle dont j'ai déjà indiqué la présence sur l'une des sections obliques. Mais pour quatre d'entre elles au moins il est certain que leur lame ligneuse bipolaire est *verticale*, c'est-à-dire orientée

---

(¹) Dans une autre préparation j'ai observé, du reste, les premiers recloisonnements du phellogène sur la section transversale d'une radicelle que je crois pouvoir rapporter au *R. reticulatus* et qui ne possédait encore absolument que sa lame ligneuse primaire. Ces recloisonnements étaient localisés dans l'assise sous-endodermique.

pour l'insertion comme elle l'est habituellement chez les Phanérogames.

. *Discussion*. — En raison de leur insertion les unes sur les autres, il n'est pas permis de douter que les deux racines grêles n'appartiennent à la même plante que le *R. reticulatus*. Dès lors nous avons le droit d'utiliser leur structure pour rechercher les affinités de ce dernier.

BERTRAND et RENAULT ([1]) ont décrit, comme provenant d'Autun et de Grand'Croix, des racines de *Poroxylon* qui offrent avec mon échantillon un certain nombre de similitudes. C'est ainsi que la lame ligneuse primaire s'y retrouve identique. Des ressemblances considérables se rencontrent également dans le bois secondaire, dont la structure histologique est la même. Toutefois les rayons de faisceau semblent y être plus abondants et surtout y pénétrer plus profondément vers le centre de la masse ligneuse. Peut-être aussi le bois secondaire y est-il plus nettement délimité de la lame primaire. Mais, des deux parts, il existe des rayons parenchymateux bien caractérisés en face des pôles.

Une autre resemblance se trouve dans le lieu d'apparition du phellogène puisque BERTRAND et RENAULT l'indiquent comme s'établissant également dans l'assise péricambiale.

Mais à côté de ces ressemblances se trouvent quelques dissemblances. Il ne semble pas, tout d'abord, que l'époque d'apparition du phellogène fut aussi précoce chez les *Poroxylons* que chez les *R. reticulatus*. En outre cette assise génératrice y était à double fonctionnement : en plus du liège extérieur, elle y produisait vers l'intérieur un peu de parenchyme dont il n'existe aucune trace chez le *Radiculites*. Le liège lui-même semble avoir été un peu différent; si en effet on en juge par la figure 240 (*loc. cit.*), les cellules chez le *Poroxylon Edwarsii* étaient moins larges que celles du *R. reticulatus* (75 μ environ de largeur tangentielle pour les plus grandes, au lieu de 120 μ).

D'autre part, la figure 238 de BERTRAND et RENAULT peut faire penser que chez les *Poroxylons*, au moins chez le *P. Edwarsii*, le liber secondaire atteignait un développement et une spécialisation beaucoup plus considérables que dans mon *Radiculites*. Cependant, en cela, le doute est permis. La racine qu'ils ont figurée est en effet un peu plus âgée que la mienne, puisque son bois secondaire compte une quinzaine d'assises trachéidiennes au lieu de six. Et l'on peut, par suite, admettre que si ma racine eût survécu, un semblable liber s'y fût développé et spécialisé. Il n'en est pas moins remarquable que ni ce développement, ni cette spécialisation n'y soient encore sérieusement commencés.

Les Cordaïtées étaient très abondantes à Grand'Croix et leurs débris y accompagnent le *R. reticulatus*. Nous devons donc d'autant plus lui comparer leurs racines (*Amyelon*) que celles-ci offrent avec celles de *Poroxylon* un certain nombre de points de ressemblance.

([1]) BERTRAND C. Eg. et RENAULT B., *Recherches sur les Poroxylons*. (*Arch. Bot. du Nord de la France*, t. II, Lille, 1884-87, p. 242).

Nous y retrouvons en effet les mêmes trachéides aréolées et les mêmes rayons de faisceaux étroits. Le cordon ligneux primaire y est encore souvent bipolaire ([1]); il est vrai qu'il peut être également tripolaire ([2]) et même probablement avoir plus de pôles encore. Mais il est une différence qui, elle, semble avoir quelque importance : l'absence de rayons parenchymateux en face des pôles.

En ce qui concerne le liège, bien que RENAULT l'admette comme se formant dans le parenchyme cortical, il semble probable que, de même que chez les Poroxylées, il se produisait aux dépens de l'assise péricambiale et qu'il était à double fonctionnement. Ce serait la présence du parenchyme secondaire intérieur qui, en s'interposant entre le liège et le liber, avait trompé RENAULT. En tous cas, dans l'une et l'autre interprétation, les tissus secondaires superficiels s'y sont produits différemment de ceux du *R. reticulatus*.

Quant au liber il semble bien avoir été, chez les *Cordaites*, moins développé en général et moins spécialisé que chez les *Poroxylons*. En cela donc il se rapprocherait davantage de celui de mes racines âgées.

En résumé, les radicelles décrites sous le nom de *Radiculites reticulatus* étaient insérées sur des racines dont la structure ligneuse rappelle assez bien celle des racines des *Cordaites* et plus encore celles des *Poroxylons*, plantes qui ont justement vécu à Grand'Croix à la même époque et dont les débris se retrouvent dans les mêmes silex. On doit donc être tenté d'admettre qu'elles ont des affinités réelles avec ces deux familles, surtout avec celle des Poroxylées. Il n'est cependant pas permis de méconnaître l'existence de certaines différences dans le liber et dans le liège; de telle sorte qu'une assimilation complète n'est pas encore permise, du moins avec les espèces actuellement décrites.

Quoi qu'il en soit, la structure si spéciale de son bois ne permet plus de soutenir l'affinité du *R. reticulatus* avec les Séquoïnées. Il est infiniment plus vraisemblable d'admettre qu'il appartenait à une Cordaïtale et, par suite, de conclure que très vraisemblablement celles-ci possédaient déjà le parenchyme cortical réticulé qu'on retrouve chez un si grand nombre de Conifères actuelles.

([1]) RENAULT B., *Cours de Botanique fossile*, 1re année 1881, p. 87.

([2]) SCOTT D. H., *Studies on fossil Botany*, t. II, 1909, p. 530. — A ce propos je dois rappeler ici que le faisceau du *R. reticulatus* qui d'habitude est bipolaire, peut parfois être tripolaire (*loc. cit.*, p. 194).

M. C. QUEVA.

Professeur à la Faculté des Sciences (Dijon).

OBSERVATIONS ANATOMIQUES SUR LES SALVINIACÉES.

58.731.7

4 Août.

Dans le genre *Azolla*, la masse libéro-ligneuse du stipe renferme un cercle ligneux interrompu en un point et développé autour d'une région centrale réduite à deux cellules neutres (*Azolla filiculoïdes*) ou assez importante (*A. nilotica*). Le liber est exclusivement périphérique dans la première espèce, à la fois interne et périphérique dans la seconde. Les faisceaux des frondes s'insèrent sur le bord dorsal de l'arc ligneux au point d'interruption.

Les frondes des *Azolla* sont alternes, elles se recouvrent successivement dans le jeune âge et entourent le point de végétation du stipe; chaque fronde est bilobée.

Chez les *Salvinia*, les frondes, verticillées par trois, ne se recouvrent pas. Chaque verticille comprend deux frondes dorsales nageantes simples et une fronde inférieure aquatique rameuse. Le limbe des frondes nageantes comporte deux moitiés symétriques qui s'accroissent en arrière, sans s'écarter l'une de l'autre, ne recouvrant ni les frondes plus jeunes, ni le sommet du stipe. Les deux frondes nageantes d'un verticille sont d'âge un peu différent.

La masse libéro-ligneuse du stipe des *Salvinia* (*S. natans, S. auriculata*) renferme une bande ligneuse en forme de gouttière ouverte vers la face dorsale du stipe, les éléments les plus larges occupant la région ventrale, de part et d'autre d'une interruption médiane; le liber existe au centre et à la périphérie. A chaque nœud, les frondes nageantes (ou aériennes) insèrent leur bois sur les bords de la gouttière ligneuse; la fronde aquatique sur la région médiane ventrale. Lors de la différenciation, le bois apparaît simultanément en quatre points de l'arc ligneux.

Le pétiole des frondes nageantes possède une masse libéro-ligneuse dont le bois est en gouttière ouverte en dessus comme dans le stipe, mais sans interruption médiane. Le liber est différencié sur les deux faces. L'émission des faisceaux des nervures latérales se fait par les bords de l'arc ligneux. La convexité ventrale de l'arc ligneux de la fronde est tournée vers le stipe et se maintient jusqu'à l'insertion.

La fronde aquatique présente dans son pétiole une masse libéro-ligneuse de section circulaire, dans laquelle le bois jalonne un cercle moyen, bordé par le liber en dehors et vers l'intérieur.

La symétrie dégradée dorsiventrale du stipe est donc commune aux deux genres de Salviniacées, mais de beaucoup plus accusée dans le genre *Salvinia*.

ZOOLOGIE, ANATOMIE ET PHYSIOLOGIE.

M. Ch. GRAVIER,

Assistant au Muséum national d'Histoire naturelle.

LES ANNÉLIDES POLYCHÈTES PÉLAGIQUES RAPPORTÉS PAR LA SECONDE EXPÉDITION ANTARCTIQUE FRANÇAISE (1908-1910).

5 *Août.*

59.51.7 (211.2)

Le *Pourquoi-Pas*, sur lequel s'embarquèrent les membres de la seconde expédition française commandée par M. le Dr J.-B. Charcot, explora l'Antarctique sud-américaine de l'île du Roi George (Shetlands du Sud) à la terre Alexandre Ier, c'est-à-dire du 62e au 70e degré de latitude sud environ. La mission française se dirigea ensuite vers l'Ouest, en longeant la banquise compacte, sans s'écarter beaucoup du 70e degré. A la latitude de 59°15' et à la longitude de 108°5' ouest de Paris, les naturalistes du bord firent de précieuses captures en ramenant le filet vertical de la profondeur de 950 m. à la surface. Ils prirent cinq espèces de Polychètes — dont deux nouvelles — appartenant à quatre familles distinctes : Alciopiens, Tomoptériens, Typhloscolécidés et Phyllodociens.

Des deux Alciopiens, l'un est une forme nouvelle remarquable par le polymorphisme de ses soies et que je rapporte au genre *Callizona* (*Callizona Bongraini* Gravier), dont aucune espèce n'était connue dans l'Antarctique. L'autre est un type déjà décrit, mais qui n'en présente pas moins un intérêt tout particulier : l'*Alciopa antarctica* Mac Intosh. Cet Alciope a été trouvé par le *Challenger* à la latitude de 64° et à la longitude de 90° environ, à la surface de la mer et n'a pas été revu depuis. L'Alciopien recueilli par la *Southern Cross* au cap Adare (Victoria Land), au sud du 71e degré de latitude sud, a été désigné à tort par A. Willey sous le nom de *Vanadis antarctica* (Mac Intosh) et est, en réalité, une espèce bien distincte de celle du *Challenger*. J'ai pu compléter la description donnée par Mac Intosh et confirmer plusieurs points de son étude qui avaient été mis en doute. Les Alciopiens sont des animaux qui habitent surtout les eaux chaudes. On en a cependant pris plusieurs dans l'hémisphère nord, fort loin de la zone torride; Apstein a fait observer que les points de capture se trouvaient situés sur le trajet de branches du Gulf-Stream. On ne peu invoquer la même explication en ce qui concerne les Alciopiens de l'Antarctique.

Le *Tomopteris (Johnstonella) septentrionalis* Quatrefages ex Steenstrup a été recueilli en divers points de l'Atlantique et du Pacifique, dans l'hémisphère nord comme dans l'hémisphère sud. D. Rosa le regarde comme *bipolaire;* en réalité, il doit être plutôt considéré comme cosmopolite. Dans l'hémisphère austral, on n'a trouvé, en dehors de l'espèce en question ici, que les types suivants :

1° *Tomopteris Carpenteri* Quatrefages, dont l'exemplaire-type fut récolté par l'expédition de la *Zélée* (Dumont d'Urville et Jacquinot, 1837-1840), par 60° de latitude sud et qui ressemble fort au *Tomopteris Nisseni* Rosa trouvé dans l'Atlantique sud (20° latitude sud, 27° longitude ouest); Mac Intosh dit que le *Tomopteris Carpenteri* fut recueilli en nombre considérable par l'expédition du *Challenger*, entre les îles Kerguelen et Mac-Donald, mais Rosa incline à croire qu'il s'agissait plutôt du *Tomopteris Eschscholtzi* Greeff;

2° *Tomopteris Cavallii* Rosa, qui a été trouvé dans l'Atlantique (entre Balna et Buenos-Aires), dans le Pacifique (Valparaiso, Callao), entre la Nouvelle-Calédonie et la Nouvelle-Zélande et dans l'océan Indien (Ceylan);

3° *Tomopteris Eschscholtzi* Greeff, de l'Atlantique sud.

J'ai rapporté le Typhloscolécidé de l'Antarctique sud-américaine à la *Sagitella Kowalewskii* N. Wagner. C'est dans l'Atlantique, et surtout dans l'hémisphère nord, qu'ont été récoltés les Typhloscolécidés aujourd'hui connus. D'après R. Southern, ceux qui ont été capturés au voisinage de l'Irlande, y sont amenés par le courant atlantique voisin de la côte occidentale de cette île. Ils paraissent être confinés dans l'eau de forte salinité et à une grande profondeur.

Enfin, le Phyllodocien pélagique rapporté par le *Pourquoi-Pas* est une espèce nouvelle du genre *Pelagobia (Pelagobia Viguieri* Gravier). Le *Pelagobia longocirrata* Greeff, type du genre, fut découvert par Greeff, au large du port d'Arrecife (Lanzarote, îles Canaries), au mois de janvier 1867; il fut trouvé plus tard dans la baie d'Alger par Viguier qui en donna une description précise; il fut signalé à nouveau par Reibisch (1895) dans les matériaux de la *Plankton-Expedition*, par Vanhöffen (1897) dans la région du Groenland, par Reibisch (1905) dans le *Nordisches Plankton* et enfin par R. Southern (1908) au large des côtes d'Irlande. L'espèce est donc largement distribuée dans l'Atlantique, du Groenland au Brésil; elle vit aussi dans la Méditerranée et dans l'océan Indien. R. Southern en a fait connaître une autre espèce recueillie également au large des côtes d'Irlande, à 1800 m environ de profondeur, le *Pelagobia serrata*, différente, comme la précédente, de celle de l'Antarctique, qui se trouve être ainsi la troisième du genre.

M. E. TOPSENT,

Professeur à la Faculté des Sciences (Dijon).

SUR LA CONTRIBUTION APPORTÉE PAR LES EXPLORATIONS SCIENTIFIQUES DANS L'ANTARCTIQUE A LA CONNAISSANCE DES « EUPLECTELLINÆ ».

59.34 (211.2)

31 *Juillet.*

Les Hexactinellides abondent dans l'Antarctique, et cela par des profondeurs même médiocres. Cette constatation est certainement, en matière de Spongologie, le résultat le plus intéressant de l'exploration zoologique de cet océan, à laquelle plusieurs nations collaborent depuis une douzaine d'années. Je l'ai déduite dès 1901 de l'étude des Spongiaires recueillis par la *Belgica*, l'opposant, en réponse à l'hypothèse de la bipolarité des faunes, à la remarquable pénurie des mers arctiques en Hexactinellides.

C'est en *Rossellidæ* que l'Antarctique se montre particulièrement riche. Toutes les Hexactinellides rapportées par la *Discovery* et les deux tiers de celles obtenues par le *Gauss* appartiennent à cette famille qui avait déjà fourni la part la plus importante de la collection de la *Belgica*. Le *Français* n'a rien trouvé qui vaille la peine d'être cité, mais le *Pourquoi--Pas*, à en juger par un examen superficiel des matériaux qui m'ont été confiés, a fait de Rossellides une nouvelle et copieuse récolte.

En revanche, il est de grosses familles d'Hexactinellides au sujet desquelles les expéditions antarctiques ne nous ont presque rien appris : les *Euplectellidæ*, les *Caulophacidæ*, les *Hyalonematidæ*.

Cela tient à ce que ces Éponges font en général partie de la faune abyssale et que la plupart des campagnes scientifiques ont été dirigées dans des portions de l'Antarctique aux eaux peu profondes. La *Belgica* a opéré le long des terres de Graham et d'Alexandre Ier par des profondeurs inférieures à 600 m. Le *Français* et le *Pourquoi-Pas* ont exploré successivement les mêmes parages. La *Discovery*, le long de la terre Victoria, a pris presque toutes ses Hexactinellides par moins de 500 m (plusieurs par moins de 100 m), à l'exception d'une seule — une Rossellide quand même — recueillie par 914 m de profondeur au large des monts Erebus et Terror. Le *Gauss*, en 1901-1903, dans le nord-ouest de sa station (66°2′9″ lat. S. — 89°38′ long. E), rencontra des profondeurs de 2450 m. à 3397 m qui lui fournirent un *Caulophacus, C. antarcticus* F. E. Sch. et Kirkpatr. et une *Hyalonema, H. Drygalskii* F. E. Sch. et Kirkpatr., mais pas d'Euplectellide.

De toutes les expéditions, c'est celle de la *Scotia*, qui, fouillant en 1903 et 1904, sous la conduite de W. S. Bruce, les eaux profondes entre les Orcades du Sud et la terre de Coats, à l'entrée de la mer de Weddell, a le plus contribué à faire connaître les Hexactinellides antarctiques de familles abyssales.

La *Scotia* a, comme le *Gauss*, outre quelques Rossellides de grands fonds des genres *Bathydorus* et *Calycosoma*, obtenu une *Hyalonema*. Elle a aussi dragué deux *Caulophacus* nouveaux, dont l'un, *C. Scotiæ* Topsent, de taille géante, atteint près d'un mètre de hauteur. Mais, mieux, elle fut la seule à recueillir des Euplectellides.

Ce qu'elle en prit offre un intérêt d'autant plus grand qu'il s'agit d'Euplectellines, et que des quatre espèces qui figurent dans sa collection, deux se rattachent au genre *Malacosaccus* fort rare et jusqu'à présent mal connu, tandis que les deux autres représentent chacune un genre nouveau ([1]).

Si j'insiste sur ce point que les quatre Éponges en question sont des Euplectellines, c'est que la connaissance que nous avions jusqu'à ces derniers temps de la famille des *Euplectellidæ* a conduit Ijima à en répartir les types en les deux sous-familles inégales des *Corbitellinæ*, dont on compte déjà douze genres et qui sont des Euplectellides fixées solidement au substratum par une base compacte, et des *Euplectellinæ*, c'est-à-dire des Euplectellides fixées dans la vase par une touffe de spicules.

Avant l'étude des Éponges de la *Scotia*, la sous-famille des Euplectellines se réduisait aux trois genres *Euplectella* R. Owen, *Holascus* F. E. Sch. et *Malacosaccus* F. E. Sch. Les deux premiers étaient bien caractérisés. Tout le monde connaît les *Euplectella*, ces Éponges tubuleuses, pourvues en bas d'une touffe de spicules, fermées en haut par une plaque criblée et marquées sur toute leur hauteur de perforations de leur paroi que tendent des diaphragmes membraneux. Les *Holascus*, au nombre de 9 espèces, toutes d'eau profonde, puisqu'elles se tiennent entre 2506 m et 4850 m, affectent la forme générale et possèdent la touffe basale ainsi que le crible des *Euplectella*, mais elles ne percent pas de trous leurs parois et, détail microscopique, elles ne produisent pas de floricomes.

Par contre, ce qu'on savait des *Malacosaccus* n'était même pas suffisant pour permettre une diagnose complète du genre. Des deux premières espèces décrites, l'une, *M. vastus* F. E. Sch., n'était connue que par un lambeau et des fragments pris par le *Challenger* par 2500 m, à moitié route entre le Cap de Bonne-Espérance et les îles Kerguelen; l'autre, *M. unguiculatus* F. E. Sch., n'était représentée, dans la même collection, que par un petit spécimen sacciforme dont la partie inférieure manquait, et provenant du sud de la Sierra-Leone par 4460 m de pro-

---

([1]) Topsent (E.), *Les Hexasterophora recueillies par la* Scotia *dans l'Antarctique* (*Bull. de l'Institut océanographique*, n° 166, Monaco, 20 avril 1910).

fondeur. L'une et l'autre affectaient la forme de sacs à parois souples, à face externe entière, à face interne marquée au contraire d'un grand nombre d'orifices exhalants composés; elles possédaient des floricomes; mais leur mode de fixation demeurait inconnu. Une troisième espèce, *Malacosaccus floricomatus*, que je décrivis en 1904, d'après plusieurs spécimens, d'ailleurs fort endommagés, pris par S. A. le Prince de Monaco dans l'est des Açores, par 5000 m de profondeur, se révéla sous ce rapport notablement différente des *Euplectella* et des *Holascus* : au lieu de s'épanouir en une touffe fixatrice, ses soies basales lui composaient un long pédoncule dont la terminaison naturelle faisait malheureusement défaut.

Les deux *Malacosaccus* de la *Scotia*, *M. pedunculatus* et *M. Coatsi*, m'ont enfin fourni des éléments d'une diagnose complète du genre *Malacosaccus* : il comprend des Euplectellines en forme de coupe molle, portée par un pédoncule qu'une touffe plus ou moins rénflée d'ancres termine et fixe dans la vase.

La *Scotia* a accru notre connaissance des Euplectellines en portant de trois à cinq le nombre des genres de cette sous-famille. De l'un des genres nouveaux, le type, *Doco accus ancoratus* Tops., n'est connu que par des fragments, soutenus par des hexactines de deux catégories distinctes et caractéristiques. Son appareil fixateur, il est vrai, n'a point été recueilli, mais l'un des fragments porte sur sa face externe, vers l'un de ses bords que tout autorise à considérer comme son bord inférieur, des protubérances garnies d'ancres par touffes, et ces touffes me semblent indiquer un mode de fixation d'Euplectelline plutôt que de Corbitelline, quelque chose de comparable à ce que présentent les *Pheronema* parmi les *Amphidiscophora*.

Quant à l'autre genre, *Acoelocalyx*, son appareil de fixation est pareil à celui des *Malacosaccus* : le type de *A. Brucei* Tops. possède, en effet, un pédoncule droit, fort long, qui se renfle en bas en un fort pinceau d'ancres. Son manque de floricomes rappelle ce qui a été dit plus haut des *Holascus*, mais la ressemblance de ce côté ne va pas plus loin car, à la différence de toutes les autres Euplectellines, *A. Brucei* n'a qu'une cavité cloacale rudimentaire. Il s'agit, en somme, d'une Éponge fort curieuse que je me suis fait un plaisir de dédier au chef de la belle expédition antarctique écossaise.

M. A. MAGNAN,

Docteur ès Sciences (Paris).

LE RÉGIME ALIMENTAIRE ET LA VARIATION DU FOIE CHEZ LES OISEAUX.

59.82 + 59.14.36 : 59.11.38

4 Août.

De La Riboisière (¹) a montré que les Oiseaux possèdent un poids très différent de foie par kilogramme suivant les divers régimes. Il a, pour les principaux groupes, donné les chiffres suivants :

Carnivores............ 17,50
Granivores............ 20,50
Piscivores 35,70
Insectivores.......... 34,90

On pourrait opposer à ces résultats une première critique. Rien n'assure si cette différence de poids ne vient pas d'une plus ou moins grande teneur du foie en glycogène, les régimes piscivore et insectivore étant peut-être susceptibles d'en élaborer plus que les régimes granivore et carnivore.

On pourrait encore, en considérant le foie comme un réservoir avec un contenu et un contenant, supposer que le contenant n'est pas influencé par le régime et que les variations observées proviennent du glycogène (contenu). Celui-ci varierait avec l'abondance de la nourriture, quel que soit le régime.

Pour échapper aux deux critiques précédentes d'un coup, il y a lieu de considérer séparément les variations dans la quantité de glycogène et les variations dans la quantité de matière hépatique, en fonction des différents régimes.

Pour cela j'ai observé des sujets tels qu'ils se trouvent dans la nature et tués d'un coup de fusil, sauf les Perruches de Madagascar, que j'ai acquises et tuées brusquement. J'ai pesé le foie; j'avais ainsi l'expression d'un foie physiologique. Enfin un autre lot a été soumis à un jeûne complet auquel les espèces résistent différemment. Voici les résultats obtenus :

(¹) De La Riboisière, *Recherches organométriques en fonction du régime alimentaire chez les oiseaux* (*Coll. de Morph. dyn.* Paris, Hermann, 1910).

	Foie normal par kilog.	Foie après mort par le jeûne par kilog.	Jours de jeûne.
Buse vulgaire (*Carnivore*)	12,50	12,70	16
Perruche de Madagascar (*Granivore*)....	13,70	15,50	2 à 3
Mouette rieuse (*Piscivore*)	54	30	2
Hirondelle urbaine (*Insectivore*)	57,10	28,55	2 à 5

D'après ces résultats, il paraît donc évident que si la quantité de glycogène est très variable, il y a en plus, pour les régimes insectivore et piscivore, modification du tissu hépatique due à l'hypertrophie occasionnée par un excès de travail. Les poids de foie, que nous obtenons en faisant jeûner des Oiseaux, restent dans le même ordre que ceux qu'a obtenus de LA RIBOISIÈRE chez des Oiseaux normaux. D'ailleurs les quantités de glycogène trouvées par LAPICQUE [1] dans le foie des Bengalis ne permettent pas d'expliquer les différences hépatiques que l'on constate dans les divers régimes. Il n'a trouvé par gramme de foie qu'une moyenne de 0,041 g, ce qui est insignifiant.

J'ajouterai cependant qu'il faut toujours considérer des individus tués de la même façon. Le tableau suivant montre en effet que l'on obtient des différences très importantes si l'on opère sur des animaux tués brusquement ou par saignée.

	Foie d'oiseaux tués brusquement par kilog.	Foie d'oiseaux tués par saignée par kilog.
Buse (*Carnivore*)	12,50	10,80
Perruche de Madagascar (*Granivore*).	13,70	14,10
Mouette rieuse (*Piscivore*)	54	41,50
Hirondelle (*Insectivore*)	57,10	31,80

Il faut aussi tenir compte de la maladie. Ainsi une Buse et un Colin de Californie (granivore) morts dans ces conditions présentaient un foie piqué de points blancs dont le poids par kilogramme était respectivement de 25,30 g. et de 75,20 g.

Le foie est donc bien l'organe qui réagit le plus aux différents régimes. Un exemple pris dans la nature le mettra mieux encore en évidence. De LA RIBOISIÈRE donne pour 20 Crécerelles (*Tinnunculus alaudarius* Gm.) une moyenne de foie égale à 28,80 g par kilogramme. J'ai pu me procurer dans la forêt de Chantilly 14 de ces Oiseaux dans l'estomac desquels j'ai trouvé une ou deux fois des rongeurs et toujours des guêpes

---

[1] LAPICQUE (L. ET M.), *Le jeûne nocturne et la réserve de glycogène chez les petits Oiseaux* (*Comptes rendus, Soc. de Biol.* 11 mars 1911).

en grande quantité. Ces Oiseaux étaient par conséquent à ce moment insectivores.

Leur moyenne de foie par kilogramme atteignait 33,10 g.

M. L. BOUNOURE.

LA SÉCRÉTION DE LA CHITINE CHEZ LES COLÉOPTÈRES CARNIVORES.

59.11.41 : 59.57.6

31 *Juillet.*

L'hypothèse de Houssay, considérant la plume, chez les Oiseaux, comme une excrétion physiologique, hypothèse vérifiée par La Riboisière, est éminemment suggestive. Elle ouvre la vue sur la nature réelle et la véritable origine de toutes les phanères des Vertébrés, sur l'exacte signification des organes de protection ou de défense, des parures sexuelle. etc., etc. D'une portée plus générale encore, elle permet de relier entre elles dans une seule et même explication, bien des observations éparses et des expériences isolées. Elle fait songer tout de suite aux recherches de Hopkins, montrant que les pigments qui recouvrent les ailes des Piérides sont des substances dérivées de l'acide urique et, par conséquent, des produits d'excrétion. Elle nous a permis de nous demander si la chitine elle-même, qui recouvre tout le corps des Insectes et encroûte en quelque sorte tous leurs organes d'origine ectodermique, ne pourrait pas être envisagée aussi comme une substance d'excrétion, qui, au lieu d'être rejetée dans le milieu extérieur, devient partie intégrante de l'organisme et joue un grand rôle dans la déterminisme de la forme chez ces animaux.

C'est en nous plaçant dans cette hypothèse que nous avons entrepris sur les Coléoptères, gros producteurs de chitine, des recherches de morphologie comparée. Nous avons pris, comme base même de ces recherches, la détermination de la quantité de chitine propre à chacune des espèces étudiées. Les résultats que nous avons déjà obtenus ne prendront toute leur valeur que lorsqu'ils seront publiés au complet; dans la présente Communication, nous nous bornons à noter quelques-uns de ceux qui sont relatifs aux Coléoptères carnivores; encore certains des chiffres que nous publions ici ne sont-ils pas définitifs.

L'insolubilité de la chitine dans les alcalis forts, comme la potasse, fournit un moyen très simple de préparer le squelette des Insectes. Voici la méthode que nous avons constamment employée :

Les animaux sont pesés à l'état frais, aussitôt que possible après leur capturé, soit par individus isolés, soit plus fréquemment (pour avoir dans les pesées des erreurs relatives moins importantes) par petits lots à nombre d'individus variable suivant le hasard des captures. Les différents poids ainsi obtenus à 1 mgr près sont alors additionnés entre eux, et la somme est divisée par le nombre total N des Insectes ainsi étudiés : le quotient P représente le poids moyen de l'espèce considérée.

Toutes les fois que la chose nous a été rendue possible par l'existence d'un caractère sexuel externe nettement apparent (tarses des Carabides et des Dytiscides, par exemple), nous permettant de séparer, sans erreur, les ♂ et les ♀ nous avons recherché le poids moyen de chaque sexe considéré isolément.

Les Insectes ainsi pesés sont, immédiatement ou après conservation dans un liquide formolé, mis à cuire dans une solution forte de potasse, au bain-marie, où ils restent jusqu'à ce que les parties molles, non chitineuses, aient été complètement dissoutes. Ce résultat est atteint au bout d'un temps qui varie, suivant la grosseur des Insectes et l'importance du lot, de 2 à 4 jours. La solution de potasse est renouvelée dans l'intervalle. Finalement on lave, à l'eau pure, à chaud. Les Insectes, réduits à leurs parties chitineuses parfaitement respectées et nettoyées, sont séchés grossièrement entre deux feuilles de papier buvard, puis mis à l'étuve. Quand la dessication est parfaite, on pèse la chitine à 1 mg près. Le poids total de chitine obtenu pour N' individus d'une espèce, divisé par N', donne le poids moyen de chitine de l'espèce considér e (soit p).

Le plus souvent le nombre N' d'individus qui ont servi à calculer le poids p de chitine, est différent du nombre N d'individus qui ont servi à mesurer le poids moyen P de l'espèce. C'est qu'en effet pour une espèce donnée, nous avons pesé en général, outre les individus étudiés pour leur chitine, d'autres individus destinés à d'autres recherches, et nous avons utilisé ainsi le poids de ces derniers pour arriver à une détermination plus certaine du poids moyen de l'espèce. Inversement, il est arrivé quelquefois que nous nous sommes servis pour établir le poids de chitine, d'individus dont nous ne connaissions pas le poids frais, les circonstances de nos chasses entomologiques ne nous ayant pas toujours permis de procéder à des pesées avant qu'il ait été nécessaire de plonger nos captures dans le liquide conservateur.

Quoi qu'il en soit, connaissant, pour une espèce de Coléoptère, le poids frais moyen P et le poids de chitine moyen p, nous établissons le rapport $\frac{p}{P}$; le nombre c, fourni par ce rapport, représente la proportion moyenne de chitine de l'espèce; nous l'appellerons *coefficient spécifique de chitine*, et nous le définirons : le nombre par lequel il faut multiplier le poids frais d'un individu appartenant à l'espèce considérée, pour avoir sa quantité absolue de chitine, abstraction étant faite des variations individuelles dans la production de la chitine. Ces variations individuelles, d'ailleurs, nous nous proposons de publier plus tard leur loi, au moins chez quelques espèces, et de montrer dans quelles limites les coefficients individuels de chitine peuvent s'écarter du coefficient spéci-fique.

Pratiquement, nous multiplions par 1000 le coefficient c, pour avoir à considérer, au lieu de nombres décimaux, des nombres entiers, plus faciles à lire et à comparer entre eux.

Nous avons établi le coefficient de chitine propre à chaque sexe dans toutes les espèces qui se prêtaient à une détermination spéciale pour les ♂ d'un côté et les ♀ de l'autre.

Les recherches que nous publions aujourd'hui sont relatives à la déter-mination du coefficient de chitine chez un certain nombre d'espèces carnivores. Cette série sera complétée ultérieurement, et les résultats seront mis en parallèle avec ceux qui nous seront fournis par d'autres familles de Coléoptères appartenant à divers régimes alimentaires. Nous nous bornerons à signaler ici un point qui ressort déjà avec évidence des chiffres suivants :

FAMILLE.	ESPÈCE.	N NOMBRE d'individus pour le poids frais.	P POIDS frais moyen.	N' NOMBRE d'individus pour le poids de chitine.	p POIDS de chitine moyen.	RAPPORT $\frac{p}{P} \times 1000 = c \times 1000$.
Cicindelides..	Cicindela campestris.	19	10,13	19	1,04		103
	Cicindela sylvatica..	20	14,75	20	1,05		71,5
Carabides....	Elaphrus cupreus...	50	3,51	50	0,29		83,6
	Leistus spinibarbis..	9	1,7	9	0,11		65,3
	Carabus auratus. ♂	35	49,31	24	5,4	105 } 74,2	} 89,6
	♀	37	64,63	19	4,8		
	Carabus consitus. ♂	2	53	2	3,8	71,7 } 68,1	} 69,9
	♀	3	61,5	3	4,18		
	Procrustes coriaceus. ♂	1	148	1	29	196 } 80	} 138
	♀	1	185	8	14,75		
Dytiscides...	Acilius sulcatus. ♂	13	32,22	13	2,95	91 } 86,5	} 88,7
	ô	13	34,97	15	3,03		
	Dytiscus marginalis. ♂	17	209,41	10	14,97	71,5 } 63,4	} 67,4
	♀	28	182,48	27	11,7		
	Dytiscus dimidiatus. ♂	20	248,13	20	14,33	57,7 } 55,4	} 56,5
	♀	25	251,5	25	13,93		
	Dytiscus punctulatus ♂	14	128,82	14	8,65	67,7 } 68,7	} 68,2
	♀	12	133,98	12	9,35		
	Cybister Rœselii. ♂	3	213,16	3	17,6	82,6 } 77,5	} 80
	♀	6	229	6	17,7		
Staphylinides	Ocypus olens........	11	26,4	11	1,93		73,3
Silphides....	Silpha littoralis.....	15	36,6	15	2,61		71,2

Le fait le plus saillant qui ressort des chiffres ci-dessus est la différence entre la quantité de chitine produite par les ♂ et celle produite par les ♀ : l'avantage est toujours du côté ♂, à part une seule exception, présentée par *Dytiscus punctulatus* : encore, dans cette espèce, la supériorité relative des ♀ sur les ♂ est-elle minime.

Corrélativement avec cette surproduction de chitine, par les ♂, on observe presque partout (sauf chez *Dytiscus marginalis*) une taille moindre chez les ♂ que chez les ♀, la taille s'exprimant ici par le poids de l'animal vivant. Il semble que chez les Coléoptères carnivores il y ait une liaison à peu près constante, dans chaque espèce, entre ces deux caractères sexuels des ♂, plus grand coefficient de chitine et taille moindre.

A la lumière de ces premiers résultats, nous nous proposons de rechercher, par l'étude du coefficient de chitine chez de nombreuses espèces de Coléoptères, si cette relation ne rentrerait pas dans une loi générale qui serait la suivante : le sexe qui produit le plus de chitine est toujours celui qui présente, par rapport à l'autre, la plus petite taille. De telle sorte que la sécrétion de la chitine traduirait une intoxication physiologique dont le premier effet remarquable serait de limiter la croissance. Nos recherches en cours nous diront le bien ou le mal fondé de cette hypothèse.

Enfin nous espérons que la comparaison des coefficients de chitine chez de nombreuses espèces adaptées à des genres de vie différents, et notamment à divers régimes alimentaires, nous éclairera sur les causes extérieures qui règlent, modifient et déterminent la sécrétion de la chitine.

M. Paul PARIS.

STRUCTURE HISTOLOGIQUE DE LA GLANDE UROPYGIENNE DU « RHYNCHOTUS RUFESCENS (TEMM.) ».

59-11.4-82 : 59.18

La glande uropygienne des Oiseaux, glande sebacée modifiée, est, comme l'on sait, formée de deux lobes plus ou moins fusionnés, mais toujours distincts. Elle est tubuleuse composée, holocrine, avec ou sans réservoirs collecteurs de la sécrétion. Celle-ci est évacuée au dehors séparément pour chaque demi-glande; cependant, chez la Huppe (*Upupa epops*), il n'existe qu'un seul orifice excréteur et les sécrétions se trouvent mélangées avant leur sortie.

Étroitement serrés les uns contre les autres, ce qui les rend plus ou moins polygonaux, les tubes sécréteurs, peu ou pas ramifiés, convergent tous vers les réservoirs collecteurs, ou à leur défaut vers le ou les conduits excréteurs. Ils sont variables comme nombre, longueur et diamètre d'une espèce à l'autre.

Ils sont séparés par une faible couche de tissu conjonctif, continuation du tissu de la capsule d'enveloppe de la glande, contenant une assez forte proportion de fibres élastiques, et où cheminent vaisseaux et nerfs. Une mince membrane basale soutient l'épithelium glandulaire formé d'un nombre plus ou moins grand de couches de cellules. L'assise en contact avec cette membrane, c'est-à-dire la plus profonde, est formée d'une ou deux couches de cellules aplaties, à noyau riche en chromatine, à protoplasma granuleux abondant. Des figures de karyokinèse que l'on y remarque toujours en plus ou moins grand nombre prouvent la fonction génératrice de cette assise. Au-dessus, à mesure que l'on s'avance vers le lumen du tube, les cellules grossissent ainsi que leur noyau qui est moins riche en chromatine; les gouttelettes de sécrétion de plus en plus grosses donnent au protoplasma un aspect réticulé. Les mailles de ce réseau protoplasmique sont de plus en plus lâches et minces, mais se distinguent cependant jusqu'à la fonte cellulaire. A ce moment, il ne reste plus que quelques débris du noyau qui, après un certain temps, s'était ratatiné.

Si, comme l'a montré Stern (¹), la composition chimique de la sécrétion est variable dans les différentes parties et les différents plans de cellules du tube, l'aspect et la dimension des cellules glandulaires n'en reste pas moins presque invariable dans toute sa longueur, au moins dans la très grande majorité des Oiseaux. L'étude de la glande uropygienne d'environ cent cinquante espèces d'Oiseaux appartenant à vingt-trois ordres (²) nous a seulement donné comme exception la glande du *Rhynchotus rufescens* qui présente avec d'autres particularités, disposition des réservoirs collecteurs, des plumes terminales, du mamelon, une structure très différente de ses tubes sécréteurs.

Ces tubes, larges, irréguliers, peu profonds, offrent à considérer deux portions bien distinctes. Le tiers inférieur, à enveloppe conjonctive relativement épaisse, est rempli de cellules glandulaires qui, à l'exception de celles de la couche profonde, ont subi la dégénérescence graisseuse presque complète, noyau très petit, ratatiné, rejeté sur le côté, réseau protoplasmique nul ou très réduit. Cette zone de sécrétion intense se montre, après dissolution de celle-ci par les réactifs ordinaires, très claire sur les coupes. La portion supérieure, à enveloppe conjonctive très réduite, ne comporte qu'un nombre restreint de couches de cellules glandulaires. Celles-ci, à noyau riche en chromatine, à réseau protoplasmique abondant,

(¹) Stern MARGARETE, *Histologie Beiträge zur Sekretion der Bürreldrüse* (*Archiv. für Mikroskopische Anatomie*, Bd. 66, 1905).

(²) *Classification de Sharpe, Hand-list of the Genera and species of Birds*, London, 1899, 1909.

à mailles d'autant plus serrées que l'on est dans une couche plus profonde, laissent au milieu un lumen assez large. Çà et là, dans ce massif cellulaire, de grosses cellules à grand noyau et à réseau protoplasmique plus faible se montrent en clair sur cette portion foncée des préparations très distincte de la précédente.

L'ordre des Tinamiformes, auquel appartient le *Rhynchotus rufescens*, a été placé par Pycraft (¹) avec les anciens Ratites pour former la sousclasse des PALÆOGNATHÆ, réunion qui est acceptée par beaucoup d'ornithologistes. Il serait intéressant d'examiner si, dans les autres Oiseaux de cet ordre et de celui des Apterygiformes qui seul avec lui de tous les PALÆOGNATHÆ possède à l'état adulte une glande uropygienne, se retrouve cette structure histologique, particularité qui viendrait encore à l'appui de la division de Pycraft.

M. G. COURTY.

NOTE RELATIVE A DES INFLUENCES SOLAIRES VRAISEMBLABLEMENT RADIOACTIVES SUR LES ÊTRES VIVANTS.

52.372 : 577.3

4 Août.

En m'occupant à maintes reprises de l'activité solaire sur les roches, il m'a été donné de constater que cette activité s'exerçait sur les êtres vivants, aussi bien que sur les tissus des plantes et des animaux que sur les ailes des papillons et les plumes des oiseaux.

En juin 1908, je recueillis des tiges de prêles des coteaux (*equisetum*) aux environs de la Ferté-sous-Jouarre qui présentaient des taches brunâtres. Je pus me rendre compte dans la suite que la couleur de ces taches devenait de plus en plus noire à mesure que la chaleur augmentait. Je vis, en outre, que cette même coloration passait insensiblement au violet. J'ai donc suivi attentivement ces modifications de tons, non seulement sur les prêles, mais sur des tiges aériennes de pommes de terre et de fèves.

En 1904, j'ai rapporté de l'Amérique méridionale, des tubercules de pommes de terre que j'acclimate actuellement en Beauce. Or, sur les

(¹) PYCRAFT et ROTSCHILD, *Monography of the Genus Casuarius, With a dissertation on the morphology and phylogeny of the Palæognathae (Ratites and Crypturi) and Neognathae (Carinatae) (Transactions Zool. Soc. London,* t. XV, 1900.)

longues tiges qui sont le plus exposées au soleil, je remarque annuellement vers le mois de juillet, des taches brunes qui, en s'accentuant, deviennent noires. Je ne pense pas qu'il soit téméraire de rapprocher ce phénomène de coloration des végétaux, de celui de la pigmentation des Indiens des Andes boliviennes. Les Indiens de Bolivie, peu vêtus, qui habitent les vallées, ont une teinte de la peau (voisine de la terre de Sienne), plus foncée que les Indiens des Hauts Plateaux.

Il ne paraît pas y avoir là, ce me semble, un pur mimétisme, mais une influence réelle de la lumière solaire sur les tissus.

Au mois de juillet 1907 j'ai recueilli à Guéret (Creuse), des libellules du genre *Calopteryx virgo* dont la coloration à la fois brune et bleuâtre des ailes laisse entrevoir le phénomène qui a contribué à la persistance des couleurs, j'entends celui de la vitrification solaire.

Certains oiseaux, notamment *Larus ridibundus* Linn., dont beaucoup de plumes de la tête sont renouvelées au printemps, passent très vite du blanc au brun en peu de jours. M. J.-A. Allen a traité la question des prétendus changements des couleurs des plumes des oiseaux sans que ceux-ci aient mué, dans le *Bulletin du Museum d'Histoire naturelle de New-York* en 1896 (t. VIII, p. 13 et suivantes), mais cet auteur, après avoir passé en revue l'opinion des ornithologistes, semble attribuer le changement de couleur à la mue. A mon avis, on n'a pas assez tenu compte des influences physiques extérieures sur les êtres vivants.

J'ai examiné un certain nombre de poules qui vivent à 150 et 160 m d'altitude au-dessus du niveau de la mer, et j'ai constaté chez les jeunes couvées une modification dans la couleur des tuyaux de plume. Ceux-ci, de blancs, deviennent au printemps jaunes bruns. Les barbes des plumes participent également à des variations de tons en conséquence du milieu extérieur, c'est-à-dire, plus explicitement, des effets de la lumière. Au Brésil, les tonalités intenses que revêtent les êtres vivants m'ont beaucoup frappé et ce n'est pas la pureté du ciel qui nous fait voir mieux des contrastes dans le coloris des perroquets par exemple, puisque par un temps gris, ceux-ci, pourvu qu'ils soient adultes, offrent les reflets, nouveaux (dûs sans doute parfois à des couleurs complémentaires) que l'action solaire leur a vraisemblablement imprimés à un moment donné et qu'ils conserveront en partie du moins jusqu'à un âge avancé.

Ces quelques observations sommaires me semblent de nature à mettre en valeur l'activité du milieu extérieur sur les animaux et les plantes, et cette activité qui ne doit pas seulement se traduire par des phénomènes superficiels de colorations, nous laisse entrevoir des influences encore peu connues de radioactivité solaire sur les êtres vivants.

MM. DIEULAFÉ et BELLOCQ.

SUR L'ANATOMIE CHIRURGICALE DE L'OREILLE INTERNE.
(Étude radiographique du labyrinthe.)

611.852 + 616.072.4

4 *Août.*

Dans unè précédente Note, publiéé dans les *Comptes rendus du Congrès des Anatomistes*, Paris, 1911, nous avions énoncé les premiers résultats de notre étude sur l'Anatomie chirurgicale de l'oreille moyenne. Ils se rapportaient à la délimitation du champ opératoire et à la topographie de l'antre pétreux. Nous complétons aujourd'hui ces données par celles tirées de l'examen de quarante radiographies de l'oreille interne.

Au cours de cette Note, nous allons successivement indiquer quelle est la technique que nous suivons et quelle est, d'après nos observations, la configuration du labyrinthe, sa topographie.

I. — TECHNIQUE.

Pour rendre imperméables aux rayons X les cavités de l'oreille interne, nous les avons injectées au mercure. Nous assurons la progression de ce liquide à travers les canaux du labyrinthe à l'aide d'un petit entonnoir de verre relié par un tube de caoutchouc à une fine canule. Ainsi il nous est permis de couler notre masse à injection sous une forte pression. L'orifice par lequel nous remplissons l'oreille interne, nous le créons à l'aide d'un trépan très fin au niveau du canal demi-circulaire supérieur. Pour éviter que pendant l'injection le mercure ne fuie de l'oreille interne dans les cavités voisines, nous obturons ces dernières avec de la paraffine. Lé Darcet et des fils de plomb nous servent à repérer les limites du champ opératoire. Tel est le matériel que nous employons et voici comment nous procédons.

Nous cherchions tout d'abord à ouvrir le canal demi-circulaire supérieur. Pour cela faire, nous trépanons sur le versant interne de l'*eminencia arcuata* qui *ne repère nullement la saillie* du canal supérieur. Dans un article ultérieur nous reviendrons à nouveau sur ce point.

Dès qu'un orifice circulaire a été fait au niveau de la partie supérieure de ce canal, à l'aide d'une gouge nous faisons sauter en partie le tegmen tympani. Nous versons par la brèche ainsi créée de la paraffine liquide, qui, en se solidifiant, fixe dans leur position normale les osselets de l'ouïe. La fenêtre ovale se trouve ainsi maintenue obturée par la platine de l'étrier et la fenêtre ronde l'est de même par la paraffine qui, revenue à l'état solide, renforce le tympan secondaire qui ferme cet orifice. On remplit de la même façon le conduit auditif interne. Avant de pousser l'injection au mercure et pour éviter à la pièce des manipulations inutiles, nous coulons dans la gouttière osseuse qui correspond au sinus latéral de la masse de Darcet en fusion. Au niveau de la limite externe de l'étage spheno-temporal. Nous appliquons un fil de plomb que nous maintenons fixé avec du collodion. Nous procédons de même pour la linea temporalis et le bord supérieur du rocher. Nous injectons enfin, au mercure le canal de Fallope et l'oreille interne, nous y maintenons ce métal par de la paraffine. Nous avons radiographié les rochers ainsi préparés de deux façons : 1° en plaçant sur la plaque sensible la surface externe de la mastoïde et de l'écaille du temporal; 2° en faisant reposer sur la plaque le sommet de la mastoïde. Dans le premier cas, les temporaux prenaient appui par la face externe de la mastoïde et par le tubercule zygomatique. Ils étaient de plus disposés par rapport au bord inférieur de la plaque dans une position telle que le sujet redressé ait pu regarder l'horizon. Dans le second, par le sommet de la mastoïde et par le massif facial dont on avait scié la partie inférieure. Ainsi l'arcade zygomatique avait-elle une direction horizontale. Nous n'avons appliqué cette seconde façon de procéder que sur des têtes dont la base était entière. Les épreuves obtenues par la méthode de la radiographie stéréoscopique nous les avons étudiées à l'aide du stéréoscope de précision de Cazes.

II. — CONFIGURATION ET RAPPORTS DU LABYRINTHE.

Le labyrinthe comprend trois parties : le vestibule, les canaux semi-circulaires, le limaçon.

LE VESTIBULE. — Le vestibule constitue une cavité intermédiaire aux canaux demi-circulaires et au limaçon.

Il a la forme d'un tronc de cône dont la grande base se rait supérieure et la petite inférieure. La grande base est oblique en bas et en arrière. Son obliquité peut varier dans des limites assez larges, puisque, dans certains cas, faisant avec la verticale un angle d'environ 45°, elle peut, dans d'autres, se rapprocher beaucoup de l'horizontale. La petite base ne suit pas toujours dans son orientation les variations de la base qui lui est opposée.

Le vestibule est en communication directe avec les canaux semi-circulaires par l'intermédiaire de cinq orifices. Deux sont placés en avant du niveau de la grande base. Ces orifices sont séparés de la cavité vestibulaire par un prolongement de cette dernière qui forme un diverticule.

L'un de ces orifices est antérieur et interne; il appartient au canal demi-circulaire supérieur; l'autre est postérieur et externe et correspond à l'ampoule du canal demi-circulaire externe. Ces orifices sont orientés, le premier dans le plan horizontal, le second dans le plan vertical. Ils sont tangents entre eux. En arrière, on trouve trois autres orifices. L'un est situé sur la grande base, il est commun aux canaux demi-circulaires supérieur et postérieur. L'autre est situé sur la partie postéro-externe de la paroi latérale du vestibule, et occupe un niveau inférieur au précédent. Il correspond à l'orifice non ampullaire du canal demi-circulaire externe. Le troisième, enfin, appartient à la partie inférieure du tronc de cône vestibulaire, il avoisine de très près la petite base et se trouve être externe et postérieur. Il représente l'orifice ampullaire du canal demi-circulaire postérieur.

Le vestibule communique encore directement avec le limaçon par l'intermédiaire d'un orifice qui, justement, correspond à la petite base du tronc de cône vestibulaire.

Canaux demi-circulaires. — Les canaux demi-circulaires sont au nombre de trois. On les désigne sous les noms de *canaux demi-circulaires externe, supérieur et postérieur*. Ils sont externes par rapport au vestibule.

Forme. — Les canaux demi-circulaires peuvent être, d'une façon grossière, comparés à une circonférence dont un tiers environ manquerait. Mais à y regarder de plus près, leur courbe est complexe et en réalité formée par l'association de plusieurs arcs de cercle placés bout à bout. Envisagés dans leur ensemble, leur forme est très différente selon le canal considéré, c'est pourquoi nous allons l'étudier séparément pour chacun d'eux.

Le canal demi-circulaire externe est composé d'une partie courbe et d'une partie rectiligne. La portion courbe est antérieure et externe; elle se dilate en ampoule au niveau du point où elle rejoint l'orifice ampullaire correspondant à ce canal. Elle est, de plus, beaucoup plus longue que la portion rectiligne qui est postérieure.

Le canal demi-circulaire supérieur résulte de la fusion bout à bout de trois portions courbes. La première portion appartient à un arc de cercle de grand rayon. Elle est antérieure et porte à son extrémité inférieure l'ampoule de ce canal. Son extrémité supérieure correspond au point le plus élevé du canal demi-circulaire supérieur. Elle se continue là avec la deuxième portion qui se trouve être plus ou moins courbe suivant les sujets. Cette continuité a lieu soit par l'intermédiaire d'un arc, de courbure très accusée, soit au contraire à l'aide d'une courbe plus élargie. Dans le premier cas, on a affaire à une deuxième portion presque rectiligne; dans le second, elle a une courbe bien marquée. A la deuxième portion fait suite une partie commune avec le canal demi-circulaire postérieur. L'arc qu'elle forme est très ouvert et se réunit à la portion précédente par l'intermédiaire d'un angle courbe toujours accusé. La partie la plus élevée du canal est, avons-nous dit, située à l'angle de la première et de la deuxième portion, et la partie ascendante ou antérieure du canal se trouve être beaucoup plus courte que la partie postérieure.

Le canal demi-circulaire postérieur est celui qui est formé du plus grand nombre de segments. Ces derniers sont courts et les arcs qui les forment appartiennent à des circonférences de rayons très grands. Il en résulte qu'entre ces diverses portions devront exister des angles bien accusés. C'est ainsi qu'on peut distinguer à ce canal cinq parties. La première est commune avec le canal demi-circulaire supérieur. La dernière porte au niveau de son extrémité vestibulaire l'ampoule du canal postérieur. Les quatre angles placés sur la courbure de ce canal sont plus ou moins obtus suivant les sujets. Chez certains, ils sont très marqués; mais chez tous on les retrouve.

ORIENTATION. — Formés par des parties différentes raccordées entre elles par des angles courbes, on peut déjà présumer que l'orientation des diverses portions constitutives sera différente. Envisageons successivement chacun des canaux.

Le canal demi-circulaire externe, quoique formé de deux segments, pré-

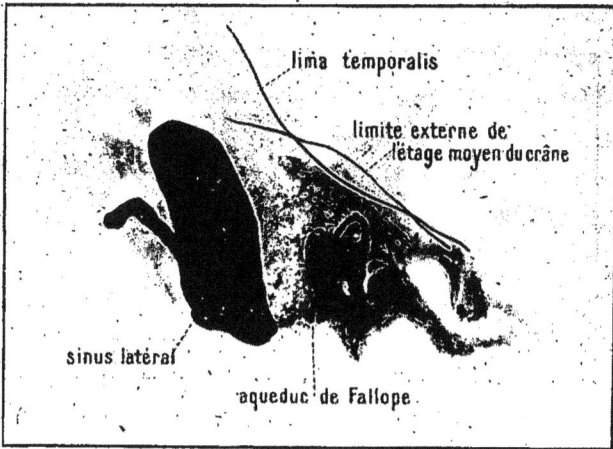

Fig. 1. — Radiographie dont le positif a été obtenu en conservant soigneusement, par rapport au bord inférieur du papier sensible, l'orientation que sa tête elle-même avait par rapport au bord inférieur de la plaque. On a procédé de même pour les positifs correspondant aux figures 2, 3 et 4. Forme du vestibule à base peu oblique : on voit nettement les trois ampoules des canaux demi-circulaires : le canal demi-circulaire externe a sa branche antérieure peu oblique; on remarque l'angle qu'elle forme avec l'ampoule de ce canal. La faible obliquité de sa branche antérieure lui permet de rester au-dessus de sa grande base du vestibule. Le canal demi-circulaire supérieur possède une deuxième portion presque rectiligne. Le canal demi-circulaire postérieur se caractérise par des angles relativement adoucis. La première portion du limaçon est presque verticale.

sente cependant trois directions distinctes. Au niveau de l'ampoule, il se dirige obliquement en haut et en dehors, puis se continue avec la branche antérieure courbe du canal.

Pour ce qui est de la direction de cette partie courbe et de la partie rectiligne ou postérieure, plusieurs cas sont à envisager. Ou bien les deux branches sont sensiblement dans un même plan horizontal, ou bien elles se trouvent avoir deux directions différentes. Dans ce cas, les deux branches sont obliquement descendantes, mais leur obliquité est variable

**16

pour chacune d'elle. Tantôt, c'est la branche antérieure qui est nettement oblique, la branche postérieure l'étant peu ; tantôt la branche
antérieure reste très voisine de l'horizontale, imposant à la branche
postérieure une direction descendante plus accusée. Ces variations dans
l'orientation sont fonction de celle de la grande base du vestibule.
Lorsque cette dernière est presque horizontale, les deux orifices
ampullaires et non ampullaires sont situés dans des plans horizontaux très rapprochés. Jamais ils ne sont situés sur le même plan. En raison
de cette faible différence de niveau, les deux branches ont tendance à se
placer dans un plan horizontal commun. Aux formes de vestibule à
grande base oblique ou très oblique correspondent les deux autres
variétés signalées plus haut. La distance qui sépare les plans horizon-

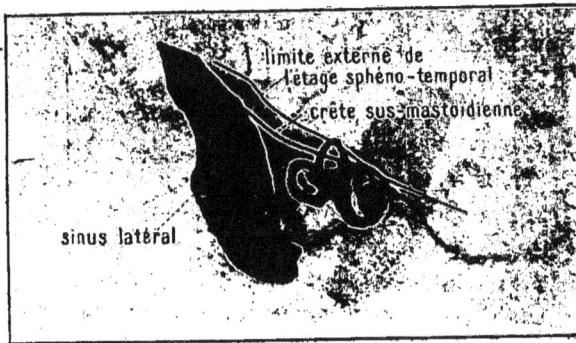

Fig. 2. — Grande base du vestibule presque horizontale, partie antérieure du canal
demi-circulaire externe nettement oblique et séparée seulement sur la radiographie par un mince liséré blanc; de la base du vestibule; l'angle que forme cette
partie avec l'ampoule de ce mince canal est bien plus accusé que sur la figure
précédente. La branche antérieure du canal demi-circulaire supérieur est plus
courte que dans la figure précédente; il en est de même pour la deuxième partie.
Le canal demi-circulaire postérieur est dans son ensemble plus arrondi; cela est
dû à la disposition presque complète de l'angle que forment sa deuxième et sa troisième portion. Première partie du limaçon un peu plus oblique que dans la
figure 1. Remarquer les rapports du canal demi-circulaires supérieurs avec la
linea temporalis et la limite externe de l'étage sphéno-temporal.

taux passant par les orifices du canal externe étant plus grande, il en
résulte que chacune des branches a une direction oblique. L'une le sera
légèrement, l'autre davantage.

En résumé, on peut donc dire qu'il existe pour le canal externe : une
forme où il est presque horizontal, elle est rare; une forme où il est
oblique, c'est le cas le plus fréquent.

Le canal demi-circulaire supérieur possède trois directions différentes
correspondant à chacune de ses trois parties. Dans sa première portion
ou antérieure, celle qui fait suite à l'ampoule de ce canal, il est sensiblement vertical. Au niveau du coude, qui correspond au point le plus élevé,

se fait un changement de direction qui amène la deuxième portion à être oblique en arrière, en bas et légèrement en dedans. A l'endroit qui l'unit à la partie commune au canal demi-circulaire postérieur se produit une nouvelle modification dans sa direction qui devient oblique en bas, en avant et en dehors.

Dans son ensemble, le canal, demi-circulaire supérieur peut être considéré comme se plaçant dans une direction sensiblement perpendiculaire à l'arête supérieure du rocher.

Le canal demi-circulaire postérieur, dans sa portion commune avec le canal demi-circulaire supérieur, présente la direction déjà indiquée.

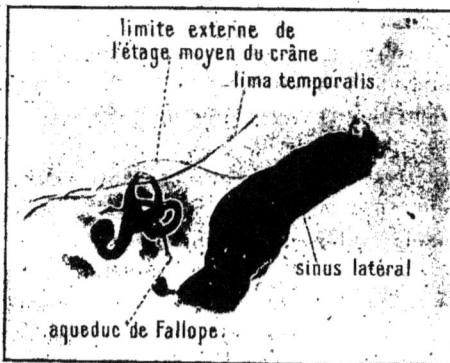

Fig. 3. — Grande base du vestibule, plus oblique dans les figures 1 et 2; avec cette obliquité assez marquée existe cependant une première partie du limaçon ayant une direction se rapprochant sensiblement de la verticale. Remarquer les angles nettement accusés entre les diverses portions du canal demi-circulaire postérieur.

plus haut. A cette partie fait suite une autre qui se dirige en haut, en dehors et en arrière. Au niveau de l'angle qui réunit cette deuxième partie à la suivante se produit une modification telle dans l'orientation de cette dernière qu'elle se dirige en bas et nettement en dehors. L'endroit où s'unissent les troisième et quatrième portions est marqué par un changement de direction dans le plan frontal. La quatrième portion devient ainsi oblique en bas, en avant et en dedans. Une nouvelle modification se produit à l'union de la quatrième et de la cinquième portions. Cette dernière devient ascendante, tout en continuant à se diriger en avant et en dedans.

D'une façon générale, on peut dire que le canal demi-circulaire postérieur est grossièrement parallèle au bord supérieur du rocher.

RAPPORTS. — Nous connaissons, des canaux demi-circulaires, leur forme et leur direction; nous allons maintenant étudier les rapports qu'ils affectent entre eux et avec les divers éléments du champ opératoire repérés sur nos radiographies stéréoscopiques. Ces rapports étant très différents pour chacun des canaux, nous allons les envisager séparément.

Canal demi-circulaire externe. — L'ampoule du canal demi-circulaire externe se trouve immédiatement au-dessous et en dehors de celle du canal demi-circulaire supérieur. Au niveau du plan horizontal contenant le point où se réunissent les deux branches de ce canal, il existe une distance de 4 mm entre ce point et le canal demi-circulaire postérieur. Nous faisons remarquer que nous ne parlons ici que des cavités des canaux et non de la coque osseuse qui les limite. Cette coque osseuse est suffisamment épaisse pour que la paroi extérieure du canal externe adhère à la paroi similaire du canal postérieur. De plus par rapport au plan du canal demi-circulaire postérieur, on peut encore signaler que le plan vertical contenant la branche rectiligne du canal demi-circulaire externe formerait avec le précédent un angle de 12°.

Le canal demi-circulaire externe présente avec le vestibule des rapports différents selon l'obliquité de sa grande base. C'est ainsi que lorsque cette dernière est très oblique, la branche antérieure du canal peut se trouver nettement au-dessus de lui. Ceci a lieu plus particulièrement quand cette branche antérieure est peu oblique.

La *linea temporalis* ou crête sus-mastoïdienne peut rester au-dessus du canal externe à une distance qui peut varier entre 2 et 10 mm.

Le canal demi-circulaire supérieur affecte avec le canal externe des rapports que nous avons déjà étudiés. Plus intéressants sont ceux qu'il contracte avec la crête sus-mastoïdienne, et aussi avec la limite externe de l'étage sphéno-temporal.

Il peut rester bien au-dessus de la première, lui être tangent ou la dépasser. En général, la limite externe de l'étage sphéno-temporal reste à un niveau supérieur à lui. Dans certains cas, rares il est vrai, elle peut être de niveau avec le point le plus élevé de ce canal. Les conséquences qui découlent de ces faits, sont que, avec une crête sus-mastoïdienne et une limite externe de l'étage moyen du crâne bas placés, il sera difficile d'aller avec la gouge trépaner sur tout son trajet le canal demi-circulaire supérieur. Nous avons pu nous en convaincre au cours de certaines trépanations du labyrinthe.

Le canal demi-circulaire postérieur présente avec le canal demi-circulaire externe des rapports qui ont déjà été envisagés à propos de ce dernier. Il reste toujours éloigné du sinus latéral sur les pièces radiographiées par une distance de plusieurs millimètres.

Limaçon. — Le limaçon, troisième partie du labyrinthe, est situé en dedans du vestibule et apparaît sur les radiographies sous la forme d'un tube enroulé. Il naît au niveau de la petite base du vestibule. De là il se dirige en bas, en dedans et en avant sur une longueur de 4 à 5 mm. Pendant ce trajet, il a une direction prépondérante qui parfois se rapproche beaucoup de la verticale, parfois est nettement oblique en dedans. Il se recourbe ensuite et se pelotonne sur lui-même. Sa portion presque verticale reste séparée, isolée du reste du limaçon par un espace de 1 mm, alors que les

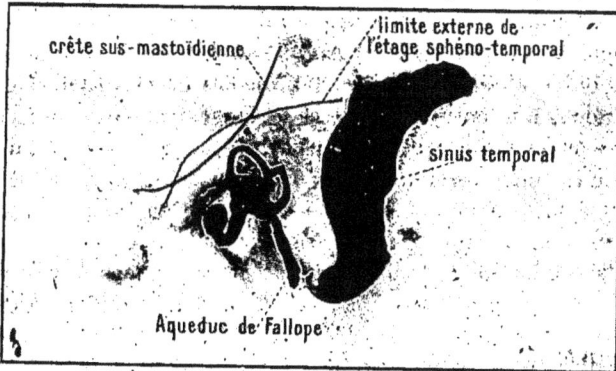

Fig. 4. — Noter sur cette figure : l'obliquité très marquée de la grande base du vestibule, avec ici une direction plus oblique de la première portion du limaçon. La forme plus arrondie des canaux demi-circulaires supérieur et postérieur avec la persistance cependant des angles que forment entre elles leurs diverses portions. La branche antérieure du canal demi-circulaire externe n'est que légèrement oblique; elle reste par conséquent nettement au-dessus du plan de la grande base du vestibule.

autres tours de spires sont juxtaposés les uns aux autres en se recouvrant en partie.

RÉSUMÉ. — En résumé, l'étude des radiographies stéréoscopiques permet de constater :

1º Que le vestibule a la forme d'un tronc de cône dont la grande base est supérieure et dont la petite base se continue avec la cavité du limaçon. Ce vestibule, au niveau de la partie antérieure de la grande base, émet un diverticule recevant les extrémités ampullaires des canaux demi-circulaires supérieur et externe; que, de plus, cette grande base peut avoir une obliquité plus ou moins grande en bas et en arrière.

2º Que les canaux demi-circulaires décrivent une courbe formée par l'association de plusieurs arcs de cercle placés bout à bout.

3º Que les diverses parties entrant dans la constitution de ces canaux ont une direction différente.

4º Qu'il existe une relation entre l'obliquité de la grande base du vestibule et l'orientation du canal demi-circulaire externe.

5º Que dans la plupart des cas la *linea temporalis* et la limite externe de l'étage moyen du crâne restent un peu au-dessus du point le plus élevé du canal demi-circulaire supérieur.

6º Que le sinus latéral reste toujours à une distance de plusieurs millimètres en arrière du canal demi-circulaire postérieur.

MM. Henri des GAYETS et Clément VANEY.

RELATIONS ENTRE LA FRÉQUENCE DES LARVES D'HYPODERME DU BŒUF ET L'ÂGE DES BOVIDÉS.

63.6-09-21

4 Août.

Au cours de recherches sur les préjudices causés par l'Hypoderme à l'élevage, dans la région forézienne, nous avons voulu établir, d'une façon précise, s'il y avait une relation entre la fréquence des larves d'Hypoderme ou varrons et l'âge des Bovidés parasités.

Pour cela, nous avons relevé avec soin l'âge des Bovins, présentant cette année des larves d'Hyporderme, dans trois domaines situés aux environs de Saint-Germain-Lespinasse et de la Pacaudière. Les bêtes élevées dans ces domaines appartiennent exclusivement à la race nivernaise. Elles séjournent constamment, du printemps à l'automne, dans de grands pâturages entourés par des ronces artificielles ou par des haies vives.

A la mauvaise saison, les animaux sont rentrés à l'étable et sont alors nourris de foin, de topinambours et de pommes de terre.

Pour les bêtes de moins de 2 ans, nous avons noté avec soin la date de leur première entrée en pâturage; nous avons pu, avec ces diverses indications, vérifier l'époque à laquelle se faisait l'infection par les jeunes larves.

Voici le résumé des observations faites dans les trois domaines.

1° Domaine de la Cour (métayer : M. Prost).

Dans cette métairie se trouvent 22 bêtes à cornes comprenant des bêtes âgées (6 vaches et 6 bœufs) et des bêtes jeunes (5 génisses et 5 bouvillons ([1]) nés en 1909).

Parmi les vaches : 2 ont 8 ans, 2 ont 7 ans, 1 a 4 ans et 1 a 3 ans.

Les 6 bœufs forment 3 couples constitués par des bêtes âgées de 6 ans, de 5 ans et de 3 ans.

Toutes les bêtes de ce domaine âgées de 3 à 8 ans ne sont pas varronnées.

Les animaux attaqués par les Hypodermes n'ont que de 1 à 2 ans et comprennent :

2 génisses de 2 ans.

1 génisse de 16 mois, mise en pâturage fin avril 1910.

1 bouvillon de 14 mois, mis en pâturage le 15 juin 1910 et sur lequel on trouve

---

([1]) Les bouvillons sont communément désignés dans le pays sous le nom de châtrons.

en 1911, une dizaine de varrons également répartis à droite et à gauche de la colonne vertébrale.

1 bouvillon de 2 ans.

Les bêtes jeunes non varronnées sont :
3 bouvillons de 2 ans.
2 génisses de 1 année, l'une le 24, l'autre le 26 juin 1910 et qui n'ont été mises en pâturage qu'à partir du 27 août 1910.

2° Domaine du Paneton, altitude 332 m (métayer : M. Berthier).
Le troupeau de ce domaine est peu varronné ; il renferme :
7 vaches non varronnées, dont 2 âgées de 9 ans, 1 de 6 ans, 2 de 5 ans et 2 de 4 ans.
6 bœufs non varronnés comprenant 2 bœufs de 4 ans, 2 de 3 ans, 2 de 2 ans 1 taureau âgé de 2 ans.
4 génisses non varronnées dont 1 a 3 ans, 1 a 2 ans, 1 a 14 mois et 1, née en septembre, a 11 mois.
Seuls 4 bouvillons présentent des larves d'Hypoderme. Deux de ces châtrons, nés en mars 1910, ont été élevés au pâturage dès mai 1910 et présentent en 1911, l'un une douzaine de varrons, l'autre seulement 7. Les deux autres bouvillons sont nés en mai 1910 ; ils ont été mis en pâturage dès juin 1910 et présentent, en 1911, l'un 11 varrons et l'autre 8.

3° Domaine Lafont, altitude 471 m (métayer : M. Carque).
Le troupeau présente quelques bêtes fortement varronnées. Il comprend :
4 bœufs non varronnés dont 2 sont âgés de 5 ans et 2 de 4 ans.
8 vaches dont : 2 âgées de 10 ans ne sont pas varronnées.
1 âgée de 7 à 8 ans, présente, en 1911, 2 à 3 varrons.
1 de 6 ans n'est pas varronnée.
1 de 3 ans et demi n'a pas de varrons.
1 de 42 mois a quelques larves d'Hypoderme.
2 de 2 ans et demi ne sont pas varronnées.
2 génisses non varronnées, l'une âgée de 2 ans et l'autre de 17 mois ; elles ont été mises en pâturage vers mars ou avril.
2 autres génisses nées l'une en octobre 1910 et l'autre en novembre 1910 n'offrent aucune trace d'Hypoderme.
L'on ne trouve d'animaux varronnés que parmi les bouvillons ; cependant 3 d'entre eux ayant l'un 3 ans, l'autre 2 ans et demi, et le troisième 2 ans n'ont aucun Hypoderme. Parmi les autres jeunes bœufs, nous avons :
Un premier bouvillon, né en août 1909, qui présente beaucoup de varrons ;
Un deuxième, né en juin 1910, mis en pâturage dès juillet, porte une dizaine de larves d'Hypoderme ;
Un troisième, âgé de 17 mois, mis en pâturage dès avril 1910, présente 38 varrons ;
Un quatrième, âgé de 14 mois, mis en pâturage dès juin 1910, possède 35 varrons alors qu'un cinquième, né le 26 août 1918, mis en pâturage en septembre, ne présente aucune trace d'Hypoderme.
En résumé, sur 68 Bovidés répartis dans ces 3 domaines, 16 sont varronnés. Ces animaux attaqués par les Hypodermes se répartissent de la façon suivante :
2 génisses âgées l'une de 16 mois et l'autre de 2 ans ;

12 bouvillons : 1 âgé de 13 mois, 4 de 14 mois, 3 de 16 mois, 1 de 17 mois
3 de 2 ans.

2 vaches âgées l'une de 42 mois et l'autre de 7 à 8 ans.

*La plus grande partie des Bovidés présentant des larves d'Hypoderme,
est âgée de 1 à 2 ans. Il est rare que des bêtes plus âgées aient des
varrons.*

La relation entre le jeune âge des animaux et la fréquence des varrons
est donc bien précisée par ces observations. C'est surtout pendant le
jeune âge, dans une période de forte croissance, que les bêtes présentent
le plus souvent des varrons. Cette constatation faite par la plupart
des éleveurs a donné lieu au préjugé assez courant à la campagne que la
présence des varrons chez un bovidé est une preuve de croissance et
par suite de bonne santé.

D'après les études antérieures faites par l'un de nous sur la biologie
de l'Hypoderme, la ponte de la mouche ne s'opère, dans la région lyon-
naise, que de mi-juillet vers la fin août. Des bêtes en pâturage à cette
époque peuvent seules être contaminées, alors que les reproducteurs,
par exemple, tenus constamment à l'étable ne présentent pas de varrons.
Les mouches, qui sont adaptées seulement à la propagation de l'espèce,
disparaissent complètement vers la fin août; aussi, à partir de cette
époque, les jeunes bêtes, entrant pour la première fois dans les pâturages,
ne sont jamais infestées. Ceci explique pourquoi les veaux nés tardi-
vement dans l'été et mis en pâturage fin août ou septembre, de même que
ceux nés en octobre et en novembre, n'offrent, l'année suivante, aucune
trace d'Hypoderme.

Si, dans notre statistique, nous déduisons des génisses et bouvillons
de 1 ou 2 ans ceux qui n'avaient pu être contaminés, nous arrivons
aux proportions suivantes des bêtes varronnées par rapport à l'ensemble
des animaux de même âge :

Bovidés de 3 à 10 ans; proportions de varronnés $\frac{2}{34}$ ou $\frac{1}{19}$, soit près du
vingtième.

Bovidés de 1 à 2 ans; proportion de varronnés $\frac{13}{23}$, soit plus de la moitié.

Ainsi, dans la région forézienne, plus de 50 % des Bovidés de 1 à
2 ans ont été attaqués par les larves d'Hypoderme pendant une année
où la dissémination de l'espèce s'est faite dans de mauvaises conditions.
Dans la région montagneuse, certains bouvillons portaient chacun, dans
la région lombaire, une quarantaine de ces larves. Alors qu'un vingtième
seulement des bêtes plus âgées présentent quelques varrons.

A quoi faut-il attribuer cette différence si marquée dans la contami-
nation par l'Hypoderme? Nous pensons qu'elle est peut-être due à des
caractères spéciaux présentés par la portion antérieure de l'appareil
digestif des jeunes Bovidés qui facilitent la pénétration des jeunes larves
d'Hypoderme. Ces caractères disparaîtraient généralement au cours
du développement ultérieur.

M. CHAPPELLIER.

(Paris).

LA CICATRICULE DE L'ŒUF DANS LE CROISEMENT :

Canard de Rouen [Anas boschas var. domestica (L.)] ♀ × Canard de Barbarie
[Cairina moschata (L.)] ♂ et les espèces parentes.

59.13-1-7 : 63.657

1ᵉʳ Août.

Dans une Note présentée à la Société de Biologie en mars 1911, je cherchais à établir une classification des femelles d'oiseaux hybrides en
prenant pour point de départ le degré de développement atteint par
leur ovaire.

On peut, théoriquement, admettre deux extrêmes : d'un côté les
femelles dont la glande génitale reste rudimentaire au point de ne pas
renfermer trace d'ovules, et, tout à l'opposé, les femelles pondant des
œufs susceptibles d'être fécondés. C'est ce que j'ai résumé dans le Tableau
suivant :

A. Ovaires ne produisant pas d'ovules.

B. Ovaires produisant des ovules { a, Femelle ne pondant pas
{ b, Femelle pondant { α, œufs non fécondables
{ β, œufs fécondables.

A ce point de vue, les hybrides, entre les deux espèces canard de Rouen
et canard de Barbarie, sont particulièrement intéressants.

En effet, quand le canard de Barbarie est employé comme mâle,
les femelles hybrides ont un ovaire réduit à une masse jaunâtre garnie
de petits ovules qui restent tels pendant toute la vie génitale de l'animal : ces femelles rentrent donc dans la catégorie a. Au contraire, si le
mâle est un Rouen et la femelle une Barbarie, les hybrides pondent des
œufs dont on ne peut obtenir la fécondation en accouplant les canes avec,
par exemple, des mâles de Rouen reconnus féconds ; ces hybrides rentrent
donc dans la catégorie α.

J'ai étudié la cicatricule de l'œuf de ces derniers hybrides en la com-
parant avec celle de l'œuf des espèces parentes.

Mes recherches se divisent en deux groupes : 1° l'œuf parthénogénétique ; 2° essais de fécondation ; je résume ici les données que m'a
fournies l'examen *in toto*.

1° CICATRICULE DE L'ŒUF PARTHÉNOGÉNÉTIQUE. — J'ai été guidé
dans cette voie par les travaux de Lécaillon sur l'œuf de Poule et j'indi-

querai également les différences que j'ai pu constater entre l'œuf de cette espèce et l'œuf du canard.

Cane de Barbarie. — Achetée le 5 mars 1911, elle a été isolée immédiatement du mâle.

Sur l'œuf du 2 mai, examiné environ 3o minutes après la ponte, la cicatricule est de forme irrégulière, à l'œil nu elle paraît très compacte et l'on distingue seulement deux ou trois vacuoles. La loupe montre qu'une grande partie de la surface du germe est parsemée de fines vacuoles beaucoup plus rares dans une région centrale qui atteint, à peu près, un tiers du diamètre. L'œuf a été suivi ([1]) jusqu'au 8 mai : la région centrale, mise en évidence par la zone des vacuoles périphériques, qui augmentent en nombre et surtout en diamètre, tranche de plus en plus sur le reste de la cicatricule.

Première cane de Rouen. — Achetée en avril 1910, elle a été isolée du mâle à la fin du mois d'octobre 1910.

Pour l'œuf du 2 mai 1911, examiné environ une heure après la ponte, la cicatricule est vacuolisée *sur toute sa surface;* au centre, les vacuoles sont plus rares mais au moins égales aux plus grosses. L'œuf a été suivi jusqu'au sixième jour; à ce moment les vacuoles de la région centrale paraissent avoir émigré dans la profondeur, et l'on trouve, à leur place, une zone compacte avec des vacuoles larges, floues, à contours très estompés et comme noyées sous la partie superficielle de la cicatricule. Pendant ce temps, les vacuoles périphériques ont pris un tel développement qu'elles arrivent presque à confluer en certains points.

Sur neuf autres œufs de la même cane, examinés tous dans la matinée du jour de ponte, huit sont vacuolisés jusqu'au centre; le dernier seul montre une large zone compacte sans vacuoles nettement visibles. Pour les autres, cependant, il est toujours facile de délimiter une surface plus ou moins étendue, circulaire ou de forme irrégulière, centrale ou placée excentriquement sur le germe. Cette surface, vue à l'œil nu, tranche par sa blancheur sur le reste de la cicatricule. Elle renferme quelquefois des vacuoles de même aspect et de même taille que les vacuoles de la périphérie, mais en petite quantité ou, plus souvent un groupe d'énormes vacuoles sombres.

Une autre série d'œufs, âgés de 1 à 22 jours, plus 7 à 8 œufs de date incertaine mais ayant au moins un mois, montrent une assez grande irrégularité dans la physionomie des cicatricules. Toutes concordent pour monter qu'à partir du troisième ou du quatrième jour les vacuoles périphériques sont devenues très grosses et qu'il persiste toujours la partie blanche dont j'ai parlé tout à l'heure.

Deuxième cane de Rouen. — Cette cane placée, au début, dans la même volière que l'hybride accouplée avec un canard de Rouen, était destinée à contrôler la fécondité de ce dernier. Elle a donné des cicatricules fécondées, m'a permis de faire deux expériences sur la vitalité des spermatozoïdes dans l'oviducte, puis est restée sans mâle jusqu'à la fin de sa ponte.

Sans insister sur les résultats fournis par les expériences ci-dessus,

---

([1]) L'examen d'un même œuf pendant plusieurs jours est rendu très facile par *l'embryoscope* déjà décrit par Rabaud et dont j'ai rendu le couvercle mobile (Voir *Biologica,* 15 juin 1911 ; supplément p. LXXXVII).

je dirai seulement que le passage entre la période des œufs fécondés et la période des œufs non fécondés se fait brusquement et sans transition : après le huitième jour qui suit le dernier accouplement, on passe, du jour au lendemain, d'une cicatricule fécondée typique à une cicatricule complètement vacuolisée.

: La différence entre les deux sortes de cicatricules est telle qu'il ne peut y avoir de confusion : la cicatricule de l'œuf fécondé présente, autour d'un centre très large et très compact, une étroite couronne de vacuoles, mais celles-ci sont très petites et visibles seulement à la loupe.

Je crois donc qu'il y aurait lieu de rejeter les hypothèses faites sur l'action possible des spermatozoïdes faibles ou trop vieux; en outre, il serait inutile d'attendre de longs mois pour se procurer avec certitude des œufs non fécondés.

Ceux de la deuxième cane de Rouen n'ont pas montré de différences bien sensibles avec ce que j'ai observé pour la première, et je ne vois rien là qui dépasse les limites de la variation individuelle.

Cane hybride. — Née chez moi en 1908, elle a été isolée à la fin d'octobre 1910. Ce qui frappe tout d'abord à l'ouverture de la grande majorité des œufs, c'est la forme irrégulière de la cicatricule. Celle-ci, vue à l'œil nu, présente une partie plus nette, arrondie et de couleur blanche, à laquelle fait suite une sorte de traînée dont les limites vont en s'atténuant peu à peu pour se fondre avec la teinte environnante. Je ne puis mieux comparer cet aspect qu'au dessin classique de la comète.

Sur plus des deux tiers des œufs, la comète est très nette et saute aux yeux dès l'abord; dans d'autres cas, il faut l'intervention de la loupe; quelques très rares œufs, enfin, ont une cicatricule presque symétrique et circulaire. La zone blanche de la tête de la comète correspond à la partie compacte de la cicatricule de la cane de Rouen. Elle a un aspect assez analogue; cependant les vacuoles y sont, en général, moins nombreuses encore et plus grandes également.

Sur un œuf suivi jusqu'au septième jour le centre de la tête a évolué parallèlement à ce que j'ai décrit pour l'œuf du 2 mai de la première cane de Rouen; mais les aspects sont très variables d'un œuf à l'autre et, si les cicatricules sont toutes vacuolisées jusqu'au centre, la forme irrégulière type ne semble pas la règle absolue.

2° ESSAIS DE FÉCONDATION DES ŒUFS D'HYBRIDES. — Une cane hybride, sœur de la précédente, a été mise avec un mâle de Rouen (*voir* plus haut, deuxième cane de Rouen), puis séparée de lui le 21 mai après un dernier accouplement.

Première période. — Près de la moitié des œufs de o jour (16 exemplaires) ont une comète visible; mais, dans la majorité des cas, elle est moins nette que pour la première cane hybride; d'autre part, quelques cicatricules sont, presque régulièrement circulaires. Dans ce cas, le centre compact est très large avec des vacuoles moins nombreuses et surtout beaucoup moins grandes que chez la cane isolée du mâle.

Deuxième période. — D'après ce que nous avons vu plus haut, à propos de la deuxième cane de Rouen, c'est seulement à partir du huitième jour après l'éloignement du mâle que nous pouvons trouver des œufs n'ayant plus subi l'action des spermatozoïdes.

Le 3o mai, neuvième jour, la cicatricule contraste énormément avec les précédentes : pas de comète typique, il est vrai, mais la zone centrale renferme de très grandes vacuoles. Cet aspect est purement accidentel, car les œufs des jours suivants n'offrent rien de particulier et pourraient, aussi bien, être rangés parmi ceux de la première période. Les œufs de cette hybride diffèrent donc, dans leur ensemble, légèrement de ceux de l'autre cane hybride et rien ne montre que des spermatozoïdes féconds aient une action quelconque, visible sur la cicatricule *in toto.*

En résumé, la cicatricule de l'œuf non fécondé de canard de Barbarie se rapproche, par son aspect extérieur, beaucoup plus que de celle du canard de Rouen de ce que Lécaillon a décrit chez la Poule.

Chez le canard de Rouen, les œufs, même les plus frais sont dans un état de vacuolisation si complet que la segmentation parthénogénétique doit atteindre un stade moins avancé ou évoluer beaucoup plus rapidement dans l'oviducte que chez la Poule.

La cicatricule des femelles hybrides, également très vacuolisée, se rapproche plutôt de celle de la cane de Rouen (côté paternel). Non seulement elle n'est pas fécondable, mais les spermatozoïdes ne paraissent avoir aucune action sur elle ([1]).

L'étude histologique des cicatricules me permettra, peut-être, de serrer de plus près la question.

INDEX BIBLIOGRAPHIQUE.

CHAPPELLIER (A.), *L'ovaire dans le croisement chardonneret ♂ × serin ♀* (Soc. de Biol., t. LXIX, p. 3a8).

LÉCAILLON (A.), *La parthénogenèse chez les oiseaux. Segmentation et dégénérescence de l'œuf non fécondé* (Arch. d'Anat. Micr., t. XII, fasc. IV).

POLL (H.), *Sitzber. der Ges. Naturf Freunde Jhrg.* 1907, p. 164.

([1]) Voulant conserver mes hybrides pour la prochaine saison de ponte, je n'ai pas essayé de vérifier ceci : les spermatozoïdes arrivent-ils bien au contact de l'ovule, ne sont-ils pas arrêtés ou tués dans leur trajet?

M. LE Dʳ MARCEL BAUDOUIN.

(Paris).

UNE GROSSESSE QUADRUPLE CHEZ UNE POULINIÈRE DE VENDÉE.

618.25 : 619.11

2 Août.

Les faits de *Grossesse quadruple* sont, en médecine humaine, une rareté. Il est permis de croire, quoique nous ne connaissions pas de statistique de ce genre pour l'espèce *Cheval*, qu'il en est de même en Hippologie, puisque, d'ordinaire, pour ce Mammifère, comme pour l'Homme, la grossesse est *unique*, et non *multiple*.

Il est donc intéressant de consigner, dans les Annales de la Science, l'observation suivante, qui a été bien prise, et qui est intéressante, parce qu'elle a été recueillie dans une région appréciée d'élevage du cheval (*Le Marais breton* de Vendée, où naissent les poulains de la race dite *Demi-sang vendéen*), et parce qu'elle suggère certaines remarques sur les conditions anatomiques des grossesses multiples : réflexions pouvant être utilisées avec quelque profit pour les études sur l'espèce humaine.

Ce qui fait, de plus, la valeur de ce fait, c'est que le *Père* est un *Cheval de Haras*, appartenant à l'État, dont on connaît les tenants et les aboutissants, et dont le *Curriculum vitæ* est aussi certain, et peut-être même beaucoup plus, que s'il s'agissait d'un *Homme;* et que la mère est une Jument, d'origine locale, dont le propriétaire est l'un de nos amis, et un homme n'ayant pu donner que des renseignements très exacts.

HISTORIQUE. — D'après les quelques recherches bibliographiques que j'ai faites, on ne connaîtrait pas encore de cas absolument semblable chez la *Jument* (¹).

F. Saint-Cyr, dans son Ouvrage classique, ne cite que des cas de grossesses *triples;* encore sont-ils peu nombreux et, réduits à trois seulement [Paugoué (1843); Devilliers (?); Rabe (1852)]. — Mais j'en connais bien d'autres et de très curieux (*Affiches du Poitou*, 1774, p. 68; 1778, p. 123), relatifs à des *Mulets*, et avec *Superfétation!*

(¹) Chez la VACHE, on connaît déjà quatre cas de Grossesse *quadruple* [Gellé; Magdinier; Bouchard; Hamon (de Lamballe)]; et deux cas de grossesse *quintuple* (Cassina; Garrard).

Aux faits de grossesse *quadruple* publiés, il faut ajouter un fait récent du professeur Reul (*Ann. vét. belge*, 1905), et un cas, que j'ai personnellement observé en Vendée en 1904 (*Vendéen de Paris*, janvier 1904). — Au total : au moins six quadruples.

A ceux de grossesse *quintuple*, il faut ajouter un fait, que j'ai noté en Vendée en 1910, mais que je n'ai pas pu étudier.

Le cas de Paugoué (¹) se rapproche beaucoup du nôtre, en ce sens qu'il y avait sûrement *deux œufs*, dont un à deux germes. A noter qu'il y eût trois poulains (sexe mâle), et une *seule et unique saillie* (fait très important).

Mais, en somme, le cas suivant semble être unique jusqu'à présent en *Hippiatrie.*

OBSERVATION

1º PÈRE. — Le père, *Dragomiroff,* est né en 1903. Il avait donc 7 *ans* à l'époque de la grossesse en question (1910). Il a aujourd'hui 8 ans.

Ce cheval est issu de *Rosny,* étalon qui faisait partie de l'effectif du Haras du Pin, et d'une jument, sans origine constatée, nommée *Lecture.* Il se trouve au *Dépôt de la Roche-sur-Yon.*

a. Ce cheval fait la monte, depuis 1907, en Vendée. Il est à remarquer que en 1909, une *jument,* en dehors de celle dont nous allons parler, a eu, il y a 2 ans, aussi de *Dragomiroff,* deux produits jumeaux; cela est digne d'intérêt: Qui plus est, ces *deux poulains n'ont pas vécu* ! Cette jument, qui, d'ailleurs, avait eu un produit unique cette année (1910), est morte récemment.

b. Il s'agit bien ici d'une *Grossesse gémellaire.* Par suite, l'influence de ce *père* apparaît déjà et semble réelle, puisque le changement de père a changé la nature de la grossesse, chez cette première jument. Mais il est avéré que la santé de cette mère n'était pas brillante, puisqu'elle-même n'a pas tardé à succomber.

Ce renseignement n'est donc pas absolument probant; notons que les poulains sont *morts,* au demeurant.

c. C'est au Dépôt d'étalons de la Roche-sur-Yon qu'eurent lieu les trois saillies d'*Égérie,* jument dont il nous reste à parler; elles sont datées du 13 mai, 22 mai et 5 juin 1910 (²).

2º MÈRE. — La jument *Égérie* appartenait alors à l'un des meilleurs et des plus sympathiques éleveurs du Marais de Mont : mon ami, M. Gustave Dufief, du bourg de Saint-Gervais (Vendée). Il l'a vendue depuis quelque temps.

a. *Égérie* est une fille de *Patriote* et d'*Usurpatrice,* par *Prince Royal* et *Pâquerette,* par *Haut-Huppé* et *Hélène,* par *Beauvoir,* cheval bai, de 1,62 cm. et *Pactole.* — Elle est née en 1904.

b. En 1910, *Égérie* avait eu, de *Vigny,* pur-sang, un superbe poulain. Cette jument était d'ailleurs en excellente santé à cette époque.

c. Elle fut saillie, en 1910, aux trois fois indiquées, par *Dragomiroff,* au Dépôt central d'Etalons de la Vendée. — Sa *grossesse* n'a provoqué aucune remarque importante de la part de son propriétaire.

3º ACCOUCHEMENT. — La jument *Égérie* était à terme le 8 mai 1911. Elle a devancé de plus de 6 semaines l'époque normale de la mise-bas, puisque, le vendredi 24 mars 1911, à 6 h: du matin, pleine de 9 mois et demi, elle accouchait, pour expulser *quatre* poulains.

a. Premier Œuf. — Le *premier poulain* expulsé était en *décomposition,* dans une poche spéciale. Son sexe était méconnaissable; il n'a pas pu

---

(¹) *Traité d'Obstétrique vétérinaire.* Paris, Asselin et Houzeau, 1875 (*Voir* p. 114 et 115).

(²) Renseignement très précis, fourni par l'Administration des Haras.

être déterminé. Il s'agit bien d'un *œuf spécial*, puisqu'entre lui et le troisième s'est intercalé un œuf à deux germes, et qu'*Égérie* se releva aussitôt après cette première mise-bas.

b. Deuxième Œuf. — Les deux autres poulains étaient *jumeaux*; tous deux étaient du sexe *masculin*. Ils étaient dans une même enveloppe, et « nourris par le même cordon », d'après les renseignements aimablement fournis par l'Administration des Haras de la Vendée.

c. Troisième Œuf. — Le quatrième produit était du sexe *féminin*; cette pouliche a vécu vingt minutes, avait tous ses poils, et était d'un remarquable modèle.

Elle correspondait certainement à un troisième *Œuf*, puisqu'elle, seule, *a vécu*, et qu'elle n'était pas dans l'œuf des jumeaux *mort-nés*. Elle était forte et bien constituée.

Cette seconde expulsion eut lieu 15 minutes après la première, la jument s'étant couchée à nouveau. Celle-ci dura 20 minutes environ.

4° SUITES. — La Jument, malgré la terrible secousse qu'elle a dû endurer, s'est rétablie rapidement.

Elle a été vendue, depuis, par son propriétaire, effrayé, à juste titre, des qualités, qui lui paraissaient trop merveilleuses, de *Poulinière*, que *semblait* avoir ce bel animal....

Je n'ai pu arriver à temps pour en prendre la photographie. — Celle de *Dragomiroff* m'a été *refusée* par l'Administration des Haras.

5° FŒTUS. — Les trois derniers *fœtus* ont été, en mars 1911, enfouis, *dans une seule fosse*, dans une prairie, dépendant du Puy-Verger (Propriété Taconnet-Cacaud). — Il n'y a plus trace du premier.

Au mois de juillet 1911, j'aurais voulu faire procéder à l'exhumation des deux poulains mâles et de la pouliche, pour pouvoir examiner au moins leurs ossements, grâce à la complaisance de mon ami, M. G. Duflef. — Malheureusement, la température exceptionnelle de l'été m'a empêché de réaliser ce projet.

RÉFLEXIONS. — Cette observation prouve que nous sommes en présence ici d'une *Grossesse quadruple*, correspondant à une triple conception, relative à trois ovules, dont un *œuf à deux germes*, et *deux à germe unique*.

a. Nature de la Grossesse. — L'œuf à deux germes était du *sexe mâle*; le quatrième *poulain* du sexe *féminin* ! Laissant de côté le premier œuf de sexe inconnu, on peut dire cependant que cette grossesse était bien à *deux sexes*.

b. Question du sexe. — Comme on sait, d'une part, que les Grossesses *doubles* (ou *multiples*) peuvent être produites par DEUX OVULES, provenant chacun d'un *ovaire*, et s'engageant à la fois dans les voies génitales par *chacune des deux trompes* [Un cas récent de L. Launay [1], relatif à une Grossesse extra-utérine (tubaire), le prouve nettement]; et, que, d'autre part, quand les *œufs* sont de même sexe [2] (cas de Launay),

_____

[1] LAUNAY. — *Revue de Chir.*, 1911, n° avril.
[2] Nous savons que dans ce cas tous les enfants étaient mâles (Lettre personnelle; renseignement inédit).

la date de la fécondation des œufs semble être la même ([1]), on est autorisé
à admettre, ici, que la *fécondation n'a pas eu lieu en même temps*, puisque
les deux œufs ont donné des *sexes différents*. Mais on ne peut pas
savoir si cette différence de temps, pour *Égérie*, correspond à *plusieurs
coïts* ou à un seul. C'est donc une observation à reprendre à ce point
de vue spécial; et ce fait ne peut pas nous aider à résoudre le problème,
que nous nous étions posé : à savoir si la date de la fécondation agit
vraiment sur le sexe : ce qui est cependant fort probable.

c. Influence du Père. — Un point à souligner est encore celui-ci.

a. Égérie, avant d'être saillie, par *Dragomiroff*, a eu une grossesse
unique, tout à fait normale, avec *poulain vivant*.

b. Dragomiroff, avant de saillir *Égérie*, a donné lieu à une *grossesse
multiple (gemellaire)*, avec mort des deux poulains, chez une jument ayant
eu, ensuite, une grossesse, normale également.

c. Or, dans le fait relaté ci-dessus, *Dragomiroff* a aussi donné lieu
à une *grossesse multiple* (1 *gemellaire* et *deux simples*), avec mort des
quatre fœtus!

d. Il semble bien résulter de là que, pour ce cas au moins, c'est
le *Père* qui semble être en cause : 1° en ce qui concerne la *morti-natalité*
des poulains; 2° en ce qui concerne la production d'*œufs à deux germes*
(observation inédite); 3° en ce qui concerne la *grossesse multiple* à œufs
à germe *unique* (c'est-à-dire la *fécondation* d'ovules des *deux ovaires*,
au niveau des *deux trompes*) (D'après le cas de Launay, cité).

Si ces déductions sont exactes, il en résulte :

1° Que les spermatozoïdes de Dragomiroff sont doués d'une très
grande activité de pénétration ovulaire et d'une très forte résistance
aux causes de destruction dans les voies génitales.

2° Que les *œufs à deux germes* sont la conséquence : soit de l'introduction dans *un seul œuf* de *deux spermatozoïdes* (ce qui paraît, en effet,
bien probable), soit de là pénétration d'*un seul*, capable de créer *deux
centres de Blastulisation* (au lieu d'un seul) dans un œuf normal, peut
être par cause pathologique ou anomalie spéciale.

3° Que ces qualités spéciales des spermatozoïdes ont de gros inconvénients, puisque les *Grossesses gemellaires* ne donnent pas toujours
des produits viables, pas plus que les multiples!

([1]) L'observation, citée plus haut de Grossesse triple chez la jument, et due à
Paugoué, plaide absolument dans le même sens que le cas de Launay pour la femme.
En effet, dans ce fait, la jument ne fut saillie qu'une seule fois, le 17 février 1843; et
elle eut *trois* poulains du même *sexe*, dont *deux* dans un œuf *isolé*, puisque cet œuf
à deux poulains mâles *non à terme* fut expulsé du 27 au 28 septembre, tandis que le
troisième œuf, venu à terme le 25 février 1844, donna un poulain vivant.
Il semble bien résulter de ces deux faits (Paugoué, Launay) que, quand *deux* œufs
s'engagent un dans *chaque trompe* et sont fécondés *en même temps*, à la même
heure, c'est-à-dire lorsqu'ils sont au même état d'Évolution, tous les fœtus sont de
même sexe. — Évidemment, la réciproque peut ne pas être vraie!

**

Dans ces conditions, il faudrait donc, dans ce fait, incriminer surtout *le Père* ([1]) ; et, au point de vue zootechnique, il faudrait songer, par suite, à interdire désormais à « Dragomiroff » de faire des saillies. Mais ([2]) n'allons pas trop vite et ne concluons pas encore de façon aussi radicale ([3]).

Disons plutôt qu'en réalité ce qu'il y aurait de mieux à faire, au point de vue scientifique, ce serait d'expédier de suite ce cheval dans une École de Médecine vétérinaire et de le faire servir, là, à des expériences sur les *Grossesses multiples* et les *Œufs à deux germes*.

On arriverait peut-être à obtenir de lui, d'ailleurs, si les considérations ci-dessus sont vraies, des *Monstres doubles expérimentaux* : ce qui ferait avancer la question de l'origine de ces anomalies bien plus rapidement que toutes les discussions stériles, qui ont suivi les admirables observations de Dareste, et même que les observations récentes sur les animaux inférieurs, voire même les grenouilles. . . . .

En attendant, j'ai recommandé aux éleveurs de mon pays de se méfier de *Dragomiroff* ([4]), mais sans leur conseiller toutefois de se débarrasser,

---

([1]) Marcel BAUDOUIN. *De l'existence et de l'origine des œufs à germes multiples.* (*Gaz. méd. de Paris*, 1903, n° 25, p. 205).

([2]) Il y a longtemps qu'on a écrit que c'était le *Père* qu'il fallait incriminer dans l'affaire des *œufs à germes multiples*. — Je renvoie, sur ce point, à l'une de mes publications antérieures [Marcel BAUDOUIN. *Un cas de grossesses triples, trois fois répétées de suite par œufs à trois germes.* Association Française, Reims, 1907. Paris, 1908, t..II, p. 1174-1183, 1 phot.]. — Dans ce fait, l'influence du *Père* était aussi manifeste que pour *Dragomiroff*. Je répète ici une des phrases de ce Mémoire : « Actuellement, en se basant sur les faits connus, on croit que c'est l'*Homme* (c'est-à-dire le *Père*) qu'il faut incriminer (Fameuse observation de Ménage ; cas russe de Wassilieff ; cas de Kinslow, etc.).

([3]) En effet, il ne faut rien exagérer. Il semble qu'il y ait des cas où la *mère* seule puisse être en cause, mais surtout pour les grossesses multiples à œuf à *germe unique*, c'est-à-dire quand les deux *trompes* interviennent à la fois ; s'il en est ainsi, les deux parents peuvent être accusés, suivant les circonstances. — Mais l'intérêt de ces recherches consiste précisément dans le fait de dépister d'abord le *coupable*, en face de chaque observation. On recherche, ensuite, la vraie cause d'origine.

([4]) Une observation, relative à l'Espèce humaine, de *Grossesse triple* [RICHARD (D^r). *Observation curieuse de deux enfants accolés ensemble, ne formant qu'un seul tronc, depuis le col jusqu'au dessous du nombril, ayant deux têtes, trois bras et quatre jambes.* — *Affiches du Poitou*, Poit., 1773, n° 2, 14 janvier, p. 85], montre bien l'*influence du Père* :

« Un homme se marie une première fois ; sa première femme a quatre enfants en *deux* couches, deux à chaque grossesse. Il se marie une seconde fois ; et sa seconde femme a aussi une *grossesse multiple* (1 garçon ; et un *Xiphodyme* fille, né-vivant), alors qu'il a déjà 56 ans ! »

Il est évident que cet homme, un pur sang Vendéen, était un *spécialiste* pour *œuf à plusieurs germes*, et *œuf à deux germes* au moins !

D'ailleurs l'*Hérédité gemellaire paternelle* est un fait bien acquis désormais (Thèses des Drs Drizard et Questaut). »

17

comme poulinière, d'une jument qui a une grossesse multiple, même quand les poulains sont de même sexe : ce qui indique souvent, en effet, un œuf à deux germes.

C'est la prudence même... A vouloir courir deux Lièvres à la fois — pardon, deux chevaux jumeaux ! — on risque trop de perdre toute la progéniture (ce qui représente une certaine rente annuelle), et même le capital, c'est-à-dire une très bonne jument, ayant parfois une valeur commerciale très élevée. — Mais, ce qu'il faut sacrifier, c'est le PÈRE !

ADDENDUM.

A l'époque même du Congrès de l'Association Française, à Dijon (Août 1911), paraissait, dans le Recueil de Médecine vétérinaire de l'École d'Alfort (t. LXXXVIII, 15 août 1911, n° 15, p. 484) la note suivante (Fécondité extraordinaire d'une poulinière; gestation quadruple) de M. CHAUVAIN, vétérinaire au 1er Dépôt de remonte d'Angers. — Je la reproduis ici (car cela est nécessaire, en raison de la priorité de ma rédaction), en la commentant.

« La Jument Égérie, appartenant à Dufief, éleveur à St-Gervais (V.). — En 1910, la jument fut saillie les 19 et 22 mai par l'Étalon Dragomiroff, du Dépôt de la Roche-sur-Yon. Nouvelles saillies les 5 et 8 juin (1).

Le 24 mars 1911, après 9 mois et demi de gestation, la jument mit bas (vers 6 heures) un fœtus, gros comme les deux poings, entouré d'une grosse masse gluante du volume d'un décalitre, dans une enveloppe de poulain ordinaire.

Un quart d'heure après, naît un autre poulain, de la grosseur d'un chien d'arrêt, qui meurt en naissant. Vingt minutes plus tard, un poulain, et une pouliche. Le premier meurt en naissant; et la pouliche vit vingt minutes. Les deux enveloppes de ces deux animaux étaient prises ensemble (1).

La jument va bien, malgré cette quadruple parturition.

Égérie, jument baie, née en 1904, par Patriote et une fille de Prince Royal. Elle a produit : en 1908, Ismaël, par Sentilly; en 1909, Judith, par Beauharnais; en 1910, Kozir, par Vigny.

Égérie a été vendue à la remonte de Fontenay, pour 1500 francs, le 15 mai.

La jument est donc désormais à l'Armée.

(1) Je me permets de faire remarquer que l'Administration des Haras ne m'a pas à moi, signalé la saillie du 8 juin.

J'enregistre le fait simplement au point de vue scientifique, car j'ignore qui a renseigné M. Chauvain. — Mais l'un de nous deux a été trompé, évidemment !

(2) On remarquera que ce récit de l'Accouchement ne concorde pas du tout avec le nôtre.

Or, je tiens mes renseignements de M. Dufief même, naisseur, l'éleveur qui a bien voulu me les donner par écrit, et des Haras.

Je laisse le public scientifique libre de choisir entre les deux récits, le mien ayant une réelle importance pour l'étude des Œufs à deux germes : point qui n'a pas retenu l'attention de M. Chauvain.

M. Georges BOHN,

Directeur du laboratoire de Biologie et Psychologie comparée
à l'École des Hautes Études (Paris).

SUR LES ÉCHANGES GAZEUX DES ÉTOILES DE MER.

59-11.2-39.5

4 Août.

Il y a deux ans (*C. R. Acad. Sc.*, 19 octobre 1908), j'ai signalé que certaines Actinies (*Actinia equina, Sagartia erythrochila*) placées à la lumière dégagent de l'oxygène, alors même qu'elles ne présentent pas d'Algues symbiotes. Le fait paraît assez général chez les animaux inférieurs vivement colorés. Je l'ai retrouvé en particulier chez les Étoiles de mer (*Asterias rubens*).

Les expériences dont je vais rendre compte sommairement ont été faites au laboratoire du professeur Jolyet, à Arcachon, pendant le mois de septembre 1910. Les mesures ont porté sur le dégagement de l'oxygene, et la méthode de dosage a été celle d'Albert Lévy et Marboutin (par le sulfate de fer ammoniacal et le bichromate de potasse).

Voici une première expérience, qui a duré plusieurs jours, et qui est assez suggestive.

Expérience. — 10 Astéries pesant ensemble 32 g sont placées constamment dans 2 litres d'eau, la température du laboratoire variant peu pendant la durée des observations (20° C. environ).

Je donnerai les résultats trouvés pendant 3 jours consécutifs, avec des eaux plus ou moins riches en oxygène, et diversement chargées de CO_2.

Premier jour. — Eau sursaturée ou saturée d'oxygène (12 à 8 mg par litre).

De 9 h matin à 2 h soir, dans une eau contenant au début 12 mg d'oxygène, la consommation d'oxygène est de 7,8 mg.

De 2 h soir à 6,30 h soir, dans une eau contenant au début 8 mg d'oxygène, cette consommation est de 1,4 mg.

Dans le second cas, malgré la richesse en oxygène de l'eau, la respiration semble être devenue très faible. Nous verrons que ce n'est là qu'une apparence. Il y a lieu, en effet, de noter que l'eau employée était de l'eau où avaient séjourné des Étoiles de mer depuis le matin, par conséquent, contenant des produits d'excrétion et en particulier CO_2.

Deuxième jour. — Eau pauvre en oxygène (6 à 5 mg) et riche en CO_2.

De 9 h matin à 2 h soir, l'eau, au lieu de s'appauvrir en oxygène, s'enrichit en ce gaz : 1,4 mg pendant les 5 heures.

De même, de 2 h soir à 6,30 h soir : 1 mg en 4 heures et demie.

Les animaux étaient disposés à la lumière diffuse. Aussi il est tout naturel de penser qu'un phénomène d'assimilation pigmentaire est superposé à la respiration ordinaire.

Troisième jour. — Eau pauvre en oxygène (5 à 3 mg) et riche en CO².

Les conditions initiales étant les mêmes qu'hier, les Astéries sont maintenues à *l'obscurité.*

Maintenant elles dépouillent assez rapidement l'eau de son oxygène : 2,6 mg de 7 h matin à 2 h soir.

Les Astéries, contrairement à hier, souffrent de plus en plus du manque d'oxygène : les bras s'allongent et se gonflent, parfois s'autotomisent.

Un très grand nombre d'expériences ont été faites en se plaçant dans les conditions les plus variées. Elles confirment les déductions tirées de la précédente. J'en citerai quelques-unes parmi les plus frappantes.

Expérience. — *Eau très pure, sursaturée d'oxygène* (11 mg), du moins au début de l'expérience.

6 Astéries pesant ensemble 45 g sont placées pendant 30 minutes dans un vase clos contenant 300 cm³ d'eau.

De 9 h à 9,30 h matin, à *l'obscurité complète,* absorption de 1,35 mg d'oxygène.

De 10 h à 10,30 h matin, à la *lumière diffuse,* absorption de 0,84 mg.

Le contraste entre ce qui se passe à l'obscurité et ce qui se passe à la lumière est plus accentué dans le cas où l'eau est moins pure et moins riche en oxygène.

Expérience. — 6 Astéries pesant ensemble 50 g sont placées pendant 30 minutes dans un vase clos contenant 300 cm³ d'eau.

De 10 h à 10,30 h matin, à *l'obscurité complète, absorption* de 0,96 mg d'oxygène, l'eau renfermant au début 8 mg d'oxygène.

De 2,30 h à 3 h soir, *à la lumière, dégagement* de 0,21 mg d'oxygène, l'eau renfermant au début 5 mg d'oxygène.

Voici une expérience plus remarquable encore.

Expérience. — *Eau dès le début très impure et très pauvre en oxygène* (3 mg).

7 Astéries pesant ensemble 50 g sont placées pendant 30 minutes dans un vase clos contenant 300 cm³ d'eau.

De 10 h à 10,30 h matin, *à la lumière, dégagement* de 0,63 mg d'oxygène.

Au cours de ces 30 minutes, les Étoiles de mer se sont montrées très actives; elles ont continué à vivre les jours suivants.

D'une façon générale, *en milieu confiné,* la consommation en oxygène varie considérablement suivant les conditions de l'expérience. Elle est maxima dans une eau saturée d'oxygène et à l'obscurité. Dans une eau riche en CO² et à la lumière, la proportion d'oxygène, au lieu de diminuer, augmente. Tout se passe comme si, sous l'influence de la lumière, il y avait décomposition de CO² et dégagement d'oxygène.

J'ai cherché à éviter les causes d'erreur suivantes :

1° *Présence de micro-organismes chlorophylliens* dans l'eau ou sur les animaux. J'ai employé des eaux privées de ces organismes (filtrées, vieilles eaux) et j'ai fait des expériences témoins sans Astéries; le taux de l'oxygène ne variait pas d'une façon sensible (Par exemple : 300 cm³ d'eau à la lumière pendant 30 minutes : au début, 6,4 mg d'oxygène par litre, à la fin, 6,2 mg, c'est-à-dire plutôt moins).

Les Étoiles de mer ont été nettoyées avec soin; on sait qu'elles se chargent elles-mêmes de cette besogne. On n'a jamais, à ce que je sache, signalé d'Algues symbiotes chez les Astéries.

2° *Introduction accidentelle d'oxygène.* — Quand l'eau est pauvre en oxygène et qu'elle est étalée en mince couche, il peut y avoir un enrichissement en ce gaz très appréciable, non négligeable, mais les expériences témoins m'ont montré que, même quand les vases dans lesquels j'opérais n'étaient pas hermétiquement clos, la teneur en oxygène n'augmentait pas sensiblement du fait de l'air extérieur, et cela pendant une durée de plusieurs heures.

3° *État maladif des Astéries.* — Les Étoiles de mer sont beaucoup moins résistantes à la désoxygénation du milieu que les Actinies. Celles-ci peuvent vivre fort longtemps dans des eaux ne contenant plus que 1 mg d'oxygène par litre, et supportent d'ailleurs très bien l'inhibition des oxydations par le cyanure de potassium, comme viennent de le montrer les intéressantes expériences d'Anna Drzewina (*C. R. Soc. Biol.*, mai-juin 1911). Au contraire, les Étoiles de mer souffrent manifestement dans une eau ne contenant plus que 3 mg d'oxygène par litre, et finissent par autotomiser leurs bras. Mais, à la lumière, l'état asphyxique dans les eaux impures ne persiste pas, puisqu'il y a un rapide enrichissement en oxygène : les Astéries qui dégagent de l'oxygène paraissent alors très actives et susceptibles de se fixer fortement par les ambulacres.

Puissent ces quelques expériences engager les physiologistes à entreprendre des recherches plus étendues et plus précises sur ces curieux phénomènes.

MM. F. MARCEAU et M. LIMON,

Professeurs suppléants à l'École de Médecine (Besançon).

RECHERCHES SUR L'ÉLASTICITÉ MUSCULAIRE A L'ÉTAT D'ACTIVITÉ.

(Communication préliminaire.)

612.741.4

1er *Août.*

Nous avons déjà publié, dans les *Comptes rendus* de l'Association, les premiers résultats relatifs à l'élasticité musculaire à l'état de repos [1]. Nous

---

[1] *Recherches sur l'élasticité musculaire à l'état de repos* (*Comptes rendus de l'Association pour l'Avancement des Sciences, Congrès de Reims, 1907*).

avons eu surtout en vue, dans ces recherches, d'étudier comment varie l'élasticité du muscle pendant les différentes phases de la secousse, ce qui permettra peut-être de pénétrer un peu plus avant dans la nature intime de cette manifestation de l'activité musculaire.

L'élasticité d'un muscle, à un instant donné, est caractérisée par le rapport qui existe entre l'allongement ou le raccourcissement primitifs et les poids dont l'adjonction ou la suppression les produisent.

Pour réaliser ces expériences d'adjonction ou de suppression de charges pendant les différentes phases de la secousse musculaire dont l'ensemble ne dure que de 14 à 20 centièmes de seconde, des difficultés sérieuses se sont présentées. Nous avons pu cependant les vaincre d'une façon satisfaisante en employant l'appareil dont le principe a été indiqué dans le travail précité et qui a été décrit complètement dans une autre publication ([1]). Mais, cet appareil n'a pu être manœuvré à la main puisqu'il devait fonctionner pendant des périodes de temps n'excédant pas $\frac{1}{100}$ de seconde. Nous avons imaginé d'en commander les différentes parties à l'aide de ressorts fortement bandés dont les déclanchements très doux sont assurés par la chute libre d'un poids assez lourd dont le mouvement ne subit par suite aucune perturbation appréciable. Ces ressorts, placés sur la trajectoire du poids et à des distances convenables de sa position de repos, sont déclanchés à des périodes de temps qu'il est facile de déterminer soit par le calcul, soit par l'enregistrement à l'aide de signaux électromagnétiques dont le circuit est fermé au moment des déclanchements.

L'inscription de la contraction du muscle et de ses déformations sous l'influence de l'action ou de la suppression des charges, au lieu de se faire sur un cylindre vertical enfumé, s'effectue sur la surface plane enfumée d'un myographe à glissière et à grande vitesse, analogue à celui du professeur FRÉDÉRIQ. La surface plane enfumée de ce myographe, mue par une bande de caoutchouc distendue, produit à une phase déterminée de sa course, et par un contact électrique très doux qui ne perturbe aucunement sa marche, une excitation du muscle. La chute du poids, commandée à la main ou par un électro-aimant, déclanche après un trajet variable un premier ressort R qui lui-même déclanche la surface enfumée du myographe, laquelle, pendant son mouvement, commande elle-même, par un interrupteur de courant, l'excitation du muscle. Alors que la secousse du muscle est en train de s'inscrire sur la surface enfumée du myographe, le poids déclanche un deuxième ressort R' qui commande lui-même, soit l'action d'une charge sur le muscle, soit la suppression d'une charge ayant agi antérieurement sur lui. Un chronographe au $\frac{1}{100}$ de seconde et des signaux électromagnétiques repèrent exactement les différentes phases des modifications du muscle. En faisant varier les positions relatives des deux ressorts R et R', on arrive à faire agir des charges ou à supprimer leur action à une phase quelconque de la secousse musculaire.

Les expériences, on le voit, malgré leur complication, s'exécutent automatiquement sans aucune intervention de l'expérimentateur qui n'a qu'à presser sur un bouton ou tirer sur une ficelle. Nous avons opéré sur le muscle

---

([1]) F. MARCEAU et M. LIMON, *Recherches sur l'élasticité des muscles-adducteurs des Mollusques Acéphales à l'état de repos et à l'état de contracture physiologique* (*Bull. de la stat. biol. d'Arcachon*, 1909).

gastrocnémien de la grenouille et, pour éviter l'influence de la fatigue, nous n'avons fait avec un muscle qu'un petit nombre d'expériences. L'action des charges se produisait sur le muscle dès le début de leur chute et non après une trajectoire si courte soit-elle. Cela compliquait un peu le dispositif expérimental, mais était indispensable pour avoir des résultats comparables.

Nous ne pouvons exposer ici que les résultats généraux de nos expériences; il nous reste à construire de nombreux graphiques qui nous permettront de préciser ces résultats.

I. *Action de charges sur le muscle gastrocnémien de grenouille pendant les différentes phases de la secousse. Bulbe sectionné, moelle intacte, excitation du muscle par une secousse d'induction lancée dens le nerf.*

1º *Phase d'excitation latente.* — L'allongement du muscle est bien plus petit qu'au repos, c'est-à-dire que s'il n'a pas reçu d'excitation. Ainsi, pendant la phase latente, les propriétés élastiques du muscle ont été modifiées, le coefficient d'élasticité a été augmenté notablement.

2º *Phase de raccourcissement ou de contraction.* — Tout au début de cette phase, l'allongement du muscle est encore plus petit qu'au repos, bien que cet allongement parte d'un niveau plus élevé. Plus tard, il devient d'abord égal, bien que partant d'un niveau plus élevé, puis plus grand sans cependant atteindre le même niveau que s'il s'était produit à l'état de repos. Enfin, lorsque le muscle est au voisinage de son maximum de raccourcissement, l'allongement atteint le niveau de celui qui serait produit sur le muscle pris à l'état de repos. En somme, pendant la phase de raccourcissement, le coefficient d'élasticité du muscle décroît progressivement et, même avant d'atteindre le maximum de ce raccourcissement, il est devenu inférieur à la valeur qu'il possède dans ce muscle à l'état de repos.

3º *Phase d'allongement ou de relâchement.* — Pendant toute la durée de cette phase, le muscle se comporte comme lorsqu'il vient d'atteindre son maximum de raccourcissement. En tenant compte de ce fait que les allongements partent de niveaux de moins en moins élevés, on voit que depuis le début jusqu'à la fin de cette phase, le coefficent d'élasticité croît progressivement et atteint la valeur qu'il a lorsque le muscle est pris à l'état de repos.

II. *Action de la suppression de charges sur le muscle gastrocnémien de grenouille pendaut les différentes phases de la secousse. Bulbe sectionné, moelle intacte, etc.,* comme dans le cas précédent.

1º *Phase d'excitation latente.* — Pendant cette phase, le raccourcissement est plus grand que si le muscle est à l'état de repos. Par le fait de l'excitation, le muscle a donc acquis une élasticité plus grande.

2º *Phase de contraction.* — Tout au début de cette phase, le raccourcissement est encore plus grand qu'au repos; plus tard, il devient à peu près égal. Il faut tenir compte de ce fait que ce raccourcissement part d'un niveau plus élevé lorsque le muscle est en contraction que lorsqu'il est au repos.

3° *Phase de relâchement.* — Le raccourcissement devient plus petit qu'au repos.

La conclusion de cette série d'expériences est donc que l'élasticité, du muscle, notablement augmentée pendant la phase d'excitation latente, diminue ensuite progressivement pendant les phases suivantes.

III. *Muscle gastrocnémien de grenouille chargé. Action de surcharges pendant les différentes phases de la secousse.* — La grenouille est dans les mêmes conditions que pour les séries précédentes.

Les résultats sont analogues à ceux de la série I.

1° *Phase latente.* — L'allongement est bien plus petit que lorsque le muscle est à l'état de repos.

2° *Phase de contraction.* — L'allongement est plus petit qu'au repos, bien que partant d'un niveau plus élevé. Au voisinage du maximum de contraction, l'allongement, bien que partant d'un niveau plus élevé, atteint celui qui est réalisé au repos.

3° *Phase de relâchement.* — L'allongement est plus grand qu'au repos. Bien que partant d'un niveau plus élevé, il atteint et dépasse même le niveau réalisé à l'état de repos.

IV. *Action de charges sur le muscle gastrocnémien de grenouille tétanisé.* — L'allongement est proportionnel aux charges, résultat comparable à celui obtenu par MM. CHAUVEAU et TISSOT sur les muscles de l'homme.

L'allongement en tétanisation est plus grand qu'à l'état de repos, mais il faut remarquer qu'il part d'un niveau plus élevé.

Avec de fortes charges, il atteint même le niveau de l'allongement au repos mais ne le dépasse jamais, résultat contraire à celui du *paradoxe de Weber.*

V. *Suppression de charges sur le muscle gastrocnémien de grenouille tétanisé.*

Malgré le raccourcissement du tétanos, le raccourcissement provoqué par la suppression de charges atteint une valeur presque égale à celui qui se produit à l'état de repos, bien que ce dernier parte d'un niveau moins élevé.

M. A. CONTE,

Chef des Travaux à la Faculté des Sciences (Lyon).

VARIATIONS DU DÉVELOPPEMENT CHEZ LE BOMBYX MORI.

59-11.62–57.87

59.57.87
63.82

1ᵉʳ Août.

Le développement de l'œuf fécondé du ver à soie est caractérisé macroscopiquement par un virage de la coloration qui, du jaune clair (race à cocons jaunes), passe graduellement au rose, au café au lait, au gris, au gris noir. Ceci en une période de six jours environ au cours de laquelle. apparaissent successivement : le blastoderme, la bandelette germinative, les cellules vitellines. Ce travail d'édification s'accompagne du dépôt, dans les cellules blastodermiques, de granulations uriques qui, vues à travers le chorion transparent, donnent à l'œuf ses teintes successives.

Ce mode général de développement présente quelques exceptions qui ont été récemment signalées à l'Institut séricicole de Tokyo d'une part, au Laboratoire bacologique de Padoue d'autre part. J'ai eu moi-même, depuis deux ans, l'occasion d'observer de telles exceptions qui consistent dans le développement complet d'œufs non virés.

On trouve en effet quelquefois des pontes de races polyvoltines présentant trois sortes d'œufs : 1° des œufs qui virent normalement; 2° des œufs qui ne dépassent pas la teinte café au lait; 3° des œufs qui restent jaunes.

Tous ces œufs donnent cependant des larves viables.

Le fait a été observé dans des races polyvoltines.

J'ai pu, cette année même, le provoquer artificiellement dans une race monovoltine (Andrinople) par un simple changement dans la nutrition du ver. J'ai fait des élevages de cette race sur Scorzonère, aliment dont le ver du mûrier s'accommode très volontiers. Parmi les pontes obtenues, quelques-unes ont présenté des œufs dont le développement s'est accompli à des stades très variés de coloration. Le fait seul d'avoir changé la nourriture de l'insecte a donc eu pour conséquences des phénomènes pœcilogoniques de deux sortes : 1° bivoltinisme; 2° variations des processus du développement embryonnaire.

Le développement de l'œuf du ver à soie implique, en général, nécessairement une fécondation préalable. Les œufs non fécondés se dessèchent en un temps d'ailleurs très variable suivant les races. Toutefois des cas de parthénogenèse ont été signalés par divers auteurs : Constant Castellet en 1789, Barthélemy, constatent que des œufs provenant de femelles vierges peuvent donner des larves.

Cependant, plus récemment, Maillot, Verson, Nussbaum, n'ont obtenu aucune éclosion de millions d'œufs vierges mis en incubation Tout au plus quelques débuts de virages accompagnant une segmentation ne dépassant pas le stade de la bandelette germinative invaginée.

J'ai repris ces expériences en opérant, non plus sur un grand nombre d'œufs, mais sur des pontes de femelles vierges choisies dans le plus grand nombre de races. J'ai eu, depuis trois ans, en main, près de 150 races de vers à soie.

Les œufs provenant de races européennes et du Levant montrent peu d'aptitude à la parthénogenèse; tout au plus quelques œufs montrent des débuts de virages et des formations locales de cellules blastodermiques irrégulières. Aucun n'a dépassé le stade d'hivernation, contrairement aux faits signalés par C. Castelet qui, à son époque, n'avait certainement eu sous les yeux que des races de pays, la pébrine n'étant pas encore venue obliger nos sériciculteurs à faire appel aux graines japonaises.

Les œufs provenant de races chinoises ou japonaises ont une aptitude bien plus marquée à la parthénogenèse. Toutefois, cette aptitude est l'apanage exclusif de certaines races uni ou polyvoltines, particulièrement de races chinoises.

Le plus généralement, les virages caractéristiques de la segmentation se passent d'une façon anormale. Au lieu d'un virage uniforme de toute la surface du blastoderme, c'est un virage partiel limité à une région plus ou moins étendue, les cellules blastodermiques ne s'édifiant que par places et étant de dimensions très inégales. Quelquefois le virage s'arrête à une teinte claire, d'autres fois il atteint le gris noir; de tels œufs finissent en général par se dessécher, quand bien même tout le blastoderme s'y est différencié, la bandelette germinative pouvant s'y montrer au stade d'involution. Pour Verson, les développements parthénogénétiques ne dépassent pas ce stade d'hivernation.

. J'ai rencontré, cette année même, deux pontes de races chinoises (Chine jaune Se Chuang et Chine blanc) dont un grand nombre d'œufs avait viré plus ou moins complètement et dont quatre ont éclôs, me donnant quatre larves normalement constituées. L'examen des œufs virés morts m'a montré que plusieurs d'entre eux avaient atteint un stade très proche de l'éclosion.

La parthénogenèse, chez le ver à soie, s'accompagne d'un manque de résistance des formes larvaires, fait comparable à ce qui s'observe chez certaines Tenthrèdes où la mortalité des larves parthénogénétiques est extrême.

Des quatre chenilles que j'ai obtenues, une a péri, les trois autres m'ont donné deux mâles et une femelle. La femelle m'a fourni une ponte dans laquelle un certain nombre d'œufs ont viré.

De mes constatations, il résulte :

1° Que la parthénogenèse existe chez le Bombyx Mori, et qu'elle peut aller jusqu'à l'éclosion des larves;

2° Que cette parthénogenèse s'accompagne d'un manque de robusticité des embryons, d'où résulte en général leur mort dans l'œuf;

3° Que la parthénogenèse est l'apanage exclusif de certaines races, particulièrement de races chinoises, à l'exclusion de beaucoup d'autres où elle ne s'observe jamais.

M. Pierre FAUVEL,

Professeur à l'Université catholique (Angers).

SUR QUELQUES NÉRÉIDIENS.
(Perinereis Marionii AUD. EDW. — P. macropus CLAP. — Neanthes succinea LEUCK.)

59.51.4

1er Août.

I. — PERINEREIS MARIONII Aud. Edw.

1833 *Nereis Marionii.* Audouin et Milne-Edwards (*An. Soc. Nat.*, t. XXIX, p. 207, pl. XIII, fig. 1-6).

1834 *Nereis Marionii.* Audouin et Milne-Edwards, *Recherches pour servir à l'Hist. nat. du littoral de la France*, t. II, p. 185, pl. IVᵃ, fig. 1-6.

1865 *Nereis Marionii.* De Quatrefages, *Histoire des Annelés*, p. 549.

1867 *Stratonice Marioni.* Malmgren, *Annulata Polychœta*, p. 171.

1870 *Nereis Marionii.* Grube, *Mith. über St-Malo und Roscoff*, p. 141.

1870 *Nereis Marionii.* Grube, *Anneliden des Pariser Museum*, p. 304.

1889 *Nereis Marionii.* Horst, *Note XXXIV Leyden Museum*, p. 182.

1908 *Nereis Marionii.* Mc Intosh, *The British Annelids*, t. II, part. II, p. 295, pl. LX, fig. 9, pl. LXXII, fig. 3-3 d., pl. LXXXI, fig. 3-3 a, *pro parte*.

1865 *Nereis crassipes.* Quatrefages, *Histoire des Annelés*, p. 550.

1870 *Nereis crassipes.* Grube, *Anneliden des Pariser Museum*, p. 305.

1898 *Perinereis longipes.* De Saint-Joseph (*An. Soc. Nat.* 8e Ser. t. V. p. 314, pl. XVIII, fig. 107-112).

1901 *Perinereis longipes.* Gadeau de Kerville, *Faune marine et maritime de la Normandie*, 3e voyage, Omonville p. 210.

1901 *Nereïs longipes.* FERRONNIÈRE, *Études biologiques sur les zones suprc-littorales de la Loire-Inférieure, passim.*

AUDOUIN et MILNE-EDWARDS, en 1833, puis en 1834, ont décrit et figuré, sous le nom de *Nereis Marionii*, un Néréidien des côtes de la Vendée caractérisé par le grand développement de la rame dorsale des parapodes postérieurs. Ils n'ont malheureusement figuré ni la trompe, ni les soies.

Plus tard, GRUBE mentionna la présence de cette espèce à Saint-Malo et à Roscoff et dans sa révision des Annélides du Muséum de Paris, il donna une description sommaire de la trompe d'après ses exemplaires de Saint-Malo, la trompe du spécimen type de MILNE-EDWARDS ayant disparu, ainsi que l'avait déjà constaté de QUATREFACES. Les groupes VI portent chacun un gros paragnathe transversal caractéristique des *Perinereis*. Il signale aussi la présence à l'anneau oral de *très fins* paragnathes.

De QUATREFACES avait trouvé à Saint-Vaast-la-Hougue une petite *Nereis* à laquelle il donna le nom spécifique de *crassipes*. D'après GRUBE, qui a examiné aussi ce spécimen, cette espèce ne peut se distinguer de la *Nereis Marionii* dont elle serait simplement une forme jeune.

De SAINT-JOSEPH, en 1898, décrivit et figura d'une façon très exacte et très détaillée, une *Nereis* qu'il avait recueillie à Guéthary et à Saint-Jean-de-Luz, sous les pierres, et à laquelle il donna le nom de *Perinereis longipes.*

Tout en constatant ses affinités avec la *Nereis Marionii*, de SAINT-JOSEPH considéra son espèce comme distincte pour les raisons suivantes :

La *Perinereis Marionii* à trois languettes dorsales, est de taille plus considérable et les rames supérieures y forment sur presque tout le corps de larges palettes qui ne s'allongent pas comme chez la *P. longipes.*

L'argument tiré de la taille est sans valeur et les deux autres ne sont pas meilleurs, comme nous allons voir.

La *P. longipes*, répondant exactement à la description de de SAINT-JOSEPH, a été retrouvée depuis au Croisic par FERRONNIÈRE et aux environs de Cherbourg (Omonville) par GADEAU DE KERVILLE. J'en ai moi-même recueilli de nombreux spécimens au Croisic et aux environs de Cherbourg et M. Bioret m'en a rapporté de Noirmoutier. Ayant pu examiner ainsi de nombreux exemplaires dont la taille variait de 20 à 100 mm j'ai pu constater que la forme des pieds présente des différences notables suivant l'âge et la saison.

Sur les spécimens de petite taille, ou immatures, la rame dorsale des pieds de la région antérieure porte seulement deux languettes et entre elles un petit mamelon très réduit. Lorsque l'animal grandit et approche de la maturité sexuelle, ce petit mamelon se développe au point de former une troisième languette et l'on a alors l'aspect figuré par MILNE-EDWARDS.

D'ailleurs de SAINT-JOSEPH sur sa figure 109 représente un mamelon aussi développé que celui des figures 3, 4 et 5 de MILNE-EDWARDS.

J'ai observé le même phénomène chez beaucoup de Néréidiens (*P. cultrifera, Ceratonereis*, etc.) Il n' y a donc pas lieu d'attribuer une valeur spécifique exagérée à la présence d'une troisième languette à la rame dorsale des pieds antérieurs.

Sauf pour sa figure 2, planche IV a, qu'il rapporte à un pied des 9 à 10 premières paires, MILNE-EDWARDS n'a pas indiqué le numéro d'ordre des pieds figurés. Ses figures paraissent appartenir au début de la région postérieure où les rames dorsales n'ont pas encore acquis leur maximum de longueur. Il me paraît difficile d'en tirer la conclusion que les rames supérieures « forment sur tout le corps de larges palettes qui ne s'allongent pas comme chez *P. longipes* ».

Quand les produits sexuels commencent à se développer, ils pénètrent dans les rames dorsales, les gonflent et les déforment. On peut alors constater de notables différences d'aspect d'un pied à l'autre, comme on peut s'en rendre compte par la comparaison des figures ci-contre représentant deux pieds successifs (91e et 92e) d'un même spécimen de Noirmoutier.

La figure 1 *a* rappelle tout à fait la figure 5 de Milne-Edwards,

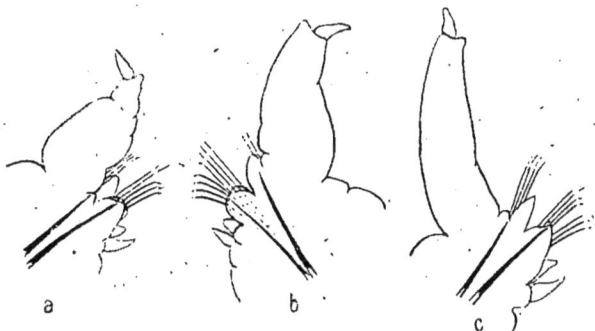

Fig. 1. = *Perinereis Marionii*.
a, b, 91e et 92e sétigères d'un spécimen de Noirmoutier ; *c* un des derniers parapodes.
d'un spécimen du Croisic. Gr = 30.

tandis que l'autre est bien plus conforme à celle de de Saint-Joseph. La figure 1 *c* représente un des derniers pieds d'un autre spécimen.

Ceci réfute aussi l'objection de cet auteur à l'opinion de Grube identifiant la *N. Marionii* à la *N. crassipes*. Les spécimens de Noirmoutier ont la trompe caractéristique de la *P. longipes*. Il est à noter qu'ils proviennent de la même région que le type de Milne-Edwards.

Les groupes VI portent chacun un gros paragnathe coupant, élargi transversalement et plusieurs paragnathes coniques très fins. Le groupe V comporte un paragnathe impair situé en avant d'une ligne sinueuse, irrégulière, de 6 à 8 paragnathes coniques en arrière de laquelle on remarque un semis assez large de paragnathes *très fins et très nombreux* se continuant en ceinture à la face ventrale aux groupes VII et VIII. Ces paragnathes sont tellement fins qu'il faut souvent employer un fort grossissement pour les distinguer, mais quels que soient l'âge et la taille des spécimens je les ai toujours retrouvés. Ils me paraissent tout à fait caractéristiques de cette espèce. Ces caractères de la trompe sont très constants et si Mc Intosh les trouve variables, c'est qu'il confond, sous le même nom, des espèces très différentes.

Comme de Saint-Joseph, je note l'absence de serpes homogomphes dorsales aux pieds postérieurs et aussi l'absence de soies en arête au faisceau inférieur de la rame ventrale. Une fois, cependant, sur un spécimen de Noirmoutier, j'observe au faisceau inférieur des 48e et 66e sétigères une seule soie en arête hétérogomphe que je ne retrouve pas sur les autres pieds examinés.

La forme épitoke a été observée pour la première fois par M. FERRON-

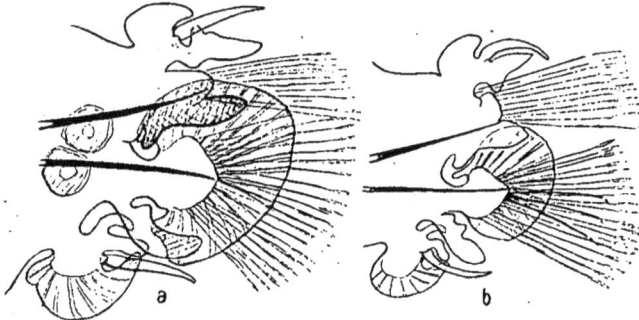

Fig. 2. — *Perinereis Marionii.*
a, épitoke ♀, 40ᵉ sétigère ; *b*, épitoke ♂, 40ᵉ sétigère. Gr = 3o.

Forme épitoke ♂.

NIÈRE, au Croisic, il y a plusieurs années, mais elle n'a pas encore été décrite.

Un spécimen comptant 72 sétigères mesure 26 mm de longueur. Les yeux, très gros, ont un cristallin bien développé dirigé en avant dans la paire antérieure, en arrière et en dehors à la paire postérieure. Les palpes, gros, courts, élargis, ont un petit palpostyle globuleux, renfoncé. Lorsque la trompe est invaginée, ils sont rabattus devant la bouche. Les cirres tentaculaires sont courts, le plus long atteint à peine le quatrième sétigère (trompe dévaginée). L'armature de la trompe ne diffère pas du type atoke.

Aux sept premiers sétigères les cirres dorsaux sont plus gros et plus longs que les suivants, mais ils ne sont pas renflés en tête d'oiseau comme chez la plupart des *Heteronereis* ♂ (fig. 3 *a*).

Les pieds subissent la modification épitoke à partir du vingtième sétigère où apparaissent les soies natatoires et les lamelles. (*Fig.* 2 *b*).

Le cirre dorsal n'est pas crénelé à sa face inférieure. A part cette différence, le parapode modifié est entièrement semblable à celui de la *P. cultrifera* épitoke, mais tandis que, chez cette dernière, la modification s'étend jusqu'à l'avant-dernier sétigère, chez la *P. Marionii* les 9 à 10 derniers sétigères ne sont pas modifiés et sont dépourvus de soies d'*Heteronereis.* (*Fig.* 3. *b*, *c*).

Le segment anal porte 4 urites : 2 dorsaux aplatis, un peu lancéolés, et 2 ventraux cylindriques, plus longs. Sur un spécimen sub-épitoke ces cirres dorsaux foliacés qui manquent aux stades atokes, sont déjà assez développés.

Une femelle épitoke a 82 sétigères et mesure 30 mm sur 5 mm, pieds compris.

L'armature de la trompe ne présente pas de modifications.

Les yeux sont très développés et les palpes très gros.

Aux sept premiers sétigères les cirres dorsaux sont plus gros et plus longs qu'aux suivants.

Comme chez le mâle, les pieds subissent la modification épitoke à

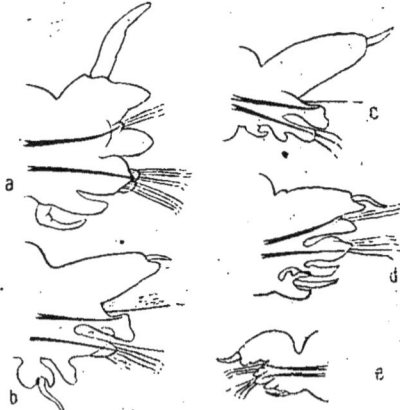

Fig. 3. — *Perinereis Marionii.*
a, b, c épitoke ♂, 5°-61° et 70° sétigères ; *d, e* épitoke ♀, 58° et 75° sétigères. Gr = 30.

Forme épitoke ♀.

partir du vingtième sétigère. Ils sont d'ailleurs semblables dans les deux sexes. Chez les femelles les pieds sont seulement un peu plus développés, avec des lamelles plus grandes et des soies natatoires plus nombreuses. (*Fig.* 2, *a*). Ces soies épitokes disparaissent aux 27 derniers sétigères dont les lamelles sont de plus en plus réduites et finissent pas disparaître. Les derniers sétigères, non modifiés, ont leur grande languette dorsale caractéristique plus ou moins vésiculeuse (*Fig.* 3, *d, e*). Il n'y a que deux urites et non quatre comme chez le mâle.

Sur les côtes de Bretagne, cette espèce est épitoke en juin, comme la *Platynereis Dumerilii*. La *Perinereis cultrifera* est épitoke en mai-juin, la *Nereis pelagica* et la *N. zonata* en mai, la *N. irrorata* en septembre. Chez cette dernière, dont, j'ai maintes fois observé la transformation en aquarium, l'épitokie se produit rapidement en 15 jours ou 3 semaines.

Bien que de SAINT-JOSEPH ait donné une excellente description de sa *P. longipes*, ce nom ne me pas paraît susceptible d'être conservé, car il est évident que son espèce tombe en synonymie avec la *N. crassipes* QFG. et la *N. Marionii* Aud. Edw. et cette dernière a la priorité.

Mc INTOSH, qui a signalé cette identité, réunit aussi à cette espèce la *Nereis macropus* de CLAPARÈDE. Sur ce point, je ne saurais partager l'opinion du savant spécialiste.

Distribution géographique : Guéthary, Saint-Jean-de-Luz, côtes de Vendée, Noirmoutier, Le Croisic, Roscoff, Saint-Malo, environs de Cherbourg, Saint-Vaast-la-Hougue, Guernesey, Herme, Plymouth.

II. — PERINEREIS MACROPUS Claparède.

1870 *Nereis (Lipephile) macropus* CLAPARÈDE. *Annélides de Naples-supp*[t], p. 80, pl. VIII, fig. 1.

1889 *Nereis (Perinereis) macropus.* HORST, *Note XXXIV Leyden Museum*, p. 63, Planche VII, *fig.* 12.

La *Perinereis macropus* de la Méditerranée présente, ainsi que l'avait déjà remarqué de SAINT-JOSEPH, une très grande ressemblance avec la *P. Marionii* (*P. longipes*) et Mc INTOSH n'hésite pas à réunir les deux espèces, opinion que je ne partage pas.

La différence de taille est, il est vrai, sans importance, la coloration, la forme de la tête sont bien semblables et les pieds ont sensiblement le même aspect. Tout au plus leur rame dorsale est-elle encore plus longue, plus grêle dans la région postérieure et ce détail est d'ailleurs de mince importance, vu les variations que l'on constate à cet égard chez la *P. Marionii*.

Chez les deux espèces, on constate la même absence de serpes dorsales aux pieds postérieurs et de soies en arêtes au faisceau inférieur ventral. Les soies sont semblables.

Seulement, l'armature de la trompe présente des différences notables, qui me paraissent très constantes, autant que j'ai pu m'en assurer par l'examen de plusieurs spécimens de la collection de S. A. S. le Prince de Monaco provenant du port de Monaco.

Chez la *Perinereis macropus* les paragnathes du groupe I sont plus nombreux (3 à 7) ainsi que ceux qui flanquent à droite et à gauche le groupe III. Le groupe V est formé d'un gros paragnathe conique et d'une dizaine d'assez gros, subégaux, en ligne irrégulière. Aux groupes VI il n'y a, de chaque côté, qu'un seul, rarement deux, gros paragnathes coupants et *pas de paragnathes coniques.* Aux groupes VII-VIII il existe 4 à 5 rangs irréguliers de gros paragnathes coniques sub-égaux. *Jamais je n'ai rencontré le semis de très fins et très nombreux paragnathes qui existent toujours chez la* P. Marionii *et qui sont si caractéristiques.*

En somme, la description et les figures de *Claparède* sont exactes et il y a là une différence assez constante et assez notable pour séparer les deux espèces, du moins tant qu'on n'aura pas trouvé de forme de passage permettant de considérer la *P. macropus* comme une variété méditerranéenne de la *P. Marionii*.

Les différences que présente la répartition des paragnathes de la trompe chez les deux espèces peuvent se résumer de la façon suivante :

Perinereis Marionii.	*Perinereis macropus.*
I = 2 rarement 3.	I = 3 à 7, rarement 2.
II = amas.	II = amas.
III = amas + 2 + 2 (rarement 1 + 3).	III = amas + 3 + 3 (rarement 3 + 2).
IV = amas.	IV = amas.
V = 1 + ligne sinueuse de gros et de moyens très variables + large semis de très fins, très nombreux.	V = 1 + 5 à 12 (le plus souvent une dizaine) subégaux, en ligne irrégulière ou en groupe, *pas de semis.*
VI = 1 + 1 coupants + qq. fins, coniques.	VI = 1 + 1 coupants, parfois 1 + 2.
VII-VIII = une ligne sinueuse, de moyens et petits plus une large bande de très fins et très nombreux en semis.	VII-VIII = couronne à 4 à 5 rangs irréguliers de gros, coniques, subégaux, *pas de semis.*

III. — NEANTHES SUCCINEA Leuckart.

1847 *Nereis succinea.* LEUCKART, *Beiträge*, p. 54, pl. II, fig. 9 et 11.

1868 *Nereis succinea,* EHLERS, *Borstenwürmer*, p. 570, pl. XXII, fig. 18-22.

1868 *Nereis lamellosa,* EHLERS, *Ibid.*, p. 564, pl. XXII, fig. 10-17.

1885 *Nereis lamellosa,* CARUS, *Prodromus Fauna Med.*, p. 221.

1898 *Neanthes Perrieri,* DE SAINT-JOSEPH. *Annél. Pol. côtes de France (Ann. Sc. Nat. Zool.*, 8e Ser., t. V, p. 288, pl. XV, fig. 69-77).

1908 *Neanthes succinea,* HORST, *Notes from Leyden Museum*, vol. XXX, p. 215-218.

Comme HORST l'a récemment montré la *Neanthes Perrieri* de SAINT-JOSEPH n'est autre que la *Neanthes succinea* de LEUCKART dont aucun caractère constant ne permet de la distinguer.

La *Nereis lamellosa* d'EHLERS me parait aussi bien voisine de cette espèce. L'armature de la trompe est la même et la forme des pieds identique. La seule différence, c'est que la *N. lamellosa* possèderait, d'après EHLERS, des soies en serpe mêlées aux soies en arête à la rame supérieure des segments postérieurs.

Chez certaines espèces, possédant normalement des soies de cette sorte, chez la *Platynereis Dumerilii*, par exemple, j'ai souvent rencontré des spécimens qui ne les avaient qu'aux deux ou trois derniers sétigères où il fallait les chercher spécialement avec attention. Chez d'autres, au contraire, ces soies se montraient à un grand nombre de segments. Ce caractère n'a peut-être pas une très grande importance et il a pu échapper à plus d'un observateur. Les serpes dorsales homogomphes de la *Nereis pelagica*, pourtant si développées, n'ont été signalées que récemment et de SAINT-JOSEPH avait d'abord adopté le nom de *Nereis procera* pour les jeunes chez lesquelles il les avait observées. Plus tard, ayant reconnu la présence normale de ces soies chez la *N. pelagica*, il réunit les deux espèces.

Ce que je ne puis m'expliquer, c'est que Mc INTOSH identifie la *N. succinea* (*N. Perrieri*) avec la *Perinereis Marionii* (*P. longipes*).

La *Neanthes succinea*, ainsi que j'ai pu m'en assurer sur des spécimens

18

du Musée royal de Bruxelles, est une *Neanthes* bien caractérisée ayant tous ses paragnathes coniques et tous les groupes représentés. En outre, la disposition des groupes VI est tout à fait spéciale et caractéristique. Comme de SAINT-JOSEPH et HORST, j'ai observé un cercle de 6 à 7 paragnathes en entourant un gros central. Le groupe III n'est pas flanqué de chaque côté d'un rang longitudinal de 2 à 3 paragnathes comme chez la *P. Marionii*. Les groupes VII et VIII sont bien différents.

La *Perinereis Marionii* est une *Perinereis* typique avec paragnathes coupants aux groupes VI, et son semis de très fins paragnathes à l'anneau oral de la trompe est caractéristique.

Les parapodes sont aussi très différents. Ceux de la *N. succinea* ont des languettes plus longues, bien plus pointues et un peu divergentes.

Les soies sont aussi différentes. Les serpes hétérogomphes ont un article beaucoup plus long. Au faisceau inférieur ventral, il existe de très nombreuses arêtes hétérogomphes qui font généralement défaut à la *P. Marionii*.

Enfin l'habitat des deux espèces est aussi très différent, la *P. Marionii* vit dans les fentes des rochers et sous les pierres, à un niveau assez élevé, tandis que la *N. succinea* habite le sable vaseux.

Quand on a eu entre les mains ces deux espèces, très bien caractérisées, et appartenant à des genres très différents, il est impossible de les confondre.

Si l'on admet l'identité de la *N. lamellosa* et de la *N. succinea* l'extension géographique de cette dernière ne serait pas limitée à la Manche et à la mer du Nord, mais comprendrait encore la Méditerranée.

M. X. ROQUES.

RECHERCHES BIOMÉTRIQUES SUR L'INFLUENCE DU RÉGIME ALIMENTAIRE CHEZ UN INSECTE « Limnophilus flavicornis » Fabr.

59-11.5-57 : 59.11.3

1ᵉʳ *Août.*

MATÉRIEL. DISPOSITIF. — On admet généralement que les larves des Limnophilides sont polyphages. En fait, leur intestin est toujours bourré de débris végétaux, mais il n'est pas rare de trouver des larves occupées à dévorer quelque compagne plus faible ou moins bien protégée. C'est pour cette raison que ces larves constituent un bon matériel d'études de variation de régime alimentaire. J'ai choisi le *Limnophilus flavicornis* Fabr. à cause de son extrême abondance dans les environs de Paris et de sa taille relativement grande.

L'extrême mortalité des larves pendant les deux premiers stades de la vie larvaire (antérieurs à la deuxième mue larvaire) m'a empêché de faire commencer mes élevages à l'œuf. Établis sur un très faible nombre de survivants, certains rapports donnés plus bas sur la prédominance de tel ou tel sexe suivant le régime, resteraient très peu démonstratifs. Quant aux autres variations, elles sont suffisamment nettes pour qu'il ne soit pas nécessaire de faire remonter plus haut le début de l'expérience.

J'ai employé une méthode aussi rigoureusement comparative que possible. Chaque série d'élevages était constituée par trois lots d'un même nombre de larves obtenus en partageant un lot unique de larves du même stade, sensiblement de même taille, capturées au même moment, au même endroit.

Chacun de ces trois lots était placé dans une cuvette à photographie en porcelaine, de dimensions 25 cm × 20 cm; l'eau, constamment renouvelée, arrivait par un petit jet oblique produisant une oxygénation abondante et s'écoulait en débordant. Il fallait, pour éviter une cause d'erreur, donner aux larves, pour la construction de leurs tubes, des débris ne pouvant constituer pour elles un aliment: des brindilles sèches de chiendent à balai régulièrement coupées et dont chaque cuvette était pourvue, convenaient très bien. Toutes les autres conditions (température, éclairage, etc.) étant rigoureusement les mêmes pour les trois lots de chaque série; c'est à la seule différence de régime alimentaire d'un lot à l'autre que pouvaient être imputées les variations postérieures des insectes en expérience.

La nourriture consistait dans chaque série :

Pour un lot : C, en muscles de grenouille.

Pour un autre lot : S, en feuilles sèches (orme et peuplier) de l'automne précédent, ayant passé l'hiver dans l'eau.

Pour le 3e lot: H, en plantes vertes aquatiques (algues filamenteuses, Fontinalis, Renoncules, Potamots).

Ces trois catégories d'aliments étaient représentées dans les mares d'où provenaient les lots de larves soumises à l'expérimentation.

RÉSULTATS. — Mes élevages ont porté sur deux années, 1909 et 1910 Les résultats obtenus étant très comparables d'une année à l'autre, je me bornerai à donner le détail de mes élevages de 1910.

Le 10 janvier 1910, sur un millier de larves recueillies dans la mare de l'Ursine (bois de Chaville) par un dragage sur les bords, il n'en est aucune ayant dépassé la quatrième mue larvaire; un nombre négligeable (une vingtaine) se trouve attardé au second stade larvaire; la presque totalité est composée par des larves du troisième et du quatrième stade, L_3 et L_4, dans la proportion de 3 L_3 pour 2 L_4.

Ces larves sont le point de départ de deux séries.

Série A

C.... lot de 100 larves L_4 nourries à la viande de grenouille.
S.... » . 100 » L_4 nourries aux feuilles sèches.
H.... » 100 » L_4 nourries aux plantes vertes.

Série B.

c.... lot de 150 larves L_3 nourries à la viande de grenouille.
s.... » 150 » L_3 nourries aux feuilles sèches.
h.... » 150 » L_3 nourries aux plantes vertes.

Évolution de la larve. — Le Tableau suivant permet de suivre cette évolution dans chaque lot par l'apparition, en fonction du temps, de larves du dernier stade. Les pourcentages se rapportent toujours à 100 larves du début de l'expérimentation.

		10 janv.	15 janv.	1er fév.	15 fév.	1er mars.	15 mars.	1er avril.	15 avril.
A	C..	6 p. 100	25 p. 100	72 p. 100	81 p. 100			
	S...	5 p. 100	12 p. 100	45 p. 100	78 p. 100			
	H...	5 p. 100	9 p. 100	21 p. 100	34 p. 100	42 p. 100		
B	c...	»	»	11 p. 100	42 p. 100	60 p. 100	62 p. 100	
	s....	»	»	5 p. 100	21 p. 100	34 p. 100	42 p. 100	44 p. 100
	h...	»	»	3 p. 100	6 p. 100	12 p. 100	23 p. 100	33 p. 100

On peut mettre en évidence de la façon suivante les résultats importants concernant la rapidité d'évolution des larves suivant le régime.

Série A. — *Larves* L_4, *ayant atteint le stade* L_5.

C..... 81 pour 100 au bout de 40 jours.
S..... 78 » » 48 »
H..... 42 » » 60 »

Série B. — *Larves* L_3 *ayant atteint le stade* L_4.

c...... 80 pour 100 au bout de 30 jours.
s...... 73 » » 34 »
h..... 48 » » 50 »

Larves L_3 *ayant atteint le stade* L_5.

c...... 62 pour cent au bout de 70 jours.
s...... 44 » » 85 »
h..... 33 » » 94 »

Mortalité. — La mortalité, sévissant principalement sur les larves en retard de chaque lot, est par suite obtenue, au moment öù dans chaque élevage il n'y a plus que des larves du dernier stade, en prenant les compléments à 100 des nombres précédents.

Mortalité pour 100....	C.	S.	H.	c.	s.	h.
	19	22	48	38	56	67

Ration quotidienne. — Les larves mortes étaient presque toujours trouvées à demi dévorées par les autres; la question se posait de savoir si cet apport de nourriture carnée, particulièrement abondant dans les lots végétariens où la mortalité était plus forte, n'était pas susceptible de fausser l'expérience. J'ai été amené à faire des mesures approximatives des quantités d'aliments journellement ingérées par les larves de chaque lot. Voici, à titre de nouveaux points de comparaison, quelques nombres établis sur des larves de poids moyen en ce qui concerne la première colonne, sur la moyenne des larves en ce qui concerne la deuxième.

12 mars.	Poids moyen des larves.	Rapport du poids du contenu intestinal au poids de la larve.	Rapport du poids frais de nourriture journalière au poids de la larve.
	mg.		
C....	112	$\frac{1}{10}$	$\frac{1}{15}$
H....	72	$\frac{1}{6}$	$\frac{1}{6}$
S....	80	$\frac{1}{3}$	$\frac{1}{2}$

Les nombres de la dernière colonne et le fait que la mortalité *journalière* est en somme très faible ou nulle prouvent que les lots S et H ont un régime presque exclusivement végétarien.

Croissance en poids. — J'ai suivi les variations de poids des larves en fonction du temps et suivant le régime. Les larves étaient pesées individuellement toutes les semaines environ. Elles étaient chassées de leur tube par une pointe mousse introduite par son orifice postérieur, séchées sur du buvard, pesées, et réintégrées très aisément dans leurs fourreaux en introduisant leur abdomen dans l'orifice antérieur.

Poids moyens des larves L_5 *de la série A (exprimés en mg.)*

	10 janv.	15 janv.	1er fév.	15 fév.	1er mars.	15 mars.	1er avril.	15 avril.	1er mai.	15 mai.	1er juin.	15 juin.
C....	45	74	96	106	114	124	134	135	138	142	144	
S....	37	54	70	76	84	87	92	95	98	100	99	
H....	38	42	52	65	75	83	90	95	97	96	98	

Comme complément à ce Tableau, voici, au 15 juin, les poids des larves extrêmes de chaque lot (poids maximum et poids minimum).

	Larves	
	de poids maximum.	de poids minimum.
C	178	120
S	110	70
H	108	55

Les courbes que l'on peut construire au moyen de ces nombres ne représentent, à proprement parler, ni la croissance d'une certaine larve, ni même la croissance moyenne des larves d'un même lot. Elles donnent pourtant une idée de l'état, à chaque moment, des larves les plus avancées

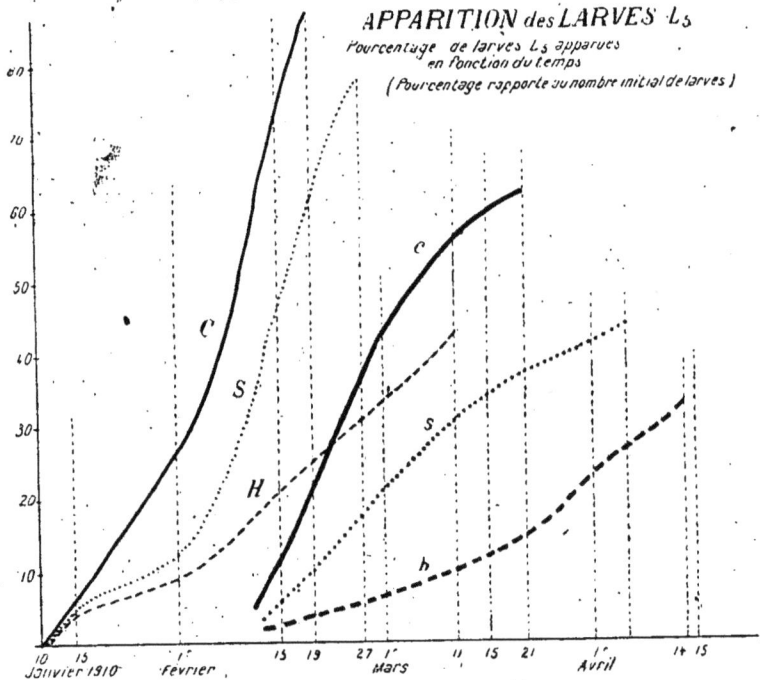

Fig. 1.

de chaque lot. C'est à ce point de vue qu'il peut être intéressant de remarquer la présence d'un point d'inflexion dans la courbe H, et l'absence d'un tel point dans la courbe C et de comparer ce fait, en faisant les réserves que justifie la signification peu précise de la courbe H, au rapprochement du point d'inflexion de l'origine obtenu par Houssay dans les courbes de croissance de générations successives de poules carnivores. En fait, chez les larves de *Limnophilus flavicornis* non soumises à l'expérimentation, le point d'inflexion de la courbe de croissance se trouve placé dans le quatrième stade de la vie larvaire, courte période de rapide croissance. C'est donc un point d'inflexion nouveau qui apparait ici dans le cinquième stade larvaire du lot H, sous l'influence d'une

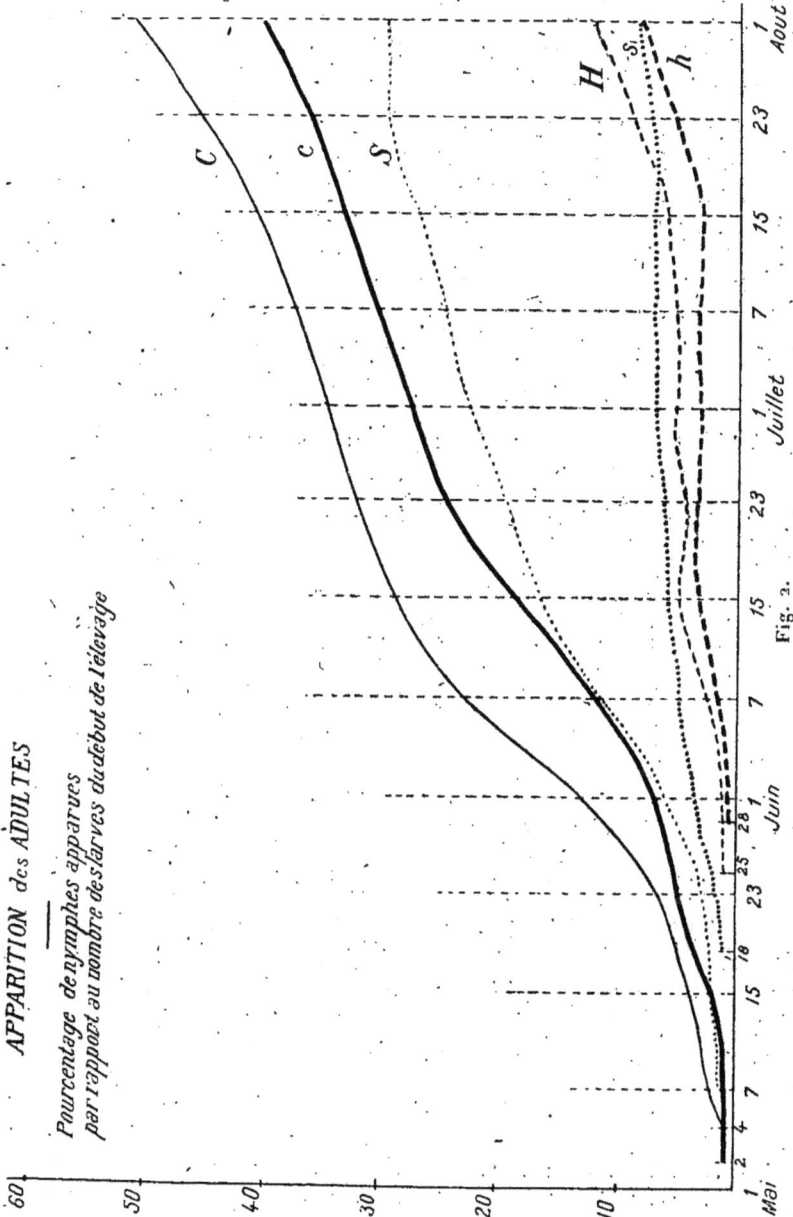

brusque désintoxication causée par le régime herbivore pur.

Fourreaux et soie. — Les fourreaux, de tailles évidemment proportionnelles à celles des larves, présentaient, d'un lot à l'autre, d'autres différences que des différences de grandeur. Ceux des larves carnivores, particulièrement bien construits, semblaient tapissés d'une soie abondante et résistante. Les tubes des larves végétariennes et en particulier des larves des lots H et *h* étaient toujours très fragiles et faits de matériaux très imparfaitement agglutinés.

Régime alimentaire et métamorphose. — Dès qu'une larve commençait à fermer son fourreau, elle était placée dans un petit tube en verre ayant les mêmes dimensions intérieures que ce fourreau et fermé aux deux extrémités par un peu de gaze; je pouvais ainsi noter le jour de la mue, pris pour origine du temps de nymphose; vers la fin de cette période nymphale, le tube était débouché du côté de la tête de la nymphe pour faciliter la sortie de cette dernière.

La première nymphe a apparu dans chaque élevage :

	C.	S.	H.	c.	s.	h.
Au bout de......	j. 114	j. 117	j. 135	j. 112	j. 128	j. 138

Le Tableau suivant donne le pourcentage (par rapport aux larves du début de l'expérience) des nymphes apparues, en fonction du temps et suivant le régime.

	1er mai.	7.	15.	23.	1er juin.	7.	1er.	23.	1er juil.	7.	15.	23.	1er août.
C......	2	4	7	12	24	29	33	36	39	42	47	53	
S......	1	2	3	6	13	17	20	24	26	29	31	31	
H.....	»	»	»	1	3	5	5	6	6	7	10	14	
c......	1	2	5	7	13	20	25	29	32	35	38	42	
s.......	»	»	2	4	5	6	7	8	8	8	9	9	
h......	»	»	»	1	2	4	4	4	4	4	7	9	

Concernant les poids des nymphes, voici des moyennes très générales (sans tenir compte de l'âge ni du sexe).

	C.	S.	H.
Poids moyen des nymphes (en mg)...	125	59	53

Les résultats que j'ai obtenus sur la durée de la nymphose sont résumés dans le Tableau suivant où ne sont indiquées que les durées des nymphoses relevées avec précision et certitude. Je ne fais point de distinction de sexe n'ayant point trouvé de différence appréciable, au point de vue de la durée de la vie nymphale, entre les mâles et les femelles.

Durée de la nymphose suivant le régime.

	Mesures en jours.	Moyenne.
C.....	19, 21, 20, 17, 21, 20, 20, 19, 18, 18, 19, 19, 17.	19
S.....	17, 15, 15, 15, 16, 13, 16, 16, 14, 16, 15, 16.....	15
H....	15, 15, 16	15
c.....	21, 18, 18, 19, 20, 19, 20, 17, 20, 19, 20, 20, 16, 18, 19, 19..	19
s.....	16, 17, 17, 15, 18...................................	16,5
h....	15, 15, 14, 16.......................................	15

APPARITION des ADULTES

Eclosion normale survie de l'adulte
Pourcentage d'adultes éclos par rapport au nombre
de l'arves initiales

Les éclosions des lots S.H.h ne sont pas portées
sur ce graphique, étant trop peu nombreuses,
pour que les courbes obtenues soient instructives.
Pour pouvoir néanmoins comparer les éclosions
S.H.h à celles des 3 lots figurés on a indiqué
une bande teintée à l'intérieur de laquelle
seraient comprises les 3 courbes S.H.h.

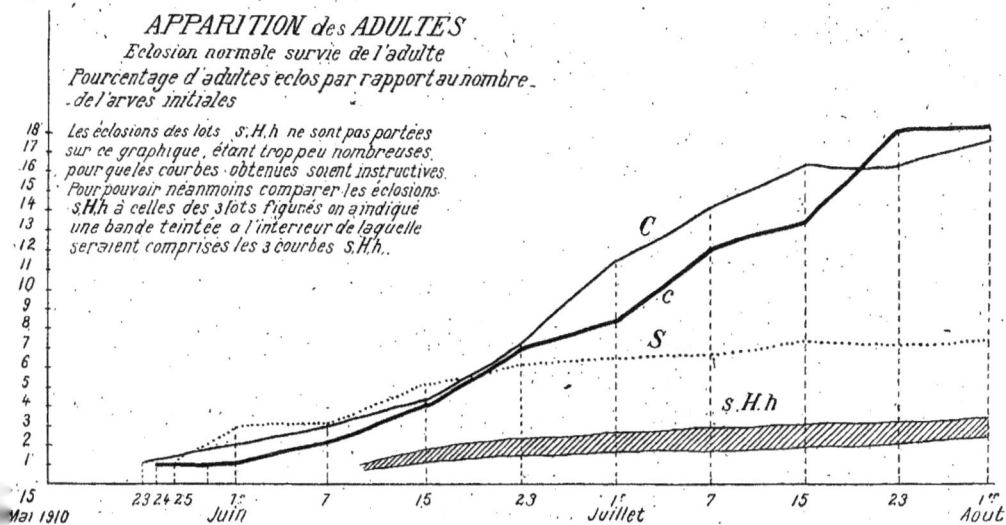

C

c

S

s.H.h

18
17
16
15
14
13
12
11
10
9
8
7
6
5
4
3
2
1

15
Mai 1910

23 24 25
Juin

7

15

23

1ᵉ
Juillet

7

15

23

1ᵉ
Août

Fig. 3.

La durée de la nymphose est donc sensiblement plus longue dans les lots carnivores que dans les lots végétariens.

Mortalité de la nymphe et de l'adulte. — Le sort de ces nymphes fut très variable suivant le régime. Chez les herbivores, et particulièrement dans les lots H et *h*, la mortalité fut très grande pendant la nymphose et à l'éclosion. Au 1er août, étaient éclos et vivants les pourcentages d'adultes suivants (pourcentages toujours rapportés au nombre initial des larves de chaque lot).

	pour 100.		pour 100.
C	17	c	18
S	7	s	3
H	2	h	2

Les poids moyens des adultes, pesés plusieurs jours après éclosion, sont respectivement :

	mg.
C	57
S	38
H	41

Il s'agit de moyennes très générales où sont compris des adultes des deux sexes. Ici encore l'avantage est au lot carnivore. Un adulte mâle de S, pesant 27 mg, présentait un caractère de nanisme frappant.

En résumé, les résultats comparatifs précédents se rangent dans un certain ordre, toujours le même, qui met en tête le régime carnivore et en dernière ligne le régime d'alimentation par les plantes vertes.

Par opposition à ce dernier régime et plus généralement aux régimes végétariens, le régime carnivore :

1° *Provoque une mortalité moindre des larves, des nymphes et des adultes ;*

2° *Entraîne une augmentation de la taille de la larve, de la nymphe et de l'adulte ;*

3° *Précipite l'évolution de la larve, hâte la nymphose et en augmente la durée.*

Régime alimentaire et pigmentation. — Parmi les modifications de la pigmentation en relation avec les variations du régime alimentaire, je dois citer en première ligne le changement de coloration du tissu adipeux des larves, nymphes et adultes carnivores. Les larves de *Limnophilus flavicornis* présentent, dans la nature, un corps gras qui se colore en vert dès le milieu du dernier stade larvaire. Cette coloration verte, particulièrement visible sur l'abdomen des larves avancées et des nymphes persiste, quoique moins nette, chez l'adulte.

Dans les larves des élevages végétariens, le tissu adipeux est toujours peu abondant ; sa couleur verte, tout en se rapprochant de celle des larves non soumises à l'expérimentation, est sensiblement plus mêlée de jaune; chez certaines larves, le contraste peut devenir extrêmement net. Mais d'autres larves, par toutes sortes de transitions de nuances, les rattachent à la teinte des larves normales.

Il en est tout différemment dans les lots carnivores. Le tissu adipeux se développe abondamment dans la larve; d'un aspect blanc laiteux, il ne tarde pas à se colorer en un bleu à peine verdâtre qui se distingue immédiatement de la couleur des larves normales et surtout herbivores. Ici le changement de coloration est absolument général; il n'est pas une seule larve ou nymphe carnivore qui ne présente cette couleur spéciale que j'ai pu fixer, comparativement à la couleur normale, sur de nombreuses photographies autochromes.

La pigmentation superficielle de la larve et de l'adulte se trouve également modifiée par les variations de régime alimentaire. Ces modifications présentaient tous les degrés et n'étaient pas générales. Elles se rencontraient pourtant dans un même lot avec assez de fréquence pour qu'on pût les rapporter au régime spécial de ce lot. La tendance très généralement observée ainsi est une tendance à une pigmentation plus intense chez les larves carnivores, et à une pigmentation plus effacée chez les larves herbivores.

C'est ainsi que dans les lots H et *h*, sur plusieurs larves la bande du pronotum, le mésonotum, les dessins du clypeus et la fourche de la tête, habituellement de couleur très sombre, noire ou brune foncée, étaient à peine indiqués par une teinte rougeâtre ou brune très claire. Les larves carnivores avaient la tête et le thorax, toutes sans exception, pigmentés de façon intense.

De même les adultes provenant des lots herbivores, particulièrement ceux des lots H et *h* présentaient, pour la plupart, des ailes antérieures hyalines, presque complètement dépourvues des taches brunes des champs anal et cubital fréquentes chez cette espèce et que possédaient les adultes issus des lots carnivores, dans la proportion de plus de la moitié. De semblables variations individuelles de pigmentation, si fréquentes chez les *Trichoptères*, ont peut-être leur origine dans des conditions d'alimentation différentes de leurs larves, dont un grand nombre sont polyphages. C'est ainsi que les adultes provenant de la Mare-à-Piat, véritable creux de roche de la forêt de Fontainebleau, très pauvre en plantes, riche en faune, m'ont toujours fourni une proportion de plus de 50 % d'individus à ailes tachetées. Les étangs de l'Ursine et de l'Écrevisse, entourés d'arbres, dont les bords sont l'hiver couverts de feuilles mortes et, dès le printemps, de plantes vertes aquatiques, offrent aux larves les ressources d'un régime plus varié et surtout végétarien; la proportion d'adultes à ailes tachetées s'y montre, en tous cas, plus faible, 20 % environ. Il faut d'ailleurs remarquer que d'autres facteurs ont pu agir, les conditions de vie étant, dans les deux cas précédents, différentes par plus d'un point (température, etc...).

Régime alimentaire et sexualité. — Je n'apporte pas de contribution à l'étude du déterminisme du sexe de l'insecte par une nourriture appropriée de la larve. Outre que la question semble définitivement résolue par la négative, le matériel que j'ai employé ne pouvait convenir pour pareille recherche, les larves prises comme points de départ ayant leur sexe déjà déterminé. Mais la méthode comparative suivie pour les élevages permet de mettre en évidence la mortalité relative de chaque sexe suivant le régime. Je n'ai pu, il est vrai, tenir compte, dans la plupart des cas, du sexe des larves mortes en cours d'expérience, à cause de la voracité des autres. Mais la composition très probable de chaque lot au début au point de vue du sexe est connue. J'ai constaté, en effet, par de nombreuses dissections sur des larves âgées, par des coupes sur les larves plus jeunes, la presque absolue égalité des nombres des mâles et des femelles chez le *Limnophilus flavicornis* à un moment quelconque de son évolution. Les lots qui ont servi de matériel d'élevage étaient donc tout d'abord constitués par des mâles et des femelles par moitié. En tout cas, et c'est là l'essentiel, les lots d'une même série avaient, au point de vue de la répartition des sexes, certainement même composition.

Le Tableau suivant donne, au 1er août, le bilan de chaque lot :

C.	S.	H.	c.	s.	h.
		Sont parvenus au stade de nymphe.			
32 ♂	19 ♂	5 ♂	39 ♂	6 ♂	5 ♂
21 ♀	12 ♀	9 ♀	24 ♀	8 ♀	8 ♀
		Larves encore vivantes (sacrifiées).			
1 ♂	2 ♂	6 ♂	»	3 ♂	10 ♂
1 ♀	6 ♀	7 ♀	2 ♀	5 ♀	11 ♀
		Larves mortes en cours d'élevage.			
45	61	73	85	128	116

Il ressort de ce tableau que la nourriture carnivore a favorisé le développement des mâles au détriment des femelles, ou plus exactement, que la mortalité a moins éprouvé les mâles que les femelles dans les lots carnivores. Le régime végétarien des lots H et *h* a produit un effet inverse. Les résultats des lots S et *s* sont contradictoires et plus incertains. A ce point de vue encore, ces lots se placent entre les lots extrêmes C, *c* et H, *h*.

Ces résultats sont particulièrement nets, si l'on ne considère que les individus de chaque lot les plus avancés, ayant atteint la nymphose Ils ne changent pas de sens si nous tenons compte du sexe des larves encore non métamorphosées; la proportion des femelles semble seulement affaiblie dans les lots H et *h*, mais il faut remarquer que, sur ces larves très en retard et dont beaucoup n'auraient pas atteint la nymphose, l'alimentation végétarienne aurait sans doute exercé encore son action défavorable aux mâles.

Des résultats très analogues avaient été obtenus déjà 'l'année pré-

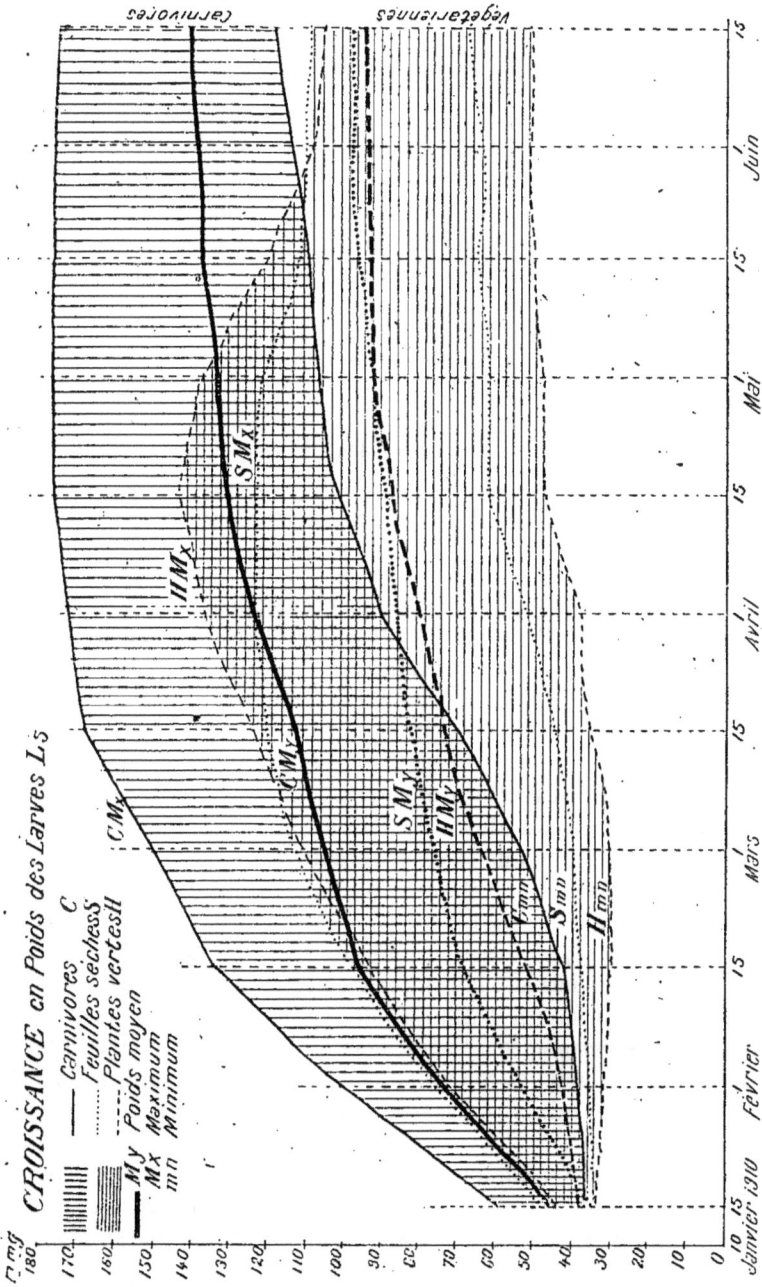

Fig. 4.

cédente; les élevages avaient porté sur un nombre moindre de larves et avaient duré moins longtemps. Le Tableau suivant en donne les résultats globaux :

Nombre de larves ayant dépassé la nymphose, ajouté au nombre des larves encore vivantes le 1er août 1909.

	Mâles.	Femelles.
Carnivores	25	16
Feuilles sèches	6	10
Plantes vertes	0	5

Il résulte en définitive assez nettement des nombres ci-dessus que le régime carnivore est particulièrement favorable à l'évolution des mâles, tandis que les femelles s'accommodent relativement mieux que les mâles du régime végétarien, tout au moins dans l'espèce étudiée.

M. Louis FAGE,

Docteur ès Sciences, Naturaliste du Service des Pêches
Laboratoire Arago (Banyuls-sur-Mer).

SUR UNE COLLECTION DE POISSONS
PROVENANT DE LA COTE MÉDITERRANÉENNE DU MAROC.

59.7 (611)

1er Août.

Le professeur Odon de Buen et le Dr L. Lozano, conservateur de la section des vertébrés au Musée de Madrid, ont entrepris l'exploration des richesses zoologiques de la côte septentrionale du Maroc. Plusieurs campagnes fructueuses ont été déjà réalisées qui ont révélé beaucoup de faits dignes de remarques. La région étudiée est en effet particulièrement intéressante; sa situation au seuil de Gibraltar, dans une zone mixte soumise à la fois aux influences méditerranéennes et atlantiques, est bien faite pour attirer l'attention des naturalistes. La faune qu'on y trouve doit nécessairement porter dans son ensemble l'empreinte de ces influences diverses, et son étude doit permettre de saisir le rôle du détroit de Gibraltar dans la dispersion des espèces atlantiques en Méditerranée.

Nos deux savants confrères ont bien voulu me confier la détermination des Poissons recueillis au cours de leurs recherches. J'en donne ci-dessous une première liste de 82 espèces capturées aux environs de Melilla, soit en mer libre, soit dans l'étang salé de la Mar-Chica.

Selaciens ;

GALÉIDÉS : *Mustelus canis* Mitchill.

SQUALIDÉS : *Squalus Blainvillei* Risso.
RHINOBATIDÉS : *Rhinobatus columnœ* Bp.
RAJIDÉS : *Raja punctata* Risso.
D'ASYATIDÉS : *Dasyalis pastinacea* L.
MYLIOBATIDÉS : *Myliobalis aquila* L.

Téléostéens :

ANGUILLIDÉS : *Anguilla anguilla* L.
CONGÉRIDÉS : *Conger conger* L.
   »   *Congermurœna balearica* Delaroche.
MURÉNIDÉS : *Murœna Helena* L.
CLUPÉIDÉS : *Clupea pilchardus* Arted.
   »   *Sardinella aurita* C. et V.
ENGRAULIDÉS : *Engraulis encrassicholus* L.
ESOCIDÉS : *Tylosurus acus* Lacép.
HÉMIRAMPHIDÉS : *Hyporamphus Picarti* C. et V.
EXOCŒTIDÉS : *Exocœtus Rondeleti* C. et V.
ATHÉRINIDÉS : *Atherina mochon* C. et V.
MUGILIDÉS : *Mugil cephalus* L.
   »   *Mugil saliens* Risso.
SPHYRÉNIDÉS : *Sphyrœna sphyrœna* L.
MULLIDÉS : *Mullus barbatus* L.
   »   *Mullus barbatus surmuletus* L.
SCOMBRIDÉS : *Scomber scombrus* L.
   »   *Scomber colias* Gm.
CARANGIDÉS : *Seriola Dumerili* Risso.
   »   *Lichia glaucus* L.
   »   *Lichia vadigo* Risso.
   »   *Lichia amia* L.
   »   *Decapterus rhonchus* Geoffr. St-Hil.
   »   *Trachurus trachurus* L.
CORYPHŒNIDÉS : *Coryphœna equisetis* L.
STROMATEIDÉS : *Stromateus fiatola* L.
SERRANIDÉS : *Serranus atricauda* Günth.
   »   *Serranus cabrilla* L.
   »   *Serranus scriba* L.
   »   *Epinephelus Alexandrinus* C. et V.
   »   *Epinephelus gigas* Brünnich.
   »   *Epinephelus caninus* Val.
   »   *Mycteroperca rubra* Bloch.
   »   *Dicentrarchus punctatus* Bloch.
HÆMULIDÉS : *Orthopristis Benetti* Lowe.
   »   *Parapristipoma viridense* C. et V.
SPARIDÉS : *Pagrus Bertheloti* Val.
   »   *Pagrus pagrus* L.
   »   *Diplodus vulgaris* Geoffr. St-Hil.
   »   *Diplodus annularis* L.
   »   *Diplodus sargus* L.
   »   *Charax puntazzo* Gmél.

» *Pagellus mormyrus* L.
» *Pagellus breviceps* C. et V.
» *Pagellus acarne* C. et V.
» *Pagellus bagavereo* Brünnich.
» *Pagellus erithrynus* L.
» *Box boops* L.
» *Boops salpa* L.
» *Dentex dentex* Val.
» *Dentex filosus* Val.
» *Spondyliosoma cantharus* Gmél.

Mœnidés : *Spicara alcedo* Risso.
Sciœnidés : *Umbrina rhonchus* Val.
» *Sciœna aquila* Lacép.
» *Sciœna umbra* L.

Labridés : *Symphodus ocellaris* L.
» *Thalassoma pavo* L.
» *Julis julis* L.
» *Xyrichthys novacula* L.

Scorpœnidés : *Scorpœna scrofa* L.
Triglidés : *Trigla corax* Bnp.
Gobiidés : *Gobius niger* L.
Trachinidés : *Trachinus draco* L.
» *Trachinus araneus* Cuv.

Blenniidés : *Blennius palmicornis* C. et V.
» *Blennius pavo* Risso.
» *Blennius tentacularis* Brünn.
» *Blennius Montagui* Flem.

Gadidés : *Gadus luscus* L.
» *Phycis phycis* L.

Pleuronectidés : *Pleuronectes rhombus* L.
» *Arnoglossus laterna* Walb.
» *Platophrys podas* Bell.
» *Solea angulosa* Kaup.
» *Solea lascaris* Risso.

Cette liste, bien que très incomplète, suggère cependant certaines ré-flexions que je me permettrai de résumer brièvement.

Et d'abord, au point de vue taxonomique, il ne me paraît pas inutile de fixer d'une façon plus précise la position systématique de deux espèces mal connues et considérées comme douteuses : l'*Hyporamphus Picarti* C. et V. et la *Solea angulosa* Kaup.

L'*H. Picarti*, décrit par Cuvier et Valencienne de la côte d'Algérie, semble à beaucoup d'ichthyologistes, notamment à Gunther, à Jordan et à Evermann, devoir être identifié à l'*H. unifasciatus* (Ranzani), commun sur la côte atlantique du Nouveau-Monde, et connu aussi de Madagascar.

Grâce à l'amabilité du professeur Roule, j'ai pu comparer les types de l'*H. Picarti*, conservés au Muséum d'Histoire naturelle de Paris, avec l'*H. unifasciatus* de Bahia et de Madagascar. De cette comparaison il résulte que non seulement l'espèce d'Algérie ne peut être confondue avec l'espèce américaine, malgré une certaine ressemblance dans leur livrée, mais qu'elle doit prendre place dans un groupe tout différent, où l'on trouve l'*H. Rosæ* Jordan et Gilbert, et caractérisé par la situation reculée des nageoires ventrales. En effet, l'*H. Picarti* a les ventrales insérées à égale distance du bord postérieur de l'*opercule* et de la base de la caudale, tandis que dans le groupe de l'*H. unifasciatus*, ces nageoires sont situées à égale distance du bord postérieur de l'*œil* et de la base de la caudale.

Ainsi la Méditerranée possède en propre un représentant de la curieuse tribu des HEMIRAMPHIDÆ qui constitue, avec les EXOCŒTIDÆ tout le groupe des *Scombresox* à grandes écailles.

L'*H. Picarti* assez rare sur la côte d'Algérie, se trouve, paraît-il en abondance dans la Mar-Chica, ce qui correspond d'ailleurs parfaitement à l'éthologie de ce groupe que SCHLESINGER (¹) a récemment si bien mise en lumière.

La *Solea angulosa* Kaup, également décrite d'Alger, est considérée par JORDAN et GOSS (²) comme une simple variété de la *Solea solea*, possédant un plus grand nombre de rayons aux nageoires impaires En réalité, ces deux espèces diffèrent profondément, non seulement par la formule des nageoires, mais aussi par la taille de celles-ci et la forme générale du corps.

Voici, d'après un échantillon provenant de Melilla, et comparé à l'exemplaire du Muséum d'Histoire naturelle, les principales caractéristiques de cette espèce qui suffisent pour la distinguer des autres formes connues :

Long. tot. : 30 cm. D. 94; A. 75; L.-lat. 140.

Longueur de la tête contenue six fois dans la longueur totale, caudale comprise; hauteur du corps faisant un tiers de la longueur totale; diamètre vertical de l'œil contenu cinq fois dans la longueur de la tête; pectorales égales, faisant la moitié de la longueur de la tête; caudale presque égale à la longueur de la tête et comprise sept fois et un tiers dans la longueur totale; première narine du côté aveugle tubulée mais non frangée; écailles des deux côtés cténoïdes; tous les rayons des nageoires entièrement couverts d'écailles; dans le formol, teinte générale noirâtre.

On remarquera aussi, dans la liste donnée ci-dessus, la présence :

Du *Serranus atricauda* Günther, connu des Açores, de Madère, des Canaries, de la côte occidentale d'Afrique et du golfe de Gascogne, mais non encore signalé en Méditerranée;

(¹) G. SCHLESINGER, *Zur Phylogenie und Ethologie der Scombresociden* (*Verhandl. der K. K. zool.-bot. ges*, Bd. LIX, 1909, p. 1).
(²) D. ST. JORDAN et D. R. GOSS, *A review of the Flounders and Soles (Pleuronectidæ) of America and Europe. Unit. St. Comm. of Fish and Fisheries.* Part. XIV, 1889, p. 225.

Du *Parapri tipoma viridense* C. et Val., espèce très rare en Méditerranée, prise par STEINDACHNER à Cadix, par GUICHENOT à Alger, très commune par contre sur la côte occidentale d'Afrique;

De l'*Orthopristis Benetti* Lowe, espèce répandue dans l'Atlantique sud et connue de Gibralta , Alger, Tunis et Beyrouth;

Du *Dentex filosus* Val. connu d'Alger, de Sicile et de l'Adriatique, commun sur la côte occidentale d'Afrique et, d'une manière plus générale, dans l'Atlantiqu sud;

Du *Pagrus Bertheloti* Val., espèce également océanique, prise cependant en Sicile, en Syrie et en Égypte;

Du *Decapterus rhonchus* Geoffr. St-Hil., abondant dans la Mar-Chica, et trouvé en Méditerranée seulement, à Tanger, Alexandrie, Beyrouth, sa distribution s'étendant à l'Afrique occidentale.

Ces quelques exemples, qu'il serait facile de rendre plus nombreux montrent assez, il me semble, l'importance qu'on doit accorder au détroit de Gibraltar dans les acquisitions nouvelles de la faune ichthyologique de la Méditerranée, et aussi, dans une certaine mesure, la manière dont se fait alors la dispersion des espèces ainsi introduites.

On constate en effet que, parmi les espèces rares en Méditerranée et d'origine océanique, qui constituent, par conséquent, ces importations récentes, les unes sont cantonnées exclusivement dans la région même du détroit de Gibraltar (*Serranus atricauda*), d'autres s'étendent à l'Algérie (*Parapristipoma viridense*), d'autres enfin sont répandues jusque sur les côtes de Tunisie, de Tripolitaine, d'Égypte et de Syrie (*Pagrus Bertheloti, Decapterus rhonchus, Orthopristis Benetti, Dentex filosus, Umbrina rhonchus*). Ces deux dernières espèces ont même été capturées accidentellement dans l'Adriatique et sur les côtes méridionales de Sicile. On remarquera aussi l'absence de toutes ces formes sur la côte d'Espagne au delà de Carthagène, aux îles Baléares et, à plus forte raison, dans le golfe du Lion ([1]).

Il semble donc évident que ces espèces, appartenant à la faune de l'Atlantique, pénètrent en Méditerranée par le détroit de Gibraltar et, évitant la côte d'Espagne, suivent immédiatement la côte d'Afrique. On peut trouver une raison à ce fait dans l'existence des courants constants qui règnent dans la région de Gibraltar et dont la direction a pour résultat d'amener directement les eaux de l'Atlantique en contact avec la côte du Maroc. De pareils courants pouvant transporter, même fort loin, les œufs flottants dont ces espèces sont pourvues.

([1]) Moreau signale cependant la capture d'un *Orthopristis Benetti* à Cette.

M. RAPHAËL DUBOIS,

Professeur à la Faculté des Sciences (Lyon).

ATMOLYSE ET ATMOLYSEUR.

543 : 533.15

1ᵉʳ Août.

Dans ces dernières années, on a confondu sous les noms de *plasmolyse*, *autolyse*, *éthérolyse* deux procédés différents d'extraction de certains principes immédiats des tissus végétaux et animaux à l'état frais.

L'*éthérolyse* consiste à immerger dans l'éther des végétaux frais pour en faire sortir les sucs. Le principe de l'*Atmolyse*, que j'ai découvert en 1881, repose sur l'action des *vapeurs* de liquides organiques neutres agissant en vase clos sur les tissus frais animaux ou végétaux, sans contact direct entre ces derniers et les liquides générateurs de vapeurs.

Pour bien marquer la différence entre les deux principes, j'ai donné à mon procédé le nom d'*atmolyse* (ατμόσ vapeur).

Si l'on emploie l'éther, par exemple, il n'est pas indifférent d'immerger les tissus dans le liquide ou de les exposer à l'action de ses vapeurs.

Si nous faisons macérer dans l'éther une moitié d'orange, non seulement le suc cellulaire des poils de l'endocarpe sera chassé, mais en même temps l'essence contenue dans les glandes de l'épicarpe sera dissoute par l'éther ainsi que d'autres principes immédiats, qui communiquent au liquide éthéro-aqueux une couleur, une odeur et un goût très prononcés.

Si, au contraire, on expose aux vapeurs seules de l'éther l'autre moitié de l'orange, dans notre *atmolyseur*, le liquide qui sera expulsé des tissus ne renfermera pas d'essence d'orange, il ne présentera ni le même goût ni la même odeur que celui obtenu par éthérolyse.

D'ailleurs pour l'atmolyse, on peut employer les vapeurs liquides organiques neutres les plus variées : chloroforme, éther, benzine, alcools, etc.

Tous ces corps sont des anesthésiques généraux. Ils agissent principalement, comme je l'ai montré dans de nombreuses Communications à la Société de biologie 1881-1884. *Sur l'action des vapeurs de liquides organiques neutres sur la substance organisée*, en chassant l'eau des cellules. Mais cette eau expulsée par les vapeurs en question entraîne toujours avec elle certains principes immédiats contenus dans les cellules. Ces principes ainsi chassés des tissus peuvent différer suivant la nature de la vapeur employée.

Il peut même arriver, ainsi que nous l'avons montré bien avant d'autres expérimentateurs, que des principes qui ne préexistent pas dans les tissus, y prennent naissance par suite des déplacements de liquides aqueux, de sucs cellulaires qui mettent en contact des corps primitivement séparés et qui, pour cette raison, ne réagissent pas à l'état normal les uns sur les autres.

J'ai montré, entre autres choses, que si l'on soumettait aux vapeurs d'anesthésiques généraux tels que l'éther ou le chloroforme, des graines fraîches de moutarde, il pouvait se former de l'essence de moutarde, parce que la zymase (synaptase) n'est pas localisée dans le même point que la myrosine qu'elle dédouble.

De même, dans les tissus, renfermant de l'émulsine et de l'amygdaline, on peut faire naître de l'acide cyanhydrique, de l'essence d'amandes amères, du glucose, qui ne prendraient pas naissance sans l'intervention de la vapeur anesthésique.

Ces faits et d'autres analogues, qui prouvent que des réactions peuvent être provoquées dans l'intimité des tissus par des composés organiques neutres et, en apparence, dépourvus d'activité chimique, servant de véhicules, de menstrues dans les analyses biologiques, physiologiques, médico-légales, etc., a une très grande importance.

En outre, mes expériences ont montré, ce qui a été vérifié depuis par Guignard, que les zymases dans les végétaux, sont séparées des glucosides, ou autres corps, sur lesquels elles peuvent agir en dehors des organismes.

Ces même essais ont conduit à l'emploi de l'atmolyse pour provoquer la formation de produits aromatiques, tels que la Vanilline et la Coumarine, et aussi pour la préparation d'une foule de principes immédiats et particulièrement d'extraits végétaux et animaux utilisables en Médecine et en Physiologie. Le professeur Dastre l'a employée à l'extraction du ferment hépatique et je m'en sers depuis longtemps pour séparer les deux principes photogènes du conflit desquels résulte la lumière chez les organismes lumineux : la Luciférase et la Luciférine.

L'atmolyse nécessite la présence d'une membrane ou d'une partie plus condensée séparant la partie contenant le suc à extraire du milieu rempli de vapeur, on le prouve par l'expérience suivante : on prépare deux cubes d'hydrogèle de gélatine : l'un d'eux est plongé dans une solution concentrée de tannin pendant quelques instants pour coaguler la surface libre. Les deux cubes sont ensuite suspendus par une ficelle dans l'atmolyseur renfermant des vapeurs atmolytiques. Au bout de quelques heures, on voit suinter à la surface du cube ayant subi l'influence du tannin des gouttelettes liquides, tandis que rien de semblable ne s'observe à la surface du cube témoin.

Mon *atmolyseur* se compose :

1º d'un grand bocal de verre de cinq à dix litres à bords rodés et saillants ;

2º d'un couvercle de verre garni sur son pourtour d'une feuille de caoutchouc, pouvant s'appliquer exactement sur les bords rodés du bocal.

3° d'un cercle de bois dur de deux centimètres de largeur, garni de drap et maintenu au-dessus du couvercle de verre par des petites presses métalliques destinées à fixer solidement le couvercle de verre.

4° Le couvercle de verre est percé d'un trou pour la fixation d'un manomètre donnant la valeur de la tension de la vapeur dégagée dans le bocal.

5° Celui-ci renferme : a. un thermomètre indiquant la température à laquelle s'élève l'atmosphère intérieure pendant l'opération ; b. un entonnoir de verre pour recevoir les tissus à *atmolyser* ; c. cet entonnoir est supporté par un flacon dans lequel s'écoule le *liquide atmolysé* ; d. un ou deux verres à expériences renfermant le ou les liquides générateurs des *vapeurs atmolysantes*.

C'est l'appareil légèrement modifié que nous avons employé en 1881-1884 au laboratoire de physiologie de la Sorbonne (¹).

CONCLUSIONS. — *L'atmolyse, que j'ai découverte, est le résultat de l'action osmotique exercée sur la substance organisée des tissus par les vapeurs de liquides anesthésiques. Elle ne doit pas être confondue avec l'éthérolyse, la plasmolyse, l'autolyse, etc. Elle constitue un procédé précieux d'analyse physiologique, physico-chimique, et aussi d'extraction de principes immédiats utilisables en thérapeutique.*

M. Raphaël DUBOIS.

SUR L'EXISTENCE ET LE ROLE DE LA FLUORESCENCE CHEZ LES INSECTES LUMINEUX.

1ᵉʳ *Août.*

59.11.99

MM. H. E. Ives et W. W. Coblentz ont publié un travail intitulé : *Luminous efficiency of the Firefly* (²), dans lequel ils rappellent les recherches de LANGLEY et VERY sur les propriétés physiques de la lumière des Pyrophores. Il est vraisemblable que ces auteurs ignorent nos propres recherches sur le même sujet, qui sont antérieures à celles des

(¹) La figure de mon atmolyseur a paru dans le Numéro des *Comptes rendus de la séance de l'Académie des Sciences* du 4 décembre 1911, t. 153, p. 1180.
(²) *Bulletin of the bureau of standards*, t. VI, n° 3, 1910.

auteurs précités. Ces dernières d'ailleurs ne constituent que la véri-
fication pure et simple des résultats que j'ai publiés dans mon travail
sur les *Élatérides lumineux* (¹). En effet, dans leur travail, Very et Langley
ont dit : « Le plus important des Mémoires antérieurs sur les insectes
phosphorescents est de cet auteur (M. Raphaël Dubois). Il contient
une série de mesures photométriques en longueurs d'onde et aussi des
mesures de chaleur avec la thermopile. Celui-ci représente même le seul
essai que je connaisse et semble fait judicieusement, mais semble aussi
insuffisant à cause des limites que comporte un tel appareil, pour établir
la conclusion de l'auteur que la lumière n'est accompagnée d'aucune
chaleur sensible. Cette conclusion, nous le répétons, quoique correcte
très probablement, ne semble pas reposer sur l'évidence d'un appareil
ayant toute la sensibilité nécessaire, autrement dit l'appareil n'est pas
d'une assez grande perfection pour que les expériences rendent la conclusion évidente. Le Mémoire paraît être, en général, un Mémoire excellent
et très digne de l'attention du travailleur (²). »

Mais ce qu'il importe de relever, en outre, dans la publication de
MM. Ives et W.-W. Coblentz, c'est qu'il n'est pas fait mention de ma
découverte de l'existence d'un principe fluorescent dans le sang et dans
les organes lumineux du *Pyrophore noctiluque* des Antilles et de la
fluorescence qui prend naissance dans ces appareils d'éclairage sous
l'influence de radiations chimiques résultant du conflit des deux substances photogènes qui produisent la lumière et que j'ai appelées *Luciférine* et *Luciférase*. On sait que l'une de ces substances peut être
remplacée dans la réaction photogène par un oxydant indirect, tel que
le permanganate de potasse, alors que l'oxygène libre ne donne de
lumière ni avec la luciférine ni avec la luciférase (³).

Il résulte de la présence du principe fluorescent que j'ai appelé *Pyrophorine*, que l'éclat de la lumière est augmenté en même temps qu'une
certaine quantité de radiations chimiques est supprimée.

Le rendement des appareils éclairants des insectes est donc augmenté
par ce fait. Quand je l'ai signalé, j'ai fait remarquer que la fluorescence
pouvait aussi être mise à profit dans nos appareils d'éclairage par la
lumière artificielle et l'expérience est venue démontrer que mes pré-

---

(¹) Thèse de la Faculté des Sciences de Paris, 1886 et *Bull. de la Soc. Zool. de
France*, t. XI, Paris, 1886.

(²) Langley, S. p. and W. Very, *On the Cheapest Form of Light, from studies
at the Alleghny observatory*; *The amer. journ of Science*, third Series, V. XL,
1890, p. 103.

Voici ce que nous avons écrit dans notre Mémoire (*loc. cit.*, ?, p. 131) : une
déviation aussi faible, avec un appareil aussi sensible que celui dont nous avons
fait usage, n'indique qu'une quantité infinitésimale de chaleur rayonnée.

MM. Langley et Very, avec le bolomètre, sont arrivés exactement aux mêmes conclusions que M. R. Dubois aussi bien sous ce rapport que sous celui des autres qualités
physiques de la lumière du Pyrophore.

(³) Voir *C. R. de l'Acad. des Sc.*, t. CLIII, p. 690, Paris, 1911.

visions étaient fondées, puisque l'idée qui m'avait été suggérée par la découverte de la Pyrophorine a reçu diverses applications industrielles dans ces temps derniers.

J'ai montré que la fluorescence de l'éosine pouvait être provoquée également par injection de cette substance dans le sang des Pyrophores.

Enfin, la longueur d'onde des radiations ultraviolettes qui provoquent le maximum de fluorescence a été fixée.

La nature chimique de la Pyrophorine a été étudiée et l'on a constaté que l'acide acétique faisait disparaître la fluorescence tandis que l'ammoniaque la faisait reparaître quand elle avait été supprimée par l'acide acétique faible. Il n'est pas fait mention de tous ces faits dans le travail des savants américains, qui croient être les premiers à avoir signalé la fluorescence chez les insectes lumineux.

Ils ont bien prouvé récemment l'existence d'un corps donnant une belle fluorescence bleue chez un Lampyride lumineux (*Photinus pyralis*) des États-Unis, mais ils pensent à tort que la découverte de la fluorescence chez les insectes lumineux leur appartient : en réalité, c'est une découverte française, qui remonte aux recherches que j'ai faites en 1885 au laboratoire de Paul Bert, à la Sorbonne, sur les Élatérides lumineux. MM. Ives et Coblentz n'ont fait que confirmer l'existence de ce curieux phénomène, en l'étendant aux lampyrides *américains*.

Ils n'ont pas eu connaissance non plus, paraît-il, de la fluorescence bleue que j'ai signalée chez la *Luciola Italica*, de sorte que les auteurs américains n'ont pas, comme on l'a dit, étendu aux Lampyrides le fait que j'avais découvert chez les Élatérides.

Enfin, en 1885, j'avais en vain cherché cette fluorescence chez les larves de Pyrophores et chez celles du *Lampyris noctiluca* sans résultat, mais des recherches récentes m'ont montré qu'elle existait à un faible degré chez *Lampyris noctiluca* femelle à l'état adulte.

Des cas de fluorescence ont été également signalés chez plusieurs autres espèces de Lampyrides depuis nos recherches, de sorte qu'il est vraisemblable que c'est là un phénomène très général. Toutefois, il ne faut pas le confondre avec celui qui donne naissance aux radiations lumineuses fondamentales. Ce n'est qu'un perfectionnement accessoire qui permet d'accroître l'intensité éclairante et la beauté de la lumière produite, en transformant en radiations de longueurs d'onde moyennes des radiations chimiques inutiles ou peut être même nuisibles.

L'existence de corps fluorescents chez les animaux présente un intérêt tout particulier dans les espèces lumineuses : j'en ai signalé aussi la présence chez plusieurs organismes marins non photogènes (1), mais on ignore leur rôle : peut-être ont-ils pour objet de préserver les organismes qui

---

(1) Voir *Compte rendu du Congrès de l'Assoc. franç. Av. des Sc.* 1909 et *Recherches sur la Pourpre et quelques autres pigments animaux* (*Arch. Zool. exp. et gén.*, 5ᵉ sér., t. II, 1909, Paris).

en sont porteurs de certaines radiations ultraviolettes malfaisantes. Pourtant je ne les ai jamais vus devenir éclairants accidentellement. Il en est de même d'ailleurs de l'œil. On a signalé, en effet, la fluorescence de la cornée, de l'humeur vitrée, du cristallin. et même de la rétine. Les recherches que j'ai entreprises avec la collaboration de mon collègue M. Nogier sur ce sujet montrent bien, que la cornée est faiblement fluorescente et que le cristallin l'est davantage. Quant à l'humeur vitrée et à la rétine de l'œil du bœuf, sur lequel nous avons opéré, il ne nous ont donné aucune fluorescence. Nous poursuivons nos recherches dans la série animale au point de vue comparatif et nous en feront connaître ultérieurement les résultats.

CONCLUSION. — *La fluorescence des organes lumineux des insectes est une découverte française que remonte à l'année 1885. Elle a été signalée par M. Raphaël Dubois chez les Élatérides lumineux d'abord, puis chez les Lampyrides : elle est due à des corps fluorescents qui ont été caractérisés et qui transforment des radiations chimiques en radiations de longueur d'onde moyenne, augmentant ainsi à la fois l'éclat et l'intensité éclairante de la lumière produite par la réaction photogène fondamentale, découverte également par M. Raphaël Dubois.*

Les récentes découvertes des savants américains cités dans ce Mémoire ne sont que la confirmation des faits connus en France depuis longtemps déjà. On peut en dire autant des recherches de Langley et Very sur la constitution physique de la lumière du Pyrophore noctiluque.

M. LE Dʳ MAURICE LANGERON,

Chef des Travaux de Parasitologie à l'Institut de Médecine coloniale (Paris).

LES HÉMATIES EN DEMI-LUNE ([1]).

616.139.46

5 *Août.*

On désigne sous le nom d'*hématies* ou *corps en demi-lune* des altérations globulaires particulières qu'on observe chez les Mammifères, dans des conditions encore mal déterminées. Les hématies ainsi déformées se présentent sous la forme de croissant ou de demi-lune, généralement de grande taille (20 à 30 μ) et atteignant quelquefois des proportions gigantesques (100 à 300 μ). Ce sont des globules rouges considérablement

---

([1]) Travail du Laboratoire de Parasitologie de la Faculté de médecine de Paris.

hypertrophiés et vacuolisés : généralement, il n'y a qu'une seule vacuole polaire, qui refoule le cytoplasme et le réduit à prendre la forme d'un croissant dont les deux cornes sont reliées par un mince filament cytoplasmique colorable. Souvent ce filament est rompu soit spontanément, soit au cours de la confection du frottis : on observe alors le véritable corps en demi-lune. On trouve d'ailleurs tous les intermédiaires entre les hématies normales et ces corps semi-lunaires, sous la forme d'éléments plus ou moins hypertrophiés et déformés, puis vacuolaires, à une ou plusieurs vacuoles. On passe ainsi aux formes semi-lunaires à vacuole ouverte ou fermée et à bord externe quelquefois frangé ou même déchiqueté. Les éléments les plus déformés sont quelquefois méconnaissables au point de former ce que les Allemands appellent des *ombres de Trypanosomes*, mais qui ne sauraient en imposer pour ces Flagellés. Malgré ces nombreuses modifications, la forme semi-lunaire est toujours plus ou moins conservée et, quand on a l'habitude d'observer ces corps, on les reconnaît au premier coup d'œil, quelle que soit leur déformation.

Le nom de *corps en demi-lune*, proposé par les frères Sergent, puis adopté par Brumpt, est celui qui convient le mieux à ces curieuses altérations globulaires; celui d'*hématies en croissant* pourrait amener une confusion fâcheuse avec les gamètes du *Plasmodium falciparum*, auxquels on continue à donner communément le nom de *corps en croissant*. Le terme de *gigantocyte*, souvent employé par les auteurs allemands et notamment par Schilling, s'applique aussi bien aux hématies géantes et ne précise pas la forme semi-lunaire caractéristique.

Les hématies en demi-lune ont été d'abord décrites chez l'Homme au cours du paludisme, par les frères Sergent (1) et par Stephens et Christophers (2), puis par Brumpt (3). Elles ont encore été étudiées depuis par Nicolle et Manceaux (4) et par Schilling (5). Nous-même en avons maintes fois constaté la présence dans du sang de paludéens de provenances très diverses (Annam, Brésil, Algérie).

Connaissant leurs caractères morphologiques, il nous reste à dire sous quel aspect ces éléments se présentent dans le sang et comment il faut s'y prendre pour les rechercher. A l'état frais, il est à peu près impossible de les apercevoir, à moins qu'ils ne soient très nombreux. Encore, dans ce dernier cas, faut-il porter spécialement son attention sur eux et

(1) ED. et ET. SERGENT, *Comptes rendus, Soc. biol.*, 16 janvier 1905.

(2) STEPHENS and CHRISTOPHERS, *The practical study of malaria*, 3ᵉ édit., Londres, 1908 ; cf. p. 31.

(3) E. BRUMPT, *Globules géant ou corps en demi-lune du paludisme* (*Bull. Soc. pathol. exotique*, t. I, 1908, p. 201-206).

(4) NICOLLE et MANCEAUX, *Bull. Soc. pathol. exot.*, 1909, p. 251.

(5) SCHILLING, *Spezifische Gigantozyten* (*corps en demi-lune*) *bei Malaria*. (*Archiv f. Schiffs-und trop. Hyg.*, t. XV, 1911, p. 364-366). — *Münch. med. Woch.*, nᵒ 9, 1911.

diaphragmer très fortement pour arriver à les discerner. Ces hématies
semi-lunaires sont en effet excessivement pâles et très amincies. De même,
les divers procédés d'éclairage sur fond noir ne les mettent en évidence
que si elles sont en nombre suffisant pour se rencontrer dans l'infime
quantité de liquide sanguin qu'on peut examiner dans un champ optique.
Il ne faut donc guère compter, pour leur recherche, sur l'examen du
sang frais, entre lame et lamelle, sauf dans des cas exceptionnels. Par
contre, on les découvre facilement sur les frottis desséchés et colorés;
mais il faut bien savoir qu'elles ne se colorent par aucun des anciens
procédés (hématéine-éosine, triacide d'Ehrlich, éosine suivie de bleu de
méthylène, etc). Les procédés dérivés de la méthode de Romanovsky
sont les seuls qui permettent de les mettre en évidence. Nous nous
sommes servi d'abord, pour les colorer, du mélange bleu Borrel-éosine
suivi d'une différenciation au tannin-orange de Unna (méthode de
Brumpt). Ce procédé est excellent; pourtant, pour la rapidité et la
sûreté des opérations, nous lui préférons souvent le procédé rapide de
Giemsa (1910) et surtout la méthode panoptique de Pappenheim, au May-
Grünwald-Giemsa. Avec ces trois procédés de coloration, l'aspect des
hématies en demi-lune est à peu près le même. Elles diffèrent des hématies normales non seulement par leur forme, mais encore par leur teinte
particulière : alors que ces dernières prennent une coloration nettement
acidophile, jaune-orangé si on a employé le tannin-orange, rose plus
ou moins vif avec le Giemsa ou le Pappenheim, les hématies en demi-
lune sont toujours polychromatophiles. Autrement dit, leur teinte est
légèrement basophile, un peu violacée ou plombée, toutefois plus pâle
que celle des hématies polychromatophiles non géantes ou semi-lunaires.
Il est très rare de rencontrer des corps en demi-lune qui soient purement
acidophiles ; dans ce cas, il faudrait les distinguer des globules perforés
(corps en pessaire des frères Sergent), qui représentent une autre modification globulaire.

Nous avons dit que les corps en demi-lune sont très minces et très
pâles; aussi, pour les bien mettre en évidence, est-il nécessaire de prolonger la coloration. Si ces formations ont échappé à beaucoup d'observateurs, c'est qu'ils n'ont pas su les colorer. Elles sont, en effet, beaucoup
plus fréquentes qu'on ne le croit généralement, aussi bien chez l'Homme
que chez les autres Mammifères. Il faut aussi savoir les chercher :
elles se trouvent de préférence à la fin des frottis, car elles sont entraînées
par la lamelle à cause de leur grande taille. C'est donc à ce niveau qu'on
aura le plus de chances de les trouver, à condition que le frottis ait été
exécuté correctement. Si la goutte de sang étalée est trop volumineuse et
reste en partie adhérente à la lamelle, les corps en demi-lune seront
presque tous entraînés avec l'excédent de liquide et pourront échapper
à l'examen.

On a cru, pendant quelque temps, que ces éléments étaient particuliers à l'Homme et ne se rencontraient que chez les paludéens, mais on

n'a pas tardé à les trouver chez d'autres Mammifères. Dès 1905 ([1]), les frères Sergent les signalent, en compagnie de corps en pessaire, chez des Rats atteints de maladie infectieuse chronique. Plus tard ([2]) ils les retrouvent chez le Cobaye (trypanosomose El Debab) et chez le Singe, (*Macacus* sp.). Mayer ([3]) les voit aussi chez des Singes paludéens (*Macacus cynomolgus*).

J'ai publié récemment ([4]) l'histoire d'un lo de vingt Rats blancs rachitiques et probablement saturnins, chez lesquels ces corps en demi-lune étaient très abondants. J'ai montré en même temps qu'on pouvait faire apparaître ces corps chez l Cobaye le Rat blanc, en les soumettant à une intoxication saturnine expérimentale.

Depuis, j'ai rencontré les corps en demi-lun · chez un certain nombre d'animaux : chez le Sing (plusieurs individus de *Macacus cynomolgus*), chez le Lapin, le Cobaye, l Surmulot sauvage jeune et adulte, la Souris blanche, la Marmotte, le Chien et le Mouton

Enfin, le Dr Edmond Sergent a bi n voulu me signaler, dans une lettre datée du 8 avril 1911, parmi s s observations inédites, la présence de corps en demi-lune chez le Chacal et chez le Cobaye trypanosomé (*virus debabe et taher*).

Voici donc un élément du sang dont la fréquence est assez grande aussi bien chez l'Homme atteint de paludisme que chez des animaux de laboratoire ou même sauvages. La constance de sa forme montre que ce n'est point une modification accidentelle. Il doit donc être décrit au même titre que les autres déformations pathologiques des hématies. Mais, si son étude morphologique est facile, si son origine et le mécanisme de sa formation peuvent être établis avec une assez grande sûreté, il n'en est pas de même pour le déterminisme qui préside à son apparition et pour la signification qu'on doit lui attribuer. Aussi n'est-ce point une étude complète du corps en demi-lune que nous présentons aujourd'hui, mais plutôt une revue sommaire, destinée à attirer l'attention sur ce curieux élément et à provoquer des recherches à son sujet.

Lorsqu'on a découvert les corps en demi-lune chez des paludéens, on a cru tout d'abord que ces éléments étaient spécifiques, puis on n'a pas tardé à s'apercevoir qu'il n'en était rien. Brumpt les signale chez une malade n'ayant pas eu de paludisme depuis huit ans. Tout récemment, nous avons eu l'occasion de les constater avec Brumpt chez un malade non paludéen, du service du professeur Debove. Schilling les signale aussi chez divers malades non paludéens (convalescence de typhoïde,

---

([1]) Ed. et Et. Sergent, *Ann. Inst. Pasteur*, XIX, 1905, p. 138.

([2]) Ed. et Et. Sergent, *Bull. Soc. pathol. exotique*, t. I, 1908, n° 5.

([3]) M. Mayer, *Ueber Malariaparasiten bei Affen.* (*Archiv für Protistenkunde*, t. XII, 1908, p. 319, Pl. XXI, fig. 19 et 23).

([4]) M. Langeron, *Hématies en demi-lune dans le sang du Rat et du Cobaye Comptes rendus, Soc. biol.*, t. XX, 1911, p. 434).

anémie bothriocéphalique), mais il décrit en même temps certains corps en demi-lune qu'il considère comme spécifiques du paludisme. Il convient qu'en lui-même le corps en demi-lune (qu'il nomme *gigantocyte*) n'est pas spécifique, mais qu'il le devient lorsqu'il renferme une Plasmodie. C'est là l'évidence même. Je ne vois d'ailleurs pas de distinction fondamentale entre les corps en demi-lune non parasités et parasités.

Ces derniers paraissent être assez rares chez l'Homme. Brumpt ne les a jamais rencontrés, mais ils ont été vus par Stephens et Christophers et par Schilling qui les a observés surtout dans les fièvres à *Plasmodium vivax*, plus rarement dans celles à *Pl. falciparum*. Les granulations de Schüffner peuvent être localisées dans le croissant ou répandues sur toute la surface du gigantocyte. Billet a vu aussi des granulations de Schüffner sur des corps en demi-lune. Cette localisation parasitaire est moins rare chez le Singe; Mayer a vu, chez des *Macacus cynomolgus*, porteurs du *Plasmodium cynomolgi*, d'énormes corps en demi-lune renfermant, dans leur portion vacuolaire, des parasites et des granulations. J'ai retrouvé, dans les mêmes conditions, exactement les mêmes formes, en tout semblables à celles qui sont figurées par Mayer.

La non-spécificité des corps en demi-lune est confirmée par leur découverte chez un grand nombre d'animaux. Nous avons énuméré les espèces chez lesquelles ils ont été signalés par différents observateurs et par nous-même.

Quelles sont les causes qui favorisent l'apparition de cette altération globulaire? Chez l'Homme, il est évident que les corps en demi-lune n'apparaissent que chez les sujets anémiés par une cause quelconque : paludisme, helminthiases, anémies de toute nature. Il en est de même chez les animaux : on ne les rencontre chez eux qu'au cours des états anémiques spontanés ou expérimentaux. Prenons comme exemple nos observations personnelles. Les vingt Rats blancs chez lesquels nous les avons trouvés en si grande abondance étaient manifestement rachitiques, anémiques et probablement saturnins. Les Moutons que nous avons examinés à ce point de vue présentent encore plus d'intérêt. Ces animaux, qui servaient aux remarquables études de Brumpt [1] sur les maladies vermineuses, étaient atteints de strongylose intestinale et en outre porteurs de Trichocéphales et de Douves hépatiques. Or il s'est trouvé que les animaux les plus parasités et les plus anémiques étaient précisément ceux qui présentaient un grand nombre de corps en demi-lune : les sujets en voie de guérison en avaient beaucoup moins. Chez les *Macacus synomolgus* parasités par le *Plasmodium cynomolgi*, nous avons remarqué que les animaux infestés expérimentalement

[1] Je tiens à remercier ici mon excellent collègue et ami, le Dʳ Brumpt, qui a bien voulu m'autoriser à examiner le sang de ses Moutons malades et à étudier sur eux le rôle des maladies vermineuses dans la production des corps en demi-lune.

présentent de nombreux corps en demi-lune; ceux-ci apparaissent surtout par poussées, à certains jours et sur certains frottis où ils sont particulièrement nombreux. Leur abondance est manifestement proportionnelle au degré d'anémie du sujet. Ils existent aussi chez les animaux en état d'infestation chronique, dont le sang renferme peu ou pas de parasites mais, par contre, est riche en hématies géantes et polychromatophiles. Ils sont très rares chez les Singes non paludéens ou guéris depuis très longtemps. En général, les animaux de laboratoire (Lapin, Cobaye, Marmotte, Rat blanc, Souris blanche, Chien) qui en sont porteurs sans être en même temps atteints d'aucune maladie expérimentale, sont toujours plus ou moins anémiés par les conditions de leur captivité. Par exemple, la Marmotte chez laquelle je les ai constatés était très amaigrie et vivait dans la ménagerie du laboratoire depuis plus de deux ans. Le Chien que j'ai examiné était en captivité depuis plusieurs mois et avait servi à diverses expériences.

Il ressort donc nettement des nombreux examens auxquels nous nous sommes livré que l'apparition des corps en demi-lune coïncide toujours avec un certain degré d'anémie et que leur abondance est proportionnelle à l'intensité de cette anémie.

Il reste à préciser le déterminisme de leur apparition. C'est ici que la méthode expérimentale doit compléter les données de l'observation.

Au début, certains auteurs ont attribué la production des corps en demi-lune à des actions mécaniques produites pendant l'étalement du sang : des hématies ramollies seraient étirées et roulées par l'action de la lamelle. Cette explication, qui n'est d'ailleurs plus admise, serait facile à réfuter. Les corps en demi-lune sont disposés en tous sens et non pas seulement dans le sens de l'étalement du sang. Ils existent même quand l'étalement a été fait en attirant le sang par capillarité, sans que les globules soient roulés sous l'arête de la lamelle. Brumpt a d'ailleurs montré, dès 1908, que ces corps préexistent dans le sang, qu'on peut assister à leur formation, que leur grande taille fait qu'ils sont entraînés à l'extrémité du frottis et qu'ils sont souvent superposés à des globules rouges. Il est donc bien certain que la théorie mécanique ne saurait être invoquée. C'est tout au plus si, au cours de l'étalement, la mince bandelette cytoplasmique qui réunit les deux cornes du croissant peut disparaître. On voit aussi, comme nous l'avons souvent observé chez le Singe, les bords des croissants ou des hématies géantes se replier et se rouler à cause de leur minceur.

Les récentes expériences de Schilling sont venues confirmer les vues de Brumpt qui fait dériver les corps en demi-lune des hématies géantes par vacuolisation de ces dernières. En effet, Schilling a assisté à la lente formation des corps en demi-lune et a suivi le phénomène soit au moyen de la coloration vitale au brillant kresylblau, soit en observant sur fond noir. Il a vu des hématies dégénérées et ramollies se gonfler et pâlir; il pense qu'il se produit des phénomènes osmotiques entre le sérum et certaines parties des hématies. Il admet

que, dans le sang anémique, la membrane des hématies est plus épaisse et que
les transformations subies par ces éléments sont plus fréquentes et plus durables.
En se plaçant à un autre point de vue, Herzog ([1]) a fait de très intéressantes
observations qui viennent confirmer celles des parasitologues. Il a vu des hématies se vider de leur hémoglobine par suite d'une cause quelconque de dégénérescence : la membrane homogène qui les enveloppe se plisse, s'aplatit,
se déforme et produit des éléments plus ou moins irréguliers dont certains
correspondent certainement aux corps en demi-lune. Tous dérivent d'hématies hypertrophiées et devenues discoïdes. Ces éléments, déjà présents dans
le sang normal, sont beaucoup plus nombreux dans le sang pathologique.
Fait important, ces apparences peuvent être produites artificiellement par
l'action de la fuchsine phéniquée, d'où nécessité d'éliminer ce réactif de la
technique hématologique.

Toutes ces observations s'accordent pour démontrer que les corps
en demi-lune dérivent d'hématies dites géantes, c'est-à-dire hypertrophiées et pâlies et généralement polychromatophiles. Il reste donc à
expliquer le déterminisme de l'apparition de ces dernières. C'est là le
point le plus obscur de l'histoire des corps en demi-lune. Brumpt attribue
nettement leur apparition à des phénomènes d'intoxication, qui, dans le
paludisme, auraient pour origine les toxines élaborées par les plasmodies.
Schilling, sans nier tout à fait le rôle des intoxications, pense que leur
importance est accessoire. Nicolle et Manceaux font intervenir la dégénérescence des hématies, sans expliquer nettement la cause de cette
dégénérescence.

Au point de vue expérimental, on n'est pas beaucoup plus avancé.
Schiling a vu les corps en demi-lune apparaître dans le sang normal
placé à l'étuve. Il les produit expérimentalement chez le Cobaye, le
Lapin, la Souris par l'action des saignées ou de la phénylhydrazine.

Moi-même, je suis arrivé à provoquer leur apparition chez le Rat blanc
et le Cobaye par une lente intoxication saturnine (5 à 10 mg d'acétate
de plomb par jour en inoculation intrapéritonéale).

Dans cet ensemble de faits, rien ne vient infirmer sérieusement l'hypothèse de Brumpt. L'action des substances toxiques, telles que la phényl
hydrazine ou l'acétate de plomb vient au contraire confirmer le rôle
des intoxications dans la production des altérations globulaires qui abou-
tissent à l'apparition des corps en demi-lune. Il en est de même pour
les phénomènes que nous avons observés chez les Moutons atteints de
strongylose : plus l'infestation vermineuse est intense, plus les corps en
demi-lune sont nombreux, ce qui est très certainement dû à une intoxication d'origine helminthique.

Il reste à déterminer la signification des corps en demi-lune au point
de vue du diagnostic et du pronostic. Nous savons que ces déformations

([1]) HERZOG, *Ueber das Vorkommen von Blutkörperchenschatten im Blutstrom
und über den Bau der roten Blutkörperchen.* (*Archiv f. mikr. Anat.*, t. LXXI,
1908, p. 492-503, *Pl. XXXIX.*)

globulaires n'ont jamais un caractère de spécificité, puisqu'on les rencontre chez un grand nombre de Mammifères, soit dans les états pathologiques les plus divers, spontanés ou expérimentaux, soit même sans
cause apparente (jeune Surmulot). Ils ne sont pas caractéristiques
des états anémiques, comme l'ont démontré Brumpt, puis Schilling,
puisqu'on les rencontre chez des sujets dont le nombre de globules est à
peu près normal. On ne peut donc les considérer que comme l'indice

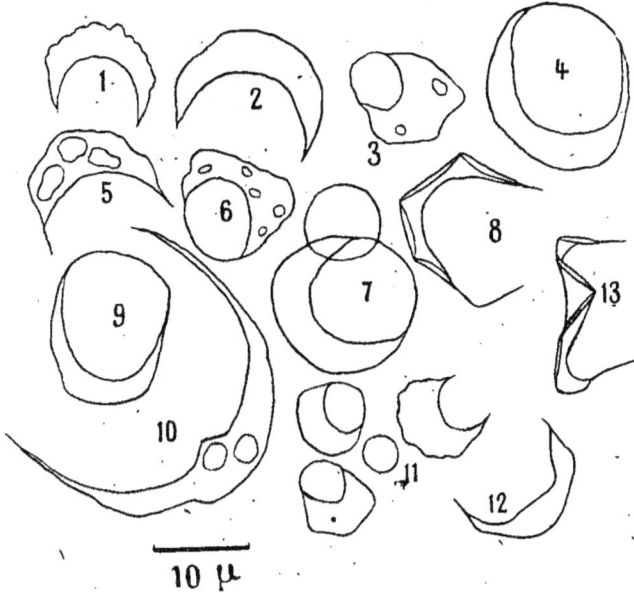

Diverses formes de corps en demi-lune : 1. Bords ondulés, Cobaye; 2. Cobaye;
3. Rat rachitique ; 4. Homme non paludéen ; 5 et 6. Rat rachitique, nombreuses
vacuoles dans le croissant; 7. Cobaye, corps en demi-lune avec une hématie normale superposée; 8. Singe paludéen ; 9 et 10. Rat rachitique ; 11 et 12. quatre corps
en demi-lune du Mouton avec une hématie normale ; 13. Singe paludéen.

et l'aboutissant d'une dégénérescence globulaire due à l'action de substances toxiques d'origines très diverses (poisons minéraux ou organiques
et particulièrement toxines d'origine parasitaire). Leur présence en quantité dans le sang permet donc seulement de soupçonner l'existence d'une
anémie d'origine toxique.

CONCLUSIONS.

1° Le corps ou hématie en demi-lune constitue un élément très fréquent dans le sang périphérique des Mammifères. Il y a lieu de le décrire,
au point de vue morphologique, au même titre que les éléments normaux
et anormaux du sang. Il est très facile à reconnaître grâce à sa forme
particulière et constante.

·2º Le corps en demi-lune ne se colore convenablement que par la méthode de Romanovsky (procédés de choix : Giemsa rapide et Pappenheim).

3º Le corps en demi-lune n'est pas un artifice de préparation ni une lésion globulaire mécanique. Il dérive directement des hématies géantes par vacuolisation.

4º La production des hématies géantes et des corps en demi-lune paraît due, en dernière analyse, à l'action de substances toxiques qui détermineraient le gonflement des hématies, l'issue d'une partie de l'hémoglobine et la vacuolisation consécutive par suite de phénomènes osmotiques. C'est un mode très curieux de destruction globulaire.

5º La présence de corps en demi-lune dans le sang périphérique est l'indice d'une anémie plus ou moins prononcée, d'origine toxique. C'est un symptôme intéressant, mais qui ne peut constituer un signe certain d'aucune maladie déterminée.

MM. F. ESCANDE,

Chef des Travaux de Physique biologique à la Faculté de Médecine (Toulouse).

ET

A. MOUCHET,

Prosecteur à la Faculté de Médecine (Toulouse).

ÉTUDE RADIOGRAPHIQUE DES ARTÈRES DU CŒUR [1].

611.13 + 537.531.2

La question des artères du cœur semble être particulièrement en faveur auprès des anatomistes si l'on en juge par le nombre considérable de Mémoires publiés sur ce point particulier dans ces dernières années.

Déjà depuis longtemps, les auteurs s'étaient livrés à de longues controverses sur l'origine des artères coronaires, fait anatomique important, surtout par ses conséquences physiologiques : une série d'auteurs soutenaient que le jet sanguin dans les coronaires était diastolique par suite de l'obturation intermittente de l'orifice coronarien aortique par les voiles sigmoïdes au moment de la systole. Cette question fut définitivement jugée par les expériences de Rebatel après la célèbre controverse entre Hyrtl et Brucke.

Une deuxième question soulevée à propos de la distribution des artères coro-

---

[1] Travail du Laboratoire d'Anatomie de M. le professeur Charpy.

naires·est celle des branches de distribution dans les valvules du cœur. Chez l'homme adulte, Luschka ([1]) aurait réussi à injecter des vaisseaux sanguins dans l'épaisseur de ces voiles membraneux. Il donne même dans son anatomie un dessin représentant les artères d'une valvule sigmoïde.

Malgré ces résultats positifs, les auteurs sont d'accord pour rejeter avec Darier l'existence de vaisseaux sanguins dans les valves endocardiques chez l'homme à l'état normal. Nous avons essayé d'injecter ces vaisseaux en nous servant d'un mélange très pénétrant (masse de Gérota pour l'injection des lymphatiques) sans réussir à les remplir. Toutefois, rappelons la présence des vaisseaux lymphatiques que l'un de nous ([2]) a pu mettre en évidence dans les valvules cardiaques.

Mais il est un point peut-être plus intéressant, en tout cas beaucoup plus discuté sur lequel l'accord n'est pas fait parmi les anatomistes. Nous voulons parler des anastomoses des artères du cœur.

Dès 1716, Thebesius ([3]) décrit ces anastomoses dans les termes suivants : « in opposito latus abeuntes sibi statim unitæ circulum constituunt et coronæ ad instar basin amplectuntur... spectaculo jucundo cor circum cingunt ». Nous ne nous attarderons pas à tracer un historique complet de la question. Il suffit de rappeler que nos classiques les plus autorisés décrivent encore le système coronarien comme formé par deux cercles artériels grâce à l'anastomose à plein canal des deux artères qui le forment.

Cependant certains auteurs s'élèvent déjà contre cette manière de voir, en particulier Nathorst ([4]), Henle ([5]), Hyrtl ([6]), Jœssel-Waldeyer ([7]), Rauber ([8]), Dragneff ([9]), reprend la question et conclut que les anastomoses entre les deux coronaires n'existent que dans 13 % des cas et ne sont d'ailleurs assurées que par de fins ramuscules.

Banchi ([10]) publie en 1904, un important Mémoire sur la morphologie des artères coronaires du cœur. Sa description repose sur l'étude de 100 cœurs et en ce qui concerne les anastomoses l'auteur est très catégorique et les nie formellement : « Io per mio conto, non ho mai trovata nei 100 casi esaminati, nessuna anastomosi chiaramente relevabile alla disseziona ».

Mais c'est à dater de 1907 que les Mémoires se multiplient sur ce point.

Jamin et Merkel ([11]) donnent 30 radiographies stéréoscopiques des vaisseaux du cœur à l'état normal et pathologique. Nous avons utilisé ces documents, mais les résultats acquis, principalement en ce qui concerne la distri-

---

([1]) LUSCHKA, Die Anatomie des Menschen 1863. 1 Band, 2 Ab. p. 403.

([2]) MOUCHET, Vaisseaux lympathiques du cœur chez l'homme et quelques mammifères. (Journal de l'Anatomie; n° 5, 1909).

([3]) Cité par Banchi.

([4]) NATHORST, Descriptis arteriarum corporis humani, Upsalæ 1780.

([5]) HENLE, Handbuch d. s. Anatom. des Menschen, II, 1868.

([6]) HYRTL, Anat. Topogr.

([7]) JŒSSEL-WALDEYER, Lehrbuch der Topog. Chir. Anatomie, 1889.

([8]) RAUBER, Lehrbuch d. Anatomie des Menschen, 1892.

([9]) DRAGNEFF, Thèse, Nancy, 1897.

([10]) BANCHI, Morfologia delle anterie cordis (Arch. ital. di Anatomia, t. III 1904).

([11]) JAMIN und MERKEL, Die Coronarterien des menslichen Herzens unter normalen und pathologischen verhältnissen, Iéna 1907.

bution des vaisseaux cardiaques à l'état normal sont forcément insuffisants.

Merkel ([1]) a d'ailleurs exposé les avantages de cette technique devant l'Association des Médecins allemands à Stuttgart en 1906 et à Iéna en 1907.

Mais la contribution la plus importante avec le Mémoire de Banchi est celle apportée par Hirsch et Spalteholz ([2]). Les auteurs ont abordé le problème sur un double terrain : anatomique et expérimental. Cette dernière partie a été conduite par Hirsch. Les recherches anatomiques ont été surtout effectuées par Spalteholz. Cet auteur résume les résultats qu'il a obtenus en quelques conclusions que nous nous permettons de traduire :

« 1° Les artères coronaires ne sont pas des artères terminales au sens de Conheim.

» 2° Elles s'anastomosent à tous les étages par de gros vaisseaux et par les *vasa vasorum.*

» 3° A l'endroit où le myocarde est épais, on voit partir dès branches qui se détachent du réseau superficiel pour s'enfoncer directement dans l'épaisseur du myocarde où elles échangent de nombreuses anastomoses, lesquelles se rencontrent aussi sous l'endocarde. Chaque muscle papillaire contient des vaisseaux qui y pénètrent et s'anastomosent. »

Et plus loin : « Le cœur n'est donc pas un organe dépourvu d'anastomoses ; elles sont au contraire extrêmement nombreuses sur tous les plans. »

Et si maintenant nous jetons un coup d'œil sur ces différents travaux, nous observons des conclusions contradictoires. Tandis que Banchi rejette formellement toute anastomose entre les artères du cœur, Dragneff admet des anastomoses très fines dans 13 % des cas et, de son côté, Spalteholz décrit des anastomoses extrêmement nombreuses et très riches sur tous les plans du cœur.

Ces quelques considérations montrent que le problème demeure entier. A notre tour, nous l'avons abordé et nous apportons de nouveaux résultats obtenus avec une technique que nous devons d'abord décrire.

TECHNIQUE ET PLAN DE L'EXPOSÉ.

Nous avons déjà présenté à l'Association, au Congrès de Toulouse, en août 1910, quelques résultats relatifs aux artères du cerveau étudiées par la radiographie. A ce propos, nous avons décrit notre technique que nous ne ferons que rappeler brièvement.

([1]) MERKEL, *Zur kenntniss der Kranzarterien des menslichen Herzens.* (*Verh. Deutsche Pathol. Gesellschaft,* Stuttgart 1906, Iena 1907).

([2]) HIRSCH und SPALTEHOLZ, *Coronararterien und Herzmuskelarterien, Anatomische und experimentelle Untersuchungen* (*Deutsche Med. Wochenschrift,* Jahrg. 33, n° 20, p. 790.)

SPALTEHOLZ, *Die Coronararterien des Herzens.* (*Verh. Anat. Gesellsch.,* Wurzburg 1907, p. 141).

SPALTEHOLZ und HIRCH, *Coronarkreislanf und Herzmuskel Anatomische und Experimentelle Untersuchungen* (*Kongr. Inner. Medicin, Wiesbaden* 1907, p. 520).

SPALTEHOLZ, *Zur vergluchenden Anatomie der Aa. coronariæ cordis* (*Verh. Anat. Gesellsch.,* Berlin 1908, p. 169).

SPALTEHOLZ, *Ueber die Arterien der Herzwand.* (*Verh. deutschen pathol, Ges.* Leipzig 1909, p. 121).

Nous plaçons une canule sur chacune des artères coronaires à son origine. Nous faisons d'abord passer dans les vaisseaux du sérum tiède et de l'essence de térébenthine, puis quelques heures après, nous poussons une injection de minium ou de vermillon en suspension dans l'essence de térébenthine. L'arbre circulatoire coronaire étant bien injecté, nous plaçons l'organe dans une solution de formol au $\frac{1}{10}$. Lorsque le durcissement est suffisant, nous pratiquons une radiographie stéréoscopique, puis nous débitons le cœur en coupes frontales, horizontales ou sagittales que nous soumettons à la radiographie.

Nous avons déjà exposé les avantages de cette méthode et l'un de nous vient d'y insister dans un travail récent sur les artères du cerveau ([1]).

Elle nous a permis de déterminer d'une manière précise les caractères morphologiques des artères du cœur, de délimiter rigoureusement les territoires des artères coronaires, enfin d'élucider la question des anastomoses. Ce sont les trois points sur lesquels nous voulons insister.

Il était inutile en effet d'étudier la distribution des artères coronaires. Le travail de Banchi basé sur l'étude de 100 cœurs constitue une mise au point définitive de cette question de l'Anatomie. L'ancienne description des vaisseaux coronaires avec les deux cercles artériels méridien et horizontal a vécu. Désormais l'histoire des artères du cœur doit s'écrire autrement et c'est à cette conclusion qu'aboutit également Piquand ([2]) après la dissection de 50 cœurs. Les résultats fournis par cet auteur constituent d'ailleurs la confirmation de ce qu'avait écrit l'auteur italien déjà cité.

EXPOSÉ DES RÉSULTATS.

I. *Caractères morphologiques des artères du cœur.* — Dans ce premier Chapitre nous ne dirons rien du mode de distribution des artères du cœur à la surface de l'organe. Banchi a condensé les résultats de ses recherches en une description d'un type moyen qu'il intitule :

« Come si deve descrivere il sistema della A. coronariæ nell' uomo ».

Mais il reste un point intéressant insuffisamment étudié par les auteurs, nous voulons parler des branches de distribution jetées par les vaisseaux coronaires dans l'épaisseur même du muscle cardiaque.

Il y a lieu d'étudier séparément les vaisseaux artériels : a. au niveau des oreillettes et de la cloison interauriculaire; b. au niveau des ventricules et de la cloison qui les sépare.

a. Oreillettes et cloison interauriculaire. En examinant la radiographie d'une base de cœur après injection des artères suivant la technique indiquée, on peut étudier les artères auriculaires.

Les nombres des rameaux abandonnés par l'artère coronaire droite vers

([1]) MOUCHET, *Étude radiographique des artères du cerveau*, Th. Toulouse 1911.
([2]) PIQUAND, *Recherches sur l'Anatomie des vaiss. sanguins du cœur* (*Journ. de l'Anat. et de la Phys.*, t. XLVI, n° 3, p. 310.

la région des oreillettes est assez variable. Le plus souvent, nous en avons trois ou quatre. D'après Banchi, elle n'en fournirait que deux.

Sans nous attarder à cette question, constatons que la distribution de ces vaisseaux ne se fait point suivant un type régulier. Ainsi la grande artère auriculaire (artère de la cloison de Dragneff, ramo atriale destro anteriori de Bianchi), suit un trajet antéro-postérieur en contournant le flanc correspondant de l'aorte. Cette portion mesure de 30 mm à 35 mm. Elle est déjà flexueuse en pénétrant dans la cloison interauriculaire. Là, elle se divise généralement en trois branches et celles-ci se distribuent aux parois de l'oreillette droite et à une partie de l'oreillette gauche. Les rameaux de distribution sont fortement flexueux et ne fournissent qu'un petit nombre de branches collatérales. Celle-ci se détachent du tronc artériel sous un angle voisin de l'angle droit. Nous n'avons jamais vu sur nos radiographies d'anastomoses directes entre deux artères auriculaires d'un certain volume.

Trois rameaux principaux descendent verticalement sur la paroi externe de l'auricule. Le mode de distribution est le même, cependant les artères paraissent être moins flexueuses que celles du dôme auriculaire.

La même description peut s'appliquer aux artères auriculaires issues de la coronaire gauche (nous parlons des caractères morphologiques de ces vaisseaux et non de leur territoire). D'une manière générale, l'oreillette gauche paraît posséder une vascularisation moins riche que celle de l'oreillettte droite. Ce fait, nous l'avons constaté non seulement sur l'homme, mais sur plusieurs mammifères. L'explication de ce fait anatomique nous paraît assez difficile. En tout cas, on ne saurait le mettre sur le compte d'une différenciation fonctionnelle notable, puisque l'épaisseur des parois des deux oreillettes est sensiblement la même.

Dans la cloison interauriculaire, l'artère auriculaire principale vient s'étaler et fournir trois rameaux qui figurent assez exactement les trois branches d'une étoile dont deux sont supérieures et la troisième inférieure sensiblement verticale. Celle-ci descend vers la cloison interventriculaire sur les confins de laquelle elle vient se terminer sans paraître s'anastomoser avec les artères perforantes. C'est sur ces radiographies de coupes frontales isolant les cloisons séparatives interauriculaires et interventriculaires que nous devrions apercevoir les artères du faisceau de His. Il nous a été impossible de reconnaître ces dernières. Spalteholz n'a pas réussi non plus à les identifier. Il est probable que, ici comme au niveau du cerveau, la vascularisation de l'organe est indépendante des différenciations fonctionnelles. En sorte que l'existence d'artères spéciales pour le faisceau de His, se distinguant des autres par leur volume, leur forme, leur direction et leur indépendance paraît bien improbable.

b. Ventricules et cloison interventriculaire. — Successivement, nous étudierons les artères qui parcourent les parois du ventricule droit et celles qu'on trouve au niveau du ventricule gauche. Enfin nous donnerons la description des artères de la cloison interventriculaire. Les parois du ventricule droit sont parcourues par des vaisseaux flexueux et d'un type assez irrégulier. Leur longueur est variable, car outre qu'ils sont contournés sur eux mêmes, leur direction n'est jamais rigoureusement perpendiculaire à celle du plan endocardique. Souvent, en effet, ils s'étalent dans l'épaisseur de la paroi avant de devenir profonds : ils restent généralement dans le même plan horizontal. Leur longueur variable oscille entre 10 et 20 mm ; leur distribution est irrégulière et leurs ramuscules les plus fins conservent toujours cette caractéristique d'être flexueux.

Au niveau du cœur gauche au contraire, les artères myocardiques prennent une disposition remarquable par sa régularité. Les divers rameaux jetés dans la paroi par les artères ventriculaires se divisent en un certain nombre de branches de terminaison (de 4 à 10). Celles-ci se subdivisent à leur tour en un pinceau d'artérioles qui mériteraient presque le nom d'*arteriæ rectæ*. En effet, elles se détachent des branches mères sous un angle très aigu et demeurent parallèles entre elles. Aussi semble-t-il que les artères du cœur gauche prennent une disposition radiée. Toutes convergent vers la lumière du ventricule. Leur longueur se mesure à l'épaisseur des parois ventriculaires. Les artères intra-myocardiques s'épanouissent soit dans l'épaisseur même du myorcarde soit dans la région sous-endocardique en un bouquet de fins ramuscules qui se résolvent immédiatement en capillaires. La longueur moyenne de ces ramuscules terminaux ne dépasse pas 2 à 3 mm.

Parmi les artères intra-myocardiques, il en est quelques unes qui se distinguent par leur volume et leur longueur. En les suivant dans l'épaisseur de la coupe, nous les voyons traverser la paroi ventriculaire pour venir se terminer dans les piliers. Ces artères que nous pouvons appeler *artères columnaires* prennent une direction parallèle au grand axe des piliers qu'elles abordent par leur base.

Les artères myocardiques les plus volumineuses sont celles qui pénètrent dans la cloison interventriculaire. En examinant des radiographies des artères de la cloison, on peut aisément se rendre compte qu'elle doit au point de vue artériel être considérée comme formée par deux territoires : l'un antérieur, l'autre postérieur. Le territoire antérieur est irrigué par une série d'artères perforantes issues du rameau descendant de l'artère coronaire gauche. Les artères perforantes antérieures sont au nombre de 7 à 12. Les plus volumineuses se rencontrent dans la région supérieure. Leur longueur n'est pas inférieure à 35 mm. Elle diminue d'ailleurs au fur et à mesure qu'on se rapproche de la pointe du cœur. Ces vaisseaux donnent trois ordres de branches collatérales : des branches droites, des branches gauches et des branches postérieures. Les branches droites et gauches sont représentées par des artérioles qui se détachent des parties latérales des artères perforantes. Elles prennent principalement au niveau

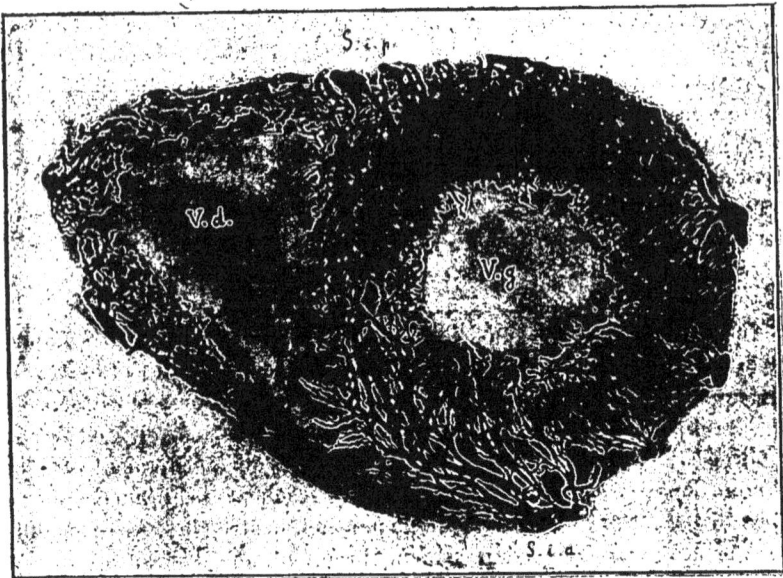

Fig. 1. — Coupe horizontale passant par la partie moyenne du cœur – ♀ 23 ans. Épaisseur de la coupe : 1 centm. Cette radiographie est destinée à montrer les caractères morphologiques des artères du parenchyme cardiaque.

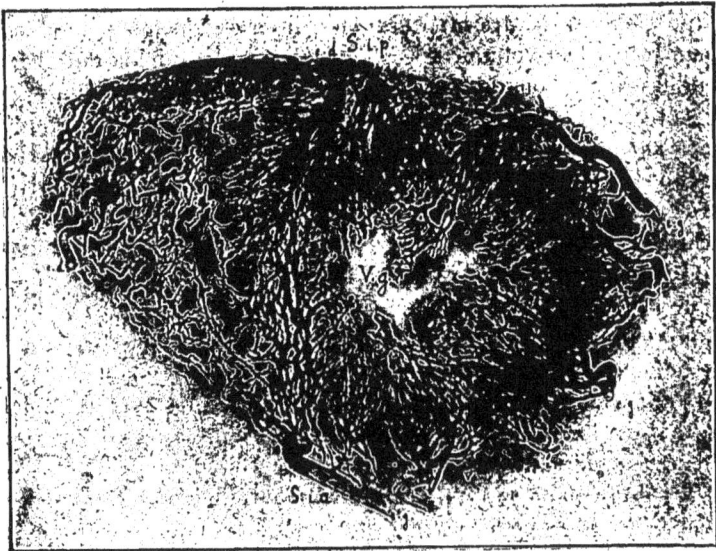

Fig. 2. — Coupe passant immédiatement au-dessous de la précédente même épaisseur.

du ventricule gauche la disposition radiée caractéristique des vaisseaux de cette partie du cœur. Le tiers postérieur de la cloison interventri-

Fig. 3. — Cloison du cœur vue par sa face latérale gauche. Système des artères perforantes antérieures (cœur d'un adulte ♂, 29 ans).

culaire est irrigué par des branches de l'artère coronaire droite en général au nombre de 5 à 8. Ces artères perforantes postérieures sont moins volumineuses que les perforantes antérieures. Leur distribution général

est la même. Par leurs branches terminales, elles ne paraissent par s'anastomoser avec les artères perforantes antérieures; comme ces dernières,
elles abandonnent des collatérales droites et gauches pour les portions
correspondantes de la cloison interventriculaire.

Dans l'exposé qui précède, nous avons volontairement laissé de côté
les points d'anatomie descriptive qu'on peut trouver dans les classiques
et dans les Mémoires des auteurs que nous avons déjà cités. Nous avons
seulement essayé de fixer les caractères morphologiques des artères
cardiaques dans les différentes régions du cœur en illustrant notre description par quelques radiographies qui montrent mieux que ce qu'on
pourrait écrire les détails intéressants de ce point de l'angéiologie.

II. *Territoires coronariens.* — Chaque artère coronaire possède un
territoire spécial, c'est-à-dire un ensemble de régions du cœur dont elle
assure la vascularisation. Bien que les limites des deux versants coronariens n'aient rien de fixe, et Banchi a bien mis en évidence ces variations,
il est néanmoins possible d'établir un type moyen qu'on rencontre
dans la majorité des cas.

L'artère coronaire droite envoie des rameaux à l'oreillette droite, à la
cloison interauriculaire et à une portion de l'oreillette gauche. Elle fournit
des branches destinées à la paroi postérieure du ventricule droit et à la
plus grande partie de sa face antérieure. Par contre, elle donne des artères
au tiers postérieur de la cloison interventriculaire et à la moitié de la
face postérieure du ventricule gauche. Elle envoie même quelques
rameaux dans la portion correspondante du pilier postérieur du ventricule gauche.

Le système coronaire gauche s'étend sur un territoire formé par une
portion restreinte de l'oreillette gauche, la partie du ventricule droit
avoisinant le sillon interventriculaire antérieur, le ventricule gauche
à l'exception de la moitié de sa paroi postérieure irriguée par l'artère
coronaire droite, enfin les deux tiers antérieurs de la cloison interventriculaire.

On peut tracer les limites des territoires coronariens en n'injectant
qu'une artère du cœur. C'est le procédé que nous avons adopté et nous
avons débité en coupes horizontales les cœurs ainsi préparés.

Il est facile de voir que les territoires vasculaires, ici comme au niveau
du cerveau, ne correspondent à rien de fonctionnel. Il n'y a pas une artère
pour le cœur droit et une artère pour le cœur gauche ni un vaisseau destiné exclusivement aux oreillettes ou aux ventricules. L'artère coronaire
droite irrigue une notable portion du ventricule gauche dans la région
postérieure. Et de même l'artère coronaire gauche jette ses branches
sur la région ventriculaire droite voisine du sillon interventriculaire
antérieur.

Il nous a paru intéressant de comparer les territoires de ces deux
artères et voici la méthode que nous avons employée.

Nous préparons un cœur de femme de 25 ans suivant notre technique ordinaire et nous le débitons en neuf coupes horizontales d'une épaisseur rigoureusement égale. Nous soumettons ces coupes à la radiographie puis en possession des positifs nous effectuons nos mensurations. Sur chaque coupe, nous établissons en centimètres carrés la superficie des régions irriguées respectivement par chacune des artères coronaires. On voudra bien se souvenir que les coupes sont numérotées à partir de la base du cœur c'est-à-dire du dôme auriculaire vers la pointe. Nous avons pu ainsi établir le Tableau suivant.

Nᵒˢ des coupes.	Territoire coronaire	
	droit.	gauche.
	cm²	cm²
1	25	14
2	24,5	18
3	16	16
4	14	15,5
5	12	15
6	10	14,5
7	6	14
8	5	10,5
9	2	8

Ce tableau exprime bien la prédominance au niveau des oreillettes du système coronaire droit qui recule ensuite devant l'extension croissante du système coronaire gauche.

En terminant cette étude des territoires coronariens posons nous la question de savoir quel est le plus vaste : sur le plus grand nombre de cœurs, ils sont sensiblement égaux ainsi que nous avons pu nous en convaincre par différentes mensurations. Mais il arrive assez fréquemment que l'une des artères coronaires prenne une extension anormale : nous renvoyons pour cette question au Mémoire de Banchi lequel a étudié ces cas et en a même donné des graphiques.

III. *Anastomoses.* — Nous avons déjà montré dans l'induction de ce travail combien étaient profondes les divergences des auteurs sur ce point. Alors que Banchi rejette toute anastomose entre les artères coronaires, Dragneff admet dans certains cas leur existence que Spalteholz regarde comme étant la règle. Quant à Jamin et Merkel, ils invoquent des variations individuelles pour expliquer ces divers résultats.

Avant d'entrer dans cette discussion, posons nettement le problème. Il ne s'agit point des anastomoses à plein canal entre les artères coronaires pour la formation des cercles artériels que tout le monde s'accorde à rejeter actuellement : il est établi que les anastomoses sont de l'ordre des capillaires : sur ce point, nous nous permettons d'être très affimatifs ; car dans les cas où n'injectant qu'une seule artère coronaire nous avons rempli ces anastomoses, elles se présentaient sous forme de vaisseaux longs et grêles jetés entre les deux systèmes artériels.

Nous estimons qu'il est un point dont les anatomistes ne se sont peut être pas assez préoccupés : c'est la fluidité de la masse à injection.

En poussant de l'essence de térébenthine par l'une des artères coronaires, nous l'avons vue revenir du côté opposé dans 14 cas sur 20. Sur trois cœurs pris au hasard, nous avons injecté un mélange de térébenthine et d'éther à parties égales. Dans les trois cas, le mélange passa dans le territoire coronarien du côté opposé. Les choses changent lorsque la masse à injecter comporte une substance colorante solide dont les particules peuvent acquérir un certain volume, lorsque par exemple nous injectons du minium ou du vermillon même très finement porphyrisé.

Sur 18 cas où nous avons noté les résultats de l'expérience, l'injection n'a passé que trois fois dans l'artère coronaire non injectée. Ajoutons que dans ces trois derniers cas, il s'agissait de cœurs présentant quelques pustules d'athérome au niveau de l'aorte. L'injection limitée à une artère nous permit d'étudier les anastomoses. Elles siègent surtout dans la cloison interventriculaire et se présentent sous forme de fines artérioles jetées entre les perforantes antérieures et postérieures. Mais ces anastomoses sont rares.

Chez les animaux les résultats obtenus sont un peu différents. Chez le chien, les anastomoses sont aussi rares que chez l'homme. Chez le chat et le lapin, les deux territoires coronariens paraissent être indépendants. Il en est de même du cœur de porc, comme le montre la radiographie, où l'on peut voir l'artère coronaire gauche entièrement injectée sans que la masse ait rempli une seule branche du territoire coronarien droit.

Chez le mouton, les anastomoses paraissent être à la fois plus nombreuses et plus volumineuses. Chez le cheval et chez le bœuf elles sont d'un volume suffisant pour que la masse au minium ou au vermillon poussée dans une artère coronaire passe immédiatement dans l'autre artère du cœur. Chez ces animaux, par conséquent, les anastomoses jetées entre les deux systèmes coronaires sont beaucoup plus volumineuses que chez les autres.

Conclusions. — La radiographie des coupes seriées permet d'étudier dans tous leurs détails les artères du cœur.

Nous nous sommes attachés dans ce Mémoire à étudier plus particulièrement trois points relatifs à l'anatomie de ces artères à savoir : leurs caractères morphologiques, leurs territoires, leurs anastomoses.

1° Les caractères morphologiques des artères du cœur sont variables suivant la région considérée : minces, grêles et flexueuses au niveau des oreillettes, elles présentent sensiblement les mêmes caractères au niveau du ventricule droit. Mais dans les parois du ventricule gauche, elles prennent une disposition radiée remarquable par sa constance et sa régularité. Les artères de la cloison interventriculaire se présentent sous forme de volumineux rameaux dont les branches collatérales irriguent

.la paroi correspondante des ventricules. Les parois perforantes antérieures issues de la branche descendante de l'artère coronaire gauche
assurent la vascularisation des deux tiers antérieurs de la cloison; le tiers
postérieur est parcouru par des branches de la coronaire droite.

2º Les territoires des artères coronaires possèdent des limites assez
précises mais susceptibles de certaines variations. En général, le territoire
coronaire droit comprend l'oreillette droite, la cloison interauriculaire,
une partie de l'oreillette gauche, la paroi postérieure du ventricule droit,
le tiers postérieur de la cloison interventriculaire, la moitié de la paroi
postérieure du ventricule gauche et enfin la paroi antérieure du ventricule droit à l'exception de la portion adjacente au sillon interventriculaire
antérieur, laquelle est parcourue par des branches de l'artère coronaire
gauche. Nous avons traduit les variations respectives des deux territoires
artériels dans un tableau.

La seule loi qu'on puisse dégager de la considération de ces faits
consiste dans le défaut de relations apparentes entre la topographie
vasculaire et la différenciation fonctionnelle de l'organe.

3º La question si discutée des anastomoses des artères coronaires est
peut être moins une question de variation individuelle que d'expérimentation.

Sur 20 cœurs, l'essence de térébenthine poussée par l'une des coronaires
passe dans l'autre dans 14 cas. Au contraire, une injection de minium
ou vermillon porphyrisé en suspension dans l'essence de térébenthine
n'a passé que trois fois dans l'artère coronaire non injectée.

Nous en concluons que les anastomoses sont exclusivement de l'ordre
des capillaires sauf certains cas (17 pour 100 environ) où des artérioles
anastomotiques jetées entre les deux artères coronaires sont d'un volume
suffisant pour permettre le passage de ces matières à injection. Chez le
chien, le chat, le lapin, le porc, les choses semblent se passer de la même
manière. Au contraire, chez le cheval et le bœuf les anastomoses sont
d'un calibre suffisant pour permettre dans tous les cas le passage de
grains de vermillon ou de minium d'une artère coronaire dans l'autre.

M. J. PELLEGRIN,

Assistant au Muséum national d'Histoire naturelle.

LES POISSONS D'EAU DOUCE D'AFRIQUE ET LEUR DITRIBUTION GÉOGRAPHIQUE.

(Mémoire hors Volume.)

ANTHROPOLOGIE.

M. L'Abbé A. PARAT.

(Avallon).

L'HOMME QUATERNAIRE D'APRÈS LES GROTTES DU BASSIN DE L'YONNE.

573.3 (12.3) (44.41)

1er Août.

I.

Quand il se présente au chercheur un groupe important de grottes situées dans la même région, et que ces grottes, de différents âges, ont pu être fouillées avec méthode, une conclusion lui est bien permise. Elle lui est fournie par des observations qui embrassent l'hydrologie, la faune, l'habitat, l'industrie, toutes choses qui concourent à faire connaître les populations primitives.

Le bassin de l'Yonne (¹) est le seul qui offre, dans le centre de la France, une série nombreuse, complète, des occupations humaines durant l'époque quaternaire moyenne et supérieure. Il relie, malgré de grandes lacunes, les stationnements de la Belgique à ceux de la Dordogne, se plaçant aussi, pour la richesse, entre les gisements assez pauvres du Nord et ceux du Sud, d'une abondance extraordinaire. Il est intéressant, pour la préhistoire, de noter quel est le caractère de ce trait d'union entre les deux provinces.

Le bassin de l'Yonne compte environ 130 grottes de toutes grandeurs; mais comme celles qui sont situées dans la Côte-d'Or et la Nièvre restent à explorer, on s'en tiendra aux 110 grottes du département de l'Yonne, qui, toutes, ont été l'objet des recherches de l'auteur.

L'histoire de l'homme ne va pas sans la connaissance du milieu où il vit, et il est utile de déterminer, autant que possible, le régime de l'air et de l'eau d'où dépendent les conditions de son existence. Le climat nous est donné en gros par la faune. Une grotte habitée a fourni l'hippopotame qui est une espèce dite *chaude*, et qui, vivant toujours dans l'eau, n'aurait pu supporter des hivers à glace. Mais l'extrême rareté de cet animal doit faire supposer que l'époque quaternaire ancienne est à

(¹) Abbé A. Parat, *Répertoire analytique des grottes du bassin de l'Yonne* (*Bull. Soc. sc. de l'Yonne*, 1909).

son déclin. Les derniers hippopotames se rencontrent avec les animaux
de la zone tempérée, peut-être même avec le renne qui, alors, devait
supporter une chaleur modérée puisqu'il est descendu en Italie.

C'est le début de l'occupation des grottes par l'homme moustérien
qui avait gardé dans son outillage l'amande de Saint-Acheul.

Les premiers dépôts fossilifères des grottes montrent la présence du
renne, qui s'y trouve presque aussi rare que l'hippopotame. Le fond
de la faune est constitué par le lion-tigre, l'ours et l'hyène des cavernes,
le rhinocéros velu et le mammouth associés aux espèces qui sont de toutes
les époques : le loup, le renard, le cheval, le bison, le cerf, etc. Mais
on voit le renne qui progresse et finit par pulluler, tandis que les espèces
carnivores et herbivores des débuts disparaissent l'une après l'autre.
L'apparition des espèces *froides* comme le saïga, le bouquetin, trouvés
à Arcy, et d'autres tout à fait boréales découvertes ailleurs, font connaître
que le climat est devenu sec et rigoureux.

Le régime des eaux peut être aussi déterminé, d'abord par la faune.
Durant le Quaternaire moyen, on constate un groupe varié d'herbivores
de taille peu commune dont l'entretien exigeait une abondante végétation. Cependant les précipitations atmosphériques les plus copieuses
auraient été impuissantes à faire produire à nos maigres terrains calcaires
la ration de ces grands mangeurs d'herbe. Mais il est prouvé que d'épais
dépôts argileux de l'époque tertiaire formaient un sol éminemment
favorable à la végétation.

Des observations directes viennent confirmer les indications fournies
par la faune. A la grotte du Trilobite d'Arcy, une couche de plusieurs
lits de sable de rivière se trouvait intercalée dans les éboulis superposés
au dépôt moustérien. Ces alluvions gisaient à 6,50 m au-dessus de
l'étiage, surpassant de 2,50 m le niveau des plus fortes crues repérées,
lesquelles n'ont déposé que du limon. De plus, on a récolté à Auxerre,
dans les alluvions anciennes, des éclats et des outils de l'époque magdalénienne ancienne (dite aussi *aurignacienne*), ce qui prouve un mouvement des graviers dans le lit majeur qui n'appartient qu'aux grandes
précipitations aqueuses de l'époque quaternaire moyenne.

Cependant, tel n'était pas l'état habituel des eaux courantes, car il
existe au niveau du talweg, c'est-à-dire à 2 m au-dessus de l'étiage, des
grottes assez pauvres dont les débris de faune et d'industrie gisent dans
le limon de rive. Les nombreux galets de rivière qui se trouvent dans les
premières couches archéologiques indiquent bien la facilité qu'avaient
parfois les primitifs de fouiller le lit de la rivière.

II.

La faune qui accompagne les vestiges de l'homme quaternaire, est-il
besoin de le dire, est toute sauvage. Elle comprend 6 carnivores, 4 pachydermes, 7 ruminants, 3 rongeurs et 1 oiseau, l'aigle. C'est à 14 grottes

seulement que l'on doit les débris animaux, et, sur ce nombre, 2 avaient servi de repaires à l'ours qui a laissé à la grotte des Fées d'Arcy la preuve de 200 individus environ.

Le mouvement de la faune est intéressant à étudier quand on a un remplissage de 5 m de hauteur contenant cinq couches fossilifères, ce qui suppose une longue durée. On voit le renne, très rare au Moustérien, devenir très abondant au Quaternaire moyen, puis décroître. Le rhinocéros occupe encore la couche 2 du Magdalénien ancien à os gravés. L'ours et l'hyène passent à la couche 3, mais bien appauvris. Le mammouth leur survit et voit cette couche se déposer complètement. La couche 4, qui représente le Quaternaire supérieur ou récent, ne possède plus que le renne associé au cheval et au bison. Le cerf élaphe, que l'on avait d'abord rapporté à une autre espèce à cause de ses bois et de ses dents énormes, ne paraît plus après le Moustérien. Le sanglier est très rare, et le cheval ou un *equus* de petite taille fait partie de la faune. Le lapin est certainement connu à l'époque, car un de ses os a été effilé en poinçon. Les oiseaux, sauf l'aigle, et les poissons manquent tout à fait.

Comme la présence des ossements dans les grottes est due à la présence de l'homme, la faune pouvait nous éclairer sur la transition de l'époque quaternaire à l'époque actuelle. Or, il n'y a pas de couche de transition. La dernière couche quaternaire, d'ailleurs semblable aux plus anciennes, est un dépôt de détritus de pierraille et d'argile, mais plus maigre, de couleur jaune cru et calcarifère. Celle de l'époque actuelle, tranchant nettement sur la sous-jacente est presque entièrement d'argile acide et de couleur rouge-brun. Les faunes de ces dépôts sont différentes : la couche magdalénienne finit avec le renne, le cheval et le bison ; la couche néolithique accuse une faune mêlée, sauvage et domestique. Le cheval y est extrêmement rare ; le sanglier et le cerf, introuvables en dehors du Moustérien, pullulent au Néolithique. On voit enfin apparaître l'ours brun. Il y a donc, après le Madgalénien, un arrêt dans toutes les manifestations, comme s'il s'agissait de l'extinction ou de l'émigration de l'espèce humaine.

III.

L'homme quaternaire n'a fréquenté que 14 grottes sur les 110 qui sont pourtant groupées, accessibles et relativement saines en quelques-unes de leurs parties. Sur ce nombre, 8 ne possédaient qu'une couche archéologique, 4 en avaient deux, la grotte des Fées en avait quatre, et la grotte de Trilobite, cinq. Le Moustérien, qui se rencontre dans nombre de stations de plein air, où l'amande de Saint-Acheul est assez commune, occupe la base du remplissage des grottes dans 7 d'entre elles ; mais dans 4 seulement, on trouve une ou deux amandes.

Le Magdalénien marque l'époque florissante des cavernes. J'entends par magdalénien tout ce qui n'est pas moustérien ou solutréen, comme je l'ai dit dans mes Notices de grottes. Le Magdalénien est dans 13 grottes dont 7 sont assez pauvres. Il y en a 11 qui n'ont qu'un gisement, 2 en ont trois et quatre. Le Solutréen a été reconnu dans 2 grottes, intercalé entre deux couches de Magdalénien, ancien et récent. Il existe seulement 3 grottes où paraît le Magdalénien récent, à faune exclusive de renne. Deux fois il couronne le remplissage quaternaire; une autre fois, il est seul.

On n'a pas de preuves de véritable habitation, car on ne voit nulle part de foyers importants et d'accumulation de débris. Il y a des traces de foyer dans deux couches moustériennes et deux couches du Magdalénien ancien. Dans la couche 3 du Trilobite, à os gravés, on peut croire à une tentative d'habitation, car sur 5 à 10 cm, le sol était pétri de galets, d'os et de silex, et un large foyer occupait l'entrée de la grotte. La composition des couches donne la raison de cet éloignement des primitifs : ce sont des pierres, des blocs même venus de la voûte, emballés dans l'argile charriée par les eaux d'infiltration à travers les fentes. L'habitation se présentait comme dangereuse et malsaine.

Ce qu'on appelle une *couche archéologique* comprend toujours un lit très fossilifère, à la base, et une épaisseur de détritus, d'un mètre et plus parfois, où sont disséminés les débris animaux et les silex analogues à ceux du lit. Ce fait indique une fréquentation plus suivie au début, et, durant tout le dépôt détritique, la présence de l'homme stationnant non loin. Il n'y a point de couche stérile, ce qu'il faut entendre de l'entrée; car on se rend compte, par les récoltes, que le troglodyte s'y tenait de préférence.

La roche employée pour l'outillage diffère selon les époques. Au Moustérien, on trouve presque autant de roche locale, calcaire grossier du Bathonien, que de silex de la craie de Sens. Au Magdalénien, c'est le beau silex qui est seul utilisé, sauf à la couche 1 où quelques lames sont en calcaire plus compacte de l'Oxfordien. Le Moustérien est certainement inférieur au Magdalénien pour la perfection de la taille, mais cela tient en partie à la matière industrielle.

Le Moustérien possède les types classiques : la lame, la pointe, le racloir, le grattoir latéral et le disque, mais l'amande de Saint-Acheul y est encore. On trouve aussi, dans plusieurs gisements, les boules polyédriques en calcaire, dites *pierres de jet*, nombreuses, de taille et de grosseur assez uniformes, ce qui dénote un travail intentionnel.

Le Magdalénien, soit ancien, soit récent, offre les types connus de racloirs, grattoirs, burins, pointes; mais le premier offre certaines formes qui le font distinguer de l'autre et l'ont fait appeler *aurignacien*. La couche 1 a déjà l'os travaillé : le poinçon. La couche 2, celle des os gravés et scuplltés, offre la pointe de sagaie et le lissoir, mais le harpon fait défaut. On y trouve les minéraux colorants : la limonite, l'hématite, le manganèse, et d'autres comme l'ardoise et le trachyte. Les objets de parure sont les dents percées, les coquilles vivantes de la Manche et les coquilles fossiles du bassin parisien. Deux dessins sont à noter :

l'un sur os, d'un rameau feuillé, l'autre, sur schiste, d'un rhinocéros.

La couche 3 appartient au Solutréen. La pointe à cran et la pointe de lance manquent, mais de nombreuses lames sont retouchées sur le dos; la taille du silex atteint sa perfection. Comme dans la couche précédente, il se trouve l'os ouvré : le poinçon et la pointe de sagaie, mais sans trace de gravure.

La couche 4 est le Magdalénien récent en tout semblable à celui de la couche 2, sauf que la gravure est très simple. Il faut signaler ce fait que, dans cette couche, les pointes à tranchant abattu sont du type classique, tandis qu'ailleurs elles ont une forme torse, et le dos seul est retouché. On n'a pas trouvé de gisement qui présentât sûrement la transition du Moustérien au Magdalénien. Quant à la présence de la poterie dans les couches paléolithiques, on n'a jamais pu la rencontrer dans des fouilles faites avec méthode; je l'ai prouvé au Congrès des Sociétés savantes de 1908 (*Bull. arch.*, 1908).

L'homme lui-même a laissé quelques pièces de son squelette : un fragment de mâchoire et quelques vertèbres. La mâchoire d'Arcy est connue; je crois pouvoir la classer dans le Moustérien, d'après les recherches que j'ai faites dans la grotte des Fées. Elle est de l'époque du repaire d'ours, et l'amande de Saint-Acheul faisait encore partie du mobilier. Le caveau funéraire de Saint-Moré, dont les ossements empâtés dans la concrétion étaient associés à la poterie, ne peut figurer dans l'époque quaternaire.

<h1 style="text-align:center">IV</h1>

Serait-il possible de donner un chiffre sur la durée probable de l'occupation des grottes, ou tout au moins sur l'âge d'une couche par rapport à une autre? On a tenté l'évaluation des temps quaternaires en observant les effets des causes naturelles; et il n'y a vraiment que ce moyen, mais l'application en est délicate. L'expérience a montré combien il était hasardeux de prendre pour des mesures constantes des effets essentiellement variables. Cependant une observation faite dans les grottes mêmes m'a semblé moins sujette que les autres à l'erreur.

Un fait général, constant dans les cavernes fossilifères, c'est la parfaite conservation des ossements soit entiers, soit fragmentés. On peut s'en rendre compte dans le Musée des grottes [1]. Or on sait qu'un os longtemps exposé aux alternatives du froid et de la chaleur, de l'humidité et de la sécheresse, s'altère, s'effrite et finit par se réduire en poussière. Mais du moment qu'il est soustrait aux influences de l'air par une couche protectrice suffisante, il échappe à la destruction.

Dans ce cas on peut essayer d'établir un calcul; et la grotte du Trilobite paraît dans les meilleures conditions pour le faire. Il s'y trouve

---

[1] Ce musée se trouve à Joigny, dans l'école Saint-Jacques, visible pour tout le monde.

à l'entrée, et à l'entrée seulement, là où l'action de l'air s'exerçait le plus, un remplissage d'éboulis de 5,5o m de hauteur qui s'étale même en partie dehors, car le toit s'est reculé peu à peu de 7 m. Ce remplissage détritique, reposant sur les alluvions, comprenait cinq couches : à la base, une couche moustérienne, puis deux couches du Magdalénien ancien, une du Solutréen, une du Magdalénien récent, enfin, une couche à poterie; il n'y avait pas de couche stérile.

Quel âge pouvait-on assigner à ce dépôt : 100 000 ans ou plus encore?

Au point de vue géologique, rien ne s'oppose à une telle lenteur dans le dépôt. Mais la masse contenait à tous les niveaux des os entiers ou fragmentés en bon état, ce qui oblige certainement à restreindre la durée dans une mesure qu'il faut déterminer. Quel temps un os exposé à l'entrée d'une grotte exigerait-il avant de subir une détérioration? On peut mettre 5 ans, par exemple; et alors il faut admettre qu'une couche de détritus de 5 cm, suffisante à le recouvrir, s'est formée dans ce laps de temps. On aurait, dans cette hypothèse, une durée de 55oo ans pour la formation du remplissage qui va de la fin du Moustérien au Néolithique. On pourrait la réduire vu l'activité des causes destructives au Quaternaire.

Quelque loi des forces naturelles s'oppose-t-elle à ce calcul? On voit, il est vrai, la faune évoluer, mais l'évolution est ici simple déplacement, dispersion ou extinction. On voit de même des climats différents régner sur nos contrées, mais on ignore quelles causes plus ou moins persistantes les ont produites. Le fait reste quand même, et l'on peut traduire l'hypothèse en expérience en exposant à l'entrée d'une grotte divers ossements. Il resterait à tenir compte de la différence des régimes, car les climats du Quaternaire devaient être plus défavorables à la conservation de l'os.

Quoi qu'il en soit, cette manière d'envisager la durée de ces temps m'a paru plus satisfaisante que celle qui peut venir des impressions du fouilleur de grottes. Qu'est-ce, en effet, pour le bassin de l'Yonne, centre de populations unique du bassin de la Seine, que ce petit nombre de grottes fréquentées, et de couches archéologiques, cette rareté de débris animaux, ces quelques milliers d'éclats de silex. Il n'y a rien là qui donne l'impression d'une longue durée ou d'une population même médiocrement nombreuse; on serait tenté de restreindre l'une et l'autre à l'excès. L'observation faite sur la conservation des os des grottes fournit une base rationnelle de calcul qui satisfait mieux l'esprit et le préserve des évaluations sans portée.

M. C. BOYARD,

Membre de la Société préhistorique française
et de la Société des Sciences historiques et naturelles de Semur,
Instituteur public (Nan-sous-Thil, Côte-d'Or).

L'ABRI SOUS ROCHE DU « PORON DES CUÈCHES ».

571:81·(44·42)

1ᵉʳ Août.

SITUATION. NATURE DU TERRAIN. DESCRIPTION DU GISEMENT. —
L'abri sous roche du *Poron des Cuèches* est situé presque au sommet
de la *Montagne* de Nan-sous-Thil, sur le flanc méridional. Les coordon-
nées géographiques sont les suivantes : Longitude est : 2°,2366; latitude
nord : 52°,6375. Le terrain est constitué par les assises inférieures du
Bajocien. Une ligne discontinue de rochers sillonne le coteau à l'altitude d'environ 467 m. Ces rochers isolés laissent entre eux des intervalles
variables, souvent inférieurs à 2 m. Par places, la ligne des rochers
est double et forme une sorte de couloir d'une dizaine de mètres
de largeur. C'est dans un de ces couloirs qu'est le gisement.

L'abri est situé sous la ligne septentrionale des rochers; en avant, c'est-
à-dire au Midi, est la deuxième ligne. Ces rochers s'élèvent actuellement
de quelques mètres seulement au-dessus du sol, mais la hauteur n'est
pas la même sur les faces nord et sud, en raison de la déclivité du terrain;
elle varie suivant le côté de 1 à 3 mètres.

Le calcaire du Bajocien s'est délité en plaques plus ou moins épaisses,
appelées *laves* dans le pays, et les éboulis mêlés de terre descendue du
sommet peu éloigné et peu surélevé du plateau, couvrent la pente.
Souvent les plaques détachées des rochers se sont à leur tour morcelées
et forment des couches de pierrailles de la grosseur du poing.

Lorsque je commençai la fouille, le rocher formant l'abri émergeait
du côté sud (côté de l'abri) de 75 cm seulement; du côté nord, il se confondait avec le terrain environnant, dont il suivait la pente. Le surplomb
visible formant corniche avait 75 cm de profondeur, mais avec le déblaiement la concavité de la roche l'augmenta sensiblement. Le vide entre
la surface du terrain et la face inférieure de la corniche était de 50 cm
seulement. On ne pouvait s'y introduire qu'en rampant.

Rien n'indiquait donc un gisement dans cet abri complètement
comblé, et je dois avouer, pour être vrai, qu'au début de mes travaux,
je ne pensais nullement à un abri sous roche, magdalénien ou autre,
mais qu'ayant fouillé, à 200 m de là, la station robenhausienne de

Champ de Soueille (¹), je cherchais seulement, à défaut de grottes sépulcrales absentes dans la région, une inhumation néolithique adossée à un rocher. Pour une fois, au moins, je fus bien servi, puisqu'après avoir trouvé l'inhumation, je pus, en fonçant plus bas, trouver une couche fossilifère qui me mit sur la voie.

DÉNOMINATION ET PHILOLOGIE. — Tout le plateau d'environ 100 hectares porte le nom générique de *la Montagne.* Mais l'un des rochers formant le couloir porte dans le pays celui de *Poron des Cuèches* (²), et bien que ce rocher ne soit pas celui de l'abri, dont il est distant de 8 m seulement (il fait partie de la bordure méridionale du couloir), il m'a semblé que cette dénomination pouvait être étendue à tout le groupe de rochers et je l'ai adoptée, à défaut d'autre.

Cuèches, en patois local, signifie *cloches.* Le Poron des Cuèches est donc le Poron des Cloches. D'où vient ce vocable? La tradition ne nous apprend rien de satisfaisant à cet égard. On peut supposer que le mot vient de ce que du haut de la plate-forme du rocher on perçoit facilement le son des cloches des églises des villages environnants. Peut-être aussi, au moyen âge, quelques lépreux ont-ils été relégués ou se sont-ils retirés en ce lieu facilement abritable, attirés par la source pérenne située à proximité. Le vocable viendrait alors de la clochette que ces malheureux devaient agiter constamment dans leurs déplacements pour avertir de leur présence.

FOLKLORE. — Le *Poron des Cuèches* a d'ailleurs sa *légende.* J'ai pu obtenir des vieillards du pays les renseignements suivants : Dans leur jeunesse, quand, dans une maison peu hospitalière, on refusait d'ouvrir pour la nuit les portes de la grange ou de l'écurie au mendiant vagabond, on l'envoyait loger au Poron des Cuèches. De même, dans le village, dans la famille, hommes et femmes en discussion s'envoyaient réciproquement... promener... au Poron des Cuèches.

Il semble bien qu'il y a dans ces réminiscences le souvenir d'une lointaine habitation du Poron des Cuèches — qu'en la circonstance nous faisons remonter aux temps préhistoriques.

FOUILLE. DESCRIPTION DES COUCHES ARCHÉOLOGIQUES. — Malgré les nombreux restes obtenus dans la fouille d'une vingtaine de mètres carrés, l'importance et l'étendue du gisement sont telles que la présente Note ne peut être que préparatoire et doit seulement servir d'amorce à une étude complète, qui ne pourra venir qu'après l'exploration totale de l'abri.

(¹) *Voir* au sujet de cette station mes Notes à la *Revue préhistorique illustrée de l'est de la France,* année 1909, n° 3, et au *Bulletin de la Société des Sciences de Semur,* année 1910.

(²) On nomme *Poron,* dans le pays, toute roche à surface arrondie ou plane affleurant le terrain ou d'une petite élévation au-dessus du sol.

Il serait prématuré, en effet, de faire actuellement une analyse générale du mobilier, quelqu'abondant qu'il soit. Je me bornerai donc, dans
cette première Note, à donner la description des différentes couches
archéologiques que la fouille a mises en évidence, avec l'indication
sommaire du mobilier de chacune d'elles. Le reste viendra après la
campagne 1911-1912.

Le rocher formant abri présente actuellement une façade de 6 m de
long, surplombée d'une corniche. La fouille a porté sur la presque
totalité de cette longueur et sur une largeur de 4 m. Environ 24 m²
ont été déblayés contre la paroi du rocher et ce, jusqu'à la profondeur
de 1,50 m. A ce niveau fut trouvé le plancher de la couche *tardenoi-
sienne*. Au-dessous de ce plancher un sondage de 2,50 m de long sur 1,20 m
de large fut fait sur une hauteur de 2,50 m. La profondeur totale de la
fouille est donc de 4 m.

45 m³ de terre ont été déblayés, ce qui représente un travail considérable, étant donné que tous les déblais ont été soit passés au crible, soit
tenus à la main poignée par poignée.

Cette méthode a le défaut d'être longue et coûteuse, mais elle permet
de ne laisser échapper que très peu d'objets, même parmi les plus petits.

Les différentes couches trouvées sont les suivantes, numérotées en
partant de la surface : .

Couche I. — Terre végétale et débris du rocher, épaisseur : 30 cm. Stérile.

Couche II. — Terre noire, mêlée de débris pierreux, épaisseur : 20 cm.

Restes industriels : Silex taillés; un fragment d'anneau-disque poli en
serpentine noble, diamètre de l'évidement intérieur : 4,5 cm; diamètre total :
12,5 cm. L'arête extérieure du disque n'est pas tranchante, mais au contraire
épaisse et polie, de même que l'arête intérieure. Pas de haches polies ou pré-
parées pour le polissage.

Poterie néolithique, du bronze et peut-être même du fer; mélange : environ
deux cents fragments, quelques-uns assez volumineux; un certain nombre
de rebords.

La poterie néolithique est soit de pâte grossière, soit de pâte plus fine lustrée
noire. Un seul fragment porte comme ornement quatre lignes parallèles;
d'autres, des mamelons saillants.

La poterie des âges du bronze et du fer ne porte pas d'ornements.

Pas de traces de métal.

Un foyer de 20 cm d'épaisseur, formé de cendres très compactes et couvrant
un carré de 60 cm de côté, se trouvait sur la face ouest de l'abri, à 1 m du
rocher.

Dans cette couche se trouvaient *les restes d'une sépulture probablement
néolithique*. Des fragments de crâne furent trouvés près de la paroi
du rocher avec, à proximité et en place, la plus grande partie d'un cubitus
humain.

Le fragment d'anneau-disque et la poterie déterminent suffisamment l'époque de cette couche, qui appartient au *Robenhausien;* mais l'habitat a dû être de courte durée pendant cette époque, l'abri achevant de se combler.

Les Néolithiques l'abandonnèrent alors pour se fixer dans la station de *Champ de Soueille*, située à 200 m.

La poterie plus récente fait penser qu'en de courts séjours l'abri fut de nouveau utilisé aux âges du bronze et du fer.

Couche III. — Petites pierres fortement tassées, épaisseur : 15 cm. Stérile.

Couche IV. — Terre noire, très fine, mêlée de quelques pierres; épaisseur : 80 cm.

INDUSTRIE. — *Silex :* nombreux restes d'une industrie *microlithique exclusivement taillée* — 2784 pièces entières, fragmentées, ou éclats — nombre considérable pour une si petite surface. Parmi les pièces entières, on peut citer des perçoirs de différentes formes, des perçoirs-grattoirs, des grattoirs, des burins, des lames, de belles lamelles à dos abattu, pointues aux deux extrémités, des pointes de flèches finement retouchées, etc.

Os travaillés nombreux : poinçons, sagaies, lissoirs. Quelques-uns portent des traits gravés, des entailles; d'autres ont servi de pendeloques. Défenses de sanglier.

Trois *dents percées :* une de blaireau; une défense de jeune sanglier; la troisième est indéterminée.

Plus de *cinquante fragments de matières colorantes*, notamment de sanguine, ont été trouvés dans la partie fouillée de cette couche. Plusieurs portent des stries laissées par une pointe de silex.

Nombreux *ossements de cuisine* et dents d'animaux divers.

Un foyer d'une épaisseur de 40 cm partant de la paroi du rocher occupait le centre de l'abri; sa surface était de plus de 2 m². La masse des cendres était si compacte qu'on pouvait à peine l'entamer à grands coups de pic. De nombreux objets, ossements de cuisine, os travaillés, silex y furent trouvés. Ce foyer reposait à même sur le plancher de l'abri, formé de petites pierres très tassées. Aucune bordure de grosses pierres ne le limitait, mais à 50 cm, se dirigeant obliquement sur la paroi du rocher, un bloc parallélipipédique de 1 m de long, sur 20 cm de large et 30 cm de hauteur, avait dû servir de siège.

Sous le foyer, *trois* petits fragments de poterie, épaisse de 3 mm, furent trouvés isolément. Aucun autre fragment dans la couche entière. Particularité extrêmement surprenante, car la partie déblayée a donné 2784 pièces de silex, fragments ou éclats, un nombre très grand d'os industriels ou débris de cuisine et trois fragments de poterie seulement ! La pâte de cette poterie ne ressemble nullement à celle de la couche II et paraît assez fine; apparemment aucun grain cristallin n'y a été incorporé; elle devient luisante si on la frotte avec le doigt.

Elle ne peut provenir de la couche supérieure; *aucune trace de remaniement, ni d'animaux fouisseurs* n'a été constatée dans la masse totale très compacte de l'abri. Et cette poterie, beaucoup plus ancienne évidemment que celle de la couche *robenhausienne*, est beaucoup plus fine qu'elle.

Les trois fragments ont été soumis, au Congrès de Dijon, aux membres de la Section d'Anthropologie. M. Franchet, qui les a examinés, les estime cuits à feu libre à la basse température d'environ 500°.

Ont été également présentés au Congrès de Dijon quatorze cartons contenant environ 600 instruments microlithiques de silex.

L'outillage microlithique de la couche IV présente un facies qui rappelle un Magdalénien dont quelques pièces typiques feraient défaut; son examen établit pourtant qu'il appartient au *Tardenoisien*. C'est aussi l'avis de M. Déchelette, à qui, en juin dernier, j'adressai des spécimens pour examen, et de M. Adrien de Mortillet que j'eus la bonne fortune d'avoir comme compagnon d'hôtel à Dijon et qui, à ma prière, examina l'outillage lithique et osseux que je devais présenter au Congrès.

La détermination des ossements, faite par M. l'abbé Parat, vient d'ailleurs confirmer ce classement : la faune ne comprend que des espèces de l'époque actuelle, notamment le loup, le cochon, le sanglier, le bœuf, le cheval (rare), etc.

Couche V. — Petites pierres et sable très agglomérés, formant masse très dure. Épaisseur : 60 cm. Stérile.

Couche VI. — Sable aigre. Épaisseur : 10 cm. Très nombreux petits ossements de rongeurs, sans restes industriels.

Couche VII. — Débris du rocher, de petite grosseur, agglomérés en une sorte de brèche stalagmitique. Épaisseur : 30 cm. Stérile.

Couche VIII. — Terre argileuse jaunâtre, mêlée de débris du rocher (¹). Le sondage fait dans cette couche a déjà une profondeur de 1,50 m, et la couche continue.

Elle a donné les restes d'une industrie lithique et osseuse. Parmi les silex, assez rares jusqu'alors, se rencontrent les formes pures du *Magdalénien*, notamment le grattoir sur bout de lame, le burin classique et type bec-de-perroquet.

Comme instruments osseux, il faut citer surtout des poinçons formés de petits canons appointés; d'autres en bois de renne; un fragment de sagaie en bois de renne, à base conique; une petite tige cylindrique d'os poli, fragmentée aux deux extrémités et qui était peut-être une aiguille, une petite plaque de schiste ardoisier, etc., etc.

Un certain nombre d'os portent des traits gravés, des entailles. D'autres, plats, paraissent être recouverts de véritables gravures d'animaux, parmi lesquelles j'ai cru voir une tête de cheval, un bovidé, un éléphant, etc. Mais je fais ici toutes réserves à ce sujet : les traits sont tellement enchevêtrés, la gravure si peu profonde, que leur examen par un maître spécialiste devient nécessaire.

Les ossements de cuisine sont assez nombreux. Ils ont été déterminés par M. l'abbé Parat, qui a poussé l'obligeance à mon égard et le dévouement à la Science jusqu'à faire le voyage d'Avallon à Nan-sous-Thil, pour visiter l'abri et examiner son industrie. Il a confirmé la stratification décrite ci-dessus et déterminé la faune, toute quaternaire. Le renne et le cheval sont représentés par des dents assez nombreuses et d'autres ossements.

En résumé, l'abri sous roche du Poron des Cuèches présente la coupe suivante :

(¹) Vers le milieu du sondage, la surface entière fut trouvée recouverte d'une large dalle de 30 cm d'épaisseur que l'ouvrier prit d'abord pour la roche naturelle. Il fallut, à grand'peine morceler ce bloc pour pouvoir le dégager et l'enlever. L'industrie magdalénienne se retrouva au-dessous.

I.	Couche végétale, stérile		0,30
II.	» robenhausienne		0,20
III.	» stérile, pierres		0,15
IV.	» tardenoisienne		0,80
V.	» stérile, pierres		0,60
VI.	» à ossements de petits rongeurs		0,10
VII.	» stérile,-pierre stalagmite		0,30
VIII.	» magdalénienne		1,55

Profondeur actuelle de la fouille...... 4,00

Mais, comme il est dit ci-dessus, le niveau inférieur de la huitième couche n'est pas encore atteint, et peut-être trouvera-t-on autre chose plus bas.

CONCLUSION. — L'abri sous roche du *Poron des Cuèches* présentera une grande importance pour la science préhistorique régionale lorsque son exploration sera complète.

Tout d'abord, il constitue le premier gisement magdalénien signalé dans la Côte-d'Or.

De plus, c'est la première fois que le Magdalénien est trouvé *sous un abri* dans la région de l'Est. M. l'abbé Parat et d'autres savants ont, en effet, exploré nombre de grottes magdaléniennes dans l'Yonne, mais ils n'ont pas trouvé un seul abri sous roche de cette époque.

D'un autre côté, *la superposition dans un milieu non remanié et en stratification très nette, avec couches intermédiaires stériles, des niveaux robenhausien, tardenoisien et magdalénien,* est non moins intéressante.

Pour terminer, ce m'est un devoir et un plaisir de renouveler ici mes vifs remercîments à MM. Déchelette, Adrien de Mortillet et surtout à M. l'abbé Parat, qui ont si gracieusement mis à mon service leur science archéologique et paléontologique.

M. BOSTEAUX PARIS,

Maire, Cernay-les-Reims (Marne).

PRÉSENTATION D'UN POIGNARD EN SILEX DÉCOUVERT A SAINT-SOUPLET (MARNE) DANS UNE GROTTE SÉPULCRALE NÉOLITHIQUE.

571.25 (12.32) (44.32)

1er Août.

Lors de la construction de la ligne de chemin de fer de Bétheniville à Chaleronge, les travaux exécutés pour l'élargissement de la voie mirent à découvert l'entrée d'une grotte sépulcrale néolithique, quelques crânes furent mis à découvert, mais la cavité de cette grotte ne fut pas explorée, seulement M. Noël, notaire à Saint-Souplet, trouvant cette excavation singulière, se mit à examiner sommairement cet excavation qui avait son entrée dans un talus greveux, voulant se rendre compte sans en connaître l'importance, se mit à gratter la terre noire

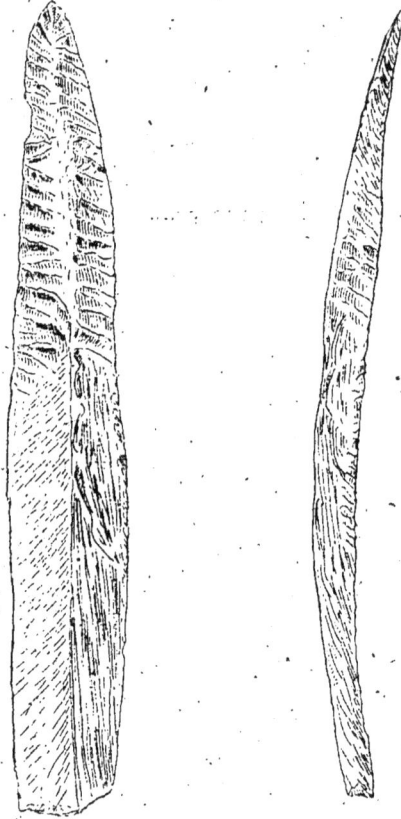

qui remplissait l'entrée de cette hypogée, en retira un joli poignard en silex et plusieurs crânes. Ce poignard mesure 0,20 cm de longueur, il est en silex de la craie, et finement retouché, sur environ moitié de sa longueur; la partie inférieure non retouchée pouvait servir de couteau et la partie supérieure de poignard, ainsi qu'on peut en juger par le dessin ci-joint.

Grâce à l'amabilité de M. Noël, j'ai pu communiquer cette belle pièce, qui nous confirme encore une fois l'existence de l'homme néolithique dans nos plaines champenoises avant l'arrivée des tribus gauloises dans notre région.

Les fouilles de cette grotte sépulcrale seront continuées incessamment, afin d'en recueillir pour l'histoire primitive du pays rémois tous les documents qui y sont encore enfermés.

M. ÉMILE SCHMIT.

(Châlons-sur-Marne).

QUELQUES RÉFLEXIONS RELATIVES AUX ÉTUIS EN BOIS DE CERF OU EN OS D'ÉPOQUE NÉOLITHIQUE QUI AURAIENT SERVI, D'APRÈS CERTAINS AUTEURS, DE FLACONS A OCRE.

571.52 (12.32)

1er Août.

Au cours de fouilles néolithiques faites tant à Châlons-sur-Marne que dans la vallée du Petit-Morin, j'ai recueilli un assez grand nombre de petits étuis en andouillers de cerf.

Fig. 1. — Le manche et l'outil.

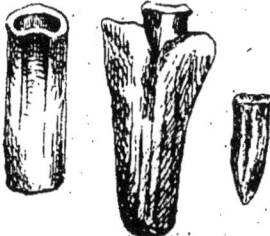

Fig. 2. — Représentation des flacons signalés par M. Aug. Nicaise.

Fig. 3. — Tube en canon de renne ayant servi de flacon à ocre. Grotte des Cottés, à Saint-Pierre-de-Maillé (Vienne), niveau pré-solutré en ¼ grand., collection de Rochebrune.

De petits tranchets en silex qui se trouvaient soit aux alentours immédiats, soit même en place dans ces étuis ouverts à une extrémité et fermés à leur base, m'ont fait conclure, ainsi qu'à MM. Vauvillé, de Mortillet ([1]) et à la plupart des archéologues qui se sont occupés de la question, que ces étuis étaient le manche des outils dénommés *tranchets à tranchant transversal*.

M. l'abbé Barré ([2]), qui le premier en fait mention, les signale sans plus ample réflexion.

M. de Baye ([3]) dit qu'il est difficile de formuler à leur égard une appréciation absolue en l'absence de renseignements positifs.

M. Auguste Nicaise, qui rencontra ces cylindres dans *les puits funéraires de Tours-sur-Marne*, en compagnie de nombreux tranchets à tranchant transversal, en donne ([4]) le commentaire suivant :

« Les objets en os consistent d'abord en trois flacons en os organisés avec une partie d'un os long d'animal dont la partie médullaire a été évidée et obturée d'une manière fixe d'un côté par un bouchon de même nature, de l'autre par une obturation en os également mais mobile.

« Ces flacons étaient destinés, on le suppose, à renfermer l'ocre ou le fer oligiste dont les populations de cette époque se servaient pour se peindre les différentes parties du corps. On a trouvé des objets de même nature dans quelques stations de l'âge du renne et certains d'entre eux laissaient encore apercevoir des traces de la matière colorante qu'ils renfermaient. »

Bien que M. l'abbé Breuil, dans la *Revue de l'École dAnthropologie de Paris* (février 1906, p. 53), ait signalé des tubes en canon de renne ayant servi de flacons à ocre, ainsi que le témoigne l'ocre retrouvé dans le tube représenté ci-contre, l'emploi de ces objets à destination de flacon me rend un peu sceptique, tout au moins en ce qui concerne le département de la Marne. En voici la raison : parmi les étuis ou manches d'outils en andouillers de cerf que j'ai récoltés obturés par un bouchon, deux des étuis montraient d'un côté une obturation produite par un bouchon alors que l'autre extrémité de la pièce était ouverte pour le logement de l'outil. Dans un troisième exemplaire, qui est ouvert dans le bas et dans le haut, le milieu du manche de l'outil est traversé de part en part par une véritable bonde ou broche, qui devait avoir pour objectif d'empêcher le recul de l'outil.

En raison de l'observation de ces faits, je conclus donc qu'il y a des réserves à faire, dans le département de la Marne, au sujet des bouchons en os que l'on trouve en compagnie des étuis en os ou en andouillers de cerf. Il faut voir, à mon avis, en ces tubes en bois de

([1]) *Bulletin de la Société d'Anthropologie de Paris*, 1888, p. 456; 1892, p. 191 ; 1892, p. 491.

([2]) L'abbé BARRÉ, *Étude historique sur Chouilly*, p. 26. In-8, imprimerie Martin, Châlons-sur-Marne, 1886.

([3]) J. DE BAYE, *L'Archéologie préhistorique*, p. 347. Grand in-8, imprimerie Ernest Leroux, Paris, 1880.

([4]) *Mémoire de la Société d'agriculture, commerce, sciences et arts du département de la Marne* 1874-75.

cerf munis de bouchon, non des flacons à ocre ou à fer oligiste, mais des manches d'outils dans le fond altéré ou creux naturellement a été obturé par un bouchon tampon.

Ce mode d'obturation a été observé sur des pièces de plus forte dimension.

Provenant des dragages de la Marne à Épernay, la collection Gardez,

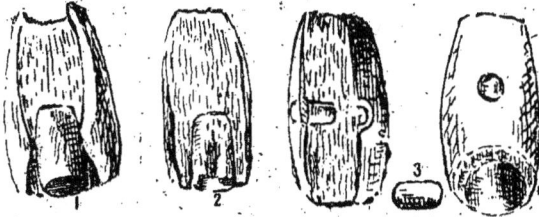

Fig. 4. — 1, 2. Deux manches d'outils obturés d'un côté par un bouchon ; l'autre extrémité est ouverte pour le logement de l'outil ; 3. Manche ouvert aux deux extrémités, mais latéralement traversé par une cheville destinée à l'arrêt de l'outil.

de Reims, montre le talon d'une gaine de hache en corne cerf restauré par un morceau d'os de même nature.

L'ouvrage des *Antiquités et monuments du département de l'Aisne*, par ÉDOUARD FLEURY, présente (*Pl. XII*, p. 88) deux talons de haches sortis de foyers néolithiques de Chassemy avec des réparations identiques.

M. CUNISSET-CARNOT,

Premier président de la Cour d'Appel (Dijon).

SUR UN SILEX COLORÉ.

571.25

31 *Juillet.*

Le silex que j'ai fait passer sous les yeux des membres de la Section a été trouvé en 1897 dans une tranchée en construction du chemin de fer de Beaune à Saint-Loup-de-la-Salle par des ouvriers terrassiers et m'a été remis par leur contremaître, M. Lagron. Une autre lance de même forme a été trouvée dans le voisinage, avec, au cours des travaux, deux autres très belles lances du Solutréen.

Le terrain où la tranchée a été ouverte est la couche diluvienne sur alluvions de sable et de cailloux, comme celui de toute la plaine de Saône, de la chaîne de la Côte-d'Or aux premiers contreforts du Jura.

Cette lance en silex d'une époque assez difficile à déterminer, car elle offre en même temps les caractères du Moustérien, du Solutréen et du

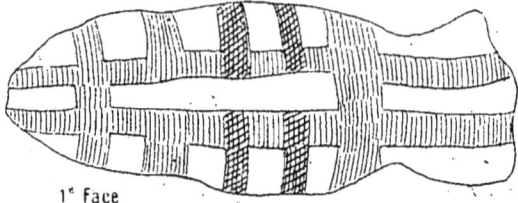

1ʳᵉ Face

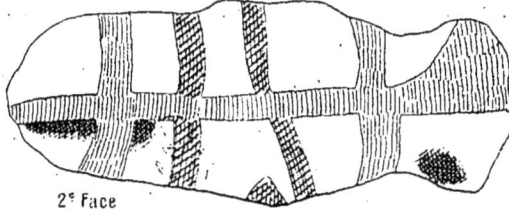

2ᵉ Face

Magdalénien, présente cette particularité unique d'être ornée d'un grossier dessin linéaire polychrome, lilas, noir et jaune.

En dehors des galets colorés étudiés par M. Piette, *aucune pièce* de silex n'est connue qui soit ainsi ornée en couleurs. Cette lance, jusqu'ici est donc unique. Les couleurs en sont si solides qu'attaquées par moi à l'aide d'acide sulfurique, elles n'ont pas cédé.

M. LE Dᵣ E. MARIGNAN.

LA STATION ÉNÉOLITHIQUE DU GRAND BOIS DE LA ROUVIÈRE A SALINELLES (GARD).

571.8 (44.83)

31 Juillet.

La station du Grand Bois de la Rouvière est située à 500 m au nord de la ferme de la Rouvière, dans la commune de Salinelles (Gard), sur une colline dont l'altitude est de 122 m.

Cette colline, constituée par le calcaire lacustre éocène, est limitée à l'Est et au Nord par des pentes extrêmement raides, au pied desquelles coulent le Vidourle et son petit affluent le Quiquillian. Son sommet n'est facilement accessible que par le Sud et l'Ouest.

Tout le plateau supérieur est couvert par des murs d'enceinte de 1,50 m à 2 m de hauteur, sur 2 ou 3 m d'épaisseur, dirigés dans tous les sens et enclosant des esplanades rectangulaires, plus ou moins grandes, qui communiquent entre elles par des portes. Ces murs sont constitués par deux parements en gros blocs polyédriques, dont l'intervalle est comblé par des pierrailles

De ces murs d'origine gauloise, et qui consti uaient, non un habitat permanent, mais plutôt un refuge temporaire, nous n'avons pas, pour le moment, à nous en occuper. Ils ne sont pas préhistoriques, ils sont bien postérieurs à l'âge de la pierre. Mais ils sont bâtis sur l'emplacement d'une importante station énéolithique.

Mon parent, M. Grand de Gallargues (Gard), a fait exécuter dans ce gisement des fouilles suivies et fructueus s, auxquelles j'ai pu m'associer, grâce à la subvention qu'a bien vou u m'accorder l'Association française pour l'Avancement des Science .

A 50 ou 60 cm de profondeur en moyenne, en contact avec le roc sous-jacent, qui constitue une ai e plane et unie, de nombreux fonds de cabanes ont été mis à jour. Leur diamètre ne dépasse guère 3 m.

Du terreau noirâtre qui remplit ces fonds de huttes ont été exhumés les objets suivants :

1° Poinçons en os polis et effilés; .

2° Lissoirs et ciseaux en os;

3° Cornes de cerfs ayant pu servir de manches d'outils ou de perçoirs.

4° Une perle en ambre et d'autres perles en diverses matières.

5° Amulettes et pendeloques en os.

6° Une amulette anthropomorphe en calcaire, semblable à celles trouvées en Espagne, et dans la première ville d'Hissarlik.

7° De minces plaquettes de schiste taillées, à surface planes, comme celles qui ont été signalées dans les tombes de l'Égypte pharaonique, dans les dolmens de l'Aveyron, et qui, du reste, étaient encore en usage chez les dames romaines pour préparer leurs fards.

8° Des pointes de lances, des pointes de flèche, des grattoirs, des perçoirs, des scies en silex, qui sont parmi les plus beaux de la vallée du Vidourle.

9° De nombreux débris de vases à pâte grossière ou fine, caractéristiques de la fin de l'âge de la pierre polie, et des fragments de moules à fromages, ustensiles qui se rencontrent pour la première fois dans la région.

10° Quelques haches polies en silex ou en roches vertes.

11° Enfin un bracelet en bronze ou en cuivre (l'analyse n'a pas été faite) composé d'un simple fil, et trois petits poinçons fusiformes (bronze ou cuivre), pareils à ceux qui ont été signalés, du début de l'âge des métaux, dans l'Aveyron, la Lozère, l'Ardèche, le Gard et dans quelques autres départements du Sud-Est.

On en connaît aussi des palafittes du lac de Varèze, et de la péninsule ibérique

M. de Saint-Venant évaluait, il y a peu de temps, à une quinzaine le nombre de ces petits outils trouvés dans le Gard. Il faut ajouter à ce chiffre, les trois poinçons de M. Grand provenant du grand bois de la Rouvière.

M. Dechelette, qui a vu des outils semblables récoltés dans la Bohême les regarde comme des aiguilles à tatouer :

Amulette anthropomorphe, plaquettes de schiste, alènes en métal (cuivre ou bronze), swastika de la station voisine (8 km) de Junas, sépultures en coupoles de la nécropole voisine (8 km) de Calvisson signalée et fouillée par moi dès 1891, bétyles provenant de ces sépultures, tout cela constitue un ensemble de découvertes absolument nouvelles pour la région; et soulevant de très gros problèmes que je me contente, pour aujourd'hui, de noter, ne voulant pas encore entamer une discussion, qui viendra mieux à son heure, quand nos recherches seront terminées.

Je veux dire toutefois, avant de finir, que les analogies qui existent entre nos trouvailles de la vallée du Vidourle et celles de la même époque, fin de l'âge de la pierre polie, exhumées en Espagne et dans l'Asie Mineure (première ville de Troie), me paraissent de nature, non à fortifier, mais plutôt à dissiper le mirage oriental.

M. L. FRANCHET,

- Asnières (Seine).

OBSERVATIONS SUR LA CÉRAMIQUE
RECUEILLIE DANS L'ENCEINTE DU CHATELET DE VAL-SUZON.

571.55 (44.42)

5 Août.

Au cours de l'excursion dirigée par le Dr Brûlart hier 4 août, au camp du Chàtelet de Val-Suzon, j'ai pu recueillir d'après ses indications, de nombreux fragments de poteries, enfouies à une faible profondeur (30 à 40 cm) et qui peuvent appartenir, d'après les observations antérieures faites par divers archéologues, notamment par M. Clément Drioton, aux époques du Bronze et du Hallstatt.

Ces poteries, toutes à l'état de fragments, sont en général très grossières; elles ont été cuites à faible température, 700° environ en feu réducteur au début de la cuisson, et oxydant à la fin comme en témoignent d'une part l'intérieur brun noir de la pâte et d'autre part la couleur rouge brique des parties externes. Quelques-unes, cependant, sont complètement fumigées.

Bien que le point de cuisson ait été peu élevé, il était suffisant pour donner à la pâte une bonne solidité. Il n'en est cependant pas ainsi, car à part un échantillon dont je parlerai tout à l'heure, toutes ces poteries sont d'une grande fragilité. Cela tient à ce que nous avons à faire, ici à des pâtes trop riches en gros matériaux de dégraissage. Quelquefois même, la pâte est formée en grande partie de débris calcaires rendus adhérents les uns aux autres, par une petite quantité d'argile.

Il y a lieu de signaler aussi l'emploi, par les potiers du camp de Val-Suzon, de fragments de poteries cuites antérieurement, introduits comme dégraissants.

Enfin, nous trouvons aussi une poterie toute particulière comme nature de pâte. Celle-ci possède une très grande dureté, par suite d'une véritable *vitrification* de toute la masse. Ce fait est très intéressant à signaler pour cette époque. Cette vitrification paraît être due à l'emploi d'une pâte fine sans doute très calcaire, ou bien à l'introduction, comme dégraissant, de cendres de bois, riches en alcalis. En tous les cas, la pâte est peu ferrugineuse; elle contient en outre quelques petits fragments de débris d'une poterie rouge (dégraissant). Nous reconnaissons aussi la présence d'une engobe faite d'une terre ferrugineuse, qui ne s'est pas vitrifiée comme la pâte, mais est restée très poreuse. C'est évidemment à la différence qui existe entre la pâte (calcaire ou alcaline) et l'engobe (alumineuse) que sont dues les fissures superficielles.

LE D' BRULARD.

(Dijon).

LES TUMULUS DE LA COTE-D'OR.

571.91 (44.42)

31 *Juillet.*

Le département de la Côte-d'Or offre un champ d'étude considérable au point de vue de l'archéologie préhistorique et surtout protohistorique. La partie montagneuse, qui occupe plus des deux tiers de son territoire, devait fatalement attirer les populations primitives par ses ressources de chasse, de pêche et ses moyens de défense naturelle. Cette zone de montagnes, dont la plus grande altitude ne dépasse pas 600 m, est la continuation du plateau de Langres et forme la ligne de partage des

eaux. Sur chaque versant, mais plus encore sur le versant qui déverse
ses eaux vers l'Océan, coulent d'innombrables ruisseaux. Leurs cours
se réunissant, au fond des gorges et des vals, deviennent bientôt des
rivières poissonneuses. D'autre part, d'immenses forêts couvrent les
plateaux et font de notre département l'un des plus boisés de France.
C'est dans cette région privilégiée que subsistent les plus nombreux
vestiges des occupations primitives. Je ne parlerai pas ici des camps,
qui, en Côte-d'Or, sont presque tous des éperons barrés, ce qui s'explique,
si l'on considère que la disposition des collines devait tout naturellement
inspirer ce mode de défense. Les flancs de ces collines, aux pentes rapides,
sont couronnés de falaises rocheuses et se réunissent la plupart du temps
en angle aigu. Un retranchement construit à la base de cet angle établis-
sait un camp presque imprenable.

Mais les vestiges, de beaucoup les plus nombreux des temps préhistoriques, nous sont fournis par d'immenses champs mortuaires composés
de tumulus.

La zone des tumulus s'étend dans toutes les régions Est de la France.
Elle commence au Nord en Belgique, s'irradie en Alsace, en Lorraine,
dans la Haute-Marne, le Jura, occupe la Bourgogne qui semble être le
point central de ce vaste cimetière, descend dans le Mâconnais et se
termine au Sud dans les Hautes et Basses Alpes. Si l'on quitte les départements de l'Est pour gagner ceux du Centre, les tumulus deviennent de
plus en plus rares. En Bourgogne, les groupements funéraires sont particulièrement nombreux dans l'arrondissement de Châtillon. Là surtout
les monuments sont les plus remarquables par leurs dimensions, leur
mode de construction et leur mobilier. On les rencontre le plus habituellement sur les plateaux, et exceptionnellement dans le fond des vallées.
Les groupements les plus importants et les plus justement célèbres sont
compris dans la région qui continue le plateau Langrois, ce sont les
groupements de Chamberceau, de Minot, de Montmoyen, de Magny-
Lambert. Dans les arrondissements de Dijon de Beaune et de Semur,
les tumulus sont également très nombreux, mais de dimensions beaucoup
plus petites et n'offrent pas, au point de vue archéologique, des mobiliers
funéraires aussi remarquables que ceux des grandes sépultures du nord
du département.

Il est extrêmement difficile d'évaluer, même approximativement, le
nombre de tumulus qui subsistent encore dans le département de la
Côte-d'Or. Si nous devons donner raison à M. Piroutet, lorsqu'il évalue
à 20.000 le nombre des tumulus du Jura, nous estimons que le chiffre
des galgals bourguignons est encore supérieur. Il est hors de doute, en
tous cas, que la région formée par le sud de la Haute-Marne, le Jura
et la Côte-d'Or nous offre une énorme agglomération de tombeaux, la
plus considérable, sans conteste, de tout l'Est de la France.

I. *Forme, dimensions et mode de structure des tumulus.* — Le type
classique de nos tumulus est un côn très régulièrement arrondi, souvent

fort bien conservé, et à peine déformé par la main des agriculteurs. Beaucoup d'entre eux s'élèvent dans les friches et les forêts des plateaux, et là nous apparaissent absolument indemnes. Ils rentrent tous dans la catégorie des galgals, c'est-à-dire des tumulus à noyaux de pierre. Les tumulus de terre sont extrêmement rares dans notre département. Ils sont isolés et n'occupent pas les plateaux comme les galgals. Leur nombre est si restreint du reste qu'ils constituent une exception.

Si l'aspect de nos tumulus est à peu près uniforme, il varie considérablement dans ses proportions. Nous voyons dans le Langrois et le Châtillonnais des monuments gigantesques comme la motte Saint-Valentin et le Monceau-Laurent; le Monceau-Laurent, par exemple, bien que diminué déjà pour l'empierrement des routes, avait encore, au moment de sa fouille, 6 m de hauteur et 100 m de pourtour. Si ces gigantesques tombeaux sont fréquents dans la partie nord du département, ils deviennent de plus en plus petits, dès qu'on s'avance vers le Centre et le Sud. C'est ainsi que dans la région dijonnaise et la région beaunoise, les tombes ont pris des proportions beaucoup plus modestes. Les plus petites d'entre elles n'atteignent que 0,50 cm de hauteur et 3 m de diamètre; de telle sorte que, dans les forêts ou les friches couvertes de broussailles, elles passent souvent inaperçues.

En principe, le galgal est composé d'une accumulation de pierres juxtaposées les unes sur les autres et imbriquées à la manière des tuiles d'un toit. Ce mode de construction est commun à tous les tumulus de l'Est de la France. A la partie centrale du monument existait primitivement un loculus toujours effondré. Ce loculus nous apparaît sous la forme d'un noyau de pierres placées sur champ. C'est là le type de construction le plus simple. On le rencontre plus spécialement dans les tumulus du Bronze ou des époques de Latène, c'est-à-dire au commencement et à la fin des périodes où furent pratiquées ces inhumations. C'est au contraire pendant les différentes phases des civilisations hallstattiennes que nos tumulus parviennent à leur apogée. Leur construction fut plus soignée en même temps que les rites funéraires furent plus compliqués.

Sans doute, même aux époques de Hallstatt, il existe un grand nombre de tumulus, dont la construction est identique à celle des tumulus du bronze ou de Latène. L'agencement et les rites, dont nous parlons, sont réservés aux sépultures des personnages importants et des guerriers.

Dans ces grands tombeaux, le sol a été préalablement aplati, souvent recouvert d'une couche de fine argile de 0,10 à 0,20 cm d'épaisseur; l'aire funéraire ainsi préparée présente fréquemment les traces d'un feu intense. A la partie centrale reposait le corps, soit directement sur le sol, soit sur un dallage composé de larges pierres plates. Il était limité par d'autres dalles placées verticalement et formant ainsi une sorte de sarcophage primitif. Cet agencement, presque constant dans le cimetière de Magny-Lambert, est plus rarement observé ailleurs. Non loin de la périphérie du galgal, on constate parfois la présence d'un cromlech. M. Henry Corot l'a rencontré notamment à Lentilly et à Minot.

Le noyau du tumulus, formé, comme je l'ai dit, de pierres imbriquées, est le plus habituellement dépourvu de terre rapportée. Le terreau noir, qu'on observe souvent, provient uniquement des détritus forestiers et végétaux. Toutefois, dans les monuments les plus importants, on trouve à 0,40 ou 0,50 cm de profondeur une couche d'argile battue, assez épaisse, qui forme une véritable calotte protectrice. La description du tumulus ainsi construit s'applique aux sépultures types des premiers âges du fer. Nous en trouvons de très nombreux exemples dans notre département, les tumulus de Cras, à Genay, et de Lentilly, près de Semur, les tumulus de Magny-Lambert, de Minot, etc, dans l'arrondissement de Châtillon.

Les tumulus les plus anciens constatés en Bourgogne datent de la fin du néolithique. Notre collègue, M. Maingeon, en a fouillé un groupe qui se trouve dans les environs de Pommard. L'instituteur de Bouze, près Beaune, en a exploré également quelques-uns. Ce sont de très petits galgals recouvrant un caisson formé de pierres brutes. Plus tard, les tumulus des âges du bronze prennent des proportions plus considérables et offrent l'aspect intérieur des tombes des époques du fer, sans toutefois les égaler par leurs dimensions et surtout sans offrir les particularités rituelles des sépultures hallstattiennes. Pendant les différentes étapes de Latène, à mesure que nous nous rapprochons de la conquête, les tumulus deviennent plus rares, plus frustes; ils finissent par disparaître dès l'occupation romaine. Tout à fait à la fin de Hallstatt, et au commencement de Latène I, on rencontre encore parfois de magnifiques tombeaux. Mais, la plupart du temps, les sépultures de ces époques plus récentes s'observent dans les flancs des tumulus des âges précédents. Presque tous les galgals hallstattiens contiennent des sépultures adventices ou secondaires. Rien dans la configuration du monument ne peut les faire soupçonner; et il est bien certain que les tumulus ouverts pour recevoir ces inhumations étaient réparés avec le plus grand soin et avec le respect absolu de la sépulture centrale. Dans l'intérieur du galgal, les tombes adventices sont marquées ordinairement par quelques pierres placées sur champ et un peu de terre rapportée.

Le mode de sépulture est en général une inhumation simple. Les incinérations, sans être exceptionnelles, sont beaucoup plus rares. Mais, presque dans tous les tombeaux, nous retrouvons, disséminées un peu partout, des traces de feu, du charbon, des pierres calcinées, des ossements d'animaux brûlés. Il existe aussi des ossements d'animaux ne portant aucune trace de feu. Ils appartiennent le plus ordinairement au cheval, chien, chèvre, porc, mouton, sanglier, chevreuil. Ces constatations, tout en étant très fréquentes, ne sont pas l'indice d'un rite funéraire constant.

III. *Mobilier funéraire.* — Les tumulus plus anciens, ceux qui

remontent à la fin du néolithique, n'ont donné qu'un mobilier extrêmement restreint, quelques petites pointes en silex et des coquillages
percés. Jusqu'ici, en Côte-d'Or, ils n'ont été rencontrés et explorés que
dans les environs de Pommard.

Les tumulus des âges du bronze sont encore très rares également dans
notre région. On en cite quelques-uns dans l'arrondissement de Dijon
et celui de Beaune. Ils semblent plus nombreux dans le Jura (environs de
Salins), surtout au bronze I et au bronze II. En Côte-d'Or, le tumulus de
Combe-Bernard passe pour une sépulture typique du bronze III, opinion
de notre très distingué collègue, M. Déchelette. Le mobilier comprenait
un bracelet hélicoïdal, un remarquable anneau de jambe en feuille de
saule contournée avec nervure médiane et extrémités enroulées, dont nous
retrouvons le modèle exact dans un tumulus du Jura de Souabe; ajoutons
à ces objets une épingle en bronze, une bague en bronze, une perle en
pâte de verre bleu avec zones vertes, une rondelle en or ornée de poin-
tillés. Cette remarquable sépulture, entourée d'autres sépultures adventices
des âges du fer, appartient au groupe célèbre de Magny-Lambert, fouillé
par M. Flouest et par nous-même. Le groupe tout entier fait partie
des époques de Hallstatt.

L'immense majorité de nos galgals date, nous l'avons dit, des premiers
âges du fer. C'est là que nous trouvons les mobiliers funéraires les plus
importants et les plus remarquables. Ils se composent d'armes, de bijoux
et objets de parure, de vases, de poteries, et instruments divers.

1° *Les armes.* — L'arme caractéristique, unique pour ainsi dire, est la grande
épée en fer à crans, à soie plate, munie souvent de rivets de bronze, dont nous
avons recueilli les plus beaux spécimens dans les sépultures guerrières de Magny-
Lambert. Ces épées sont habituellement pourvues de leur fourreau, dont on voit
très manifestement les traces en même temps que des empreintes d'étoffes soli-
difiées par la rouille. D'après la statistique de notre collègue H. Corot, la
Côte-d'Or a fourni jusqu'à ce jour 25 épées de ce type.

2° Les *instruments.* — Le plus remarquable est évidemment le rasoir en
bronze. Ces rasoirs affectent différentes formes, la forme semi-lunaire qui est la
plus commune, la forme ovalaire ou discoïdale, avec lame ajourée ou non,
munie la plupart du temps d'un anneau de suspension. Le rasoir accompagne
constamment la grande épée en fer et rarement existe sans elle. Ainsi que l'a
fait remarquer Flouest, il constitue un signe de noblesse, indiquant le rang
élevé du guerrier inhumé. Toujours d'après les statistiques de M. Corot, nous
comptons, en Côte-d'Or, 25 rasoirs. Ajoutons 2 autres spécimens trouvés
depuis l'inventaire de M. Corot, ce qui porte le chiffre à 27.

3° Les objets de parure consistent en bracelets, en anneaux de jambe, fibules,
anneaux de doigt et d'oreilles, pendeloques, perles en ambre ou en pâtes de
verre bleu.

A signaler aussi des plaques pectorales ornementales et des ceintures de
bronze. Une ceinture de ce genre, composée de feuilles de bronze ornées au
repoussé vient d'être récemment découverte dans un tumulus de la région
par M. Tardivon, de Dijon.

4° Les vases en bronze ne se rencontrent que dans les sépultures riches et de premier ordre. Ce sont surtout des cistes à cordon, avec anses munies de pendeloques, comme celles du Monceau-Laurent et de Gommeville, quelques coupes et écuelles, et de grands vases funéraires dont celui de Conliège (musée de Lons-le-Saunier) et celui de La Motte Saint-Valentin (collection du conseiller Millon). Ces pièces rares sont au nombre de 8 pour le département de la Côte-d'Or. Elles sont encore plus clairsemées dans les nécropoles des autres départements.

5° Les poteries sont abondantes, caractéristiques des époques du bronze et de Hallstatt, elles sont souvent utiles pour nous éclairer sur la date du tumulus.

6° Les chars. Un seul tumulus bourguignon nous a révélé jusqu'à ce jour une sépulture sur char, c'est le tumulus de la Garenne, à Châtillon-sur-Seine.

Pour les époques de Latène, les mobiliers funéraires se rencontrent presque exclusivement dans les sépultures adventices. Rarement, la sépulture principale, centrale par conséquent, doit être rattachée à cette période.

Les inhumations adventices ou secondaires se rencontrent dans un très grand nombre de tumulus. Elles sont parfois fort nombreuses, mais dans aucun cas elles n'ont l'importance caractéristique de la sépulture centrale. Au cours de mes fouilles, je n'ai jamais rencontré une seule arme dans une tombe secondaire et je ne sache pas que notre collègue Henry Corot et tous ceux qui ont fouillé des tumulus en Côte-d'Or aient trouvé également une arme quelconque.

La date des sépultures adventices est parfois très postérieure à celle de la sépulture centrale. Ne semble-t-il pas étrange que plusieurs siècles aient pu séparer ces différentes inhumations ? Et n'aurions-nous pas une tendance à vieillir outre mesure la première date des deux civilisations.

Conclusion. — Si nous examinons les différents objets dont nous venons de donner la nomenclature, nous constatons des influences industrielles d'origine étrangère; l'épée nous rappelle Hallstatt, le rasoir la Haute-Italie et les nécropoles de Villanova, Vadena, Marzabotto; les vases en bronze, les poteries, nous montrent la double influence des arts étrusques et grecs. Enfin l'industrie gauloise elle-même a créé des types inédits, qui semblent avoir leur point d'origine en Bourgogne.

Nous ne pouvons, dans ce travail restreint, faire l'étude comparative de nos mobiliers funéraires avec ceux des tumulus des contrées voisines, pas plus qu'avec ceux des pays du nord et du centre de l'Europe, ou avec les cimetières de la Haute-Italie, de l'Autriche, de la Grèce; nous nous contenterons de dire que les tumulus de la Côte-d'Or, dans leurs grandes lignes, ont une analogie complète avec les galgals de l'est de la France, que beaucoup d'objets, de bijoux ont entre eux, non seulement des ressemblances très marquées, mais souvent même une origine de fabrication absolument identique. Toutefois, dans aucun autre département, nous ne trouvons des groupements funéraires contenant des tombeaux aussi remarquables que ceux du Châtillonnais et du Langrois; nulle part ailleurs le mobilier funéraire n'offre un intérêt archéologique aussi puissant, tant par ses types inédits que par les types qui sont la preuve manifeste d'une influence civilisatrice étrangère et lointaine.

Les principaux explorateurs des tumulus de la Côte-d'Or, dans un ordre chronologique ont été : MM. Abel Maître et Flouest, le vicomte d'Ivry, le Dr Brulard, Henry Corot, René Girardot, la Société de Châtillon, M. le conseiller Millon, MM. Bruzard, Moingeon, Renard, etc.

Les collections qui proviennent de ces fouilles se trouvent aux musées de Châtillon, de Saint-Germain, de Semur, de Beaune, de Langres, de Dijon, ou sont entre les mains de leurs auteurs. Nous signalerons surtout la collection extrêmement remarquable de notre excellent collègue et ami, M. le conseiller Millon. Cette collection, qui sera très prochainement publiée, contient des documents de premier ordre et absolument inédits.

J'ajouterai, pour terminer, que nos tumulus bourguignons abritaient une race, dont les types sont pour la plupart dolichocéphales. Les lésions pathologiques osseuses sont plutôt rares : en de précédents articles, j'ai déjà parlé d'exostoses syphilitiques constatées par nous. Je n'y reviendrai pas aujourd'hui.

Une question fort intéressante se rattache à celle de nos tumulus. Je l'ai déjà étudiée à plusieurs reprises. Je veux parler de la présence de ces singulières murées qui accompagnent les tombeaux et sillonnent les champs mortuaires. Ce sont des alignements rectilignes, parallèles ou perpendiculaires les uns aux autres; de faibles dimensions, comme on le constate dans les environs de Dijon ou, comme le constatent M. Julien Feuvrier, dans le Jura, et M. l'abbé Parat, dans l'Yonne; de dimensions parfois considérables comme à Magny-Lambert et plusieurs cimetières du Châtillonnais. Je ne reviendrai pas sur les hypothèses émises pour donner une explication à ces curieux monuments. Je les signale dans cet article, parce que leur présence est toujours liée à celle des tumulus et qu'ils forment une partie essentielle de nos nécropoles hallstattiennes.

M. Émile SCHMIT.

PRÉSENTATION D'UN OBJET EN TERRE CUITE DE FORME INÉDITE (?) TROUVÉ DANS UN FOYER GAULOIS A SOMME-VESLE (MARNE).

571.55 (44.32)

1er Août.

Cet objet en terre cuite est composé d'un corps sphérique central hérissé de six protubérances ou appendices en forme de gros moignons

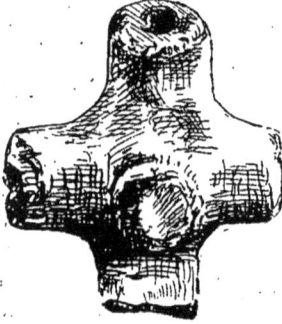

ronds qui font saillie de 2 cm [environ. Quatre de ces moignons sont disposés en croix et sont forés de part en part d'un trou médian rond d'environ 9 mm de diamètre. Les deux autres protubérances font saillie en sens inverse et ne sont point percées d'un trou central.

Cette pièce, de l'extrémité d'un bout à l'autre, mesure 8 cm de largeur. La coupe plane des moignons marque environ 2 cm de largeur transversale. Cet objet accompagné de débris de poteries gauloises, marniennes a été trouvé par M. Lallemant, archéologue et maire de Somme-Vesle dans un foyer gaulois de cette commune.

M. BOSTEAUX-PARIS,

Maire (Cernay-les-Reims).

PRÉSENTATION DU DESSIN ET DE LA PHOTOGRAPHIE D'UN VASE GAULOIS.

571.55 (44.32)

1er Août.

Recueilli dans un cimetière gaulois sur les confins du territoire de Lavannes (Marne), ce vase, qui a 36 cm de hauteur appartient à la belle époque de l'indépendance gauloise.

Ce vase, qui est en pâte jaunâtre très fine a beaucoup d'analogie avec les vases grecs, il représente par trois fois le cycle solaire sur son pourtour; sa forme est gracieuse et élancée.

Il est peint en noir à sa base sur la moitié de sa hauteur et la partie supérieure est carminée.

Ce vase, par l'originalité de sa décoration, est très curieux, à étudier au sujet des motifs décoratifs qu'il comporte.

La base, qui est peinte en noir donnerait à supposer les idées mystiques du culte du soleil chez les gaulois, comme supposition, la base de la partie noire représente un chien courant sous la forme d'un ruban ondulé; étaient-ce les nappes d'eau de l'intérieur de la terre? Au-dessus les assises de la formation terrestre représentées par des losanges circonscrits par une ligne blanche, puis une autre trait ondulé qui représenterait les fleuves à la surface de la terre, puis un trait blanc et un trait noir et au-dessus une autre ligne ondulée donnerait à supposer les nuages qui circulent dans l'atmosphère.

Au-dessus de ces motifs la partie supérieure de ce vase est peinte d'une teinte carminée, et le cycle solaire représenté par trois fois sur le pourtour du vase envoie ses effluves par de grandes spirales sur la terre pour lui donner la vie.

Les suppositions que je fais sont peut-être très hasardées, mais

l'originalité des documents que ce vase comporte ne doivent pas rester dans l'oubli, attendu que des Ouvrages ont traité ces idées depuis long-temps et par la plume des maîtres de la Science française, ainsi que je viens encore de le relever dans une revue intitulée L'Étendard Celtique où sont reproduits les passages suivants :

« Et malgré les critiques qu'on a adressées à Henri Martin pour son inter-prétation des documents bardiques, l'étude comparée des religions orientales prouve qu'il a le plus souvent vu juste et reconstitué exactement la doctrine des Druides.

Sans qu'il soit possible d'en douter , ils croyaient en un dieu unique, les auteurs qui ont cru au polythéisme des Druides ont pris pour des noms de divi-nités différentes, les attributs et les qualificatifs d'un seul grand être.

Les Druides voyaient dans le soleil la manifestation de la divinité sur le plan physique et le soleil appelé Belem, Béal, Beas, c'est-à-dire (loin au-dessus de nous), était aussi surnommé Attis, Atterthieu le chaleureux, Granius, Gria, le lumineux. »

Ce cimetière gaulois de Lavannes, nous a donné trois tombes à Char, avec une partie de leur mobilier, et c'est dans la dernière fouillée de ces trois tombes que ce vase a été recueilli par les soins de mon fils Bosteaux-Cousin, habitant cette localité.

M. David VIOLLIER,

Conservateur au Musée national suisse (Zurich).

UNE NOUVELLE SUBDIVISION DE L'ÉPOQUE DE LATÈNE.

1ᵉʳ *Août.*

571.4 (494)

Depuis de nombreuses années déjà, les archéologues s'efforcent de créer, au sein des différentes époques préhistoriques, des subdivisions aussi nombreuses et aussi nettement caractérisées que possible. Ce n'est que lorsque nous serons en possession d'une chronologie relative parfaitement établie qu'il nous sera possible d'arriver à une chronologie absolue satisfaisante et que nous pourrons dater chaque trouvaille avec précision.

Déjà, pour l'époque paléolithique, les subdivisions tendent à se multiplier. Si le Néolithique résiste encore aux tentatives des savants, par contre, il est possible de reconnaître dans l'âge du bronze, suivant les contrées, quatre ou cinq périodes nettement caractérisées. Quant à la chronologie du premier âge du fer, elle demeure encore assez flottante.

Depuis 1885, le second âge du fer, ou époque de Latène, a été divisé par Otto Tischler en trois périodes ; cette division est aujourd'hui universellement admise. Mais, ces périodes ont chacune une durée de près de deux siècles, aussi ne permettent-elles pas de dater les trouvailles avec suffisamment de précision. C'est pourquoi il est désirable de chercher à les subdiviser chacune en phases plus courtes. La nouvelle subdivision, objet de cette communication, a été esquissée en 1908 par mon collègue et ami, M. Wiedmer-Stern, alors directeur du Musée historique de Berne.

En 1906, M. Wiedmer avait eu le bonheur de pouvoir fouiller une importante nécropole gallo-helvète près du village de Münsingen (canton de Berne). Les 217 tombes, explorées scientifiquement, appartenaient aux périodes I et II de l'époque de Latène. C'est en étudiant le matériel archéologique provenant de ces sépultures que M. Wiedmer fut amené à établir sa nouvelle division de l'époque gauloise. Il admet pour le Latène I trois phases successives, et pour le Latène II deux phases [1].

---

[1] J. Wiedmer, *Das Latène-Grabfeld bei Münsingen,* in *Archiv des historischen Vereins des Kantons Bern*, vol. 18, p. 338 et 339.

A mon tour, j'ai repris le travail exécuté par mon ami, mais en élar-
gissant mon champ d'expérience et en appliquant la nouvelle classification à toutes les trouvailles de cette époque faites en Suisse, jusqu'à
ce jour. Je fus ainsi amené à apporter quelques modifications de détail
aux divisions adoptées par M. Wiedmer pour le Latène I et à reconnaître

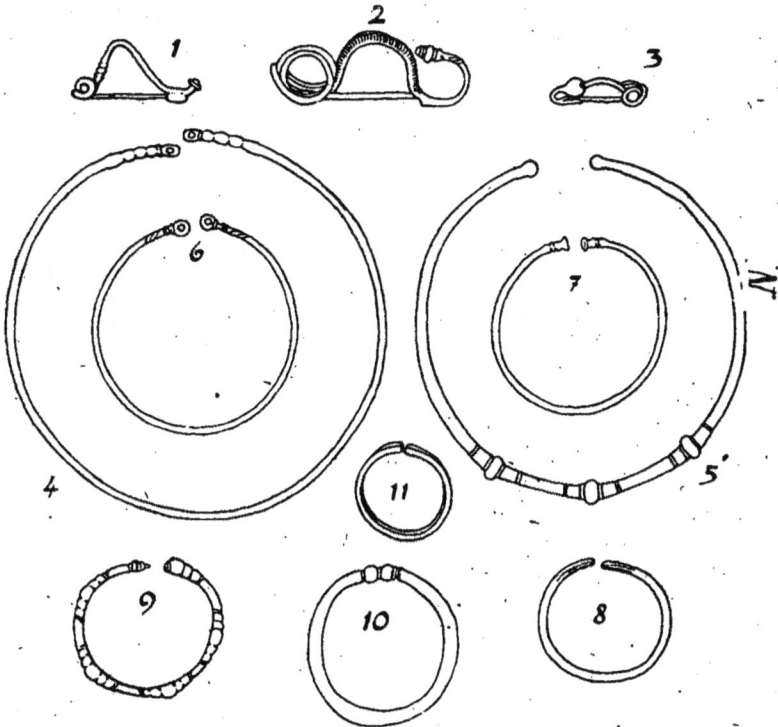

Fig. 1-10

Fig. 11

Planche I.

que les deux phases du Latène II ne présentent pas des caractères suffisamment nets pour pouvoir être conservées.

C'est le résultat de ce travail, poursuivi pendant plusieurs années, que
j'ai l'honneur de vous soumettre. Je décrirai successivement les principaux types d'objets caractéristiques pour chacune des trois phases qui
forment la première période de l'époque de Latène, en précisant toutefois
que je ne tiens compte, dans cette classification, que de l'instant où
apparaît chaque type nouveau. Il est en effet impossible de fixer d'une

façon précise le moment où les différents types disparaissent, car la vie des formes préhistoriques est essentiellement variables : les unes naissent et meurent dans un temps très court; d'autres, au contraire, survivent à l'époque qui les a créées.

Les objets caractéristiques pour chacune des trois phases du Latène I sont en tout premier lieu les fibules, les torques, les bagues et enfin les bracelets massifs ou tubulaires. Les armes, c'est-à-dire l'épée et la lance, échappent aux caprices de la mode. Quant à la poterie, elle fait absolument défaut dans les sépultures gallo-helvètes.

Époque Latène I. — Phase a. (Pl. I.) — Quelques fibules ont encore des formes rappelant la fibule de la Certosa ([1]) qui se trouve dans les cimetières italiens de la fin du premier âge de fer, mais avec ressort bi-latéral. Les autres fibules ont déjà la forme typique des fibules propres à l'époque gauloise ([2]); mais elles sont faites d'un fil de bronze assez mince, et presque sans ornements. L'arc est toujours surhaussé et le pied se termine par un petit bouton qui n'arrive pas jusqu'au niveau du sommet de l'arc. A la fin de cette phase, quelques fibules portent à l'extrémité du pied un petit disque ([3]) qui annonce la fibule de la phase suivante.

Les torques sont toujours très simples. Ce sont généralement de grands anneaux ouverts faits d'un fil de bronze plus ou moins épais ([4]), dont les deux extrémités se terminent soit par un petit anneau, qui permettait de fermer le torques, une fois passé au cou, à l'aide d'un petit annelet, soit par une petite boule ([5]).

Les bracelets sont souvent la copie en petit du torques ([6], [7]). Les anneaux ouverts, dont les extrémités sont simplement appointies ([8]), sont aussi fréquents. A la fin de cette période apparaissent quelques bracelets un peu plus ornés, ouverts, fermés ou à fermoir ([9]).

Les bracelets tubulaires, assez fréquents pendant le premier âge du fer, sont rares. Ils sont unis ([10]) et se ferment par la simple élasticité du métal.

Les bagues sont extrêmement rares encore. Ce sont de simples anneaux ouverts ou fermés ([11]) qui rappellent nos boucles de rideaux.

Phase b. (Pl. II.) — Les fibules sont caractérisées par un arc surbaissé, très allongé et un pied terminé par un disque, orné généralement d'un cabochon de corail ou d'émail rouge ([1]). L'arc est souvent orné de motifs décoratifs en relief ([2]) et ([3]). Souvent le disque porte une rose faite de petites pièces de corail ajustées.

Les torques sont quelquefois tubulaires fermés par un manchon fixe ([4]); mais généralement ils sont massifs. Les uns sont ouverts. Les branches sont alors terminées par des motifs décoratifs en relief et par deux disques formant tampon ([5]). Les autres sont fermés à l'aide d'une pièce mobile, ornée de 3 à 5 disques portant des cabochons en émail rouge ([6]).

Pendant toute cette phase, l'art du bijoutier s'est concentré dans l'ornementation des fibules et des torques. Les bracelets demeurent d'une grande simplicité et ne sont pour la plupart que des survivances des types de la phase précédente ([7]). Comme formes nouvelles, nous n'avons guère à signaler qu'un bracelet ouvert dont les deux extrémités se terminent par une petite sphère, tandis qu'au milieu du jonc, qui est uni, sont placées deux sphères accolées et décorées (8).

Par contre, les bracelets tubulaires deviennent extrêmement fréquents.

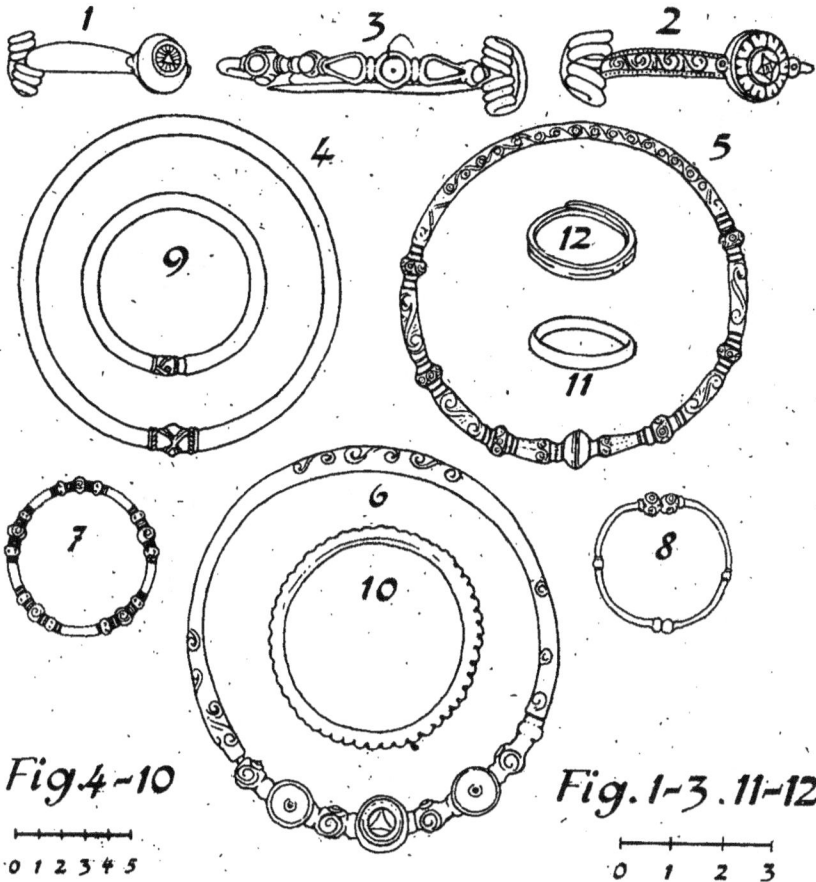

Fig. 4-10

Fig. 1-3. 11-12

Planche II.

Ils se portent soit aux bras, soit aux jambes. Ils sont unis ou dentelés extérieurement (9, 10) et les dents sont plus ou moins rapprochées et plus ou moins saillantes.

Les bagues sont toujours très rares et ne diffèrent guère de celles de la phase précédente (11). Signalons toutefois l'apparition de bagues faites d'un fil de métal s'enroulant en spirale autour du doigt (12).

Phase c. (Pl. III.) — Au début de cette phase, on rencontre encore quelques fibules à disques, mais dont les dimensions exagérées et les formes massives annoncent la dégénérescence du type.

La vraie fibule Latène I *c* a l'arc surbaissé, comme dans la phase précédente, généralement filiforme (1), parfois plus épais (2), orné de reliefs ou élargi en forme de bouclier (3, 4). Il est presque toujours décoré de gravures au trait.

Le pied se termine par un bouton assez volumineux de formes toujours assez compliquées. Ce bouton vient se poser sur le sommet de l'arc. C'est un premier pas vers la fibule Latène II, où, vous le savez, le pied se relie à l'arc par une griffe.

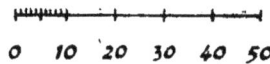 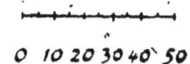

Fig. 1.2.5.7.9.11.   Fig. 3.4.15~18.   Fig. 6.10.12.14

0 1 2 3 4 5   0 10 20 30 40 50   0 10 20 30 40 50

Planche III.

Les torques disparaissent avec la fin de la phase *b*. Ils sont inconnus pendant le Latène I *c*.

Pendant cette phase, tout l'art du bijoutier se concentre sur les bracelets, qui deviennent extrêmement nombreux et très richement ornés. Nous devons nous borner à signaler ici les types les plus caractéristiques :

Les bracelets à ressorts, ornés de trois à cinq globules décorés, déjà entrevus pendant la phase précédente, deviennent assez nombreux. D'autres sont formés d'un fil de bronze dessinant un méandre continu ([5]) ou d'un ruban de métal orné de cabochons d'émail rouge ([6]).

On trouve aussi un nombre considérable de bracelets décorés en reliefs : godrons massifs ou creux, perles, balustres ([8] à [11]). Les uns sont ouverts, les autres fermés, d'autres enfin se ferment à l'aide d'une pièce mobile.

Les bracelets tubulaires sont encore assez fréquents ; aux dents saillantes succèdent les reliefs moins accusés : croix de Saint-André ou chevrons ([13], [14]).

De nombreuses bagues ornent les mains des morts. Ce sont des anneaux larges rappelant nos alliances modernes ([15], [16]). Mais la bague typique pour cette phase est la bague coudée, dont la forme rappelle celle d'un chapeau de gendarme ou celle de la garde des épées de cette époque ([17], [18]). Ces bagues sont en bronze, en argent ou en or.

Tels sont les principaux objets dont les formes variées permettent de différencier les diverses phases de la première période de l'époque de Latène. Il y aurait encore bien d'autres objets à signaler, mais cela nous entraînerait trop loin. J'ai dû me borner à vous indiquer les types les plus caractéristiques.

En Suisse, pendant toute l'époque de Latène, un seul rite funéraire est en usage : l'inhumation ; une seule forme de sépulture : la tombe souterraine. Ce n'est que tout au début de cette époque, pendant la première moitié de la phase a que l'on rencontre quelques sépultures sous tumuli, à inhumation ou à incinération : c'est une survivance du premier âge du fer.

Au point de vue de la chronologie absolue, les subdivisions que je viens d'esquisser présentent un certain intérêt.

La date de début de l'époque gauloise demeure encore assez flottante. On la place généralement aux environs de l'an 400 avant notre ère. Cette date me paraît trop basse.

On sait que les Gaulois pénétrèrent en Italie vers 400 et prirent Rome en 390. Entre ces deux dates, ils durent conquérir toute la plaine du Pô et les vallées latérales.

Or, si nous examinons le mobilier funéraire de la vallée supérieure du Tessin (le canton suisse actuel du Tessin), on constate que non seulement le Latène I a y fait absolument défaut, mais que même les tombes gauloises les plus anciennes, celles qui renferment encore des objets appartenant au premier âge du fer, mêlés à ceux du second âge du fer, ne livrent que des types Latène I b assez évalués, et qui annoncent déjà le Latène I c.

En tenant compte du fait que la vallée supérieure du Tessin se trouve loin des principales voies de communication et dut, par conséquent, demeurer isolée assez longtemps, nous sommes fondés d'admettre que lorsqu'en 400 avant J.-C., les Gaulois pénétrèrent en Italie, ils apportaient avec eux la civilisation caractéristique de la phase b.

Le début de la phase Latène I b se plaçant aux environs de 400, nous sommes amenés à reporter le Latène I *a* avant cette date. Cette première phase dut être relativement courte : les tombes appartenant au Latène I *a* sont moins nombreuses que celles appartenant aux deux phases suivantes. Je crois donc que nous serons près de la vérité en plaçant le début du Latène I *a* aux environs de 450 avant J.-C.

Cette date est confirmée par le fait suivant qui, jusqu'à ce jour, paraissait inexplicable. On sait que la nécropole de la Certosa de Bologne prend fin à l'arrivée des Gaulois en Italie, et qu'elle a fourni un type spécial de fibules, auquel on a donné le nom de ce cimetière. Cette fibule de la Certosa se rencontre quelquefois en Suisse dans les tombes gauloises, mais seulement dans les tombes Latène I *b*. Cette anomalie apparente ne peut s'expliquer que de la façon suivante : la fibule de la Certosa fut introduite au nord des Alpes par les Gaulois, après que ceux-ci eurent conquis le nord de l'Italie, vers 400, alors que la civilisation de Latène I en était déjà arrivée à la phase *b*. Le Latène I *a* est donc antérieur à cette date.

On place généralement le début du Latène II entre 250 et 200. Les phases *b* et *c* se partageront donc à peu près également les deux siècles qui s'écoulent entre 400 et 200.

Nous aurons donc les dates suivantes :

Latène I *a*............. 450 à 400
» I *b*............. 400 à 300
» I *c*............. 300 à 200

Avec un peu de critique et d'habitude, il sera même possible d'estimer si une trouvaille appartient au début ou à la fin de l'une de ces phases, et l'on pourra arriver à en établir la date à cinquante ans près, et même avec plus de précision encore.

La chronologie que j'ai soumise à la Section est empruntée entièrement à l'archéologie suisse. Mais comme elle s'applique également à deux régions aussi différentes que les contrées placées au sud et au nord des Alpes, je ne doute pas qu'elle ne soit applicable à d'autres pays, à la Gaule en particulier.

Je serais très heureux si quelqu'un de mes collègues français voulait bien tenter l'application aux découvertes faites en France.

M. Léon COUTIL,

Président de la Société préhistorique française.
Saint-Pierre du Vauvray (Eure).

FOUILLES DU MENHIR « LA LONGUE PIERRE » DE LANDEPEREUSE (EURE).

571 94 (44.24)

1ᵉʳ Août.

Description. — Le menhir de la *Longue Pierre* ou *Pierre aux Anglais* est situé sur le bord du chemin de Broglie à Landepereuse (ancienne voie romaine?), à droite et au nord de la bifurcation du chemin du Tilleul-en-Ouche à la Nezière et Épinay; il se trouve mentionné sur le cadastre de Landepereuse à la section A n° 142, lieu dit *La Longue Pierre;* il est sur l'accotement de la route, en dehors de la haie de l'herbage de M. Lasse, et par suite, il appartient à la commune.

Ce menhir en grès est arrondi au sommet, avec un trou qui ne le traverse pas; il mesure 2,20 cm de hauteur, 1,80 de largeur et 0,70 à 0,80 cm d'épaisseur maxima; il est orienté sur son côté méplat (sur son axe NNO, c'est-à-dire 340°; et SSE, soit 140°, ou plutôt 330° et 150°).

Fouilles. — Les 7 et 8 octobre 1910, nous avons fait exécuter une fouille au pied de ce menhir, sur la moitié la plus rapprochée de l'angle des routes; il y avait onze gros blocs ronds de 0,60 cm de diamètre et de 0,40 à 0,60 cm; et près de 40 autres blocs plus petits, de 0,20 cm, en moyenne, de diamètre; les deux plus gros étaient placés de chaque côté, et un troisième à l'extrémité. Cet agencement nous a paru intentionnel et nous croyons que tous ces matériaux étaient des blocs de calage. Les blocs de grès sont relativement rares dans le sol, et au pied du menhir, ils étaient incontestablement beaucoup plus nombreux. Nous avons remarqué que ce menhir était enterré de 1,20 cm sur la partie fouillée, ce qui donne à la pierre 3,40 cm, comme hauteur totale. *Nous avons trouvé une hachette en silex dans la fouille, quelques fragments de minerai de fer* (abondant dans la région), mais aucun débris d'ossements, de charbons ou de poterie : peut-être qu'en fouillant tout autour, on en découvrirait.

Classement. — Nous avons adressé à la Commission des Monuments préhistoriques une demande de classement pour ce menhir, le 30 octobre 1910; il a été classé le 22 juin 1911.

644 — ANTHROPOLOGIE.

BIBLIOGRAPHIE

1. A. Le Prevost, *Notice historique et archéologique sur le département de l'Eure* [*Rec. Soc. Agric., Sciences, Arts et Belles Lettres* (*Eure*), t. III 1832, p. 254].
2. *Inventaire des monuments mégalithiques.* 1880.
3. Vaucanu, de Bernay (*Eau forte de ce menhir,* vers 1885).
4. L. Coutil, *Inventaire des menhirs et dolmens de France* (*Eure*), 1897, p. 10 et 11.

M. Léon COUTIL,

Président de la Société préhistorique française,
Saint-Pierre-de-Vauvray (Eure).

LE DOLMEN DE LA GROSSE PIERRE
OU PIERRE COUPLÉE, DE VERNEUSSES (EURE).

571.94 (44.24)

1ᵉʳ Août.

Le dolmen de la *Grosse Pierre* ou *Pierre Couplée,* de Verneusses, a été signalé, dès 1829, sans aucune description, par Galeron; puis par Mˡˡᵉ A. Bosquet, en 1845, comme appartenant à un groupe de trois dolmens assez rapprochés, comprenant celui de la Ferté-Fresnel et de Glos-la-Ferrière, situés aussi sur les coteaux de la vallée de la Charentonne, à environ 8 et 12 km, formant une sorte de triangle, d'où le nom de *Pierres Coupelées* ou *Couplées* (le dolmen de Glos-la-Ferrière est actuellement détruit).

Situation. — Le dolmen de la *Grosse Pierre* de Verneusses se trouve au bord de l'ancienne route de Rouen à Alençon (connue aussi sous le nom de chemin vicinal de Montreuil-l'Argillé à Heugon, se dirigeant du Nord au Sud); il est à 180 ou 200 m, à l'Est de l'église, à 36 m d'un très vieux chemin creux empierré, allant de Verneusses à Notre-Dame-du-Hamel; ce dolmen figure au cadastre, lieu-dit le *Village,* section E, c'est une propriété communale, il n'y a pas de numéro; il est placé sur l'accotement du chemin et sur une butte artificielle formée de gros silex.

Description. — Le dolmen de la *Grosse Pierre* se compose d'une grande table, dont la partie supérieure est en poudingue, le tiers inférieur est en grès; sur le côté Est, on remarque plus de la moitié en grès, alors que le côté ouest n'en contient qu'un tiers, la table est donc en poudingue en-dessus et en grès en-dessous. La forme de cette table est triangulaire;

la base du triangle est à peu près parallèle au vieux chemin d'Alençon à Rouen (côté Ouest); les deux autres côtés opposés sont tournés vers le Nord et le Sud; le sommet du triangle se trouve vers l'herbage (section E. n° 258 à M. Lemière), à 0,65 cm d'un énorme sapin, et opposé au chemin, il touche la haie de l'herbage. Cette pointe de la table et le côté ouest s'étaient affaissés depuis plus de 60 ans sur le support A, en grès; mesurant 2,40 cm. Le support en grès B était tombé sur l'accotement du chemin et en arrière du support C, de 1,40 cm ; son extrémité nord, seule, se trouvait un peu sous le prolongement de la table, mais ne le supportait pas (nous avons redressé et mis en place ce support B, le 11 octobre 1910). Seul, le support en poudingue C, de 2 m de longueur, incliné en dedans, tenait la table soulevée; elle portait sur le milieu de ce support, que nous avons laissé en place, en le calant fortement en dedans pour ne pas l'incliner davantage. Le support D, de 1,50 cm, en grès, était incliné, et ne supportait pas la table; le temps nous a manqué pour le redresser, ce qui eût été facile; ce n'était pas d'ailleurs indispensable.

Dimensions. — La table en poudingue mesure 4 m au Nord, 3,50 cm à l'Ouest, 3,50 cm au Sud; l'épaisseur totale est de 60 cm, dont 30 cm en poudingue et 30 à 35 cm en grès (le grès domine en-dessous sur la face Est et diminue vers l'ouest); l'épaisseur maxima arrive à 08 cm ; la forme de la table est triangulaire.

Les supports sont au nombre de quatre : le support A, en grès, primitivement couché sous la table, mesure 230 cm de long sur 45 cm d'épaisseur et 70 cm de hauteur, au-dessus du sol.

Le support E, en grès, a été remplacé par nous pour la stabilité de la table, il manquait; il mesure 90 cm de largeur, 30 cm d'épaisseur et 80 cm de haut extérieurement ([1]).

Le support D, en grès, mesure 130 cm de large et même 140 cm; son épaisseur 65 à 70 cm, la hauteur 90 cm ; il ne touchait pas primitivement la table et, pour la redresser horizontalement, nous avons dû enlever au sommet une pointe de 2 cm environ. Lorsque nous avons enlevé toutes les cales et les crics, la table qui portait alors très exactement sur ce support l'a quitté légèrement, par suite d'un léger tassement vers l'Ouest; ce support incliné n'a pas été redressé.

Le support C, le seul en poudingue, est resté à sa place, incliné, par la chute primitive de la table vers le Nord; il mesure 2 m de large, 1 m d'épaisseur et 125 cm de haut : il touche le support D, mais il est séparé du support D.

([1]) Un groupe de préhistoriens-amateurs est venu visiter notre restauration, pour critiquer le redressement du dolmen, et notamment le placement de ce support *indispensable pour la stabilité de la table;* nous savons d'ailleurs que ces critiques étaient faites par *pur esprit de dénigrement systématique.*

**23

Travaux effectués. — Les 10 et 11 octobre 1910, nous avons redressé
le support en grès B, complètement renversé à plat, en dehors du monument, et en arrière, sur le bord de la route; nous avons dû le faire avancer
vers le Nord-Ouest de près de 1,40 cm et le replacer verticalement sous
la table.

Nous avons d'abord calé progressivement à l'intérieur du monument,

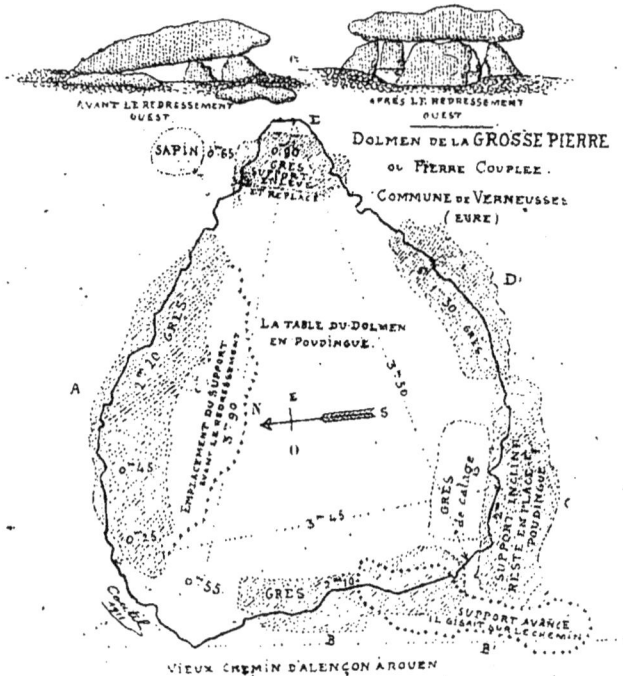

à l'aide de madriers, pendant que nos crics placés sur la face nord
relevaient la table; nous avons aussi calé les supports C et D, très inclinés.
Ensuite, nous avons passé en E un support qui manquait; nous aurions
désiré un bloc plus large, ce support mesure 1,85 cm de haut et 90 cm
de large; il dépasse le sol de 80 cm seulement; nous avons dû le faire
apporter de Montreuil-l'Argillé (de 12 km), car les blocs de Verneusses
étaient trop petits.

Après avoir passé trois crics, très forts, sous la table, nous l'avons
soulevée progressivement, en la calant, et nous sommes arrivé à l'exhausser
en A de 75 cm, et de 110 cm au-dessus du chemin. En janvier 1911,
nous avons relevé la table de 65 cm au Nord, dégagé le grand support
en grès A, mesurant 230 cm de long (cette opération fut la plus compliquée de toutes, car la table portait non seulement sur ce support,
mais les crics étant placés aux seules extrémités libres de ce support
renversé, il était fort difficile de le faire sortir, sans toucher aux crics,

pour creuser d'abord sa place, le ramener ensuite progressivement et
mathématiquement sous la table, entre les crics), opération déclarée absolument impossible par l'entrepreneur et les ouvriers que j'employais,
ainsi que par de nombreux visiteurs qui assistèrent au travail du redressement.

L'enlèvement de ce support A, mesurant 230 cm, entièrement empri-
sonné sous la table (couchée et appuyée primitivement dessus) a été
l'opération la plus difficile, puisque les crics ne pouvaient être placés
qu'aux extrémités pour soutenir le relèvement et permettre la mise en
place verticale de ce support, ce qui ne donnait que quelques centimètres pour dégager les terres en-dessous, et ensuite redresser progressivement ce support; le gros sapin placé à 65 cm et ses énormes racines
paralysaient tous les mouvements de ce côté.

Nous regrettons d'avoir été obligé de faire sauter environ 2 cm du
sommet du support D, pour nous permettre de gagner environ 15 cm
au Nord, car lorsque tous les supports furent en place, qu'on desserra
les crics, après avoir enlevé les pièces de bois de calage intérieur, la
table subit de légers tassements et justement s'écarta du support D,
des 2 cm enlevés. (Il était impossible de prévoir ce tassement, puisque
tous nos supports étaient calés au pied avec des cailloux : c'est une
aspérité de la table qui aura cédé d'un côté, il n'est pas étonnant que
sur une distance de 3 mètres, l'extrémité opposée se soit alors soulevée
de 2 cm.) C'est d'ailleurs la SEULE *modification apportée au monument;*
aucune pierre n'a été détériorée.

Fouilles. — Avant le redressement, la table était à peu près couchée
sur le sol, principalement au Nord, à l'Ouest et à l'Est, sauf au Sud, où
elle portait sur les supports inclinés D et C : on pouvait espérer que le
dolmen n'avait pas été fouillé, ou plutôt imparfaitement exploré. On
apercevait beaucoup de débris de vaisselle et de bouteilles, apportées
là par des voisins (nous avons enlevé près d'un mètre cube de ces
débris). En replaçant les supports B, E, A, nous avions déjà fouillé le
sol du dolmen, sans rien trouver, remarquant simplement que ceux-ci
étaient placés sur un tumulus artificiel de cailloux siliceux, formant
un relief de 40 à 50 cm au-dessus du chemin. Ensuite, nous avons
enlevé la terre intérieure, en soutenant la table, jusqu'au niveau du
chemin, ce qui nous a révélé la hauteur du terrain primitif formé de
glaise compacte avec silex. Nous avons observé des couches de terre
friable, exemptes de pierres, mais ne renfermant aucun débris osseux,
ni objet travaillé. Nos fouilles n'ont pu atteindre le pied des supports
C et D. Nous avons dit déjà qu'ils avaient été jadis inclinés en dedans,
lorsque la table s'affaissa par suite de la chute d'un arbre, ce dont est
encore menacé le monument, si le gros sapin situé au Nord-Est, à 65 cm
de la table et des supports E et F, n'est pas abattu; nous avons même dû
placer le support E sur les racines.

Fig. 1. — Dolmen de Verneusses (Eure).

Côté Nord-Ouest, après le redressement du support B et avant le redressement
du support A qui se trouve à plat sous les cales de bois.

Fig. 1 *bis*. — Dolmen de Verneusses (Eure).

Côté Nord-Ouest, après le redressement des supports A et B,
situés au premier plan.

Fig. 2. — Dolmen de Verneusses (Eure).
Côté Sud-Est, avant le redressement.

Fig: 2 *bis*. — Dolmen de Verneusses (Eure).
Côté Sud-Est, après la pose du support en grès E qui avait disparu
et qui était indispensable pour la stabilité de la table redressée
complètement du côté droit.

Classement. — Nous avons obtenu le classement de ce monument, le 4 avril 1911, avec l'autorisation de M. Choisne, maire de Verneusses, que nous devons remercier de toute la complaisance qu'il a mise pour nos travaux, ainsi que son Adjoint, M. Lemière, qui devrait toutefois consentir à abattre son sapin, dont les racines passent sous tout le monument, le disloquent, et entraîneront *certainement* une nouvelle chute, si le vent vient à arracher cet arbre, comme cela s'est produit vers 1850.

Plaques indicatrices. — Nous avons apposé une plaque indicatrice à nos frais, mentionnant le nom du monument, la date et les détails du redressement, ainsi que du classement.

Le *Touring-Club* a bien voulu nous accorder un poteau indicateur sur la route d'Orbec à Bernay; nous tenons de nouveau à remercier son Conseil d'administration qui, sur notre demande, a attribué des plaques indicatrices à tous les monuments classés de la Normandie, ce que l'État n'a jamais pu faire pour nos régions.

Enfin, nous avons effectué ce redressement à nos frais et avec un reliquat de la subvention de 250 francs qui nous avait été attribuée l'an dernier par l'Association française, car les six tumulus explorés à Tourneville (Eure) n'avaient pas suffi à l'absorber entièrement.

BIBLIOGRAPHIE

1. F. GALÉRON, *Monuments druidiques du département de l'Orne*, (*Mém. Soc. antiq. Normandie*, 1829-1830. p. 139.

2. A. LE PREVOST, *Notice historique et archéologique sur le département de l'Eure* (*Ext. Recueil. Soc. agric. Sciences, Arts et Belles Lettres*, Eure, t. III, 1832, p. 252). — LE PREVOST, *Mém. et Notes pour l'hist. du départ. de l'Eure,* t. III, p. 348.

3. GADEBLED, *Dict. Topogra., statist., hist. du départ. de l'Eure*, 1840.

4. A. BOSQUET, *La Normandie romanesque et merveilleuse*, 1845.

5. DE PULLIGNY, *Le Préhistorique dans l'Ouest.*

6. *Inventaire des monuments mégalithiques*, 1880, p. 19.

7. JOANNE, *Géographie de l'Eure*, 1896. p. 80.

8. L. COUTIL, *Inventaire des menhirs et dolmens de France*, Eure, 1897, p. 33 et 34.

9. *Relation du redressement de la table et des quatre supports du dolmen, la Grosse Pierre ou Pierre Coupée de Verneusses (Eure)* (*Ext. Bul, Soc. préhistorique française*, t. VIII, n° 3, mars 1911, p. 189-190).

M. LE Dᴿ G. CHARVILHAT.

(Clermont-Ferrand).

LE MENHIR DE GOURDON (PUY-DE-DOME).

571.94 (44.591)

1ᵉʳ *Août.*

Ce mégalithe de petite taille, dont nous devons la connaissance à notre confrère, M. le Dʳ Lhéritier, de Saint-Amand-Tallende, a le double intérêt de n'avoir jamais été mentionné jusqu'à ce jour, et de servir de limite aux deux communes voisines de Montaigut-le-Blanc et de Ludesse.

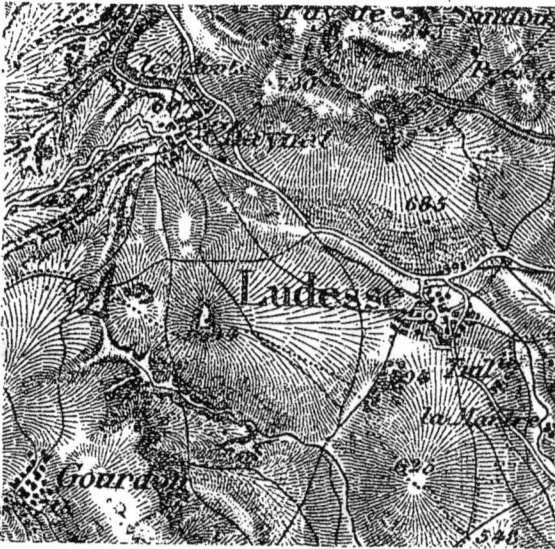

Fig. 1. — Situation du menhir de Gourdon ▲ sur la Carte de l'état-major au 50000ᵉ.

Il est situé dans un champ, sur un plateau granitique, au lieu dit, *Champ-Garnot*, n° 2, section B de Montaigut-le-Blanc, folio 2093 du cadastre, où il est désigné sous le nom de *Pierre-Fichée*, à quelques mètres à gauche du chemin allant de Chaynat à Gourdon, à 2 km de Chaynat à 1 km de Gourdon, et à une altitude de 724 m.

En granit porphyroïde et de forme triangulaire (voir *fig.* 2, 3, 4 et 5 il a des faces *nord-ouest*, *sud-ouest* et *sud-est* délimitées par des *arête sud, est* et *ouest.* Sa hauteur au-dessus du sol est seulement de 1,75 m, mais il semble avoir été brisé à son sommet.

La *face nord-ouest,* convexe, présente une dépression médiane sur toute

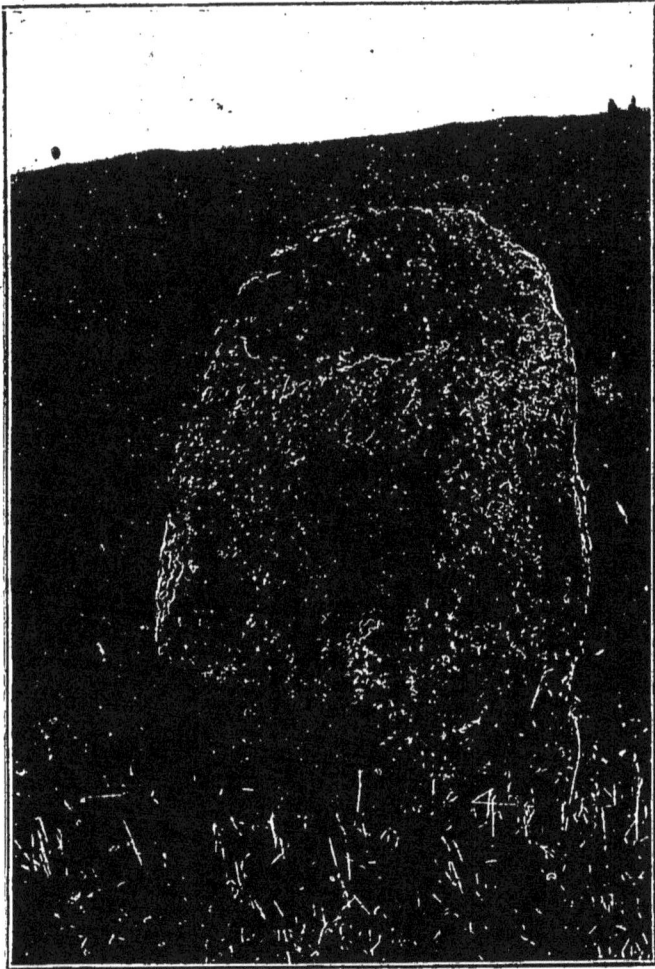

Fig. 2. —.Menhir de Gourdon, vue nord.

son étendue. Ses dimensions sont les suivantes : longueur 1,60 m ; largeur au ras du sol 1,16 m, au milieu de la face 96 cm, près du sommet 35 cm.

La *face sud-ouest,* droite (longueur 1,68 m) nous donne de largeur au ras du sol 76 cm, au milieu 68 cm, près du sommet 39 cm.

La *face sud-est,* oblique (longueur 1,67 m) a comme largeur au ras du sol 53 cm, à la partie médiane 48 cm, au sommet 25 cm.

L'*arête sud*, légèrement oblique, mesure en longueur 1,82 m; l'*arête est*, convexe, 1,70 m et l'*arête ouest*, droite, 1,65 m.

Nous ne croyons pas que des fouilles aient été faites à sa base, et

Fig. 3. — Menhir de Gourdon, vue sud.

ignorons la longueur de la partie souterraine.

Le menhir de Gourdon est connu dans la région sous les différentes dénominations de *Pierre-Piquée, Pierre-des-fées*, et *Pierre-du-Territoire*, ce dernier nom lui ayant été donné par suite de son utilisation comme borne de commune.

Non loin de là, à 2,800 km, se dresse, près de la route de Ludesse à

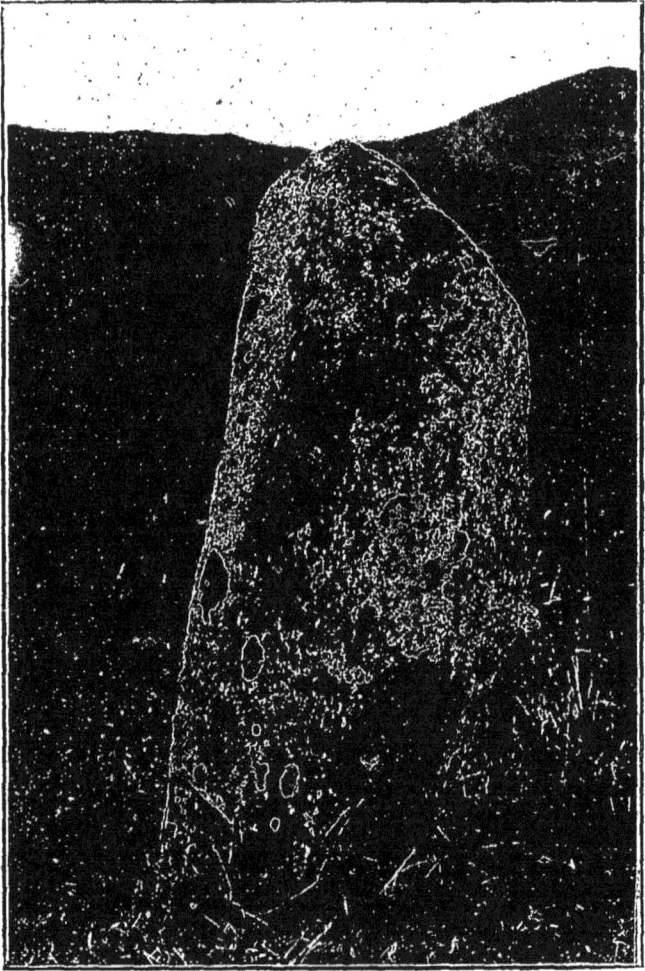

Fig. 4. — Menhir de Gourdon, vue est.

Champeix, le beau menhir de *Pierre-Fichade*, haut de 3,70 m, le plus élevé du département après celui de Davayat (4, 20 m) et celui renversé de Fohet (4,50 m).

Fig. 5. — Menhir de Gourdon, vue ouest.

- Dans cette même commune de Montaigut-le-Blanc existait jadis un dolmen actuellement détruit.

M. A. DE MORTILLET,

Président d'honneur de la Société préhistorique française.

DEUX MENHIRS CHRISTIANISÉS DES COTES-DU-NORD.

571.94 (44.12)

1ᵉʳ *Août.*

Tout le monde sait que la Bretagne est, par excellence, la terre des monuments mégalithiques. Un des cinq départements qui formaient autrefois cette province, celui des Côtes-du-Nord, est particulièrement riche en menhirs, dont bon nombre atteignent de respectables dimensions. Il occupe, à cet égard, le troisième rang parmi les départements français, avec 343 monuments, tandis qu'il ne vient que le huitième en fait de dolmens, avec 144 monuments.

De tout temps, les Bretons ont eu pour leurs vieilles pierres dressées un culte fervent, si profondément enraciné, que les premiers apôtres qui évangélisèrent la contrée furent souvent impuissants à l'arracher. On tourna alors la difficulté, en marquant au sceau de la religion naissante les monuments que les populations avaient en haute vénération, et en substituant aux légendes païennes, dont ils étaient l'objet, des légendes chrétiennes.

C'est dans le département des Côtes-du-Nord que se rencontrent les plus curieux exemples de ces mégalithes christianisés.

J'en ai décrit deux en 1900 : le dolmen qui forme crypte au-dessous d'une des chapelles latérales de l'église des Sept-Saints, hameau de la commune du Vieux-Marché; et le très remarquable menhir de Saint-Duzec, près de Pleumeur-Bodou, dont l'une des faces présente une série aussi complète que possible des instruments de la Passion, sculptés en relief et peints de diverses couleurs (¹).

J'en signalerai aujourd'hui deux autres, non moins intéressants.

I. MENHIR-DE PÉDERNEC.—Ce menhir est situé à l'extrémité Nord-Ouest de la commune de Pédernec (canton de Bégard, arrondissement de Guingamp), à 500 m. à droite de la route allant de Belle-Isle-en-Terre à Bégard, entre la station du chemin de fer et le bourg de Bégard, à un peu plus de 2 km. au Sud de cette dernière localité. Dressé sur une élévation de terrain, à 158 m. d'altitude, tout près du hameau du *Menhir*, qui lui doit son nom, il se voit de la route.

(¹). A. DE MORTILLET, *Les monuments mégalithiques christianisés* (extrait de la *Revue de l'École d'Anthropologie*, 1900).

Le menhir de Pédernec se compose d'un énorme bloc aplati de granite, de forme assez irrégulière, se terminant en pointe arrondie. On lui donne généralement de 8 à 8,50 m. de hauteur au-dessus du sol, mais il n'atteint certainement pas cette dimension. D'après les mesures que j'ai pu en prendre sur une photographie, il n'aurait guère plus de 7 m de haut. Sa plus grande largeur, prise à 2,50 m. au-dessus du sol, est de 4,60 m.

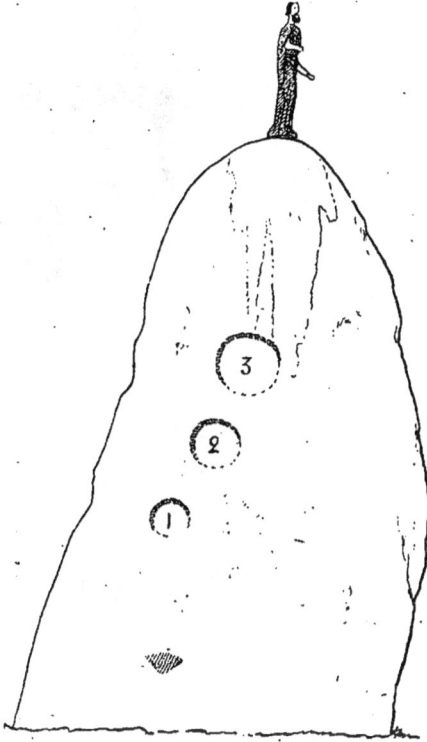

Fig. 1. — Menhir de Pédernec (Côtes-du-Nord).
Face Sud-Ouest.

La plus grande épaisseur, qui se trouve à la base, est de 1,60 m.

D'après de La Chénelière, la pierre serait enfoncée dans le sol de 4 m. Si ce chiffre est exact, elle aurait donc au moins 11 m. de longueur totale.

Sur une des grandes faces, celle qui regarde le Sud-Ouest, on remarque trois cuvettes circulaires de dimensions différentes, disposées obliquement l'une au-dessus de l'autre, par rang de taille, la plus petite en bas et la plus grande en haut (*fig.* 1). Ces sortes de bassins, dont le fond est plat, ont environ 8 cm. de profondeur. Leur diamètre est de : 45 cm. pour le premier, qui se trouve à 2,25 m. au-dessus du sol; 55 cm. pour le second, qui se trouve à 3,15 m. au-dessus du sol; et 65 cm. pour le troisième, qui se trouve à 4 m. au-dessus du sol.

Fig. 2. — Menhir de Pédernec (Côtes-du-Nord)
Vu du Sud-Sud-Est. *Cliché A. de Mortillet.*

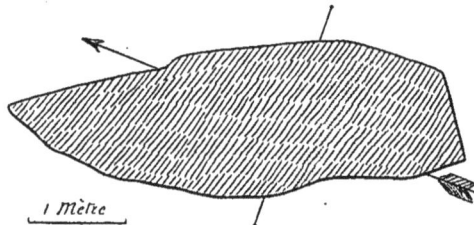

1 Mètre

Fig. 3. — Menhir de Pédernec (Côtes-du-Nord).
Coupe à 2 m. 5o au-dessus du sol.

Le chevalier de Fréminville (¹), donnant libre carrière à son imagination, a pensé que ces cavités devaient être des représentations du Soleil,
de la Terre et de la Lune. Mais, il ressort de leur examen qu'elles sont très
vraisemblablemeut, malgré leur régularité, l'œuvre de la nature. La

Fig. 4. — Face Sud.   Fig. 5. — Face Ouest.
Menhir de Saint-Patrice (Côtes-du-Nord). *Clichés A. de Mortillet.*

légende s'en est, par la suite, emparée et chacun, depuis l'humble paysan
jusqu'au savant chevalier, a cherché à expliquer à sa façon ces curieuses
empreintes.

(¹) DE FRÉMINVILLE, *Antiquités de la Bretagne (Côtes-du-Nord)*, 1837.

Le bloc imposant de Pédernec présente encore une autre particularité intéressante : il est surmonté d'une statue. Cette statue, d'une facture assez barbare, est en bois peint et mesure pour le moins 1,6o m. de hauteur. Elle représente un saint personnage portant une épaisse barbe noire et revêtu de draperies colorées en rouge et en bleu.

De La Chénelière ([1]) l'indique comme étant une statue de Saint Pierre. On peut, cependant, se demander si ce n'est pas plutôt une image du Christ, car le mégalithe de Pédernec est parfois désigné dans le pays sous le nom de *Menhir du Sauveur du Monde?*

Le même auteur nous apprend que la statue actuelle n'aurait été placée au sommet du menhir qu'en 1878, mais sans nous dire si elle n'a pas remplacé une croix ou une statue plus ancienne.

II. MENHIR DE SAINT-PATRICE. — Ce monolithe est situé à la limite Sud-Ouest de la commune de Lannion (canton et arrondissement de Lannion). Pour s'y rendre, il faut, après avoir traversé le Léguer, suivre jusqu'au haut de la côte, l'ancienne route de Lannion à Morlaix et, un peu avant d'arriver à sa jonction avec la nouvelle route, prendre à gauche le chemin qui conduit au hameau tout voisin de Saint-Patrice. A 2o m. de la route et à 2,5o m. à droite du chemin, se dresse, dans un champ·clos de haies, le mégalithe.

Suivant de La Chénelière, le lieu se nommerait *Parc-ar-Guéyel* ou *Parc-ar-Leur*, et la pierre porterait le nom de : *Ar Guéyel.*

Celle-ci est un pilier de granite, légèrement plus étroit au sommet que dans le bas. Elle est solidement plantée en terre. Sa base est restée brute, mais toute la partie qui s'élève au-dessus du sol est équarrie et affecte grossièrement la forme d'un obélisque quadrangulaire à arêtes abattues. Ainsi qu'on peut le voir sur la coupe ci-jointe (*fig. 6*), prise à la hauteur de 1 m., tous les côtés sont inégaux comme largeur.

Selon toute probabilité, ce pilier a été taillé sur place dans un ancien menhir.

D'après les mesures que j'ai pu prendre, il a les dimensions suivantes :

Hauteur : 4 m. environ (et non 8 m. comme l'a indiqué de La Chénelière).

Largeur : 77 cm., à 1 m. au-dessus du sol.

Épaisseur : 56 cm., à la même hauteur de 1 m.

Lors de ma première visite à ce monument, en 1892, son aspect était tout à fait pittoresque. Il portait quatre statues en bois, décorées de fleurs des champs et de branchages.

Au sommet était une statue de la Vierge avec l'enfant Jésus, haute d'environ 9o cm. Un peu au-dessous, fixé contre la paroi Nord-Nord-Ouest

---

([1]) E. DE LA CHÉNELIÈRE, *Inventaire des monuments mégalithiques des Côtes-du-Nord* (extrait des *Mémoires de la Société d'Émulation des Côtes-du-Nord*, 188o).

du bloc, en place d'honneur, était un buste d'homme, qu'on m'a dit être celui de Saint-Patrice. Enfin, à droite et à gauche de ce dernier, plaquées contre les côtés latéraux de la pierre, se dressaient deux grandes statues, mesurant au moins 1,25 m. de hauteur Elles représentaient quelques personnages religieux que je n'ai pu identifier : celle de droite, une femme, les mains jointes dans l'attitude de la prière; celle de gauche, un homme encore jeune, à longs cheveux bouclés.

Les statues reposaient sur des ferrures scellées dans le granite. On reconnaissait qu'elles avaient été jadis peintes, bien que les couleurs aient, avec le temps, presque complètement disparu.

Sauf celle de la Vierge, bien inférieure comme facture et probablement plus récente, ces sculptures ne manquaient pas de caractère et ne paraissaient pas être toutes jeunes.

C'est avec intention que j'emploie l'imparfait, car le pauvre menhir est aujourd'hui bien déchu de sa splendeur passée. Il ne lui reste plus qu'une des statues latérales, celle de la femme qui était à la droite de Saint Patrice. Les autres ont disparu, ne laissant comme témoins de leur séjour en ce lieu que les tenons en fer qui les supportaient. Que sont-elles devenues ? Nous l'ignorons ! Mais, nous ne pouvons nous empêcher de regretter leur disparition.

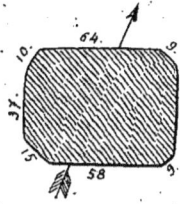

Fig. 6. — Menhir de Saint Patrice (Côtes-du-Nord) Coupe à 1 m. au-dessus du sol.

M. H. MICHEL,

Conservateur du Musée archéologique (Besançon).

LE PROMONTOIRE BARRÉ DE GRAMMONT (HAUTE-SAÔNE).

571.92 (44.45)

5 *Août.*

A la limite du département du Doubs et de celui de la Haute-Saône s'élève un petit plateau qui, du territoire de Bournois, monte en pente douce et se rétrécit progressivement pour se terminer, sur la commune de Grammont, en un éperon à bords escarpés dominant des pentes raides aux pieds desquelles se trouvent les villages de Fallon, Melecey et Grammont.

On est frappé, en arrivant dans ces pays, par la masse imposante de la *Motte de Grammont,* et l'on comprend de suite que cette position est bien

**24

faite pour assurer à ses occupants la surveillance et la domination des vallées environnantes.

Ayant eu dernièrement l'occasion de relever une partie du plan cadastral, j'ai remarqué que *la Motte* y est désignée *le Château*, et que les ruines de celui-ci y sont figurées par des hachures donnant le relief topographique; mais ce qui m'a le plus impressionné, c'est d'y avoir vu trois systèmes de lignes plus ou moins parallèles dont deux correspondent à des échancrures qui, du pied de la côte, avaient attiré mon attention. Un jeune homme du pays, fils du maire, qui m'aidait dans mes recherches de parcelles de terre, m'a dit alors que ces lignes représentaient les anciens fossés du château; que le plateau était autrefois dénudé et que les plantations d'essences résineuses et de bouleaux qui le couronnent aujourd'hui datent d'une quinzaine d'années. Il a ajouté que : en creusant des trous pour ces plantations, les ouvriers du pays avaient trouvé une hache en pierre polie et diverses curiosités qui étaient restées entre les mains des habitants du village. Malgré les recherches faites, il nous a été impossible de retrouver ces objets, mais, d'après la description qui m'en a été faite, j'ai lieu de croire que la hache était en aphanite ou quartzite noire des Vosges.

C'est sur ces indications que j'ai entrepris l'exploration de la Motte et reconnu tout d'abord un ancien chemin à ornières aboutissant aux retranchements. Ceux-ci étaient au nombre de trois, comme ils sont, d'ailleurs, figurés au plan cadastral à l'échelle de $\frac{1}{1250}$, levé en 1828. Le premier consistait en un mur de pierres sèches barrant tout le promontoire sur une longueur de 150 m environ et qui, lors du lever du plan, était probablement à l'état de *murger;* les habitants des villages voisins ayant dû venir s'y approvisionner de moellons; car il n'en reste que quelques amas de pierrailles marquant la parcelle n° 572 qui a une dizaine de mètres de largeur. Le deuxième retranchement est un véritable rempart composé d'un fossé rectiligne creusé à une distance variant de 125 à 130 m en arrière de la première ligne de défense, il a une centaine de mètres de longueur sur huit de largeur et une profondeur difficile à apprécier à cause des éboulis et de la végétation qui en occupent le fond. Les déblais extraits de ce fossé ont servi à construire la première *maceria* et le vallum ou parapet en arrière dudit fossé. De plus, j'ai constaté l'existence d'une petite *maceria* avec fossé sur le bord occidental du plateau, dont l'abrupt est moins prononcé de ce côté que partout ailleurs.

Le troisième retranchement est aussi constitué par un fossé et un parapet; mais le fossé n'est pas régulier comme le premier. Sur la moitié orientale de sa longueur, qui est de 68 m, il ne présente guère qu'une largeur de 4 à 5 m; tandis que, après un brusque décrochement ou redan situé vers le milieu de son développement, il s'élargit jusqu'à 12 m et s'évase au couchant sur la partie abrupte du promontoire. Des remblais partiels permettent de franchir les deux fossés en A et en B.

C'est derrière le parapet du troisième retranchement, en B, que la hache a été découverte. C'est aussi, malheureusement, la partie de l'ancien camp robenhausien qui a été la plus tourmentée, d'abord par la construction de la maison-forte ou du petit manoir médiévale dont il ne reste que quelques moellons taillés au marteau, les autres matériaux provenant de sa démolition ayant dû être utilisés par les paysans. Sur cette pointe, le service géodésique de la Guerre a fait placer un repère

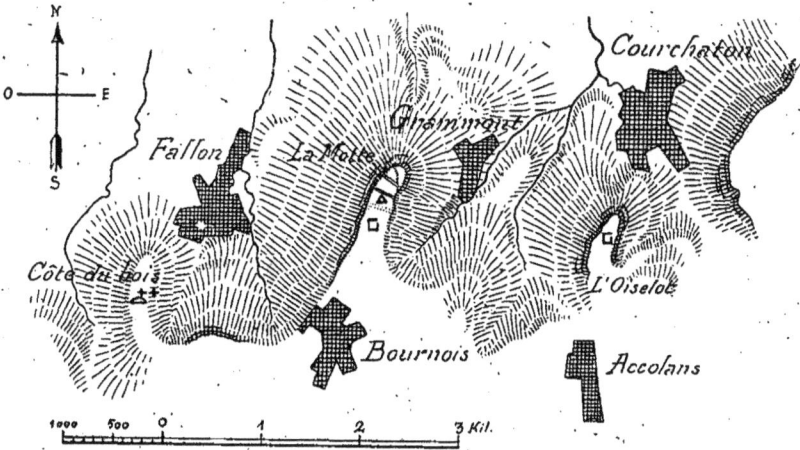

(cote 524) et, à côté, on a élevé un monument religieux en fonte dont les fondations sont faites avec des pierres extraites des mêmes ruines.

La superficie de terrain comprise entre le premier retranchement et la saillie extrême de l'éperon est de 2 h.,700 à 3 hectares.

La *Motte de Grammont* est couronnée par les calcaires bien stratifiés du bajocien, faciles à extraire parce qu'ils sont souvent séparés par des couches marneuses et c'est, à mon avis, à cette circonstance spéciale qu'on doit attribuer l'importance relativement considérable des fossés, à moins qu'on ne suppose que les constructeurs du moyen âge les aient élargis et approfondis pour en extraire la pierre dont ils avaient besoin.

Le 15 juillet dernier, j'ai commencé mes fouilles derrière le parapet du deuxième retranchement et au seul endroit où les plantations de pins et surtout la broussaille épineuse qui envahit tout ne gênaient pas trop les mouvements. Après avoir enlevé quelques pierres roulantes entremêlées de racines, j'ai atteint la couche du moyen âge, caractérisée par un mortier à broyer en grès rouge assez bien conservé, des débris de poterie ordinaire et vernissée, un fer à cheval ondulé ainsi que deux dents de bovidés, des os non identifiés, du blé brûlé, etc. Vestiges qui permettent de supposer que des cabordes étaient adossées au parapet qui les abritait. D'autres fouilles, faites en Franche-Comté, nous ont déjà prouvé que les anciens camps néolithiques ont servi de refuge pour les habitants du pays à diverses époques de l'histoire.

Comme nous avons travaillé par une chaleur suffocante, incommodés par les taons et peu rassurés par la présence de vipères, j'ai dû me contenter de cette première reconnaissance, me réservant de continuer mes fouilles en saison plus propice et après avoir obtenu l'autorisation de défricher le sol et même de détruire les arbres plantés sur les emplacements à étudier. J'espère ainsi atteindre les couches plus anciennes et beaucoup plus intéressantes.

A l'est et à l'ouest du promontoire de Grammont, on en remarque deux autres (¹). Le premier, dit *le Bois de l'Oiselot*, a déjà été décrit par H. L'Épée (²) en 1883; le second, appelé *le Bois de la Côte*, domine le village de Fallon, mais, ne présentant pas d'abrupts comme les deux précédents, il n'a pu être fortifié facilement, en revanche, il a servi de champ de sépulture; car on y rencontre de nombreux *tumuli* que je me propose de fouiller prochainement.

M. Stanislas CLASTRIER.
(Marseille).

SUR LES PIERRES GRAVÉES DU PAIN-DE-SUCRE; LEUR DATE.

571.571 (44•91)

5 *Août.*

Je trouve les premiers spécimens en 1905-1906. En 1907, le 25 février, premier rapport de M. de Gérin-Ricard, président de la Société archéologique de Provence, bull. 9 p. 6, qui cite mes pierres gravées; en 1907, à Reims, Congrès de l'Association française pour l'Avancement des Sciences, rapport de M. le Dr Félix Regnault, sur mes fouilles; enfin, personnellement depuis, j'ai pris part aux Congrès de Clermont-Ferrand (1908), Lille (1909), Toulouse (1910) où, chaque fois, j'ai donné des Notes, montré des originaux ou des dessins. Puis au Congrès de la Société préhistorique française, Congrès de Tours: Le Volume, p. 849, et enfin le bulletin de la Société préhistorique, mai 1911, n° 5, p. 314.

J'envoie, au présent Congrès de Dijon, 11 estampages et 3 d'ordre céramique. Je possède actuellement 16 pierres gravées du Pain-de-Sucre. Pour la clarté de l'étude, je divise la série en 4 groupes.

Groupe 1-A. 5 pièces. — Je l'appellerai le groupe classique, à cause des motifs carrés et lozangiques très légèrement, très finement tracés. A ce groupe

---

(¹) Ils ont tous la même orientation.
(²) *Mém. de la Société d'Émulation de Montbéliard*, 1883.

je joins le petit cheval dessiné avec le même procédé délicat et de même facture (Congrès de Tours, Le Volume, p. 849).

Groupe 2-B. 4 spécimens. — Ce groupe a cela de remarquable que le dessin paraît avoir été fait sur un premier tracé appartenant au groupe 1-A. Mais, *avec plus de force*, en superposant les traits, le traceur a foncé dans la plaque calcaire de manière à donner plus de valeur à son dessin; c'est la manière forte et elle anéantit presque toujours le premier graphique.

Bien des dessinateurs actuels procèdent de même, brochant souvent croquis sur croquis dans leurs recherches, avec la ressource, pour effacer, de la gomme; on fait cela pour éviter la déperdition du papier et le fruit du travail obtenu, mais ici et à cette époque, l'économie ne compte pas, la pierre est abondante et presque toutes ont des surfaces planes. Je suis même étonné que ces artisans n'aient point employé les plus belles. Il faut plutôt croire que déjà consacrées par le premier dessin au réseau délicat, elles étaient, de par ce faire, désignées à un dernier travail de gravure plus profond, étape définitive du but mystérieux pour lesquelles elles étaient appropriées.

Sur la plaque 3-B se voit au bas une ligne sinueuse, qui pourrait bien être un serpent; en bas une cupule ovale semble avoir été polie. Le 1-B est plus surprenant encore; ici, l'artisan a prélevé les fonds, et alors c'est le procédé cher aux sculpteurs qui apparaît; celui d'aller *chercher les fonds;* gravure et sculpture ont donc été réunies sur cette pierre, avec l'intention bien arrêtée de donner du *relief* au sujet.

Groupe 3-C. — Un seul motif isolé pour le moment, avec points et cupules que je livre à la sagacité de notre collègue et ami le Dr Marcel Baudouin; nul mieux que lui n'est désigné pour dire si cette pierre a quelque chose de *stellaire*. C'est la plus grande, livrée à ce jour (40 cm sur 45 cm).

Groupe 4-D. 3 spécimens. — Celui-ci offre une nouveauté, c'est que les dessins sont sur *céramique*. Le n° 1 a été trouvé au Pain-de-Sucre. C'est un fragment de vase à bec, terre jaune tournée peu cuite, pure; le dessin est rayonnant; peut-être tout simplement le Soleil. Le n° 2 je l'ai ramassé à fleur du rocher en haut du Castellas-de-Rognac (Bouches-du-Rhône). C'est un fragment de dolium et on voit très bien, au moulage, les raies laissées par la gradine. Le n° 3 provient du camp de la Cloche, au Pas-des-Lanciers (Bouches-du-Rhône), camp dont nous avons commencé l'étude avec le Dr Severin Icard. Ce dernier tesson est un fragment de coupe campanienne, comme on peut s'en rendre compte ici ; cette fois les tessons se *datent d'eux-mêmes* en reproduisant les mêmes dessins ! Par conséquent si, comme il est prouvé, ces tessons céramiques sont du IIIe ou IVe siècle avant notre ère, il n'est pas impossible d'assigner mes pierres gravées à cette époque par contemporanéité.

M. le Dr Marcel BAUDOUIN.

LES SCULPTURES SUR ROCHER DE LA TABLE DU MÉGALITHE DE GATINE, A L'ILE D'YEU (V.) : CUPULES ET CAVITÉS PÉDIFORMES.

571.73 (44.61)

1er Août.

I. — INTRODUCTION.

Il existe, à l'Ile-d'Yeu (Vendée), un Mégalithe funéraire, à moitié détruit, que j'ai appelé *Dolmen de Gatine*, que j'ai fouillé, et dont j'ai tenté, en vain, une restauration complète. J'ai publié ailleurs (¹) le récit de ces travaux et la description du monument, sauf en ce qui concerne les *Sculptures* que présente la *Table* de recouvrement, qui persiste : sculptures que j'ai découvertes à mon premier voyage dans cette contrée (²), et que j'estime sans relation avec la Sépulture (³). J'ai indiqué déjà (⁴) que, parmi ces sculptures, il y en avait une, fort intéressante : une *Empreinte pédiforme;* mais je ne l'ai pas encore décrite, comme il convient.

Ce mémoire sera consacré à la description de toutes les Cupules du Rocher de Gatine, qu'on voit sur la table du dolmen (⁵), ainsi qu'à l'exposé des *Méthodes, nouvelles,* que j'ai utilisées pour l'étude de ces primitives sculptures sur granite, si abondantes à l'Ile-d'Yeu, comme je l'ai montré.

TABLE DU DOLMEN. — Je n'ai pas à revenir ici sur la topographie du *Dolmen de Gatine;* je renvoie à mon autre travail (*Fig.* 1). J'aborde de suite l'étude des *Cupules* qu'on rencontre sur le mégalithe, et que je suis le premier à avoir reconnues en 1907.

Ces sculptures n'existent que sur la *Table de recouvrement,* décrite ailleurs elle-même. Elles se trouvent, toutes, sur la *face supérieure,* celle regardant le ciel à l'heure présente : fait capital. Il n'y a absolument rien à la face inférieure.

Les sculptures sont donc sur la face, qui, — lorsque le dolmen était *sous tumulus,* — était complètement *cachée* par le galgal !

Par conséquent, les Cupules elles-mêmes étaient *cachées* et n'étaient

---

(¹) MARCEL BAUDOUIN, *Bull. et Mém. Soc. d'Anthr. de Paris,* 1911.

(²) MARCEL BAUDOUIN, *L'Homme préhistorique,* Paris, 1908.

(³) Ce qui explique cette publication, *isolée,* et *distincte,* de façon à ce qu'il ne persiste pas de doute sur ma manière de voir.

(⁴) MARCEL BAUDOUIN, *Association française, Congrès de Lille,* 1909, Rés. des Tr., p. 142.

(⁵) A coté de ce Dolmen, il y a, d'ailleurs, des restes d'un *Tumulus,* au centre duquel se trouvait autrefois un *autre Mégalithe,* aujourd'hui disparu. — Cela corrobore mon opinion.

pas visibles : ni de l'*extérieur*, ni de l'*intérieur* de la Chambre sépulcrale. C'est là un point très important à souligner.

Il résulte de cette donnée :

1° Que, dès l'époque du Dolmen, *elles n'avaient plus d'intérêt* pour les Néolithiques, puisqu'ils n'ont pas hésité à les enfouir, c'est-à-dire à les *vouer à l'oubli;*

2° Que ces Sculptures n'étaient, par suite, *pas du tout destinées à décorer* l'intérieur du Dolmen de Gatine;

3° Que, pour constituer cette table, les Néolithiques se sont contentés

Fig. 1. — LA TABLE DU MÉGALITHE DE GATINE, avant la Fouille. — Vue Nord : Aspect du bord Sud. — Photogr. de Marcel Baudouin, prise au Sud, pour montrer que le bord où sont accumulées les Cupules est le bord Nord. — *Légende.*: I à XV, Cupules; A, B, Cavités pédiformes; C, D, Sculptures indéterminées; M, Mètre; d, Bord Sud. — A droite, Pilier Est; à gauche et en avant, un des piliers Ouest déplacé.

de prendre, sur place, cette pierre, libre, qui n'était alors pas autre chose qu'un *Rocher volant à* CUPULES, et de la surélever, SANS LA BASCULER, comme ils l'ont fait dans d'autres circonstances en Vendée (Menhir de La Pierre-Levée, à Soullans, par exemple).

Cette table est toujours dans la position qu'elle occupait dans le monument, effondrée sur deux piliers est et ouest. Son grand axe correspondait au petit diamètre du mégalithe, qui est Est-Ouest, son petit étant Nord-Sud. En réalité, la pierre est un peu inclinée vers l'Est actuellement.

Elle présente les dimensions suivantes : longueur maximum : 3^m,10; largeur maximum : 1^m,65 (*Fig.* 1). Les deux extrémités sont un peu arrondies. La face supérieure, la seule qui nous intéresse ici, est un peu *bombée*, comme d'ordinaire; mais, en somme, très régulière et presque plane, surtout au niveau des gravures centrales.

Pierre ou Rocher volant à Cupules. — Cette table n'est donc pas autre chose qu'un ancien *Rocher volant* à sculptures, c'est-à-dire une *Pierre à Cupules, libre.*

Elle a sûrement fait partie jadis des *pointements rocheux*, naturels, qu'on voit toujours au Ténement de Gatine; puis elle s'est détachée du sol à une époque inconnue (peut-être même *antérieure* aux Cupules), par une face, dite *lit de carrière* (formant désormais la face inférieure de la

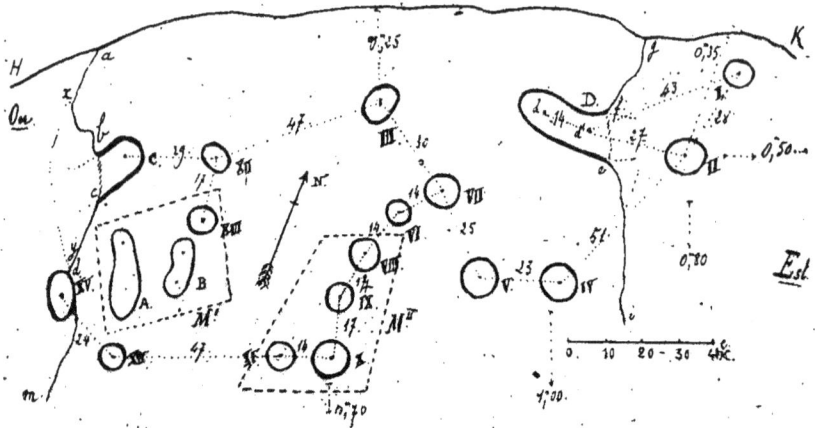

Fig. 2. — Décalque des Sculptures de la face supérieure de la Table du Méga-lithe de Gatine, à l'Ile d'Yeu-(V.). — Échelle : $\frac{1}{10}$. — Réduction du Décalque direct, obtenue, au $\frac{1}{10}$, à la chambre claire, et dessinée par E. Huc. — *Légende :* 1 à XV, Cupules; A, B, Empreintes pédiformes, typiques; K, Cassure Est du Rocher; g, f, e, e', Ligne de détachement d'un feuillet de granite, à l'Est; a, x, b, c, y, m, Ligne de la cassure H, à l'ouest, d'un feuillet de granite; C, D, Sculptures, de nature indéterminée [Cavités pédiformes?]; M¹ et M¹¹, Parties moulées au plâtre. — Les chiffres indiquent les distances intercupulaires en centimètres.

table du dolmen), et a été sculptée, à sa face supérieure ou libre, en même temps que les autres rochers.

Les sculptures sont certainement *antérieures* au dolmen (on ne les aurait pas faites pour les *dissimuler* ensuite!), et, probablement, *très notablement antérieures* même au Monument, puisque les Mégalithiques semblent n'y avoir prêté nulle attention (¹) (Ils n'avaient qu'à basculer cette table pour avoir les Cupules à l'intérieur du monument, et bien visibles).

MÉTHODES SCIENTIFIQUES D'ÉTUDE. — J'ai déjà indiqué comment je procède pour l'étude des *grandes* Sculptures sur rochers (*Cupules,*

(¹) A l'Ile d'Yeu, beaucoup de faits plaident en faveur de cette hypothèse, que j'ai défendue à différentes reprises (MARCEL BAUDOUIN, *Bull. et Mém. de la Soc. d'Anthr. de Paris,* 1908, p. 22). — Je ne citerai ici que le *Dolmen des Landes,* où un des *Piliers* présente des *Cupules* dans sa partie *enfouie* (Fouilles de 1907): constatation absolument démonstrative!

Cavités de formes diverses, etc.); j'y reviendrai ailleurs, au demeurant, dans un mémoire particulier.

Je me borne à rappeler ici les opérations auxquelles je me suis livré à Gatine même.

1° Décalque des Contours des Sculptures sur une feuille de papier gris, très résistant, de la grandeur de la table du dolmen [Procédé indispensable à employer, et capital ([1])].

2° Photographie de l'ensemble des Cupules, en ayant recours à divers artifices (cailloux, plâtre, craie, etc., placés dans les cupules, pour les bien indiquer); mais ces documents ne donnent rien de bon, rien d'utile surtout, quand il s'agit de grandes surfaces plus ou moins horizontales, prises toujours obliquement (Fig. 3). On peut s'en dispenser.

3° Moulage au Plâtre des Sculptures principales (Cupules) et rares (Cavités pédiformes), pour l'étude minutieuse, à domicile et au laboratoire, et pour pouvoir, à l'aide de coupes variées de Moulages, se rendre compte de la technique de la sculpture [Très important ([2])].

J'ai moulé d'abord les deux principales Cavités pédiformes (A et B), [1re empreinte], avec la cupule n° XIII voisine (Fig. 3); puis les cupules VIII, IX, X et XI (2e empreinte) (Fig. 2; M[i] et M[ii]).

4° Mensurations des Cupules et des cavités; et surtout notation de la profondeur, seule donnée que le Décalque ne fournit pas.

II. — ÉTUDE DES SCULPTURES.

SCULPTURES. — a. Parties persistantes. — Nous avons relevé, en 1907, sur cette Table ou pierre libre (Fig. 2) :

1° Des CUPULES, isolées et intactes, au nombre de quinze, que nous désignons sous les n°s I à XV;

2° Des CAVITÉS PÉDIFORMES, intactes, au nombre de deux, que nous appelons grand et petit Pieds (Empreintes A et B) (Fig. 3).

3° Des Cavités oblongues, sans doute primitivement pédiformes aussi, mais en partie brisées aujourd'hui, et dont la figure vraie demeure inconnue. Nous leur donnons les signes C et D, car C ne nous paraît pas être une Cupule (Fig. 2).

Au total, dix-neuf sculptures, certaines, isolées, dont 17 intactes, et deux à moitié détruites, sans parler de celles qui ont pu exister sur les feuillets de la table, actuellement disparus par effritement.

b. Parties disparues. — Je dois, en effet, faire remarquer, qu'en raison de

---

([1]) Il vaut beaucoup mieux que le meilleur dessin, exécuté sur les lieux mêmes.
([2]) Renseigne surtout sur la forme des bords (à pic, en pente douce; etc.).
([3]) Il importe, pour cette mensuration, de toujours procéder de la même façon : Prendre la profondeur, maximum avec une tige fine, rigide, graduée en millimètres, et une petite règle en bois, appliquée sur les bords de la cavité.

la friabilité de la roche et du feuilleté caractéristique du *granite schis-*
teux de l'île (appelé parfois *gneiss granulitique*), des parties de quelques
centimètres carrés de la face supérieure de la pierre se sont effritées
à ses deux extrémités Ouest et Est; et que les feuillets enlevés ont fait
disparaître peut-être quelques Cupules, près des *cavités* C et D.

Toutefois, en D, l'éclat n'a pas dû être important, puisqu'à son côté
Est, à 27 cm, se voit une *Cupule*, encore intacte (n° II) : ce qui indique

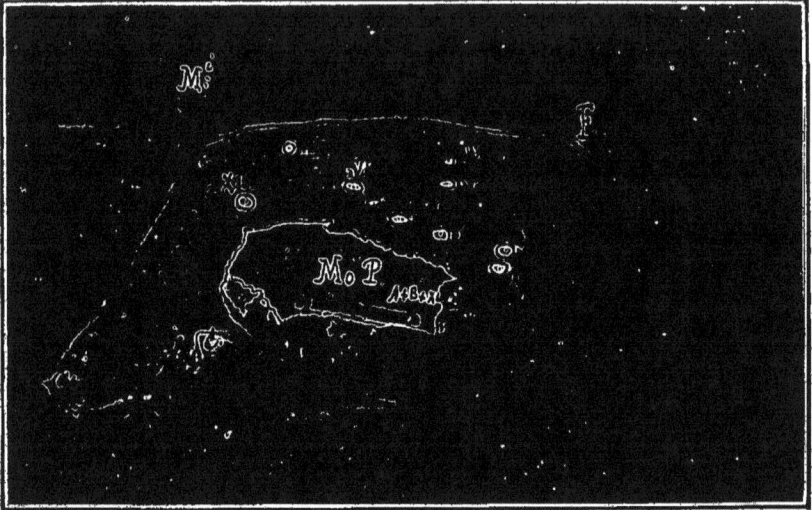

Fig. 3. — MOULAGE DES CAVITÈS PÉDIFORMES de la Table de Gatine (*Fig.* 2, M¹). —
Aspect correspondant à la prise de la Contre-empreinte. — D'après une Phot. de
Marcel Baudouin, faite à l'Ouest. — Le moulage a été pris au cours des fouilles et
de la restauration du Mégalithe. — La table, à ce moment, était inclinée vers
l'Ouest, et non relevée de ce côté (¹). — *Légende :* M₀, Contrempreinte en plâtre P₀ :
Cavités A, B et XIII; M¹, Moulin de Ker-Chalon et côte orientale de l'île; E, Extrémité Est de la Table; *a, b, c, d,* Cassures du feuillet de l'Ouest; C, Sculpture
indéterminée; IV à XII, Diverses Cupules.

qu'on est bien là sur la face *primitive* de la *Pierre à Cupules,* de même qu'au
niveau de la Cupule n° I, encore plus éloignée vers l'Est (*Fig.* 2).

I. — Cupules.

Les CUPULES, typiques, sont, comme nous venons de le voir, au nombre
de quinze, que nous avons numérotées de l'Est à l'Ouest, en suivant, en
général, la ligne sud des sculptures.

Nous ne joindrons pas à elles la *Cavité* C, dont le côté sud-ouest a
disparu par la chute d'un feuillet granitique de la face supérieure de la

---

(¹) Photographie oblique, bien entendu.

table en ce point. En effet, ce ne doit pas être une cupule, malgré son aspect (*Fig.* 2).

Au lieu de décrire isolément chaque Cupule, ce qui nous entraînerait trop loin, nous nous bornerons à résumer ici, dans des Tableaux détaillés, leurs divers caractères, et à en tirer les conclusions que comportent ces rapprochements.

ENSEMBLE. — *a. Situation.* — Je crois devoir insister sur ce fait que l'ensemble des gravures est *plus rapproché du bord Nord* que du bord sud de la table [la cupule la plus nord (n° III) est à 25 cm de ce bord) et la cupule la plus méridionale est à 70 cm (n°. X) du bord sud) ([1]). Mais les cupules s'avancent presque également près des extrémités est et ouest : 5o cm à l'Est (n° II), et 8o cm à l'Ouest (n° XV)].

b. Orientation. — Comme la table a certainement été *déplacée* et *remaniée* lors de la construction du *Dolmen,* il est certain que l'*Orientation primitive du groupe* de Cupules a changé, de ce fait seul. Elle ne nous intéresse donc pas ici, sauf qu'elle nous permet de nous y reconnaître et de fixer les idées.

Par suite, l'étude de telles sculptures a peu de chances de nous renseigner sur leur *signification*, car le rocher volant, ayant changé de place en changeant de destination, est incapable de nous indiquer par lui-même son orientation, réelle, ancienne, au moment où furent faites les sculptures !

c. Distances intercupulaires. — Les *Cupules* paraissent disposées, sur la Table, en un certain désordre, et sont plus ou moins éloignées les unes des autres. J'ai cru devoir mesurer toutes les distances ([2]) qui les séparent, et rassembler ces données dans le Tableau ci-dessous, qui, de suite, m'a semblé très suggestif. Il montre, en effet, un *ordre* qu'au début je n'avais pas soupçonné !

Bien entendu, je n'ai rapporté ici que les distances les plus intéressantes; les autres donnent des résultats comparables.

([1]) A mon avis, cette donnée est intéressante. Elle semble prouver, une fois de plus, que les Sculptures n'ont pas été faites pour *décorer* le Mégalithe. S'il en avait été ainsi, on les aurait certainement exécutées au centre même, au milieu de la table ! — Leur présence, exclusivement au bord *Nord* actuel, ne s'explique pas du tout.

([2]) Je rappelle que, pour les Cupules, toutes les distances sont prises de *centre en centre*, et non de bord à bord (ce qui fausserait tout, vu les formes différentes des Cupules).

N⁰ˢ des Cupules.	Distances.	Multiples de 0ᵐ.1ʹ4.	Différence.	Observations.
			cm	
I-II.........	0,28	0,14 × 2 = 0,28	0	Régulier.
I-D (d_2).....	0,43	0,14 × 3 = 0,42	+ 1	Régulier.
II. D (d_2)...	0,27	0,14 × 2 = 0,28	— 1	Régulier.(¹).
D [d_2-d_1]...	0,14	0,14 × 1 = 0,14	0	Régulier.
II-IV........	0,51	0,14 × 4 = 0,56	5	Approximatif. [Grande distance]. — Erreur maximum.
V-D (d_2).....	0,42	0,14 × 3 = 0,42	0	Régulier.
IV-V........	0,23	0,14 × 2 = 0,28	— 5	Différences dues peut-être aux différences de rayons des Cupules.
V-VII.......	0,25	0,14 × 2 = 0,28	— 3	
VII-VI......	0,14	0,14 × 1 = 0,14	0	Régulier.
VI-VIII.....	0,14	0,14 × 1 = 0,14	0	Régulier.
VIII-IX.....	0,14	0,14 × 1 = 0,14	0	Régulier.
IX-X.......	0,17	0,14 × 1 = 0,14	+ 3	Cupules de grandeurs très différentes.
X-XI........	0,14	0,14 × 1 = 0,14	0	Régulier.
XI-XIV.....	0,47	0,14 × 3 = 0,42	+ 5	Erreur maximum. [Grande distance].
XIV-XV....	0,24	0,14 × 2 = 0,28	— 4	Erreur [Cupule XV : = Ovoïde].
XV-C.., ...	0,41	0,14 × 3 = 0,42	— 1	Régulier.
VII-III.....	0,30	0,14 × 2 = 0,28	— 2	Presque régulier.
XII-XII....	0,47	0,14 × 3 = 0,42	+ 5	Erreur [Cupules dif.].
XII-XIII...	0,17	0,14 × 1 = 0,14	+ 3	Erreur légère.
XIII-C.....	0,29	0,14 × 2 = 0,28	+ 1	Régulier.

1° Il m'a suffi de disposer ainsi les Distances, au hasard, pour m'apercevoir, de suite, qu'il y avait derrière ces chiffres une *Idée*! En effet, si, prenant *la plus petite Distance intercupulaire* constatée (0,14 cm), nous la considérons comme un *Diviseur commun* pour les distances plus grandes, nous constatons de suite que tous les autres nombres sont un multiple (2, 3 ou 4) de 14 cm, ou à peu près, à *cinq* centimètres près (²) (la plupart du temps, la différence n'est que de 2 à 4 cm).

(¹) Quant à la distance, jusqu'à une différence d'un centimètre, je n'en tiens pas compte, car, en ces matières, l'approximation (erreur personnelle) atteint toujours au moins un centimètre, vu la difficulté d'avoir un centre mathématique.

(²) Il ne faut pas demander une précision plus grande, en matière de *Cupules*, à mon avis! — Les causes d'erreur de mensuration atteignent souvent, d'ailleurs, *deux centimètres*, d'après mes propres observations, par suite de l'irrégularité des sculptures, rarement absolument circulaires.

Par suite, il semble résulter de là qu'à *Gatine* il y a vraiment une *Loi de distribution des Cupules*. En effet, il semble qu'on ait voulu les placer à 14 cm ou 15 cm les unes des autres, mais qu'on n'en a pas gravé tous les 14 cm, faute de temps ou pour une autre cause.

S'agit-il là d'un fait voulu ou d'une constatation due au hasard? J'avoue que le hasard serait bien extraordinaire, d'autant plus que 15 cm est lui-même un multiple de 5 cm (0,05×3); et que 5 cm est le diamètre moyen des plus petites et des plus fréquentes *Cupules*, obtenu par *percussion* [1] du rocher, au moins à l'Ile-d'Yeu.

La *Commune-mesure* des Cupules paraît donc être ici de 14 cm : fait très important, au demeurant.

2° On remarquera, en outre, que :

a. I, II, D (d_2) forment un *triangle équilatéral*, à base de 0,14×3, tandis que chaque côté = 0,14×2.

b. Que IV, D (d_2), I, forment un *triangle* équilatéral, chaque côté étant égal à 0,14×3.

c. Que IV, V, et VII forment un *triangle* équilatéral (ou à peu près), à côté = 0,14 × 2.

d. Que de VII à XI les cupules se suivent à des distances égales, (14 cm) !

J'ignore, d'ailleurs, ce que tout cela signifie; mais cela a *un sens*, car le hasard n'aurait pas donné de telles dispositions.... Il ne faut pas oublier, d'ailleurs, que le *pouce* représente environ 5 cm, et que 14 cm peut correspondre à *trois* [2] *pouces* [3].

DISTRIBUTION DES CUPULES. — En partant de l'Est, et en laissant la sculpture D de côté, on a une *ligne brisée* sud allant de I à XV en forme de grande S, dirigée Est-Ouest. Du centre de cette S, vers le Nord, se détache une autre ligne de cupules allant de VII à C par III, XII et XIII : ligne brisée elle aussi.

D'ailleurs la *Fig.* 2, exécutée avec soin, d'après une réduction exacte du Décalque, donne une bonne idée de l'emplacement des cupules et de leur position réciproque.

DIMENSIONS. — Les dimensions des diverses cupules sont indiquées dans le tableau suivant. — J'y ai calculé l'*Indice Profondeur-Largeur*, *moyen*, dont l'étude n'est intéressante que pour des comparaisons entre les Cupules des divers pays.

---

[1] Je mets de coté les *cupules, plus petites* encore, obtenues par *percement.*

[2] Il faut se rappeler qu'il y a des Cupules espacées de 5cm, d'autres de 10cm, et que le *chiffre fatidique, trois,* bien connu, apparaît ici de façon évidente.

[3] Je signale, en outre, qu'en Corse M. L. Giraux a retrouvé une commune mesure analogue de 0,28cm = 0,14 × 2 (*Congrès préhist. Tours,* 1910. Paris, 1911, p. 560-561). Enfin, j'ai retrouvé la *Commune-Mesure* (0m,14 à 0m,15) à Avrillé, V. (1911). (*Congrès préh. de Nîmes,* 1911).

Cupules (Nᵒˢ).	Diamètre Maximum.	Diamètre Minimum.	Profondeur (Max.)	Observations	Indice : Profondeur-Largeur.
I.	80 mm	80 mm	30 mm	Coin Est de la pierre. Circulaire, profonde.	37,50
II.	115	90	25	à 0ᵐ,35 du bord N.; à 0ᵐ,50 » E.; à 0ᵐ,80 » S.. Ovoïde.	25,00
III.	110	80	30	à 0ᵐ,25 du bord N. Forme ovoïde. Profonde.	31,6
IV.	110	110	20	Circulaire.	18,09
V.	100	100	25	Circulaire.	25,00
VI.	70	65	5	Circulaire. A peine marquée.	7,70
VII.	95	85	20	Un peu ovoïde.	22,22
VIII.	80	80	10	Circulaire.	12,50
IX.	75	70	10	Circulaire.	14,28
X.	100	100	10	Circulaire.	10,00
XI.	75	75	5	Très peu marquée.	6,66
XII.	80	60	3	Très peu marquée. Ovoïde.	4,28
XIII.	85	80	20	Circulaire. (Cupule moulée).	25,00
XIV.	60	60	20	Circulaire.	33,00
XV.	130	65	25	à 0ᵐ,80 du bord O.; » S.. Ovoïde. Profonde.	25,00

a. Grandeur. — Si nous classons ces Cupules par ordre de *grandeur*, nous obtenons les catégories suivantes, d'après nos études antérieures :

1º *Cupules de deuxième grandeur :* 130/40 à 90/25 = nᵒˢ II, III, IV, V, VX. — Total : 5 *Cupules.*

2º *Cupules de troisième grandeur :* 90/30 à 80/20 = nᵒˢ I, VII, X, XIII. — Total : 4 *Cupules.*

3º *Cupules de quatrième grandeur* (80/20 à 50/10) = nᵒˢ VI, VIII, IX, XI, XII, XIV. — Total : 6 *Cupules.*

4º *Cupules de cinquième grandeur* (50/10 et au-dessous) = 0.

b. Formes. — En somme, les trois catégories *moyennes* sont représentées ici, car nous n'avons pas de profondeur dépassant 30 cm. Les cupules extrêmes (nᵒˢ II et XV), très OVALAIRES, à Indice de 25,00., sont les plus importantes du groupe. On remarquera que les cupules qui viennent après (nᵒˢ IV, V, et IV, X) forment le centre de la figure et sont *circulaires.*

Toutes ces dispositions ont certainement une signification; mais leur nature nous échappe encore !

II. — Cavités Pédiformes.

C'est l'examen des diverses *Cavités pédiformes* de Gatine qui m'a permis d'affirmer qu'au début tout au moins de ces sortes de Sculptures, on les obtenait par la combinaison de *deux* ou plusieurs *Cupules, circulaires* et *ovalaires*, réunies entre elles par ce qu'on a appelé les *Canaux de Conjugaison!*

Je serai très bref sur la description de celles qu'on observe à Gatine, surtout pour la principale, que je réserve pour un travail d'ensemble sur les *Empreintes plantaires*; mais je dois indiquer leurs rapports avec les cupules voisines.

1° CAVITÉ PÉDIFORME A (*grand Pied de Gatine*).

SITUATION. — La *Cavité A*, qui représente absolument une *Empreinte plantaire* typique, est située à l'extrémité ouest de la table, entre deux cupules plus occidentales (n° XIV et XV), au sud-ouest de la cupule n°XIII; au côté est se trouve la petite cavité pédiforme B. Elle représente, en apparence, un *Pied gauche* (*Fig.* 2 et 3).

Entre les centres du talon et de la plante de A et la cupule XV, il y a 24 cm et 18 cm, et 24 cm avec la cupule XVI (C). La cavité B est éloignée de 15 à 16 cm. — On voit donc qu'il y a environ un cercle, à rayon de 15 cm, de cupules autour de l'Empreinte plantaire, du côté sud; nous retombons encore ici dans la *Commune-mesure*, indiquée pour les cupules.

Au Nord, les cupules XIII et XII sont toutefois plus rapprochées.

DESCRIPTION. — Je réserve la description très détaillée de cette gravure pour un mémoire ultérieur; mais je dois en donner ici un bref aperçu.

DIMENSIONS. — La *Longueur totale* est de 250 mm. La *largeur*, au talon, situé vers le Nord, est de 60 mm; à la plante elle est de 75 mm au maximum. La profondeur est de 24 mm au talon, de 25 mm à la pointe, et de 27 mm au centre, au point de réunion : ce qui prouve bien l'intention manifeste de représenter un Pied, puisque, étant donné le mode de fabrication de ces Sculptures à l'aide de deux cupules voisines, il devrait y avoir là, au contraire, une saillie!

Le talon est long de 60 mm; la plante de 160 mm.

FORME. — J'ai moulé cette belle et intéressante sculpture (*Fig.* 3); et j'ai fait des coupes de mon moulage pour étudier l'*à-pic des bords* et la technique de fabrication; mais je ne peux insister ici sur tous ces détails Je me borne à ajouter que la *concavité* du bord interne du pied a une *flèche* de 11 mm : ce qui est normal.

INTERPRÉTATION. — *a.* Il s'agit, manifestement, d'une sculpture, en

forme d'*Empreinte plantaire*, correspondant, en apparence, au ˙ PIED
GAUCHE, et dont le grand axe, sur la table du dolmen, se dirige vers le
Sud.

b. L'extrémité de la pointe bien effilée, l'élégance de la forme, la
longueur de 250 mm : tout semble indiquer qu'on a voulu représenter un
Pied de Femme, plutôt qu'un Pied d'*homme*. Mais il est évident qu'on
ne peut rien affirmer à ce sujet. . _ . ,

c. Dans un autre Mémoire, nous montrerons qu'en réalité il ne s'agit
pas, dans ce cas, d'*Empreinte*, au sens propre du mot, mais de *Sculpture* ·
de *Plante de pied, d'après un Modèle vivant*, et que, par suite, il s'agit
d'un PIED DROIT, forcément représenté *inversé.*

· 2º CAVITÉ PÉDIFORME B (*petit Pied de Gatine*).

On ne peut pas vraiment dire, d'emblée, que cette cavité, d'aspect
pédiforme, représente réellement une *Empreinte plantaire*, comme la
·précédente.

En tout cas, elle résulte simplement de la *conjugaison* de *deux Cupules*
voisines, dont l'une, correspondant à ce qui serait le *talon*, est circulaire,
et dont l'autre est *ovalaire*. Le talon semble du côté nord ; la cupule circulaire est donc voisine de la cupule nº XIII ; les bords de ces deux dernières Sculptures ne sont distants que de 25 mm.

ÉTUDE. — Nous décrirons ces deux cupules sous les nᵒˢ B′ et B″ : la
cupule du talon étant désignée par B′ et l'autre par B″. Nous avons
moulé au plâtre cette gravure : ce qui nous a permis d'y pratiquer des
coupes longitudinales et transversales, sur des moules et de les bien
étudier (*Fig.* 3).

1º *Cupule* B′. — La cupule B′, ou du talon, est *circulaire ;* son dia-
˙ mètre est de 63 mm environ ; elle est très régulière ; sa profondeur est de
20 mm. Les bords sont non pas en *pente douce*, mais à pic, comme d'ordinaire : caractère important, montrant que la gravure, en tant que *pédi-*
forme, est typique à ce point de vue.

2º *Cupule* B″. — La cupule B″, ou de la *pointe*, est *ovalaire*. Son
petit diamètre est-ouest a 60 mm ; le grand nord-sud 96 mm. Elle est
profonde de 20 mm et à bords à pic également. Elle est *tangente extérieu-*
rement à la première, suivant son grand diamètre (¹). Mais, pour donner
l'aspect pédiforme à la gravure, on a dû sculpter les *angles sphériques*
intercirconférentiels. Autrement dit, on a réuni les deux cupules à la
manière de deux *cupules conjuguées*, pour lesquelles le *Canal de conjugaison*
.· serait réduit à zéro. La preuve qu'il en a bien été ainsi, c'est qu'au point

---

(¹) Quand les *Cupules voisines* ne sont pas destinées à faire des *Cavités pédiformes*,
elles ne sont jamais aussi rapprochées, c'est-à-dire au *contact* comme ici.

de contact des courbes la profondeur est moindre (19 mm) qu'au-dessus et au-dessous.

Et cela montre comment est née l'idée du *Canal de conjugaison*, et surtout comment on procédait pour la confection des Empreintes plantaires.

Si l'on examine, d'ailleurs, une *Coupe longitudinale* de cette cavité, on constate qu'elle a 160 mm de *longueur totale;* qu'elle ne présente qu'un ressaut imperceptible au centre, et que les bords nord et sud sont aussi en pente abrupte, presque à pic.

Les deux cupules composantes n'étant pas exactement sur la même ligne, il en résulte, du côté de l'Ouest, une *concavité marquée (Fig. 2)*, que mesure une flèche de 12 mm. C'est cette concavité qui donne l'*aspect pédiforme* (forme du bord interne de l'empreinte plantaire).

INTERPRÉTATION. — S'agit-il là d'une véritable *Plante de pied*, et non pas d'une cavité, formée d'une *Cupule ovoïde*, ordinaire, et d'une autre, *circulaire?*

Je crois à la réalité de la Sculpture type *Plante de pied,* malgré sa faible dimension, parce que je connais des gravures dites *Plante de Pied* tout à fait analogues; et en particulier celle du *Pas de la Vierge* de Ferron (D. S.). — Peut-être, d'ailleurs, a-t-on voulu représenter un pied d'*Enfant?*

A. Voici d'ailleurs les raisons qu'on peut invoquer en faveur de cette hypothèse :

1° Léger *étranglement* latéral (représentant le bord interne);

2° Extrémité *plus large* que l'autre (talon, ici);

3° On notera que les *dimensions* des axes [longitudinal (160 mm); transversal : plante (60 mm); et talon (64 mm); profondeur (20 mm)] sont comparables à celles de la gravure du *Pas de la Vierge* de *Ferron;*

4° Bords taillés *presque à pic*, et non très étalés en pente douce, comme dans la plupart des *Cupules ovoïdes;*

5° *Voisinage immédiat* d'une *Plante de Pied*, indiscutable;

6° Même direction du grand axe que pour ce Pied, ou à peu près (*Orientation identique*);

7° Le côté *apparent* (empreinte) du pied est le *Pied gauche.* — Or, à côté, il y a aussi un *Pied gauche!*

8° Existence d'une *Cupule satellite*, en arrière du talon (n° XIII), pouvant s'appliquer aussi bien à cette gravure qu'au vrai Pied voisin (ce qui se voit très souvent lors de paires de plantes de pieds).

Dans ces conditions, il doit s'agir là de la représentation d'un *Pied d'Enfant*, car 160 mm c'est trop peu pour un pied de *Femme*, ce me semble.

B. On pourrait émettre une autre hypothèse : c'est qu'on a affaire à une Empreinte pédiforme, non terminée du côté de la plante. Mais cette

**23

interprétation, à la rigueur défendable, me paraitrait un peu tirée par les cheveux; et je n'insiste pas trop.

Il suffirait d'ajouter, au Sud, une *troisième Cupule*, ayant 100 mm de grand axe, pour obtenir une sculpture, presque *parallèle* et *comparable* à la voisine, c'est-à-dire un *Pied gauche*, en apparence.

Nous concluerons donc à une *Empreinte pédiforme*, d'apparence *gauche*, comparable à la précédente, mais plus *petite*.

II. — Cavités C et D.

Les Cavités C et D, détruites à une de leurs extrémités, devaient être des sculptures analogues à la *Cavité pédiforme* précédente. En effet, la profondeur des gravures, et surtout l'*à pic des bords*, montre qu'il s'agit là de cavités très remaniées, très notablement transformées : ce qui n'existe pas dans le cas de *Cupules* ordinaires.

1° CAVITÉ C.

Ce qui reste de la Cavité C, située à 41 cm au nord de la Cupule XV, à 27 cm de la cupule XII, au nord du *Pied A*, mesure 130 mm de long, 100 mm de large, et 60 mm de profondeur à pic; les bords sont assez abrupts et presque polis.

Il est probable que cette sculpture devait se prolonger vers le *Sud-ouest;* et que la chute d'un feuillet granitique, après brisure suivant la ligne *a, b, c, d (Fig.* 2) a fait disparaître une certaine longueur de la sculpture, qui était, soit une cavité pédiforme, soit autre chose.

A remarquer que le grand axe est perpendiculaire à celui de la *Cavité pédiforme* A, mais qu'ici il ne semble pas y avoir eu deux cupules accolées. Il est vrai que toute la partie ouest manque !

Ce qui persiste du fond ressemble assez bien au *talon* de la *Cavité pédiforme* de La Dévalée (Ile-d'Yeu), malgré sa profondeur (60 mm); les cavités C et D ont, d'ailleurs, la même largeur (100 mm environ).

2° CAVITÉ D.

La *Cavité D*, située au coin nord-est de la table, à 43 cm de la Cupule I et à 27 cm de la Cupule II, vers l'Ouest, est allongée de l'Ouest à l'Est; et est cassée suivant la ligne de brisure (*e, f, g, h,*) d'un feuillet granitique superficiel, qui ne devait pas s'étendre beaucoup vers l'Est, en raison de l'existence des Cupules I et II (*Fig.* 2).

Elle est à environ 25 cm du bord nord et 75 cm du bord Est.

Longue de 300 mm, elle semble représenter *deux Cupules, conjuguées,* de 10 cm de petit axe: l'une *Ouest,* et l'autre *Est*; mais la partie orientale de cette dernière a disparu avec le feuillet granitique. Il est toutefois possible qu'elle ait été obtenue par trois cupules, au lieu de deux. La cupule Ouest est profonde de 15 mm; celle de l'est est profonde de 40 mm;

les bords sont assez à pic et presque polis, au niveau de la cassure surtout; il est vrai que la brisure du granite a fait disparaître le reste des bords, vers l'est.

Cette gravure est de même ordre que la Cavité C; et toutes deux ressemblent un peu à la *Cavité pédiforme* de La Devalée (Ile-d'Yeu), beaucoup plus grande que le *Pied de Gatine*.

Il serait donc très possible que les restes actuels de ces Cavités ne soient autre chose que les talons de deux très grandes *Empreintes de Pieds*.

Mais les talons ayant un diamètre de 95 mm (Ouest) et 110 mm (Est), ces dimensions sont un peu trop fortes et extraordinaires (en effet, le *grand Pied de Gatine* n'a que 70 mm de large). Jusqu'à nouvel ordre, le mieux est donc de voir des Cavités pédiformes, d'une forme colossale et un peu spéciale, dont nous n'avons pas d'ailleurs retrouvé encore d'autres exemples à l'Ile-d'Yeu.

CONCLUSIONS. — Il y aurait donc eu, à Gatine, QUINZE CUPULES et, en plus, QUATRE CAVITÉS PÉDIFORMES (A, B, C, D).

Nous avons vu qu'on les avait sculptées en utilisant une *Commune mesure*, laquelle a pu être calculée, à dessein, d'après la largeur de la *plus petite Cupule possible* (par la *percussion*, on ne peut pas, en effet, en obtenir de moins large que 5 cm pour une profondeur de 25 mm, soit un quart de centimètre). — Et, si les Pierres à Cupules sont des Cartes du Ciel, c'est là, évidemment, l'*échelle* utilisée dans ce cas particulier....

Mais je ne puis aller plus loin dans cette voie... J'ai eu beau comparer la figure relevée à Gatine aux divers *Constellations* des Cartes célestes; je n'ai rien trouvé qui puisse supporter une comparaison scientifique!

Peut-être d'autres, plus tard, seront-ils plus heureux que moi? En tout cas, ils auront, pour leurs recherches, une observation de plus, *patiemment prise*, avec toutes les ressources de la Science moderne, et une représentation fidèle de la sculpture du rocher, constituant la table du *Mégalithe de Gatine* : ce qui, pour l'instant du moins, est la chose capitale! Malheureusement, l'*orientation d'origine* reste inconnue, comme pour tous les éléments de dolmens : ce qui m'empêche de pousser plus loin mes hypothèses.

Quoi qu'il en soit, la discussion ne devant se faire que sur des documents absolument sûrs, on trouvera là un fait qu'à ce point de vue j'ai voulu complètement disséquer au préalable, pour en tirer, quand l'heure sera venue, tout ce qu'il pourra donner.... L'avenir nous apprendra le reste.

M. L. FRANCHET,

Chimiste (Asnières).

RECHERCHES SUR LA TECHNIQUE CÉRAMIQUE A L'ÉPOQUE GALLO-ROMAINE

571.55 (44)

3 Août.

La céramique des quatre premiers siècles de notre ère présente, au point de vue de la technique de fabrication, des types assez nombreux, dont j'ai pu déjà étudier plusieurs spécimens, grâce aux échantillons qui m'ont été remis par divers archéologues, notamment par M. Vassy, qui a eu la bonne fortune de découvrir à Vienne, dans l'Isère, un gisement très important.

Les Romains, à leur arrivée en Gaule, trouvèrent une technique céramique fort [peu]développée. Les seuls procédés, alors en usage, différaient peu de ceux du Néolithique et du Bronze, c'est-à-dire que les pâtes étaient faites d'argiles très ferrugineuses et de dégraissants plus ou moins grossiers. Quant à la cuisson, elle était fort peu perfectionnée, et les poteries ne possédaient pas alors la solidité et l'homogénéité que les Romains pouvaient obtenir dans les fours perfectionnés dont ils introduisirent l'usage en Gaule.

La plupart des poteries ont été cuites, comme leur examen le démontre surabondamment, en feu réducteur, c'est-à-dire dans un milieu chargé d'oxyde de carbone.

Nous n'avons que peu de renseignements sur les fours gaulois qui semblent, d'après ce que nous en connaissons, n'avoir consisté qu'en une chambre de cuisson faite en maçonnerie, dans laquelle les poteries et le combustible se trouvaient mélangés. Cependant ce four, bien conduit, pouvait permettre de cuire dans des conditions presque normales.

Quant aux poteries que j'ai appelées *carbonifères* et qui comprennent les poteries *charbonneuses* et les poteries *fumigées* ([1]), elles ont vraisemblablement été cuites par le procédé qui était déjà en usage pendant le Néolithique et que nous retrouvons chez les primitifs actuels du centre de l'Afrique, de l'Amérique du Sud et même de l'Europe.

Je dois donc retracer rapidement la genèse de la cuisson des poteries, que j'ai longuement développée dans mon *Introduction à l'étude de la Technologie.*

([1]) FRANCHET, *Céramique primitive; Introduction à l'étude de la Technologie* (*Leçons professées à l'École d'Anthropologie*, en 1911. In-8 avec 26 fig. Paris, Gauthier, éditeur).

A l'origine, la cuisson s'est opérée directement sur le sol, par simple mélange du combustible avec les poteries.

Plus tard, le potier a creusé une fosse dont les matériaux rejetés sur les bords ont formé un talus. Cette disposition constitue un progrès réel sur la cuisson sur une aire plane, parce qu'elle permet de limiter, et par conséquent, de régulariser la masse du combustible en même temps qu'il se produit par rayonnement, grâce aux parois de la fosse, une véritable récupération de la chaleur.

Mais un nouveau perfectionnement va être réalisé : l'amoncellement de combustible est recouvert de branchages et d'herbes; puis plus tard de terre battue, formant une cuirasse destinée à concentrer la chaleur.

Ces différents modes de cuisson se sont succédé, tout en étant certainement employés simultanément à une même époque, car dans toute industrie, il y a des survivances qui résistent pendant de longs siècles au progrès de la civilisation : il en a toujours été et il en sera toujours ainsi, les faits sont là pour l'attester.

Dans ces primitifs procédés de cuisson, il y a à examiner une question d'une importance primordiale : c'est celle de l'*atmosphère* dans laquelle se trouvaient placées les poteries, pendant la durée du feu. Je l'ai déjà traitée ailleurs, à différentes reprises, c'est pourquoi je ne ferai que rappeler brièvement que, dans le cas qui nous occupe, l'atmosphère était plus ou moins réductrice, jamais complètement oxydante.

Les poteries se trouvaient soumises, en effet, à l'action directe des gaz émis par le combustible, mais la combustion de ces gaz était incomplète, parce que, en l'absence d'une cheminée exerçant un appel d'air, la quantité d'air entraînée par la flamme, est insuffisante pour déterminer une combustion complète.

Par conséquent, l'oxyde de carbone et les carbures d'hydrogène exerçaient leur action réductrice sur les oxydes métalliques contenus dans les matières premières, composant la pâte de la poterie. Le peroxyde de fer passait à des états inférieurs d'oxydation, modifiant non seulement la couleur de la poterie, mais aussi certaines de ses propriétés (un grand nombre de poteries sont de ce fait devenues magnétiques). En outre, la fumée, très abondante, imprégnait la pâte de charbon qui la colorait en noir plus ou moins foncé.

Cette action des gaz réducteurs et de la fumée fut utilisée par les Romains dans un but de décoration, ainsi que nous le verrons tout à l'heure.

Lorsque les Romains pénétrèrent en Gaule, ils apportèrent une technique très perfectionnée, dont ils avaient acquis les principes chez les Étrusques, chez les Grecs et aussi en Egypte, selon toute vraisemblance.

Leurs pâtes céramiques ont la perfection de celles des Grecs; le tournage, le modelage et le moulage n'avaient plus de secrets pour eux. Quant à la cuisson, elle était aussi perfectonnée qu'elle l'est aujourd'hui.

Les fours romains, qui ont été découverts et maintes fois décrits, nous montrent que leurs constructeurs possédaient avant tout, le souci, pour leurs poteries, d'une cuisson parfaitement régulière, qu'on ne peut obtenir qu'au moyen d'une égale répartition de la chaleur dans les différentes parties du four.

A ce point de vue, certains fours romains, étaient particulièrement remarquables. Les gaz chauds émanant du foyer, pénétraient dans des conduits s'ouvrant à la suite de celui-ci, et débouchant au niveau même de la sole. Ces conduits, ou *carnaux*, étaient souvent en grand nombre, et disposés méthodiquement, de façon à ce que la température intérieure du four soit partout égale.

Les poteries, dont j'ai présenté les échantillons à la 11e Section, proviennent principalement de Vienne, Isère (fouilles Vassy) et quelques-unes d'Alésia.

No 1. Poterie gauloise, très grossière, bien cuite (vers 900° environ) en feu légèrement réducteur. Elle présente cette particularité, que l'intérieur a été revêtu, après cuisson, d'un enduit de matière noire paraissant être du goudron (*Alésia*).

No 2. Poterie fumigée à pâte grossière, cuite en feu réducteur; cependant sous l'influence de l'élévation de la température, la combustion est devenue plus complète vers la fin de la cuisson, ce qui est démontré par ce fait que le carbone déposé dans la masse de la pâte a commencé à se détruire à la périphérie alors que la partie centrale est demeurée indemne (*Vienne*).

No 3. Poterie fumigée, à pâte grossière, cuite en feu très réducteur, à 650° environ. Le col seul, a été recouvert d'une engobe très fine qui s'est légèrement gercée, soit parce que le vase était trop sec lorsqu'on l'a appliqué, soit parce que les deux coefficients de dilations, de l'engobe et de la pâte, n'étaient pas identiques (la terre de l'engobe était sans doute plus alumineuse celle de la poterie). La finesse de l'engobe, avait pour but d'obtenir, après cuisson, et par simple friction de l'objet, un noir brillant très beau (*Vienne*).

No 4. Poterie fumigée superficiellement, à pâte grossière, bien polie au tour.
La coloration noire superficielle a été obtenue grâce à un perfectionnement de la technique de cuisson, que nous observons dans les exemples précédents et qui n'était qu'une survivance des procédés néolithiques.

Cette poterie a été cuite comme d'habitude en feu réducteur, mais à une température bien plus élevée, 900° environ. Cette chaleur, en déterminant une combustion plus complète, a détruit partiellement le carbone. Mais, lorsque la cuisson a été terminée, le potier a laissé tomber la température jusqu'à 500° environ (rouge naissant), puis alors il a procédé à un enfumage énergique, et la couche charbonneuse s'est déposée à la surface, en pénétrant toutefois très légèrement la pâte. Cette technique s'observe encore chez quelques peuples primitifs (*Vienne*).

No 5. Poterie fumigée à pâte fine, très remarquable comme emploi de l'enfumage dans la décoration. La cuisson a été faite en feu réducteur comme l'atteste la couleur noire de l'intérieur de la masse, mais nous retrouvons la technique précédente, c'est-à-dire qu'à la fin de la cuisson, l'atmosphère du four étant devenue oxydante, le carbone a été détruit sur les parois externes et internes du vase, sur une épaisseur de 2 mm; le centre est resté charbonneux, parce qu'il n'a pas été atteint par les gaz oxydants.

Lorsque la cuisson a été terminée, le potier, comme dans l'exemple précédent, a laissé refroidir partiellement le four, puis a enfumé pour obtenir une surface noire.

Il a exécuté alors un véritable décor, avec, comme seul élément, la couche charbonneuse. Dans ce but, le vase étant refroidi, il l'a replacé sur le tour, puis, au moyen d'une tournassin, il a tracé des bandes circulairement et à l'intérieur en grattant très légèrement la surface : il a ainsi obtenu des cercles concentriques, larges de 14 à 16 mm, les parties grattées étant restées claires et mates, tandis que les autres ont conservé leur ton noir brillant (*Vienne*).

Nº 6. Poteries à pâte grossière, montrant que les marbrures noires qu'on observe sur de nombreuses poteries gallo-romaines, sont dues à une cuisson qui fut réductrice au début et partiellement oxydante à la fin. Si la cuisson avait été plus prolongée, la poterie serait devenue uniformément rouge (*Vienne*).

Nº 7. Poterie à pâte grossière, cuite vers 800º en feu réducteur. Sous la double influence d'un commencement d'oxydation, le carbone a été presque complètement détruit. Bien que cette poterie soit grossière et destinée par conséquent à un usage vulgaire, il est à noter qu'elle a dû être cuite dans un four; il est donc à présumer que les poteries fines et grossières étaient cuites de la même façon, sans aucune distinction. Il y a des recherches à effectuer dans ce sens (*Alésia*).

Nº 8. Nous arrivons, ici à un perfectionnement notable dans l'art céramique : la fabrication de la poterie fine à *pâte blanche*, ancêtre de notre faïence moderne; elle acquit une certaine importance, à l'époque romaine.

L'échantillon décrit ici, est particulièrement intéressant, parce qu'il a été cuit au feu réducteur suivant la même technique que celle qui est indiquée ci-dessus (nº 4).

L'intérieur de la pièce n'est pas fumigé, vraisemblablement parce qu'elle était recouverte par une autre plus large, en revanche l'extérieur est d'un beau noir brillant (*Vienne*).

Nº 9. Poterie à pâte blanche, très fine, constituant cette véritable faïence dont l'invention passe pour toute récente (fin du xviiiᵉ siècle) (*Alésia*).

Nº 10. Fragment d'une très grande pièce. Cette poterie épaisse de 15 mm est faite d'une pâte rouge assez fine et a été cuite à une température élevée, que j'estime voisine de 1100º, en me basant sur les caractères que présente ce fragment.

La cuisson a eu lieu dans une atmosphère réductrice, devenue oxydante au moins dans le dernier quart du temps du chauffage. La surface seulement, est passée au ton rouge et la partie interne de la pâte est restée noirâtre, ce qui est anormal pour une poterie cuite à une température aussi élevée. Cette particularité est due à ce que les matériaux employés étant riches en éléments fusibles (oxyde de fer, chaux, potasse, soude), la pâte a subi un léger commencement de vitrification, suffisant pour lui donner de la cohésion et diminuer par conséquent sa porosité : les gaz oxydants n'ont donc pu pénétrer suffisamment l'intérieur de la masse, dans le temps normal de cuisson (*Alésia*).

Nº 11. Poterie du même ordre que la précédente, mais d'une épaisseur de

25 mm. Cuisson évidemment analogue à celle de la poterie n° 10, mais ici, la pâte, étant moins riche en éléments fusibles, a conservé, malgré une cuisson parfaite, une très grande porosité. Il en résulte que les gaz oxydants ayant pu exercer leur action à travers toute la masse, celle-ci a pris cette belle couleur rouge, due à la présence du fer à l'état de peroxyde (*Alésia*).

N° 12. Poterie en terre, assez fine, cuite en feu très oxydant. Elle présente cette intéressante particularité, d'avoir été recouverte d'une engobe extrêmement mince, faite avec les fines paillettes de mica, provenant, sans aucun doute, des eaux de lavage des argiles.

Nous avons là, certainement, un procédé spécial de décoration, car cette engobe micacée est parfaitement distincte de la terre sous-jacente (*Vienne*).

(L'emploi du mica, dans la décoration des poteries, a été signalé jadis à Java, mais il était alors en grandes paillettes. — Musée de Sèvres).

N° 13. — Poterie à pâte fine enfumée à 500°, mais après une cuisson préalable à 900°, en feu faiblement réducteur.

Le potier a exécuté un décor par incision, mais *après cuisson*, de façon à obtenir ce décor en teinte grise (donnée par l'intérieur de la pâte) se détachant sur le fond plus sombre donné par la surface.

Le décor, incisé après cuisson, est circonscrit par deux cercles concentriques, tracés en creux dans la pâte, au moment du *tournassage* (qui succède au tournage) (*Vienne*).

N° 14. Poterie à pâte fine, cuite en feu très oxydant et recouverte d'un *émail absolument identique et de même nature que l'émail noir des poteries grecques*.

Nous avons ici un type de poterie extrêmement important, car il nous permet d'établir que la technique romaine a fait de larges emprunts à la technique grecque.

J'ai montré récemment, comment les Grecs avaient obtenu le fameux émail noir qui recouvre la presque totalité de leurs poteries, cet émail si improprement appelé *lustre* par Brongniart, dont l'erreur s'est propagée partout depuis trois quarts de siècle.

Je renvoie à mon *Introduction à l'Étude de la Technologie* (p. 105 et suiv.) pour l'étude de cet émail noir et je me bornerai à rappeler ici que les Grecs l'ont obtenu par mélange d'un fondant alcalin avec la *magnétite*, oxyde ferrosoferrique naturel [1].

Les Romains ont décoré beaucoup de leurs poteries par ce même procédé, qu'ils ont certainement emprunté à la Grèce, mais, au lieu d'utiliser cet émail pour exécuter la composition proprement dite, scènes ou dessins d'ornement, ils l'ont utilisé seulement comme *émail de fond*. Ils avaient en effet totalement abandonné la peinture céramique, pour l'ornementation en relief.

L'émail dont cet échantillon est recouvert n'a été préparé, appliqué et cuit par une méthode absolument identique à celle qui était pratiquée en Grèce (*Vienne*).

N° 15. Poterie à pâte fine, semblable à la précédente et recouverte du même émail noir, mais présentant des irisations et un éclat métallique très remarquable.

---

[1] L. FRANCHET, *Sur la préparation de l'émail noir des poteries grecques par l'oxyde ferroso-ferrique naturel* (*Comptes rendus de l'Acad. d. Sc.*, t. CLII, p. 1097).

Cette poterie, dont on a déjà retrouvé des spécimens assez nombreux dans plusieurs localités, notamment à Alésia, appartient à une technique dérivée des procédés de cuisson que nous venons d'étudier plus haut.

Ces irisations et l'éclat métallique ne sont pas dus, ici, comme on l'a cru parfois, au long séjour de cette poterie dans le sol, ils sont dus réellement et indiscutablement à un procédé particulier de cuisson.

La pièce a été tout d'abord recouverte de l'émail à base de magnétite, dont il a été parlé tout à l'heure (n° 14), puis la cuisson fut opérée comme précédemment, en feu oxydant; lorsqu'elle fut terminée, le potier laissa tomber la température au rouge naissant, puis il enfuma énergiquement, comme il a été dit plus haut (n° 4).

Sous l'action des gaz réducteurs, le fer contenu dans l'émail et provenant de la magnétite a passé partiellement à un état inférieur d'oxydation, partiellement à l'état métallique, mais la partie de l'émail qui a été attaquée par l'oxyde de carbone et les carbures d'hydrogène, possède une structure stratifiée constituant, par conséquent, une série de lames extrêmement minces : il se produit donc, sous l'action de la lumière, un phénomène d'interférence qui détermine ces irisations si belles.

Les Romains ont donc appliqué, à leurs poteries émaillées en noir, le procédé d'enfumage qu'ils avaient employé pour colorer en noir la poterie non émaillée, et il en est résulté une décoration tout à fait spéciale.

Nous ne pouvons pas affirmer qu'ils ont créé ce genre de décor, car ils avaient été en contact avec les Égyptiens, et ceux-ci ont pratiqué la décoration à *reflets métalliques irisés* à une époque très ancienne, dont nous ignorons la date exacte (²)

Les échantillons provenant de *Vienne* sont exactement de même nature et tout à fait identiques à ceux d'*Alésia*.

N° 15 *bis*. Poterie irisée d'*Alésia*.

N° 16. Poterie avec ornementation incisée, recouverte d'une couche d'émail si mince, qu'elle masque à peine la couleur rouge de la pâte; en outre, cette *minceur* de l'émail, n'a pas permis à celui-ci de se glacer au feu et a simplement donné une teinte brune.

Cet émail est comme les précédents, à base de magnétite (*Alésia*).

N° 17. Poterie dite *samienne*. Cette poterie appartient exactement, au point de vue technique, à la même catégorie que la poterie à émail noir.
- La seule différence entre les deux réside dans la nature du *colorant* de l'émail.

L'émail rouge des poteries dites *samiennes* ne paraît pas avoir été obtenu par vaporisation du sel marin, ainsi que quelques auteurs l'ont avancé (voir mon *Introduction à la Technologie*), mais c'est un véritable émail dans lequel la *magnétite* employée pour l'émail noir a été remplacée vraisemblablement par un *ocre rouge*.

La coloration des ocres varie suivant leur teneur en peroxyde de fer et aussi en alumine, car ce dernier corps exerce, à la cuisson, une grande influence sur le ton final. C'est ce qui explique la variété qui existe dans le ton de l'émail rouge

---

(²) J'ai décrit ces procédés de décor, il y a quelques années : *Étude sur les dépôts métalliques obtenus sur les émaux et sur les verres (lustres et reflets métalliques)* (*Annales de Chimie et de Physique*, 8ᵉ série, t. IX, 1906).

des poteries romaines, ton qui est compris entre le rouge orangé et le rouge violacé (*Alésia, Les Houis* (Haute-Marne), *Vienne*).

Dans cette brève étude, je n'ai pu que donner un aperçu des principaux types céramiques à l'époque gallo-romaine.

Les recherches que je poursuis depuis quelques années avec l'aide de l'Association française qui a bien voulu, à différentes reprises, m'accorder des subventions, me permettront, je l'espère, de donner, dans un avenir prochain, un travail d'ensemble plus considérable sur cette intéressante question.

M. G. COURTY.

(Paris.)

LES SCIENCES ANTHROPOLOGIQUES AU CHILI, D'APRÈS M. CARLOS PORTER.

572 (83)

5 *Août.*

Dans une esquisse sur le développement et l'état actuel des sciences anthropologiques au Chili, M. Carlos Porter, directeur du Musée de Valparaiso, tout en indiquant sa bibliographie anthropologique et ethnographique chilienne (cf. *Revue chilienne d'Histoire naturelle*, t. X, 1906, page 101 à 127), regrette de n'avoir rencontré que peu d'articles publiés au Chili. M. Porter passe ensuite en revue les publications principales qui lui paraissent dignes d'être mentionnées.

I. *Anthropologie.* — En anthropologie, M. Alexandre Cağnas Pinochet a étudié la déformation artificielle des crânes humains. M. Louis |Vergara Florès a décrit des crânes trouvés dans l'île Mocha par l'expédition scientifique du Dr Charles Reiche. M. Thomas Guevara, dans son *Histoire de la civilisation araucane*, consacre un chapitre à l'anthropologie des Araucans. M. Richard E. Latcham a publié une étude sur quelques crânes et autres débris préhistoriques qu'il a découverts dans le voisinage de Serena; ces crânes présentent de grandes analogies avec les anciens crânes dolicocéphales des Patagons. On trouve des renseignements descriptifs sur les races indigènes du Chili dans les travaux d'Alexandre Cagnas Pinochet, de R. A. Philippi, de Pierre Herrera, de François Vidal Gormaz, d'Henri Simpson, de Charles Juliet, etc., ainsi que dans l'œuvre anonyme intitulée *La Race chilienne*.

II. *Ethnographie.* — L'ethnographie est peut-être mieux représentée que l'anthropologie proprement dite. Dans cette branche, il faut citer *Les aborigènes du Chili*, de J. Toribio Medina, et l'*Histoire de la civilisation araucane* déjà citée, de M. T. Guevara qui traite surtout de l'ethnographie chilienne. Il existe un grand nombre de travaux ethnographiques sur la Terre de Feu, l'archipel Chiloë et la plupart sont dus à Ramon Serrano Montaner, Henri Ibar, Thomas Roger, Robert Maldonado. Le Dr Reiche a parlé des anciens habitants de l'île Mocha et MM. Rodulfo, A. Philippi, Ignace Gana, Bate et J. Ramon Ballesteros ont décrit les aborigènes de l'île Pascua. Il existe quelques brèves notices sur le nord du Chili dans les œuvres de Philippi, d'Alexandre Bertrand et de Vergara Florès.

Citons en outre : *Notice sur les Guajiros*, par Cañgas Pinochet; *La Patagonie*, par P. Vicuña Mackenna; *Etude sur la partie australe de la Patagonie*, par E. Ibar; *Notice sur les indigènes de la Patagonie*, par A. Cordovez, etc.

III. *Linguistique*. — En linguistique, le Dr Rodolfo Lenz, a publié des *Études sur les Araucans;* il a recueilli sous la dictée des dialogues, des contes, des légendes tels que les Indiens les racontent, en les transcrivant phonétiquement. Il s'est aussi consacré à l'étude grammaticale de la langue et a fait une analyse détaillée du vocabulaire araucan. La linguistique chilienne doit à Lenz le dictionnaire étymologique des mots chiliens dérivés des langues indigènes américaines, en collaboration avec Diego Barros Arana. La linguistique s'est enrichie d'une Étude étymologique des mots d'origine indigène usités dans la langue courante qu'on parle au Chili et aussi d'un travail sur la race et la langue Veliche, par Alex. Cagnas Pinochet. Il ne faut pas oublier non plus les travaux de F.-J. San Roman et d'Anibal Echeverria y Reyes sur la langue des indigènes d'Atacama.

IV. *Préhistorique*. — Le préhistorique du Chili se rapporte aux pierres taillées et aux pierres écrites. Parmi les travaux les mieux connus en préhistoire, il faut citer ceux de M. Daniel Barros Grez sur les pierres gravées et ceux de M. Cagnas Pinochet sur les pierres percées au Chili. Ces mêmes sujets ont été traités plus brièvement par MM. Medina, Guevara et Vergara Florès. R. A. Latcham a fait présenter en 1910, par notre ami J. B. Ambrosetti, au Congrès scientifique international de Buenos-Aires, une note sur les Changos de la côte chilienne.

L'île Pascua a été étudiée par MM. Ricardo Beaugency, Agustin Prat et le R. P. Pacomio Oliviez.

A ces indications très générales de M. Porter, que j'extrais avec son autorisation du *Bulletin de la Bibliothèque américaine*, numéro du 15 juin 1911, j'ajouterai que la côte nord du Chili vers la Chimba, dans les environs d'Antofagasta, m'est bien connue. Les fouilles que j'ai entreprises en 1903 dans les plages soulevées m'ont fourni un mobilier précolombien constitué par de nombreuses petites flèches en silex calcédonieux (silice

hydratée des porphyres amygdalaires) et des pierres de forme acheu-
léenne contemporaines dès pointes de flèches, en outre de [nombreux
objets en bois qui ont servi aux anciens Changos pour la pêche. Les corps
sont ensevelis dans les sables porphyriques de la côte surélevée nord du
Chili, les jambes repliées sur elles-mêmes et dans un ordre régulier, fait qui
semblerait devoir révoquer en doute l'idée d'un soulèvement progressif
du littoral chilien.

Je rendrai d'ailleurs compte de mes recherches préhistoriques en
Amérique dans un prochain numéro de la *Revue chilienne d'Histoire
naturelle*.

M. BONIFACY,

Lieutenant-Colonel d'Infanterie coloniale.

LES RACES ACTUELLES DE L'INDO-CHINE FRANÇAISE.

1ᵉʳ *Août*.

572.9 (57)

Ainsi que vous pouvez le voir en jetant un coup d'œil sur le croquis
général de l'Indo-Chine française, ce pays se compose d'une chaîne
centrale dont le versant oriental est incliné vers le golfe du Tonkin et
la mer de Chine, et dont le versant occidental fournit les affluents de
gauche du Mékong. Ce système montagneux se joint au plateau du Yun-
Nan dont les vallées profondes enserrent les fleuves qui viennent couler
en Indo-Chine; ce plateau se prolonge dans la partie nord du Tonkin,
où se trouve la limite de partage des eaux entre le Si Kiang (fleuve
de l'Ouest) et le Thai biûh qui recueille les eaux qui roulent vers le Sud.

Au Nord, dans le Tonkin, se trouve une grande plaine, parcourue par
le fleuve Rouge et ses diverticules qui le relient au Thai biûh; au Sud,
une deuxième plaine constituée par les deltas du Mekhong et de la Donnaï
forme la Cochinchine française. La vallée du Mekhong, orientée N.-S.,
constitue le Cambodge et le Laos.

Il est une règle inéluctable en géographie, c'est que les races policées
occupent les vastes plaines, tandis que les hordes primitives sont refou-
lées vers la montagne. Cette règle est vraie pour l'Indo-Chine, où la race
annamite, qui a reçu sa civilisation de la Chine, occupe le delta du
Tonkin, les vallées fertiles des fleuves côtiers de l'Annam, les plaines
alluvionnaires du bas Mékong et de la basse Donnaï, tandis que les races
sauvages ou à demi civilisées sont confinées dans la chaîne centrale,
laissant aux Cambodgiens et aux *Tay* du Laos la vallée moyenne du
grand fleuve.

Au Nord, les montagnes qui courent entre les vallées des fleuves descendus du Yun-Nan sont occupées par des peuplades fixées depuis longtemps dans le pays ou récemment venues de Chine, qui jouissent d'une demi-civilisation due, soit directement aux Chinois, soit aux Chinois par l'entremise des Annamites.

Si nous nous occupons d'abord des populations civilisées des versants orientaux et occidentaux, nous trouvons les Annamites. Cantonnés à l'aurore des temps historiques dans le delta du fleuve Rouge, civilisés de gré ou de force par les Chinois, nous les voyons descendre peu à peu vers le Sud, absorbant les Cham, de civilisation brahmanique, refoulant ensuite les Cambodgiens, auxquels ils enlèvent les deltas du Mekhong et la Donnaï pour former, à l'aurore du XIXe siècle, un grand empire sous l'autorité de Gia Long.

A l'ouest des montagnes, des émigrants de l'Inde forment d'abord le vaste empire des Khmers, dont les ruines grandioses forcent l'admiration des visiteurs, mais cet empire s'effrite rapidement, battu au Nord et à l'Ouest par les invasions des *Tay*, qui forment les royaumes du Siam et du Laos, tandis que les Annamites, contournant la montagne au Sud, leur enlèvent les bouches des fleuves. Actuellement le Cambodge ne subsiste que grâce à notre appui; sa population, bien que physiquement plus forte que les Annamites, se laisse pénétrer et dépouiller par eux, tandis que les Chinois immigrants viennent sans cesse les modifier par des métissages nombreux.

Vous connaissez tous les Annamites physiquement; bien doués au point de vue intellectuel, souples et résistants quoique d'apparence chétive, ils représentent un personnel de choix dans une colonie de domination, à condition qu'on ne heurte pas de front leurs coutumes ou, si vous voulez, leurs préjugés. Je ne m'arrêterai donc pas longuement à vous parler de leurs qualités nombreuses et de leurs quelques défauts.

Les Cambodgiens ont, je vous l'ai dit, été d'abord civilisés par des immigrants venus de l'Inde; c'étaient, à n'en pas douter, des sauvages fort ressemblants à ceux qu'ils appellent maintenant des *Pnong*. Les envahisseurs hindous, après avoir jeté un grand éclat, disparurent ou furent absorbés par les peuplades qu'ils avaient un instant galvanisées et le peuple Khmer ne mène plus qu'une existence précaire, forcé de reconnaître le double protectorat des Siamois à l'Ouest, des Annamites à l'Est et au Sud, et c'est sans doute à la jalousie de ses protecteurs qu'il a dû d'exister encore en corps de nation, au moment de notre arrivée dans le pays.

Les *Tay*, qui se substituèrent en partie aux Cambodgiens, sont, si l'on consulte les sources chinoises, originaires du sud-ouest de la Chine et du nord du Tonkin; après avoir subi l'influence chinoise, une de leurs branches descendit vers le Sud, absorbant au passage des peuplades sauvages, puis s'emparant d'une partie du Cambodge, en superposant à sa demi-civilisation chinoise la civilisation hindoue de ce dernier pays.

et en créant enfin, sur les débris de l'empire Khmer, les deux royaumes de Vientiane et de Luang Prabang, pendant que le rameau tay le plus méridional fondait l'empire du Siam, qui, par un heureux concours de circonstances, est encore indépendant. Nous aurons à parler encore des Tay restés au Tonkin.

En vous parlant de la descente des Annamites vers le Sud, je vous ai parlé de l'absorption du royaume des Cham ou du Ciampa; ce pays, de civilisation brahmanique, influencé aussi par les Malais, devient d'abord feudataire des Annamites, ses habitants furent progressivement annexés, quelques-uns cependant demeurent encore dans les provinces méridionales de l'Annam. Quelques-uns ont émigré vers le Cambodge.

Nous avons rapidement passé en revue ce que j'appellerai les races historiques de l'Indo-Chine : Annamites, Cham, Cambodgiens, Tay; nous nous occuperons maintenant des autres races. Celles-ci ne sont connues que par les travaux des voyageurs, des ethnographes et par quelques données éparses dans les écrits des Chinois, des Annamites, des Tay traitant des Barbares.

Notons, en passant, qu'une partie de ces Barbares ont laissé des traces dans la langue, dans le sang de ceux qui les ont en partie refoulés, en partie absorbés; cela est vrai surtout, je vous l'ai dit, pour les Cambodgiens.

Si vous le voulez bien, nous remonterons du Nord au Sud la chaîne annamitique, en énumérant et en décrivant brièvement les peuplades qui l'habitent.

Nous trouvons d'abord de vrais sauvages, nommés *Moi* par les Annamites, *Penong* par les Cambodgiens. Leur physique se rapproche beaucoup plus du Peau-Rouge que de ce qu'on est convenu d'appeler le Mongol. Les yeux sont droits, non bridés, la peau bronzée, les cheveux très souvent ondulés. Le système musculaire est développé. Un de nos universitaires envoyé en mission a dépeint, dernièrement encore, la vertu et les mœurs douces de ces sauvages; en réalité, comme tous les primitifs, ils sont fourbes, cruels lorsqu'on viole leurs nombreux tabous. L'administrateur Odend'hal, le colon Paris ont été tués par eux naguère, et je trouve le récit suivant dans un des journaux reçus dernièrement d'Indo-Chine :

« La brigade géodésique de M. le lieutenant de Buffon opère près de Lao Bao. Le caporal Perrin fut chargé de placer un signal sur une montagne voisine. Il s'acquitta de sa mission, mais la montagne étant sacrée aux yeux des sauvages, ceux-ci s'emparèrent de Perrin, le tuèrent et lui tranchèrent la tête.

» Ne voyant pas revenir Perrin au campement, M. de Buffon s'inquiéta et détacha le soldat Médard à sa recherche avec quelques militaires indigènes.

» La petite troupe tomba dans une embuscade et fut massacrée; elle se composait de Médard, d'un tirailleur et de deux gardes indigènes. »

Les *Moi* du Sud sont légèrement dolicocéphales, alors que les Annamites sont mésoticéphales, les Cham, les Cambodgiens, les Tay du Sud fortement brachycéphales, mais lorsqu'on remonte vers le Nord, du côté du Tonkin, la *sauvagerie* du Moi (appelés *Penong* par les Cambodgiens) s'atténue en même temps que leur dolicocéphalie, la langue change, devient monosyllabique au lieu d'être agglutinante, et, au Tonkin et dans le Nord Annam, nous avons les Mu'o'ng et les Xâ, qui parlent un patois annamite, sont brachycéphales, si l'on en croit Madrolle, mais conservent des traits de mœurs qui les rattachent ethniquement à leurs voisins du Sud, bien qu'on ne puisse plus les traiter de sauvages.

Du côté du Laos, ces *Moi* deviennent des *Kha*, et nous trouvons parmi ces *Kha* des tribus qui parlent des idiomes lolo.

Certaines peuplades du nord du Tonkin, les *Lao*, les *La ti*, les *La qua*, descendent peut-être des plus anciens habitants du sol, mais les plus nombreuses sont immigrées plus ou moins récemment de Chine. J'ai fait d'elles une étude tout à fait spéciale, mais les limites de ce communiqué me permettent à peine de citer les *Yao*, appelés plus particulièrement *Maus* au Tonkin, venus du Honnan, des deux Kouang, et répandus dans le nord du Tonkin et le Laos, les *Pa teng*, peu nombreux; les *Mèo*, en chinois *Miao tze*, venus depuis peu du Kouey tchéou, en suivant les sommets, et qui descendent maintenant jusqu'à hauteur de Huê, dans la chaîne annamitique. Il faut y joindre les *Lolo* et leurs parents *Pu la, Houni, Mosso*.

Revenons aux *Tay;* je les crois originaires du sud-ouest de la Chine; ceux qui se donnent ce nom de Tay au Tonkin se disent indigènes, ils ont reçu une partie de leur civilisation chinoise par les Annamites, sont reconnus par eux comme leurs frères des montagnes. Apathiques comme les Laotiens, les Siamois, ces *Tay* se laissent absorber par les Annamites et par des tribus de même sang et de même langue et qu'on appelle *Nông, Nhang* ou *Giay*, etc.; celles-là ont puisé directement leur civilisation en Chine; mais elles se modifient assez vite au contact de leurs frères. Au Laos, les *Tay* sont aussi divisés en tribus, Yousse, Lu, etc.

Langues. — L'annamite et le tay, qui ont même syntaxe, sont des langues monosyllabiques très rapprochées. Dans le bassin du Mekhong, le tay s'écrit au moyen de l'alphabet pali et a emprunté à cette langue de nombreux vocables abstraits.

Les idiomes des *Yao* et des *Miaotze* sont également monosyllabiques, parents de l'annamite, bien que la syntaxe soit un peu modifiée.

Les *Cham* parlent une langue voisine de celle des *Moi* qui peuplent le sud de la chaîne, mais elle a été chargée de mots malais, hindous et même arabes, car un certain nombre de *Cham* sont musulmans.

Ils écrivent au moyen de caractères d'origine hindoue (pali), comme les Cambodgiens dont la langue, chargée de consonnes, est aussi voisine de celle des Moi, avec quantité de mots hindous qui la rendent en partie dyssyllabique.

Nous avons déjà parlé de la langue des Moi; terminons par les idiomes

lolo, apparentés au birman et au tibétain. Ces idiomes sont encore,
monosyllabiques avec certaines traces de flexion et d'agglutination
la syntaxe est tout à fait différente de la syntaxe annamite.

Fait assez remarquable, la syntaxe des *Moi* du Sud, des Cambodgiens,
des *Cham*, est semblable à celle des *Tay* et des Annamites; il en est de
même de celle des tribus *La ti, La qua, Lao* que je vous ai citées.

La religion universelle est l'animisme, très vivace en Indo-Chine.
Les Annamites, *Tay* du Tonkin, *Yao* et *Miao tze* le recouvrent de vagues
notions de bouddhisme et de taoïsme, passées à l'état de formulaires
divinatoires et mortuaires, et du confucianisme dans l'essence est le
culte des ancêtres. Sur les rives de Mekhong, Laotiens et Cambodgiens
suivent un peu plus docilement leurs moines bouddhistes, mais les uns
et les autres sont tolérants, sceptiques même en ce qui concerne la religion
officielle pour ainsi dire, tout en conservant une grande foi aux génies
malfaisants, âmes des morts, qui entourent et persécutent d'autant
plus les humains que ceux-ci sont plus près de l'état de nature.

Voilà une esquisse rapide, une énumération plutôt, des peuples de
l'Indo-Chine; les documents qui les concernent sont épars dans des
volumes innombrables, récits de voyage, périodiques, etc. S'il m'était
permis de formuler un vœu, je demanderais qu'on dresse un inventaire
anthropologique et ethnographique de l'Indo-Chine, analogue aux
belles publications des Anglais dans la Birmanie et aux États Shans;
des Américains aux Philippines; malheureusement, je sais le peu de cas
qu'on fait en France, principalement en Indo-Chine, des études de ce
genre, qui sont l'apanage de quelques savants.

M. PAGÈS-ALLARY.

Murat (Cantal).

POIGNARD EN FER, TROUVÉ LE 25 JUIN 1911 A CARLAT (CANTAL)
DANS LE ROCHER, PAR M. AURICHET, ET DONNÉ AU MUSÉE RAMES.

571.4 (44.592)

1er Août.

Ce poignard était couvert d'*oxydes de cuivre* et de fer, ce qui fait que
le *donateur le croyait en bronze,* tandis que c'est une ébauche forgée dans
un seul morceau de fer (manche et lame).

Fait d'une seule pièce, il n'a donc pas été brasé à la soudure de cuivre;
il n'a pas non plus été cuivré, *puisque brut de forge,* il n'a pas été fini,
ni même aiguisé.

La couche verte de cuivre ne vient pas non plus du contact en terre avec un objet en cuivre ou bronze.

L'observation à la loupe semble démontrer que ces taches d'oxyde de cuivre proviennent du métal même du poignard. Or il n'a pas été forgé avec du fer contenant du cuivre brasé ou cuivré, car ce métal n'aurait pas soudé, il aurait été soufflé ou pailleux.

C'est donc : un fer provenant d'un minerai contenant du cuivre,

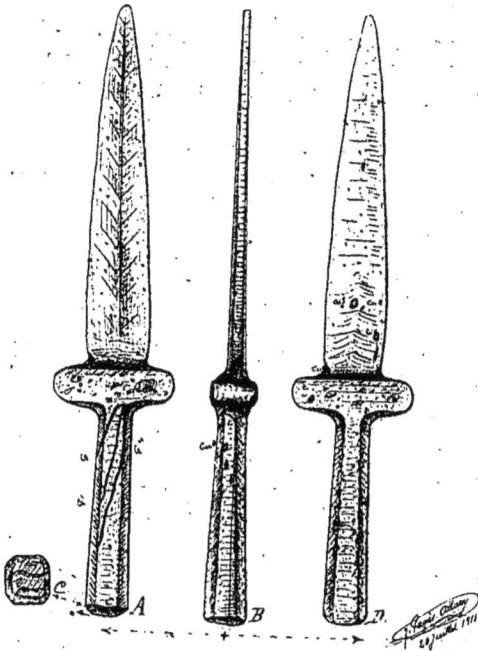

fort probablement : d'une *pyrite* de fer cuivreuse, car le fer paraît bien contenir beaucoup de soufre dans son grain en ¦G G' G" (*fig.* A). Il laisse à la main une forte odeur et saveur âcre de l'encre, très caractéristique des sulfures et sulfate de fer, provenant de la transformation des oxydes et sulfures en sulfates de fer et cuivre.

Ce poignard du rocher de Carlat n'a donc qu'un intérêt anhistorique (du xe au xve siècle), *à moins qu'il ait été forgé avec du fer météorique*, hypothèse que je me fais un plaisir de recommander aux chimistes, car ce fait fournirait une explication du nom de *Pierre du Ciel, pierre à tonnerre*, donné aux outils en pierre polie, connus sous le nom de *haches préhistoriques* ([1]).

([1]) Haches que j'ai démontrées être souvent simplement des *Tranchets*.

**26

CLASSIFICATION GÉNÉRALE DES LÉSIONS OSSEUSES HUMAINES DE L'ÉPOQUE NÉOLITHIQUE.

Rapport à la XI° Section de l'Association française pour l'Avancement des Sciences
(Dijon, 1911).

M. LE DR MARCEL BAUDOUIN,

Ancien Président de la Section d'Anthropologie (Paris).

571.12 : 617.0 (12.32)

Votre Président m'a fait l'honneur de me demander un court RAPPORT, pouvant servir de base à l'étude des *Lésions osseuses humaines*, qu'on observe à l'*époque Néolithique* : autrement dit une ébauche de *Classification* de ces lésions.

La question ainsi posée étant très précise et très bien *délimitée*, il est aujourd'hui assez facile d'y répondre, un grand nombre d'observations ayant déjà été faites sur des Os d'HOMMES, trouvés dans des SÉPULTURES de cette période. Vous savez, en effet, qu'on a certainement exhumé déjà plus de 3.000 squelettes de l'âge de la Pierre polie ! Rien d'étonnant dès lors qu'en face d'un pareil chiffre on puisse au moins tenter d'établir un *Tableau d'ensemble*, permettant de bien classer toutes les remarques antérieurement faites par des médecins compétents, d'autant plus que la thèse de Le Baron (1881) a ouvert la voie depuis longtemps ; et partant de se faire une idée nette de la *Pathologie chirurgicale* et de la *Médecine opératoire* Néolithiques.

CLASSIFICATION DES OBSERVATIONS. — Mais il est nécessaire, pour mettre un peu d'ordre dans notre exposé et comprendre les rubriques que nous avons dû adopter, de rappeler que les *Ossements* en question ne nous parviennent que dans une seule et unique condition : après une FOUILLE, faite soit par hasard, soit de propos délibéré, c'est-à-dire vraiment *scientifique*.

a. Par conséquent, nous avons à tenir compte, tout d'abord, des *lésions*, qui peuvent se produire dans cette circonstance très particulière.

b. De plus, tout débris de squelette, retiré du sol, *y a séjourné des milliers d'années* ; or, de ce seul fait, il a pu subir, pendant ce long séjour

---

(¹) Jules LE BARON. — *Lésions osseuses de l'Homme préhistorique.* — Paris, 1881, in-8°.

en terre, des *Actions* très diverses, dont il faut tenir compte dans tous les cas.

Ce n'est donc qu'après avoir éliminé ces deux ordres de notions, très spéciales, que l'on pourra aborder l'étude des *Lésions osseuses*, que présentait, au moment du dépôt en terre, le *Squelette* ou le *Cadavre néolithique*.

c. D'autre part, comme il est démontré aujourd'hui qu'à cette époque existaient déjà deux modes, au moins, de *Sépultures*, il 'faut en tenir compte aussi !

1º Dans la première, on n'a affaire qu'à un *Squelette*. Il s'agit, en effet, d'*Exposition en plein air*, avec *Décarnisation* subséquente, suivie :

a. Tantôt de l'*Incinération* des sujets *Décarnisés* au préalable (*Incinération des Os seuls*);

b. Tantôt de la *mise en Ossuaire sans Incinération*.

2º Dans la seconde, au contraire, on a affaire à un *Cadavre*, déposé en *chair* et en *os* dans une grotte ou un caveau funéraire, ou même en *pleine terre*. Il s'agit alors d'*Inhumation proprement dite*.

Il est possible, d'ailleurs, qu'à la fin du Néolithique on ait eu recours à l'*Incinération* véritable, c'est-à-dire à la *Crémation des Cadavres*, comme à l'époque des métaux. Mais nous n'avons pas à nous préoccuper aujourd'hui de ce *modus faciendi*, parce qu'ici la combustion détruit presque *tout le squelette*, dont il ne reste que des *cendres :* ce qui n'est pas le cas pour la simple *Incinération des os décharnés*, toujours faite sous un feu très peu vif, permettant de reconnaître très bien encore les caractères des *ossements* non complètement brûlés, comme l'a prouvé, entre autres, l'étude méthodique du *Dépôt d'Incinérations* de Vendrest (Seine-et-Marne).

DIVISION. — Nous avons donc à décrire dans ce Rapport :

1º LES LÉSIONS PRODUITES PAR LES FOUILLES, c'est-à-dire lors de *l'Exhumation moderne* des Ossements (*Lésions posthumes récentes* de Le Baron).

2º LES LÉSIONS PRODUITES « POST-MORTEM » DANS LA SÉPULTURE (*Lésions de Sépultures*), s'appliquant :

a. Soit à des *os incinérés;*

b. Soit à des *os décarnisés, non incinérés;*

c. Soit à des *os non décarnisés* au préalable.

J. Le Baron a confondu ces faits avec certains de notre quatrième catégorie, bien à tort du reste.

3º LES LÉSIONS PATHOLOGIQUES PROPREMENT DITES, se manifestant sur les Os PENDANT LA VIE MÊME *du Sujet*, et laissant des *traces*, suffisamment reconnaissables, sur les débris de squelettes ou cadavres exhumés.

4º LES LÉSIONS D'ORDRE OPÉRATOIRE, c'est-à-dire dûes à un TRAVAIL HUMAIN sur des OS HUMAINS (si l'on prend le mot *opératoire* dans son sens étymologique : *opus*, travail; *operare*, travailler).

Ce travail peut s'exécuter :

a. PENDANT LA VIE DU SUJET. — Elles sont, dès lors, tout à fait comparables à celles que produit la CHIRURGIE OPÉRATOIRE actuelle.

On peut donc leur donner le nom de LÉSIONS OPÉRATOIRES PROPREMENT DITES.

b. APRÈS LA MORT DU SUJET. — Il ne s'agit plus là de travail sur des os vivants; dès lors, on ne peut plus le comparer à celui du Chirurgien moderne! Il ne peut être question que d'*Actions humaines* d'un genre nouveau, à peine entrevues jusqu'à présent, et que nous n'avons pu arriver à dépister que par un minutieux examen de tous les débris osseux, même les plus petits, de la Sépulture de Vendrest [1].

Ces observations, tout à fait inédites pour la plupart, d'Actions humaines *post-mortem* portent sur des Os préalablement *dépouillés de leurs chairs et* DÉCARNISÉS (comme l'on dit), le terme *Chair* signifiant ici aussi bien *muscles* que *tendons* et *aponévroses!*

⁂

COMPARAISON AVEC LES ANIMAUX. — Ces quatre catégories de faits se retrouvent aussi bien sur les Os D'ANIMAUX *de l'époque Néolithique* que sur ceux de l'HOMME [2]; mais, pour ce qui concerne la *quatrième* variété, les lésions sont d'un ordre tout-à-fait différent [3].

Il faut, de plus, pour les animaux, ajouter une autre espèce de lésions; ce sont celles qui résultent de ce fait que souvent la bête était destinée à l'ALIMENTATION. Ce sont des lésions de DÉCOUPAGES CULINAIRES : *Désarticulations post-mortem* des diverses parties du squelette et destinées à dépecer l'animal, suivant les règles que la pratique a pour ainsi dire codifiées très rapidement dès la *Paléolithique* (Dr H. Martin).

Mais nous n'avons pas aujourd'hui à insister sur ces faits, qui nous entraîneraient beaucoup trop loin.

---

[1] S. P. F. — *La Sépulture néolithique de Belleville, Commune de Vendrest* (S.-et-M.). Propriété de la Société Préhistorique. — Paris, 1911, in-8°.

[2] Nous rangeons les *blessures de chasse* dans les *lésions pathologiques, traumatiques* bien entendu (3e catégorie). Notre Président, le Dr Henri Martin, a appelé *Traces théroblématiques* les blessures de chasse chez les ANIMAUX. Rien n'empêche d'accepter ce nom pour l'HOMME; pourtant, je crois qu'un autre mot serait préférable, car l'Homme n'a jamais *chassé l'Homme* — à ce que je sache — *exclusivement pour le* MANGER, à l'Époque néolithique!

Aussi je préfère simplement classer les lésions dues à des instruments de silex (flèches, etc.) dans les *Lésions traumatiques guéries.*

[3] Travail des Os pour en faire des *outils* ou des *armes*, etc.

I. — LES LÉSIONS D'EXHUMATION.

Ce sont les *Lésions*, *produites au cours des Fouilles, par les Fouilleurs eux-mêmes*.

Elles sont impossibles à éviter, quoi qu'on fasse. — Elles résultent d'une *Action humaine* sur des *os friables*, en place dans le gisement, action qui se produit lors de l'*exhumation*, même la plus scientifiquement conduite.

Elles consistent uniquement :

1° En *éraflures*, *grattages*, *perforations*, dus aux *coups de Crochets*, donnés à l'aveugle; les lésions s'observent sur les os longs, les vertèbres et les crânes, d'ordinaire.

2° En *fractures*, presque toujours *perpendiculaires* à l'axe, dans le cas d'*os longs*, de *côtes*, etc.

Ces fractures ont des caractères particuliers; elles sont d'ordinaire *transversales* et à *bords très nets*. On les dit : en RAVE ! — Elles résultent d'une traction ou d'une pression trop forte sur un os, rempli d'eau de carrière et très fragile.

Ces lésions sont plus rares pour les *os courts* (os du tarse et du carpe), qui échappent au crochet ou la main, mais assez fréquentes et à caractères particuliers pour les *os plats* (ilion, sternum, etc.). — On les distingue à ce que les extrémités de l'os atteint *ne sont pas patinées* et ne sont pas *usées*. La cassure est *fraîche, de couleur blanche* ou *jaune;* sa coloration tranche nettement avec la *patine* du reste de l'os, imprégné ou non de sels ferreux ou calcaires, ou de sels de manganèse.

Nous croyons inutile d'insister sur ces faits, bien connus désormais de tous les *Fouilleurs*, sinon des Anatomistes. Il faut en rapprocher les *fractures de transport* (résultant d'un mauvais *emballage* des os), et celles d'*examens maladroits* (maniement inconsidéré d'os très friables encore, et non secs).

II. — LÉSIONS DE SÉPULTURE OU DE MILIEU.

Ce sont des LÉSIONS S'ÉTANT PRODUITES « POST-MORTEM »; elles se sont constituées *dans la sépulture même* ou le *gisement*.

Il y en a de *trois* sortes :

1° Les premières ne sont pas dues à l'homme et sont *spontanées*. Elles sont la conséquence même du *milieu*, et, par conséquent, assez variables de nature.

2° Les autres sont d'*origine animale*.

3° Les troisièmes sont d'*origine humaine*, comme les précédentes. Je crois que, pour l'époque Néolithique, et les Sépultures en particulier, *on a beaucoup*, autrefois, *exagéré* leur importance et leur fréquence.

Les anciens auteurs (Broca, Garrigou, etc.) y ont beaucoup insisté, peut-être plus que de raison, prenant pour des vestiges de cette sorte des Actions humaines *post mortem*, antérieures à l'enfouissement ou à l'inhumation. En tout cas, nos recherches à Vendrest ont tendu à ne leur laisser que ce qui leur appartient réellement !

1° LÉSIONS SPONTANÉES. — Elles ne résultent pas d'une action humaine, mais d'ACTIONS GÉOLOGIQUES (action de l'*eau*; de la *pression des pierres* et du *sable;* etc.); ou BOTANIQUES (action des racines des plantes et surtout des *arbres*; etc.).

a. Les actions d'*ordre géologique* produisent d'ordinaire : 1° des *fractures des os longs* ou des *os plats* (pression); 2° des *déformations des os* par pression (surtout pour le *crâne*) [elles s'observent surtout dans les *inhumations vraies*]; elles n'existent pas sur les *os incinérés* néolithiques, très secs et résistants; 3° des *dépôts* et des *colorations particulières*, dus au voisinage de sels ferreux, calcaires ou autres, dissous dans les eaux traversant le gisement (concrétions, etc.); 4° des *érosions* et *destructions* superficielles, parfois très importantes, et d'une reconnaissance difficile.

b. Les actions d'*ordre botanique* se présentent sous deux formes principales : 1° *les traits serpigineux*, serpentant à la surface des os, dans tous les sens, simulant parfois des coups de silex; mais, la plupart du temps, assez faciles à reconnaître à leurs sinuosités et à leur largeur; ce sont les *vermiculures* ou *impressions radiculaires;* 2° la *friabilité des os* longs ou plats, conséquence de la pénétration des radicelles des racines des arbres dans les *canaux médullaires*, surtout par les extrémités spongieuses ou les points de fractures antésépulcrales (*Foin* des Os).

Nombre d'ossements sont complètement abîmés ou détruits par ce mécanisme.

2° LÉSIONS DUES A DES ACTIONS HUMAINES (LÉSIONS DE BOUSCULAGE DES OS DANS LES OSSUAIRES). — On admet que, dans les *Ossuaires*, on *bousculait souvent les os*, apportés déjà dans la Chambre funéraire, pour pouvoir faire de la place dans le tombeau, et que, parfois même, on en *emportait* au dehors. — Cela n'est pas aussi certain qu'on l'a dit et qu'on le croit encore. Mais, en tout cas, ce *Bousculage* peut, évidemment, produire des lésions analogues à celles de la première catégorie (lésions des fouilleurs), et surtout des *fractures* des grands os.

Pourtant, il ne faut rien exagérer, car ces os d'Ossuaire, pendant la *période d'usage* de la Chambre funéraire, *ne devaient pas être fragiles*, n'ayant pas encore eu le temps d'*absorber beaucoup d'eau* dans la sépulture, ou d'être attaqué par les radicules des racines des arbres. Pour mon compte, je les crois fort peu importantes, d'autant plus que ledit Bousculage, quoique réel en certains cas ([1]), a dû lui-même être plus restreint qu'on ne le croit.

([1]) A Vendrest, certes, il y a du *Bousculage*, comme je l'ai démontré; mais, en somme, il a été, ainsi que je l'ai prouvé, très localisé.

Inutile d'ajouter que les *os incinérés*, n'ayant pas été *bousculés* d'ordinaire, et étant devenus très résistants grâce à la cuisson, ne présentent pas de telles lésions. On les retrouve tels qu'ils ont été placés dans les tombeaux; les bords des fractures antésépulcrales sont, en effet, tous très patinés par les *cendres*.

3° LÉSIONS DUES A DES ANIMAUX. — La seconde sorte correspond aux lésions produites dans les stations par des *Actions animales*, c'est-à-dire par les animaux *Carnassiers*, les *Rongeurs*, et les *Fouisseurs*.

On ne les observe pas d'ordinaire dans les *Ossuaires vrais*. Elles sont inconnues pour les *Os incinérés*.

Ici les *fractures* sont rares. Ce sont d'ordinaire des morsures, des *enfoncements*, des *mâchonnements*, des *éraflures*, des *perforations*, etc., à caractères spéciaux, suivant les espèces animales considérées, et notées surtout lors d'*Inhumations de cadavres*.

a. Il n'est pas démontré que les *Rongeurs* et les *Fouisseurs* jouent un rôle aussi considérable qu'on l'a dit. En tout cas, les traces de leurs griffes sont bien difficiles à dépister et l'on ne trouve pas souvent leurs restes dans les sépultures (terriers; squelettes *entiers*; etc.).

b. Les *Carnassiers*, et en particulier les *Chiens*, les *Hyènes*, etc., peuvent avoir joué un rôle plus important, mais pas dans le sens admis jusqu'ici.

Ces animaux n'ont pas dû attaquer les *Cadavres inhumés*, ni les *os des ossuaires*, au moins d'ordinaire ([1]).

Mais ils ont pu très bien s'en prendre aux CADAVRES EXPOSÉS A L'AIR, AVANT LA DÉCARNISATION, ayant entraîné l'habitude des Ossuaires.

Rien n'est plus probable, en effet, que l'attaque des cadavres, abandonnés ou non surveillés, par les espèces qui recherchent pour leur nouriture la chair morte ([2]).

III. — LÉSIONS PATHOLOGIQUES.

On doit classer ces lésions, comme on le fait en *Pathologie chirurgicale* moderne. — C'est ainsi qu'il faut bien isoler les variétés suivantes, produites par des causes différentes.

1° Les TRAUMATISMES se subdivisent en :

A. *Plaies* simples ou avec *Corps étrangers;*

B. *Contusions* et *Enfoncements osseux*, ou *fêlures :* très rares;

C. *Fractures*, très fréquentes.

A. PLAIES. — Il faut distinguer les *simples* et les *complexes* (corps étrangers).

([1]) En effet, ces animaux n'aiment guère les *os desséchés au soleil*, si ce n'est pour aiguiser leurs dents.

([2]) Je ne parle pas ici des *Morsures d'Animaux sur le vivant*, qui rentrent dans la catégorie suivante : *Lésions pathologiques* Traumatismes).

a. Les *plaies simples* sont bien difficiles à dépister à l'époque néolithique ! Le silex ne coupe pas souvent l'os frais. Elles sont bien plus fréquentes à l'époque des métaux (ce qui se conçoit facilement).

Il n'est même pas du tout certain qu'il en existe.

b. Les *plaies avec corps étrangers*, en particulier avec les *flèches*, sont plus certaines, quoique rares.

Tous les auteurs classiques citent les cas connus. On se rappelle le cas authentique de la *vertèbre*, avec *flèche*, du Musée d'Arles, trouvée dans l'Hypogée célèbre du Castellet (Cazalis de Fondouce). D'ailleurs, ici, il ne paraît pas y avoir eu consolidation osseuse autour de la flèche (d'où mort rapide).

c. Mais il faut savoir qu'on a confondu cette lésion avec une autre : l'*Ostéopériostite traumatique*. C'est ainsi que le cas fameux de la flèche du *cubitus* du Musée de Toulouse n'est, en réalité, qu'une *plaie du ligament interosseux antibrachial, avec soudure post-traumatique du corps étranger* avec l'os voisin. — Il est probable qu'il a dû en être de même pour la *flèche du tibia* du Dolmen de Font-Rial (Aveyron) (Baudimont).

Dans ces cas, il y a eu *guérison*, bien entendu.

Dans un cas du Musée de Toulouse, une vertèbre est aussi traversée par une flèche; mais il n'y a pas eu non plus récréation osseuse.

Les *lames de silex*, trouvées enfoncées dans des vertèbres, à Montfort (Ariège) et à la Grotte de Coizards, vallée du Petit Morin (Marne), peuvent correspondre à des *poignards*, ou à des *pointes de lance*, cassées et restées dans la plaie osseuse, puisque pour l'une le silex pénètre par derrière, et pour l'autre sur le côté. Mais, avant de se prononcer, il faudrait examiner les pièces de près. Comme il ne paraît pas qu'il y a eu recréation osseuse et consolidation, on ne peut pas être affirmatif.

La flèche du tibia de Gémenos (Bouches-du-Rhône) présente de la réparation osseuse. Ce cas est donc indiscutable.

Le Baron de Baye a trouvé une vertèbre humaine, percée d'une flèche à tranchant transversal. Il a écrit ensuite ([1]) « que l'emploi de ce silex s'est alors pour ainsi dire révélé de lui-même ». Cet auteur ajoute : « sujet dont toutes les pièces anatomiques étaient encore dans leur position normale ». — Pour moi, cela indique aussi bien le « *tranchet à décarnisation* que la flèche ».

« J'ai remarqué, ajoute-t-il, que ces flèches se trouvaient toujours exclusivement *sous les ossements* dans des positions qui indiquaient qu'elles étaient en contact immédiat avec le corps, *si elles n'étaient pas adhérentes* ». Cela plaide joliment en faveur de notre hypothèse.

Il dit encore : « Dans un cas particulier, il s'est rencontré *trois flèches dans un crâne!*... Je ne puis admettre que la présence des flèches puissent être attribuée à aucune cause fortuite... » Il est pourtant cer-

---

tain que ces crânes n'ont pas été traversés par *les tranchets*; ils y sont tombés, parce que les crânes étaient vides et *desséchés* avant la sépulture !

Il ajoute : « Un sujet portait engagée entre *les deux vertèbres* une de ces flèches. La flèche *n'était pas adhérente*; mais elle avait pénétré entre les deux vertèbres ». Cela plaide joliment en faveur de la *Décarnisation !*

M. de Baye a dit encore : « Une flèche de forte dimension reposait sur *l'os iliaque* d'un sujet complet ». Et cela ne fait que confirmer encore notre opinion.

Mais il a été trop loin en ajoutant : « J'ai rencontré une flèche sur le squelette d'un blaireau, qui en avait été *percé* ». — Le blaireau étant *moderne*, la flèche n'avait rien à faire avec lui !

B. Contusions et enfoncements. — Ces lésions doivent être exceptionnelles, même au niveau du crâne.

En effet, on a dû confondre parfois les enfoncements avec des *Trépanations non terminées*. Pourtant, il y en a, semble-t-il, de nets, au moins pour l'époque paléolithique (les crânes de Cro-Magnon, cités par Le Baron, sont probablement paléolithiques). Le même Le Baron admet qu'il y a eu enfoncement du crâne pour la tête de l'Allée couverte de Presles (Seine-et-Oise); mais je n'ai pas vu cette pièce, qui est au Muséum.

C. Fractures. — Les fracures néolithiques connues sont très nombreuses; elles siègent sur presque tous les os : ce qui n'a rien d'extraordinaire !

Inutile de faire rémarquer qu'on ne peut, pour les Ossuaires, reconnaître que celles qui ont *guéri* et ont formé un *cal* appréciable ! Les fractures des sujets qui sont *morts* de cet accident avant la consolidation osseuse nous seront probablement presque toujours inconnues, sauf pour des cas très spéciaux (*Inhumations*, dans des conditions données).

Voici les principales observations à noter pour les sépultures dolméniques, d'après Le Baron et nos propres recherches :

Fracture du col de l'omoplate : très rare (Vendrest).

Fracture du tibia (dolmen de Saint-Affrique; dolmen de Meudon).

Fracture du péroné (tiers supérieur).

Fractures du fémur (Vendrest; etc.). On en connaît plusieurs observations (dolmen d'Algérie, etc.).

Fracture de l'humérus [Grotte de Sordes (Loire); Orrouy (Oise)].

Fracture du radius [Bray-sur-Seine (Seine-et-Marne); Allée couverte du Bernard (V.); etc.; plusieurs faits].

Fracture d'un métatarsien (Allée couverte du Liniet, J.).

Fracture de la clavicule (Puits de Tour-sur-Marne : trois cas).

Fracture de cotes (plusieurs faits).

Fracture du cubitus (tiers moyen); etc., etc.

2º Les Infections osseuses. — On doit considérer : A, les Infections *sans exostose*; B, *avec exostose*.

A. INFECTIONS SIMPLES. — 1° L'*Ostéite superficielle* ou *Ostéopériostite* (Péroné; Vendrest). — Elle peut être d'origine *traumatique* ([1]).

2° L'*Ostéomyélite*, assez fréquente (Péroné ; Vendrest), résultat d'une infection générale localisée à un os.

3° La *Tuberculose*, discutable, mais possible (Clavicule; Vendrest en particulier).

4° La *Syphilis*, très discutable, malgré tout ce qu'on a écrit déjà ([2]).

5° L'*Ostéo-arthrite chronique* (*Ostéite déformante*), extrêmement fréquente à l'époque néolithique (au niveau des *vertèbres*, des *côtes*, des *orteils*, etc.), donnant lieu à des déformations classiques, qu'il faut bien connaître. Le Baron en a cité plusieurs cas. Vendrest nous en a fourni de nombreux exemples.

B. INFECTIONS ET EXOSTOSES. — Des os peuvent avoir été infectés et avoir produit des *Exostoses* ou *Hyperostoses*.

On en observe souvent sur le *tibia* (exostose d'origine *variqueuse* ou *ulcéreuse* (Vendrest); exostose *traumatique*, à l'Ile d'Yeu (Vendée); etc. Ces lésions ne sont pas rares ([3]).

3. MALADIES DE CAUSES INCONNUES. — On peut ranger sous cette rubrique diverses lésions osseuses, qui semblent bien avoir été constatées dès l'époque néolithique.

1° *Scoliose*. — Un cas, rapporté par Le Baron.

2° *Coxa vara*. — Je fais rentrer dans cette catégorie certains *fémurs*, qui, jusqu'à présent, ont été considérés comme atteint d'une autre affection : celle qui suit. Mais, comme je n'ai vu qu'une de ces pièces anatomo-pathologiques, je n'insiste pas davantage.

3° *Luxation congénitale de la hanche*. — On a cité *trois faits préhis-*

([1]) Une *Ostéite* du *fémur*, citée par Le Baron, est peut-être *paléolithique* (*voir* p. 31).

([2]) En pratiquant des coupes d'une Momie atteinte de *variole*, MM. Ruffer et Fergusson ont constaté dans la peau la présence de microbes, et en particulier d'un *microbe* trapu, et court, renflé à l'une de ses extrémités. Par conséquent, les Microbes se sont bien conservés. Nous le savions déjà, depuis longtemps, par l'étude microbiologique que nous avions faite dès 1904 des boues des Puits funéraires gallo-romains !

Mais ces recherches doivent nous engager à faire l'*examen bactériologique* des OSSEMENTS des ANIMAUX, qu'on rencontre dans les gisements préhistoriques, et des Os HUMAINS PATHOLOGIQUES, trouvés dans les sépultures. Peut-être cet examen nous révélera-t-il la présence des *microbes* de l'ostéomyélite, de la tuberculose, de la syphilis, etc ?

([3]) Beaucoup sont consécutives aux *Trépanations* et aux *Grattages du Crâne* sur le vivant. — Elles sont la conséquence d'une *Ostéite intense*. — On en trouve un grand nombre d'exemples dans la Thèse de Le Baron.

toriques de cette affection. Dans plusieurs travaux récents, j'ai montré ([1]) qu'on avait probablement commis des erreurs de diagnostic; et, malgré l'avis de médecins instruits, je persiste à croire, si j'en juge d'après le cas unique que j'ai été appelé à examiner (2e pièce de M. Manouvrier), que l'existence de la luxation congénitale de la hanche n'est pas démontrée pour l'époque *néolithique*, et que les *fémurs* décrits doivent être plutôt considérés comme atteints seulement d'une *Déformation du col et de la tête*, plus ou moins analogue à celle de la *Coxa vara*. C'est tout ce qu'on peut en dire aujourd'hui.

4º Les ANOMALIES CONGÉNITALES s'observent à l'époque néolithique comme actuellement, bien entendu.

On en a signalé de nombreuses, sans parler de celles qu'on a considérées comme des caractères propres à l'Anatomie néolithique (*péroné caréné, rétroversion du tibia, tibia platycnémique, fémur platymérique,* etc.). Qu'il me suffise de noter la *fissure du sternum,* l'*atrophie de l'omoplate,* la *perforation de la base d'un métacarpien* (Vendrest) ([2]), etc.

5º TUMEURS. — Le Baron ne cite qu'un cas de *cancer du maxillaire inférieur,* d'ailleurs discutable, et méritant à peine cette brève mention. C'est une question à reprendre que celle du Cancer préhistorique....

6º Les USURES OSSEUSES ne s'observent guère qu'au niveau des DENTS. *a.* L'usure des dents néolithiques est l'un des plus vastes chapitres de l'Odontologie préhistorique, que j'ai particulièrement étudiée, récemment surtout pour l'époque de la *première dentition* et de l'*enfance* (6 à 12 ans). J'ai pu prouver que cette usure est en rapport avec une *Alimentation particulière* (GÉOPHAGISME), puisqu'on la retrouve encore plus intense chez les jeunes *Cochons.* Elle fournit des données fort curieuses. *b.* Il est possible que certaine sorte d'*usure de la Clavicule,* qui paraît s'être produite *sur le vivant* (Vendrest), soit le résultat d'une manière de porter les fardeaux; mais cette question est encore à l'étude.

7º La CARIE DENTAIRE apparaît nettement à cette époque. Mais elle est *dix fois* moins fréquente qu'à l'heure présente (Vendrest)! Elle fait actuellement l'objet d'études approfondies de la part de certains odontologistes, très compétents. Il serait prématuré et déplacé ici d'insister davantage.

Inutile d'ajouter que les anomalies dentaires et diverses affections, telles que *kystes maxillaires,* etc., existaient à l'époque néolithique, d'après les constatations de Le Baron.

([1]) *Voir* mes Mémoires sur la *Luxation congénitale préhistorique* (*Bull. et Mém. Soc. d'Anthr. de Paris; Archives provinciales de Chirurgie*).

([2]) Ces trous ont été pris parfois, à tort, pour des orifices d'amulettes (Le Baron).

IV. — Lésions opératoires.

Étudions successivement les deux variétés qu'elles présentent.

1. Lésions dues a une Action sur le vivant. — Les plus connues de ces lésions sont les suivantes :

1º La Déformation cranienne.

2º La Trépanation cranienne, c'est-à-dire l'*ouverture de la cavité cérébrale* (*complète* ou *non terminée*).

3º Les Grattages craniens, *sans ouverture de la cavité cranienne*, dont on connaît deux types principaux :

a. Le Grattage en Cercle (*Frontal* ou *Occipital*) :

b. Le Grattage en T sincipital.

Nous nous bornons à redire ici que c'est nous qui avons découvert la Déformation cranienne néolithique (Fouille de Vendrest, 1909); les Trépanations craniennes non terminées; les Grattages en cercle (frontal et occipital), distincts de la *Trépanation* classique.

1º Bien entendu, la Déformation cranienne est le résultat d'une *Coutume* de la première enfance, et résulte du port d'un *Appareil* spécial (bandelettes, etc.).

2º Quant à la Trépanation complète, il suffit de dire qu'elle a : *a*) parfois *guérie* (d'où *recréation osseuse*); *b*) parfois causé la mort *rapide* de l'opéré (*pas de recréation osseuse*); *c*) et que la mort a été parfois lente (*recréation incomplète*).

Cette trépanation a été exécutée même sur des Crânes ayant été ultérieurement incinérés après *Décarnisation* (Vendrest)!

3º Les Grattages ont toujours été faits au *silex* comme la *Trépanation* (Quoi qu'en ait dit M. le Pr Manouvrier, il n'y a pas eu de *cautérisations* ignées).

Il est utile, croyons-nous, d'insister sur les Grattages, *frontaux* et *occipitaux*, exécutés sur le vivant, car, jusqu'à présent, ces faits ont été méconnus, ou confondus avec le *T sincipital* de Manouvrier, bien distinct.

On connaît un très grand nombre de ces *Grattages*, qui constituent la grande majorité des observations de la Thèse de Le Baron, lequel n'y a vu que des *Ostéopériostites traumatiques*, etc.

En réalité, celle-ci est indiscutable; mais elle est due à une *Action humaine* voulue, à un acte qu'on peut qualifier de *Chirurgical*, car il est de même ordre que la *Trépanation* néolithique!

Ces grattages spéciaux, suivies de *réparations osseuses*, dont M. le Pr Manouvrier lui-même n'a pas saisi la portée, nous ont été révélés par l'étude des crânes de Vendrest, qui nous ont fourni la preuve qu'ils étaient dus à des *coups de silex*, et non à des *cautérisations* ou à des lésions pathologiques (Ostéites).

Il est probable que leur connaissance va orienter les études sur la signi-fication des Trépanations dans un sens tout nouveau, car on ne peut les expliquer et les comprendre, à l'heure présente, qui si l'on admet qu'ils ont été institués *pour recueillir, sur le vivant, de la Poudre osseuse de Crâne.*

On sait d'ailleurs que la *poudre osseuse* joue un rôle considérable en Folklore et en Thérapeutique (primitive), pour faire disparaître les maladies (*Théorie du Frottis et du Grattage*)!

Ce qu'il y a de curieux, c'est que ces *Grattages* sont toujours localisés au FRONTAL et à l'OCCIPITAL, tandis que les *Trépanations* ne s'observent guère que sur les PARIÉTAUX et les TEMPORAUX!

En tout cas, on en trouve de nombreux exemples dans la Thèse de Le Baron; mais cela nous entrainerait trop loin de les citer tous ici et de les décrire.

Nous distinguons de ces *grattages* particuliers, n'allant jamais jusqu'à l'ouverture du crâne, mais parfois poussés très profondément (cas de Vendrest, de E. Schmidt, etc.), les *Trépanations non terminées*, pour deux raisons :

a. Le *siège* de celles-ci, qui correspond toujours à celui des trépana-tions classiques;

b. Le fait que parfois ces opérations sont faites par *sciage* et *attaque linéaire* de l'os, tandis que, dans les grattages, l'os est toujours attaqué par *raclage*, parallèle à sa surface.

Certes, on peut considérer les trépanations avortées comme des grattages spéciaux ; mais, si l'on admettait cette manière de voir, on serait obligé d'en conclure que la Trépanation ordinaire n'est qu'un *grattage* poussé jusqu'à sa dernière limite (le trou) : ce qui ne serait pas très exact. — En effet, il est indiscutable que des trépanations, faites sur le *vivant*, ont été exécutées par *sciage*.

2. LÉSIONS DUES A DES ACTIONS « POST-MORTEM » SUR LES OS DÉCARNISÉS. — J'en distingue deux sortes:

A. LES GRATTAGES DES OS ;

B. La TRÉPANATION « POST-MORTEM ».

A. GRATTAGES. — Ce chapitre est entièrement nouveau et est le résumé des principales découvertes faites à Vendrest.

En effet, j'ai constaté sur les OS DÉCARNISÉS de cet ossuaire :

1º L'existence de *brisures voulues* (*fractures, divisions* ou *sections* par *découpage* au *silex*, des os, *coupés en travers* ou *en ronds*).

2º L'existence *d'entailles et d'encoches*, obtenues par *raclages* et *grat-tages* au silex, pratiquées sur la surface externe ou sur les bords;

3º La présence de *stries de silex* sur presque tous les os longs, bords ou faces (*grattages*);

4º L'existence d'*usures osseusses;*

· 5º La présence de *grattages en coups de pinceau* à la SURFACE DES CRANES DÉCARNISÉS, semblant correspondre à une *Décoration « post-mortem »* !

B. ABLATION DE RONDELLES CRANIENNES. — On sait, en outre, que des crânes ont été *trépanés « post-mortem »*, pour obtenir des *rondelles craniennes* (à *grattages externes* parfois : Vendrest); c'est là la *Trépanation, posthume*, sur les *crânes décarnisés*, de certains auteurs.

J'admets, en effet, que certaines trépanations, *énormes*, qui ne présentent pas de traces de récréation osseuse, n'ont pu être pratiquées que sur des *squelettes*, c'est-à-dire des *crânes de cadavres*, au préalable *décarnisés!* L'existence de grattages *extérieurs* sur certaines rondelles plaide, d'ailleurs, dans ce sens. (Cas de Vendrest).

1º GRATTAGES. — Il faut revenir un instant sur cette question nouvelle du *Travail « post-mortem »* des os humains, opéré à l'aide de *Grattages* ou de *Raclages* au silex.

1º *Section des os (Fractures)*. — La plupart des sections d'os post-mortem ont été prises jusqu'ici (Le Baron, Garrigou, etc.), pour des preuves de *Cannibalisme!* D'après les anciens auteurs, ces *brisures* auraient eu pour but la *recherche de la moelle*, comme pour les os d'animaux à l'époque paléolithique.

Il est facile de prouver qu'il n'y a aucun rapport entre ces *fractures voulues, post-mortem*, conséquence de *forts raclages localisés*, et la recherche de la moelle, et partant le Cannibalisme!

En effet, ces sections spéciales se voient aussi bien sur les *os grêles* (cubitus, radius, péroné, etc.), où il n'y a pas de canal médullaire (et partant pas de moelle), que sur les gros os (tibia, fémur, etc.); et, d'autre part, elles sont souvent *localisées* aux *épiphyses*, où il n'y a pas davantage de moelle! — Le doute n'est donc plus permis. Cela n'a rien à voir avec le Cannibalisme.

En réalité, on ignore la signification de ces sections d'os, qui ne sont probablement en rapport qu'avec une *Coutume funéraire*, à découvrir.

Il n'est pas probable, en effet, qu'on avait voulu *utiliser* les os humains morts, soit dans un but pratique (confection d'outils), soit dans un but purement artistique.

2º *Entailles*. — Les *entailles* et les *encoches*, qui ne sont peut-être parfois que la première phrase de ces *sections d'os*, sont connues; et Le Baron (1881) en a décrit une pour le péroné (Musée Broca). — A Vendrest, elles sont typiques.

3º *Stries de Grattages*. — On les a attribuées souvent jusqu'ici à des attaques de l'os par des *Rongeurs*. Or, ces animaux ne peuvent pas produire celles que nous avons observées, car alors il faudrait admettre qu'ils rongeaient *toujours les mêmes os*, et cela au même point, et qu'*ils ne voulaient pas de certains autres :* ce qui est inadmissible, comme je l'ai démontré lors des fouilles de Vendrest ! — Le Baron les a trouvées d'ailleurs dans un Dolmen de Maine-et-Loire (*Voir* p. 33) (¹).

En réalité, il est plus probable que les *sections d'os*, les *entailles* et les *usures* ont été produits dans un *but rituel*, pour obtenir des objets sacrés, ou *amulettes*, préparés avec des *os longs* de parents ou d'amis, comme les rondelles craniennes des trépanations posthumes. En tout cas, c'est tout ce qu'on peut en dire aujourd'hui.

***

Un tel travail ne comporte pas de conclusion, d'autant plus que cette nouvelle *Classification* ne saurait être que *temporaire*, la Science préhistorique étant dans un perpétuel enfantement.

Je vous demande seulement, au cours de vos descriptions de fouilles, de vous conformer à ce modèle provisoire, pour faciliter les comparaisons ultérieures et les études d'ensemble, toujours si difficiles à mener à bien en Archéologie, et surtout quand il s'agit d'*Anatomie pathologique*.

J'espère avoir fait œuvre utile, en résumant ici cette partie des résultats nouveaux obtenus au cours des Fouilles de Vendrest, grâce à la subvention de l'Association française pour l'Avancement des Sciences, en groupant, sous quatre titres faciles à retenir, toutes les traces qui peuvent se présenter sur les os de l'Homme néolithique. — Puisse cette faible contribution à l'*Anthropologie préhistorique* vous permettre de dépister des pièces *intéressantes* et restées insoupçonnées dans vos Collections, ou de récolter des observations nouvelles, plus précises encore — et partant plus utiles à la Science — que celles de vos prédécesseurs !

M. LE Dᴿ MARCEL BAUDOUIN.

LA GROTTE ARTIFICIELLE DU COTEAU ET LES FORTIFICATIONS VOISINES, EN GIVRAND (VENDÉE).

(Mémoire publié hors Volume.)

(¹) Je ne parle pas de ceux observés sur les os de Cro-Magnon, qui ne sont peut-être pas néolithiques.

ARCHÉOLOGIE.

M. L'Abbé A. PARAT.

(Avallon).

LES CARTES ARCHÉOLOGIQUES ET LES MUSÉES COMMUNAUX.

[9ı3] (074)

1ᵉʳ Août.

L'Archéologie s'entend maintenant de toutes les manifestations de
l'industrie et de l'art, quelles qu'en soient les époques. On accepte les
plus humbles conceptions des premiers âges comme les merveilleux
développements des temps modernes : il y a une Archéologie préhistorique. Quand on établit un Musée des Antiquités nationales, comme à
Saint-Germain, ou qu'on écrit un Ouvrage sur l'art national, on ne s'étonne
pas, on s'attend même d'y trouver une place de choix pour les vestiges
de nos plus anciens ancêtres, qu'on regarde comme les initiateurs de
l'art industriel et même de l'art pur.

Cette innovation dans l'enseignement, il s'agit de la traduire sur des
cartes, car même la préhistoire doit avoir ses deux yeux comme l'histoire : sa chronologie, qui sera seulement relative; et sa géographie.
Il faut qu'une carte montre le point du territoire d'où l'on a exhumé
les objets qui sont décrits dans les Livres ou classés dans les Musées;
c'est déjà un titre d'authenticité. La géographie, en se développant,
éclairera les rapports des civilisations et permettra de sérieuses géné-
ralisations. Il y a donc tout profit à établir des cartes archéologiques;
et l'essai qui est présenté au Congrès n'a d'autre but que de susciter des
réflexions qui prépareront le meilleur type à adopter.

L'idée, certes, n'est pas nouvelle ; il existe au Musée de Saint-Germain
la Carte préhistorique de la France, qui est un modèle. Des cartes départementales se sont inspirées d'elle; on peut citer en Bourgogne « l'Yonne
préhistorique » de MM. Salmon et Dʳ Ficatier, présentée au Congrès
d'Oran de l'Association française (1888). Cette carte est accompagnée
d'une Notice explicative.

Il y aurait, sans doute, une nouvelle édition, très augmentée, à en
faire; mais ne serait-ce pas la perfection du genre d'établir pour chaque
commune une carte qui comprendrait toutes les époques et qui pour-

saît s'appeler le *Répertoire archéologique cartographié*. Ce projet a-t-il été réalisé quelque part? En tout cas, on a voulu l'entreprendre pour l'Avallonnais, si riche en souvenirs de tous les âges.

On se sert, pour chaque commune, du plan cadastral au $\frac{10}{1000}$ avec l'indication des lieux dits, et l'on y représente par des teintes et des signes conventionnels les vestiges de toutes les époques. Quand cela est fait, on reporte sur la Carte d'état-major au $\frac{40}{1000}$, par exemple, les endroits déterminés. Cette double opération donne des cartes de détails, qu'accompagnent une Notice et un tableau d'ensemble.

Les signes conventionnels seraient, pour la préhistoire, ceux qui sont usités. Quant aux couleurs, il faudrait adopter certaines modifications par suite du nombre plus grand des époques. Ainsi le jaune d'ocre représenterait la pierre éclatée ou l'époque paléolithique ; la terre de Sienne, la pierre polie ou l'époque néolithique ; le vert de chrome l'époque du bronze; le vert de vessie, l'époque du fer. Pour les époques historiques, le vermillon serait pour l'époque gallo-romaine; le bleu d'outre-mer, pour l'époque barbare. Les époques suivantes, qui s'adresseraient surtout aux monuments, pourraient aussi être représentées en se servant du noir, dont les teintes plus ou moins foncées indiqueraient le haut moyen âge, le moyen âge classique et la Renaissance.

Je soumets au Congrès un spécimen de ces cartes communales, le plus riche de tout l'arrondissement d'Avallon, car Saint-Moré, l'ancien *Cora* des historiens romains, a connu toutes les époques, comme son voisin le bourg d'Arcy-sur-Cure, bien connu des préhistoriens. On trouve, en effet, à Saint-Moré des grottes des époques de la pierre éclatée, de la pierre polie, du bronze et du fer; l'une d'elle possède un caveau funéraire. Il y a deux camps préhistoriques et des tumulus. Pour l'époque historique, on compte une grande voie romaine traversant un vicus, un camp romain, des villas et des cimetières de l'époque gallo-romaine, un cimetière barbare et des édifices du moyen âge.

La carte est faite pour parler aux yeux, mais elle doit être accompagnée d'une Notice qui en établira l'authenticité. Chaque gisement aura sa description aussi explicite que possible. On donnera sa bibliographie, on indiquera les recherches faites dans le passé et les objets trouvés; on décrira l'état actuel sans oublier les renseignements plus ou moins sûrs recueillis aux alentours, afin que l'archéologue sache à quoi s'en tenir sur les chances probables d'une exploration à tenter.

L'établissement des cartes archéologiques est le meilleur moyen de connaître au juste les richesses du territoire, qu'il faut étudier parcelle par parcelle. Le travail de recherches sur le terrain peut mettre sur la voie de gisements ignorés ou mal connus. Grâce aux Notices, il sera facile de se documenter et de procéder à des fouilles nouvelles.

Tous ces efforts pourraient aboutir, si le pays est riche en antiquités, à l'installation d'un Musée communal. Pourquoi les petites villes, les bourgs privilégiés n'auraient-ils pas l'ambition de garder chez eux leurs

**27

richesses? Et il est bien facile, aujourd'hui, de composer un petit Musée; car le champ des récoltes s'est singulièrement agrandi. Il y a la géologie qui fournira les roches et les fossiles; la préhistoire qui apportera les silex taillés, les instruments de bronze ou de fer; l'histoire qui enrichira les collections de mobiliers variés de toutes les époques; et les outils, ustensiles, tissus d'une industrie locale disparue ne sont pas à dédaigner.

Cette question des Musées communaux a été traitée au Congrès international d'Anthropologie de Monaco (1906), et l'on a discuté pour et contre sans conclure. Les adversaires y voyaient un danger pour l'authenticité des échantillons; car des gens sans compétence, dans le but d'enrichir leur Musée, pourraient faire des fouilles sans méthode. Beaucoup convenaient que le Musée manquerait souvent de conservateur et de surveillance. Le premier obstacle peut avoir, mais assez rarement, sa raison d'être; le second serait en grande partie évité par une organisation qui relierait tous les Musées à une direction générale.

Ce qu'il faut surtout voir, c'est que le Musée, malgré certains inconvénients, est le seul moyen de faire paraître au jour des objets intéressants qui resteraient pour toujours cachés dans les maisons, de sauver de la ruine ou de la dispersion les antiquités locales, et enfin de donner aux gens du peuple des notions de goût et d'histoire par les leçons de choses du pays.

Le territoire d'Arcy-sur-Cure est, comme celui de Saint-Moré, dont il vient d'être parlé, riche en documents de tous les âges. Aussi j'eus l'idée, après avoir fouillé toutes ses grottes, de doter le bourg d'un Musée. L'affaire n'alla pas toute seule, car il fallait convaincre les administrateurs de l'utilité d'une pareille annexe de l'enseignement. Le vestibule de la mairie, que tout le monde traverse, fut choisi pour l'installation. Dans des vitrines simples et sur des rayons, prirent place d'abord les ossements fossiles et le mobilier de silex des grottes. Cet essai plut beaucoup aux gens, et les indications, les dons, les promesses affluèrent. Des spécimens des époques gallo-romaine, mérovingienne et féodale s'ajoutèrent aux premiers. Aujourd'hui, il y a une collection de 700 numéros, le tout classé avec soin et illustré de nombreuses pancartes; de sorte que le petit Musée est en même temps savant et populaire.

A part les objets sortis des grottes, tous sont des dons de la population. Chacun apportait ce qu'il gardait dans ses tiroirs ou ce qu'il avait mis sur le tas de pierres à bâtir : les médailles, les ustensiles, les sculptures. On venait indiquer des trouvailles à faire : des fûts de colonne d'une villa, par exemple, furent repêchées dans la rivière. Maintenant, les habitants sont fiers de leur Musée, les écoliers en connaissent les pièces principales, tout le monde en est devenu le fournisseur. On se rend compte, en le voyant, de la perte qu'aurait subie l'Archéologie s'il n'eût pas existé. On sent aussi qu'à la faveur de ce très modeste Musée les esprits ont gagné; ils ont plus d'estime du passé, et quelque goût pour les choses de l'art; les enfants surtout y doivent trouver un complément d'instruction.

Un seul exemple ne suffirait pas pour faire conclure que tous ces petits Musées porteraient le même fruit et surtout s'établiraient avec la même facilité. Mais si une direction officielle leur était donnée, et avec elle une surveillance et des encouragements, on pourrait multiplier les exemples et ainsi faire progresser l'Archéologie dans les campagnes. Or l'Archéologie, aux branches multiples, présentée avec cet intérêt, serait capable d'élever le niveau de l'éducation populaire.

M. Paul BARBIER,

Membre de la Société des Sciences (Semur).

SUR LA PHYSIONOMIE DES MÉDAILLES ANTIQUES.

902.6 : 737.2

Quand on voit le public s'intéresser à tant de choses pour la plupart, sinon futiles, du moins dépourvues d'intérêt immédiat, on est en droit de se demander quelle est la raison de son indifférence marquée pour tout ce qui touche à la numismatique. Un amateur de médailles lui apparaît comme un rêveur inoffensif, doué d'une foi robuste et d'une imagination féconde qui lui fait découvrir des choses insoupçonnées. Le public se contente de sourire et, quoique le numismate ait pu lui dire ou lui montrer, il s'en désintéresse et va chercher ailleurs des distractions plus tangibles. Et cependant, on a de tout [temps aimé l'argent, aujourd'hui peut-être plus que jamais. Pourquoi donc cette indifférence? C'est que la vulgarité même de ces petits lingots estampillés, que les nécessités de la vie font passer de main en main, fait qu'on n'y attache son attention que pour les compter et chercher à les acquérir ou à les dépenser. Cette excuse paraîtrait motivée si les médailles antiques étaient aussi banales, aussi insignifiantes que les nôtres, qui n'ont d'intéressant et d'exact que leur poids et leur aloi. Il n'en va pas de même avec les médailles antiques, et leur physionomie est toute différente.

L'idée de faire une médaille pour consacrer l'expression d'une croyance religieuse, le souvenir d'un événement glorieux ou l'image d'un personnage éminent se confondait, autrefois, avec le besoin des populations d'avoir une monnaie ayant un type, un poids et un titre capables d'en faire une valeur destinée à circuler. C'est pour cela que, par suite d'un usage établi dès la plus haute antiquité, on donne indistinctement le nom de médailles à toutes les monnaies antiques.

La première manière dont on se servit du métal, comme moyen d'échange, fut de le donner au poids. C'étaient d'abord des lingots informes, sur lesquels on imprima ensuite une marque pour en indiquer le poids et la valeur. Le poids est la base et le fondement de toute espèce de monnaie; mais l'histoire de l'art ne commence, pour les monnaies, qu'à partir du moment où on figura comme signe un emblème, une effigie.

Une fois cet usage établi de placer sur les monnaies l'image des dieux et des rois, ou la représentation figurée d'une action héroïque destinée à rappeler un souvenir glorieux, l'art grec n'eut besoin, pour produire des chefs-d'œuvre, que d'appliquer à la gravure en médailles les merveilleux principes d'élégance et de simplicité, dont témoignent tous les ouvrages qui nous sont parvenus de l'antiquité. Les médailles des villes grecques sont comparables aux plus belles productions de l'art antique.

Pour ne considérer que les deux groupes principaux des médailles antiques, dont nous supposerons deux tas, l'un de médailles grecques, à droite, et l'autre de médailles romaines, à gauche, toutes prises au hasard de la trouvaille, sans le moindre souci de classement, la première particularité qui nous frappera sera de voir que les médailles grecques portent, presque toutes, des images religieuses, pendant que la plupart des médailles romaines, tant par leurs types que par leurs légendes, rappellent des souvenirs politiques ou militaires. Que conclure de cette première observation? C'est que la médaille romaine et spécialement la médaille de bronze, appelée par la modicité de sa valeur à se trouver dans les bourses les plus modestes, devait vulgariser le souvenir de la valeur administrative et militaire de Rome, devait même, à la faveur du commerce, être le principal élément de propagande politique en faveur de l'empire romain, pendant que les médailles grecques, avec leurs emblèmes religieux et leurs images des divinités protectrices de la ville propriétaire de la médaille devaient être, pour ces mêmes divinités, un puissant facteur de propagande religieuse destiné à vulgariser, dans le monde entier, la foi dans les oracles célèbres de ses temples.

De là à étudier un à un les types de chaque médaille, il n'y a qu'un pas très court que l'observateur attentif aura vite franchi, et l'étude des médailles sera devenue une carrière très vaste qui embrassera toute l'Histoire, la Géographie, la Chronologie, la Mythologie, la Paléographie, l'Iconographie, la police des villes et des États, leurs usages, leurs opinions l'état des arts et de leurs procédés authentiquement exprimés d'époque en époque.

C'est pourquoi la numismatique est une science relativement moderne. Toutes les autres sciences ont leur origine dans l'antiquité. Nos collégiens savent très souvent que l'étude de l'Astronomie se perd dans la nuit des temps, qu'Euclide et Archimède furent les pères des Mathématiques comme Hippocrate fut celui de la Médecine; mais rien, dans l'orientation de leurs études, ne leur permet de se douter seulement des surprises que leur réserverait l'étude des médailles.

Personne, en effet, ne les avait sérieusement étudiées avant l'époque moderne. Il y avait plus de deux mille ans que la monnaie avait été inventée, lorsqu'il se rencontra, peut-être pour la première fois, un véritable amateur de médailles. Ce premier collectionneur de médailles était un poète, et un des plus illustres, Pétrarque, le chantre immortel de Laure de Noves. Pétrarque ne fut pas précisément un numismate, mais il rassembla avec soin toutes les médailles antiques qu'il put trouver et il en forma une collection qu'il offrit en présent à l'empereur Charles IV. Il aimait les médailles en poète, en artiste, en philosophe, ce qui n'est certes pas la pire manière de les aimer. Il affectionnait, non pas les plus rares, mais les plus belles, et surtout celles qui offraient les traits des princes qui avaient été les bienfaiteurs de l'humanité. Dans sa collection, on voyait des Trajan, des Marc-Aurèle, des Antonin plutôt que des Néron, des Othon ou des Commode. Avant lui, on ne connaît pas d'amateurs de médailles.

Il était réservé à l'abbé Eckhel d'élever l'étude de la numismatique à la hauteur d'une science, et c'est en suivant la méthode d'examen adoptée par le savant jésuite viennois qu'on voit les médailles antiques accuser une physionomie particulière.

D'abord, du côté romain, les effigies nous présentent des portraits d'une authenticité incontestable, un peu idéalisés, si l'on veut, afin de mieux accentuer la majesté impériale, mais fidèles toujours. Ces portraits sont complétés par des détails de costume que nous ignorerions encore sans eux. Chez les impératrices, nous remarquerons des modèles de coiffure, que nos modernes élégantes ne rougiraient pas d'accepter et de remettre en honneur. Voyez les gracieuses coiffures des deux Faustine et de Lucille, les savants atours de Sabine, les cheveux calamistrés avec tant d'art de Julia Mammée, d'Otacille, de Salonine et de tant d'autres. Les revers de ces médailles vous rappelleront et vous permettront de revivre les fastes de l'empire romain. Voici un Jules César avec un éléphant, en souvenir de l'ancêtre des Jules qui avait tué de sa main un éléphant pendant les guerres puniques (éléphant se dit César en langue punique). Tout à côté, j'aperçois le mâle profil du grand Pompée, préfet de la flotte et des côtes, avec les deux jeunes gens Anapias et Amphinomus portant sur leurs épaules leurs parents qu'ils sauvent des flammes de l'Etna. Vous verrez se dérouler successivement toute la série des louanges adressées à Octave à l'occasion de la défaite de Sextus Pompée, puis celle des honneurs rendus à Auguste après sa mort, le char d'honneur ou *thensa*, traîné par des éléphants et portant la figure d'Auguste. Une médaille avec un crocodile vous rappellera l'établissement à Nîmes d'Alexandrins qui ont conservé le crocodile en souvenir de leur pays; une autre, avec la proue de son navire de guerre, vous rappellera la colonisation de Vienne, et une médaille de Lyon vous fera voir l'autel d'Auguste qui a disparu pour toujours, et, au milieu de tous ces souvenirs, l'adorable figure de Livie, divinisée sous les traits de la Piété. Cherchons encore et nous verrons Germanicus prononçant une allocution devant ses soldats après la reprise sur les Germains des enseignes enlevées à Varus. Ailleurs, nous trouverons le souvenir d'une remise d'impôts : RCC *Remissio Ducentesima*, remise du 1/200 0,50 c. %), droit perçu sur les ventes des meubles et dont Caligula fit remise au peuple à l'occasion de son avénement; l'institution par Néron des manœuvres de cavalerie pour les soldats prétoriens, avec des cavaliers caracolant et l'inscription DECVRSIO; la Judée conquise sur des pièces de Vespasien et de Titus.

Avec Trajan, les revers monétaires sont tout aussi intéressants : l'un vous fera voir le fameux pont jeté sur le Danube en 105 de J.-C., pour contenir les Daces, en donnant aux Romains les moyens de communiquer facilement avec la colonie établie dans le pays conquis. Un autre vous montrera un dieu fluvial dans une grotte, avec l'inscription AQVA TRAIANA, prouvant qu'il s'agit de l'adduction à Rome des eaux de l'Anio. Les voyages politiques d'Hadrien font l'objet d'une série de médailles, de même que la cérémonie de l'apothéose des empereurs est rappelée sur nombre de médailles, soit par le bûcher, soit par l'aigle et ainsi de suite, car nous ne saurions continuer sur ce ton sans faire une histoire numismatique de Rome et de ses colonies.

Mais un jour vint où le Christianisme étant établi et le siège de l'empire transporté à Constantinople, les médailles perdirent subitement leur intérêt. Le monogramme du Christ avait remplacé tous les détails intéressants que nous venons de rappeler, et nous voyons les médailles devenir d'une désolante banalité au fur et à mesure que nous approchons des temps modernes.

Le numismatique grecque n'est ni moins intéressante ni moins éloquente que la numismatique romaine :

Voyez ces jolies médailles de Tarente représentant Taras chevauchant un dauphin et brandissant un trident : c'est l'image de la puissance maritime de la ville. Cette corne d'abondance que nous remarquons sur nombre d'autres médailles, c'est la corne perdue par Achélous dans ses combats pour la possession de Déjanire. Les Nymphes recueillirent cette corne et, l'ayant remplie de fleurs et de fruits, en firent hommage à l'abondance. Est-il possible de rappeler d'une façon plus gracieuse et plus poétique la fertilité des plaines baignées par les eaux de ce fleuve? Voici d'autres petites oboles portant à l'avers l'image de Pallas et au revers Hercule luttant avec le lion de Némée. Ces petits chefs-d'œuvre appartenaient à la ville d'Héraclée protégée par Hercule. En voici d'autres au même type avec l'Hercule remplacé par un épi de blé, allusion à la richesse des moissons de Métaponte; mais en voici plusieurs qui, avec des avers différents, offrent au revers un taureau cornupète. Ce taureau est une réminiscence des courses thessaliennes, continuées de nos jours par les courses provençales en si grand honneur dans la vallée du Rhône. Voici encore d'autres pièces à l'effigie de Pallas et au revers d'un Pégase; elles viennent de Corinthe, renommée par l'excellence de ses chevaux. D'autres ont à l'avers une Proserpine entourée de thons. C'est la Coré syracusaine, la Proserpina servatrix, l'Aréthuse ou l'Artémise (Herod. II, 56). Leur revers rappelle la puissance maritime de Syracuse et porte souvent une pieuvre aux tentacules développés. Mais en voici une autre qui est peut-être plus curieuse encore : elle appartient à Antigone Gonatas, roi de Macédoine. On remarque au revers le dieu Pan élevant un trophée. Ce Pan est ce dieu sauveur de la Grèce qui frappa de terreur, devant Delphes, Brennus et les Gaulois, et permit à Antigone Gonatas de remonter sur le trône de son père (d'où la locution *frayeur panique*). N'ayons garde d'oublier ces pièces de Larissa, en Thessalie, avec un cheval paissant, et celles de Dyrrachium, en Illyrie, avec une vache allaitant son veau, pour bien marquer l'excellence de leurs pâturages; et pour finir, remarquons ces belles pièces d'Alexandre-le-Grand dont on faisait des bijoux et qu'on portait comme talisman, parce qu'on y voit Jupiter, père d'Hercule, en même temps qu'Alexandre sous les traits d'Hercule, auteur de la race de Caranus, suivant l'opinion populaire que le conquérant entretenait avec tant de soin.

Voilà quelques-uns des aspects que présentent les médailles antiques à ceux qui veulent bien les regarder un instant avec attention. L'intérêt de cette observation est tellement indiscutable que nous n'essayerons même pas de le démontrer et, comme les exemples qui précèdent ont été pris au hasard, il va de soi que cet intérêt se renouvellera avec chaque médaille nouvelle, parce que si la numismatique ne fait pas toute l'histoire, elle la contrôle en la complétant. Elle fait plus, elle est utile pour la connaissance de l'antiquité, puisqu'on y découvre les fonctions mystérieuses de la religion des Anciens, qu'on y trouve presque toutes les divinités qu'ils adoraient, les instruments en usage dans les sacrifices; la représentation de plusieurs monuments célèbres, tels que les temples, les autels, les cirques, les arcs de triomphe, les obélisques, les forums, les ponts, les mausolées et autres édifices publics.

Ne négligeons pas, par conséquent, ces petits chefs-d'œuvre des âges disparus. Pétrarque avait su dégager la personnalité de chacun d'entre eux et créer une galerie de portraits des princes bienfaisants. Laissons à chacun le soin de les étudier selon son cœur, selon son goût ou sa passion. Ce sera toujours un morceau de médaille qui aura été étudié, et la réunion de ces différents travaux élucidera fatalement un jour les points obscurs de l'Histoire et, ce jour-là, on aura fait un travail vraiment utile pour l'avancement des sciences historiques.

M. Victor PERNET,

Directeur des Fouilles d'Alésia-Alise-Sainte-Reine (Côte-d'Or).

SUR LA CAMPAGNE DE FOUILLES POURSUIVIE EN 1911 SUR LE MONT AUXOIS PAR LA SOCIÉTÉ DES SCIENCES DE SEMUR.

902.6 (44.42)

Les fouilles que la Société des Sciences de Semur poursuit depuis plusieurs années sur le plateau du mont Auxois ont eu, en 1911, pour premier objectif le terrain attenant au côté nord de l'édifice dit *monument à crypte*, mis au jour en 1908. Un travail préparatoire considérable, ingrat et coûteux, s'imposait, car il fallait déplacer environ mille mètres cubes de terres entassées là en 1908, lors du déblaiement du monument à crypte. Malgré cette perspective, la Commission des fouilles avait jugé ce travail nécessaire, afin de compléter le dégagement de l'édifice à crypte. Dès 1908, en effet, on avait acquis la preuve que des vestiges de constructions monumentales se trouvaient au nord de l'édifice en question et faisaient, probablement, partie du même ensemble.

C'est ainsi qu'on avait, au nord-est du monument à crypte et à une faible distance de lui, mis au jour la base carrée d'une colonne, ou plus exactement d'un pilier encastré dans un mur perpendiculaire au grand axe du monument, et ayant par conséquent une direction sud-nord; le fût carré et le chapiteau de ce pilier avaient été également retrouvés au voisinage.

En outre, circonstance encore plus probante, on avait, à 26,20 m au nord du monument à crypte, à la limite du terrain de fouilles dont nous disposons, découvert une rangée de cinq bases de piliers, distantes entre elles de 3,50 m, et formant un côté complet d'une construction dont il restait à déterminer le plan général. Entre ces piliers de la face nord régnait un mur à mortier, de 60 cm d'épaisseur, peu élevé et n'atteignant pas tout à fait le niveau où la moulure soutenant le fût se raccorde avec le dé du piédestal. Les deux bases des extrémités de la rangée formaient pierre d'angle, c'est-à-dire que le petit mur faisait sur leur face sud un retour d'angle droit, dont on n'avait dégagé que l'amorce à l'extrémité occidentale, mais qu'on avait suivi sur une longueur de plusieurs mètres du côté oriental. Là, on avait alors découvert, dans la ligne de ce mur orienté du Nord au Sud, nouvelles bases de deux piliers entre lesquels le mur manquait. On eut bien vite l'explication de cette lacune par la découverte, entre ces deux piliers, d'un grand puits construit en pierres sèches, avec 1,75 m de diamètre. Ce puits, de 10 m

de profondeur, avait été complètement vidé; on en avait notamment
retiré des fûts carrés et des chapiteaux ayant appartenu à tel ou tel
des piliers dont nous avions relevé en place les piédestaux.

Mettant donc à profit les indications de 1908, nous avons, en 1911,
après avoir enlevé l'amoncellement de déblais accumulés précédemment
en cet endroit, commencé l'exploration du monument en attaquant le
terrain immédiatement adossé au côté nord du monument à crypte.
A 3,50 m de celui-ci, nous avons alors rencontré à un mètre au-dessous
de la surface normale du sol du plateau en ce point, quatre piédestaux
de piliers, formant avec la base découverte en 1908 une ligne de cinq
bases parallèles à la rangée tout à fait semblable dégagée en 1908 à environ 23 m au Nord. Dans ce nouvel alignement existe aussi le mur intermédiaire. Dans les décombres retirées de cet endroit, nous avons ramassé
une longue pierre de taille rectangulaire en forme de dalle; nous pensons
qu'elle faisait partie d'un revêtement de dalles qui recouvrait sur
toute la longueur le mur intermédiaire.

Ce mur fait retour d'équerre vers le Nord. Nous avons donc ouvert
une tranchée dans cette nouvelle direction perpendiculaire à la précédente; elle nous a livré une nouvelle rangée de bases de piliers longeant à
l'Ouest le rectangle intérieur limité au Nord et au Sud par les deux autres
rangées mentionnées plus haut. Une seule des bases de cette troisième
rangée n'a pas été retrouvée à la place qu'elle aurait dû occuper; elle
a évidemment été détruite au cours des siècles par l'œuvre d'un fouilleur
quelconque; les autres bases existent au nombre de cinq, ce qui porte à
six le nombre des piliers compris sur cette face entre les piliers d'angles des
extrémités.

Dix des piédestaux, aujourd'hui connus, se composent uniquement
d'un dé cubique, ayant sensiblement 80 cm de côté, sur 40 cm d'élévation. Sept autres ont conservé comme couronnement du dé la base
carrée à moulures qui supportait immédiatement le fût du pilier.

Il nous reste à mentionner la découverte d'un puits à l'intérieur
et tout près de la rangée sud de notre péristyle. Vers ce point nous avions
trouvé dans les décombres une pierre percée d'un trou et pesant près
d'un kilogramme. Cet objet nous est bien connu pour avoir servi de contre-
poids destiné à faire basculer dans l'eau un sceau à l'oreillon duquel il
était appendu par une corde ou par un anneau en fausse maille passé
dans l'orifice de la pierre. Cette trouvaille nous fit soupçonner l'existence d'un puits à proximité. Notre attention étant ainsi éveillée, nous
ne tardâmes pas à découvrir en effet un puits de 60 cm au nord de la
rangée de piliers en question. Ce puits, en pierres sèches, bien construit
et bien conservé, a 1,25 m de diamètre; il a été vidé jusqu'au fond
(10 m. environ). Ce travail, opéré au treuil, a été fort laborieux, parce
que nous avons eu à extraire, comme pour le puits vidé en 1908 au nord-
est, de lourds éléments architecturaux ayant appartenu au monument.
A 1,50 m de profondeur comptée à partir du sol antique, nous avons

rencontré un chapiteau; plus bas, d'autres chapiteaux et un fût carré
de 2 m de long sur 5o cm de diamètre, pesant plus de 1000 kg. Nous
avons également sorti un fût cylindrique de colonne, ayant 1,77 m de
long. Dans la boue du fond du puits, nous avons récolté des fonds de
seau en bois encore bien conservés, quelques petits objets en bronze, des
cuillers en bronze, des débris de scie en fer, un couperet, deux planches
en bois portant toutes deux la même inscription, (FLΛ̸I) obtenue par
impression d'une marque au fer chaud, la même pour les deux. Rappelons qu'ici, comme d'habitude, les déblais du puits accumulés postérieurement à l'époque romaine ont fourni des déchets de cuisine, notamment des crânes de bœuf. On puisait l'eau à ce puits par le côté sud,
comme en témoigne l'usure laissée par le frottement des seaux. On la
puisait par le côté ouest dans le puits vidé au nord-est, en 1908.

En résumé, les fouilles que nous venons d'exposer ont dégagé un péristyle à piliers régnant sur trois côtés d'un rectangle, dont l'intérieur
paraît avoir été une cour; le sol de celle-ci est constitué par un pavé en
hérisson, d'ailleurs assez mal uni, et dont l'inégalité disparaissait peut-
être sous une couche de sable. A 3,85 m à l'ouest du portique occidental
court un mur parallèle à la ligne des piliers. Entre ce mur et le portique
correspondant, le sol est pavé en hérisson, comme la cour.

Disons, pour terminer, que cet ensemble recouvre l'emplacement de
constructions plus anciennes. En effet, en enlevant le pavé et creusant
au-dessous, nous avons retrouvé trois de ces caves gallo-romaines comme
nous en avons déjà mis à jour un certain nombre antérieurement. La
première, soigneusement construite en petit appareil, a 4,20 m sur
2,75 m. Entre autres trouvailles dans les décombres de cette pièce,
citons un couteau à manche d'ivoire. La seconde et la troisième sont
situées sous le pavé de la cour; leur déblaiement s'effectue en ce moment.

M. Henry BARBE,

Membre de la Société des Sciences (Semur).

LA CIVILISATION DE HALLSTATT A ALESIA.

902.6 (44.42)

31 *Juillet.*

Parmi les couches de civilisation mises à jour par | les fouilles d'Alésia,
celle de Hallstatt, une des plus importantes, est largement représentée .
dans le produit des exhumations.

D'après la dernière classification du Professeur Hœrner, de l'Université de Vienne, cette première civilisation du fer aurait duré, à la montagne des Salines de Hallstatt, de 750 à 800 avant J.-C. pour le Hallstatt I et de 600 à 400 avant J.-C. pour le Hallstatt II. Si l'on tient compte des influences attardées, cette civilisation se serait faite sentir un peu plus tard dans le pays d'Alésia.

Déjà, les tumulus de la Côte-d'Or, et plus particulièrement ceux du Châtillonnais, nous avaient signalé, il y a près de 40 ans, l'existence de cette civilisation dans nos régions.

Quant aux conclusions — toujours provisoires, cela va sans dire — que nous permettent les résultats des fouilles actuelles et des trouvailles antérieures, elles pourraient se résumer ainsi : dès l'époque hallstattienne, c'est-à-dire, *dès la première moitié du premier millénaire avant J.-C.*, Alésia était déjà un centre important et un foyer de civilisation.

Le mont Auxois était *fortifié* par un *rempart* en pierres sèches de 2 m de haut, flanqué d'un *épaulement* de terre à l'intérieur et, à l'extérieur, d'un *fossé* de 2 m de large sur 2 m de profondeur. Ce système de fortifitations hallstattiennes se retrouve, entre autres, à Koberstadt, dans le grand-duché de Hesse. Il se perpétua tout au moins jusqu'à l'époque de César, qui en fait la description dans ses *Commentaires*.

Le plateau d'Alésia était occupé en partie par des habitations de TROIS SORTES : *huttes rondes*, plus ou moins enfoncées dans la terre et faites de clayonnages avec double revêtement d'argile; *huttes carrées*, avec foyer dans un angle; *habitations souterraines* ou *hypogées*, répondant à la description que Tacite fait des habitations souterraines de certaines tribus germaniques, dans sa *Germania*. Les trois types d'habitations sont les mêmes que ceux, dûment identifiés, de la vallée du Neckar, près de Heilbronn, dans l'Allemagne du Sud.

Enfin, l'*oppidum* d'Alésia était entouré de plusieurs *villages ouverts*, répartis sur le flanc de la montagne et *au bord* de la plaine des Laumes qui, à cette époque, n'était probablement qu'un marécage.

L'*art et l'industrie* de Hallstatt ont laissé de nombreuses traces dans le sol du mont Auxois. Il faut signaler en premier lieu l'*art des bronziers* dont parlait Pline, et qui remonte au moins à l'époque hallstattienne, comme l'attestent les vestiges de *deux ateliers* entre autres. Il faut y ajouter d'innombrables objets de toutes sortes : *chaudrons de bronze* dorés à l'intérieur, *vases de bronze* argentés ou étamés, *haches*, *couteaux*, débris en tôle de bronze mince, *bracelets* et *anneaux*, multiples *objets de parure* et surtout un certain nombre de *fibules* dont quelques-unes appartiennent au Hallstatt II, comme la *fibule à lunettes*, par exemple.

Les *rites religieux* de la civilisation de Hallstatt et, entre autres, le culte du mythe solaire, ont laissé de nombreux vestiges sur le plateau d'Alise. D'abord des *vases rituéliques*, en bronze et en poterie, puis des *chevaux de bronze*, objets votifs ou anses de vases; des *cygnes*, des *canards* en bronze ou en poterie, des *coqs* et, parmi eux, des petits coqs en bronze, qui, avec

.d'autres oiseaux sans doute, étaient fichés sur le bord extérieur de vases rituéliques en argile décorée. Une de ces figurines en bronze et des fragments de poterie ont permis de les comparer à ceux d'un vase rituélique hallstattien, trouvé à Gemeindebarn, en Autriche.

Nous n'avons, jusqu'ici, rien de concluant sur les *rites de l'inhumation* hallstattienne à Alésia, mais c'est une lacune qui, d'après certains indices, ne tardera pas à être comblée.

En même temps que les fouilles actuelles révélaient un centre important de civilisation hallstattienne à Alésia, elles faisaient faire un grand pas à la question *de provenance de la civilisation du premier âge de fer.*

Il est de plus en plus douteux que cette civilisation soit parvenue à Alésia, ou même ailleurs en Gaule par Marseille et la vallée du Rhône. De plus en plus, l'influence grecque du premier millénaire avant J.-C. se révèle comme très faible à Marseille même et dans toute la Provence.

D'autre part, les tumulus du premier âge de fer, si nombreux en Bourgogne et groupés souvent au nombre de plus de cinquante, sont de plus en plus rares dans la vallée du Rhône et ses abords, à mesure qu'on descend vers la Méditerranée. Pendant tout le XIXe siècle, on n'en avait découvert que *trois* dans le département des Bouches-du-Rhône. Ce nombre vient de s'augmenter d'un groupe de *cinq* depuis 1909, auquel il faut ajouter *trois* autres tumulus découverts dans le département de Vaucluse en 1910.

Or, le contenu des tumulus de la Côte-d'Or révèle, à côté d'une population pastorale, une *caste guerrière, nombreuse et riche.* Au contraire, le contenu des tumulus hallstattiens de Provence indique une *population pastorale très pauvre:*

D'autre part, les tumulus des Bouches-du-Rhône renferment des poteries qu'on croyait influencées de bonne heure par les traditions étrusco-grecques des colonies phocéennes. Mais précisément les mêmes poteries, surtout une sorte de jatte à lait, qui rappelle le *tiau* provençal, se retrouvent dans tous les tumulus de la Côte-d'Or. Même chose pour les *tranchets* ou *rasoirs* en bronze, à pointe brisée.

Mais il y a plus : les tumulus de Vaucluse renfermaient des vases archaïques grecs de style protocorinthien. L'un d'eux était une *kylix* en terre, dont la base extérieure était ornée d'un motif rayonnant à rayons pétaliformes en peinture brune, sorte de marguerite épanouie. Dans un autre, il y avait une *œnochoé* de bronze qui portait, en relief, le même motif ornemental en bronze, d'abord par moitié, aux deux anses, puis complet, sur la panse du vase. Celui-ci, identifié, fut déclaré appartenir aux environs du VIIe siècle avant J.-C. On pensait qu'il était de provenance grecque et qu'il avait été importé par Marseille et la grande voie commerciale de la vallée du Rhône. Or, le même motif ornemental, si commun, d'ailleurs, à tant de vases hallstattiens, était *fabriqué,* à la même époque, par les bronziers d'Alésia, comme l'attestent deux déchets de bronze, trouvés dans un atelier même, au cours des fouilles actuelles. Il est donc possible que ce vase soit venu d'Alésia, lieu de fabrication, à quelques centaines de kilomètres de là, plutôt que de Grèce par une voie commerciale, maritime et terrestre, beaucoup plus compliquée.

Enfin, les quelques tumulus de Provence et du Sud-Est semblent être les manifestations sporadiques d'une civilisation hallstattienne dont le centre devait être Alésia, où on en trouve tant de vestiges, au lieu de Marseille, où il n'en reste pas trace.

Et il paraît de plus en plus certain que la première civilisation du fer n'est point parvenue à Alésia par Marseille et la vallée du Rhône, mais par la vallée du Doubs, la trouée des Vosges et la vallée du Danube, concurremment, sans doute, avec la vallée de la Seine.

M. Camille MATIGNON,

Professeur au Collège de France (Paris).

EXAMEN CHIMIQUE ET MICROGRAPHIQUE D'UN PLAT GAULOIS TROUVE A ALÉSIA.

571.37 (44.42)

5 Août.

M. Matruchot m'a remis, pour en faire l'étude, un fragment de plat métallique trouvé à Alésia, dans des conditions qui ne laissent aucun doute sur son origine gauloise.

La face inférieure du plat a une teinte jaune dorée qui rappelle tout à fait la teinte du bronze, mais la patine jaune est tout à fait superficielle, un trait fait avec une épingle met à nu le métal blanc.

Le métal est mou, il se coupe facilement au couteau, mais il ne laisse pas de traces sensibles sur le papier.

Une petite parcelle du métal a été détachée sur le bord du plat pour en faire les analyses chimique et micrographique.

Analyse qualitative. — On a reconnu la présence du plomb et de l'étain, sans traces d'antimoine et d'arsénic. L'alliage plomb-étain résulte de l'union de métaux purs obtenus à partir de minerais purs.

Analyse quantitative. — Le dosage du plomb et de l'étain a fourni les valeurs suivantes :

Plomb................ 17,48
Étain................ 82,60

Examen micrographique. — L'examen micrographique a été fait comparativement avec celui d'un alliage synthétique de même composition, additionné ou non de quantités variables d'arsenic ou d'antimoine, afin de pouvoir manifester par comparaison, si possible, la présence de traces infinitésimales de ces métalloïdes.

De l'ensemble de ces recherches, on peut tirer les conclusions suivantes :

1° L'alliage de plomb et d'étain a été préparé avec des métaux d'une pureté remarquable; la présence de l'arsenic, de l'antimoine n'a pu être manifestée, même par la méthode si sensible de la métallographie.

Jusqu'en 1853, les mesures de capacité en étain étaient constituées par un alliage de plomb et d'étain à 18 % de plomb. Cet alliage est en effet plus dur que chacun des constituants et résiste mieux à l'usure tout en se travaillant bien. Depuis 1853, des considérations d'hygiène ont ramené la teneur du plomb à 10 % pour l'alliage des mesures de capacité.

2° S'il ne se trouve pas ici une simple coïncidence, et il conviendrait d'analyser un grand nombre d'étains gaulois pour résoudre ce point, les Gaulois avaient été déjà conduits à employer le même alliage à 18 % de plomb (17,48) pour la fabrication de plats en étain susceptibles de venir en contact avec des matières alimentaires. Ce choix semble avoir été décidé comme conséquence à la fois de l'élasticité du métal et de sa dureté, choix qui suppose déjà une assez longue expérience de ces alliages. Les Gaulois auraient donc déjà acquis eux-mêmes cette expérience.

3° Les épreuves micrographiques montrent que le métal n'a subi aucun choc, la régularité des cristaux d'étain disséminés dans l'eutectique ne laisse aucun doute sur ce point. Ce plat a donc été obtenu par fusion dans un moule approprié.

4° La solidification au moment de la coulée s'est effectuée rapidement; le moule était certainement froid et le mélange métallique n'était pas surchauffé quand il fut versé dans le moule.

5° Enfin certaines lignes particulières semblent indiquer que le métal était en mouvement pendant sa solidification; après la coulée, un ouvrier sans doute aurait transporté le moule rempli, et c'est pendant ce transport qu'a dû s'effectuer la solidification.

M. J. TOUTAIN,

Directeur adjoint à l'École des Hautes-Études (Paris).
Membre de la Commission des fouilles d'Alésia.

LA FAVISSA DU TEMPLE D'ALÉSIA.

726.1 : 902.6 (4442 Alésia).

5 Août.

Parmi les monuments de l'Alésia gallo-romaine qu'ont fait reparaître
au jour les fouilles entreprises sur le mont Auxois par la Société des
Sciences historiques et naturelles de Semur, l'un des plus caractéristiques
est le temple situé entre le théâtre à l'Ouest et le monument aux absides
à l'Est. Ce temple « en petit appareil régulier, avec joints passés au fer,
avait la forme d'un rectangle de 16 m de long sur 8 m de large... Il était
prostyle, c'est-à-dire constitué par une cella, que précédait une colonnade de même largeur. Contre la cella, sous la colonnade, se trouvait
l'autel, dont il reste le béton de soubassement. Les fondations du temple
reposent, à 1,40 m de profondeur, sur le rocher... Le temple était entouré
'une petite place, limitée par un portique, de forme carrée... » (¹). Des
témoignages certains de deux reconstructions ont été relevés, tant
dans le temple lui-même que dans le portique qui l'entoure et dans le
pavage de la place. En ce qui concerne spécialement ce dernier point,
« les fouilles ont fait retrouver, en quelques endroits, sur le sol vierge,
un pavage qui correspond aux constructions de la première époque, et
deux bétonnages superposés, avec couches de décombres intermédiaires.
Ces bétonnages, dont l'épaisseur est de 0m,10 environ, sont constitués,
l'un, celui de dessus, par de très petits cailloux, l'autre par de la chaux
mêlée de gravier blanc. Les épaisseurs des couches de décombres sont à
peu près les mêmes partout et ne dépassent pas 40 cm » (²).

Au nord du temple, à l'intérieur de la place limitée par le portique,
une découverte des plus curieuses a été faite en 1907, pendant la seconde
campagne de fouilles. Cette découverte est rapportée, au fur et à mesure
des constatations, dans le *Journal des Fouilles* de M. Victor Pernet,
aux dates des 29 avril 1907 et jours suivants, 15 juin 1907 et jours suivants (³). Tandis que dans presque toute l'étendue de la place, le sol
vierge, de nature rocheuse, a été retrouvé à une profondeur moyenne

---

(¹) E. ESPÉRANDIEU, *Les Fouilles d'Alésia de* 1906, p. 98-99.
(²) *Ibid*, p. 99.
(³) *Bulletin de la Société des Sciences de Semur*, t. XXXVI, 1908-1909, p. 257
et suiv., p. 267 et suiv.

de 1,40 m à 1,50 m au-dessous du niveau moderne, en cet endroit il a fallu descendre, pour l'atteindre, jusqu'à 6 m de profondeur (¹). Il a donc existé là, dans la surface même du mont Auxois, une excavation considérable. MM. le Commandant Espérandieu et Victor Pernet sont d'accord pour admettre que cette excavation représente une carrière d'où sont peut-être sortis une bonne partie, sinon la totalité des matériaux qui ont servi pour la construction du temple et du théâtre (²). Il est possible qu'un mur de soutènement ait été édifié au nord de cette carrière. En tout cas, il n'a été trouvé dans la carrière aucune trace du pavage correspondant aux constructions de la première époque. Au contraire, de nombreux indices permettent de croire que le bétonnage, constitué par de la chaux mêlée de gravier blanc, a recouvert cette excavation. Mais, à une époque indéterminée, ce bétonnage s'est effondré, soit parce que le mur de soutènement a été renversé, soit pour quelque autre raison inconnue.

Ce qui doit surtout attirer l'attention sur cette excavation ou ancienne carrière, c'est la quantité, la diversité et la nature des objets et débris d'objets qui en ont été retirés. Ces objets sont énumérés dans le *Journal des Fouilles*, aux dates des 29 avril, 30 avril, 1er 4, 5, 6, 7, 8, 10 et 11 mai, d'une part; des 15, 18, 19, 20, 21, 22, 24, 25, 26, 27, 28 juin, 3, 4 et 5 juillet, d'autre part. Il faut noter tout d'abord : « le nombre considérable de fragments de poterie; en particulier de poterie dite *samienne*, d'un beau rouge vif, ornée de figures, de scènes ou de motifs purement décoratifs; quelques débris de poterie plus grossière, probablement gauloise; divers outils ou objets en bronze et en fer; beaucoup de monnaies, parmi lesquelles on a reconnu une monnaie consulaire de la *gens Antonia* et des bronzes à l'effigie d'Auguste, de Tibère, de Claude, de Vespasien, de Trajan, d'Hadrien, d'Antonin le Pieux, enfin de Constantin. Mention spéciale doit être faite de plusieurs rouelles en bronze; de fragments de vases et de figurines en terre cuite; de nombreux creusets et morceaux de creusets en terre réfractaire; de quelques fibules, anneaux, grains de colliers; enfin et surtout de fragments sculptés, de menus morceaux de marbre portant parfois une lettre, d'une lettre, un A, en bronze doré; et d'une petite feuille de plomb formant un rouleau. » Outre ces objets, on a recueilli dans la fouille, mêlée aux terres du déblai, une grande quantité de cendres, d'ossements d'animaux et de charbon.

Ces objets ou débris ne sauraient provenir de l'éboulement d'une construction, qui aurait été, à une époque postérieure, superposée à la carrière; aucune trace d'une telle construction n'a été retrouvée sur place. Dans le *Journal des Fouilles*, M. Victor Pernet émet l'hypothèse

---

(¹) *Bulletin de la Société des Sciences de Semur*, t. XXXVI, p. 271 (4 juillet 1907).

(²) *Ibid*, p. 257. *Voir*, E. ESPÉRANDIEU, *Rapport sur les fouilles exécutées en 1907* (*Bulletin archéologique du Comité*, 1908, p. 143-145; *fig.* 1 et 2).

que « la carrière a servi de décharge publique, ou du moins, que son comblement, pour l'élargissement de la place, a été fait au moyen d'emprunts à des décharges publiques ». Dans son *Rapport sur les fouilles exécutées en* 1907, M. le Commandant Espérandieu exprime une opinion analogue : « l'on a dû combler la carrière, pour donner à la place la forme rectangulaire que nous lui trouvons ».

A notre avis, de graves objections s'opposent à cette explication. Il n'est guère possible de croire qu'une décharge publique ait existé au centre même de la ville gallo-romaine d'Alésia, à quelques mètres de l'hémicycle du théâtre, à peu de distance du monument aux absides; si même on admet, ce qui est fort probable, que le portique, construit autour de la place du temple, date seulement de l'époque où fut établi le bétonnage blanc, le temple lui-même remonte à une époque antérieure, puisque ses fondations reposent, à 1,40 m de profondeur, sur le rocher. Or, pour qui connaît le caractère sacré attribué par les Anciens à leurs sanctuaires, il est bien difficile de penser que, tout près du temple, on ait établi ce dépôt d'immondices, d'ordures, de multiples débris inutilisables que constitue toute décharge publique.

Et, d'autre part, la nature même des objets et des fragments recueillis dans cette excavation donne à notre objection une vigueur nouvelle. Si l'on n'avait trouvé que des morceaux de poterie, des tessons plus ou moins grossiers, de la ferraille, en un mot de vrais débris, on pourrait envisager un instant l'hypothèse émise par MM. V. Pernet et Espérandieu. Mais, sans parler même des monnaies, dont la présence serait ici bien étrange, les fragments de poterie sont parmi les mieux décorés qu'on ait découverts sur le mont Auxois; beaucoup d'entre eux portent des marques de potiers, en d'autres termes, proviennent de vases que nous dirions aujourd'hui *signés;* les débris de marbre avec lettres et traces de lettres, les fibules et les rouelles dont plusieurs sont à peine abîmées, la petite feuille de plomb formant rouleau, ces divers objets ne nous semblent guère pouvoir provenir d'une décharge publique. Enfin, d'où proviendraient les ossements d'animaux, les cendres et le charbon, signalés plus haut?

A l'hypothèse émise par MM. V. Pernet et le Commandant Espérandien, nous croyons qu'il faut substituer une autre explication. Cette explication nous est suggérée par toute une série de faits constatés en divers points du monde grec et du monde romain, faits avec lesquels s'accordent parfaitement tous les indices relevés sur place.

On sait combien étaient nombreuses les offrandes déposées dans les temples antiques. Soit pour se concilier la faveur des dieux, soit pour remercier la divinité, les Anciens apportaient dans les sanctuaires une foule de menus objets, dont les uns, en matières précieuses, formaient ce qu'on appelait le trésor du dieu ou de la déesse; dont les autres, plus modestes et plus grossiers, s'accumulaient d'année en année devant l'image divine, autour de l'autel, le long des murs du sanctuaire. Un

moment arrivait où ces ex-voto et ces offrandes encombraient vérita-
blement l'édifice sacré. Il devenait nécessaire de les en retirer, pour faire
place à de nouveaux ex-voto et à de nouvelles offrandes. Mais tous ces
objets avaient été consacrés à la divinité; devenus pour ainsi dire la propriété des dieux, ils avaient été revêtus d'un caractère sacré indélébile;
c'eût été commettre une profanation grave et dangereuse de les faire
servir à quelque usage courant. Ils étaient *tabous*. C'est pourquoi les
prêtres de chaque sanctuaire, quand le moment était venu de faire
place nette dans l'édifice pour permettre la consécration à la divinité
de nouvelles offrandes, détruisaient, brisaient les anciennes offrandes
et les entassaient pêle-mêle dans le voisinage du temple, soit en plein air
dans un enclos qui dépendait du sanctuaire, soit dans quelque chambre
ou excavation souterraine. Ces dépôts ou ces souterrains étaient désignés
en latin par le mot *favissa*. On trouvera à l'article *Favissa* du *Dictionnaire des Antiquités grecques et romaines* de MM. Daremberg, Saglio
et Pottier, article dû au savant abbé Thédenat, tous les renseignements
généraux sur les *favissæ* antiques aujourd'hui connues (¹). D'autre part,
M. le Professeur P. Paris, de l'Université de Bordeaux, a énuméré et
décrit, dans sa thèse érudite sur la ville grecque d'Élatée, tous les dépôts
d'ex-voto, spécialement de figurines et de plaques en terre cuite, trouvés
en divers points du monde grec (²). D'après M. Paris, de tels amoncelle-
ments s'expliquent sans doute par le fait que les prêtres des temples
antiques, faisant de temps en temps l'inventaire des richesses du sanctuaire auquel ils étaient préposés, se débarrassaient des menues offrandes
sans valeur.

Eh bien! nous pensons que dans l'excavation ou carrière, qui existait
près du temple d'Alésia, à l'intérieur même de la place entourée d'un
portique au milieu de laquelle se dressaient la cella et l'autel, il faut voir
une *favissa* de ce genre. Comme nous l'avons indiqué plus haut, les
débris innombrables, recueillis dans cette carrière, ne sauraient provenir
de l'éboulement d'une construction supérieure; c'est volontairement
qu'ils y ont été accumulés. D'autre part la nature de ces objets et de
ces fragments ne s'oppose en rien à notre interprétation. Les morceaux de poterie sigillée, élégamment décorés et souvent signés, proviennent de vases dans lesquels on offrait à la divinité ses libations préférées, vin, lait, miel, huile, etc. Les débris, bien menus il est vrai, de
figurines en terre cuite, de tablettes de marbre avec inscriptions, d'ex-
voto sculptés ne soulèvent aucune objection. Quant aux creusets et
fragments de creusets, quant aux instruments et outils de toutes sortes
en bronze et en fer, leur présence ne doit pas davantage nous étonner :
on sait que très souvent les Anciens consacraient aux dieux des offrandes

---

(¹) Daremberg, Saglio et Pottier, *Dictionnaire des antiquités grecques et
romaines*, t. II, p. 1024-1025.

(²) P. Paris, *Elatée*, p. 139 et suiv.

et des ex-voto de ce genre : qu'on se reporte, pour en être convaincu, aux énumérations et aux listes si complètes de *donaria*, établies par M. Homolle dans l'article DONARIUM du *Dictionnaire des Antiquités grecques et romaines* de MM. Daremberg, Saglio et Pottier. Les nombreux creusets et fragments de creusets en terre réfractaire, recueillis dans la carrière voisine du temple, attestent une fois de plus l'importance qu'avait, dans l'antique Alésia, l'industrie du bronze.

Est-il possible d'indiquer approximativement l'époque à laquelle cette excavation ne servit plus de dépôt pour les offrandes mises hors d'usage? Le pavage formé d'un béton mêlé de gravier blanchâtre paraît avoir recouvert, au moins en partie, l'excavation. Le plus grand nombre des monnaies retrouvées dans les déblais datent des deux premiers siècles de l'empire; elles portent l'effigie d'empereurs appartenant à la famille d'Auguste, aux dynastie des Flaviens et des Antonins. Il est donc possible que la *favissa* ait été comblée d'assez bonne heure et qu'on l'ait complètement recouverte par le pavage en béton blanc, qui correspond, d'après MM. Victor Pernet et Espérandieu, à une reconstruction du sanctuaire tout entier.

Quoi qu'il en soit de ce détail, il nous paraît, sinon certain, du moins extrêmement probable, qu'il y a des relations étroites entre les très nombreuses trouvailles faites dans cette carrière et le temple voisin. Il en résulte qu'il faut accorder la plus grande attention à ces trouvailles et les distinguer avec soin des objets et débris d'objets recueillis en quantité si considérable dans les caves et les puits du mont Auxois. Ce travail a d'ailleurs été entrepris au Musée Alésia; nous espérons pouvoir le terminer prochainement; l'inventaire de toutes ces trouvailles apportera, nous le croyons, une contribution intéressante à l'étude des antiques *favissæ* et complètera les renseignements déjà fournis sur ce sujet par les études de MM. P. Paris et H. Thédenat.

M. Ch. BOYARD,

Membre de la Société Préhistorique française
et de la Société des Sciences historiques et naturelles de Semur.
Instituteur public. [Nan-sous-Thil (Côte-d'Or)].

LA VOIE ROMAINE D'ALISE A SAULIEU DANS LA TRAVERSÉE DES VALLÉES DE L'ARMANÇON ET DU SERAIN, DU PLATEAU DE SAINTE-COLOMBE A CHAUSSEROZE.

625.7 : 902.6 (44.42)

1er Août.

Parmi les dix voies romaines qui partaient d'Alise, une des plus importantes devait être celle qui rejoignait à Saulieu la grande voie de Lyon à

Boulogne-sur-Mer, dite *d'Agrippa*. Outre que cette voie aboutissait à la principale artère militaire de la Gaule entre Rome et la Grande-Bretagne, elle reliait aussi la cité religieuse *d'Alesia* à la cité littéraire *d'Augustodunum*. Cette situation devait en faire une voie très fréquentée.

J'ai eu, il y a quelques années, l'occasion de rechercher cette voie dans les vallées de l'Armançon et du Serain, entre Chausseroze et le plateau de Sainte-Colombe. M'aidant de la topographie du terrain et des renseignements recueillis auprès des cultivateurs, j'ai pu en relever des vestiges assez nombreux pour me permettre d'en reconstituer à quelque chose près le tracé.

J'ai retrouvé le hérisson encore en place en deux endroits différents, sur le territoire de Saucy (Clamerey) et sur celui de Nan-sous-Thil; pour le reste du parcours, des tranchées faites en plein champ m'ont mis en présence de la substructure de la voie et de restes du hérisson. Ces tranchées n'ont pas été faites au hasard, mais après enquête auprès des laboureurs qui m'indiquaient les endroits où, sans cause naturelle ou connue, la charrue *accrochait*. Je suivais toujours dans ces recherches le point culminant du terrain, dans la direction présumée de la voie. Je fus bien servi par les circonstances, puisque chaque sondage me permit de découvrir la voie même.

Sur la Carte d'État-Major (feuille Avallon S.-E.), où j'ai figuré par un trait épais le tracé, les points où le hérisson fut retrouvé en place sont désignés par les lettres I et D, les tranchées, par les lettres B, C, J, K.

Les lettres V^1, V^2, V^3, V^4, V^5, V^6 et V^7 indiquent l'emplacement de villas situées à proximité de la voie.

TRACÉ [1]. — *Direction Alise-Saulieu*. — Quittant le plateau de Sainte-Colombe (point A), la voie descendait le coteau entre Braux et Saucy — plus près de Saucy que de Braux — et formait un premier tronçon en ligne droite, qui allait aboutir au point B, situé à 3o m environ à gauche du chemin vicinal qui part de la route nationale n° 7o (en face de la Tuilerie) pour aller à Saucy. Les propriétaires du champ, MM. Mouillard, de Saucy, m'avaient indiqué là une certaine surface où la charrue rencontrait des pierres. Une tranchée faite avec leur aide mit à découvert, à 3o cm de profondeur, la substructure de la voie, formée d'un lit de pierres plates et d'arène, avec traces de mortier de chaux.

Avant d'arriver à ce point, en I, au carrefour du chemin rural qui va de Saucy à Braux en passant devant le château de Saucy et du chemin de desserte qui gravit le coteau et mène au plateau de Sainte-Colombe, quelques pavés m'avaient été indiqués par les mêmes propriétaires qui les qualifiaient de *voie romaine*. La chaussée, recouverte en grande partie de terre, fut déblayée et le hérisson nous apparut dans toute sa largeur. Il était composé de pierres fortement usées et polies, d'une

---

[1] Suivre sur la Carte d'État-Major, feuille Avallon S.-E.

largeur de 10 cm environ, posées de champ. Il disparaît sous les champs
voisins, tout de suite surélevés de 80 cm.

La partie visible du pavé après le déblaiement indiquait une direction

située à gauche (en montant) du chemin de desserte qui conduit au
plateau.

Ces deux points trouvés, B et I, permettent de reconstituer le tronçon A B.

En B, la ligne changeait de direction pour gagner Saulieu. Dans les
champs de la rive droite de l'Armançon, au point C, situé en face et assez

près du moulin d'Ancey, une deuxième tranchée découvrit la substructure de la voie, composée comme en B d'un lit de pierres plates mêlées d'arène. Ici également, comme en B, la charrue ramène souvent à la surface des pierres restant du hérisson. Après C la voie franchissait l'Armançon, à gué probablement, à peu près sur l'emplacement de la chaussée actuelle du bief du moulin, pour former le troisième tronçon CD. Le point D est situé dans la pointe du *Bois de Fâ*, à environ 1 km du château de Nan-sous-Thil. Le bois a protégé la voie, et le hérisson est encore visible, bien qu'incomplet, sur une longueur d'une vingtaine de mètres. Il se compose de pierres plates brutes, posées de champ, de dimensions inégales et assez irrégulières, appelées *laves* dans le pays, et provenant selon toute apparence du plateau de *la Montagne* de Nan-sous-Thil, constitué par l'assise inférieure du Bajocien (calcaire à entroques). De nombreuses excavations indiquent, en effet que sur *la Montagne*, on a procédé jadis à l'extraction des *laves*.

Le quatrième tronçon est représenté par la ligne DE. Deux tranchées ont mis la voie à jour, la première en J et la deuxième en K. Le point J est situé à 35 m au nord du chemin de desserte de *Piekiot*, qui va du chemin vicinal de Pluvier au chemin vicinal de Fontangy. Le point K est situé à 27 m au sud du chemin vicinal du Brouillard.

La substructure de la voie fut trouvée en J à 25 cm, et en K à 40 cm de profondeur. Ainsi qu'à Saucy et au moulin d'Ancey, elle est formée de pierres plates mêlées d'arène. De nombreuses pierres du hérisson gisaient encore en K sur le lit sous-jacent, mais déplacées et sans ordre. En J, j'ai ramassé une petite pièce de monnaie fruste au milieu des pierres de l'encaissement.

Le cinquième et dernier tronçon, E F, coupait le chemin de grande communication n° 4 entre le Brouillard et Fontangy, à une petite distance de la cote 394 de la Carte d'État-Major, pour se diriger sur le Serain. Les pierres du hérisson sont fréquemment ramenées par la charrue dans les champs de *Beulain*, où l'on peut facilement suivre la direction de la voie. Puis celle-ci franchissait la rivière entre Chausseroze et le Meix de Chausseroze. Elle gagnait ensuite Saulieu, probablement par Sainte-Segros.

La longueur totale des cinq tronçons est d'environ 13,5 km.

Il est à remarquer que la voie ne traverse aucun des villages sur le territoire desquels elle se trouve. Elle passe entre Braux et Saucy, laisse Clamerey à gauche (direction Alise-Saulieu), Marcigny et Nan-sous-Thil, à droite, et franchit le Serain (1) entre Chausseroze et le Meix.

Son tracé dans ce parcours était parfaitement compris. Il suivait l'arête du terrain, d'où chaussée sèche et saine, et évitait, dans la plaine

---

(1) C'est avec intention que j'écris « Serain » avec un *a* et non avec un *e* comme dans la Carte d'État-Major, cette orthographe étant plus conforme à l'étymologie et à la tradition.

assez accidentée, les grandes pentes. La ligne brisée de la voie se rapprochait sensiblement de la ligne droite; la voie antique gagnait sur la voie moderne une longueur de près de 4 km.

STRUCTURE. — La voie d'Alise à Saulieu avait une largeur de 4,80 m, dimension trouvée dans toutes les tranchées et à Saucy où le hérisson est encore intact.

Elle se composait de deux assises : le hérisson décrit plus haut, et une assise de pierres plates mêlées d'arène. En D, les pierres du hérisson ont une épaisseur moyenne de 8 à 10 cm, sur une hauteur de 25 à 30 cm.

Dans aucune des tranchées ouvertes il ne me fut possible de reconnaître l'épaisseur de la deuxième couche, pierres plates, celles-ci ayant été bouleversées par les instruments aratoires, et probablement aussi enlevées en partie, avec le hérisson, par les laboureurs, lors de la mise en culture de la chaussée.

Mais une même uniformité existe dans la composition de cette couche : toutes les pierres qui la composent sont plates, peu épaisses et leurs arêtes sont arrondies, bien que la surface soit relativement rugueuse; elles ressemblent à des galets.

VILLAS SITUÉES A PROXIMITÉ DE LA VOIE. — J'ai relevé dans le parcours et dans le voisinage immédiat de la voie l'emplacement de sept villas; mais je suis persuadé qu'un nombre bien plus grand d'emplacements existent en réalité.

La première, en suivant la direction Alise-Saulieu (V[1] sur la carte), est située sur le territoire de la commune de Clamerey, entre le chemin vicinal de Saucy et la voie, près de la route nationale. On peut voir du chemin, sur le talus du fossé, des restes de murs, avec fragments de *tegulae* et d'*imbrices*, qui ne laissent aucun doute sur l'origine. Un léger sondage me donna également des tessons de poterie samienne.

La deuxième villa, V[2], est sur le territoire de Marcigny, en face du moulin d'Ancey, sur un monticule bordant l'Armançon. Par un léger grattage du sol, on peut découvrir, mêlés à la terre végétale, de nombreux fragments de tuiles à rebords et de poterie gallo-romaine.

La troisième, V[3], était située sur le territoire de Nan-sous-Thil, en face du coude D de la voie, et à droite. Outre les restes ordinaires, cet emplacement m'a donné une pièce de fer longue de 1 m, à section carrée de 3 cm de côté, avec fourche à une extrémité, qui peut avoir fait partie de l'outillage d'un moulin à bras; et une agrafe complète de manteau, en bronze.

Les trois emplacements suivants, V[4], V[5], V[6] sont assez près du précédent, mais sur le côté gauche de la voie. Ils forment un groupe important, véritable village, couvrant ensemble une dizaine d'hectares aux lieux dits cadastraux *Pré de la Ruine, Les courbes roies* et *Bois de la Loge*. Des fouilles assez importantes ont été faites sur l'emplacement de *Pré-la-*

Ruine; elles ont fourni nombre de restes (poterie, objets de bronze, de fer, quelques débris de mosaïque, etc.). Les murs des fondations, retrouvés à la profondeur de 60 cm èt descendant à près de 2 m au-dessous de la surface, étaient encore recouverts, par places, de peintures bleues avec filets rouges ([1]).

La villa du Bois de la Loge, éloignée de la voie d'environ 1 km, devait être reliée à celle-ci par un chemin pavé dont la tradition a gardé le souvenir, car un chemin rural, désigné sous le nom de *Vie de l'Autro*, va de la voie au bois.

Il est permis de voir dans ce vocable la corruption en patois d'une *Vie de l'Estrée* tirant sa dénomination d'une antique *via strata* ([2]).

L'emplacement du Bois de la Loge m'a donné, outre les restes ordinaires, une cuiller de bronze.

Enfin la septième et dernière villa, V', était située sur le territoire de Chausseroze (Vic-sous-Thil), dans la partie septentrionale du *Bois de Biard*. Elle a été l'objet de fouilles diverses, notamment de la part d'un groupe de membres de la Société des Sciences de Semur, dont je faisais partie. Les restes trouvés furent abondants et nettement gallo-romains. La relation de cette fouille ainsi que la description des trouvailles ont fait l'objet d'une Note lue à la séance du 7 septembre 1904 de la Société de Semur.

Toutes ces villas étaient situées dans le voisinage immédiat de la voie, à laquelle elles devaient accéder par un chemin pavé, dont j'ai retrouvé les vestiges en plusieurs endroits.

Deux groupes importants existaient en outre sur le territoire de Nan-sous-Thil, l'un, au centre du village actuel, l'autre, sur le flanc oriental de la montagne de Thil-en-Auxois, aujourd'hui en vignoble. Ce dernier couvre une surface étendue et est particulièrement riche en restes de toutes sortes, ramenés constamment à la surface par la pioche des vignerons. Il est regrettable que la nature de la culture ne permette pas de faire là des fouilles, qui seraient assurément intéressantes.

([1]) *Voir* ma Note à la Société des Sciences de Semur, séance du 8 juillet 1909.
([2]) *Voir* Louis Matruchot. *Note sur les voies romaines du département de la Côte-d'Or* (*Bulletin de la Société des Sciences de Semur*, année 1905).

SOCIÉTÉ ARCHÉOLOGIQUE ET BIOGRAPHIQUE DE MONTBARD.

SUR UN BUSTE VOTIF EN PIERRE PROVENANT DE LA SOURCE DE LA FONTAINE DE L'ORME, PRÈS FONTENET (COTE-D'OR) (FONTENAY, PRÈS MONTBARD).

1ᵉʳ *Août.*

291.212.2 : 902.6 (44.42).

On sait que, de tout temps, les deux éléments opposés, l'eau et le feu, ont été l'objet d'un culte tout particulier chez les peuples primitifs, et que cette religion a atteint son apogée au sein des civilisations Grecque et Romaine.

L'objet que nous signalons ici, a été recueilli, il y a un certain nombre d'années, par M. de Montgolfier, qui a bien voulu s'en dessaisir et en faire don au Musée de la Société archéologique de Montbard.

Le buste en question mesure exactement 127 mm; il a été grossièrement taillé dans un petit bloc de ce calcaire oolithique, si utilisé à l'époque gallo-romaine par les statuaires locaux.

La manière dont est traitée la chevelure, c'est-à-dire en couronne autour de la tête, nous fait croire qu'il représente une femme.

On sait, par les fouilles faites il y aura bientôt un siècle, dans le temple de la *Dea Sequana,* que les dévots gallo-romains, quand ils venaient solliciter un soulagement à leurs souffrances, offraient, soit en souvenir d'une guérison obtenue, soit pour que la divinité ne les oublie pas, tantôt un busté, grossièrement sculpté, tantôt la représentation du membre où se localisait le mal (¹).

Il se pourrait faire que des fouilles opérées aux alentours de toutes les sources de nos régions procurent aux investigateurs des sujets de comparaison avec ceux recueillis par ailleurs.

Nous avons vu, à la Croix-Saint-Charles, à Alise, quelques boursouflures sur certains points des membres votifs, qui indiquent assurément le siège d'un abcès, ce qui semble bien prouver que les sculpteurs étaient tout spécialement attachés aux établissements religieux et indiquaient en quelques coups de ciseau la nature du mal, aussi bien que l'endroit où il gisait.

C'est aux Sociétés archéologiques, qu'il appartient de prendre l'initiative de faire des fouilles partout où une source se révèle et montre,

---

(¹) *Cf.* Emile ESPÉRANDIEU, *Recueil général des bas-reliefs, statues et bustes de la Gaule romaine,* t. III; *Temple de la Seine,* nᵒˢ 2438 à 2449; *Alise,* nᵒˢ 2388 à 2390; *Massingy-les-Vitteaux,* nᵒˢ 2391 à 2402.

qu'à l'époque gallo-romaine, il y a eu un édicule consacré au culte des eaux.

On ne doute pas qu'une entreprise de ce genre, faite à l'endroit où a été recueilli notre petit buste votif, ne procure encore un certain nombre d'ex-voto de toutes sortes, qui apporteront à la Science de nouvelles et précieuses données, tant sur le sentiment religieux des habitants de la région, que sur la nature des maladies dont ils étaient fréquemment atteints, et pour lesquelles ils venaient à la source invoquer la divinité qui y présidait.

M. L. BERTHOUD.

Kremlin-Bicêtre (Seine).

L'EMPLACEMENT DE « BANDRITUM ».

(3) (44.41)

1ᵉʳ Août.

Exposé de la question. On place généralement Bandritum *à Bassou.* — La Table Théodosienne, ou Table de Peutinger, fait courir entre Auxerre et Sens une route inconnue de l'itinéraire d'Antonin, route sur laquelle elle marque une station intermédiaire, celle de *Bandritum.*

Autissioduro

Bandritum   VIII

Agetincum   XXV

Aucun des auteurs qui ont recherché le site de *Bandritum* n'a cru pouvoir retrouver ce nom dans celui d'une localité encore existante; tous ont considéré le nom, sinon le lieu, comme disparu, et ceux qui ont paru déterminer son emplacement avec le plus de vraisemblance, l'ont fixé à Bassou, ou plutôt à quelque distance au nord de Bassou, village assis sur la rive gauche de l'Yonne, à 15 km environ au nord d'Auxerre. C'est ce qu'a fait le premier Pasumot (¹); après avoir étudié la question sur le terrain, il arrive à cette conclusion que cette station disparue était située à 300 toises (ou environ 600 m) au nord de l'église de Bassou. C'est ce qu'ont fait aussi Quantin et Boucheron (²), dont le

(¹) Pasumot, *Recherches sur la voie d'*Autricum (sic) *à* Agendicum *et dissertation sur la position d'un lieu nommé* Bandritum *situé entre ces deux villes,* p. 111 de ses *Mémoires géographiques sur quelques antiquités de la Gaule,* Paris 1765.

(²) Quantin et Boucheron, *Mémoire sur les voies romaines qui traversent le département de l'Yonne*: p. 48, *Voie d'Auxerre à Sens* (*Bull. Soc. Sciences hist. et nat. de l'Yonne,* 1864).

travail est le plus utile à connaître sur la question avec celui de Pasumot, et qui adoptent l'opinion de ce dernier. La Commission de la Carte des Gaules est du même avis, ainsi que Desjardins (1).

Cette thèse, généralement professée, que *Bandritum* devait se trouver au voisinage de Bassou, se base sur deux considérations regardées jusqu'ici comme suffisamment démontrées :

. 1º La voie d'*Autessiodurum* à *Agedincum* suivait, pour tout son trajet, la rive gauche de l'Yonne. .

2º La distance de 8 lieues gauloises (ou 17 776 m, en prenant 2222 m pour valeur de la lieue gauloise) que la Carte théodosienne indique entre *Autessiodurum* et *Bandritum*, coïncide de façon satisfaisante avec la position de Bassou, ou mieux avec celle d'un point situé un peu au delà de Bassou.

Nous avons été amené à douter de l'exactitude de ces deux propositions.

Bandritum n'était pas à Bassou. — Il ne saurait être question de situer *Bandritum* à Bassou même.

D'abord la distance est insuffisante. La Table de Peutinger indique 8 lieues gauloises, soit 17 776 km, en prenant 2222 m pour longueur de la lieue gauloise. Or, par la route actuelle, qui se confond, dit-on, avec l'antique voie romaine, Bassou n'est qu'à 15 km d'Auxerre, si bien que l'exigence de la Table n'est pas encore satisfaite en marquant *Bandritum* à 600 m au nord de Bassou, comme le fait Pasumot (2).

D'autre part, placer *Bandritum* à Bassou, cela revient à dire que *Bandritum* a perdu son nom pour prendre celui de Bassou, ou bien que *Bandritum* ayant été ruiné, une nouvelle agglomération s'éleva sur son emplacement sous le nom de Bassou. Or *Bassavus* (3), forme primitive de Bassou à l'époque romaine, est, comme *Bandritum*, un nom d'origine gauloise; ces deux noms doivent être sensiblement contemporains, ainsi que les localités qui les portent, et qui existaient, cela est à peine douteux, avant l'établissement de la domination romaine. Il ne nous semble donc pas possible d'admettre que *Bassavus* ait succédé à *Bandritum*.

---

(1) Ern. DESJARDINS, *Géographie historique et administrative de la Gaule romaine*, IV ; Paris, 1893, p. 138 et *Géographie de la Gaule d'après la Table de Peutinger*, Paris, 1869, p. 171.

(2) Quantin et Boucheron pouvaient tenir pour bonne la distance que leur fournissait Bassou, parce qu'ils comptaient 7 lieues gauloises seulement. Ils partageaient en ce point l'erreur vulgarisée par les éditions de la Table de Peutinger données par Scheyb à Vienne en 1753 et par Mannert à Leipzig en 1824, éditions qui portent à tort VII, au lieu de VIII, en regard de *Bandritum*. L'erreur, que n'avaient pas commises les éditions plus anciennes, a été rectifiée par Desjardins (*Géographie de la Gaule d'après la Table de Peutinger*, p. 174). Par contre Pasumot, comme d'Anville, connaissait le chiffre exact, car il table sur 8 lieues gauloises.

(3) *Bassavus* se déduit, comme type original, de la forme *Bassaus* connue en 864 (QUANTIN, *Dict. top. du dép. de l'Yonne*, d'après *Cart. général de l'Yonne*, t. I, p. 89).

Le nom de lieu Bandritum *implique l'idée d'un « gué ».* — L'étude du mot *Bandritum* nous paraît susceptible de jeter une nouvelle lumière sur l'emplacement de la station ainsi dénommée. Ce mot appartient à une catégorie parfaitement classée de noms de lieux d'origine gauloise, dont la structure comme la signification générale sont bien connues ([1]). Ces noms sont composés de deux termes dont le premier est tantôt un nom de personne (ex. *Augustoritum*), tantôt un qualificatif du second terme (ex. *Camboritum* « gué courbe »), et ce second terme est un substantif gaulois latinisé *ritum*, signifiant « endroit de passage », et spécialement « endroit de traversée d'un cours d'eau », c'est-à-dire « gué »; il correspond donc au latin *vadum*. Le mot, resté dans les dialectes néoceltiques, était *rit* en ancien cymrique et en ancien breton.

Bandritum est donc un lieu habité situé à un gué, autrement dit à un endroit où un chemin traverse un cours d'eau, qui est ici l'Yonne. Et comme *Bandritum* est une station de la voie d'*Autessiodorum* à *Agedincum*, c'est donc cette voie qui franchit le cours d'eau à la hauteur de cette station. Nous y insistons, ce seul nom *Bandritum* implique, pour la route sur laquelle il est marqué, la traversée de l'Yonne au niveau de cette localité.

D'un autre côté, il est avéré de façon indiscutable que de Sens à Bassou la voie romaine se déroule sur la rive gauche de l'Yonne ([2]). Puisque cette voie passe l'Yonne, comme cela découle du nom *Bandritum* même, il faut donc que l'autre partie, celle de *Bandritum* à Auxerre, soit sur la rive droite. En émettant cette assertion, nous sommes, il est vrai, en contradiction avec la solution actuellement acceptée, que la voie romaine suivait d'un bout à l'autre, d'Auxerre à Sens, la rive gauche de la rivière. Nous reviendrons un peu plus loin sur ce désaccord. Voyons d'abord ce que nous apprend l'examen du nom de lieu *Bonnard*.

Le vocable Bonnard *procède d'un nom antique terminé en* -ritum. — La plus ancienne mention que nous ayons aujourd'hui de Bonnard

---

([1]) *Anderitum*, chef-lieu des *Gabali* (Gévaudan); *Augustoritum*, maintenant Limoges; *Camboritum*, station placée en Grande-Bretagne par l'Itinéraire d'Antonin; *Darioritum*, qui serait aujourd'hui Vannes (Morbihan); *Locoritum*, en Germanie; *Vagoritum*, ville des *Ervii*, qui habitaient entre les *Diablintes* (Jublains, Mayenne) et les *Veliocasses* (ch.-lieu Rouen). — A côté de ces noms transmis par l'antiquité, un certain nombre de localités françaises ont eu pour forme primitive un nom terminé en latin par -ritum, comme Niort (Deux-Sèvres) noté *Noiordo* sur une monnaie mérovingienne, pour un type pur *Noioritum*, ou *Novioritum*. Le nom de lieu assez fréquent Chambord représente *Camboritum*.

([2]) La voie romaine court bien en effet, dans cette partie de son trajet, sur le plateau qui encaisse du côté gauche la vallée de la rivière: c'est ce qu'a montré Pasumot et ce que Quantin et Boucheron ont confirmé. La voie y a gardé dans une large mesure son individualité propre, portant sur une certaine longueur l'appellation de « chemin des Romains », montrant en maint endroit la levée caractéristique, formant limite entre communes contiguës, et ayant fourni çà et là des coupes dont la structure peut paraître suffisamment probante.

appartient au testament de saint Vigile, évêque d'Auxerre; dans ce texte, rédigé aux environs de 680, le nom du village en question est latinisé *Bonortum* (¹). Les formes postérieures prouvent qu'en langue vulgaire ce nom resta « Bonort » jusqu'au xviᵉ siècle, où il prit la physionomie actuelle (Bonnart en 1561). Or le groupe final -*ortum* de certains noms de lieux cités en bas latin dans la première partie du moyen âge représente, on le sait sûrement, un groupe qui était -*o-ritum* à l'époque romaine, et où nous reconnaissons l'élément final -*ritum* « gué », dont nous avons parlé plus haut. Dans les divers noms de lieux terminés en -*ritum*, ce terme est (sauf dans *Bandritum*) immédiatement précédé d'une voyelle qui porte l'accent tonique. Cette voyelle est *e* dans un de ces noms, *Anderitum;* elle est *o* dans tous les autres. Puisque cette antépénultième est accentuée, elle persiste dans notre langue, tandis que la pénultième *i* de *ritum*, voyelle atone, disparaît, et cela dès l'époque mérovingienne : si bien que -*o-ritum* se réduit en roman à « ort ». C'est cette finale « ort » que nous voyons dans Bonort, forme régulière de Bonnard, et nous en concluons que son type primitif, à l'époque romaine, comportait le second élément -*ritum* « gué » (²). Nous pouvons le faire d'autant plus sûrement que ce sens étymologique est d'accord avec la situation de Bonnard à l'orée d'un ancien gué de l'Yonne. Ce gué servait encore du temps de Pasumot; il servait plus anciennement, comme la tradition recueillie dans le pays le lui avait appris, et comme le montre un acte de 1494 cité par Quantin et Boucheron, acte mentionnant le grand chemin commun qui va de Cheny au gué de Bassou.

Ainsi la forme primitive du vocable Bonnard était, comme *Bandritum*, un nom composé ayant pour second terme le substantif gaulois latinisé, -*ritum*, et de plus Bonnard est situé juste en face de Bassou, où, jusqu'à présent, on a voulu placer *Bandritum*. Cette double coïncidence est vraiment frappante; elle suggère tout naturellement cette question : Bonnard ne serait-il pas l'antique *Bandritum?* Si l'on pouvait pousser jusqu'au bout l'assimilation phonétique de Bonort à *Bandritum*, il semble que le problème serait résolu, et que les partisans de Bassou n'auraient plus qu'à s'incliner devant l'identité de Bonnard et *Bandritum*.

Bandritum doit être corrigé en *Banoritum. — A vrai dire, cette identification n'apparaît pas possible à première vue, car la dentale de *Bandritum* doit normalement se maintenir au cours de l'évolution du mot, et devrait par conséquent se retrouver dans l'équivalent français. Mais la comparaison de *Bandritum* avec les autres noms en -*ritum* per-

---

(¹) M. Quantin, *Dict. topogr. du dép. de l'Yonne*, p. 15, d'après *Cart. général de l'Yonne*, t. I, p. 15.

(²) Notre opinion était déjà bien arrêtée sur ce point quand nous avons appris, par la lecture de Holder, que d'Arbois de Jubainville voit aussi dans Bonort le produit de réduction d'un composé comportant le second élément -*ritum;* il propose *Bonoritum (Holder, *Altceltischer sprachschatz*, col. 483, voir *Bonorton*).

met, à notre avis, de réduire à néant cette difficulté apparente, en nous autorisant à considérer ce nom, tel qu'il est écrit sur la Table de Peutinger, comme nous étant parvenu sous une notation incorrecte. . Rappelons en effet que les noms de lieux finissant en -*ritum* avaient tous, sauf un (*Anderitum*) le premier élément terminé par *o* accentué (¹). Dans *Bandritum*, c'est un *d* qui tient la place de *o*. Devant cette anomalie, qui transformerait complètement et de façon étrange la phonétique du mot, nous sommes conduit à nous demander si ce *d* si singulier existait bien dans la forme pure de ce nom de lieu, ou s'il ne serait pas plutôt le produit d'une erreur de copiste : c'est cette seconde alternative qui nous paraît rationnelle, et nous avons lieu d'espérer que les philologues n'hésiteront pas beaucoup à l'adopter. On sait que la Table de Peutinger ne nous est parvenue que sous une seule copie due au « moine de Colmar », qui la composa au XIIIᵉ siècle d'après une autre copie qu'il avait à sa disposition. Or l'exemplaire que nous a légué le moine de Colmar, et que Conrad Peutinger possédait dans le premier quart du XVIᵉ siècle, est manifestement émaillé de fautes de transcription, qui peuvent être le fait de l'auteur même de cette copie, ou bien être antérieures à lui. Nous présumons donc que le nom de lieu transmis par ce document sous la graphie *Bandritum* est estropié, et qu'il était à l'origine *Banoritum. La Table de Peutinger nous offre précisément un cas certain de pareille confusion entre *d* et *o* : c'est pour le nom écrit *Icidmagus*, alors qu'il faut, le fait est hors de doute, lire *Iciomagus, et nous estimons que cet exemple topique vient directement à l'appui de notre manière devoir à l'égard de *Bandritum*, à restituer *Banoritum. Cette restitution fait disparaître l'anomalie de structure qu'offre *Bandritum* par rapport aux autres noms de lieux composés avec -*ritum*, et qui nous suggère la correction ainsi proposée.

*Banoritum, *restitution de* Bandritum, *est identifiable à* Bonort, *plus tard* Bonnard. — Avec *Banoritum, nous passons sans difficulté à Bonort. Nous avons, il est vrai, un changement de son dans la première syllabe, mais la chose est facilement explicable. Dans la syllabe prétonique, la voyelle n'avait qu'une valeur incertaine, flottante, si bien que *a* pouvait passer à l'une quelconque des autres voyelles. De *Banoritum, qui semblait devoir aboutir assez naturellement à Benort, le parler populaire a de très bonne heure fait Bonort, en renforçant par sa transformation en *o* le son de la voyelle atone. Pareille mutation dans la

---

(¹) Ce caractère n'était d'ailleurs pas particulier aux noms gaulois composés dont le second terme était latinisé -*ritum* ; tous ceux qui avaient de même l'accent sur la dernière syllabe du premier terme, comme les noms en -*magus*, en -*durus*, en -*briga*, avaient le premier élément finissant par une voyelle, laquelle était presque toujours *o*. La règle était presque aussi constante dans les composés qui, comme ceux terminés en *dunum*, portaient l'accent tonique sur le second terme. Il y avait donc là, en langue gauloise, un phénomène général qui rend encore plus exceptionnelle l'allure de *Bandritum*.

onalité d'une voyelle prétonique n'est pas un accident très rare, et il s'observe déjà dès l'époque romaine.

C'est ainsi que nous citerons le cas de *Ratumagus*, Rouen, presque toujours écrit *Rotomagus* à partir du IVe siècle, notamment par Ammien Marcellin.

La route de la Table de Peutinger devait être à droite de l'Yonne, d'Auxerre à Bandritum. — Notre thèse, qui veut retrouver *Bandritum* dans Bonnard, nous ramène à la nécessité de faire passer sur la rive droite de l'Yonne la voie romaine venant de Sens par la rive gauche, et cette nécessité, nous l'avons déjà invoquée comme conséquence de la signification du nom *Bandritum*. Mais on admet communément que cette voie court tout entière, de Sens à Auxerre, sur la rive gauche, à l'exclusion de toute traversée de la rivière. Quantin et Boucheron (pour nous en tenir à ces auteurs qui ont bien détaillé ce côté de la question) disent avoir nettement déterminé « avec une certitude entière » ce tracé de la voie totalement à gauche de l'Yonne. Voyons donc ce qu'il en est.

On peut admettre l'existence d'une voie romaine à gauche de l'Yonne, d'Auxerre à Bassou, mais ce n'est pas forcément celle de la Table de Peutinger. — Pour la portion de la voie comprise entre Sens et le voisinage de l'Yonne près Bassou, l'assertion de Quantin et Boucheron ne soulève aucun doute, comme nous l'avons déjà dit. Mais entre Bassou et Auxerre, il n'est plus possible, matériellement parlant, de dépister la voie qui n'affleure nulle part. Aussi Quantin et Boucheron sont-ils obligés d'accepter, comme l'avait fait Pasumot, que la route moderne a exactement recouvert la ligne antique : « L'ancienne chaussée romaine a disparu sous les couches de la route plus moderne, et jusqu'à Appoigny et à Bassou, il n'en reste plus trace. » Reconnaissons pourtant qu'ils apportent à l'appui de leur thèse un faisceau d'arguments qui sont bien près de fournir la preuve de l'existence de pareille voie de communication à l'époque romaine.

C'est d'abord une coupe de la chaussée maintenant enfouie dans le sous-sol et qu'un accident a mis à découvert. « Au delà d'Appoigny, au point où la rivière fait un coude prononcé et touche pour ainsi dire à la route n° 6, on a découvert récemment les premières traces de la voie antique. Les berges du chemin de halage la montrent parfaitement conservée sur 6,50 m de largeur et 75 cm d'épaisseur. Si la rivière a rongé la plus grande partie, elle en a cependant laissé subsister assez pour qu'on puisse la reconnaître. » Et le croquis nous présente un lit de moellons ou gros cailloux intercalé entre deux couches de gravier et de sable.

C'est ensuite un certain nombre de faits prouvant l'importance, au moins relative, de cette voie de communication au moyen âge et dès l'époque mérovingienne, comme l'atteste un passage du testament de saint Vigile, évêque d'Auxerre, mort vers 684. Ce texte mentionne une route qui, sortant d'Auxerre par la porte de Paris (donc sur la rive gauche de l'Yonne) conduit à Sens, et il la dénomme *strata* (¹) : *strada publica qui de porta Parisiaca ad Senones pergit... strata superius nominata qui ad sanctum Simeonem vadit.* Or cette route empierrée qui existait au vııᵉ siècle était, selon toutes probabilités, antérieure aux invasions barbares.

Bref, nous pouvons admettre qu'au temps de l'Empire romain un chemin allait d'Auxerre à Bassou, avec un tracé sensiblement identique à la route actuelle (route nationale n° 6). Mais ce chemin était-il la véritable et la seule continuation de celui de Sens à Bassou que nous avons reconnu plus haut; ces deux tronçons étaient-ils bien contemporains, formant alors par leur jonction à *Bandritum* la voie de la Table de Peutinger? C'est ici que nous ne sommes plus d'accord avec nos auteurs. Nous croyons qu'une autre voie partant d'Auxerre suivait le cours de l'Yonne sur la rive droite, et traversait cette rivière à Bonnard, c'est-à-dire à *Bandritum*, pour aller constituer, sur l'autre rive, la chaussée romaine parfaitement reconnue; nous croyons que cette voie, partiellement tracée à droite du cours d'eau, et à laquelle appartenait Bonnard, autrement dit *Bandritum*, était celle-là même marquée sur la Table de Peutinger.

Existence d'une voie romaine sur la droite de l'Yonne, entre Auxerre et Bonnard. — Il y a sur la rive droite de l'Yonne de fort bons indices de voie romaine. Ils n'avaient pas échappé à Pasumot (²); Quantin et Boucheron nous les précisent (¹). Ces derniers rapportent, comme Pasumot, « que la vieille tradition qu'on allait d'Auxerre à Gurgy, et de là à Chemilly, puis qu'on traversait le gué à Bonnard, s'est perpétuée jus-

---

(¹) Le terme *strata* s'appliquait, sous l'Empire romain, aux routes pavées ou empierrées : *via strata lapide* (Ulpien). Il continua à être employé dans la langue de l'époque mérovingienne et de l'époque carolingienne, car il revient communément dans les textes latins de ces temps-là, soit avec la graphie *strata*, soit sous la forme basse *strada*, qui a laissé le français « estrade » dans le Midi, « estrée » dans le Nord.

(²) Placer la voie cherchée sur la rive droite, et situer *Bandritum* à Bonnard fut même la solution qui se présenta d'abord à l'esprit de Pasumot, parce que la tradition semblait militer en ce sens : « C'était d'abord, écrit-il, ma première idée, parce que je fus informé que la route avait passé près Bonnard. On m'avait assuré qu'on passait le gué à Bonnard (en venant de l'autre rive), qu'on venait ensuite gagner Chemilly et Gurgy pour arriver au pont d'Auxerre. » Pasumot avait même cru remarquer de l'analogie entre les noms *Bandritum* et Bonnard. Mais il abandonna cette piste, et crut devoir chercher sur le côté gauche de l'Yonne la direction de la voie d'Auxerre à Sens.

(³) Nous n'avons pas personnellement fait d'investigations sur les lieux ; nous n'avons donc aucune donnée nouvelle à apporter concernant les vestiges de voie romaine qu'il serait encore possible, à l'heure actuelle, de relever sur le terrain. Mais les renseignements fournis par Quantin et Boucheron suffisent pour dénoncer l'existence d'une ancienne voie romaine à droite de l'Yonne. Il est douteux du reste qu'on ait chance de retrouver aujourd'hui des traces plus nombreuses de cette voie, permettant de la jalonner plus sûrement.

qu'à nous. Car on trouve mention sur cette ligne, à Gurgy, d'un chemin qu'on appelle *la voie romaine*. A Beaumont, sur le sol même du chemin de moyenne communication, près du village, était un pavé de plus de 60 m de longueur, appelé *pavé des Romains*. » Après avoir signalé ces traces caractéristiques, les auteurs, il est vrai, ne veulent y voir qu'un chemin ayant pu avoir quelque importance au moyen âge, mais n'ayant rien à faire avec la voie romaine de la Table de Peutinger; pour eux, c'est une route d'Auxerre à Brienon, celle attestée par un document de 1228 qui mentionne le grand chemin public des voitures et des marchands d'Auxerre à Brienon, et par un autre de 1322 qui s'exprime ainsi : *magna via per quam itur de ponte de Briennone apud Autissiodorum*. Mais cette vue ne s'impose nullement. Nous sommes en présence de vestiges indéniables d'une route romaine : c'est, à Gurgy, la conservation du nom de « voie romaine », et c'est, à Beaumont, une chaussée pavée, qualifiée de « pavé des Romains ». Dans ces conditions, nous regardons ces vestiges comme étant ceux de la voie romaine d'*Autessiodorum* à *Agedincum* par *Bandritum*, voie que nous fait connaître la Table de Peutinger. Qu'il y ait eu, en outre, au moyen âge ou même dès le temps de l'Empire, un rameau se détachant de cette voie pour monter à Brienon, nous n'y contredisons pas, et cela du reste importe peu ici.

Quelle était, de façon un peu précise, la direction de la voie d'Auxerre à Bonnard, telle que nous la proposons sur la rive droite? C'est ce que nous ne nous chargeons pas de décider, parce que les points de repère sont trop peu nombreux pour permettre de reconstituer utilement le tracé demandé. A titre purement conjectural, nous pouvons imaginer que la voie cherchée se détachait, à 4 ou 5 km d'Auxerre, de celle allant à Troyes par Avrolles, et de là passait à Gurgy, gagnait Chemilly, ensuite Beaumont, franchissait le Serain, puis tournait presque aussitôt, assez brusquement, pour aller joindre le gué de Bonnard, de façon à former, entre l'Yonne et le Serain, la prolongation en droite ligne de la voie sise de l'autre côté du cours d'eau. On s'explique ainsi pourquoi la voie vient sur la rive gauche pointer dans le voisinage de la rivière, qu'elle franchit pour continuer sur l'autre bord sa direction rectiligne. Au contraire, dans la théorie qui lui fait continuer tout son parcours sur la rive gauche, en dessinant un coude au nord de Bassou, on a le droit de s'étonner de voir ladite voie arriver à proximité de l'Yonne, et là, au lieu de traverser celle-ci, comme on pourrait s'y attendre, rester du même côté de l'eau, en s'établissant dans la vallée, facilement inondable, en touchant même littéralement la rivière en un point (boucle de l'Yonne entre Appoigny et Chichery). Il eut été pourtant plus logique, si la route n'avait rien à faire avec le cours d'eau, d'éviter le coude au nord de Bassou, ainsi que la vallée, et de couper au plus court en restant sur les hauteurs (comme elle le fait auparavant depuis Sens), conformément aux habitudes de tant de voies romaines courant sur les plateaux.

Un avantage de notre tracé, et nous nous permettons de le souligner, èst de concorder comme distance avec la donnée numérique de la Table de Peutinger. Il comporte en effet très sensiblement les huit lieues gauloises voulues (17776 m); par contre la voie longeant la rive gauche, avec *Bandritum* placé à Bassou, ne nous apporte que 15 km (14,600 km d'après Quantin et Boucheron) et la valeur reste encore trop faible de 2 km en supposant *Bandritum* à 600 m au nord de l'église de Bassou ([1]).

Conclusions. — Nous concluons donc que *Bandritum* est Bonnard. Si nous n'en apportons pas tout à fait la preuve, parce que dans notre démonstration (et c'en est le point faible) nous sommes obligés de recourir à une hypothèse, celle d'une erreur graphique du mot *Bandritum* sur la Carte théodosienne telle que nous la possédons, nous estimons du moins avoir réuni de notre côté les plus grandes chances de probabilité. Car tous ceux qui ont à la fois la pratique de la Table de Peutinger et de ses incorrections, et l'habitude de la structure des noms de lieux composés d'origine gauloise, devront accepter comme justifiable la correction que nous proposons d'appliquer à *Bandritum* en le lisant *Banoritum*. Nous résumons donc ainsi notre raisonnement :

1° *Bandritum*, son nom l'indique, est une station située à un gué, et ce gué ne peut ici intéresser que l'Yonne;

2° *Bandritum* étant à un gué de l'Yonne, il est rationnel de penser que ce gué est un point du parcours de la voie à laquelle appartient ladite station ([1]). Cette voie coupe donc l'Yonne au niveau de *Bandritum;*

([1]) Plusieurs auteurs ont tracé exclusivement à droite de l'Yonne la voie romaine d'Auxerre à Sens, pour tout son parcours. C'est ce qu'a fait Reichard sur les Cartes IX (*Gallia*) et XII (*Germania magna*) de son atlas intitulé *Orbis terrarum antiquus* (*Chr. Theoph. Reichardi. Orbis terrarum antiquus* Norimb. 1818-31). Au volume d'*Indices* complétant cet atlas (*Orbis terrarum antiquus cum thesauro topographico, continens indices tabularum geographicarum topographicos, eosdemque criticos*, Norimbergae, 1824), on trouve Bonnard en regard de *Bandritum* sans explication. (Dans cet Ouvrage, les pages ne sont pas numérotées; c'est à la 5e des pages consacrées à la Carte IX et sous la lettre B, qu'on trouvera *Bandritum* = Bonnard).

Dans la *Real Encyclopedy* de Pauly-Wissova, Ihm place aussi *Bandritum* à Bonnard, sans justification.

Walckenaer (*Géographie ancienne des Gaules cisalpine et transalpine*, t. III, p. 57) met *Bandritum* à Bassou-Bonnard, et dans la Carte IX de l'atlas de cet Ouvrage, il conduit la voie d'abord sur la rive gauche à partir d'Auxerre, situant *Bandritum* sur cette rive gauche, puis, prolongeant la voie droit au Nord jusqu'à l'Yonne, il la fait passer sur la rive droite.

([1]) L'objection suivante pourrait à la rigueur nous être faite : *Bandritum* est à gauche de l'Yonne, sur la voie romaine suivant la rive gauche de ce cours d'eau, et cette station est située à proximité d'un gué qui pourrait être un point du parcours d'une voie transverse venant de l'autre rive, venant d'Avrolles, par exemple, rejoindre la voie d'*Autessiodurum* à *Agedincum*. Il nous paraît bien plus naturel de croire que le gué appartient à la même voie que *Bandritum*, et la coïncidence entre l'analogie de structure du nom *Bandritum* et celle du nom Bonnard plaide dans le même sens.

3º Comme avant cette traversée de l'Yonne la voie venant de Sens, est formellement reconnue sur la rive gauche de la rivière, presque jusqu'en face de Bonnard, cette voie, après la traversée, passe forcément sur la rive droite;

4º La phonétique autorise à voir dans le nom *Bonnard* le produit d'évolution de l'antique nom *Bandritum*, à condition de le rectifier en **Banoritum*. Bonnard représenterait donc *Bandritum;*

5º En faveur de cette thèse militent deux motifs de présomption : l'existence de vestiges de voie romaine sur la rive droite, puis la bonne concordance existant entre la distance de 8 lieues gauloises ou 17 776 m indiquée d'*Autessiodurum* à *Bandritum* par la Table de Peutinger et celle de notre trajet supposé par Beaumont (*pavé des Romains*) et Bonnard.

Si la vue nouvelle que nous émettons sur ce sujet est en contradiction avec celle généralement acceptée de la voie par la rive gauche exclusivement, il convient d'admettre que l'existence, dès l'époque romaine, d'une voie, même très fréquentée, sur la rive gauche, n'est pas incompatible avec celle d'une autre artère sur la rive droite. Notre idée est que ces deux routes n'étaient pas contemporaines. La voie par *Bandritum*-Bonnard et la rive droite devait être primitive, datant probablement de l'époque gauloise [1]. Celle de la rive gauche n'aurait été d'abord d'Auxerre à Bassou, qu'un chemin de second ou de troisième ordre, desservant les localités espacées le long de la rive, et rejoignant un peu au nord de Bassou la grande voie allant de *Bandritum* à Sens. Peu à peu, et peut-être assez vite, ce chemin modeste acquit de l'importance. Pour les voyageurs et les voitures partant d'Auxerre pour Sens, il était un peu plus court que la voie de la rive droite, et surtout il permettait d'éviter la traversée du gué de *Bandritum*, sans doute difficilement praticable en mauvaise saison, si ce n'est en bac : si bien qu'il pût même devenir, à la fin de l'époque romaine, la route préférée, élargie et entretenue dans des conditions de bon état en rapport avec ses besoins. Ces voies jumelles, une de chaque côté des cours d'eau, sont chose commune de nos jours : elles ne devaient pas être beaucoup plus rares au temps de la civilisation romaine, qui possédait une viabilité presque aussi développée que la nôtre, avec voies de communication de tous ordres, comparables à nos routes nationales et à nos routes départementales, à nos chemins vicinaux et ruraux; comme aujourd'hui, les bourgades et les villages communiquaient, cela n'est pas douteux, entre eux et avec les centres. Les cours d'eau de quelque importance constituent des barrières isolant plus ou moins complètement la région située à gauche du fleuve de celle s'étendant à droite : d'où la nécessité, pour chacune de ces régions, de moyens de circulation

---

[1] Rappelons que la Table de Peutinger paraît nous donner dans ses grandes lignes l'état de la Gaule à la fin du règne d'Auguste, abstraction faite de quelques traits ajoutés postérieurement.

propres. Ces besoins sont de tous les temps, et quand nous voyons, dans la guerre des Gaules, la facilité relative avec laquelle les armées ennemies se meuvent l'une en face de l'autre, séparées par le fleuve, le long de la Seine, de la Loire, de l'Allier, nous nous prenons à penser que, dès cette époque, chaque rive avait souvent son chemin, plus ou moins parallèle au cours d'eau.

M. L'ABBÉ A. PARAT.

(Avallon).

LES VOIES ET VILLAS GALLO-ROMAINES DE L'AVALLONNAIS.

728.84 : 902.6 (44.41)

31 *Juillet.*

Le Congrès de l'Association française, qui est venu cette année tenir ses séances dans l'ancienne capitale de la Bourgogne, ne pouvait manquer d'attirer l'attention des Sociétés savantes de l'Yonne qui est, en partie, de cette province. La Société d'études d'Avallon avait donc son délégué, et plusieurs travaux, de ceux qui s'élaborent dans son sein, furent présentés dans les sections d'Anthropologie et d'Archéologie. Cette dernière ayant mis à l'ordre du jour le sujet des voies romaines, le présent rapport l'a traité en y adjoignant les villas et en se bornant à l'Avallonnais. C'est cette étude succincte, qui demandera à être mise au point, que l'auteur a communiquée au Congrès en l'illustrant d'une carte.

Le Répertoire archéologique de l'Yonne de M. Quantin signalait, en 1868, pour tout l'Avallonnais, une voie romaine, celle d'Agrippa, et une quinzaine de villas. Ces premières données sur l'archéologie gallo-romaine, datant d'un demi-siècle, ont besoin d'être complétées. Aujourd'hui, c'est 83 villas qu'il faut inscrire et 4 voies secondaires qu'on ajoutera à la voie principale; ce qui forme une importante contribution à la géographie ancienne.

L'abondance de ces découvertes tient à deux causes; d'abord, aux recherches faites pour retrouver les petites voies, dans le voisinage desquelles, par renseignements, on arrivait à constater l'existence de petits établissements. C'est ainsi qu'une vingtaine de ces villas s'échelonnaient le long de la voie secondaire d'Autun à Auxerre et venaient enrichir le catalogue. La seconde cause tient à l'établissement des cartes archéologiques qui exige des recherches sur toutes les parties d'une commune, pour ainsi dire champ par champ. Disons que nous appelons *villa* tout emplacement circonscrit où se voient des débris de tuiles à rebords et de poterie romaine et parfois, même sur le sol, des médailles, des plaques de marbre blanc, puis, quand on fouille, des substructions de solide maçonnerie.

La grande voie d'Agrippa, déterminée par Pasumot, est bien connue; elle traverse l'arrondissement sur 3o km environ, toujours enfouie dans les parties avoisinant des pentes. Car le glissement des terres les a peu à peu recouvertes au point de les masquer complètement et de les rendre inutilisables. Ce fait d'une voie principale, directe, solide, qui a disparu sous les terres, ne peut s'expliquer que par la dépopulation prolongée des pays situés, comme les nôtres, sur le passage des Barbares. De sorte qu'au milieu de l'époque mérovingienne, quand les nouvelles habitations s'élevèrent, la terre avait déjà recouvert la voie, et des chemins se frayèrent à côté de l'ancienne voie ignorée. La chaussée d'Agrippa est remarquable par des levées de terre ou de pierres, qui ont jusqu'à 3 m de hauteur. On constate que cela se produit près du passage des rivières, au sommet de la côte. On peut penser que c'était une sorte de retranchement élevé à ces points stratégiques.

Les autres voies nouvellement reconnues sont des chemins secondaires mais qui présentent le même genre de construction. Il y a la voie d'Avallon se dirigeant vers le Morvan, dans le sens de Chastellux, et se raccordant à celle d'Autun à Auxerre. Il y a la voie d'Autun à Auxerre, qu'on a pu suivre déjà de Quarré-les-Tombes à Mailly-la-Ville, suivant la vallée de la Cure, de Saint-Père à Blannay et traversant le plateau de Bois-d'Arcy, sans montrer d'embranchement vers le camp de Cora, comme on le croyait. Cette voie toujours souterraine offre un tracé sinueux que ne nécessite pas le relief du terrain, ce qui fait penser à l'utilisation d'un ancien chemin gaulois. Une troisième voie a été constatée à Saint-Père par M. l'abbé Pissier; c'est un embranchement qui remontait la Cure, gagnait Pierre-Perthuis et semble se diriger sur Bazoches. Enfin, une quatrième voie, qui se raccordait avec la voie d'Autun, gravissait la colline de Vézelay au Sud et devait aboutir à Châtel-Censoir, comme le dit M. Pallier; on en voit un petit tronçon à la Goulotte, près de Bois-dé-la-Madeleine.

La petite voie d'Autun à Auxerre, la plus importante, serait-elle celle qu'Ammien Marcellin fait prendre à Julien l'Apostat allant d'Autun à Auxerre et préférant le chemin direct, quoique boisé et dangereux, à la grande voie qui passait par Cora? On peut le croire, car aucun chemin secondaire ne remplit, comme celui-ci, les conditions marquées par l'histoiren. On peut aussi admettre qu'il fut le premier établi par les conquérants, car on ne voit pas quelle utilité il y avait d'établir une voie secondaire, en parallèle, jusqu'à l'Yonne, si la voie d'Agrippa eût existé.

Les villas connues de l'Avallonnais sont au nombre de 83, ce qui certainement ne représente pas la totalité des établissements gallo-romains, car beaucoup de bourgs doivent avoir la même origine, sur ce nombre 38, au moins, sont situées sur le terrain granitique du Morvan, et le reste, 45, sur le terrain calcaire de la bordure. L'arrondissement comprenant 95.000 hec., et sa partie granitique, 32.000 hec., on voit que celle-ci, formant seulement le tiers de la superficie, contient près de la moitié des villas. On constate sur le terrain calcaire de grands espaces déserts; et les villas s'alignent plutôt le long des vallées. On remarque, pour les autres, qu'elles sont établies dans les meilleures terres.

Inutile de dire que dans la majeure partie de ces villas, les vestiges sont des plus pauvres, tout a été fouillé dans les temps anciens et utilisé pour les nouvelles maisons. Là où les débris sont un peu considérables, on trouve des médailles et l'on observe des traces d'incendie, indice d'une ruine subite et désastreuse.

Il est quatre endroits où des villas sont groupées, à Saint-Germain, Foissy, Vault-de-Lugny et Saint-Moré, ce dernier emplacement offrant l'aspect d'un vicus. Une dizaine de villas avaient quelque importance à Saint-Germain : les-Chagniats; à Saint-André : les Mazières; à Saint-Brancher : Chambrotte et Auxon; à Quarré : le Moulin-Colas; à Saint-Moré : la villa Cérès; enfin, à Asquins, Saint-Père, Blannay et Vault-de-Lugny. On ne voit guère qu'une demi-douzaine de gisements qui aient été fouillés plus ou moins à notre époque.

On a trouvé des objets intéressants dans des fouilles générales ou partielles : à Saint-Germain, villa des Chagniats : un autel domestique en marbre blanc, une mosaïque à sujets; à Auxon et a Presles : des mosaïques ordinaires; à Saint-André, villa des Mazières : une tour, une statuette en terre cuite (déesse mère); à Foissy : une tête casquée de Minerve en bronze; à Châtel-Censoir : des vases entiers, nombreux, dans un cimetière, une statuette de Mercure en bronze; à Saint-Moré : une statue de Cérès en pierre, un autel domestique; à Voutenay : une stèle dédiée à Mercure; à Vault-de-Lugny : une piscine en marbre blanc et des pièces nombreuses du temple de Montmartre dédié à Mercure, d'après l'inscription; entre autres deux statues en pierre plus grandes que nature, cinq têtes, dont une, de Pallas-Athena (Minerve), en marbre blanc; à Asquins : un tambour de colonne orné de sculptures de pampres; enfin, à Avallon : des stèles et des fragments de statues.

Les médailles pourraient faire connaître à quelle époque on peut placer la ruine de ces villas, si l'on avait des séries de quelque étendue. Aux Mazières, la plus récente est de Gratien (383). Mais tout près de Saint-Moré, à Arcy, ancien vicus, on a trouvé Honorius en or (423). Dans aucune de ces villas on a découvert des vestiges des Barbares envahisseurs, dont la poterie si caractéristique ferait facilement recon-naître la présence. Mais on la devine non loin des ruines, car des sépultures occupent lès salles antiques de certaines villas, comme à Saint-Germain, à Asquins et aussi à Sery que je cite, quoique ce dernier soit de l'Auxerrois, ainsi que je l'ai constaté par des fouilles.

M. L'ABBÉ A. PARAT.

LE CIMETIÈRE BARBARE DE VAUX-DONJON.

3y3 (363.11)

31 *Juillet.*

, Les recherches de ces dernières années ont augmenté de beaucoup le nombre des lieux de sépultures de l'époque barbare dans le départe-ment de l'Yonne. Barrière-Flavy, dans son Ouvrage : *Les arts. industriels des peuples barbares de la Gaule* (1901), en comptait 12, contre 106 pour la Côte-d'Or; il faut maintenant en inscrire 30. Le plus intéressant de ces cimetières est certainement celui de Vaux-Donjon, commune d'Asquins, arrondissement d'Avallon. Il a été entièrement exploré, il est franc-burgonde, de l'époque mérovingienne et carolingienne, et il se trouve aux frontières des anciens royaumes des Burgondes et des Francs.

Le cimetière est situé sur la Cure, au flanc de la colline de la rive gauche, au débouché du vallon qui rencontre à 1200 m de là le hameau significatif de Vaux-Donjon. Ce groupe dépendant autrefois de Vézelay, et rattaché aujourd'hui à la commune de Montillot, paraît avoir été un stationnement des peuples barbares. Au pied de la colline passait la petite voie romaine d'Autun à Auxerre où sur le bord, vis-à-vis du cime-tière, s'élevait une villa importante. Les Barbares vinrent y chercher des fûts de colonnes et des assises de soubassement pour les transformer en sarcophages.

Les fouilles de ce cimetière auxquelles j'ai assisté et pris quelque part ont mis à découvert 551 sépultures sur une surface de 3 ares, disposées assez régulièrement en rangées parallèles. Il y avait 6 sarcophages mono-lithes et trois autres de pierres ajustées; ces sépultures, les plus riches sans doute, avaient été pillées. Les simples fosses, profondes de 40 cm à 1 m 20, avaient leurs parois tapissées plus ou moins de dalles; de plus, la terre de remplissage était pleine de fragments de plaquettes calcaires plantés debout et qui parfois formaient une voûte sur tout le corps, sur la poitrine ou sur la tête.

Il y avait un centre d'inhumations qui marquait les débuts et qui était riche en armes et en mobilier de toutes sortes. En s'éloignant de ce point, sur tous les côtés, on voyait les objets funéraires diminuer de nombre et d'importance. Les armes disparaissaient les premières, puis c'étaient les fibules et les objets de parure. On trouvait sur les bords du cimetière de rares boucles et bagues, parfois une belle plaque, le plus souvent simplement un vase.

Les *armes* ont fourni 14 épées, 24 lances ou framées et 1 angon, 36 scramasaxes, 7 haches ou francisques, 8 umbos de bouclier et 19 fers de flèche. Les *outils* comptent 82 couteaux, 26 alènes, 4 ciseaux ou forces, 4 fermoirs de bourse, 1 crochet double de suspension, 4 pinces à épiler, 1 clé, 3 balances, 2 passe-lacets, 1 stylet, 1 spatule, 1 ciseau, des fragments de chaînes : plusieurs de ces outils sont en bronze. Les objets d'*équipement* sont 29 boucles simples en fer, 95 boucles en bronze, 42 bouclettes, 36 plaques en fer, quelques-unes damasquinées ; 48 boucles en bronze la plupart gravées ou étamées, 1 plaque est en argent ; 37 appliques, gravées, à dessins variés ; 23 fibules de tout genre, dont 6 en argent ; 11 ferrets en bronze ; des goupilles, des clous, etc.. Les objets de parure comprennent 14 épingles de bronze, dont une à tête d'or ; 6 boucles d'oreille, 1 bracelet en bronze, 25 bagues, dont 1 en or et 4 en argent, l'une d'elles a son chaton orné d'un monogramme ; des pendeloques variées : rondelle en bois de cerf, fusaïoles en verre, monnaies frustes percées, morceaux de cordiérite, médaillons en or, ornés de filigranes (5 spécimens). A la parure, appartiennent encore 30 colliers de verroterie ou de grains de faux ambre et 8 bracelets de même composition. Il y avait enfin des débris d'étoffe en fil d'or.

Le mobilier funéraire qui manquait rarement, c'était le vase placé aux pieds, très rarement ailleurs. On en compte 13 en verre et 208 en poterie. On a trouvé enfin, au pied d'une sépulture, une pierre taillée portant une inscription latine faite de caractères spéciaux à l'époque mérovingienne ; mais le sens n'a pu être établi et M. Héron de Villefosse la croit l'œuvre d'un faussaire de l'époque.

Les crânes sont dolicocéphales et M. le Dr Hamy y a reconnu la race des Francs. A peine trois ou quatre crânes globuleux, probablement de Gallo-Romains, s'y trouvaient associés et occupaient les sarcophages. D'après M. Pilloy, Vaux-Donjon serait un cimetière burgonde infiltré de peuplades franques. On peut croire que les Burgondes, dont les auteurs arrêtent la frontière occidentale précisément à la Cure, ont poussé plus loin lors de la première invasion. M. Longnon, dont le monde savant déplore la perte toute récente, ne s'oppose pas à cette opinion ; il dit seulement que ces peuples ne furent jamais les maîtres d'Auxerre. Ils purent venir très près de cette ville, car l'historien Nithard du IXe siècle, décrivant *de visu* le champ de bataille de Fontenoy, à 30 km sud-ouest d'Auxerre, appelle le ru qui le traverse : *rivolus Burgondionum*, le ru des Burgondes ou des Bourguignons, qui marque peut-être la limite de la première invasion.

Nous trouvons donc sur la Cure, près de son confluent avec le Cousain une villa considérable qui dut disparaître à l'invasion des Barbares. Tout près des ruines, dans un vallon pourvu d'eau et offrant une éminence défensive, les Burgondes établirent un stationnement qui date peut-être de l'époque où Clovis, maître d'Auxerre (502), s'abouchait avec Gondebaud pour régler en bons voisins certaines affaires. La petite colonie, de quelques centaines d'habitants, gardant le poste de défense, semble avoir persisté jusqu'à Charlemagne; car les Normands ruinèrent, vers 873, le monastère de Saint-Père-sous-Vézelay, et tout disparut.

Les stations, cimetières ou sépultures isolées mentionnés dans le département de l'Yonne par M. Barrière-Flavy sont : Asquins (Vaux-Donjon), Auxerre, Chichery, Michery, Rebourceaux, Sainte-Colombe, Sens. Serrigny, Villethierry, Villers-Vineux, Villy-sur-Serain. On a retranché de la liste : Perrigny qui est une localité du Jura, et Guerchy, qui est reconnu d'une autre époque. Mais on ajoutera : Arcy-sur-Eure, Châtel-Censoir, Fulvy, Mailly-la-Ville, Molay, Nuits, Saint-Aubin-sur-Yonne, Saint-Germain-des-Champs, Saint-Moré, Savigny-en-Terre-Plaine, Sauvigny-le-Bois, Sermizelles, Sormery, Tannerre, Thory, Treigny, Vault-de-Lugny, Vaux, Voutenay.

M. ÉMILE CAULY,

Vice-Président de la Société archéologique champenoise (Reims).

L'OPPIDUM DE REIMS.

571.92 (44.32 Reims)

5 Août.

Si l'origine de Reims reste incertaine, les fouilles anciennes et la topographie de son sol, partout bouleversé, concourent cependant à en fixer les probabilités. Deux enceintes préhistoriques ont été retrouvées : l'une centrale, celle de la cité proprement dite, de forme curviligne, et l'autre polygonale, enfermant dans son immense circonvallation, la première, qui formait, comme le fit plus tard le capitole où le donjon le réduit de la résistance à double échelon.

Un espace libre de 800 m de largeur les séparait, qu'aucun trait ne pouvait franchir; il était destiné, comme dans un camp retranché, aux évolutions de la cavalerie qui cantonnait près des abreuvoirs, aux parcs pour les troupeaux ou les fourrages, et au campement des tribus pastorales, qui avaient fait à l'abri de ses murs la concentration de leurs effectifs.

La ville habitée se fermait sur ce camp par quatre portes intérieures sensiblement orientées sur les points cardinaux de l'horizon, comme il convient à la capitale d'un grand État qui rayonne en tous sens, et son mur de terre, de 60 pieds de hauteur sur 4300 pas (¹) de pourtour, en faisait une place très forte, mais d'importance secondaire, qu'une garnison de 6000 à 8000 combattants devait défendre, pour la sûreté de 25000 habitants qui pouvaient exceptionnellement s'y enfermer pour soutenir un siège final, en vivant à l'étroit, sur un terrain de 70 ha, petite surface qui n'aurait couvert que le tiers de l'antique oppidum du Vieil Reims, encore visible au confluent de l'Aisne et de la Suippe.

Son plan tracé sur une courbe régulière, présente cette particularité géométrique, que le petit axe égale la moitié du plus grand, ce qui donnait à cette citadelle la forme naturelle et symbolique de l'œuf (²).

César nous apprend qu'en son temps, cette capitale se nommait *Durocortorum* et qu'elle était le siège sénatorial des Rêmes, un grand peuple belge, d'origine inconnue.

Si de hauts remblais, partout accumulés, pendant son existence de plusieurs millénaires, n'avaient aujourd'hui complètement défiguré son relief, on verrait que sa merveilleuse situation topographique, n'est pas l'effet du hasard, mais le résultat d'une étude savante du régime des eaux dans la région. Lorsqu'on rétablit dans la pensée son sol primitif, sur le nivellement général de la campagne voisine, on s'aperçoit que son grand axe, fut assis horizontalement en travers d'un vallon à peine creusé, descendant en pente douce et uniforme vers la rivière qui coule à 500 m de l'ancienne porte d'Occident. Les eaux de l'extérieur furent drainées par le fossé, dont le trop-plein se déversait dans le Jard en cet endroit; et quand il était comblé de ce côté, il se trouvait à moitié plein à son point culminant.

Onze chemins en terre, aux voies nombreuses, aussi vieux que la ville elle-même, desservaient directement toutes les directions. Ils aboutissaient à la cité, après avoir franchi le polygone par le pont sur la rivière ou l'une des huit portes d'angle extérieures qui formaient les neuf secteurs de la première fortification, où se tenaient les postes généraux de la défense. Pendant la belle saison, les chars légers les sillonnaient en laissant derrière eux, sur le sol nu, des ornières si écroites, qu'on aurait pu croire qu'elles traçaient le récent passage de la charrue du laboureur.

On sortait de la ville par la porte du Nord pour aller à Beauvais, *via* Soissons; à Arras, *via* Bibrax (³) ou dans le Hainaut (*via* Sissonne). A la

---

(¹) Environ 3000 m.

(²) Un point reste douteux cependant ! Un second fossé fut en partie retrouvé. Il décrit une demi-circonférence vers l'Est, sur le grand axe comme diamètre. Personnellement, nous pensons qu'il forme partie de l'enceinte primitive, le plan nous l'indique d'ailleurs. *Voir* la ligne ponctuée.

(³) L'oppidum de Bibrax, géographiquement ou stratégiquement, ne peut se concevoir qu'à Pontavert. Cette place défendant l'entrée du pont était la clef des États

porte principale de l'Est, aboutissaient les chemins de Château-Porcien, Attigny, Vouziers et Trèves. De la porte du Sud, partaient les chemins de Metz (Barbarie), de Bar-le-Duc et d'Autun; et par la porte de l'Ouest, on descendait dans la vallée de la Marne, vers Dormans.

Les portes extérieures du polygone se fermaient sur les champs par des redans ou des tours (¹), qui permettaient aux archers de battre le profil des fossés, dont le tiers seulement étaient baignés par les eaux croupissantes de la Vesle.

Tel nous apparaît dans son ensemble, après vingt siècles d'oubli, l'oppidum formidable des Rêmes, dont les commentaires de César laissaient à prévoir l'importance, et qu'une garnison de 25 000 hommes devait défendre pour abriter une population laborieuse de 80 000 âmes. La ville fut vraisemblablement ouverte par les Romains à l'époque des grands soulèvements qui précèdent l'agonie du patriotisme gaulois, car les historiens rapportent qu'elle était sans défense lorsqu'Attila fit sa sanglante campagne dans les Gaules en 451. A cette époque d'ailleurs, les fossés comblés du polygone étaient depuis longtemps transformés en une immense nécropole.

Cependant, des vestiges plus vieux de l'industrie humaine existent dans le sol rémois : les silex taillés ne sont pas rares dans les fouilles profondes, et deux hypogées contemporains de l'Homme Néolithique furent trouvés sur la butte de Saint-Nicaise. Leur architecture si caractéristique, et une petite maçonnerie en craie appareillée avec un ciment calcaire non déterminé (²) nous révèlent une très ancienne civilisation, peut-être moins barbare que celle des Celtes. On peut donc supposer avec vraisemblance que ceux-ci se sont installés dans la cité conquise, et qu'ils en ont complété la défense en élevant la grande circonvallation, conçue d'ailleurs par un génie très-différent.

NOTE I. — **Les Chemins de Durocortorum.**

Porte Septentrionale (3 chemins).

I. — Le chemin de Beauvais, par Saint-Brice, Braine et Soissons. Il débouchait par la rue Chaix-d'Est-Ange (ancien chemin des Romains).

---

de Reims. Quelques fouilles très superficielles d'ailleurs, ont révélé l'existence d'une ville gallo-romaine importante avec son palais de marbre, ses statues, et même on trouva un de ces fameux dards en fer qu'on lançait sur les remparts pendant l'assaut.

Le chemin *des Dames*, qui traverse tout le Soissonnais, *via* Allemant, classé comme gaulois par Peigné-Delacourt, aboutit à Poutavert.

(¹) Il y a solutions de continuité dans le fossé, aux passages des chemins gaulois et non sous les voies romaines postérieurement construites.

(²) On a trouvé le même ciment dans les grottes néolithiques de Congy (Marne). *Voir* Émile SCHMIT, *Crânes néolithiques trépanés* (*Bulletin de la Société d'Anthropologie*, année 1909).

II. — Le chemin d'Arras, par Cormicy, Pontavert (*Bibrax*), Craonelle, Laon et Saint-Quentin. Encore borné par endroits ([1]).

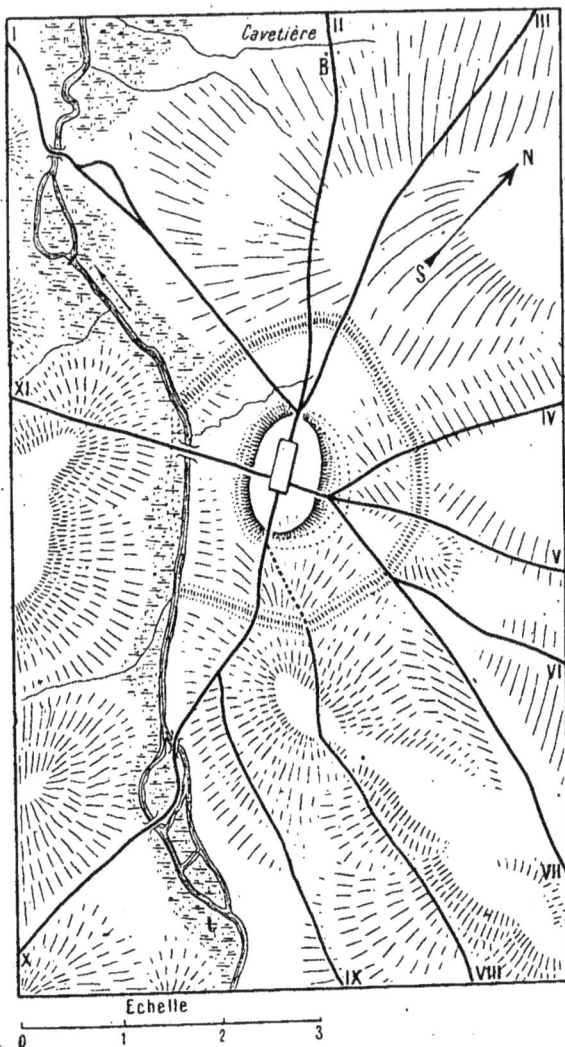

III. — Le chemin de Sissonne, par Courcy, et l'oppidum le *Viel Reims* (Condé-sur-Suippe et Guignicourt) se dirigeant vers Mons.

Porte Orientale (4 chemins.).

IV. — Le chemin du Hainaut, par Saint-Étienne-sur-Suippe et Asfeld.

([1]) *Voir* le point B du plan : deux bornes de grandes dimensions en grès taillé, jalonnent la largeur du chemin (11,48 m). Leur profil en forme de coin avec sommet arrondi est caractéristique. La distance du centre de la ville est de 4592 m (exactement 2 lieues gauloises) ; mesure prise en développement, mais non en projection

V. — Le chemin de Liège, par Juniville et Attigny (romanisé en partie). C'est cet ancien chemin que l'on remit au jour pendant les travaux d'aménagement du cimetière de l'Est.

VI. — Le chemin de Vouziers, par Cernay et Machault.

VII. — Le chemin de Trèves, par Nauroy et Luxembourg.

Porte Méridionale (3 chemins).

VIII. — Le chemin de Metz, par la Pompelle, Baconnes, Suippes, Nantivet et Verdun.

IX. — Le chemin de Bar-le-Duc, par la vallée de la Vesle et La Cheppe.

X. — Le chemin d'Autun, par Cormontreuil, Louvois et Condé-sur-Marne.

Ce chemin fait le prolongement du n° III. On le suit d'Autun à Mons. Condé-sur-Marne et Condé-sur-Suippe sont deux gîtes d'étapes, diamétralement opposés, le second sur l'Aisne et le premier sur la Marne. Cette voie très ancienne est probablement antérieure à la fondation de Reims, car elle a formé le grand axe de la cité.

Porte Occidentale (1 chemin).

XI. — Le chemin de Dormans et de la vallée de la Marne.

NOTE II. — La Cité.

Caractéristique de l'enceinte elliptique.

Grand axe..	1200 mètres
Petit axe...	680 »
Surface	70 hectares
Profondeur du fossé.....................................	9 à 11 mètres
Largeur du fossé..	26 à 28 »
Hauteur totale de la fortification (escarpe et talus extérieur).	18 à 20 »
Cube du remblai...	500000 »
Nombre de journées d'ouvriers nécessaires à son édification, avec les procédés modernes.................................	160000 journées

Des sections d'une autre enceinte préhistorique sont apparues dans les rues de Contrai, des Murs, des Moissons, du Cardinal-Gousset et de Bétheny. Cela ne change pas notre opinion; au contraire, nous la croyons gauloise, car elle centre mieux la cité dans la figure générale du polygone. Mais elle augmenterait un peu l'importance de la place en modifiant la figure décrite. Voir la ligne ponctuée du plan.

NOTE III. — La grande enceinte.

La grande enceinte extérieure figure un décagone irrégulier de 8750 m de développement, enfermant une surface de 600 hectares, et son grand côté formé par un bras de rivière de 1750 m lui servait de base. Son retranchement se trouvait à 800 m de la ville, c'est-à-dire hors la portée du trait ou du projectile lancé par la plus puissante machine employée dans l'antiquité, tandis que la rivière coulait à 500 m seulement des murs. Mais le grand marécage, qui s'étend sur la rive gauche, complétait de ce côté la défense naturelle. Les fossés et le parapet étaient les mêmes que ceux de la cité, mais en se rapprochant de la rivière, leurs profils se modifiaient complètement, car le fossé devenait plus large et moins profond, et s'il n'était baigné par les eaux de la Vesle, que jusque 500 m, au delà de son embouchure d'amont (origine du ruisselet), à l'aval, elles remontaient à 2500 m, c'est-à-dire vers la nouvelle gendarmerie, où l'on a d'ailleurs découvert, dans un ancien abreuvoir, plusieurs hipposandales. Et lorsqu'on creusa le canal dans le ruisselet, les ossements de milliers de chevaux disposés en lits épais apparurent aux ouvriers étonnés.

Caractéristiques.

Développement de la ligne de défense.............	8750 mètres
Longueur du retranchement......	7000 »
Profondeur du fossé............	9 à 11 »
Largeur du fossé.............................	26 à 28 »
Surface du polygone...........................	600 hectares
Surface du campement (entre les deux enceintes)...	500 »
Volume du parapet...........	1110000 mètres cubes
Garnison nécessaire à la défense..................	25000 combattants
Population laborieuse protégée..................	80000 âmes

L'emplacement du fossé fut reconnu rues de Courcelles (encore visible), du Mont-d'Arène, des Romains, de Merfy, Géruzez, de Cormicy, avenue de Laon (encore visible), rues Danton, au pont Huet, rue de Sébastopol, église Saint-Jean-Baptiste, Faubourg Cérès, rues des Gobelins, de Cernay, Barou, de Beine, de Betheniville, au Chemin vert, aux Coutures, boulevard Gerbert et rue Simon.

Mais la révélation capitale fut brutalement faite par le plan. Les angles du polygone prennent naissance sur les chemins gaulois, qui ne furent pas coupés par le fossé, contrairement aux voies romaines de construction postérieure.

Les sépultures gallo-romaines du III° siècle principalement abondent dans les remblais du fossé, converti en nécropole. M. J. Orblin, le fouilleur municipal, en a reconnu des milliers : avenue de Sillery, à la Maison de convalescence, à la Soierie, à la crèche du Petit-Bétheny, au Pont Huet, à Clairmarais, mais il n'en a jamais trouvé de gauloises anciennes bien caractérisées, ni d'ailleurs dans l'intérieur du polygone, le cimetière gaulois le plus rapproché de la ville se trouvant rue de Merfy prolongée, hors du fossé, à proximité du chemin des Romains.

Ces témoignages différents concourent donc à démontrer que cet ouvrage était bien des temps de l'indépendance et qu'il fut rasé par les Romains avant le III° siècle.

NOTE IV. — **Autres enceintes préhistoriques dans la région.**

Le Vieil Reims.

Entre Condé-sur-Suippe et Guignicourt. Enceinte polygonale se rapprochant du carré (1300, 1400, 1200 et 1250 mètres).

Surface........................:........	170 hectares
Garnison nécessaire..................	15000 hommes

Le Vieil Laon (¹), commune de Saint-Thomas (Aisne).

Enceinte en grande partie naturelle et retranchée par le système polygonal. Surface : 35 hectares.

(¹) *Le camp de Saint-Thomas (Bulletin de la Société archéologique champenoise*, juin 1911).

Le Vieil Châlons, commune de la Cheppe (Marne),

Ouvrage curviligne (demi-ellipse irrégulière) *inachevé*.

Pourtour... 1765 mètres
Le grand axe....................................... 854 »
Le petit axe....................................... 460 »
Surface de la place................................ 20 hectares
Profondeur du fossé................................ 6.50 mètres
Largeur dans le fond............................... 6 à 8 »
Relief de l'épaulement............................. 5 »
Hauteur totale (escarpe et talus extérieur)........ 11,50 »
Cubes des remblais................................. 110000 mètres cubes

Le village de Baconnes (Marne).

Petit oppidum curviligne de forme circulaire assez bien conservé.

Pourtour du rempart................................ 1500 mètres
Surface de la place................................ 17 hectares

M. ÉMILE CAULY.

LA LIEUE GAULOISE (MESURE LINÉAIRE).

531.71 : 902.6 (44)

5 *Août*.

L'ancien étalon romain de 1,48 m d'essieu est encore utilisé dans les véhicules que l'on dit à la voie ou au pas. Si cette grande mesure convient pour le transport de lourds fardeaux, sur les routes ferrées, elle est absolument illogique sur les voies en terre, car tous les conducteurs de voitures paysannes savent qu'il est impossible de chevaucher les ornières sur un chemin de terroir. On y retombe toujours et malgré soi. C'est ce qui explique la mauvaise viabilité, en général, de ce réseau d'exploitation champêtre.

J'ai fait l'étude du chemin rationnel qui correspond à la marche normale du cheval attelé, en me basant sur ce fait, constant et naturel, que sa piste moyenne est approximativement de 38,5 cm de largeur. Or un véhicule ayant un écartement d'essieu de trois fois cette longueur roulerait indistinctement bien sur l'ornière ou sur la piste. C'est le secret de la voie étroite (1,148 m) employée chez les Gaulois et, de plus, cet étalon fut certainement leur unité de longueur.

Avec des véhicules très légers, roulant sur des chemins assez larges, le travail du nivellement de la terre se faisait pour ainsi dire automatiquement, puisque le sabot du cheval comblait l'ornière laissée par le véhicule précédent. Ce système ingénieux montre la possibilité des grandes routes sur terre, toujours en état de viabilité (quand le sol n'était pas détrempé, naturellement) et sur lesquelles le pied léger du cheval, ne portant pas le fer, peut résister très longtemps.

Les nombreux véhicules gaulois trouvés dans la région de Reims confirment ces faits. Les chars portaient le timon ([1]) et les charrettes les brancards. Ces véhicules exclusivement construits pour la course étaient fort légers. Le transport des marchandises se faisait par convois de muletiers.

Pendant les travaux d'aménagement du cimetière de l'Est (à Reims), le décapage des terres superficielles a remis au jour l'ancien chemin d'Attigny (V) avec toutes ses petites voies parallèles, tracées par d'étroites ornières dans la craie ([2]). On eut dit des passages nombreux de la charrue ancienne, car la roue gauloise n'avait que 2 cm de largeur (trois fois moins que la roue romaine).

Ces grands chemins, concordants avec l'esprit de la race, étaient toujours directs. Ils contournaient néanmoins les reliefs peu accessibles du sol, mais pour reprendre aussitôt leur direction fixe. Ils furent encaissés par endroits en tranchées peu profondes, et toutes les lieues, leur largeur était bornée avec deux hautes pierres qui servaient d'étriers au cavalier désarçonné, pour enfourcher sa monture. J'ai eu la bonne fortune, en faisant cette étude, de découvrir les bornes jumelles marquant la deuxième lieue gauloise sur le chemin de Laon (II). Elles constituent peut-être l'unique monument de l'Indépendance encore debout dans la région. Ce sont deux grès durs de grandes dimensions, taillés sur un profil très spécial en forme de coin, avec sommet largement arrondi. Leurs tableaux dressés ne portent aucune inscription, contrairement aux bornes miliaires qui se trouvent toujours isolées. Elles se dressent en plein champ, sur un tronçon désaffecté du chemin en tranchée, à l'entrée du terroir de la Neuvillette (Marne), près du calvaire. La source de la Cavetière coule à 300 m de là. Elles m'ont permis de relever exactement le profil et de constater qu'il avait 11,48 m de largeur.

Cette précieuse mesure est une base déterminante de tout le système linéaire des Gaulois. Il existait trois étalons : le pied, le pas et la lieue. Le pas est de 3 pieds ([3]) et la lieue de 2000 pas (6000 pieds). Ce chemin de 10 pas de 1,148 m (pour 10 voies carrossables) ou de 30 pieds de 0,383 m (piste du cheval) fut certainement jalonné avec soin.

([1]) Fouilles de Bosteaux à Cernay-les-Reims, de Chance à Mailly et de Fourcart à Juniville.

([2]) Voir l'*Oppidum de Reims*, du même auteur (*Bulletin de la Société archéologique champenoise*).

([3]) *Attila dans les Gaules en* 451, par un ancien Élève de l'École polytechnique. Paris : Carilian-Gœury, libraire, 41, quai des Grands-Augustins, en 1833, p. 103.

La lieue de 2000 pas est donc de 2296 m, très exactement la demi-distance du point central de la ville aux bornes jumelles, mais mesurée sur le développement des pentes, et non en projection horizontale, comme cela se fait géométriquement.

Le problème de la lieue gauloise, posé depuis si longtemps, trouve-donc par hasard sa solution, avec une erreur possible qu'on peut estimer à moins de $\frac{1}{100}$.

Nous savons que Jornandès l'avait fixée approximativement à un mille romain et demi, soit 2221 m, et la Commission de la Carte des Gaules adopta cette mesure, qui fut reconnue trop courte lorsqu'on voulut contrôler la Table de Peutinger et l'Itinéraire d'Antonin. C'est pour cette raison que M. Pistollet de Saint-Ferjeux, essaya de la calculer graphiquement avec ces deux documents authentiques. Il la fixa à 2415 m, mais elle se trouva trop longue (¹).

L'erreur serait donc de 75 m négativement dans le premier cas, et de 119 positivement dans le second.

Le *pied* (mesure) aurait pris son nom de l'organe du cheval, et le *pas*, naturellement, par déduction. Ce dernier terme est d'ailleurs [encore très employé en mécanique : dans les engrenages, le filetage, les chaînes, les essieux, etc., et la locution populaire comportant menace à une personne de la *mettre au pas*, c'est-à-dire à son rang d'unité, n'aurait pas d'autre origine.

Le réseau de ces chemins, absolument différents des voies romaines, forme la base de la division parcellaire, contrairement aux chemins ordinaires d'exploitation, qui sont la propriété des riverains. Les cartes de l'état-major, du génie militaire ou des ponts et chaussées, copiées sur le cadastre, les indiquent souvent; mais, dans certaines communes, ils disparurent ou furent réduits à la voie unique, par la tendance qu'ont les laboureurs de toujours anticiper sur le bien commun. Les cartes de Cassini, inexactes et obscures, ne peuvent qu'égarer l'opinion.

Lorsqu'on compare les voies romaines, ces monuments fameux du génie militaire, avec les chemins gaulois non ferrés, mais au contraire soigneusement expurgés de toute pierre qui aurait pu froisser le sabot du cheval, on constate que chaque système atteste d'une [conception scientifique différente, mais que finalement, le principe de la voie étroite revient peu à peu en faveur après vingt siècles de proscription.

(¹) Paul BIAL, *Les chemins de la Gaule au temps de César*. Besançon, imprimerie Dodivers et Cⁱᵉ, Grande-Rue, 87, 1864.

M. G. TESTART.

LE PORTAIL DE L'ÉGLISE SAINT-ANDOCHE DE SAULIEU.
CE QU'IL EST ; CE QU'IL DEVAIT ÊTRE.

726.5 (44.42 Saulieu)

5 Août.

Les portes d'entrée des églises du moyen âge comportent généralement, au-dessus d'un linteau reposant sur un pilastre formant trumeau, une série de voussures de décharge avec un remplissage appelé tympan. Leur ornementation est excessivement variée et bien rarement les architectes se contentèrent de surfaces unies. En Bourgogne, les portes de Vézelay et d'Autun sont des modèles du genre.

Dans quelques siècles, et même dès maintenant, des archéologues pourront se demander pour quels motifs le portail de l'église Saint-Andoche, contemporain de la cathédrale d'Autun, achevée vers 1140, n'a pas été complètement imagé.

Leur sagacité ne manquera pas de faire un rapprochement avec le portail de Sainte-Marthe de Tarascon, dont les colonnes et les voussures ont même allure qu'à Saulieu. Dans ce portail le linteau, de hauteur modeste, et le tympan sont complètement nus; aussi a-t-on vu, dans cette sobriété de sculptures, une réminiscence classique de l'architecture antique dans une contrée qui, riche en monuments romains, s'est considérée longtemps comme le centre d'action de la Gaule et même de l'empire d'Occident. Il pourrait en être de même à Saulieu dont la haute antiquité n'est pas contestée.

La présente Note a pour but de couper court aux hypothèses en fournissant une modeste explication du manque d'ornementation du linteau du portail de Saint-Andoche.

D'abord nous dirons que, de juillet 1846 à 1852, avec le concours de M. Grosley, architecte à Semur, Viollet-le-Duc répara l'église de Saulieu, à l'exception du portail qui nous occupe et dont le tympan, y compris le linteau, était alors orné d'un seul boudin au tiers de la hauteur.

En juin 1867, la municipalité de Saulieu chargea de restaurer le portail et de remplacer son *affreuse porte* (¹) M. l'architecte Grosley, qui entra en relations avec M. Creusot, sculpteur à Dijon.

Cet artiste fournit un projet complet de restauration comprenant le remplacement des six colonnes sculptées, des trois pilastres de la porte, du

---

(¹) Lettre de M. le Maire de Saulieu, du 23 juin 1867.

tympan avec son linteau et, en outre, le rétablissement de deux colonnes de côté dont les bases subsistaient encore et qui devaient autrefois supporter deux statues.

Dans la partie inférieure, le tympan devait être orné d'un bas-relief représentant la vie de saint Andoche; son arrivée à Saulieu; son tombeau visité par la reine Clotilde et sa suite, conduite par un ange; la mise à mort de saint Andoche par les habitants de Saulieu.

Dans la partie supérieure était représenté le Père éternel, comme dans le tympan de Vézelay.

Les colonnes devaient être ornées comme celles d'Autun, sauf celles de gauche (¹) dont l'ornementation primitive était conservée.

Les trois pilastres, ainsi que la maçonnerie du tympan et du linteau furent exécutées par M. Picot Denis, maçon à Saulieu, du 18 septembre à fin octobre 1870.

De son côté, M. Creusot, après quelques difficultés relatives aux conventions d'exécution fut, le 10 novembre 1869, chargé seulement du remplacement des six colonnes et de leurs piédestaux, moyennant un prix total de 3500 fr. On ne lui fit pas la commande des deux statues ronde bosse qui devaient coûter 1200 fr, ni celle des deux bas-reliefs estimés 2000 fr. Les travaux furent exécutés en 1870 et réglés le 22 octobre de la même année.

La partie supérieure du tympan fut seule imagée, probablement par le sculpteur Creusot, et le linteau resta uni, faute d'argent.

De cette Note, il ressort donc :

1° Que le défaut d'ornementation du linteau est dû à une cause purement accidentelle, c'est-à-dire au manque de ressources.

2° Que Viollet-le-Duc a été étranger à la restauration du portail de Saint-Andoche.

M. Alfred de VAULABELLE.

(Paris).

SEMUR SOUS « LA TERREUR ».

---

5 *Août.*   9 (44.42 Semur) (1793 : 1794)

La période révolutionnaire qui s'écoula en France du 20 septembre 1792 au 27 juillet 1794 fut, comme d'ailleurs en bien d'autres communes,

---

(¹) Les anciennes colonnettes de gauche, formant piédestaux, étaient unies; c'est à la demande expresse de M. Grosley que le sculpteur orna les nouvelles.

très orageuse à Semur. On doit cependant à la Convention nationale d'avoir fondé d'admirables institutions dont notre pays s'honore encore aujourd'hui. Mais, si la *Proclamation de la patrie en danger* inspira aux uns le noble élan du patriotisme, en revanche elle fut pour d'autres l'occasion d'exercer contre plusieurs de leurs concitoyens des sévices immérités, et qui eussent été plus terribles certainement si l'autorité, s'apitoyant sur le sort des émigrés, n'avait agi contre leurs familles avec une rigueur apparente qui leur épargna de plus grands malheurs. Nul, en effet, des suspects détenus à la prison de Semur pendant la Révolution, ne fut contraint à monter sur l'échafaud, et nous voyons, dans la liste des 479 détenus au Château de Dijon, liste dressée par M. Philibert Varenne, avocat au Parlement, que tous les citoyens de Semur furent successivement élargis.

Pourtant, la tyrannie se fit cruellement sentir dans la capitale de l'Auxois; de nombreux citoyens furent dénoncés et incarcérés, la foi publique fut violée et le désordre extrême.

« La plainte, dit le *Rapport aux sections de la commune de Semur le 17 avril 1795, par les Commissaires nommés par les délibérations des sections des 10 et 20 pluviôse de l'an III*, la plainte était un crime, l'effroi commandait le silence et la mort planait sur toutes les têtes lorsque l'évènement du 9 thermidor (27 juillet 1794) ouvrit une nouvelle scène par la chute de Robespierre. »

Semur était alors dominée par la *Société populaire*, composée de trois classes bien distinctes de personnages. Dans la première, figuraient les chefs, les meneurs, les terroristes ou buveurs de sang qui comblaient d'outrages leurs concitoyens et les conduisaient tour à tour à la mort; dans la seconde, étaient les gens séduits ou trompés qui suivaient aveuglément la route qu'on leur traçait; enfin, dans la troisième, se trouvaient d'honnêtes gens qui n'avaient accepté de faire partie de la Société que pour y pratiquer le bien. Malheureusement, ils étaient en minorité et plusieurs d'entre eux, considérés comme traîtres, en furent bientôt expulsés. Les autres, dans la crainte de paraître suspects, n'osaient pas se retirer et, sans pouvoir s'y opposer, souffraient de voir s'accomplir les actes d'oppression et de tyrannie les plus inqualifiables.

C'est aux hommes de la classe dirigeante de la Société populaire, à ces êtres dénués de tout sens moral, sans principes et sans talents, à ces accapareurs de toutes les fonctions publiques [1], qu'il faut attribuer les injustices et les crimes commis pendant la dernière période révolutionnaire.

« Un tel régime, dit encore le Rapport fait aux sections de la commune de Semur, n'était guère propre à inspirer d'autre sentiment que celui de la Terreur; aussi, la plus sombre tristesse régnait-elle à Semur. On n'osait pas

---

[1] Trois des membres de la Société populaire, sachant à peine signer leurs noms, avaient cumulé sur leurs têtes jusqu'à dix-sept places, et avaient grossi leurs portefeuilles des émoluments de dix de ces places salariées par la République.

s'aborder, ni se saluer, ni se visiter; tout était dans la confusion par le mélange et l'abus des pouvoirs mal fixés et empiétant les uns sur les autres... »

Parmi les hommes qui, durant « la Terreur » et en donnant à dessein une extension arbitraire à l'Arrêt du département, rendu le 2 mai 1793, et concernant les mesures de sûreté générale, parmi les terroristes, disons-nous, qui tyrannisèrent le plus les Semurois, il faut citer, avec Guényot, le Montagnard sans-culotte Ligeret, surnommé le *Tigre de Semur* et le *Fouquier-Thinville* du département.

Guényot était le terroriste par excellence, un lâche comme jamais il en fut, un intrigant et un ambitieux, dont la vanité égalait la bêtise. Grâce à ses bassesses et aux suffrages des citoyens qu'il avait corrompus à force d'argent, il se fit nommer successivement commandant de la garde nationale, président du Tribunal du district, membre du Conseil général du département, membre du Conseil général de la commune de Semur et du Comité révolutionnaire de la section du Midi.

Son premier acte de despotisme date de la fin de 1789 et eut pour conséquence la division entre les Comités civils et militaires. Environ un mois après, le 27 décembre, il s'en fallut de peu qu'il ne fit massacrer les citoyens Meslier et Varenne aîné, dont le seul crime était d'avoir accepté une députation à l'Assemblée constituante pour différentes affaires de la Commune. Il ordonna leur arrestation ; le citoyen Varenne parvint à s'échapper et à fuir à Paris, mais le citoyen Meslier fut pris et exposé à la fureur du peuple, égaré par les impostures de Guényot [1].

Les 19 et 20 septembre 1792, il s'abaissa jusqu'à servir de recors à un nommé Desferrières, qui s'était arrogé le titre de Commissaire du Gouvernement pour le désarmement des prétendus suspects, et, perquisitionna avec une brutalité et une indécence révoltante dans plus de 60 maisons. Le maire lui-même, M. Guéneau d'Aumont, n'échappa pas à la violation de son domicile et se vit confisquer des lettres de famille n'ayant nul rapport avec la politique. Comme membre du Comité des Douze, il désigna pour l'incarcération des centaines de citoyens. Enfin, comme membre du Comité de surveillance du Midi, Guényot ne craignit pas de prendre la défense des scélérats de son espèce, de confisquer le bien d'autrui, d'arrêter d'honnêtes et paisibles citoyens, de les fouiller, de les spolier et de lancer contre eux les plus ignobles calomnies.

C'est ce triste personnage qui dota Semur de Ligeret, lequel, après avoir été nommé chef de la Société populaire, fut appelé à Dijon pour remplir les fonctions d'accusateur public.

Ses débuts montrèrent de suite ce qu'était l'homme. Admis, comme notable, à délibérer au Conseil général de la commune sur l'arrêté du département en date du 2 mai 1793, et relatif aux arrestations, Ligeret proposa de faire arrêter les citoyens Meslier, Vignon et Leclerc; mais,

---

[1] Rapport fait aux sections de la Commune de Semur le 17 avril 1793.

comme il ne pouvait donner aucun motif sérieux sur cette détermination, le Conseil rejeta sa demande. Il entra alors dans une colère de bête fauve et fit à l'Assemblée la déclaration suivante :

« Si vous ne faites point arrêter ces trois coquins-là, je ne prends plus part à vos délibérations; en me livrant ces trois gueux-là, je vous abandonne tous les autres. Quand six membres sont d'avis d'une arrestation, il faut qu'elle ait lieu (¹). »

Mais, sa proposition ayant été de nouveau repoussée, il quitta le Conseil écumant de rage, et jura qu'il se vengerait bientôt. Effectivement, nommé peu après procureur-syndic du département, il obtint du représentant Bernard que tous les fonctionnaires qui lui avaient résisté fussent destitués.

Dans sa lettre en date du 26 septembre 1793 (an II de la République), adressée à la Société populaire de Semur, Ligeret fit encore preuve d'une abominable scélératesse. Voici un extrait de ce chef-d'œuvre :

« ... Sentinelles actives de l'intérêt commun, à la moindre alerte elles doivent en avertir le quartier général. Ne vous découragez donc point, frères et amis, poursuivez sans relâche les artisans de l'imposture; éclairez constamment vos concitoyens..., préservez-les de la maladie funeste de l'attiédissement et de l'agonie du modérantisme. Dites-leur qu'il n'y a point de trêve à faire avec nos ennemis; depuis quatre ans nous les nourrissons d'indulgence, et depuis quatre ans ils marchent impunément de complots en complots, de trahisons en trahisons et méditent le massacre des hommes libres.

» Vous les connaissez à leurs différents masques : aristocrates, *amis de la paix*, fayettistes, monarchiens, royalistes, poignardistes, *amis de l'ordre*, *amis des lois*; buzotistes, girondins, rollandins, brissotins, fédéralistes, modérés, muscadins, tout cela marche au même but; ce sont des brigands de la même bande; il faut que partout ils soient serrés de près; que nulle commune ne leur donne asile; qu'ils soient traqués sans relâche; qu'aucun n'échappe au grapin révolutionnaire. Sans ces précautions, nous devons nous attendre à voir les athlètes de la « Sainte-Montagne » dévorés les uns après les autres... Un objet surtout, frères et amis, que vous ne devez jamais perdre de vue, c'est la conduite de différents fonctionnaires publics... Sont-ils mous, versatiles, formalistes? Composent-ils avec la loi? En modifient-ils les dispositions?... Point de grâce. Dénoncez-les sans crainte; les *médecines à la Bernard* (²), dont vous venez d'éprouver les heureux effets, sont toutes prêtes.

» Signé : Le Montagnard sans-culotte

LIGERET. »

Dans une autre lettre, l'infâme procureur-syndic se plaignait de la lenteur des fonctionnaires publics au sujet des arrestations :

« Quoi ! un tel... une telle... un tel... ne sont pas encore incarcérés? O honte de mon pays !... »

(¹) Rapport fait aux sections de la Commune de Semur le 17 avril 1795.
(²) Ce que Ligeret appelait si impudemment *médecines à la Bernard,* c'était la destitution, l'incarcération, l'échafaud.

L'emploi du procureur général du département ayant 'été supprimé, Ligeret revint à Semur se mettre à la tête de la Société populaire et du Conseil général. Il y fit preuve de la plus cruelle tyrannie, jusqu'au jour où le représentant Bernard le fit nommer accusateur public à Dijon. Aucune autre fonction ne pouvait mieux lui convenir; il exerça sur ce nouveau théâtre toute sa rage révolutionnaire et aurait impitoyablement, comme il le disait lui-même, envoyé les détenus à la mort par CHARRETÉES, s'il n'avait été muselé et réduit à l'impuissance par l'arrêté du représentant Calès, envoyé en mission au département de la Côte-d'Or.

« Grâce à lui, dit le Rapport déjà cité, le peuple reprit confiance ; les citoyens innocents et calomniés qui s'abandonnaient au désespoir dans l'horreur des prisons et dans l'attente d'un sort funeste, ont été rendus à leurs foyers, à leurs familles éplorées et à leur patrie qu'ils n'ont cessé d'aimer. Un ordre de choses plus désirable s'est établi ; les autorités constituées ont été épurées et la justice a reparu triomphante sur les débris de l'anarchie. »

Guényot et Ligeret eurent de zélés collaborateurs et, parmi eux, nous citerons : l'ex-prêtre Salomon, qui se vantait

« d'avoir trompé le peuple dans ses fonctions sacerdotales ».

Junot Judrin, qui faisait réincarcérer les détenus mis en liberté; Beaupoil, Carré, Racine, Menassier, Asperge; Gigot, membre de la municipalité de Semur et très humble valet de l'accusateur et procureur Ligeret; Plaisant, l'audacieux et cruel agent national près l'administration du district. Cet inique personnage fit incarcérer et martyriser l'honnête citoyen Noirot, de Frolois, qu'il laissa substituer à sa place, et déclara hautement qu'il ne fallait laisser subsister en France

« pas un prêtre, pas un ci-devant noble, pas un aristocrate ».

Or, la latitude qu'il donnait à cette dernière dénomination était telle qu'il aurait fait guillotiner de sang-froid la moitié de la République.

Citons enfin Henry, qui s'était fait surnommer *Lièvre*, probablement à cause de sa poltronnerie, et était parvenu à se faire nommer président des Administrateurs du district de Semur et simultanément commissaire national, membre de la municipalité, président du Comité de surveillance du Nord, etc., avait pris à tâche de défendre les scélérats, de confisquer les biens des citoyens les plus recommandables et d'arrêter les innocents tels que le citoyen Cosseret.

Mais, le comble de sa cruauté était de calomnier les malheureux détenus dans l'espoir de les perdre ; et quand ses collègues lui demandaient la preuve des faits, dont il accablait ses victimes, il répondait froidement :

« Soyez tranquilles, les Comités des gouvernements n'en exigeront aucune et les détenus ne reviendront jamais... Rapportez-vous en à moi, je suis physionomiste et vois de suite ce qu'un homme a dans l'âme... d'ailleurs, il nous faut des têtes, il faut qu'il en tombe, il faut qu'il en pleuve ! » (¹)

C'est en parcourant les registres des délibérations de la Société populaire et de la municipalité de Semur, du 14 juillet 1793 au 27 juillet 1794, époque où se produisit la réaction thermidorienne qui vient fort à propos mettre un peu de calme dans les esprits, que nous avons pu nous convaincre jusqu'à quel point était atrophié, grâce à leurs passions cupides et sanguinaires, l'esprit comme le cœur de cette poignée d'hommes qui avaient juré de tout détruire : probité, talent, vertu, patriotisme.

La cause évidente de ces haines féroces, de cette exécrable tyrannie, réside dans les diversités d'opinions et les diversités d'intérêts qui nous divisent si souvent et sont les fruits inévitables du despotisme. A un moment donné, toutes les haines s'exagèrent et s'enveniment, les partis se menacent et bientôt apparait la tyrannie puis ses funestes conséquences que réprouveront toujours les honnêtes gens et tous les hommes de cœur, à quelque parti et à quelque classe qu'ils appartiennent.

M. LE Dʳ ED. BONNET.

(Paris.)

SUR UN TRAVAIL DE SERRURERIE D'ART EXÉCUTÉ EN 1808,
POUR LE CHATEAU DE LA MALMAISON, PAR UN SERRURIER DIJONNAIS.

682.5 (44.362)

Iᵉʳ Août.

En recherchant, aux Archives Nationales, des documents sur les collections de plantes rares réunies par l'impératrice Joséphine au château de la Malmaison, j'ai trouvé, sous la cote O² 767, le mémoire d'un certain Dubois, maître serrurier à Dijon, relatif à des pièces de serrurerie d'art exécutées en 1808 par cet industriel, pour l'ameublement du château de la Malmaison.

Je n'ai pu découvrir aucun renseignement biographique sur ce Dubois dont le nom m'est totalement inconnu et qui paraît n'avoir laissé aucune trace dans les annales de l'industrie locale; je pense toutefois que la transcription ou l'analyse des pièces que je donne ci-après, ne sont pas complètement dénuées d'intérêt et pourront constituer une modeste contribution à l'histoire des arts et métiers dans la région dijonnaise.

(¹) Rapport fait aux sections de Semur le 17 avril 1795. -

Mémoire des ouvrages exécutés à Dijon, par Dubois, Mre Serrurier Mécanicien et placés dans un salon du Palais de Malmaison, an l'an 8, par ordre de *Sa Majesté l'Empereur et Roi*.

Savoir :

Une foyère composée de ses Chenèts, Pelle, Pincette, Tenaille, Badine et Croissants. Chaque Chenet en forme de Pyramide, avec sa base ornée d'un pied d'ouche de 9 pouces de long, surmonté d'un rang de perles, garni d'une mosaïque, accompagnée de ses rosastres (*sic*) (¹) rapportée sur un fond bleu et accompagnée de deux pommes de pin.

Les Croissants sont aussi en mosaïque et le Chiffre de *Sa Majesté* évidé à jour.

Le tout en acier polie, se compose de onze cents pièces, pesans ensemble 55 kil., pour le prix et somme de *quatre mille deux cents francs* cy...   4.200 fr.

Cette foyère est placée au Palais de Malmaison dans un salon à la suite de la salle de Billard.

Paris, le 14 septembre 1810.

J'approuve (signé) Dubois, chez M. Hontaude, Mre Serrurier, Marché des Jacobins, à Paris.

Sur l'original, le chiffre 4200 a été rayé et remplacé par celui de 3800 en vertu d'une réduction consentie par Dubois et dont je reproduis la teneur un peu plus loin; vient ensuite un certificat du concierge des Palais Impériaux, daté du 15 septembre 1810 et contresigné par Desmazis, administrateur du Mobilier Impérial, constatant que la foyère ci-dessus désignée, et portant l'inscription « Dubois, à Dijon, an 8e » a bien été placée dans un des appartéments du Palais.

Vérifié le présent Mémoire, après examen fait du feu complet dit foyère, ouvrage de grande perfection dans toutes ses parties, prix fixé et réglé à la somme de *trois mille huit cents francs*.

Ce fait par nous, vérificateur du Mobilier Impérial.

A Paris le 17 septembre 1810 (signé) Salleau.

Pour copie conforme, l'administrateur du Mobilier Impérial.

(signé) DESMAZIS.

Le 20 septembre 1810, l'administrateur ci-dessus arrête le mémoire de Dubois à 3800 fr et, le 1er octobre suivant, il en « propose le paiement, à prendre, d'après l'approbation de M. l'Intendant général, du 29 septembre dernier, sur le crédit de 200000 fr ouvert par le Budget de 1809, pour fonds de réserve et payement des dépenses imprévues ».

Après le décès de l'impératrice Joséphine (29 mai 1814), le château de la Malmaison devint, par héritage, la propriété du prince Eugène, qui le conserva, avec son mobilier à peu près intact, jusqu'à sa mort (21 février 1824); mais, quelques annees plus tard, en juin 1829, le mobilier fut vendu aux enchères et, le 30 du même mois, le château fut adjugé à un banquier suédois. Que devint alors la foyère de Dubois? c'est ce

---

(¹) J'ai transcrit les pièces originales sans en modifier l'orthographe.

qu'il m'a été impossible d'élucider; tout ce que j'ai pu constater, c'est que la foyère en question ne figure ni dans le mobilier de la Malmaison tel qu'il a été récemment reconstitué, ni dans le Catalogue du Musée Napoléonien de la Malmaison, publié par M. Jean Ajalbert [1], conservateur du château et des collections.

M. LE Dr CARTON,

Correspondant de l'Institut, Kereddine par La Goulette (Tunisie).

LE PALAIS SOUTERRAIN D'AMPHITRITE A BULLA REGIA.

902.6 (611)

5 *Août.*

Ayant repris, en 1909, les fouilles de Bulla Regia, que j'avais abandonnées depuis 1890, et les poursuivant grâce à des subsides de l'Académie des Inscriptions et Belles-Lettres et du Service des Antiquités Tunisiennes, je m'étais imposé, dès le début, de rompre avec les errements suivis depuis quelques années et de ne pas sacrifier l'intérêt de ces ruines importantes au désir de faire des découvertes immédiates. Au lieu donc d'exécuter des travaux à l'intérieur de la ville antique et me laisser tenter par l'intérêt de points que je pensais depuis longtemps à explorer, je résolus de m'attaquer à un édifice placé à la périphérie, les Thermes publics dont j'avais, du reste, signalé depuis longtemps l'importance [2]; j'avais ainsi des chances pour, tout en préparant une voie de pénétration qui permit de porter au loin les déblais, faire en même temps et assez rapidement d'intéressantes découvertes.

Au pied de la colline que forme l'immense amoncellement des matériaux écroulés, je pratiquai une tranchée de 6 m de largeur sur 5 à 7 m de hauteur. Ce n'est qu'après un trajet de 50 m que le Decauville atteignit le mur externe des Thermes, dans lequel il put ainsi pénétrer de plain-pied. L'endroit choisi répondit, du reste, à mon attente. En effet, quoique j'eusse cru prudent d'annoncer que cette première campagne de fouilles, toute de préparation, serait probablement improductive,

---

[1] *Le Château de la Malmaison, son histoire, catalogue illustré des objets exposés;* Paris, 1911.

[2] *Voir* Dr CARTON, *Bull. archéol.,* 1892. — *Rapport sur les fouilles faites à Bulla Regia en* 1890, p. 85.

j'eus la satisfaction de faire, bien avant qu'elle ne fût terminée, d'intéressantes découvertes. (¹).

La certitude que les travaux entrepris étaient en bonne voie me permit, l'année suivante, de porter mon attention sur d'autres parties de la ruine que je désirais étudier depuis longtemps.

On a découvert, il y a quelques années, à Bulla Regia, un vaste appartement souterrain, bien conservé, et d'une décoration parfaite qu'on désigne sous le nom de *Palais de la Chasse*. Mais cette trouvaille était demeurée isolée, et malgré la précieuse indication qu'elle fournissait, personne n'avait songé à rechercher si d'autres édifices du même genre existaient, ou du moins n'en avait trouvé.

Après avoir étudié avec soin le quartier où se trouvait le Palais de la Chasse, j'acquis la conviction qu'il devait y avoir d'autres ensembles souterrains en assez grand nombre.

Quelques sondages changèrent rapidement cette conviction en certitude en me faisant rencontrer des pièces voûtées avec mosaïques, portes, enduits, dans un état de conservation souvent excellent.

Mais quelque intéressante qu'ait été cette constatation, je n'aurais pas renoncé au programme que je m'étais tracé, et j'aurais attendu, pour explorer ou déblayer ces constructions, de les avoir atteintes par la rue dallée que doit suivre, dans mon projet, la grande tranchée des Thermes, à travers la ville, quand des circonstances imprévues me forcèrent à commencer les fouilles au moins dans l'une d'elles, pour ne pas perdre complètement le fruit de mes recherches.

Un premier sondage me fit rencontrer une salle au sol revêtu de mosaïques, avec murs ornés d'un enduit décoratif. Grâce à ces indications, je pus m'orienter et me placer de suite au bon endroit. Un second sondage rencontra, au bout d'un jour, les chapiteaux corinthiens d'une colonnade, puis, continuant à descendre, la belle mosaïque d'Amphitrite.

Je pouvais, dès lors, affirmer l'intérêt de ma découverte, ce que je fis en décembre 1910, en l'annonçant à l'Académie des Inscriptions par un télégramme qui incita l'Association française pour l'Avancement des Sciences à m'accorder immédiatement un subside afin de poursuivre les travaux que le manque de fonds allait me forcer à suspendre.

C'est le résultat des recherches ainsi poursuivies que je me fais un devoir de présenter aujourd'hui.

Je dois remarquer de suite que les ensembles souterrains de Bulla Regia ne sont que la dépendance de vastes demeures qui s'étendent à la surface du sol et qui, par leurs proportions comme par la richesse de

---

(¹) Notamment le *cursus honorum* d'un haut fonctionnaire où il est fait mention de campagnes sur les bords du Danube, de la gestion des domaines impériaux en Afrique, etc. [voir Dʳ CARTON, *Note sur les fouilles exécutées en 1909 dans les Thermes publics de Bulla Regia*. (*Comptes rendus de l'Acad. des Inscr.*, 1909, p. 581)].

leur ornementation, méritent bien le nom de *Palais* attribué au premier d'entre eux qui fut découvert (¹).

Le Palais d'Amphitrite, dont il va être question, n'a pas été bâti sur le même plan que celui de la Chasse, mais il renferme le même nombre de pièces, les mêmes locaux accessoires, et il est intéressant de les comparer entre eux.

C'est pourquoi j'indiquerai tout d'abord sommairement quelle est la disposition de ce dernier, qui a été déblayé par M. Lafon.

C'est une vaste habitation, dont le rez-de-chaussée comprend une cour ou *compluvium* entourée d'une colonnade sur laquelle donnent les pièces, parmi lesquelles on reconnaît les bains privés. A l'intérieur de la cour il y avait un et peut-être deux bassins ou *impluvia*. C'est à l'une de ses extrémités que s'ouvre la partie supérieure d'une autre cour en sous-sol formant le *compluvium* de l'appartement souterrain.

On descend dans celui-ci par un escalier parfaitement conservé, que coupe en son milieu un palier où se trouvaient deux bancs de pierre et une porte. Tout autour de la cour règne un portique de gracieuses colonnes corinthiennes sur deux des côtés duquel s'ouvrent les pièces. On trouve donc ici cette combinaison de l'*atrium* des maisons romaines et du péristyle des maisons grecques qui caractérise l'architecture privée de l'empire. La plus vaste est le *tablinum*, donnant sur le portique par une haute baie flanquée de deux portes, dont elle est séparée par deux beaux pilastres. Cette salle présente, dans sa paroi opposée à l'entrée, un large soupirail qui servait plutôt à l'aération qu'à l'éclairage. Le sol en est revêtu d'une mosaïque ornementale montrant parfaitement l'emplacement de trois lits qui, à la mode antique, formaient la base du mobilier dans les salles de repas.

Cette pièce participe donc à la fois du *tablinum* par sa situation et les larges ouvertures que fermaient non pas des battants, mais des tentures et du *triclinium* par l'usage qui en était fait comme salle de repas. Les convives y étaient étendus de manière à voir une jolie mosaïque placée devant l'entrée de la salle, sous le portique et très bien éclairée. Elle représentait de curieuses scènes dont les principaux acteurs sont des animaux, et relatives à des parties de chasse ou à des jeux du cirque (²). Ainsi le maître de céans avait placé là, pour s'en réjouir les yeux pendant les repas, des représentations de son passe-temps favori.

Dans la même salle s'ouvrait la bouche d'une citerne mettant l'eau fraîche sous la main des serviteurs.

Les autres pièces étaient sans doute des chambres à coucher. Le sol en était orné de mosaïques. Elles donnaient à l'extérieur par un sou-

---

(¹) Dans le sens du mot italien ou dans le sens de notre mot *hôtel* signifiant riche maison.

(²) *Voir* CAGNAT. *Les villes d'art célèbres : Timgad*, p. 119, et GAUKÇLER, *Inventaire des mosaïques de la Gaule et de l'Afrique*, II, p. 195.

pirail et présentent en leur fond une très large marche sur laquelle, comme dans les chambres des Africains modernes, devait se trouver le lit. La disposition générale de cette habitation avec son *compluvium*, sur lequel donne, par le péristyle surajouté, le *tablinum* flanqué de ses deux pièces ou *alae*, rappelle tout-à-fait celle des maisons de Pompéï. On voit, par cette rapide description, que ceux qui aménagèrent ce caveau y avaient reproduit la disposition et les locaux de l'antique habitation.

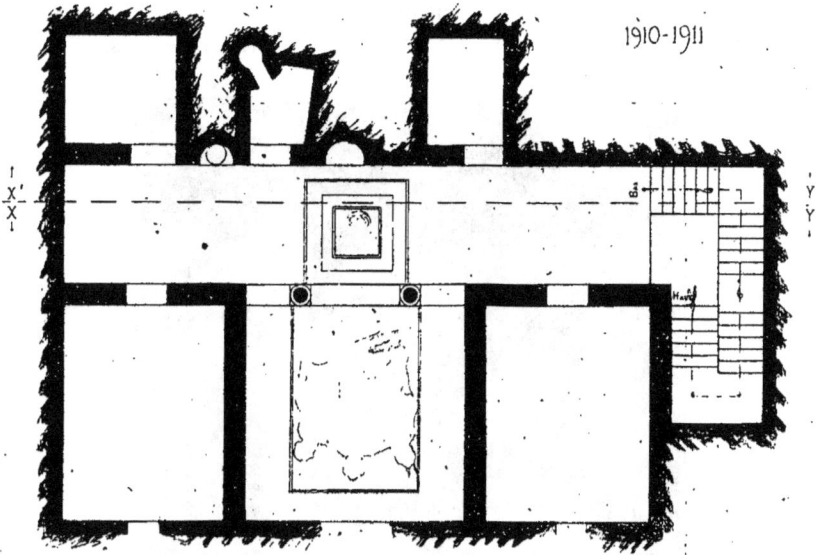

Fig. 1. — Plan du palais d'Amphitrite.

Cette observation doit, jusqu'à nouvel ordre, servir de guide dans l'étude et l'exploration des autres ensembles souterrains.

Celui d'Amphitrite était une demeure également riche et paraissant étendue. Je n'ai pas encore pu reconnaître quelle était la surface occupée par le rez-de-chaussée. Mais celui-ci était certainement très décoré, les pièces en étaient nombreuses, aux murs ornés de reliefs en ciment, au sol revêtu de mosaïques. En procédant à des réparations destinées à permettre de conserver sur place la mosaïque d'Amphitrite, les employés du Service des Antiquités en ont découvert une autre qui, sur la voûte de la salle où se trouve cette dernière, représente la délivrance d'Andromède par Persée (¹).

Il ne sera donc question ici que de la partie souterraine de cette demeure. *Voir* le plan *fig.* 1.

(¹) Il aurait été possible, sans grands frais, de la conserver sur place comme on avait fait pour la première, ce qui eût augmenté considérablement l'intérêt de cette belle habitation.

On y accédait, du rez-de-chaussée, par un escalier de vingt-quatre marches en pierres, encore en parfait état, divisé en quatre parties par trois paliers et que fermait une porte placée sur le second palier.

En bas de cet emmarchement se trouve un vaste couloir, long de 13,6o m, large de 2,8o m, haut de 4 m, couvert par une succession de voûtes d'arêtes et qui a conservé une partie de sa décoration. Le sol en est orné d'une mosaïque formée d'entrelacs encadrant une élégante torsade en cubes rouges et noirs. Les murs en sont revêtus d'un enduit en ciment dont les reliefs forment une plinthe de 55 cm, au-dessus de laquelle sont des panneaux alternativement larges et étroits (largeur des uns, 28 cm;

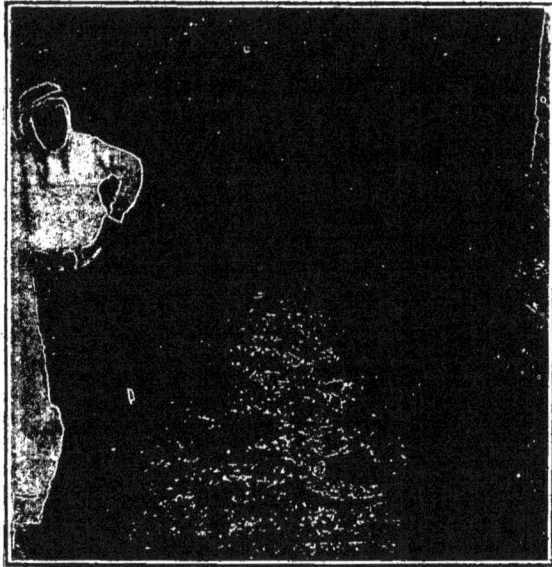

Partie inférieure du grand panneau de la mosaïque, entre les deux colonnes, très obliques, qui l'encadrent à droite et à gauche.

des autres, 75 cm) et remplissant les intervalles compris entre les ouvertures des différentes pièces. Au-dessus d'eux règne une frise que surmontent encore d'autres panneaux appliqués sur la surface courbe de la voûte du couloir.

Ce mode de décoration, d'une élégante simplicité, paraît avoir été d'un emploi fréquent dans les maisons africaines. Je l'ai rencontré dans une des plus élégantes constructions de Dougga, le dar-el-Acheb [1]. Mais, au lieu d'être en ciment, cette ornementation y était taillée dans les belles pierres en grand appareil de la façade.

---

[1] Voir Dr CARTON, Recueil de No'. et Mém. de la Soc. archéol. de Constantine, 1898. Les fouilles du dar-el-Acheb, p. 23o et Ibid., 1906, p. 61.

Toutes les voûtes en blocage de ce sous-sol ont été établies sur des poteries en forme de seringue (c'est-à-dire de bouteilles sans fond), s'emboitant les unes dans les autres, procédé généralement employé à l'époque romaine dans toute l'Afrique (¹). C'est de chaque côté du couloir que donnent toutes les pièces de l'appartement. Au milieu de la paroi sud s'ouvre l'entrée de la grande salle médiane, flanquée des deux portes des salles voisines ou *alae*. C'est une baie s'étendant sur toute la largeur de la pièce, et divisée en trois par deux colonnes corinthiennes (la partie médiane a 2 m, les ouvertures latérales ont 1 m de largeur sur 2,90 m de hauteur). Les chapiteaux simplement épannelés — ce qui suffisait dans le demi-jour qui régnait là — supportent un linteau mouluré.

Fig. 2. — Côté Sud du vestibule.
Entrée du *triclinium* flanquée de celles des salles latérales.

Fait curieux, alors que les fûts de ces colonnes sont cylindriques et sommairement taillés, les chapiteaux et les bases (ces dernières attiques) sont carrés. J'avais tout-d'abord pensé que, suivant un mode fréquemment usité en Afrique, les fûts avaient été recouverts par un enduit simulant des pilastres, et c'est probablement ce qui a dû se passer à un moment donné. Mais on pouvait toujours se demander pourquoi on avait employé des tambours cylindriques dans ce but, alors que des piliers en pierres quelconques eussent suffi : j'ai trouvé l'explication de ce fait au cours des fouilles. On a rencontré dans le couloir un beau tronçon de pilastre cannelé dont les proportions paraissent se rapporter à celles des colonnes voisines. Comme, d'autre part, on ne voit pas la place où il aurait pu se trouver, on doit admettre qu'il a fait partie de deux fûts ayant orné l'entrée de la grande salle et que, ceux-ci ayant été brisés, on les a remplacés par des tambours enlevés en hâte à une autre construction. C'est alors qu'on aurait revêtu ces dernières d'un enduit leur donnant la forme des pilastres cannelés. Il fallut, pour y arriver, soutenir et même suspendre toute la partie supérieure de l'ouverture par un puissant étayage, moyen souvent usité de nos jours mais dont l'antiquité nous a, je crois, laissé peu d'exemples. Le linteau présente en son milieu une fente verticale qui est sans doute le témoin de l'accident ayant amené cette transformation.

(¹) Une partie de ces voûtes a été refaite par le Service des Antiquités.

Cette grande salle mesure 5,50 m de longueur sur 5 m de largeur et 5 m de hauteur. Elle est couverte par une voûte d'arête et éclairée, au Sud, par un grand soupirail.

Les murs en sont revêtus de panneaux en ciment et le sol porte la magnifique mosaïque d'Amphitrite en cubes multicolores. Le sujet occupe seulement la partie médiane de la salle et celle qui est située au pied de la colonnade d'entrée. Tout le reste de la pièce est recouvert de cubes formant des dessins ornementaux. Cette disposition, semblable à celle de la grande salle du Palais de la Chasse, indique que si ces locaux représentent un *tablinum* par leur disposition et leur entrée, ils servaient aussi de *triclinium* ou de salle de repas.

La Déesse, assise sur la croupe d'un Triton et d'une Néréide, se pré-

Vue d'ensemble montrant la partie supérieure du grand panneau et ces rapports avec le petit panneau, dont on voit la moitié, en bas de la vue.

sente nue, un léger voile flottant en arrière d'elle, la tête entourée d'une auréole, la coiffure portant de petites cornes en forme de pinces de langoustes, le cou orné d'un collier où pend un bijou carré, — peut-être une amulette — des bracelets aux bras et aux pieds.

Deux génies ailés, volant dans la partie supérieure de la scène, tiennent une couronne au-dessus de sa tête.

Des pinces et des pattes de langoustes forment des cornes et hérissent la chevelure du Triton et de la Néréide. Le premier tient de la main droite un panier renfermant un objet paraissant être un poisson (la main gauche a disparu). Les membres postérieurs sont en forme de nageoires de poisson.

La Néréïde tient dans la main droite un plat renfermant des coquillages, de la main gauche un aviron et ses membres postérieurs sont semblables à ceux d'un cheval. Le reste de la scène, placé sous de petites lignes chevronnées représentant les flots, se passe au-dessous de l'eau. En haut, deux génies ailés sont à cheval sur des dauphins. L'un d'eux présente à la déesse un magnifique miroir à manche ciselé, l'autre un coffret à bijoux d'où pend un collier; au-dessous d'eux nage une extrême variété de poissons, de coquillages, de mollusques, formant un véritable aquarium, dans lequel la vivacité des couleurs, la douceur des demi-tons, le chatoiement des écailles sont reproduits avec une réelle maîtrise.

Le bas de ce tableau se trouve entre les deux colonnes de l'entrée.

Le vestibule, à gauche escalier, à droite colonnade formant l'entrée du *triclinium*.

Petit panneau de la mosaïque renfermant un portrait de femme dans un cadre.

Un cadre qui renferme un portrait de femme en buste lui est immédiatement adjacent, mais se trouve dans le couloir. Un large soupirail l'éclaire de la manière la plus heureuse. Il est entouré extérieurement d'une bande de rinceaux multicolores coupés au milieu de chaque face par un cercle entourant une croix. Deux autres bandes ornementales forment un véritable cadre à la figure, toute gracieuse et pleine de douceur d'une femme vêtue très simplement, comme si sa beauté lui constituait une parure suffisante. Elle porte une tunique, laissant les bras nus. Cette simplicité forme un réel contraste avec la nudité d'Amphitrite et tout l'appareil qui entoure la déesse.

Enfin, entre le cadre et le pied d'une fontaine en forme de niche placée dans la paroi qui fait face au *triclinium*, un petit cartouche renferme une fleur de lotus d'où sinuent deux rinceaux. L'isolement de cette petite figure par rapport au reste de l'ornementation doit lui faire attribuer une signification particulière. Pour ma part, je verrais volontiers en elle l'emblème, le blason du maître de céans ou de la femme dont le portrait est au-dessous. Depuis quelques années, l'attention a été attirée sur certaines figures isolées qui ornent parfois des mosaïques, placées auprès de représentation d'habitations, ou bien au centre d'un motif à sujet ou encore sur la croupe d'un cheval. La plus fréquente d'entre elles consiste en une couronne portant un certain nombre de pointes. J'en ai récemment découvert plusieurs, ayant cette forme, sculptées au-dessus des niches, dans les Thermes publics de Bulla Regia ([1]). Il en existe une dans la mosaïque du Palais souterrain de la Chasse. Il semble que, depuis l'armoirie, le blason jusqu'au simple emblème, les anciens aient usé habituellemet (du moins en Afrique) de petits signes propres à chacun d'eux, à une famille, à une tribu, et la fleur de lotus conviendrait bien comme emblème à la femme représentée à côté d'elle.

On a trouvé, dans le *triclinium*, un fragment de calcaire schisteux d'un gris verdâtre ayant formé la moitié droite du fronton d'un petit autel. On y voit un bucrâne surmontant un croissant. Et la situation de la première de ces figures, près d'une des extrémités de la seconde, montre qu'il y en avait une autre, placée symétriquement par rapport à elle. C'était probablement un second bucrâne ou une tête de bélier. Il est particulièrement intéressant de retrouver ici le symbole lunaire. J'ai signalé, il y a vingt ans ([2]), son extrême fréquence sur les tombes de Bulla Regia. On voit qu'il n'était pas seulement usité dans l'ornementation funéraire, mais que la dévotion lui donnait une place importante dans les cultes domestiques. La découverte de ce fragment confirme aussi le fait qu'avait révélé l'étude des nécropoles. C'est le culte tout particulier qu'avaient les habitants de l'antique cité pour la divinité dont le croissant est l'emblème : la Tanit-Céleste.

Les deux salles voisines ou *alae*, placées de chaque côté de la précédente n'ont pas été dégagées entièrement à cause du mauvais état de leurs voûtes. Mais je les ai explorées suffisamment pour me rendre compte de leurs dispositions générales. Leurs portes en pierre de taille et symétriques par rapport à l'entrée du *triclinium* mesurent 1 m de largeur sur 2 m de hauteur. Au pied des montants une dépression rectangulaire indique qu'elles devaient être formées par un battant en bois. Le sol y est recouvert d'élégantes mosaïques ornementales et les murs d'un enduit en ciment figurant des panneaux.

L'autre paroi du couloir présente, successivement, en partant de l'extrémité opposée à l'escalier, une salle *e*, plus petite que les précédentes et qui paraît avoir été l'objet de remaniements, car dans un de ses murs et au-dessous du soupirail un fût de colonne cylindrique est engagé

([1]) *Voir* à ce sujet : Dr CARTON, *Notes sur les fouilles exécutées à Bulla Regia en 1910-1911 (Comptes rendus de l'Acad. des Inscr.*, 1911, p. 595).

([2]) Dr CARTON, *Bull. archéol.* 1890. *La nécropole de Bulla Regia*, p. 158

dans la maçonnerie. Le sol, l'enduit, la porte sont comme dans les autres pièces.

Puis, c'est l'orifice d'une citerne *f*, circulaire se prolongeant jusqu'au rez-de-chaussée par un demi-cylindre creux logé dans la paroi du couloir. Vient ensuite un réduit *g* au fond duquel une petite fenêtre en

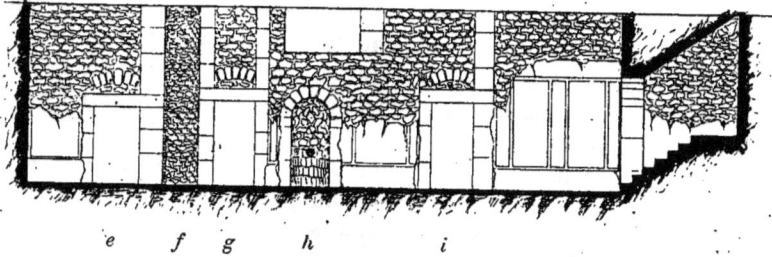

Fig. 3. — Côté Nord du vestibule.

pierre de taille s'ouvre sur un puits qui, comme celui du Palais de la Chasse, monte jusqu'au rez-de-chaussée.

A côté de cette petite pièce se trouve une fontaine *h* en forme de niche, ornée de marbres précieux, qui fait face à l'entrée du *triclinium*, sans être dans son axe, et qui devait sans doute abriter un motif sculpté. En dernier lieu, on trouve l'entrée d'une salle *i* de dimensions restreintes, de même disposition et de même décoration que les autres.

Parmi les objets qui ont été rencontrés au cours des fouilles, je signalerai un assez grand nombre de lampes chrétiennes, montrant que ces demeures souterraines ont été habitées jusqu'à une époque assez basse, peut-être alors que les salles du rez-de-chaussée, délabrées, ou même écroulées, n'étaient plus utilisables.

J'ai recueilli également une certaine quantité de ces curieuses poteries, minces, très cuites, de formes originales, et décorées de traits géométriques ou de fleurs, exécutés au pinceau. Leur aspect et leur ornementation révèlent des affinités très réelles avec certaines poteries de la Carthage punique d'une part, et avec la céramique moderne des Kabyles d'autre part, constituant ainsi un chaînon qui manquait jusque-là dans l'histoire d'une des industries les plus intéressantes de l'Afrique. J'en ai du reste déjà rencontré de semblables dans les Thermes de Bulla Regia, et dans la région, sur l'emplacement d'une ruine très effacée, située, à Souk-el-Arba, entre le cimetière de ce centre et la Medjerdah.

Si l'on compare le Palais d'Amphitrite à celui de la Chasse, on remarque qu'à part le péristyle entourant le *compluvium* de ce dernier et la modification de plan qu'entraîne cette différence, le nombre et la disposition des pièces y sont les mêmes, ainsi que les locaux accessoires. En sorte que l'on peut dresser de ceux-ci une liste commune aux deux ensembles :

Un *tablinum-triclinium*,

Deux grandes pièces situées de chaque côté de la précédente ou *alae*,

Deux salles de moindres dimensions,
Une citerne,
Un puits montant jusqu'au rez-de-chaussée.

Des deux côtés, les mosaïques ont été placées de la même façon, à l'endroit le plus éclairé de l'appartement et de manière à être vues de personnes assises sur les lits de la salle des repas.

On voit, par ce qui précède, que ces habitations souterraines présentent un réel intérêt par leur excellent état de conservation. Par l'intégrité relative et la recherche de leur décoration, comme par leur disposition caractéristique, elles constituent de précieux documents pour l'histoire de la vie privée en Afrique.

Comme, d'autre part, elles paraissent présenter des variantes assez importantes, il est certain que, lorsqu'un plus grand nombre d'entre elles aura été dégagé, l'étude de l'une ajoutera à la documentation fournie par les autres.

On doit se demander, en terminant, quelle est l'origine d'un type d'architecture si original, à quelle destination, à quels besoins il répondait et pourquoi on employait à Bulla Regia un mode jusqu'à présent inconnu dans l'Afrique romaine et, me semble-t-il, dans le reste du monde romain (¹).

La première opinion qui surgisse en l'esprit, à ce sujet, c'est qu'il s'agit de caves creusées et aménagées dans une riche habitation pour y fuir les chaleurs de l'été. Dans la seule de ces constructions dont le rez-de-chaussée ait été en partie dégagé, on voit très bien que la demeure était vaste, et elle paraît avoir possédé, à la surface, tous les locaux dont se composait l'antique habitation (²).

Ce n'est donc pas le manque de place qui a invité à creuser ainsi le sol, comme ailleurs on aurait élevé un étage, mais bien le désir d'obtenir la fraîcheur. On saisit du reste facilement que l'idée dominante de ceux qui ont aménagé ces caveaux a été d'en faire l'endroit le plus agréable de l'habitation, par le soin avec lequel ils y ont réuni tout ce qui pouvait charmer et flatter les sens.

(¹) La villa dite du *Trifolium*, si jolie d'ailleurs, et qui a été découverte il y a quelques années à Dougga, n'est pas souterraine, elle est adossée à une colline très en pente. *Voir* à ce sujet Dʳ CARTON, *Dougga-Thugga*, à Tunis, chez Niérat et Fortin, éditeurs, p. 76 et 77.

(²) Néanmoins, le dégagement du rez-de-chaussée du Palais de la Chasse lui-même n'a pas été complet et toutes les pièces n'ont pu en être déterminées. Une des questions à élucider au cours des travaux qui seront faits dans ces habitations sera de voir si elles avaient, en double, les appartements indispensables dont on a constaté l'existence en sous-sol, c'est-à-dire s'il y avait deux *tablina*, l'un souterrain, l'autre à la surface, etc. Nous savons en tous cas qu'il existait dans plusieurs des ensembles reconnus jusqu'ici deux *impluvia*, deux *atria*, ce qui autorise à conclure, provisoirement, comme je le fais, et en raison de la surface qu'ils occupent, qu'ils étaient en quelque sorte doubles. On sait du reste par Vitruve (*De re rust.* 1, 13, 7) que les riches habitations avaient plusieurs salles à manger, pour les diverses saisons : *triclina estiva, hiberna,* etc.

Aux mets recherchés, aux parfums répandus sur les vêtements, aux couronnes de fleurs, à la fraîcheur des boissons retirées de la citerne ou du puits, à la température basse des salles voûtées, s'ajoutaient ainsi l'impression causée par le demi-jour dans lequel l'eau ruisselait sur des vasques ou dans des fontaines et par la vue de scènes aquatiques dans lesquelles figuraient les divinités des eaux, des pêcheurs, des poissons de toutes espèces dont un rayon de lumière plus vive tombé d'un soupirail faisait ressortir les nuances, l'éclat ou le chatoiement des couleurs.

L'architecte usait parfois d'un artifice pour augmenter l'illusion. Il adoptait une disposition qui faisait ruisseler l'eau au-devant de mosaïques où étaient représentés des poissons auxquels, par son scintillement, le liquide communiquait un peu de son mouvement et de sa vie (¹).

De même, on figurait, dans certaines habitations de Carthage, au pied des arbres plantés dans l'*impluvium*, et sur les mosaïques, des oiseaux aux couleurs vives auxquels l'ombre mobile des branches et des feuilles projetées sur le sol prêtait son animation.

Les sujets rappelant des objets aimés ou des occupations préférées, figurés en cubes multicolores, la demi-clarté qui régnait sous les voûtes fraîches, interrompue çà et là par l'éclatante lumière tombée d'une ouverture, la grâce des colonnes sculptées se silhouettant sur les marbres et les reliefs des enduits, et jusqu'à la parure si gracieuse des voûtes d'arête, tout contribuait à faire de ces salles souterraines un lieu de séjour charmant où le maître de la maison pouvait tour à tour recevoir somptueusement ses invités ou rêver dans la solitude.

Cette architecture si particulière est-elle le fruit de la fantaisie d'un habitant de Bulla Regia, et celui-ci s'en trouva-t-il si bien que ses concitoyens l'imitèrent, ou doit-on y voir quelque survivance d'un antique troglodytisme, quelque importation, dans la plaine de Boll, d'un mode encore répandu de nos jours dans les montagnes méridionales des Matmatas?

Je me borne pour le moment à poser la question, en observant toutefois que la ressemblance entre ces habitations si éloignées dans le temps et l'espace est des plus frappantes : toutes deux se composent, typiquement, d'une cour centrale sur laquelle donnent des pièces voûtées ou en forme de voûtes.

Le transport, à une grande distance et sans échelons intermédiaires, d'un tel mode n'a rien du reste qui puisse surprendre. De nos jours les gens du Sud — notamment les troglodytes de Douïrat — viennent passer plusieurs années à Tunis et s'y livrent à diverses professions, principalement à celle de cuisinier. Un fait analogue a pu se produire dans l'antiquité et un troglodyte enrichi se fixer dans le pays en s'y faisant construire une habitation rappelant la maison natale.

_____

(¹) J'ai constaté l'emploi du même artifice à Carthage (*voir* Dʳ CARTON, *Revue tunisienne*, 1906. Pour Carthage, p. 407).

M. Dieulafoy a fait, à ce sujet, un intéressant rapprochement en rappelant qu'en Orient les soldats « se construisent ainsi des casernes souterraines (¹) ».

Quoi qu'il en soit de ces hypothèses, on voit que les fouilles effectuées avec une subvention de l'Association française pour l'Avancement des Sciences ont fait découvrir un ensemble des plus remarquables par son état de conservation et la magnificence de sa décoration. Grâce au geste généreux de cette Compagnie, l'attention du monde savant a été assez puissamment attirée de ce côté pour qu'on puisse espérer voir enfin entreprendre à Bulla Regia les fouilles méthodiques que je demande depuis longtemps et qui sont indispensables si, au lieu des tas de décombres et des fondrières qui entourent les édifices déblayés, on veut offrir aux visiteurs un site digne des beautés archéologiques qu'il renferme et du grand peuple qui les explore.

J'adresse, en terminant, mes très sincères remerciments à MM. Baert et Boidin, architectes à Lille, qui ont bien voulu faire mettre au net par leur dessinateur, M. Leo Wiart les plans et dessins relatifs aux fouilles de Bulla Regia qui accompagnent ce travail.

(¹) Je reçois de M. Jacquot une Note intéressante ainsi conçue :

Voici ce que je lis dans le *Musée des Familles* de 1854, p. 40, col. 2.

- « Mon bisaïeul, à son retour de la croisade, fit construire ainsi cette tour [enterrée] à l'imitation de celle qu'il avait vue à Damas dans l'habitation du calife. Ce calife durant les chaleurs trop fortes de l'été, s'y retirait avec ses sultanes. »

Ce passage m'a fait penser tout de suite à l'habitation souterraine de Bulla Regia, que j'ai visitée il y a 2 ans. Ce genre de construction ne serait donc pas une originalité, une fantaisie isolée, mais un type connu, usité dans les pays chauds.

Et alors, les constructions enterrées de Sedrata (au Sud d'Ouargla), dont j'ai entretenu l'Académie des Inscriptions et Belles-Lettres, il y a 6 ou 8 ans, et qu'on croyait ensablées par la suite des temps, seraient des habitations creusées dans le sol.

TABLE DES MATIÈRES.

(Tome II.)

NOTES ET MÉMOIRES.

TABLE ANALYTIQUE.

www.ingramcontent.com/pod-product-compliance
Lightning Source LLC
Chambersburg PA
CBHW031608210326
41599CB00021B/3100